"十四五"国家重点出版物出版规划项目

先进核科学与技术应用和探索丛书·核与辐射安全系列

# 核化学与放射化学

主　编◎高　杨　周　羽　何明键

副主编◎刘婷婷　王靖阳

哈尔滨工程大学出版社

Harbin Engineering University Press

## 内 容 简 介

本书共 12 章,包括绪论、原子核、放射性、辐射化学、辐射探测、核反应、放射性元素化学、核燃料化学、裂片元素及活化产物化学、放射化学分离、核分析技术、核技术的应用等内容,涵盖了核化学与放射化学专业的理论基础知识。

本书可供放射化学、核化工、核技术及相关专业的研究人员、教师和学生以及从事放射化学研究与应用的工作人员使用。

### 图书在版编目(CIP)数据

核化学与放射化学 / 高杨,周羽,何明键主编. —
哈尔滨:哈尔滨工程大学出版社,2023.8
ISBN 978 – 7 – 5661 – 4021 – 0

Ⅰ. ①核… Ⅱ. ①高… ②周… ③何… Ⅲ. ①核化学
②放射化学 Ⅳ. ①O615

中国国家版本馆 CIP 数据核字(2023)第 126473 号

**核化学与放射化学**
HE HUAXUE YU FANGSHE HUAXUE

选题策划　石　岭
责任编辑　马佳佳
封面设计　李海波

出版发行　哈尔滨工程大学出版社
社　　址　哈尔滨市南岗区南通大街 145 号
邮政编码　150001
发行电话　0451 – 82519328
传　　真　0451 – 82519699
经　　销　新华书店
印　　刷　黑龙江天宇印务有限公司
开　　本　787 mm×1 092 mm　1/16
印　　张　25
字　　数　637 千字
版　　次　2023 年 8 月第 1 版
印　　次　2023 年 8 月第 1 次印刷
定　　价　69.80 元
http://www.hrbeupress.com
E-mail:heupress@ hrbeu.edu.cn

# 前　　言

核化学与放射化学是研究基础放射化学、核化学、放射性核素和放射性物质的化学及其应用的一门学科,是近代化学的一个分支,也是核科学的一个重要组成部分,已经经历了一百多年的兴衰历史,在人类发展尤其是核工业发展过程中起到了至关重要的作用。

目前,全球对温室气体引起的气候变化问题已经形成共识,能源清洁化是国际大趋势。加快构建现代能源体系是保障我国国家能源安全,力争如期实现碳达峰、碳中和的内在要求,也是推动实现我国经济社会高质量发展的重要支撑。近年来,核能在我国能源战略中的地位越来越突出,2021 年《政府工作报告》和《2030 年前碳达峰行动方案》均明确提出我国将积极安全有序发展核电。核工业是一个复杂而庞大的体系,从铀(钍)矿的勘探与开采,到铀的提取、纯化、转化、同位素富集,再到燃料元(组)件制造、乏燃料后处理、放射性废物处理处置,形成了一个技术密集度空前的产业链,这些生产环节都与核化学与放射化学的发展息息相关。

随着核电的快速发展,我国普通高等学校加快了核类专业建设的步伐,核类专业的学生规模也得到了空前的壮大。核化学与放射化学是多数核类专业采纳的专业基础课程。为了适应核能和核工业发展,满足核技术应用对核化学与放射化学人才的需求,编者根据多年累积的核化学与放射化学相关资料及总结的核化学与放射化学课程本科教学经验,编写了此书。通过本书广大读者可系统了解原子核、放射性、放射性元素化学、核燃料化学、放射化学分离方法等核化学与放射化学基础理论知识,也可了解到核技术在当前工业、农业、医学等领域的应用。本书可作为将来从事核化学、放射化学及核化工的学生和目前正在从事相关领域工作的专业技术人员的参考用书,也可作为核化学与放射化学学科的科普丛书。

本书由哈尔滨工程大学核科学与技术学院核化工系的教师共同编写完成。由于编者水平有限,书中缺点和错误在所难免,敬请读者批评指正。

编　者
2023 年 5 月

# 目　　录

# 第1章　绪　　论

## 1.1　放射化学的内容和特点

放射化学(radiochemistry)是近代化学的一个分支,也是核学科的一个重要组成部分,它和原子核物理以及核工业一直有着密切的关系。

放射化学这一名称是由英国的卡麦隆(A. Cameron)在1910年提出的。他指出,放射化学是研究放射性元素及其衰变产物的化学性质和属性的一门学科。这一定义反映了放射化学发展初期的研究对象和内容。在随后的百余年中,随着放射化学这门学科的不断发展,其内容也在不断充实和扩展。它所涉及的主要领域如下。

(1)放射性元素化学(chemistry of radioelements)　包括天然和人工放射性元素化学。前者研究天然放射性元素的化学性质,以及有关它们的提炼精制的化学工艺,重点是铀和钍。后者主要研究人工放射性元素的化学性质和核性质,以及它们的分离、纯化、精制的化学过程,重点是钚等超铀元素和主要的裂片元素。

(2)核化学(nuclear chemistry)　用各种能量的轻重粒子引发核反应,实现原子核的转变,分离鉴定核反应的产物,并由此探讨其反应的机理。现阶段,核化学已经发展成为一个独立的核学科分支,而不隶属于放射化学。当然,广义的放射化学也可以将它包含在内。

(3)热原子化学(hot atom chemistry)　研究核反应过程和核衰变过程中所产生的激发热原子与周围环境作用所引起的化学。

(4)放射分析化学(radioanalytical chemistry)　研究放射性物质的分离分析方法及核技术在分析化学中的应用。

(5)应用放射化学(applied radiochemistry)　研究放射性核素的生产和放射性标记化合物的合成,以及放射性核素在工业、农业、国防、医学等各个领域中的应用。

放射化学与化学学科的其他分支在研究内容和方法上有许多相似之处,但由于放射化学的研究对象是放射性物质,因此它具有以下特点。

### 1.1.1　放射性

放射化学的研究对象具有放射性,这是放射化学不同于普通化学最重要、最根本的特点。它具有普通化学所不具备的优点,但也有一些弊端。

一方面,具有放射性这个特点使放射化学研究方法的灵敏性大大提高。在普通化学分析中,重量法和体积法的灵敏度仅为 $10^{-5} \sim 10^{-4}$ g,发射光谱法为 $10^{-9} \sim 10^{-8}$ g,即使是灵敏度很高的原子吸收光谱法,也只能达到 $10^{-11} \sim 10^{-9}$ g;而在放射化学分析中,用放射性测量法可鉴别出几十个甚至几个原子。近年来,人们借助新的放射性测量技术,发现了用重离子加速器合成的只有几个原子,甚至只有一个原子的108号元素(Hs)及其以后的超重元素。另外,通过对放射性的"原子跟踪",可对整个化学过程及其每个阶段进行研究和观察。

另一方面,射线可能对工作人员产生辐射损伤。因此,在放射化学操作中必须考虑辐射防护问题。工作人员应根据射线的种类、能量和放射性物质的活度等情况,在不同防护级别的放射化学实验室中进行操作。同时,还必须严格遵守辐射防护的有关规定,以确保人身安全,尽量减少因放射性物质的散逸而造成对环境的污染。此外,放射性物质还会对所研究的体系产生一系列特殊的物理化学效应——辐射化学效应,如辐射分解、自辐射氧化还原、辐射催化和发热效应等,使研究体系复杂化。这是在研究放射性活度较高的物质时必须考虑的问题。

### 1.1.2 不稳定性

放射性核素总是或快或慢地进行着衰变,即由一种物质转变为另一种物质或更多物质,因此研究体系的组成和总量是不恒定的。例如,医用放射性核素$^{131}I$,它总是在不断自发地衰变,放出 $\beta^-$ 射线和 $\gamma$ 射线,直至变成稳定核素$^{131}Xe$,经过一个半衰期(8.04 d),其含量就减少一半。所以,在临床应用$^{131}I$的标记化合物时,必须随时计算或测量其实际含量。由于放射性核素不断地衰变成新的核素,因此在研究过程中往往还要考虑衰变子体可能带来的影响。

放射性物质的不稳定性给放射化学的研究工作带来了不少困难,使放射性核素的制备、分离、纯化和鉴定工作复杂化。尤其是在处理短寿命的放射性核素时,必须考虑时间因素,否则就会因丧失了时机而使放射性物质的量大大减少,甚至会因放射性活度太低而难以观测。例如,利用$^{68}Ga$对人体脏器进行正电子扫描时,由于$^{68}Ga$的半衰期(68.1 min)较短,因此必须事先做好一切准备工作,然后再从$^{68}Ge - {}^{68}Ga$核素发生器中淋洗出$^{68}Ga$,立即配制成扫描剂给病人注射,并及时进行扫描,方可得到清晰的扫描图像。在操作短寿命放射性核素时,要尽量选择快速、简便的操作方法,合理地安排操作程序,以求迅速完成作业。在放射性核素的测量中,当其衰变子体也具有放射性,特别是与母体的射线种类相同时,还必须对子体的放射性进行校正,才能获得准确的结果。

由于放射性物质的组成和总量是不恒定的,因此在放射化学中,物质的纯度不能用普通化学分析中常用的纯度标准,如化学纯、分析纯、光谱纯等,而必须用放射性核素纯度(purity of radionuclide)和放射化学纯度(radiochemical purity)来衡量放射性物质的纯度。

(1)放射性核素纯度,也称放射性纯度,是指所需核素的放射性活度占产品总放射性活度的百分比。显然,产品的放射性纯度只与其中放射性杂质的量有关,而与非放射性杂质的量无关。例如,$^{89}Sr$的放射性纯度大于98%,即指$^{89}Sr$的放射性活度占产品总放射性活度的98%以上。对医用放射性核素的产品,要求其放射性纯度很高。例如,医用$^{131}I - NaI$溶液,其放射性纯度要求大于99.9%。

(2)放射化学纯度,简称放化纯度,是指处于特定化学状态的核素的放射性活度占产品总放射性活度的百分比。例如,医用的$Na^{131}I$注射液中,$^{131}I$除了以需要的$I^-$化学形态存在外,还可能有$I_2$、$IO_3^-$及$IO_4^-$等化学形态,而该医用注射液标明放射化学纯度≥98%,即表示注射液中以$I^-$形态存在的放射性核素占总碘放射性核素的98%以上,而以$I_2$、$IO_3^-$及$IO_4^-$等形态存在的放射性核素仅占总碘放射性核素的2%以下。

### 1.1.3 低浓度和微量

在放射化学的许多研究工作中,放射性核素处于低浓度和微量甚至是超微量的范围内。特别是在环境和生物样品的放射性监测中,这一特点更为明显。例如,环境水样中的 $^{226}Ra$ 浓度一般只有 $10^{-13}$ g/L;海水样品中 $^{90}Sr$ 的浓度一般只有 $10^{-15}$ g/L;人的尿液中 $^{239}Pu$ 的浓度仅为 $10^{-14}$ g/L。表 1-1 列举了一些放射性活度为 10 Bq 的核素相应的质量。从表 1-1 中可以看出,这些核素质量都在 $10^{-10}$ g 以下,甚至低到 $10^{-20}$ g。

表 1-1 10 Bq 放射性活度相当的核素质量

| 放射性核素 | 半衰期 | 质量/g |
|---|---|---|
| $^{226}Ra$ | 1 602 a | $2.8 \times 10^{-10}$ |
| $^{60}Co$ | 5.26 a | $2.4 \times 10^{-13}$ |
| $^{210}Po$ | 138.4 d | $6.0 \times 10^{-14}$ |
| $^{35}S$ | 87.24 d | $6.3 \times 10^{-15}$ |
| $^{32}P$ | 14.26 d | $9.5 \times 10^{-16}$ |
| $^{24}Na$ | 15.02 h | $3.1 \times 10^{-17}$ |
| $^{139}Ba$ | 82.71 min | $1.7 \times 10^{-17}$ |
| $^{208}Tl$ | 3.1 min | $9.3 \times 10^{-19}$ |
| $^{15}O$ | 2.0 min | $4.3 \times 10^{-20}$ |

低浓状态下的放射性核素,常常会表现出一些不同于常量物质的性质和行为,如容易形成放射性胶体溶液和放射性气溶胶,容易吸附在器皿壁或其他固体物质上以及可被常量物质的沉淀所载带和吸附等。

**1. 放射性核素的共沉淀现象**

由于放射性核素在溶液中的浓度过低,因此常常达不到难溶化合物的溶度积,不能形成独自的沉淀,或即使达到了溶度积,因浓度过低,生成的晶核不能长大而聚集成大的沉淀。当溶液中引入某种常量物质并使之形成沉淀时,微量放射性核素能随常量物质一起沉淀,该过程称为共沉淀。

**2. 放射性核素的吸附现象**

放射性核素的吸附现象是指放射性核素从液相或气相转移到固体物质表面的过程。具有吸附作用的固体物质称为吸附剂,被吸附的物质称为吸附质。

胶体是物质以细微粒子分散于介质中而形成的一种特定的分散体系。放射性物质作为分散相所形成的胶体,即为放射性胶体。

# 1.2 放射化学发展简史

本节扼要叙述了放射化学科学史具有划时代意义的几个重大发现,其他许多重要的事件列于表 1-2 中。将两者结合起来,我们可以对放射化学的发展概貌有一个较全面的了解。

表 1－2　放射化学发展史中的重要事件

| 年份 | 事件 |
| --- | --- |
| 1789 | M. H. Klaproth 发现铀 |
| 1828 | J. J. Berzelius 发现钍 |
| 1868 | D. E. Mendeleev 发现元素周期律 |
| 1895 | W. Röntgen 发现 X 射线 |
| 1896 | A. H. Becquerel 发现放射性 |
| 1898 | M. Curie 和 G. C. Schmidt 发现钍盐放射性 |
| 1898 | M. Curie 和 P. Curie 首次用放化法发现 Po 和 Ra |
| 1900 | P. Villard 和 A. H. Becquerel 提出 γ 射线具有电磁特性 |
| 1902 | P. Curie、M. Curie 和 A. Debierne 首次分离出克量级的放射性元素 Ra |
| 1903 | E. Rutherford 和 F. Soddy 提出放射性衰变理论 |
| 1903 | E. Rutherford 证实 α 射线为带正电核的 He 原子 |
| 1905 | A. Einstein 提出质量和能量转化公式 |
| 1907 | Stenbeck 首次开展了 Ra 的治疗学,并治愈了皮肤癌 |
| 1911 | E. Rutherford、Geiger 和 Marsden 通过 α 射线碰撞很薄的金属箔发生散射的测量推断出原子含有一个很小带正电的原子核 |
| 1912 | G. Hevesy 和 F. Paneth 首次应用 RaD 作为放射性示踪元素,测定了 $PdCrO_4$ 的溶解度 |
| 1912 | Wilson 开发了云母室,使来自核粒子的径迹可见了 |
| 1913 | Hess 发现了宇宙射线 |
| 1913 | K. Fajans 和 F. Soddy 依靠同位素存在的假设解释了放射性衰变系,并被 J. J. Thomson 通过 Ne 粒子在电磁场中的偏转实验证实,Aston 通过气体扩散分离出 Ne 的同位素 |
| 1913 | N. Bohn 解释了原子核被具有固定轨道的电子包围 |
| 1919 | E. Rutherford 在实验室中首次进行了核转化：$^{14}_{7}N + ^{4}_{2}He \longrightarrow ^{17}_{8}O + ^{1}_{1}H$ |
| 1919 | Aston 建立了首台实用的质谱仪,并且通过质谱仪发现同位素的质量不是精确的整数 |
| 1921 | O. Hahn 发现了同质异能素：$^{234m}Pa(UX_2) \longrightarrow ^{234}Pa(UZ)$ |
| 1924 | De Broglie 提出运动的粒子具有波性质的假说 |
| 1924 | Lacassagne 和 Lattes 在生物学研究中应用了放射性示踪剂元素(Po) |
| 1925—1927 | Bohn 原子模型的重要改进:Pauli 不相容原理,Schrödinger 波性机理,Heisenberg 不确定关系 |
| 1928 | Geiger 和 Müller 建立了用于测量单个核粒子的第一个 GM 管 |
| 1931 | Van de Graaff 开发了电极高压发生器,可以加速原子粒子来提高能级 |
| 1931 | Pauli 假设了一个新的粒子"neutrino",在 β 衰变中形成 |
| 1932 | Cockcroft 和 Walton 开发了高压倍加器,利用它在实验室加速粒子进行了首次核转化反应 $(0.4\ MeV\ ^1H + ^7Li \longrightarrow ^{24}He)$ |
| 1932 | Lawrence 和 Livingston 建立了首台回旋加速器 |
| 1932 | Urey 发现了重氢(氘),并通过液态水的蒸发得到富集的同位素 |

表 1 – 2（续 1）

| 年份 | 事件 |
|---|---|
| 1932 | J. Chadwick 发现了中子 |
| 1932 | Anderson 通过在一个云母室中对宇宙射线的研究发现了正电子 $e^+$ 或 $\beta^+$ |
| 1933 | Urey 和 Rittenberg 证实了化学反应中的同位素效应 |
| 1934 | I. Curie 和 F. J. Curie 发现了人工放射性：${}^{27}_{13}Al + {}^{4}_{2}He \longrightarrow {}^{30}_{15}P + {}^{1}_{0}n; {}^{30}_{15}P \longrightarrow {}^{30}_{14}Si + e^+$ |
| 1935 | Dehevesy 开发了中子活化分析方法 |
| 1935 | Yukawa 预言了介子的存在 |
| 1935 | Weizsäcker 得到质量半经验公式 |
| 1937 | Neddermeyer 和 Anderson 用摄影底片发现了宇宙射线中的 μ 介子 |
| 1938 | Bethe 和 Weizsäcker 通过核聚变：${}^{24}He \longrightarrow {}^{12}C$，提出了恒星中第一个能量产生的理论 |
| 1938 | O. Hahn 和 F. Strassmann 发现了用中子辐照铀后的裂变产物 |
| 1938—1939 | L. Meitner 和 O. Frisch 解释了 O. Hahn 和 F. Strassmann 的发现，几乎同时被欧洲和美国几个实验室证实 |
| 1938—1939 | F. Joliot、H. H. von Halban、L. Kowarski 和 F. Perrin 在法国申请了核链式反应产生能量装置的专利，并开始建设一座核反应堆，由于战争，该项工作被迫中断 |
| 1940 | E. McMillan、Abelson、G. F. Seaborg、Kennedy 和 Wahl 首次生产与鉴定了超铀元素 Np 及 Pu，并和 Segré 一起发现 ${}^{239}Pu$ 是可以裂变的 |
| 1940 | 许多国家的科学家发现 ${}^{235}U$ 可以被慢中子诱发裂变，而 ${}^{232}Th$ 和 ${}^{238}U$ 仅能被快中子诱发裂变，在每次裂变过程中产生 2～3 个中子，同时释放出大量的能量 |
| 1942 | Fermi 和他的合作者建设了第一座核反应堆 |
| 1944 | 在美国 Oak Ridge 实验室首次合成了克量级的 Pu，1945 年在美国 Hanford 实验室生产了千克级的 Pu |
| 1944 | E. McMillan 和 Veksler 发现同步加速器原理，使建造能量高于 1 000 MeV 的加速器成为可能 |
| 1940—1945 | Oppenheimer 和他的合作者开发了一个快速产生不受控制的链式反应装置，能释放很大的能量。首次实验是 1945 年 6 月 16 日在美国新墨西哥州的 Alamogprdo 进行的，产生能量相当于 20 000 t 的 TNT；紧接着在广岛（1945 年 8 月 6 日）和长崎（1945 年 8 月 9 日）投放了原子弹 |
| 1944—1947 | 开发了光电放大器的闪烁探测器 |
| 1946 | Libby 建立了 ${}^{14}C$ 年代断代法 |
| 1946 | 第一座核反应堆在苏联开始运行 |
| 1949 | 苏联进行了第一次原子弹实验 |
| 1950 | Mayer、Haxel、Jensen 和 Suess 提出了原子核壳模型 |
| 1951 | 美国开发了第一座增殖反应堆，首次生产电力，并在 Idaho 建成 |
| 1952 | 美国首次试验了不控制的大规模聚变能装置（氢弹） |
| 1953—1955 | A. Bohr、Mottelson 和 Nilsson 等提出了核子的整体模型（整体转动的单粒子效应） |

**表 1 – 2(续 2)**

| 年份 | 事件 |
| --- | --- |
| 1955 | Chamberlain、Segrè、Wiegand 和 Ypsilantis 合成反中子 |
| 1955 | 建成第一艘核能船(Nautilus 核潜艇) |
| 1955 | 成立了联合国原子能辐射效应科学委员会(UNSCEAR) |
| 1954—1956 | 1954 年第一座核电站在俄罗斯 Obninsk 启动运行;1956 年第一座民用核电站在英国 Calder Hall 开始运行 |
| 1956 | Reines 和 Cowan 证明了中微子的存在 |
| 1957 | $CO_2$ 冷却的石墨堆在英国 Windscale 点火 |
| 1957 | 苏联 Kyshtym 的核废物储存设施爆炸,造成大面积放射性污染 |
| 1957 | 成立了国际原子能机构(IAEA),总部设在维也纳 |
| 1959 | 第一艘反应堆驱动的民用破冰船(Lenin)在苏联下水 |
| ~ 1960 | Hofstadter 等发现质子和中子在内电荷中不平衡分布 |
| ~ 1960 | Lederman、Schwarz 和 Steinberger 等发现 μ 介子 |
| 1961 | 放射性核素 $^{238}Pu$ 首次作为电源应用到卫星(Transit – 4 A)上 |
| 1961 | 开发出半导体探测器 |
| 1963 | 结束核武器空爆试验 |
| 1963 | 禁核条约禁止在大气、太空和水下进行核试验 |
| 1965 | A. Penzias 和 R. W. Wilson 发现 3K 的宇宙微波辐射本底 |
| 1968 | 美、英、苏等 3 国政府发起,全部核武器拥有国(NWC)、40 个核武器缔约国以及其他非核武器国家共同签署《不扩散核武器条约》 |
| ~ 1970 | 夸克理论的改进(Gell – Mann),Friedman、Kendall 和 Taylor 在核的散射实验中证实了夸克粒子的存在 |
| 1971 | IAEA 接受了核保障体系的责任,控制向非核国家出售可裂变材料 |
| 1972 | 法国科学家在加蓬的 Oklo 发现天然核反应堆 |
| 1979 | 美国 Harrisburg 附近的 Tree Mile Island 生产厂的 PWR 反应堆的堆芯被熔化,没有造成环境污染 |
| 1983 | Rubbia、Van der Meer 和他们的合作者在 CERN 发现了 W 和 Z 的微作用的发报机 |
| 1986 | 切尔诺贝利核电第四号反应堆发生爆炸和失火,造成大面积污染 |
| 1991 | 140 个国家签署了《不扩散核武器条约》 |

### 1.2.1 放射性和放射性元素的发现

放射化学的产生源于放射性的发现。1895 年,德国物理学家 W. Röntgen 在研究真空放电现象时发现了 X 射线,这种射线在玻璃壁和其他一些材料中会产生荧光。

1896 年,法国的 A. H. Becquerel 在进一步探索 X 射线和荧光现象之间的联系中,发现了铀的化合物在完全无光的条件下仍具有感光效应,还能使验电器放电,进而发现铀的化合物具有放射性。

1898 年,M. Curie 等又发现了钍的化合物具有放射性。同年,M. Curie 和她的丈夫 P. Curie 首先采用化学分离及放射性测量的方法相继发现了天然放射性元素钋和镭,并经过四年的努力,于 1902 年成功地从数吨沥青铀矿渣中分离提取了 0.1 g 氯化镭,并用光谱法对其进行了鉴定。M. Curie 开创性地运用一系列化学方法所完成的这一具有划时代意义的研究工作为放射化学成为一门新学科奠定了基础。此后,人们致力于发现新的天然放射性元素和核素,并研究它们的性质及其在化学元素周期表中的位置。在短短的十几年里就连续发现了钋、镭、锕、氡、镤 5 种天然放射性元素和 40 余种放射性核素。

### 1.2.2　实现人工核反应和发现人工放射性

放射化学的建立有赖于对放射性规律的一系列研究和探索。1903 年,英国的 E. Rutherford 和 F. Soddy 发现了放射性核素的放射性衰变规律。1913 年,F. Soddy 提出了"同位素"的概念。同年,F. Soddy 和 K. Fajans 同时独立地发现了放射性衰变位移规律。人们在这些理论和已发现的大量放射性核素的基础上发现了三个天然放射系,这对放射化学的发展具有十分重要的意义。在此期间,G. Hevesy 等创立了示踪原子法,这是应用放射化学的开端;K. Fajans 和 F. Paneth 在研究放射性核素处于低浓时的状态和行为的基础上,建立了吸附和共沉淀的规律,促进了放射化学的发展。此后,许多科学家对吸附和共沉淀现象、放射性胶体和同位素交换反应等开展了更深入的研究。

1919 年,E. Rutherford 用钋源的 α 射线轰击轻元素氮时,首次实现了人工核转变,其核反应为

$$\mathrm{^{14}_{7}N + ^{4}_{2}He \longrightarrow ^{17}_{8}O + ^{1}_{1}H}$$

1932 年,J. Chadwick 在用钋源的 α 射线轰击锂、铍等轻元素时发现了中子。1934 年,居里夫人的女儿 I. Curie 和她的丈夫 F. J. Curie 用 α 粒子轰击铝等轻元素时,第一次获得了人工放射性核素[30]P:

$$\mathrm{^{27}_{13}Al + ^{4}_{2}He \longrightarrow ^{30}_{15}P + ^{1}_{0}n}$$

$$\mathrm{^{30}_{15}P \longrightarrow ^{30}_{14}Si + e^{+}}$$

同年,L. Szilard 和 T. Chalmers 发现了原子核俘获中子时产生核反冲引起的特殊化学反应,这促使了热原子化学的建立。在此期间,R. J. Van de Graaff 和 E. D. Lawrence 先后发明了静电加速器和回旋加速器。这些发现和发明促进了核转变过程化学的建立与发展。

### 1.2.3　铀核裂变现象的发现

放射化学的发展得益于原子核裂变现象的发现及其应用。E. Fermi 用中子轰击多种元素,通过 $(n, \gamma)$ 反应制成了多种放射性核素,并发现了慢中子的奇特性质。他用慢中子轰击铀,得到了几种 β 放射性产物,并把这些产物误认为是原子序数大于 92 的超铀元素。

1934 年,I. Noddak 提出铀受中子照射后可能发生裂变,认为这些裂变碎片是已知元素的同位素而不是被照射元素的相邻元素的观点。1939 年,O. Hahn 和 F. Strassmann 对铀的反应产物进行了进一步研究,证实了铀的反应产物中存在钡的放射性同位素,从而肯定用中子照射铀时,产生了原子序数小于 36 的化学元素。L. Meitner 和 O. Frisch 根据玻尔的液滴模型,在前述现实结果的基础上提出铀核发生了裂变的机理。铀核裂变现象的发现,使整个核科学技术进入崭新的时代。

### 1.2.4 合成超铀元素,锕系理论的建立

1940 年,E. McMillan 和 G. T. Seaborg 在加速器中制得了超铀元素镎和钚。1941 年,G. T. Seaborg等发现了钚的最重要同位素之一 $^{239}$Pu,他们用中子将 $^{238}$U 转变为 $^{239}$Pu,初步制得了 0.5 μg 的钚样品,1942 年第一次制得了 2.27 μg 的钚。

1942 年,美国建立了世界上第一座核反应堆,第一次实现了受控链式核裂变反应,它标志着人类开始进入原子能时代。1945 年美国又建造了用于生产钚的反应堆,其经过复杂的分离过程可得到用于制造核武器的钚。

1945 年,G. T. Seaborg 提出锕系理论,假定锕和超锕元素组成一个类似于镧系元素的 5f 族,以后的超铀元素的逐一发现不断证明这一理论的正确性。锕系理论完善了现代的元素周期表,并给新元素的合成工作指出了正确的方向。

1945 年,美国制成了以 $^{235}$U 和 $^{239}$Pu 为原料的原子弹,并投掷在日本广岛和长崎。

1954 年,苏联建成了世界上第一座试验核电站,标志着人类进入了和平利用原子能时代。此后,核工业得到了迅速发展。其中,核燃料的生产、反应堆乏燃料的后处理以及核裂变产物的分离等大大促进了放射化学的拓展,以及核燃料化学、裂片元素化学、放射化学分离方法的迅速发展和对放射性核素性质的深入研究。与此同时,中、高能核化学也迅速兴起。到了 20 世纪 50 年代,放射性核素在工业、农业、国防和医学等领域得到了广泛应用。这些都极大地丰富了放射化学的内容,使它逐步成为一门具有独特研究内容和研究方法的学科。

# 1.3 中国放射化学发展史

### 1.3.1 早期代表性人物

**1. 郑大章**

郑大章是中国最早从事放射化学研究的科学家。他 1904 年生于安徽省合肥县(今合肥市),1922 年考入法国巴黎大学,攻读化学专业。在取得学士学位后,他来到巴黎大学镭学研究所,师从 M. Curie 学习放射化学,成为 M. Curie 的第一位中国研究生。1933 年 12 月,郑大章获得法国国家理化学博士学位。1935 年,郑大章受严济慈聘请,回国筹建中国镭学研究所,开展放射化学研究。当时他的学生有曹友德、杨承宗、李鉽和侯灏,研究组从大量的铀盐中分离出放射性很强的 β 源,发现了 β 射线的吸收系数随放射源周围物质的性质而改变,由此形成背散射法鉴别不同支持物质及其厚度的理论。1941 年 8 月 14 日,郑大章因突发心脏病逝世,时年 37 岁。

**2. 杨承宗**

杨承宗作为郑大章早期的学生,主要研究铀矿中镁对铀的放射性比例。他 1911 年生于江苏吴江县(今江苏省苏州市吴江区),1932 年毕业于上海大同大学,1934 年起在北平研究院镭学研究所工作。1946 年受 M. Curie 的长女 F. J. Curie 的资助,杨承宗到法国巴黎居里实验室工作,主要从事用离子交换法分离放射性同位素的研究。他于 1951 年回国,在中国科学院近代物理研究所创建了新中国第一个放射化学实验室,成功培养了我国第一代放射

化学工作者。1958 年中国科学院创办中国科学技术大学,杨承宗被任命为放射化学和辐射化学系主任。1979 年杨承宗任中国科技大学副校长。杨承宗指导制成了中国第一台质谱仪,制成了中国最早的人工放射源氡－铍中子源,并指导完成了我国矿石中铀的提取、冶炼、纯化、核纯铀的超微量杂质分析、鉴定以及诸多新工艺流程的研发,为我国第一颗原子弹成功试爆做出了杰出贡献。

**3. 肖伦**

肖伦,1912 年出生于四川郫县(今四川省成都市郫都区),1939 年毕业于清华大学化学系,1947 年于美国伊利诺伊大学攻读放射化学专业,1948 年获得伊利诺伊大学硕士学位,1951 年以发现 $^{183}Ta$、$^{185}Ta$ 和 $^{185m}W$ 等 3 个新的放射性核素为论文内容,获得伊利诺伊大学博士学位。1955 年肖伦回到中国,继续从事放射化学和放射性同位素的研究工作,先后在中国科学院物理研究所和中国原子能科学研究院工作。1980 年他当选为中国科学院院士,1997 年当选为美国纽约科学院院士。肖伦指导和参与了中国首次原子弹试验、首次氢弹试验、首艘核潜艇下水等五项重大国防战略科研攻关任务。改革开放后,肖伦领导开展了工业用放射源,体内、体外用放射性同位素药物的研究和生产。

**4. 吴征铠**

吴征铠,1913 年出生于上海,1934 年毕业于南京金陵大学化学系,1936 年考取中英庚款公费留英,成为英国剑桥大学物理化学研究所第一位中国研究生,从事红外和拉曼光谱研究。他于 1939 年回国,先后在湖南大学和浙江大学任教,1952 年任复旦大学化学系主任,1959 年筹建复旦大学原子能系,1960 年调入中国原子能科学研究院工作,1981 年当选为中国科学院院士。吴征铠是我国最早从事红外和拉曼光谱的研究者之一,20 世纪 60 年代在解决六氟化铀生产工艺中的技术困难,气体扩散法分离铀同位素的核心部件分离膜研制中获得出色成绩。

**5. 汪德熙**

汪德熙,祖籍江苏省灌云县,1913 年出生于北京,1937 年清华大学化学系研究生毕业,1941 年考上清华大学公费赴美留学,进入美国麻省理工学院化工系学习,1946 年获博士学位,1947 年回国,主要从事高分子化工领域的研究和教学工作,1960 年调入中国原子能科学研究院,1980 年当选为中国科学院院士。他先后参加了核燃料后处理萃取工艺研究、原子弹引爆装置制备、核试验用 $^{210}Po$ 源等各种放射源的研制、氚提取工艺的研制、核试验当量燃耗的测定等多项工作。他领导的辐照核燃料后处理萃取工艺课题获 1978 年全国科学大会奖。他荣获 1999 年何梁何利基金科学进步奖。

### 1.3.2 中国放射化学发展

我国放射化学学科大发展是在中华人民共和国成立之后。1955 年,全国人民代表大会决定成立第三机械工业部,主管核工业。1958 年,原子能研究所成立。为了加快培养原子能事业专门人才,尤其是核物理和放射化学专业人才,不少重点大学纷纷开设放射化学系或专业,如北京大学、复旦大学、南京大学、中国科学技术大学、南开大学、四川大学和兰州大学等。

从核工业部成立的 1955 年到我国第一颗原子弹爆炸的 1964 年,是我国原子能科学和放射化学学科发展的黄金时期。1967 年,我国第一颗氢弹爆炸成功,打破了美苏的核垄断,放射化学在其中起到了极其重要的作用。

1986 年发生在乌克兰的切尔诺贝利核事故和 1991 年苏联的解体对原子能科学技术的发展产生了重大影响。在世界范围内,核科学包括放射化学的研究进入了低迷期。一方面,将放射化学专业作为报考第一志愿的学生稀少;另一方面,放射化学专业毕业的学生不易找工作。我国一些重点大学的放射化学专业处境十分困难。到 20 世纪末,我国的放射化学和全世界一样都走到了低谷。这种滞后状态严重危害到我国的国家安全、核能应用以及社会和经济的发展。

2004 年,胡锦涛、江泽民、温家宝等同志对我国核事业做出了"亡羊补牢,犹未为晚""要奋起直追地往前赶"的重要批示,为我国放射化学发展指明了方向。经过努力,我国放射化学呈恢复性上升态势。

### 1.3.3　中国放射化学重要成果

在我国核能快速发展的新形势下,我国放射化学工作者在超重元素和新核素的合成、化学以及锕系元素理论研究,先进核燃料后处理化学及工艺过程,用于心肌、脑和肿瘤等显像和诊断的放射性药物化学,环境放射化学,核废物处理和处置化学,放射分析化学等方面,取得了被国际同行认可的成果。我国放射化学为社会和经济的可持续发展做出了重要贡献。

**1. 基础核化学**

在裂变化学方面,中国原子能科学研究院建立了多种裂变元素及稀土元素的放化分离分析流程,建立并完善了多种裂变产额测定测量技术及绝对测量技术;测定了热中子、裂变谱中子以及单能快中子等诱发 $^{235}$U 的裂变产额,约 24 MeV 多个能量点中子诱发 $^{238}$U 的裂变产额,以及 $^{93}$Zr、$^{140}$Ba、$^{147}$Nd 等关键核素的产额;研制成了自动快速化学分离装置,可测量分钟量级 $^{95}$Y、$^{138}$Cs、$^{91}$Sr、$^{142}$La 等裂变产物的核数据。

中国科学院近代物理研究所用 14.7 MeV 中子开展 $^{238}$U、$^{232}$Th 和 $^{237}$Np 的裂变反应的质量分布、电荷分布及其裂变反应机理研究。在中低能重离子核反应方面,中国科学院近代物理研究所用 72 MeV $^{12}$C 离子轰击 $^{197}$Au、$^{209}$Bi 和 $^{238}$U,使用放射化学分离和 γ 射线能谱分析技术测定了裂变产物的产额,得到了全熔合裂变质量分布的高斯曲线,总结出了质量产额分布宽度参数随裂变核激发能的变化规律。

在新核素合成和衰变研究方面,中国科学院近代物理研究所建立了在线气相热色谱、溶剂萃取等多种快速分离流程,在 $A > 170$ 丰中子核区、稀土缺中子区合成和鉴别了 20 余种远离 β 稳定线新核素,并建立了部分核素的衰变纲图。在国际上首次合成了超铀核素 $^{235}$Am 和两种超重新核素 $^{259}$Db 和 $^{265}$Bh。

中国科学院上海应用物理研究所开展了钍－铀核燃料循环中基础核化学研究,包括钍在热中子辐照下的转化过程和 $^{233}$U 的生长规律,不同快、热中子比对 $^{232}$U、$^{233}$U 生成量比的影响,宏量制备 $^{233}$U 的放射化学分离研究等。

**2. 乏燃料后处理化学**

我国在乏燃料后处理放射化学领域的研究工作主要集中于中国原子能科学研究院和清华大学,重点研究我国商用乏燃料后处理工艺技术和高放废液分离技术两个方面。

中国原子能科学研究院和有关单位合作,开展了 40 多项工艺研究和 20 多项分析检测技术研究,开发了具有自主知识产权的两循环 PUREX 流程。研究内容涵盖了锕系元素和裂变产物元素水溶液化学、试剂辐射化学、各种还原反萃剂与锕系元素的反应热力学和动力学等放射化学基础研究,还包括乏燃料溶解、尾气处理、界面污物去除、分离纯化和工艺改进研究等各个方面。

清华大学在乏燃料后处理放射化学的研究工作主要集中在高放废液分离方面。20 世纪 80 年代,他们选择混合三烷基氧膦(TRPO)代替双官能团萃取剂,系统研究了 TRPO 对高放废液中铀、钚、次锕系元素、裂变产物等的萃取行为和规律,建立了从高放废液中去除次锕系元素和锝的分离流程。目前该流程已经过多次试剂高放废液的热试验验证和中试规模冷铀试验验证,被国际上公认为"最具应用前景的高放废液分离流程之一"。

20 世纪 90 年代,清华大学在镧系/锕系分离领域取得了突破,通过从商业产品 Cyanex301 中成功分离纯化出二(2,4,4 - 三甲基戊基)二硫代膦酸(HBTMPDTP),并将其应用于从镧系元素中萃取分离 Am/Cm,可使 Am 与轻镧系元素的分离因子达 5 000 以上。

### 3. 放射性药物化学

我国在脑放射性药物研究方面,主要集中在阿尔茨海默病、帕金森病等早期诊断,尤其是在针对 Aβ 斑块的老年痴呆显像方面取得很多成果,如 $^{99m}$Tc 标记的硫磺素 T 类似物、$^{125}$I 标记的苯并噻唑类似物。

肿瘤放射性药物包括显像药物和治疗药物两类。我国在肿瘤乏氧显像和受体显像剂方面,既有 $^{18}$F 标记的药物、碘标和锝标等,也有 $^{188}$Re 和 $^{153}$Sm 标记的治疗药物。

在心脏病早期诊断方面,新型心肌灌注显像剂 $^{99m}$Tc(CO)$_3$(MIBI)$_3$ 是我国在放射性药物化学领域取得的重要成果。

### 4. 放射分析化学

中国原子能科学研究院建立了燃料监测体测定法和重同位素比值法,并完成了秦山 728 考验组件的燃耗分析,分析不确定度为 1.7%;建立了不经化学分离,直接分析土壤和废水中 $^{90}$Sr 含量的方法;建立了针对 $^{91}$Sr、$^{95}$Y、$^{101}$Tc、$^{114}$Pd、$^{138}$Cs、$^{142}$La 等分钟至小时量级的裂变产物核素快速化学分离流程与装置,为短寿命核素核性质研究奠定了基础;建立了 1AF 料液中的 U、Pu 浓度的同位素稀释质谱测定方法,研制了多种 X 射线荧光分析装置及方法用于后处理中铀钚含量分析,为我国动力堆乏燃料后处理中间试验工厂的热调试成功做出了重要贡献。

中国工程物理研究院先后建立了酸法、碱熔和微波分解样品方法,发展了 40 余种核素的高去污放射化学分离流程以及电镀源、粉末源、质谱源等制备技术;此外,还建立了针对气体核反应产物的氢同位素和氦同位素气体质谱分析技术与惰性气体核素气相色谱快速分析技术,用于禁核试现场。

在活化分析技术方面,可实现样品中元素化学种态分析的分子活化分析法,是将某些特效元素化学种态分离技术,与具有高灵敏度的中子活化分析相结合,从分子或细胞水平上实现元素化学种态分析的一种现代核分析技术。人们利用分子活化分析法,可实现生物和环境样品中铂族元素,稀土元素,有毒元素汞,生命必需元素硒、碘、铬等的化学种态分析。

### 5. 环境放射化学

在环境放射化学研究方面,我国有影响的工作包括长江水系放射性水平调查,调查对象有水体、淤泥、鱼体和部分沿岸土壤,涉及总 α、总 β、U、Th、$^{226}$Ra、$^{210}$Po、$^{40}$K、$^{3}$H、$^{90}$Sr、$^{137}$Cs 和 $^{239}$Pu 等。20 世纪 90 年代,中国辐射防护研究院与日本原子力研究所合作开展了"低、中水平放射性废物浅地层处置安全评价方法学研究",系统研究了放射性核素 $^{85}$Sr、$^{89}$Sr、$^{134}$Cs

和$^{60}$Co在黄土包气带中的扩散和迁移行为,初步建立了我国低、中水平放射性废物近地表处置安全评价方法学。

21世纪,北京大学、兰州大学和中国科学院等离子体物理研究所等单位围绕核设施退役和高放废物地质处置的国家重大需求,开展了超铀核素在甘肃北山花岗岩中的吸附、扩散和迁移的研究,给出了吸附分配比、扩散系数等重要基础数据。

我国还首次将碳纳米管应用于核废料处理研究,发现碳纳米管对放射性核素具有超强的吸附能力,且吸附放射性核素后的碳纳米管具有非常高的稳定性。

# 第2章 原 子 核

## 2.1 原子核的组成

1897 年,J. J. Thomson 发现了电子,并提出了第一个原子结构模型——"西瓜模型"。1911 年,E. Rutherford 通过散射实验证实,原子的正电荷和 99.9% 以上的质量集中在核半径 $R \leqslant 10^{-14}$ m 的原子中心,据此提出了原子有核的"行星模型"。1932 年,J. Chadwick 发现了中子,建立了原子核是由质子(proton)和中子(neutron)组成的学说。

### 2.1.1 质子和中子

原子核是由质子和中子组成的。质子带一个单位的正电荷,质量约为电子质量的 1 836 倍。中子不带电荷,质量与质子相近,它们通称为核子(nucleon)。在原子核中的质子 – 质子、质子 – 中子和中子 – 中子间存在强度相同的强相互作用(核力),因而可以将它们看成核子的两种不同状态。质子、中子和电子的主要性质见表 2 – 1。

表 2 – 1 质子、中子和电子的主要性质

| 性质 | 质子 | 中子 | 电子 |
|---|---|---|---|
| 质量 $m/\mathrm{u}$ | 1.007 276 | 1.008 665 | $0.548\ 58 \times 10^{-3}$ |
| 电荷 $q/\mathrm{C}$ | $1.602\ 2 \times 10^{-19}$ | 0 | $-1.602\ 2 \times 10^{-19}$ |
| 半径 $r/\mathrm{m}$ | $0.83 \times 10^{-15}$① | $0.76 \times 10^{-15}$① | $2.817\ 9 \times 10^{-15}$② |
| 自旋 $\boldsymbol{P}_I(\hbar)$ | 1/2 | 1/2 | 1/2 |
| 磁矩 $\mu_I/\mu_\mathrm{N}$ | 2.792 8 | – 1.913 0 | 1 838.28 |
| 平均寿命 $\tau$ | 稳定 | 14.79 min | 稳定 |
| 统计 | 费米 – 狄拉克 | 费米 – 狄拉克 | 费米 – 狄拉克 |

注:①磁矩分布半径;②电子经典半径。

### 2.1.2 核素

原子核中的质子数用 $Z$ 表示,它等于核外的电子数,也等于该元素的原子序数,因为原子核所带的正电荷为 $Ze$,所以 $Z$ 也叫作原子核的电荷数(charge number)。

原子核所含的中子数用 $N$ 表示。核中质子数 $Z$ 和中子数 $N$ 之和 $A(Z + N = A)$ 称为原子核的质量数(mass number)。具有相同的质子数 $Z$、相同的中子数 $N$,处于相同的、寿命可

测的能态的一类原子称为核素(nuclide),用符号 $^A_Z X_N$ 表示,此处 X 为元素符号。例如 $^{238}_{92} U_{146}$ 表示 $Z=92, N=146, A=238$ 的核素。由于化学符号已经隐含原子序数(质子数)Z,中子数 $N=A-Z$,因此下标 Z 和 N 可以省略。核素 $^{238}_{92} U_{146}$ 可略写为 $^{238}U$,中文写作铀 $-238$。

质子数 Z 相同而中子数 N 不同因而质量数 A 不同的两个或多个核素称为同位素(isotope),例如 $^{234}_{92}U$、$^{235}_{92}U$ 和 $^{238}_{92}U$。

中子数 N 相同而质子数 Z 不同的核素称为同中子异位素(isotone),如 $^{38}_{18}Ar$、$^{39}_{19}K$ 和 $^{40}_{20}Ca$。

质量数 A 相同而质子数 Z 不同的核素称为同质异位素(isobar),如 $^{96}_{38}Sr$、$^{96}_{39}Y$ 和 $^{96}_{40}Zr$。

属同一种原子核但处于不同的能量状态而其寿命可以用仪器测量的两个或多个核素称为同质异能素(isomer),如 $^{99m}Tc$ 和 $^{99}Tc$,上标 m 表示激发态。

如两个核素的 Z 和 A 存在 $Z_1=N_2, Z_2=N_1, A_1=A_2$ 关系,称它们为镜像核(mirror nuclei),如 $^7_3Li$ 和 $^7_4Be$。

### 2.1.3 核素图

元素周期表中前 109 种元素中,81 种元素($Z=1 \sim 83$,43 号 Tc 和 61 号 Pm 除外)有稳定同位素(表 2-2)。这 81 种元素中,14 种元素各有一种寿命长于地球年龄的放射性同位素,1 种元素有 2 种长寿命放射性同位素(表 2-3)。

表 2-2　109 种元素中的稳定同位素

| Z | 1 ~ 42 | 43 | 44 ~ 60 | 61 | 62 ~ 83 | 84 ~ 109 |
|---|---|---|---|---|---|---|
| 性质 | 稳定 | Tc | 稳定 | Pm | 稳定 | 不稳定 |

表 2-3　稳定同位素中的放射性同位素

| 核素 | $^{40}_{19}K$ | $^{87}_{37}Rb$ | $^{118}_{48}Cd$ | $^{115}_{49}In$ | $^{123}_{52}Te$ | $^{138}_{57}La$ | $^{144}_{80}Nd$ | $^{152}_{64}Gd$ |
|---|---|---|---|---|---|---|---|---|
| 半衰期/a | $10^9$ | $10^{10}$ | $10^{15}$ | $10^{14}$ | $10^{13}$ | $10^{11}$ | $10^{15}$ | $10^{14}$ |
| 核素 | $^{176}_{71}Lu$ | $^{174}_{72}Hf$ | $^{187}_{75}Re$ | $^{186}_{76}Os$ | $^{190}_{78}Pt$ | $^{204}_{82}Pb$ | $^{147}Sm$ | $^{148}Sm$ |
| 半衰期/a | $10^{10}$ | $10^{15}$ | $10^{10}$ | $10^{15}$ | $10^{11}$ | $10^{17}$ | $10^{11}$ | $10^{15}$ |

10 种元素($Z=84 \sim 92$ 及 $Z=94$)有天然放射性同位素,因为 $^{232}Th$ ($T_{1/2}=1.405 \times 10^{10}$ a)、$^{235}U$ ($T_{1/2}=7.038 \times 10^8$ a)、$^{238}U$ ($T_{1/2}=4.468 \times 10^9$ a)是它们的母核,这三种核素的半衰期都比地球年龄长,所以它们在自然界中存在。另外 18 种元素($Z=43, 61, 93, 95 \sim 109$)在自然界中不存在,只能由人工合成。它们是 43 号元素 Tc、61 号元素 Pm、93 号元素 Np,以及 95 ~ 109 号元素,这些元素都有人工制造的短寿命放射性同位素。

一种元素存在的同位素从 3 种(氢)到 36 种(氙)不等,109 种元素共有 2 800 余种同位素,其中 270 多种是稳定的,2 500 多种是放射性的。若将所有核素排列在一张以 N 为横坐标,以 Z 为纵坐标的核素图(图 2-1)上,可以发现,稳定核素几乎全部位于一条光滑的曲线或紧靠该曲线的两侧,这条曲线称为 β 稳定线。不稳定核素分布在 β 稳定线的上下两边,位于 β 稳定线上侧的是缺中子核素(neuron-deficient nuclide),其边界为质子滴线(proton drip line)。位于 β 稳定线下侧的是丰中子核素(neutron-rich muclide),其边界为中子滴线(neutron drip line)。

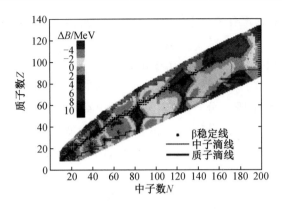

图 2 - 1 核素图

# 2.2 原子核的性质

## 2.2.1 核的电荷

由于原子是电中性的,因而原子核带的电量必定等于核外电子的总电量,但两者符号相反。任何原子的核外电子数就是该原子的原子序数(质子数)$Z$,因此原子序数为 $Z$ 的电子核的电量是 $Ze$,此处 $e$ 是元电荷。当用 $e$ 作电荷电位时,原子核的电荷是 $Z$,所以 $Z$ 也叫作核的电荷数。

测量原子核电荷比较精确的方法是由 H. G. J. Moseley 于 1913 年提出的。他发现元素所放出的特征 X 射线的频率 $v$ 与原子序数 $Z$ 之间有下列关系:

$$\sqrt{v} = AZ - B \qquad (2-1)$$

式中,$A$、$B$ 是常量,对于一定范围内的元素,它们不随 $Z$ 改变。因此,只要测定元素的特征 X 射线频率,利用式(2-1)即可确定原子序数 $Z$。例如,根据由元素钇到银的 $K_\alpha$ 线的频率,可确定 $A \approx 5.2 \times 10^7 \ s^{-1/2}$,$B \approx 1.5 \times 10^8 \ s^{-1/2}$。他曾测量当时未知元素锝的 $K_\alpha$ 线 $v_\alpha = 4.4 \times 10^{18} \ s^{-1}$,求得 Tc 的 $Z = 43$。除 Tc 以外,元素 Pm、At 和 Fr 都是利用此方法发现的。

## 2.2.2 核的半径

实验表明,原子核是接近球形的,因此,通常用核半径($R$)来表示原子核的大小。核半径用宏观尺度来衡量是很小的量,为 $10^{-12} \sim 10^{-15}$ cm。

数量级无法直接测量,可通过原子核与其他粒子相互作用间接测得。根据相互作用的不同,核半径一般有两种定义。

### 1. 核力作用半径

由 α 粒子散射实验发现:在 α 粒子能量足够高的情况下,它与原子核的作用不仅有库仑斥力作用,当距离接近时,还有很强的吸引作用,这种作用力叫作核力。核力有一作用半径,在半径之外,核力为零。这种半径叫作核半径,这样定义的核半径是核力作用的半径。

实验中,通过中子、质子或其他原子核与核的作用所测得的核半径就是核力作用半径。

实验表明:核半径与质量数 $A$ 有关。它们之间的关系可近似地表示为下面的经验公式:

$$R \approx r_0 A^{1/3} \tag{2-2}$$

式中,$r_0 = (1.4 \sim 1.5) \times 10^{-13}$ cm $= 1.4 \sim 1.5$ fm。

2. 电荷分布半径

核内电荷分布半径就是质子分布的半径。测量电荷分布半径比较准确的方法是利用高能电子在原子核上的散射,电子与原子核的作用实际上就是电子与质子的作用。为了准确测量质子分布半径,电子的波长必须小于核半径,因此电子的能量必须足够高。用这种方法测得的核半径是

$$R \approx 1.1 A^{1/3} \text{ fm} \tag{2-3}$$

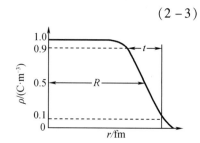

图 2-2  核内电荷分布状况

利用高能电子在核上的散射,不仅可以测得核内电荷分布范围,而且可以获知电荷分布状况。图 2-2 表示核内电荷分布的情况。纵坐标 $\rho$ 表示电荷密度,横坐标 $r$ 表示离原子核中心的距离。由图 2-2 可见,在原子核中央部分电荷密度是一常量,在边界附近逐渐下降。密度从 90% 下降到 10% 所对应的厚度,称为边界厚度 $t$。实验表明,各种核都具有相同的 $t$ 值:

$$t = (2.4 \pm 0.3) \text{ fm}$$

图 2-2 中的曲线可用下式表示:

$$\rho = \frac{1}{1 + e^{(r-R)/d}} \tag{2-4}$$

式中,$d$ 为核表面厚度,它与 $t$ 的关系为

$$t = 4d\ln 3 \tag{2-5}$$

比较式(2-2)和式(2-3)可知,核的电荷分布半径比核力作用半径要小一些,说明核的表面中子比质子要多,或者说,原子核仿佛有一层"中子皮"。不管哪种核半径都近似地正比于 $A^{1/3}$,即原子核的体积近似地与 $A$ 成正比。原子核的体积为

$$V = \frac{4}{3}\pi R^3 = \frac{4}{3}\pi (r_0 A^{1/3})^3 = \frac{4}{3}\pi r_0^3 A$$

即每个核子所占的体积近似地为一常量,或者说各种核的核子密度(单位体积的核子数)$n$ 大致相同:

$$n = \frac{A}{V} = \frac{A}{\frac{4}{3}\pi r_0^3 A} \approx 10^{38} \text{ cm}^{-3}$$

以核子质量为 $1.66 \times 10^{-24}$ g 计,核物质的密度大得惊人,约为 $1.66 \times 10^{14}$ g · cm$^{-3}$,即每立方厘米的核物质有几亿吨重。

### 2.2.3  核的质量和质量亏损

若忽略原子核和核外电子之间的结合能,原子核的质量 $m(Z,A)$ 等于原子的质量 $M(Z,A)$ 减去核外 $Z$ 个电子的质量:

$$m(Z,A) = M(Z,A) - Zm_e \tag{2-6}$$

由于原子核的质量不便于直接测量,通常都是通过测定原子质量来推知核的质量。由

于 1 mol 原子的任何元素包含 $6.022\,141\,5 \times 10^{23}$（此即阿伏加德罗常量 $N_A$）个微粒，因而一个原子的质量很小，用 kg 和 g 作单位不便于使用，通常采用原子质量单位（u）作为质量单位，规定 1 u 等于 $^{12}$C 原子质量的 1/12。

根据定义，原子质量单位（u）与 g 或 kg 间的换算关系为

$$1\ \text{u} = \frac{12}{N_A} \times \frac{1}{12} = \frac{1}{6.022\,141\,5 \times 10^{23}} = 1.660\,538\,86 \times 10^{-27}\ \text{kg} = 1.660\,538\,86 \times 10^{-24}\ \text{g}$$

由此可见，阿伏加德罗常量 $N_A$ 本质上是宏观质量单位"g"与微观质量单位"u"的比值。

表 2-4 列出了一些原子质量的测量值。由表 2-4 可见，原子质量都接近于一个整数，即原子核的质量数 $A$。

**表 2-4　一些原子的质量**

| 原子名称 | 原子质量/u | 原子名称 | 原子质量/u |
|---|---|---|---|
| $^1$H | 1.007 825 | $^7$Li | 7.016 005 |
| $^2$H | 2.014 102 | $^{12}$C | 12.000 000 |
| $^3$H | 3.016 050 | $^{16}$O | 15.994 915 |
| $^4$He | 4.002 603 | $^{235}$U | 235.043 944 |
| $^6$Li | 6.015 123 | $^{238}$U | 238.050 816 |

原子核虽由质子和中子组成，但其质量不等于所有核子的质量和。组成原子核的 $Z$ 个质子和（$A-Z$）个中子的质量和与该原子核的质量 $m(Z,A)$ 之差称为质量亏损（mass defect），用 $\Delta m(Z,A)$ 表示。

$$\Delta m(Z,A) = Zm_p + (A-Z)m_n - m(Z,A)$$
$$= ZM_H + (A-Z)m_n - M(Z,A) \qquad (2-7)$$

式中　$m_p$——质子质量；

$m_n$——中子质量；

$M_H$——氢原子质量；

$M(Z,A)$——以原子质量单位表示的原子质量。

以原子质量单位表示的原子质量 $M(Z,A)$ 与原子核的质量数 $A$ 之差称为质量过剩（mass excess），用 $\Delta$ 表示。

$$\Delta = M(Z,A) - A$$

原子核的质量比组成它的核子的总质量小，表明自由核子结合而成原子核的时候，有能量释放出来。这种表示自由核子组成原子核所释放的能量称为原子核的结合能，以 $B(Z,A)$ 表示。根据相对论质能关系，它与核素的质量亏损 $\Delta m(Z,A)$ 的关系是

$$B(Z,A) = \Delta m(Z,A)c^2 \qquad (2-8)$$

式中，$c$ 为光速，$c = 2.997\,924\,58 \times 10^8\ \text{m/s} \approx 3 \times 10^8\ \text{m/s}$。

对应于 1 g 质量的能量为

$$E = mc^2 = 10^{-3}\ \text{kg} \times (2.997\,924\,58 \times 10^8\ \text{m} \cdot \text{s}^{-1})^2 = 8.987\,551\,79 \times 10^{13}\ \text{J}$$

对应于 1 u 质量的能量为

$$E = mc^2$$
$$= 1.660\ 538\ 9 \times 10^{-27}\ \text{kg} \times (2.997\ 924\ 58 \times 10^8\ \text{m} \cdot \text{s}^{-1})^2$$
$$= 1.492\ 418 \times 10^{-10}\ \text{J}$$

原子核物理学中,常用电子伏特(eV)作为能量单位。1 eV 是一个电子在真空中通过 1 V 电位差所获得的动能。

$$1\ \text{eV} = 1.602\ 176\ 46 \times 10^{-19}\ \text{J}$$

可以推算出单位之间的换算关系,即

$$1\ \text{u} = 931.494\ 0\ \text{MeV}/c^2$$

与一个电子的静质量相联系的能量(电子的静质量能)为 0.511 MeV。

表 2-5 中列出了一些粒子的静止质量和相应能量的数值。

表 2-5 一些粒子的静止质量和相应能量

| 粒子 | 静止质量 $m_0/\text{u}$ | 能量 $m_0c^2/\text{MeV}$ |
|---|---|---|
| 电子 e | 0.000 548 58 | 0.511 00 |
| 质子 p | 1.007 276 | 938.272 |
| 中子 n | 1.008 665 | 939.565 |
| 氘核 d | 2.013 553 | 1 875.613 |
| 氚核 t | 3.015 501 | 2 808.921 |
| 氦核 α | 4.001 506 | 3 727.379 |

表 2-6 中列出了一些核素的结合能。从表 2-6 中可以看出,不同核素的结合能差别是很大的。一般来说,质量数 $A$ 大的原子核结合能 $B$ 也大。原子核平均每个核子的结合能又称为比结合能,用 $\varepsilon$ 表示。

$$\varepsilon = B/A \tag{2-9}$$

表 2-6 若干核素的原子质量、质量亏损、质量过剩、结合能和比结合能

| 核素 | 原子质量/u | 质量亏损 $\Delta m/\text{u}$ | 质量过剩 $\Delta/\text{MeV}$ | 结合能 $B/\text{MeV}$ | 比结合能 $\varepsilon/\text{MeV}$ |
|---|---|---|---|---|---|
| n | 1.008 665 | — | 8.071 4 | — | — |
| $^1$H | 1.007 825 | — | 7.289 0 | — | — |
| $^2$H | 2.014 102 | 0.002 388 | 13.135 9 | 2.224 | 1.112 |
| $^4$He | 4.002 603 | 0.030 377 | 2.424 8 | 28.30 | 7.07 |
| $^{12}$C | 12.000 000 | 0.098 940 | 0 | 92.16 | 7.68 |
| $^{14}$N | 14.003 070 | 0.112 355 | 2.863 7 | 104.66 | 7.48 |
| $^{15}$N | 15.000 110 | 0.123 987 | 0.100 0 | 115.49 | 7.70 |
| $^{15}$O | 15.003 070 | 0.120 185 | 2.860 | 111.95 | 7.46 |
| $^{16}$O | 15.994 920 | 0.137 005 | -4.736 6 | 127.61 | 7.98 |

表 2 - 6（续）

| 核素 | 原子质量/u | 质量亏损 $\Delta m$/u | 质量过剩 $\Delta$/MeV | 结合能 $B$/MeV | 比结合能 $\varepsilon$/MeV |
|------|-----------|--------------------|---------------------|---------------|--------------------------|
| $^{17}$O | 16.999 130 | 0.141 453 | -0.808 | 131.76 | 7.75 |
| $^{56}$Fe | 55.934 940 | 0.528 463 | -60.605 | 492.3 | 8.79 |
| $^{132}$Xe | 131.904 200 | 1.194 259 | -89.272 | 1 112.4 | 8.43 |
| $^{208}$Pb | 207.976 700 | 1.756 783 | -21.75 | 1 636.4 | 7.87 |
| $^{238}$U | 238.050 808 | 1.934 175 | 47.33 | 1 801.6 | 7.57 |

比结合能 $\varepsilon$ 的大小可用以标志原子核结合得松紧的程度。$\varepsilon$ 越大的原子核结合得越紧；$\varepsilon$ 较小的原子核结合得较松。表 2 - 6 也列出了一些核素的比结合能，氘核 $^2$H 的比结合能 $\varepsilon$ 最小，只有 1.112 MeV，$^{238}$U 核的结合能 $B$ 很大，但是它的比结合能 $\varepsilon$ 并不大，比 $^{56}$Fe、$^{132}$Xe 等的都小。

将稳定核素的比结合能 $\varepsilon$ 对质量数 $A$ 作图，所得曲线为比结合能曲线，如图 2 - 3 所示。

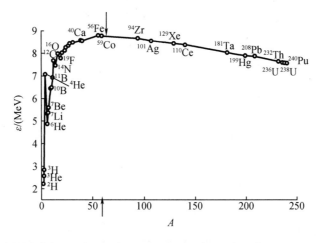

图 2 - 3　比结合能曲线

从图 2 - 3 中可以看出：

（1）当 $A < 30$ 时，曲线的趋势是上升的，$\varepsilon$ 随 $A$ 的变化有明显的起伏。在图 2 - 3 中，峰的位置都在 $A$ 为 4 的整数倍的地方，如 $^4$He、$^{12}$C、$^{16}$O 等，这些原子核的质子数 $Z$ 和中子数 $N = A - Z$ 都是偶数，称为偶偶核，而且它们的 $Z$ 和 $N$ 还相等，这说明原子核中的质子 - 质子及中子 - 中子有配对的趋势。

（2）当 $A > 30$ 时，$\varepsilon \approx 8$ MeV。与 $A$ 很小时曲线的明显起伏不同，近似地有 $\varepsilon = B/A \approx$ 常量，即 $B \propto A$。这表明原子核的结合能粗略地与核子数成正比。每个核子的结合能比原子中每个电子的结合能要大得多，这说明在原子核中核子之间的结合是很紧的，而原子核对原子中电子的束缚要松得多。

（3）曲线的形状是中间高，两端低。这说明 $A$ 为 50～150 的中等质量的核结合得比较紧，很轻的核和很重的核（$A > 200$）结合得比较松。

正是根据这样的比结合能曲线,物理学家预言了原子能的利用。一种是重核的裂变,一个很重的原子核分裂成两个中等质量的原子核,$\varepsilon$ 由小变大,有核能释放出来。例如,重核 $^{235}U$,它吸收一个中子而成为 $^{236}U$ 随之可裂变成两个中等质量的碎片核。$\varepsilon$ 由 7.6 MeV 增大到 8.5 MeV,一次裂变约有 210 MeV 的能量释放出来。这就是原子弹和裂变反应堆能够释放出巨大能量的道理。另一种是轻核的聚变,两个很轻的原子核聚合成一个重一些的核,$\varepsilon$ 由小变大,也有核能释放出来。例如,氘核和氚核聚合反应生成氦核,并有中子放出。一次这样的聚变反应就有 20 MeV 以上的核能放出。这就是氢弹和热核反应释放大量能量的基本原理。

### 2.2.4 核的自旋、磁矩和电四极矩

#### 1. 核的自旋

原子核由质子和中子组成,质子和中子都是自旋为 1/2 的粒子,它们不但做自旋运动,而且在核内力场的作用下在各自的轨道上运动,每个核子的角动量等于其自旋角动量和轨道角动量的矢量和。核的总角动量 $\boldsymbol{P}_I$ 等于各个核子角动量的矢量和,$I$ 是核的自旋量子数,为整数或半整数。核的角动量 $\boldsymbol{P}_I$ 又称为核自旋。$\boldsymbol{P}_I$ 的大小为

$$\boldsymbol{P}_I = \sqrt{I(I+1)}\,\hbar \tag{2-9}$$

$\boldsymbol{P}_I$ 在 $z$ 方向上的分量为

$$\boldsymbol{P}_{I,z} = m_I \hbar \tag{2-10}$$

式中,$m_I$ 称为磁量子数,可取,$I-1,\cdots,-(I-1),-I$,共 $2I+1$ 个值。$\boldsymbol{P}_I$ 在 $z$ 方向投影的最大值为 $I\hbar$,通常用这个最大值(以 $\hbar$ 为单位),即自旋量子数 $I$ 来表示核自旋的大小。由于核自旋的存在,整个原子的角动量 $\boldsymbol{P}_F$ 等于核外电子的总角动量 $\boldsymbol{P}_J$ 和原子核的角动量 $\boldsymbol{P}_I$ 的矢量和,即

$$\boldsymbol{P}_F = \boldsymbol{P}_I + \boldsymbol{P}_J \tag{2-11}$$

$F$ 可取 $I+J,I+J-1,\cdots,|I-J|$,共 $2J+1$(如 $I>J$)或 $2I+1$(如 $I<J$)个值。核外电子的总角动量 $\boldsymbol{P}_J$ 和原子核的角动量 $\boldsymbol{P}_I$ 的这种耦合使得原子光谱线进一步分裂。

从实验测得的原子核自旋数据可以归纳出以下规律:

(1)偶 – 偶核的自旋为零;

(2)奇 – 奇核的自旋为整数;

(3)奇 $A$ 核的自旋为半整数。

#### 2. 核的磁矩

原子核是一个带电系统,它的自旋运动会产生磁矩。如同原子磁矩一样,可以将原子核磁矩 $\mu_I$ 表示为

$$\mu_I = \frac{g_I \mu_N \boldsymbol{P}_I}{\hbar} \tag{2-12}$$

式中,$\mu_N$ 为核磁矩单位,称为核磁子(nuclear magneton):

$$\mu_N = \frac{e\hbar}{2m_p} = 5.050\ 783 \times 10^{-27}\ A \cdot m^2 \tag{2-13}$$

与玻尔磁子

$$\mu_B = \frac{e\hbar}{2m_e} = 9.274\,009\,5 \times 10^{-24}\ \text{A} \cdot \text{m}^2 \tag{2-14}$$

相比,前者仅为后者的 1/1 836,可见核磁矩比电子磁矩小 3 个数量级。式(2-12)中的 $g_I$ 为原子核的 $g$ 因子。$g_I > 0$ 表示核磁矩与核自旋方向相同,$g_I < 0$ 表示核磁矩与核自旋方向相反。在核磁共振技术中,将核磁矩与核自旋之比称为磁旋比,用 $\gamma_I$ 表示:

$$\gamma_I = \frac{g_I \mu_N}{\hbar} \tag{2-15}$$

核磁矩在空间指定方向的投影为

$$\mu_{I,z} = \frac{g_I \mu_N P_{I,z}}{\hbar} = \frac{g_I \mu_N m_I \hbar}{\hbar} = g_I \mu_N m_I \tag{2-16}$$

通常用核磁矩在 $z$ 方向投影的最大值 $g_I \mu_N I$ 表示核磁矩的大小。

### 3. 核的电四极矩

电四极矩是原子核的电荷分布偏离球形的量度,它能描述核的几何形状。非球形原子核取旋转椭球的形状。它的电四极矩定义为

$$Q = \frac{1}{e} \int_r \rho(x,y,z)(3z^2 - r^2)\,\mathrm{d}\tau \tag{2-17}$$

式中,$\rho(x,y,z)$ 为原子核中点 $(x,y,z)$ 处的电荷密度;$r^2 = x^2 + y^2 + z^2$;$\mathrm{d}\tau$ 为体积元。由此可见,电四极矩具有面积的量纲,其 SI 单位为 $\text{m}^2$。核物理中,常用靶恩(b)作单位,简称靶,$1\ \text{b} = 10^{-24}\ \text{cm}^2$。

对旋转椭球,设 $c$ 为沿转轴方向($z$ 方向)的半轴,与之垂直的两个半轴均为 $a$,如图 2-4 所示,则

$$\rho(x,y,z) = \frac{Ze}{V} = \frac{3Ze}{4a^2 c}$$

$$Q = \frac{\rho}{e} \int_r (2z^2 - x^2 - y^2)\,\mathrm{d}\tau = \frac{2}{5} Z(c^2 - a^2) \tag{2-18}$$

式(2-18)说明,长椭球($c > a$)的电四极矩为正,扁椭球($c < a$)的电四极矩为负。

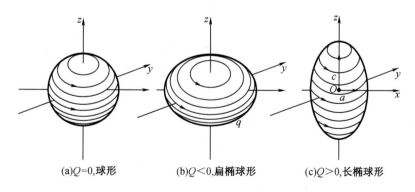

(a)$Q = 0$,球形　　　　(b)$Q < 0$,扁椭球形　　　　(c)$Q > 0$,长椭球形

**图 2-4　原子核的形状与电四极矩**

### 2.2.5 核的宇称和统计性质

**1. 核的宇称**

原子核的宇称是原子核的波函数 $\Psi$ 在空间反演下的对称性质。所谓空间反演,就是将构成原子核的所有核子的坐标 $(x_i, y_i, z_i), i = 1, 2, \cdots$ 变成 $(-x_i, -y_i, -z_i)$。令算符 $\hat{P}$ 为空间反演算符,按照定义

$$\hat{P}\Psi(x, y, z) = \Psi(-x, -y, -z)$$

$$\hat{P}^2\Psi(x, y, z) = \hat{P}\Psi(-x, -y, -z) = \Psi(x, y, z)$$

对于本征值方程

$$\hat{P}\Psi(x, y, z) = \pi\Psi(-x, -y, -z) \qquad (2-19)$$

本征值 $\pi^2 = 1, \pi = \pm 1$。$\pi = +1$ 即在空间反演下核的波函数不变的核具有偶(正)宇称;$\pi = -1$ 即在空间反演下核的波函数变化的核具有奇(负)宇称。原子核的宇称可从原子核的壳层模型得到解释和预测。

**2. 核的统计**

在一个由若干全同微观粒子组成的体系中,如果在体系的一个量子态(即由一套量子数所确定的微观状态)上只容许容纳一个粒子(遵守泡利原理),则称这种粒子服从费米 - 狄拉克统计;若一个量子态可以容纳的粒子数不限,则称这种粒子服从玻色 - 爱因斯坦统计。前者称为费米子(fermion),后者称为玻色子(boson)。自旋为零(如 $\pi$ 介子)和整数[如光子(自旋为1)、引力子(自旋为2)]的粒子属于玻色子,自旋为1/2 的粒子(如质子、中子、电子、中微子等)属于费米子。

一个由玻色子组成的全同粒子体系,其波函数对于其中任意两个粒子的交换是对称的,即

$$\Psi(q_1, q_2, \cdots, q_i, \cdots, q_j, \cdots, q_n) = \Psi(q_1, q_2, \cdots, q_j, \cdots, q_i, \cdots, q_n) \qquad (2-20)$$

反之,一个由费米子组成的全同粒子体系,其波函数对于其中任意两个粒子的交换是反对称的,即

$$\Psi(q_1, q_2, \cdots, q_i, \cdots, q_j, \cdots, q_n) = -\Psi(q_1, q_2, \cdots, q_j, \cdots, q_i, \cdots, q_n) \qquad (2-21)$$

由奇数个核子组成的原子核的核自旋为半整数,服从费米 - 狄拉克统计,由偶数个核子组成的原子核的核自旋为整数或0,服从玻色 - 爱因斯坦统计。

## 2.3 原子核模型

关于原子核的结构问题,即质子和中子如何组成原子核及它们在核中是如何运动的,是物理学家一直在研究而至今仍未完全解决的问题。用量子力学处理原子核这种多体问题还存在着数学上的困难。因此,目前的解决办法是根据实验事实建立理论模型,用以解释原子核的一部分性质。本节主要介绍壳层模型和液滴模型。

### 2.3.1 壳层模型

原子中的电子受原子核的吸引和其他电子的排斥。由于原子核的吸引较强且具有中

心对称性质,其他电子的作用较弱,其中很大一部分可以用一个中心对称的平均场代替,非中心对称的剩余相互作用很弱,可作为对中心场的一种微扰。因此,原子中的电子可以近似为各电子在中心场中做独立运动(中心场近似),描述原子中单电子运动的波函数称为原子轨道。整个原子的电子波函数是各单电子波函数的 Slater 行列式。每一个原子轨道用 $n$、$l$、$m_1$、$m_s$ 四个量子数表征。将 $n$、$l$ 相同的一组原子轨道称为一个亚层,如 1s、2s、2p、3s、3p、3d……将能量相近的亚层称为一个壳层,如(1s)、(2s,2p)、(3s,3p)、(4s,3d,4p)、(5s,4d,5p)、(6s,4f,5d,6p)……电子在每一壳层的依次填充形成元素周期表的一个个周期,每一周期以化学性质最稳定的惰性气体结尾,它们的原子序数分别为 2,10,18,36,54,86。这些数字是原子结构中的幻数(magic numbers)。幻数的存在是原子中电子的壳层结构的有力证明。

大量事实表明,原子核结构中也存在类似的幻数,它们是 2,8,20,28,50,82,126 和 184。

(1)地球、陨石以及其他星球的化学成分表明,下面几种核素的含量比相邻核素高:

$$_2^4\text{He}_2 \text{、}_8^{16}\text{O}_8 \text{、}_{20}^{40}\text{Ca}_{20} \text{、}_{28}^{60}\text{Ni}_{32} \text{、}_{38}^{88}\text{Sr}_{50} \text{、}_{40}^{90}\text{Zr}_{50} \text{、}_{50}^{120}\text{Sn}_{70} \text{、}_{56}^{138}\text{Ba}_{82} \text{、}_{58}^{140}\text{Ce}_{82} \text{、}_{82}^{208}\text{Pb}_{126}$$

它们的质子数或中子数,或者两者都是幻数。

(2)当质子数为 8,20,28,50,82 时,稳定同位素分别为 3,5,5,10,4 个,比相邻元素的稳定同位素的数目要多,如 $Sn(Z=50)$ 相邻的 Cd、In、Sb、Te 的同位素分别为 8,2,2,8 个。

(3)当中子数为 20,28,50,82 时,稳定的同中子异荷素分别为 5,5,6,7 个,比相邻中子数的稳定同中子异荷素的数目要多,如 $N=48,49,51$ 和 52 的同中子异荷素分别为 4,1,1,4 个。

(4)在中、重元素区($Z>32$),偶 $Z$ 元素的稳定同位素数目较多,各个同位素的天然丰度一般不超过 50%。但 $_{38}^{88}\text{Sr}_{50}$、$_{56}^{138}\text{Ba}_{82}$、$_{58}^{140}\text{Ce}_{82}$ 的丰度分别为 82.56%、71.66% 和 88.48%,足见 $N=50$ 和 $N=82$ 的原子核特别稳定。

(5)中子数 $N$ 为幻数的核 $_8^{16}\text{O}_8$ 的最后一个中子的结合能(15.668 MeV)比中子数为幻数差 1 的核 $_8^{15}\text{O}_7$ 和 $_8^{17}\text{O}_9$ 的最后一个中子的结合能(分别为 7.293 MeV 和 4.143 MeV)大得多。

## 2.3.2 液滴模型

原子核与液滴有某些相似之处,可以将原子核视为由核子组成的核液滴。这种核模型称为液滴模型(liquid drop model)。原子核与液滴的主要相似之处在于:

(1)核子之间的核力与液体分子之间的力都是短程力,都具有饱和性;

(2)原子核与液滴的压缩性都很小,形状均接近球形;

(3)其密度基本上都是常数;

(4)单个核子的平均结合能(除了很轻的核和很重的核)近似为一常数,与单个分子的结合能不随液滴的大小而改变一样,不随核子数 $A$ 而改变。

根据液滴模型,结合能 $B$ 主要包括体积能 $B_V$、表面能 $B_S$ 和库仑能 $B_E$。体积能 $B_V$ 与核液滴的体积 $V$ 成正比,而后者与 $A$ 成正比,所以

$$B_V = a_V A \tag{2-22}$$

式中, $a_V$ 为常数。处于核液滴表面的核子只受到液滴内部核子的作用,因此结合较为松弛。这种表面效应对于结合能的贡献是负的。表面能 $B_S$ 应当与表面积成正比,后者等于 $4\pi R^2 \propto A^{2/3}$,即

$$B_S = -a_S A^{2/3} \qquad (2-23)$$

式中, $a_S$ 为常数。质子与质子之间除存在核力外,还存在库仑斥力,库仑能 $B_E$ 的存在使结合能减小。根据电学原理,一个均匀带电球体的静电能与所带电荷的平方成正比,与球的半径成反比,因此

$$B_E = -a_E Z^2 A^{-1/3} \qquad (2-24)$$

在轻核区,稳定核素的质子数 $Z$ 与中子数 $N$ 是相等的。若 $Z \neq N$,稳定性要降低,从 $^{15}O$、$^{16}O$ 和 $^{17}O$ 的比结合能可以清楚地看出这一点。质子数和中子数对称($N = Z = A/2$)时核的结合能最高,偏离对称时结合能减小,且这种影响随 $A$ 的增加而下降。因此对称能的修正项可写为

$$B_A = -a_A \left(\frac{A}{2} - Z\right)^2 A^{-1} \qquad (2-25)$$

如前所述,原子核中质子–质子及中子–中子配对时结合能较大。这可由稳定核素的质子–中子数的奇–偶统计看出来。在 249 个稳定核素中,偶–偶核 143 个、偶–奇核 52 个、奇–偶核 50 个、奇–奇核 4 个。这一效应称为奇偶效应,因核子配对增加的结合能称为对能(pairing energy),用 $B_P$ 表示,则

$$B_P = \delta a_P A^{-1/2} \qquad (2-26)$$

式中, $a_P$ 为常数; $\delta = 1$(偶–偶核),$0$(奇 $A$ 核),$-1$(奇–奇核)。

综合以上各式,结合能 $B(Z,A)$ 可写为

$$B(Z,A) = a_V A - a_S A^{2/3} - a_E Z^2 A^{-1/3} - a_A \left(\frac{A}{2} - Z\right)^2 A^{-1} + \delta a_P A^{-1/2} \qquad (2-27)$$

这一关于原子核结合能的半经验公式称为 Weizsacker 公式。用稳定原子核的结合能数据可以拟合出常数 $a_V$、$a_S$、$a_E$、$a_A$ 及 $a_P$。不同研究者得到的拟合值略有不同,下面是其中的一组:

$$\begin{cases} a_V = 15.67 \text{ MeV} \\ a_S = 17.23 \text{ MeV} \\ a_E = 0.72 \text{ MeV} \\ a_V = 23.29 \text{ MeV} \\ a_P = 12 \text{ MeV} \end{cases} \qquad (2-28)$$

# 2.4 基本粒子和核力

物质的结构是分层次的。物质由分子组成,分子由原子组成,原子由原子核和电子组成,原子核由质子和中子组成。那么,质子和中子有无结构? 如果有,它们是由什么组成的? 是什么力将这些更深层次的粒子结合在一起的?

人们将那些没有内部结构,即不是由其他粒子复合而成,因而不能再分的粒子称为基

本粒子(elementary particles)。随着人们对于物质世界的认识的深入,基本粒子的概念也随时间而改变。目前,按照粒子物理学的标准模型,基本粒子包括轻子(lepton)、夸克(quark)和规范玻色子。轻子和夸克统称为物质粒子;规范玻色子是场的量子(场粒子),是传递相互作用的媒介。

## 2.4.1 轻子

轻子是一类不参与强相互作用的费米子,已经发现的轻子共 12 个,分属三代:电子($e^+$,$e^-$)和电子中微子(electron neutrino, $v_e$, $\bar{v}_e$)为第一代轻子(the first generation of leptons),$\mu$ 子(muon, $\mu^+$, $\mu^-$)和 $\mu$ 子中微子(muon neutrino, $v_\mu$, $\bar{v}_\mu$)为第二代轻子,$\tau$ 子(tauon, $\tau^+$, $\tau^-$)和 $\tau$ 子中微子(tauon neutrino, $v_\tau$, $\bar{v}_\tau$)为第三代轻子。所有轻子的正粒子($e^-$, $v_e$, $\mu^-$, $v_\mu$, $\tau^-$, $v_\tau$)的轻子数(lepton number)$L = 1$,它们的反粒子($e^+$, $\bar{v}_e$, $\mu^+$, $\bar{v}_\mu$, $\tau^+$, $\bar{v}_\tau$)的轻子数 $L = -1$,非轻子的 $L = 0$。所有轻子的重子数 $B = 0$。表 2 – 7 列出了轻子的性质。迄今为止,尚未发现轻子有内部结构。在 12 个轻子中,$\tau$ 子的质量比质子和中子还要大,所以质量小并不是轻子的本质特征。

表 2 – 7 轻子家族

| 代数 | 轻粒子 | 静质量 /($MeV \cdot c^{-2}$) | 电荷 e | 自旋 $\hbar$ | 平均寿命/s | 轻子数 $L_l$ ($l = e, \mu, \tau$) | 重子数 B |
|------|--------|------|------|------|------|------|------|
| 第一代 | $e^-/e^+$ | 0.511 | – 1/ + 1 | 1/2 | 稳定 | + 1/ – 1 | 0 |
| | $v_e/\bar{v}_e$ | ≈0 | 0 | 1/2 | 稳定 | + 1/ – 1 | 0 |
| 第二代 | $\mu^-/\mu^+$ | 105.6 | – 1/ + 1 | 1/2 | $2.2 \times 10^{-6}$ | + 1/ – 1 | 0 |
| | $v_\mu/\bar{v}_\mu$ | ≈0 | 0 | 1/2 | 稳定 | + 1/ – 1 | 0 |
| 第三代 | $\tau^-/\tau^+$ | 1777 | – 1/ + 1 | 1/2 | $3.5 \times 10^{-12}$ | + 1/ – 1 | 0 |
| | $v_\tau/\bar{v}_\tau$ | ≈0 | 0 | 1/2 | 稳定 | + 1/ – 1 | 0 |

## 2.4.2 夸克

夸克是 1964 年由 M. Gell-Mann 和 G. Zweig 提出的,是自旋为 1/2 的费米子,参与强相互作用。迄今发现的夸克有 6 味(flavor),称为上夸克(up)、下夸克(down)、奇异夸克(strange)、粲夸克(charme)、底夸克(bottom)和顶夸克(top),分别记为 u、d、s、c、b 和 t。夸克带有正或负分数电荷 $\frac{1}{3}e$ 或 $\frac{2}{3}e$。每一味夸克又可以有 3 种"色"(color),即红、蓝、绿。夸克带的"色"与日常生活中的颜色无关,它是表征夸克的一种自由度。每种夸克都有相应的反粒子——反夸克,已知的夸克共有 36 种。

与轻子相对应,夸克也分为三代,如表 2 – 8 所示。质子和中子各由三夸克组成,质子、中子、电子、正电子、电子中微子等第一代的轻子和夸克组成我们的物质世界。此外,介子由两夸克组成,2003 年人们发现了由五夸克组成的五夸克系统(pentaquarks)。

表 2-8 夸克表

| 代数 | 轻粒子 | 静质量 /($MeV \cdot c^{-2}$) | 电荷 e | 自旋 $\hbar$ | 重子数 B | 轻子数 | 反夸克 |
|------|--------|------|------|------|------|------|------|
| 第一代 | 上夸克 u | 1.5~4 | +2/3 | 1/2 | +1/3 | 0 | $\bar{u}$ |
| | 下夸克 d | 4~8 | −1/3 | 1/2 | +1/3 | 0 | $\bar{d}$ |
| 第二代 | 奇异夸克 s | 80~130 | −1/3 | 1/2 | +1/3 | 0 | $\bar{s}$ |
| | 粲夸克 c | 1 150~1 350 | +2/3 | 1/2 | +1/3 | 0 | $\bar{c}$ |
| 第三代 | 底夸克 b | 4 100~4 400 | −1/3 | 1/2 | +1/3 | 0 | $\bar{b}$ |
| | 顶夸克 t | 17 800±4 300 | +2/3 | 1/2 | +1/3 | 0 | $\bar{t}$ |

### 2.4.3 规范玻色子

根据电子电动力学,传递电磁相互作用的是电磁场。电磁场的量子是光子。也就是说,光子是传递电磁相互作用的媒介。光子是本征自旋为 1 的玻色子,其静质量为零。光子的反粒子就是其本身。

按照弱电统一理论,电磁力和弱相互作用的作用强度相同,区别在于传递相互作用的中间玻色子不同。传递弱相互作用的媒介是中间(矢量)玻色子 $W^+$、$W^-$ 和 Z,分别带有 +1,−1,0 个元电荷,本征自旋为 1。$W^+$、$W^-$ 的质量为 $(80.41 \pm 0.18)GeV/c^2$,Z 的质量为 $(91.188\ 4 \pm 0.002\ 2)GeV/c^2$。

传递夸克之间的强相互作用的媒介粒子称为胶子(gluons)。胶子共有 8 种,质量估计约为 $0.7\ GeV/c^2$,本征自旋为 1。与光子不同的是,光子本身不带电荷,相互之间没有相互作用,而胶子是带色荷的,胶子之间存在强相互作用。

此外,粒子物理学的标准模型要求存在一种自旋为 0 的希格斯(Higgs)玻色子,除了弱电统一理论要求的至少一种电中性的希格斯玻色子 $H^0$ 外,还可能存在其他的希格斯玻色子,但实验上至今仍未找到。

传递引力的玻色子是引力子(graviton),本征自旋为 2。因为引力的力程为无限远,引力的静质量应为 0。目前还没有从实验上检测到引力子。

### 2.4.4 4 种基本相互作用

自然界的基本相互作用有 4 种:电磁相互作用、弱相互作用、强相互作用和引力相互作用(表 2-9)。

表 2-9 4 种相互作用

| 相互作用 | 媒介子 | 相对强度 | 行为 | 力程/m | 理论 |
|------|------|------|------|------|------|
| 电磁相互作用 | 光子 | $10^{-2}$ | $1/r^2$ | $\infty$ | 量子电动力学(QED) |
| 弱相互作用 | $W^+$、$W^-$、Z | $10^{-14}$ | $1/r^5 \sim 1/r^7$ | $10^{-18}$ | 量子味动力学(QFD) |
| 强相互作用 | 胶子 | 1 | $1/r^7$ | $1.4 \times 10^{-15}$ | 量子色动力学(QCD) |
| 引力相互作用 | 引力子 | $10^{-40}$ | $1/r^2$ | $\infty$ | 广义相对论(几何动力学) |

1. 电磁相互作用

电磁相互作用是粒子之间的 4 种基本相互作用的一种,其强度大约为强相互作用的 $10^{-2}$。电磁相互作用存在于带电粒子之间,通过电磁场传递,力程为无穷大。在电磁相互作用中,体系的能量、动量、角动量、电荷、轻子数、重子数、同位旋第三分量、奇异数和宇称都守恒,但同位旋不守恒。

2. 弱相互作用

弱相互作用是粒子之间的 4 种基本相互作用很弱的一种,称为弱核力(weak nuclear force),其强度大约为强相互作用的 $10^{-14}$。原子核的 β 衰变和寿命大于 $10^{-10}$ s 的粒子衰变(如 $K^+ \longrightarrow \mu^+ + \upsilon_\mu$,$\Lambda \longrightarrow p + \pi^-$)都是这种弱相互作用的结果。在弱相互作用中,体系的能量、动量、角动量、电荷、轻子数、重子数都守恒,但同位旋及其第三分量、奇异数、电荷共轭变换、时间反演变换和宇称都不守恒。

3. 强相互作用

夸克与夸克之间存在的相互作用为强相互作用,称为强核力(strong nuclear force),力程很短,为 $1.4 \times 10^{-15}$ m。强相互作用是基本粒子之间的四种基本相互作用中最强的一种。在强相互作用中,体系的能量、动量、角动量、电荷、轻子数、重子数、同位旋及其第三分量、奇异数和宇称都守恒。

4. 引力相互作用

基本粒子之间还存在着第四种相互作用——引力相互作用。引力相互作用也是通过场传递的,场的量子为引力子,力程为无穷大。引力相互作用存在于一切物体之间,其强度比上述三种相互作用弱得多。

## 2.4.5　核力

核力是原子核中作用于核子之间的强相互作用力,这种作用力非常复杂。

(1)核力是短程力,其有效力程约为 $10^{-15}$ m 数量级。当两个核子之间的距离 $d$ 为 $(0.8 \sim 1.5) \times 10^{-15}$ m 时,核力表现为短程强吸引力;当 $d > 1.5 \times 10^{-15}$ m 时,核力完全消失;当 $d < 0.8 \times 10^{-15}$ m 时,两个核子间出现强排斥力,说明核力有一个强排斥芯。

(2)核力是一种多体力,但具有饱和性,即每个核子只和附近的几个核子相互作用。中、重核的平均结合能近似为一常数就是核力饱和性的结果。

(3)核力与作用核子的自旋取向有关,但与电荷无关。质子 - 质子、质子 - 中子及中子 - 中子间的核力相同。

(4)核力是一种交换力,π 介子是传递核力的媒介。

# 第3章 放 射 性

## 3.1 放射性衰变的基本规律

原子核自发地发射粒子(如 α、β、p、$^{14}$C 等)或电磁辐射、俘获核外电子,或自发裂变的现象称为放射性,这种核转变称为放射性衰变(radioactive decay)或核衰变(nuclear decay)。具有这种性质的核素称为放射性核素(radionuclide)。至今已知大约 2 800 种核素中有 2 500 多种是放射性的,经过一次或多次衰变放出粒子或量子辐射直到稳定核为止。放射性现象是由原子核的变化引起的,与核外电子状态的改变关系很小,因此,对放射性的研究是了解原子核的重要手段。

### 3.1.1 放射性的一般现象

1896 年,H. Becquerel 在研究铀矿的荧光现象时,发现铀矿物等发射出穿透力很强并能使照相底片感光的不可见的射线。在磁场中研究这种射线的性质时,证明它是由 α、β 和 γ 三种成分的射线组成的。它们的本性和贯穿本领如下。

(1)α 射线是由高速运动的氦原子核(又称 α 粒子)组成的。它在磁场中的偏转方向与正离子流的偏转方向相同,电离作用大,贯穿本领小。

(2)β 射线是高速运动电子流,它的电离作用较小,贯穿本领较大。

(3)γ 射线是波长很短的电磁波,它的电离作用小,贯穿本领大。

α 放射性与 α 衰变相联系。原子核自发地发射出 α 粒子而发生的转变,叫作 α 衰变。在 α 衰变中,衰变后的剩余核(通常叫子核)与衰变前的原子核(通常叫母核)相比,电荷数减少 2,质量数减少 4。α 衰变可以用下列式子来表示:

$$_{Z}^{A}\text{X} \longrightarrow _{Z-2}^{A-4}\text{Y} + _{2}^{4}\text{He} \tag{3-1}$$

式中,X 表示母核;Y 表示子核。例如$^{210}$Po 的 α 衰变可写为

$$_{84}^{210}\text{Po} \longrightarrow _{82}^{206}\text{Pb} + _{2}^{4}\text{He}$$

β 放射性与 β 衰变相联系。原子核自发地放射出电子或正电子或俘获一个轨道电子而发生的转变,叫作 β 衰变。放射电子的衰变过程称为 β$^-$衰变;放射正电子的衰变过程称为 β$^+$衰变;俘获轨道电子的衰变过程称为轨道电子俘获(EC)。β 衰变的三种类型可分别用下式表示:

$$_{Z}^{A}\text{X} \longrightarrow _{Z+1}^{A}\text{Y} + \text{e}^- \tag{3-2}$$

$$_{Z}^{A}\text{X} \longrightarrow _{Z-1}^{A}\text{Y} + \text{e}^+ \tag{3-3}$$

$$_{Z}^{A}\text{X} + \text{e}^- \longrightarrow _{Z-1}^{A}\text{Y} \tag{3-4}$$

式中,$e^-$和$e^+$分别代表电子和正电子。在β衰变中,子核和母核的质量数相同,只是电荷数相差1。$β^-$衰变相当于原子核的一个中子变成了质子;$β^+$衰变和轨道电子俘获相当于原子核的一个质子变成了中子。子核和母核是相邻的同质异位素。例如${}^{32}P$的β衰变:${}^{32}P \longrightarrow {}^{32}S + e^-$,${}^{32}P$和${}^{32}S$是相邻的同质异位素。

γ放射性既与γ跃迁相联系,也与α衰变或β衰变相联系。α衰变和β衰变的子核往往处于激发态。处于激发态的原子核要向基态跃迁,这种跃迁称为γ跃迁。在γ跃迁中通常要放出γ射线。因此,γ射线的自发放射一般是伴随α或β射线产生的。例如,放射源${}^{60}Co$既具有β放射性,也具有γ放射性。这是由于放射性原子核${}^{60}Co$首先要β衰变至${}^{60}Ni$的激发态,然后当激发态跃迁至基态时会发射出γ射线。γ跃迁与α衰变或β衰变不同,不会导致核素的变化,只改变原子核的内部状态,因此γ跃迁的子核和母核,其电荷数和质量数均相同,只是内部状态不同而已。

### 3.1.2　放射性衰变的指数衰减规律

放射性衰变是一种随机事件,各个原子核的衰变彼此独立。每一种放射性核素均有其特征的衰变概率,放出的射线(粒子)种类、能量和衰变速率均不相同,但其衰变动力学有共同遵循的规律。大量放射性原子核的衰变从整体上服从放射性衰变的统计规律。

以${}^{222}Rn$的α衰变为例,把一定量的氡单独存放,实验发现,4 d后(现代精确值为3.823 d)氡的数量减少到原来的1/2,8 d后减少到原来的1/4,其后依此速度减少。这一衰变情况如图3-1所示。

如果以时刻$t$氡的数量$N$的自然对数$\ln N$为纵坐标,以时间$t$为横坐标作图,得一条直线。这一直线方程为

$$\ln N(t) = \ln N_0 - \lambda t \tag{3-5}$$

式中　$N_0$——时间$t=0$时氡的量;

　　　$\lambda$——直线的斜率。

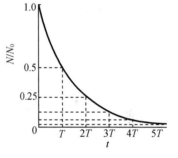

**图3-1　氡的衰变**

将式(3-5)写成指数形式

$$N = N_0 e^{-\lambda t} \tag{3-6}$$

可见氡的衰变服从指数衰减规律。实验表明,其他放射性核素的衰变也遵从同样的规律。$\lambda$是一个常量,称为衰变常数。它的量纲是时间的倒数,它的大小决定了衰变的快慢。$\lambda$只与放射性核素的种类有关,因此,它是放射性原子核的特征量。

将式(3-6)微分得

$$-dN = \lambda N dt \tag{3-7}$$

$-dN$是原子核在$t$到$t+dt$时间间隔内的衰变数。由此可见,衰变数正比于时间间隔$dt$和$t$时刻的原子核数$N$,其比例系数正好是衰变常数$\lambda$。因此,$\lambda$可以写为

$$\lambda = \frac{-dN/N}{dt} \tag{3-8}$$

显然,$-dN/N$表示每个原子核的衰变概率。式(3-8)表明,衰变常数$\lambda$的物理意义是单位时间内每个原子核的衰变概率。因为$\lambda$是常数,所以每个原子核不论何时衰变,其概率均相同　这意味着,各个原子核的衰变是彼此独立的。不能说哪一个核应该先衰变,哪

一个核应该后衰变。每一个核到底何时衰变,完全是偶然性事件。但是偶然性中具有必然性。大量原子核的衰变从整体上服从指数衰变规律[式(3-6)],这就是放射性衰变的统计规律。它只适用于大量原子核的衰变,对少数原子核的衰变行为只能给出概率描述。

式(3-6)所描述的是放射性核的数目随时间的衰减。由于测量放射性核的数目很不方便,而且往往没有必要,我们感兴趣的且便于测量的是单位时间内有多少核发生衰变,亦即放射性核素的衰变率衰变掉的放射性核的数目 $-\mathrm{d}N/N$,或称为放射性活度(radioactivity),简称活度(activity),常用 $A$ 表示,即

$$A = -\frac{\mathrm{d}N}{\mathrm{d}t} = \lambda N \tag{3-9}$$

将式(3-6)代入式(3-9),记 $t=0$ 时的活度为 $A_0$,得

$$A = A_0 \mathrm{e}^{-\lambda t} \tag{3-10}$$

放射性活度随时间的衰减同样服从指数规律。

放射性活度的 SI 单位为贝可勒尔(Becquerel),简称贝可,用 Bq 表示,1 Bq 等于每秒一次衰变:

$$1 \text{ Bq} = 1 \text{ s}^{-1}$$

历史上最早用 1 g $^{226}$Ra(不包括它的字体)的活度为单位,称为居里(Curie),记为 Ci,且

$$1 \text{ Ci} = 3.7 \times 10^{10} \text{ Bq} = 37 \text{ GBq}$$

其导出单位为豪居里(mCi)和微居里(μCi),1 mCi $= 10^{-3}$ Ci $= 37$ MBq,1 μCi $= 10^{-6}$ Ci $= 37$ kBq。

描述衰变的快慢,除了用衰变常数 $\lambda$ 以外,通常还用半衰期 $T_{1/2}$ 和平均寿命 $\tau$。

半衰期($T_{1/2}$)是放射性原子核的数目衰减一半所需要的时间:

$$T_{1/2} = \frac{\ln 2}{\lambda} \approx \frac{0.693}{\lambda} \tag{3-11}$$

可见 $T_{1/2}$ 与 $\lambda$ 成反比。$\lambda$ 越大,放射性衰减得越快,自然它衰减到一半所需的时间就越短。不同放射性核素的半衰期相差很大,用目前技术测到 $T_{1/2}$ 长的可达 $10^{15}$ a 量级,短的只有 $10^{-11}$ s 量级。

平均寿命($\tau$)是指放射性原子核平均生存的时间,根据衰变常数 $\lambda$ 的定义,$\tau$ 可表示为

$$\tau = \frac{1}{\lambda} \tag{3-12}$$

式(3-12)也可以从平均寿命的定义得到。将式(3-12)代入式(3-6)可知,平均寿命 $\tau$ 是放射性原子核的数目衰减到初始数目 1/e 所需的时间。

可见,$\lambda$、$T_{1/2}$ 和 $\tau$ 这三个量,不是各自独立的,只要知道其中一个,即可求得其余两个。

### 3.1.3 分支衰变

某些放射性核素可同时以几种方式衰变,典型的例子是 $^{64}$Cu,以 $\beta^-$、$\beta^+$ 和 EC 三种方式进行衰变。

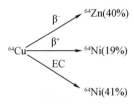

这种现象称为分支衰变(branching decay)。在每一次衰变中,按衰变常数的物理意义,总的衰变常数为 $\lambda$ 应等于各种衰变方式的部分衰变常数 $\lambda_i$ 之和,即

$$\lambda = \sum_i \lambda_i \tag{3-13}$$

第 $i$ 种分支衰变的部分放射性活度为

$$A_i = \lambda_i N = \lambda_i N_0 e^{-\lambda t} \tag{3-14}$$

总放射性活度为

$$A = \sum A_i = \lambda N_0 e^{-\lambda t} \tag{3-15}$$

可见部分放射性活度在任何时候都是与总放射性活度成正比。需要注意的是,部分放射性活度随时间是按 $e^{-\lambda t}$ 衰减而不是按 $e^{-\lambda_i t}$ 衰减。这是因为任何放射性活度随时间的衰减都是由于原子核 $N$ 减少,而 $N$ 减少是所有分支衰变的总结果。

第 $i$ 种分支衰变的部分放射性活度与总放射性活度之比,称为这种衰变的分支比,用 $R_i$ 表示。由式(3-14)和式(3-15)可知,分支比 $R_i$ 可表示为

$$R_i \equiv \frac{A_i}{A} = \frac{\lambda_i}{\lambda} \tag{3-16}$$

### 3.1.4 递次衰变规律

由放射性母核衰变产生的子体核常常也是放射性的,它将继续衰变到第二代子体。如果后者还是不稳定的,它将衰变到第三代子体……这样一代一代地连续衰变下去,直到形成一个稳定核为止。这种衰变称为递次衰变或连续衰变(consecutive decay)。例如,$^{232}$Th 经过 $\alpha$ 衰变至 $^{228}$Ra,然后连接二次 $\beta^-$ 衰变至 $^{228}$Th,再通过若干次 $\alpha$ 和 $\beta^-$ 衰变,最后到稳定核 $^{208}$Pb 为止。

$$^{232}\text{Th} \rightarrow {}^{228}\text{Ra} \rightarrow {}^{228}\text{Ac} \rightarrow {}^{228}\text{Th} \rightarrow \cdots \rightarrow {}^{208}\text{Pb}$$

在递次衰变中,任何一种放射性物质被分离出来单独存放时,它的衰变都满足式(3-6)的指数衰减规律。但是,它们混在一起的衰变情况要复杂得多。

首先考虑母体 A 衰变为子体 B 然后衰变为第二代子体 C 的情况:

$$\text{A} \rightarrow \text{B} \rightarrow \text{C}$$

研究 A、B、C 的原子核数和放射性活度随时间的变化规律。

设 A、B、C 的衰变常数分别为 $\lambda_1$、$\lambda_2$、$\lambda_3$;在时刻 $t$,A、B、C 的原子核数分别为 $N_1$、$N_2$、$N_3$;当 $t=0$ 时,只有母体存在,即 $N_2(0) = N_3(0) = 0$。

由于子体的衰变不会影响母体的衰变,$N_1$ 随时间的变化仍然服从指数衰减规律,即有

$$N_1 = N_1(0) e^{-\lambda_1 t} \tag{3-17}$$

A 的放射性活度为

$$A_1(t) = \lambda_1 N_1 = \lambda_1 N_1(0) e^{-\lambda_1 t} = A_1(0) e^{-\lambda_1 t} \tag{3-18}$$

关于子体 B,单位时间核数目的变化 $dN_2/dt$,一方面以速率 $\lambda_1 N_1$ 从 A 中产生,另一方面又以速率 $\lambda_2 N_2$ 衰变为 C,即

$$\frac{dN_2}{dt} = \lambda_1 N_1 - \lambda_2 N_2 \tag{3-19}$$

利用式(3-17)对此微分方程求解,得

$$N_2(t) = \frac{\lambda_1}{\lambda_2 - \lambda_1} N_1(0)(e^{-\lambda_1 t} - e^{-\lambda_2 t}) \tag{3-20}$$

这就是子体 B 的核数目随时间变化的规律。子体 B 的放射性活度为

$$A_2(t) = \lambda_2 N_2(t) = \frac{\lambda_1 \lambda_2}{\lambda_2 - \lambda_1} N_1(0)(e^{-\lambda_1 t} - e^{-\lambda_2 t}) \tag{3-21}$$

关于子体 C,如果它是稳定的,即 $\lambda_3 = 0$,则

$$\frac{dN_3}{dt} = \frac{\lambda_1 \lambda_2}{\lambda_2 - \lambda_1} N_1(0)(e^{-\lambda_1 t} - e^{-\lambda_2 t})$$

做积分并利用初始条件($t=0, N_3=0$),得

$$N_3(t) = \frac{\lambda_1 \lambda_2}{\lambda_2 - \lambda_1} N_1(0) \left[ \frac{1}{\lambda_1}(1 - e^{-\lambda_1 t}) - \frac{1}{\lambda_2}(1 - e^{-\lambda_2 t}) \right] \tag{3-22}$$

当 $t \to \infty$ 时,$N_3 \to N_1(0)$,即此刻母体 A 全部衰变成子体 C。显然,子体 C 的放射性活度 $A_3 = \lambda_3 N_3 = 0$,因为它是稳定的。

如果 C 也不稳定($\lambda_3 \neq 0$),则对 $N_3$ 有微分方程:

$$\frac{dN_3}{dt} = \lambda_2 N_2 - \lambda_3 N_3 \tag{3-23}$$

把式(3-20)代入式(3-23)得

$$\frac{dN_3}{dt} + \lambda_3 N_3 = \frac{\lambda_1 \lambda_2}{\lambda_2 - \lambda_1} N_1(0)(e^{-\lambda_1 t} - e^{-\lambda_2 t}) \tag{3-24}$$

最后可得

$$N_3(t) = N_1(0)(h_1 e^{-\lambda_1 t} + h_2 e^{-\lambda_2 t} + h_3 e^{-\lambda_3 t}) \tag{3-25}$$

式中,$h_1 = \dfrac{\lambda_1 \lambda_2}{(\lambda_2 - \lambda_1)(\lambda_3 - \lambda_1)}$;$h_2 = \dfrac{\lambda_1 \lambda_2}{(\lambda_1 - \lambda_2)(\lambda_3 - \lambda_2)}$;$h_3 = \dfrac{\lambda_1 \lambda_2}{(\lambda_1 - \lambda_3)(\lambda_2 - \lambda_3)}$。此时 C 的放射性活度为

$$A_3(t) = \lambda_3 N_3 = \lambda_3 N_1(0)(h_1 e^{-\lambda_1 t} + h_2 e^{-\lambda_2 t} + h_3 e^{-\lambda_3 t}) \tag{3-26}$$

对于递次衰变系列 $A_1 \to A_2 \to A_3 \to \cdots \to A_n \to \cdots$,当开始只有母体 $A_1$ 时,同理可得第 $n$ 个放射体 $A_n$ 的原子核随时间的变化为

$$N_n(t) = N_1(0)(h_1 e^{-\lambda_1 t} + h_2 e^{-\lambda_2 t} + \cdots + h_n e^{-\lambda_n t}) \tag{3-27}$$

式中,$h_1 = \dfrac{\lambda_1 \lambda_2 \cdots \lambda_{n-1}}{(\lambda_2 - \lambda_1)(\lambda_3 - \lambda_1) \cdots (\lambda_n - \lambda_1)}$;$h_2 = \dfrac{\lambda_1 \lambda_2 \cdots \lambda_{n-1}}{(\lambda_1 - \lambda_2)(\lambda_3 - \lambda_2) \cdots (\lambda_n - \lambda_2)}$;$\cdots$;$h_n = $

$\dfrac{\lambda_1 \lambda_2 \cdots \lambda_{n-1}}{(\lambda_1 - \lambda_n)(\lambda_2 - \lambda_n) \cdots (\lambda_{n-1} - \lambda_n)}$。

$\lambda_n$ 是 $A_n$ 衰变常数。$A_n$ 的放射性活度为

$$A_n(t) = \lambda_n N_n(t) = \lambda_n N_1(0)(h_1 e^{-\lambda_1 t} + h_2 e^{-\lambda_2 t} + \cdots + h_n e^{-\lambda_n t}) \tag{3-28}$$

由上面的结果可以看出,递次衰变规律不再是简单的指数衰减规律了。其中任一子体随时间的变化不仅和本身的衰变常数有关,而且和前面所有放射体的衰变常数都有关。只要各个放射体的衰变常数都已知,则任一放射体随时间的变化利用式(3-27)和式(3-28)即可算出。

# 3.2 放射性平衡

本节将进一步讨论只有两个放射体的递次衰变,即 A(半衰期 $T_1$,衰变常数 $\lambda_1$)→B(半衰期 $T_2$,衰变常数 $\lambda_2$)→C,当时间足够长时,有可能出现放射性平衡。显然,在任何递次衰变中,母体 A 的变化情况总是服从指数衰减规律。我们感兴趣的是子体 B 的变化情况。在初始只有母体 A 的条件下,子体 B 的变化只取决于 $\lambda_1$ 和 $\lambda_2$。依 $T_1$ 与 $T_2$ 相对大小,分三种情况来讨论。

## 3.2.1 暂时平衡

当母体 A 的半衰期不是很长,但比子体 B 的半衰期要长,即 $T_1 > T_2$ 或 $\lambda_1 < \lambda_2$ 时,则在通常的测量时间内可以观察到母体 A 的放射性活度的变化,子体 B 的核数目在时间足够长以后,将和母体的核数目建立一固定的比例,即子体 B 的变化将按母体的半衰期衰减。这时建立的平衡叫作暂时平衡。例如

$$^{140}\text{Ba} \xrightarrow{\beta^-,\,12.79\ \text{d}} {}^{140}\text{La} \xrightarrow{\beta^-,\,40.23\ \text{h}} {}^{140}\text{Ce}$$

已知,$T_1 = 12.79\ \text{d}$,$T_2 = 40.23\ \text{h}$,即有 $T_1 > T_2$,而且 $T_1$ 不是很长,在观察时间内可以看出母体 $^{140}\text{Ba}$ 放射性的变化。

根据式(3 - 20)

$$N_2(t) = \frac{\lambda_1}{\lambda_2 - \lambda_1} N_1(t) \left[ 1 - e^{-(\lambda_2 - \lambda_1)t} \right] \tag{3-29}$$

由于 $\lambda_1 < \lambda_2$,当 $t$ 足够大时,有 $e^{-(\lambda_2 - \lambda_1)t} \ll 1$,则此时式(3 - 29)变为

$$N_2(t) = \frac{\lambda_1}{\lambda_2 - \lambda_1} N_1(t) \tag{3-30}$$

或

$$\frac{N_2(t)}{N_1(t)} = \frac{\lambda_1}{\lambda_2 - \lambda_1} \tag{3-31}$$

子母体的放射性活度关系为

$$A_2(t) = \frac{\lambda_2}{\lambda_2 - \lambda_1} A_1(t) \tag{3-32}$$

或

$$\frac{A_2(t)}{A_1(t)} = \frac{\lambda_2}{\lambda_2 - \lambda_1} \tag{3-33}$$

式(3 - 19)可近似为

$$A(t) = A_1(t) + A_2(t) = \frac{2\lambda_2 - \lambda_1}{\lambda_2 - \lambda_1} A_1(t) \tag{3-24}$$

式(3 - 31)及式(3 - 33)说明,当时间足够长时,母、子体核的数目之比和活度之比趋向于一个常数。由于 $N_1$ 和 $A_1$ 是按半衰期 $T_1$ 衰减,则当达到暂时平衡时,$N_2$ 和 $A_2$ 也按半衰期 $T_1$ 衰减。

图 3-2 表示 $\lambda_1 < \lambda_2$ 时子体的生长和衰减情况。其中曲线 $a$ 表示子体的放射性活度 $A_2$ 随时间的变化；曲线 $b$ 表示母体的活度 $A_1$ 随时间的变化；曲线 $c$ 表示母、子体的总放射性活度 $A_1 + A_2$ 随时间的变化；曲线 $d$ 表示子体单独存在时的活度变化。由曲线 $a$ 看到，子体的放射性活度最初随时间而增加，达到某一极大值后，按母体的半衰期而减少。此极大值的时间 $t_m$ 为

$$t_m = \frac{1}{\lambda_2 - \lambda_1} \ln \frac{\lambda_2}{\lambda_1} \tag{3-35}$$

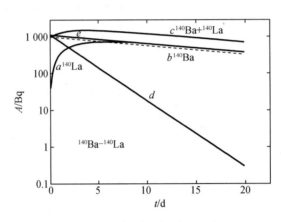

图 3-2　暂时平衡 $(\lambda_1 < \lambda_2)$

### 3.2.2　长期平衡

当母体 A 的半衰期比子体 B 的半衰期长得多，即 $T_1 \gg T_2$ 或 $\lambda_1 \ll \lambda_2$ 时，而且在通常的测量时间内，观察不到母体放射性活度的变化，在相当长时间以后 $(t \geqslant 7T_2)$，子体的核数目和放射性活度达到饱和，并且子、母体的放射性活度相等。这叫作长期平衡。例如：

$$^{90}Sr \xrightarrow{\beta^-, 27.2\ a} {}^{90}Y \xrightarrow{\beta^-, 64.0\ h} {}^{90}Zr$$

已知，$T_1 = 27.2$ a，$T_2 = 64.0$ h，$T_1 \gg T_2$，而且 $T_1$ 很长，在观察时间内，例如几天或几十天不会看出 $^{90}$Sr 放射性的变化。

根据式（3-20），可得

$$N_2(t) = \frac{\lambda_1}{\lambda_2 - \lambda_1} N_1(0) e^{-\lambda_1 t} \left[ 1 - e^{-(\lambda_2 - \lambda_1)t} \right] = \frac{\lambda_1}{\lambda_2} N_1(t)(1 - e^{-\lambda_2 t}) \tag{3-36}$$

所以，当 $t$ 相当大时，式（3-36）变为

$$N_2 = \frac{\lambda_1}{\lambda_2} N_1 \tag{3-37}$$

即

$$\lambda_2 N_2 = \lambda_1 N_1 \text{ 或 } A_2 = A_1 \tag{3-38}$$

这就出现了长期平衡。

图 3-3 表示 $\lambda_1 \ll \lambda_2$ 时出现长期平衡的情况，其中 $a$ 表示子体的活度，$b$ 表示母体的活度，$d$ 表示子体单独存在时的活度变化。由曲线 $a$ 看到，子体的放射性活度最初随时间而增

加,然后达到某一饱和值,此时子体与母体的活度相等。所以,饱和时的总活度为母体活度的两倍。

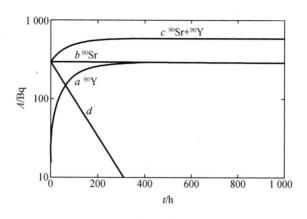

**图 3 - 3  长期平衡($\lambda_1 \ll \lambda_2$)**

对于多代子体的递次衰变,只要母体的半衰期很长,在观察时间内看不出母体的变化,而且各代子体的半衰期都比它短得多,则不管各代子体的半衰期相差多么悬殊,在足够长时间以后,整个衰变系列必然会达到长期平衡,即各个放射体的活度彼此相等:

$$\lambda_1 N_1 = \lambda_2 N_2 = \lambda_3 N_3 = \cdots \tag{3 - 39}$$

### 3.2.3  不成平衡

当母体的半衰期小于子体的半衰期,即 $T_1 < T_2$ 或 $\lambda_1 > \lambda_2$ 时,母体以自己的半衰期衰减,子体则从零开始生长,达到极大值后以慢于母体的速度衰减。待时间足够长,母体衰变殆尽,子体以其自身的半衰期衰减。整个过程母体与子体的放射性活度之比一直在变化,不存在任何放射性平衡。

根据式(3 - 20),可得

$$N_2(t) = \frac{\lambda_1}{\lambda_1 - \lambda_2} N_1(0) e^{-\lambda_2 t} [1 - e^{-(\lambda_1 - \lambda_2)t}] \tag{3 - 40}$$

由于 $\lambda_1 > \lambda_2$,当 $t$ 足够大时,有 $e^{-(\lambda_1 - \lambda_2)t} \ll 1$,则此时式(3 - 40)变为

$$N_2(t) = \frac{\lambda_1}{\lambda_1 - \lambda_2} N_1(0) e^{-\lambda_2 t} \tag{3 - 41}$$

此时子体的放射性活度为

$$A_2 = \lambda_2 N_2 = \frac{\lambda_1 \lambda_2}{\lambda_1 - \lambda_2} N_1(0) e^{-\lambda_2 t} \tag{3 - 42}$$

可见当时间足够长时,母体将几乎全部转变为子体,子体则按自身的指数规律衰减。因此子、母体间不会出现任何平衡。

图 3 - 4 表示 $\lambda_1 > \lambda_2$ 时子体的生长和衰减情况。其中 $a$ 表示子体的活度变化,$b$ 表示母体的活度衰减,$c$ 表示母、子体总活度的变化,$d$ 表示子体单独存在时的活度变化。

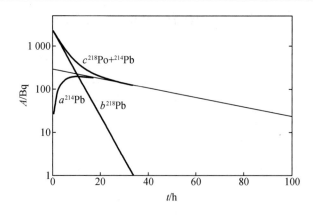

图 3-4 不成平衡($\lambda_1 > \lambda_2$)

由上面三种情形的讨论可以看到,对于任何递次衰变系列,不管各放射体的衰变常数之间相互关系如何,其中必有一最小者,即半衰期最长者,则在时间足够长以后,整个衰变系列只剩下半衰期最长的及其后面的放射体,它们均按最长半衰期的简单指数规律衰减。

### 3.2.4 放射系

递次衰变系列通称放射系。地壳中存在的一些重的放射性核素形成三个天然放射系。它们的母体半衰期都很长,和地球年龄相近或更长,因而经过漫长的地质年代后还能保存下来。它们的成员大多具有 α 放射性,少数具有 β 放射性,一般都伴随有 γ 辐射,但没有一个是 β⁺ 衰变或轨道电子俘获的。每个放射系从母体开始,都经过至少十次连续衰变,最后达到稳定的同位素。

**1. 钍系**

从 $^{232}$Th 开始,经过 10 次连续衰变(6 次 α 衰变,4 次 β 衰变),最后形成稳定核素 $^{208}$Pb。这个系的成员,其质量数都是 4 的整数倍,即 $A = 4n$,所以钍系也叫 $4n$ 系。母体 $^{232}$Th 的半衰期是 $1.405 \times 10^{10}$ a。子体半衰期最长的是 $^{228}$Ra,$T_{1/2} = 5.75$ a。所以,钍系建立起长期平衡,需要几十年时间。

**2. 铀系**

从 $^{238}$U 开始,经过 14 次连续衰变(8 次 α 衰变,6 次 β 衰变),最后形成稳定核素 $^{206}$Pb。该系成员的质量数都是 4 的整倍数加 2,即 $A = 4n + 2$,所以铀系也叫 $4n + 2$ 系。母体 $^{238}$U 的半衰期是 $4.468 \times 10^{9}$ a。子体半衰期最长的是 $^{234}$U,$T_{1/2} = 2.455 \times 10^{5}$ a。所以,铀系建立起长期平衡,需要几百万年的时间。

**3. 锕系**

从 $^{235}$U 开始,经过 11 次连续衰变(7 次 α 衰变,4 次 β 衰变),最后形成稳定核素 $^{207}$Pb。由于 $^{235}$U 俗称锕铀,因而该系也叫锕系。该系成员的质量数都是 4 的整倍数加 3,即 $A = 4n + 3$,所以锕系也叫 $4n + 3$ 系。母体 $^{235}$U 的半衰期为 $7.038 \times 10^{8}$ a。子体半衰期最长的是 $^{231}$Pa,$T_{1/2} = 3.28 \times 10^{4}$ a。所以,锕系建立起长期平衡,需要几十万年的时间。

从上面讨论看到,在地壳中存在 $4n$、$4n + 2$、$4n + 3$ 三个天然放射系,但缺少 $4n + 1$ 这样一个放射系。后来人们用人工方法合成了 $4n + 1$ 系,把 $^{238}$U 放在反应堆中照射,连续俘获三个中子变成$^{241}$U，它经过两次 β$^-$ 衰变变成了具有较长寿命($T_{1/2} = 14.4$ a)的$^{241}$Pu。$^{241}$Pu 具有下列递次衰变：

$$^{241}_{94}\text{Pu} \xrightarrow{\beta, 14.4\ \text{a}} {}^{241}_{95}\text{Am} \xrightarrow{\alpha, 432\ \text{a}} {}^{237}_{93}\text{Np} \xrightarrow{\alpha, 2.14 \times 10^6\ \text{a}} {}^{233}_{91}\text{Pa} \xrightarrow{\beta, 17\ \text{d}} \cdots \longrightarrow {}^{209}_{83}\text{Bi}$$

在这个衰变系列中，$^{237}$Np 的半衰期最长，当时间足够长以后，$^{241}$Pu 和$^{241}$Am 几乎衰变完了，而$^{237}$Np 还会存在，并与其子体建立起平衡。所以这个系叫作镎系。该系成员的质量数都是 4 的整倍数加 1，即 $A = 4n + 1$，所以镎系也叫 $4n + 1$ 系。由于$^{237}$Np 的半衰期比地球年龄小很多，地壳中原有的$^{237}$Np 早已变成为$^{209}$Bi，所以人们在地壳中没有发现 $4n + 1$ 系。

# 3.3  放射性衰变类型

迄今为止，已经发现放射性衰变过程中发射的粒子或辐射有多种，如 α 粒子、β 粒子（β$^+$ 及 β$^-$）、γ 光子、中微子、裂变碎片、质子、中子、重离子等。有些衰变过程只发射一种粒子，有些衰变过程发射的粒子则不止一种。本节重点讨论 α 衰变、β 衰变和 γ 衰变。

## 3.3.1  α 衰变

### 1. 衰变能 $Q_\alpha$

α 衰变可表示为

$$_Z^A\text{X} \rightarrow {}_{Z-2}^{A-4}\text{Y} + \alpha + Q_\alpha \tag{3-43}$$

式中，$Q_\alpha$ 为子核与 α 粒子的动能，即衰变过程释放的能量，称为衰变能。根据能量守恒定律，核衰变前后体系的总能量不变，可以得出如下公式：

$$\begin{aligned} Q_\alpha &= \left[ m(Z, A) - m(Z-2, A-4) - m(2, 4) \right] c^2 \\ &= \left\{ \left[ m(Z, A) + Z m_e \right] - \left[ m(Z-2, A-4) + (Z-2) m_e \right] - \left[ m(2, 4) + 2 m_e \right] \right\} c^2 \\ &= \left[ M(Z, A) - M(Z-2, A-4) - M_{\text{He}} \right] c^2 \end{aligned} \tag{3-44}$$

式中，$m$ 和 $M$ 分别代表原子核质量和原子质量；$m_e$ 为电子的静质量，电子结合能的贡献可以忽略。母核要能自发地进行 α 衰变，能量 $Q_\alpha$ 必须大于零，所以

$$M(Z, A) > M(Z-2, A-4) + M_{\text{He}} \tag{3-45}$$

α 衰变释放的能量 $Q_\alpha$ 以动能形式在子核与 α 粒子之间分配。根据动量守恒定律可计算出子核的反冲能 $T_Y$ 和 α 粒子的动能 $T_\alpha$。

$$T_Y = \frac{M(_2^4\text{He})}{M(_{Z-2}^{A-4}\text{Y}) + M(_2^4\text{He})} \approx \frac{4}{A} \tag{3-46a}$$

$$T_\alpha = \frac{M(_{Z-2}^{A-4}\text{Y})}{M(_{Z-2}^{A-4}\text{Y}) + M(_2^4\text{He})} \approx \frac{A-4}{A} \tag{3-46b}$$

α 衰变的衰变能主要被 α 粒子带走，子核的反冲能很小。例如$^{210}$Po 的 α 衰变能为 5.408 MeV，子体$^{206}$Pb 的反冲能仅为 0.103 MeV，α 粒子的动能为 5.305 MeV。核反冲能和 α 粒子的动能远大于化学键能(1~10 eV)，所以 α 衰变可以引起很大的化学效应。

### 2. α 能谱

用高分辨率的 α 能谱仪测定各种核素发射的 α 粒子的能量发现，有的核素发射单一能

量的 α 粒子,有的核素发射几种能量不同的 α 粒子。图 3 - 5 是$^{228}$Th 的 α 能谱。由图 3 - 5 可见,整个能谱是由四组单一谱线组成的复杂分布。这种复杂组成称为 α 能谱的精细结构。

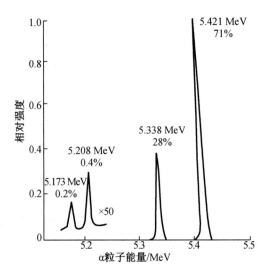

**图 3 - 5  $^{228}$Th 的 α 能谱**

一方面,在 α 能谱的精细结构中,一般只有一种能量的 α 粒子的强度最大,其他几种能量的 α 粒子的强度都较弱,它们的能量也比较低,亦即射程比较短,这种 α 粒子称为短射程 α 粒子。另一方面,对于放射性核素$^{212}$Po 和$^{214}$Po 观察到了另一种现象,除了最强的 α 粒子外,还发射出具有很大能量但强度很弱的 α 粒子,这种 α 粒子称为长射程 α 粒子。

**3. 短射程、长射程 α 粒子与核能级的关系**

短射程 α 粒子和长射程 α 粒子的产生与原子核的不同能级结构有关。

与原子的情况类似,原子核的内部能量是量子化的,也就是说原子核可以处于不同的分立的能级状态。能量最低的状态称为基态,高于基态的能级统称为激发态。处于激发态的原子核是不稳定的,一般要放出 γ 射线退激到基态,或者先退激到较低的激发态而后再退激到基态。

当原子核$^{A}_{Z}$X 放出 α 粒子而衰变为原子核$^{A-4}_{Z-2}$Y 时,可以直接衰变到 Y 的基态,也可以先衰变到 Y 的激发态,然后放出 γ 射线再到基态。显然,当母核 X 衰变到子核 Y 的基态时,所放出的 α 粒子的能量要高一些;当母核 X 衰变到子核 Y 的激发态时,由于一部分能量要留作子核 Y 的激发态的能量,则此时放出的 α 粒子的能量要低一些。子核 Y 的激发能越高,α 粒子的能量就越低。这些能量较低的 α 粒子就是短射程 α 粒子。所以,短射程 α 粒子是从母核的基态衰变到子核的激发态时所放射的 α 粒子。

如果母核本身是一个衰变的产物,那么母核可能处于基态,也可能处于激发态。处于激发态的母核可以通过 γ 射线的发射退激到基态,然后进行 α 衰变。也有可能从激发态进行 α 衰变。激发态究竟是发射 γ 射线还是发射 α 粒子,取决于相互竞争的这两个过程发生的概率。对一般的原子核,从激发态发射 γ 射线的概率要大得多,实际上观察不到 α 衰变。

对少数几种原子核,从激发态进行 α 衰变占有一定的分支比。显然,这种 α 粒子的能量比基态发射的 α 粒子的能量要大一些。激发能越高,α 粒子的能量就越大。这种 α 粒子就是长射程 α 粒子。所以,长射程 α 粒子是从母核的激发态衰变到子核的基态时所发射的 α 粒子。由于 γ 发射概率要比 α 衰变的概率大几个数量级,因此长射程 α 粒子的强度是极低的,只有总强度的 $10^{-7} \sim 10^{-4}$。在天然放射性核素中只观察到两种原子核 $^{212}$Po 和 $^{214}$Po 有长射程 α 粒子。

#### 4. 衰变纲图

标明一个衰变链各成员能级及衰变路径的图,称为衰变纲图。图 3 - 6 给出了 $^{226}$Th 的衰变纲图,图中上下水平横线表示核素的起始态和经衰变达到的终了态,横线上分别注明母核、子核的半衰期、核自旋和宇称。中间水平线表示子核的各激发态能级,斜线右侧标注的是 α 粒子能量和分支比。

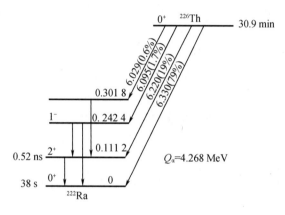

图 3 - 6   $^{226}$Th 的衰变纲图

### 3.3.2   β 衰变

β 衰变是核内核子之间相互转化的过程。β 衰变包括 β⁻ 衰变、β⁺ 衰变和轨道电子俘获三种方式。相对于 β 稳定线中子过剩的核素发生 β⁻ 衰变,质子过剩(即缺中子)的核素发生 β⁺ 衰变或轨道电子俘获。

β 衰变与 α 衰变不同,它不仅在重核范围内能发生,在全部周期表的范围内都存在 β 放射性核素。

#### 1. β 能谱与中微子

α 衰变发射出来的 α 粒子的能谱是分立的,这反映了原子核能级的量子特征,表明原子核的能量状态是分立的。β 粒子的能谱与 α 粒子能谱不同,不是分立的而是连续的,即 β 衰变时放射出来的 β 射线,其强度随能量的变化为连续分布。

图 3 - 7 是实验测得的 β 能谱。由图 3 - 7 可见:β 粒子的能量是连续分布的;有一确定的最大能量;曲线有一极大值,即在某一能量处,强度最大。

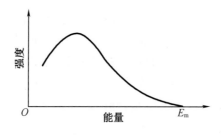

图 3 - 7  β 能谱

当发生 β 衰变时,原子核的质量数不变。若母核的质量数 $A$ 为奇数,则子核的质量数 $A$ 也是奇数,它们的核自旋量子数 $I$ 均为半整数,电子的自旋为 1/2。如果 β 衰变过程中不发射别的粒子,则对 $\beta^-$ 或 $\beta^+$ 衰变,衰变前总角动量量子数为半整数,衰变后总角动量量子数为整数;而对 EC,情况刚好相反。衰变前后体系的总角动量不可能相等,这与角动量守恒定律相矛盾。为了解决这一矛盾,泡利于 1930—1933 年提出了中微子假说,并为后来的实验所证实。

泡利预言,原子核在 β 衰变过程中,发射 β 粒子的同时还发射自旋为 1/2、静质量近似等于零的中性粒子,称为中微子,用符号 υ 表示。$\beta^-$ 衰变时发射反中微子 $\bar{\upsilon}$,$\beta^+$ 衰变时发射中微子 υ。衰变能在子核、电子或正电子、反中微子或中微子三者间分配。三者的相对运动方向不同,电子或正电子的动能不同,这就解释了 β 能谱为什么是连续的,以及衰变前后体系角动量守恒的问题。

**1. $\beta^-$ 衰变**

中子过剩的原子核自发发射一个 $\beta^-$ 粒子即电子,生成质子数加 1 的子核,称为 $\beta^-$ 衰变,可用如下通式表示:

$$^A_Z X \longrightarrow ^A_{Z+1} Y + \beta^- + \bar{\upsilon} + Q_\beta \tag{3-47}$$

所有裂变产物及在反应堆中通过中子俘获产生的放射性核素多进行 $\beta^-$ 衰变,例如 $^{32}P \xrightarrow{\beta^-} {}^{32}S(Q_\beta = 1.71 \text{ MeV})$,$^{14}C \xrightarrow{\beta^-} {}^{14}N(Q_\beta = 0.155 \text{ MeV})$。核素经 $\beta^-$ 衰变后生成的子核是母核的同质异位素。$\beta^-$ 衰变的实质是丰中子核素中一个中子转变为一个质子的过程:

$$n \longrightarrow p + e + \bar{\upsilon}$$

根据质量守恒定律,β 衰变释放的能量为

$$
\begin{aligned}
Q_\beta &= [m(Z,A) - m(Z-1,A) - m_e]c^2 \\
&= \{[m(Z,A) + Zm_e] - [m(Z-1,A) + (Z-1)m_e] + m_e - m_e\}c^2 \\
&= [M(Z,A) - M(Z-1,A)]c^2
\end{aligned}
\tag{3-48}
$$

电子结合能的贡献可以忽略。母核要能自发地进行 $\beta^-$ 衰变,衰变能 $Q_\beta$ 必须大于零,所以

$$M(Z,A) > M(Z-1,A) \tag{3-49}$$

**2. $\beta^+$ 衰变**

中子不足的原子核自发发射一个 $\beta^+$ 粒子即正电子,生成质量数 $A$ 不变而电荷数 $Z$ 减 1 的子核,称为 $\beta^+$ 衰变,可用如下通式表示:

$$^A_Z X \longrightarrow ^A_{Z-1} Y + \beta^+ + \upsilon + Q_\beta \tag{3-50}$$

在加速器上用 p、α、$^3$He 等轰击含稳定核素的靶子产生的放射性核素多是 $\beta^+$ 或 EC 放射性，例如 $^{18}F \xrightarrow{\beta^+} {}^{18}O(Q_\beta = 0.635 \text{ MeV})$，$^{11}C \xrightarrow{\beta^+} {}^{11}B(Q_\beta = 0.97 \text{ MeV})$。核素经 $\beta^+$ 衰变后生成的子核是母核的同质异位素。$\beta^-$ 衰变的实质是缺中子核素中一个质子转变为一个中子的过程：

$$p \longrightarrow n + e^+ + \upsilon$$

根据质量守恒定律，注意到中微子的静质量为零，$\beta^+$ 衰变释放的能量为

$$
\begin{aligned}
Q_\beta &= \left[ m(Z,A) - m(Z-1,A) - m_e \right]c^2 \\
&= \left\{ \left[ m(Z,A) + Zm_e \right] - \left[ m(Z-1,A) + (Z-1)m_e \right] - m_e - m_e \right\}c^2 \\
&= \left[ M(Z,A) - M(Z-1,A) - 2m_e \right]c^2
\end{aligned}
\tag{3-51}
$$

电子结合能的贡献可以忽略。母核要能自发地进行 $\beta^+$ 衰变，衰变能 $Q_\beta$ 必须大于零，所以

$$M(Z,A) > M(Z-1,A) + 2m_e \tag{3-52}$$

式(3-52)说明，仅当母核的质量比子核的质量高出两个电子的静质量(1.02 MeV)时才能发生 $\beta^+$ 衰变。

### 3. 轨道电子俘获

当核 $_Z^A X$ 的质量比核 $_{Z-1}^A Y$ 的质量大，但没有高出 $2m_e$ 时，虽然 $\beta^+$ 衰变不能发生，但仍可以通过俘获一个核外轨道电子而衰变，所以

$$_Z^A X + e^- \longrightarrow {}_{Z-1}^A Y + \upsilon \tag{3-53}$$

即

$$p + e \longrightarrow n + \upsilon$$

这种衰变方式称为轨道电子俘获，简称电子俘获，常用 EC 或 $\varepsilon$ 表示。根据质量守恒律，注意到中微子的静质量为零，$\beta^+$ 衰变释放的能量为

$$
\begin{aligned}
Q_\beta &= \left[ m(Z,A) + m_e - m(Z-1,A) \right]c^2 - W_i \\
&= \left[ M(Z,A) - M(Z-1,A) \right]c^2 - W_i
\end{aligned}
\tag{3-54}
$$

式中，$W_i$ 为第 $i$ 壳层电子在原子中的结合能。发生上述过程的条件是

$$M(Z,A) - M(Z-1,A) \geqslant W_i/c^2 \tag{3-55}$$

发生电子俘获的概率是 K 层 ≫ L 层 ≫ M 层。由于电子俘获主要发生在 K 壳层，故电子俘获也常称为 K 俘获(亦用 $\varepsilon_K$ 表示)。

满足式(3-52)必须满足式(3-55)，这意味着，能发生 $\beta^+$ 衰变的场合，有可能发生 EC 与之相竞争。随着原子序数的增加，在 $\beta^+$ 衰变中 EC 的分支比增大。例如，$^{87}Zr(Q_\beta = 3.50 \text{ MeV})$ 的 EC 占 17%，$^{170}Lu(Q_\beta = 3.41 \text{ MeV})$ 的 EC 占 99.81%。

EC 的衰变能绝大部分被中微子带走，子核受到反冲，因此 EC 发射的中微子和反冲核都是单能的。例如

$$^7Be + e_K \xrightarrow{53.6 \text{ d}} {}^7Li + \upsilon + 0.86 \text{ MeV}$$

观察到该过程的核反冲是中微子存在的一个重要证据。

第 $i$ 层电子被俘获后，留下一个空位，外壳层电子将填充该空位，并辐射出能量等于两能极差 $\Delta E$ 的 X 射线，即特征 X 射线；也可能不辐射 X 射线，而用这些能量将一个壳层电子

发射而出,称为俄歇(Auger)电子。俄歇电子的能量等于 $\Delta E - W_i$,也是分立的。俄歇电子被发射出来后,在它原先所在的壳层也留下一个空位,同样可以通过发射 X 射线或发射俄歇电子退激。如果是后者,则发生了俄歇串级(cascade)。其结果空穴越来越多,因此也称为空穴串级。俄歇串级导致原子高度电离。

激发原子发射俄歇电子的概率称为俄歇产额,它随原子序数的增加而减少。在 $Z = 30(Zn)$ 时,发射 X 射线和发射俄歇电子的概率相等。

#### 4. 衰变纲图

同 α 衰变一样,也可以用图来表示 β 衰变。各条线所表示的物理意义与 α 衰变纲图一致,但由于习惯上用箭头的方向指示衰变以后生成的子体核原子序数变化情况,$\beta^-$ 衰变后原子序数增加,所以箭头指向右方(元素周期表中原子序数增加的方向);$\beta^+$ 及 EC 衰变后子体的原子序数减少,箭头指向左方。图 3 – 8、图 3 – 9、图 3 – 10 分别给出了 $^{86}$Rb、$^{65}$Zn、$^{64}$Cu 的衰变纲图。

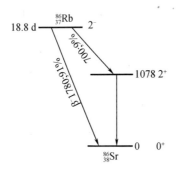

图 3 – 8  $^{86}$Rb 的衰变纲图

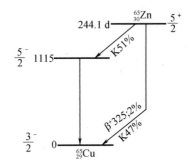

图 3 – 9  $^{65}$Zn 的衰变纲图

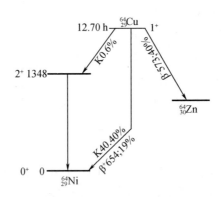

图 3 – 10  $^{64}$Cu 的衰变纲图

### 3.3.3  γ 衰变

α、β 衰变所生成的子核往往处于激发态。激发态核不稳定,通过发射 γ 射线跃迁到基态。γ 射线与 X 射线本质上相同,都是电磁波。X 射线是原子的壳层电子由外层向内层空穴跃迁时发射的。而 γ 射线来自核内,是激发态原子核退激到基态时发射的。γ 衰变的特点是既不改变原子核的质量数 $A$ 也不改变原子序数 $Z$,发射 γ 光子的结果仅仅是损失结合能。激发态的原子核是基态原子核的同质异能素。

激发态原子核的寿命一般很短,但也有寿命较长的。寿命长到现代技术可以测量出来的激发态原子核称为亚稳态原子核。$^{166m}$Ho 是迄今人们发现的寿命最长的亚稳态原子核, $T_{1/2} = 1.2 \times 10^3$ a。$\gamma$ 跃迁是由能量较高的同质异能态跃迁到能量较低的同质异能态的过程,故又称为同质异能跃迁(isomeric transition, IT)。

同质异能跃迁发射的 $\gamma$ 射线是单能的,但对于给定的原子核是特征性的,故可用于核素鉴定。

由核反应或核衰变生成的激发态原子核退激时,若能量不以射线的形式发射出来,而把能量转换为核外轨道电子的动能,则获得能量的电子摆脱原子束缚成为自由电子发射出去,这种电子称为内转换电子。内转换电子的能量 $E_e = Q_\gamma - E_b - E_R$,其中,$E_b$ 为内转换电子的结合能,$E_R$ 是子核的反冲能量。于是 $E_R \ll Q_\gamma$,$Q_\gamma$ 和 $E_b$ 都取确定值,所以内转换电子的能量 $E_e$ 也取确定值,这与 $\beta$ 衰变发射的电子具有连续能量不同。

当 $Q_\gamma$ 大于 K 层电子的结合能 $E_{bK}$ 时,内转换电子主要是 K 层电子,因为 K 层电子离核最近,L 层、M 层或更外层的电子被转换的概率较小。

内转换是与 $\gamma$ 跃迁相竞争的过程。设总的衰变常数是 $\lambda$,发射 $\gamma$ 光子的衰变常数为 $\lambda_\gamma$,发射内转换电子的衰变常数为 $\lambda_e$,则

$$\lambda = \lambda_\gamma + \lambda_e \tag{3-56}$$

$$\alpha \equiv \frac{\lambda_e}{\lambda_\gamma} \tag{3-57}$$

$\alpha$ 称为内转换系数。如果用 $N_\gamma$,$N_K$,$N_L$,$N_M$,$\cdots$ 分别表示单位时间内发射 $\gamma$ 光子,K,L,M,$\cdots$ 层的内转换电子的数目,相应各个电子壳层的内转换系数分别为

$$\alpha_K = N_K/N_\gamma, \alpha_L = N_L/N_\gamma, \alpha_M = N_M/N_\gamma, \cdots \tag{3-58}$$

因而

$$\alpha = \alpha_K + \alpha_L + \alpha_M + \cdots \tag{3-59}$$

理论分析和实验结果表明,$\gamma$ 衰变能越小,母核的原子序数越高,内转换系数越大,且恒有 $\alpha_K > \alpha_L > \alpha_M > \cdots$。

内壳层上一个电子被转换后,留下一个空位,外壳层上的电子将填充这个空位,并发射特征 X 射线或俄歇电子。类似于 EC,此过程将导致原子的高度电离。

当 $\gamma$ 跃迁能大于正负电子的静质量能之和 $2m_e c^2$ 时,除发射 $\gamma$ 射线外,还可能发射电子对 $e^+ + e^-$,它们的动能为

$$T_{e^+} + T_{e^-} = Q_\gamma - 2m_e c^2 = Q_\gamma - 1.02 \text{ MeV} \tag{3-60}$$

这种衰变方式发生的概率很小,一般低于发射 $\gamma$ 光子概率的千分之一。

### 3.3.4 其他衰变方式

#### 1. 自发裂变

在放射性衰变中,原子核自发分裂成两个大小相近的碎片的过程叫作自发裂变。自发裂变仅在 $Z \geqslant 90$、$A > 230$ 的重核中观察到,至今只有几种核素($^{250}$Cm、$^{252}$Cf、$^{256}$Fm)的自发裂变是其主要衰变形式。大多数核素的自发裂变仅占小的衰变分支比。自发裂变形成的裂

变碎片的质量分布类似于热中子诱发裂变。

### 2. 质子衰变

质子衰变在 1981 年初首先由 $^{151}$Lu 的衰变所证实，$^{151}$Lu 是用 261 MeV 的 $^{58}$Ni 离子轰击 $^{96}$Ru 得到的。

$$^{96}Ru(^{58}Ni, p, 2n)^{151}Lu \longrightarrow (p+, 8.5\ ms)^{150}Yb$$

目前，已知大约 10 种放射性核素能发射质子，它们都在中子数 $N = 82$ 或质子数 $Z = 50$ 附近。

### 3. 发射中等质量粒子的衰变

1984 年第一次证实了 $^{235}$U 衰变系中 $^{227}$Th 的衰变产物 $^{223}$Ra 除发射 α 粒子外，还以大约 $6 \times 10^{-10}$ 的份额发射具有 30 MeV 能量的 $^{14}$C 粒子。

$$^{223}Ra \longrightarrow (^{14}C, T_{1/2} = 10^{10}\ a)^{209}Pb$$

已经证实 $^{226}$Ra、$^{224}$Ra 和 $^{222}$Ra 也发射 $^{14}$C。可与发射 $^{14}$C 相比较的是 $^{24}$Ne 的发射，$^{234}$U 发射 $^{24}$Ne 和 $^{28}$Mg，$^{238}$Pu α 衰变时发射 Mg 粒子和 Si 粒子。如图 3 – 11 所示，$^{234}$U 发射 4 种重粒子。

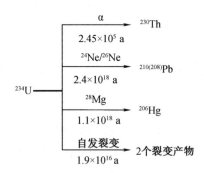

**图 3 – 11　$^{234}$U 发射 4 种重粒子**

# 3.4　射线与物质的相互作用

核辐射或射线是对伴随原子或核过程发射的电磁辐射或各种离子或次原子离子束的总称。射线分为带电射线和不带电射线两大类，直接引起电离的核辐射由具有静止质量和电荷的粒子组成，如 α 和 β 辐射。不带电荷的辐射是间接引起电离的辐射，如 γ 辐射和中子辐射就是间接引起电离的辐射。

射线与物质相互作用时，把能量传递给物质，因而引起各种物理、化学变化。通过射线与物质相互作用的研究，不仅能了解射线本身的特性，而且这些作用规律也是放射化学、辐射防护、辐射测量及核技术应用的理论基础。

### 3.4.1　带电粒子与物质相互作用的主要形式

带电粒子与物质相互作用，主要指带电粒子的库仑场与物质原子的核库仑场或核外电子库仑场的相互作用。这种库仑场间的相互作用称为碰撞。碰撞可分为弹性碰撞和非弹性碰撞。碰撞后,如果改变了原子或原子核的内能或者将粒子的动能转变成其他形式的能,则动能不守恒,那么称这种碰撞为非弹性碰撞。如果碰撞后没有发生原子或原子核的内能改变或转变成其他形式的能,则遵守动能守恒和动量守恒定律,那么称这种碰撞为弹性碰撞。带电粒子与物质的四种主要相互作用为:与原子核的弹性碰撞、与核外电子的弹性碰撞、与原子核的非弹性碰撞、与核外电子的非弹性碰撞。

### 1. 与原子核的弹性碰撞

入射的带电粒子靠近靶物质的原子核时,因库仑场相互作用,使带电粒子偏离原来的运动方向,即散射。同时带电粒子将小部分动能转移给原子核,使原子核获得一个反冲能,从而可使原子核在晶体中发生位移,使晶体形成辐射损伤。带电粒子在物质中可发生多次弹性碰撞。

与靶原子核发生弹性碰撞引起入射粒子的能量损失,称为弹性碰撞能量损失,或核碰撞能量损失。对靶物质而言,因核碰撞使入射粒子能量损失,称为核阻止作用或核阻止本领。核碰撞能量损失只在很低能量的带电粒子和重离子入射时才重要。

### 2. 与核外电子的弹性碰撞

入射带电粒子在原子附近运动,受到靶物质核外电子的库仑力作用,使入射粒子运动方向偏转,并损失比原子中电子的最低激发能还小的能量,因此核外电子的能量状态不变。这种作用可看成入射粒子与整个靶原子的相互作用。这种作用只对能量小于 100 eV 的轻带电粒子才有意义。

### 3. 与原子核的非弹性碰撞

入射带电粒子高速运动,靠近靶原子核时受核库仑场作用而获得加速度,会导致带电粒子在库仑场中改变运动状态(方向和速度的突减),使其部分或全部动能转变为连续的电磁辐射(即韧致 X 射线),称为韧致辐射。带电粒子通过物质时,因产生韧致辐射而引起的能量损失称为辐射损失。相应地,靶物质使入射带电粒子因韧致辐射而失去动能的本领称为辐射阻止本领。

重带电粒子质量较大,在库仑场中不易改变运动状态,轻带电粒子质量小,与原子核碰撞后能显著改变运动状态,所以 α 粒子韧致辐射概率很小,而高能的 $β^+$ 粒子与物质作用时,辐射损失是重要的损失能量的方式之一。

带电粒子与核的非弹性碰撞还可使靶原子核激发或发生核反应,但概率更小。

### 4. 与核外电子的非弹性碰撞

入射带电粒子在原子附近运动,与原子的轨道电子发生库仑力相互作用,入射的带电粒子损失一部分能量,从而改变运动状态(速度大小和方向),靶原子核外的轨道电子获得部分能量,产生加速度,从而改变原子的能量状态。这种碰撞称为非弹性碰撞,入射粒子的散射称为非弹性散射。

当轨道电子获得的能量大于该电子的结合能时,就会脱离原子核的束缚成为自由电子。最外层电子受核束缚最弱,最易被击出。内层电子也会被击出,当外层电子填补内层电子留下的空穴时会发射特征 X 射线或俄歇电子。被击出的电子称为次级电子,一般仍具有足够能量使靶原子电离,这种次级电子又称 δ 电子。由原入射带电粒子直接与靶原子相互作用产生的电离称为直接电离或初级电离,由 δ 电子与靶原子作用产生的电离称为次级电离。

当轨道电子获得的能量不足以脱离原子核的束缚而只能跃迁到较高能级时,原子呈激发态。激发态原子不稳定,当原子退激回到基态时,以发射 X 射线、紫外线或可见光的形式释放多余能量,这是受激原子的发光现象。

带电粒子与核外电子的非弹性碰撞会导致原子的电离或激发,是使带电粒子损失动能的主要方式。电离和激发所引起的带电粒子的能量损失,统称电离损失。对靶物质而言,因电离、激发作用使入射带电粒子损失动能是由靶原子中的电子引起的,这种本领称为碰撞阻止本领。

当带电粒子在物质中运动时,可连续地使其轨迹上的靶物质原子电离、激发,从而在其轨迹周围留下许多离子对。每厘米径迹中产生的离子对数称为比电离。比电离与带电粒子的电荷数及速度有关,速度大,比电离小;速度小,比电离大。入射带电粒子电荷数愈多,比电离愈大。

### 3.4.2 α 粒子及重带电粒子与物质相互作用

重带电粒子如 α 粒子通过物质时与靶物质的原子碰撞逐渐失去动能,当动能损失很多而运动速度很低时,可俘获靶物质中的一个电子形成中性原子,停留在靶物质中,即入射粒子被吸收。当重带电粒子运动能量较大时,失去动能的主要方式是与靶原子的轨道电子做非弹性碰撞产生电离、激发。当重带电粒子运动能量极小时,可与靶原子核发生弹性碰撞和电子交换现象。重带电粒子与靶原子核的非弹性碰撞产生韧致辐射的概率很低,可以忽略不计。

#### 1. 电离和激发

电离和激发是重带电粒子与物质相互作用导致能量损失的主要方式。α 粒子或重带电粒子与核外电子发生多次非弹性碰撞而逐步损失能量,由于它们的质量远大于电子,每次碰撞后运动方向几乎无改变,故运动的径迹近似为直线。重带电粒子通过介质时在每单位长度路径上因电离、激发而损失的平均动能称为电离能损失率,也称为传能线密度,以 $\left(\dfrac{-\mathrm{d}E}{\mathrm{d}X}\right)_{\mathrm{ion}}$ 表示,负号表示粒子能量随路程的增加而减小。

$\left(\dfrac{\mathrm{d}E}{\mathrm{d}X}\right)_{\mathrm{ion}}$ 称为靶物质对入射粒子的线碰撞阻止本领。为了消除靶物质密度的影响,可以用质量碰撞阻止本领 $\dfrac{1}{\rho}\left(\dfrac{\mathrm{d}E}{\mathrm{d}X}\right)_{\mathrm{ion}}$ 来表示。

H. Bether 用量子力学处理方法推导了重带电粒子的质量碰撞阻止本领的表达式如下:

$$\left(\frac{-\mathrm{d}E}{\mathrm{d}X}\right)_{\mathrm{ion}} = \frac{4\pi z^2 e^4 NZ}{m_0 v^2}\left[\ln\left(\frac{2mv^2}{I}\right) + \ln\frac{1}{1-\beta^2} - \beta^2 - \frac{C}{z} - \frac{\delta}{2}\right] \quad \mathrm{MeV/cm} \quad (3-61)$$

式中　$z$——重带电粒子的电荷(以电子电荷倍数表示);

　　　$Z$——靶物质的原子序数;

　　　$e$——电子电荷;

　　　$N$——靶物质原子密度;

$m_0$——电子静止质量；

$\beta$——相对速度（$\beta = v/c$，$v$ 为带电粒子速度，$c$ 为光速）；

$I$——靶物质原子的平均激发电位（也称平均激发能）；

$C$——壳层修正项，$C = C_K + C_L + C_M$；

$\delta$——密度效应修正项。

式（3-61）是重带电粒子电离损失率的精确表达式。方括号内的第二、第三两项是相对论修正值；第四项是壳层修正项，在入射粒子速度很低时尤为重要；$\dfrac{\delta}{2}$ 是密度修正项，当入射粒子能量非常高时，该项将起作用。

天然 $\alpha$ 射线初始能量一般为 4～8 MeV。由式（3-61）可见，电离损失率的大小与以下因素有关。

（1）与重带电粒子的电荷 $z^2$ 成正比。因为 $z$ 大，与核外电子的库仑作用力大，传递给轨道电子的能量也更大。例如，具有相同速度的 $\alpha$ 粒子和质子，在同一物质中前者的碰撞阻止本领为后者的 4 倍。

（2）与入射带电粒子的速度的平方近似成反比。重带电粒子传递给核外电子的能量与相互作用时间有关，速度愈小，作用时间愈长，传递给轨道电子的能量愈大。但是，当重带电粒子的能量消耗到一定程度后，其速度降低到与轨道电子的速度相当时，它将要从作用物质中俘获电子，使其有效核电荷减少，因而电离损失反而减少。

（3）与靶物质的电子密度成正比。这说明在原子序数高的靶物质中电离损失率大。

图 3-12 表示几种带电粒子在空气中的 $\left(\dfrac{\mathrm{d}E}{\mathrm{d}X}\right)_{\text{ion}} - E$ 关系曲线。

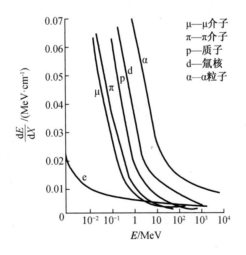

**图 3-12  几种带电粒子在空气中的 $\left(\dfrac{\mathrm{d}E}{\mathrm{d}X}\right)_{\text{ion}} - E$ 的关系曲线**

### 2. 重离子的能量损失

重离子是指质子数 >2 的重带电粒子。在能量较高时，它与物质相互作用的能量损失过程和 $\alpha$ 粒子一样，主要通过电离和激发作用。当其运行速度降到与入射到各壳层的电子轨道速度（由内层向外层递次减小）相当时，就接连地逐次俘获电子，其顺序是先在 K 层俘获电子,然后是 L,M,N,…各层。当入射重离子的有效电荷数逐渐变小,致使电离能量损失降低,与原子核的弹性碰撞损失的能量,即核阻止作用的能量损失成为重要的了,它可以和电离损失相当。

总而言之,低能重带电粒子与靶核发生弹性碰撞后,不仅使重带电粒子的能量损耗,而且使其运动方向偏离,使一束重带电粒子在靶物质中的射程歧离;同时,使靶核获得反冲能,破坏其结晶格架,增大化学活动性,因而形成靶物质辐射损伤。1967 年后发展的卢瑟福背散射分析技术,就是利用重带电粒子与靶核的弹性碰撞,测量散射粒子能谱,从而测定固体薄膜厚度,分析物质成分的相对含量,以及在某些半导体器件制造中,测量氯离子在二氧化硅中的深度分布等。20 世纪 60 年代发展起来的固体核径迹探测技术,则是利用核辐射损伤,制成固体径迹探测器记录重带电粒子。这种核辐射探测技术已在核物理、固体物理、天体物理、考古学、辐射环境、地质年代鉴定及放射性勘查等许多领域得到广泛应用。

### 3. 比电离及射程

比电离描述了电离能力的强弱,它指带电粒子在单位路径上所产生的离子对总数。根据比电离的定义,比电离可由线碰撞阻止本领计算,即

$$比电离 = \frac{\left(\dfrac{\mathrm{d}E}{\mathrm{d}X}\right)_{\mathrm{ion}}}{W}(离子对/\mathrm{mm}) \tag{3-62}$$

式中,$W$ 为靶物质平均电离能。这说明比电离不仅与靶物质的原子序数 $Z$、平均电离能 $W$ 有关,而且与入射粒子的速度 $v$ 和电荷有关,所以重带电粒子在其行程的各个段落的比电离值并不相同。α 粒子在空气中的比电离范围为 $10^4 \sim 7 \times 10^4$ 离子对/cm。

式(3-62)给出了重带电粒子在其行程的各点距离上的比电离值。离子对-距离关系图形被称为布拉格曲线,图 3-13 表明两种不同能量的 α 粒子的比电离曲线。

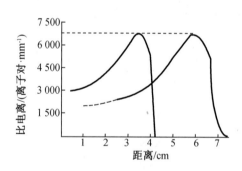

**图 3-13 不同能量的 α 粒子的比电离曲线**

由图 3-13 可见,当入射粒子到达行程的末端时,由于动能很小,速度很低,比电离值达到最大值。当速度接近零时,入射粒子的其他效应如弹性散射、电子交换(使粒子有效电荷降低)等明显,比电离值迅速下降到零。在同一介质中,带电粒子的比电离峰值大小只与带电粒子种类有关(如在标准状况下的空气中,α 粒子为 6 600 离子对/mm,p 粒子为 2 750 离子对/mm),而与它们的初始能量无关。

带电粒子穿过物质时与物质发生各种相互作用,逐渐耗尽其动能而停留在物质中的过

程，称为被物质吸收。粒子在物质中运行沿着入射方向所能达到的最大直线距离，叫作入射粒子在该物质中的射程。

因为重带电粒子的质量大，轨迹基本上是直线，只是在末端稍有弯曲，所以重带电粒子的平均射程与它的轨迹平均值是一致的。

通常用实验曲线或简单的经验公式来表达重带电粒子能量 $E$ 与平均射程 $\overline{R}$ 的关系。人们也常用图形或表格来表示射程 – 能量关系，如表 3 – 1、图 3 – 14 所示。由这些图、表可知，重带电粒子的电离能力很强，但在物质中的射程很小。天然放射性核素的 $\alpha$ 射线在空气中的最大射程为 $8.62\ \mathrm{cm}(^{212}_{84}\mathrm{Po})$，在固体、液体中约为空气中的千分之一，一张纸就可以阻挡，所以对 $\alpha$ 等重带电粒子的防护，主要应注意防止其进入人体内发生内照射。

表 3 – 1    不同能量的 $\alpha$ 粒子在空气、生物组织和铝中的射程

| $\alpha$ 粒子能量 $E_\alpha$/MeV | 4.0 | 4.5 | 5.0 | 5.5 | 6.0 | 6.5 | 7.0 | 7.5 | 8.0 | 8.5 | 9.0 | 9.5 | 10.0 |
|---|---|---|---|---|---|---|---|---|---|---|---|---|---|
| 在空气中的射程 $R_0$/cm | 2.5 | 3.0 | 3.5 | 4.0 | 4.6 | 5.2 | 5.9 | 6.6 | 7.4 | 8.1 | 8.9 | 9.8 | 10.0 |
| 在生物组织中的射程 $R_1$/μm | 31 | 37 | 43 | 49 | 56 | 64 | 72 | 81 | 91 | 100 | 110 | 120 | 130 |
| 在铝中的射程 $R_2$/μm | 16 | 20 | 23 | 26 | 30 | 34 | 38 | 43 | 48 | 53 | 58 | 64 | 69 |

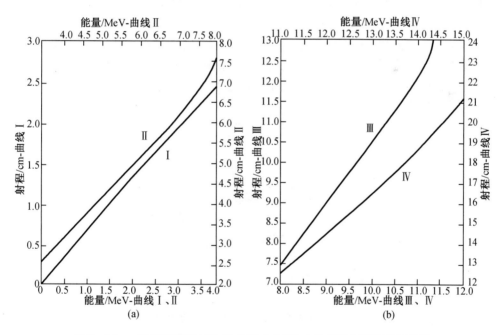

图 3 – 14    $\alpha$ 粒子在空气(15 ℃，标准大气压) 中的能量与射程关系曲线

## 3.4.2    $\beta$ 射线与物质的相互作用

$\beta$ 射线是原子核在衰变过程中放射出来的具有连续谱的高速电子流。$\beta$ 粒子与物质相互作用的过程虽然与 $\alpha$ 粒子相似，但由于其质量小而有其特点。如 $\beta$ 粒子与介质原子的轨道电子发生非弹性散射时，每次碰撞的能量损失比 $\alpha$ 粒子小，但运动方向发生很大的改变。$\beta$ 粒子

与原子核的库仑场发生非弹性散射时,产生韧致辐射,此过程的能量损失可以与电离能量损失相当。电离损失和辐射损失是 β 射线与物质相互作用过程中能量损失的主要形式。

正电子在物质中的行为及其与物质作用的主要形式、能量损失规律,与负电子大体相似,当其动能近于零时,正电子与介质中的一个负电子结合,发生正电子湮没辐射即光化辐射。

### 1. 电离、激发

β 粒子与靶原子的轨道电子发生非弹性碰撞,使之电离或激发。H. Bether 推得电子的电离损失率(也是电子阻止本领)为

$$\left(\frac{-\mathrm{d}E}{\mathrm{d}X}\right)_{ion} = \frac{z\pi e^2 NZ}{m_0 v^2}\left\{\ln\left[\frac{m_0 v^2 E}{2I^2(1-\beta^2)}\right] - (2\sqrt{1-\beta^2} - 1 + \beta^2)\ln 2 + (1-\beta^2) + \right.$$
$$\left. \frac{1}{8}(1 - \sqrt{1-\beta^2})^2 - \delta\right\} \tag{3-63}$$

式中　$Z$——靶物质原子序数;

　　　$N$——1 cm$^3$ 靶物质中的原子核数目;

　　　$E$——入射 β 粒子的相对论动能,MeV;

　　　$m_0$——电子静止质量。

$\beta = v/c$,其他符号意义同式(3-61)。

由式(3-63)可以看出:

(1)β 粒子的电离损失率与靶物质的电子密度有关,重带电粒子密度大,碰撞阻止本领大。

(2)β 粒子的电离损失率与入射电子(β 粒子)的速度平方成反比,所以在能量相同的情况下,β 粒子或电子比 α 粒子速度大得多,因而 β 粒子比 α 粒子的电离损失率小得多。故 β 粒子在物质中的射程比 α 粒子大,比电离比 α 粒子小,如图 3-15 所示。

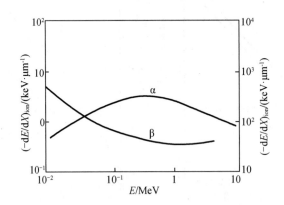

图 3-15　电子和 α 粒子在硅中的电离损失率

5 MeV 的 α 粒子在水中每微米产生约 3 000 对正负离子对,而 1 MeV 的 β 粒子每微米只产生 5 对。

### 2. 韧致辐射和辐射损失

当高速运动的带电粒子从原子核的库仑场附近掠过时,它将受到原子核库仑场的作用而产生加速度,包括速度的降低和方向的改变,其部分或全部能量将转变为连续谱的电磁辐射,这就是韧致辐射。韧致辐射对重带电粒子并不重要,但对于轻带电粒子,尤其是在高

能入射状态下则不可忽视。

带电粒子在物质中通过单位路径时因产生韧致辐射而损失的能量称为辐射损失率,记作 $\left(\dfrac{-\mathrm{d}E}{\mathrm{d}X}\right)_{\mathrm{rad}}$。其公式为

$$\left(\frac{-\mathrm{d}E}{\mathrm{d}X}\right)_{\mathrm{rad}} = \frac{N(E + m_0 c^2)Z \cdot (z+1)\mathrm{e}^4}{137 m_0^2 c^4}\left[4\ln\frac{z(E + m_0 c^2)}{m_0 c^2} - \frac{4}{3}\right] \quad \mathrm{MeV/cm} \quad (3-64)$$

式中　$E$——电子动能或 β 粒子的最大动能,MeV。

其他符号意义同前。

由式(3-64)看出:①辐射损失与入射粒子的质量的平方成反比。重带电粒子的质量远远大于电子,例如 α 粒子的质量约为电子质量的 7 360 倍。当能量相同时,在同一物质中的辐射损失约为电子辐射损失的 $\dfrac{1}{5.4 \times 10^7}$。因为对 α 粒子来说辐射损失可以忽略不计,所以在前面讨论重带电粒子的能量损失时没有提及重带电粒子的辐射能量损失。②与靶物质的原子序数 $Z$ 的平方成正比,故在 X 射线管和高能 X 射线加速器中,都采用高 $Z$、高熔点的金属(如钨)作为电子束轰击的靶材料。但在对 β 射线的防护中,却要采用低原子序数的物质如塑料来屏蔽 β 射线。③辐射损失与入射粒子的能量成正比,当入射电子的能量增加时,辐射损失随之增加。

当入射电子能量为 $E(\mathrm{MeV})$,靶物质原子序数为 $Z$ 时,入射电子在靶物质中的辐射损失和电离损失之比为

$$\frac{\left(\dfrac{-\mathrm{d}E}{\mathrm{d}X}\right)_{\mathrm{rad}}}{\left(\dfrac{-\mathrm{d}E}{\mathrm{d}X}\right)_{\mathrm{ion}}} \approx \frac{ZE}{800} \tag{3-65}$$

式(3-65)说明在介质中发生的电离损失和辐射损失以哪种为主,取决于入射射线的能量和介质的种类。天然放射性核素放出的 β 射线能量范围在 3 MeV 以下,通常韧致辐射作用较小,但在高原子序数物质中仍不可忽视。因此,在一些测量装置的铅屏内衬上一层低原子序数的物质(通常为有机玻璃),目的是减少韧致辐射对测量的干扰。

**3. 弹性散射**

入射 β 粒子或电子通过物质时,受核库仑场作用或核外电子库仑场作用,使入射粒子改变运动方向(散射),将部分动能传递给核或核外电子,但损失能量很小,不足以使核或轨道电子激发,也不能产生韧致辐射,从而使碰撞前后入射 β 粒子与核或与整个原子保持总动能不变,这就是弹性散射。与核碰撞称为核弹性散射,与核外电子碰撞称为核外电子弹性散射。对于具有一定能量的 β 粒子,它对靶原子核及其轨道电子的散射概率之比为

$$\frac{P_{核}(\theta)}{P_{电子}(\theta)} \approx Z \tag{3-66}$$

所以,对一般物质,轻带电粒子的弹性散射主要是核弹性散射。

由于电子的质量小,散射角度可以很大(比 α 粒子的散射角度要大得多),而且会发生多次散射,最后偏离原来的运动方向。入射电子能量越低,靶物质的原子序数越大,散射也就越剧烈。β 粒子在物质中经过多次散射,其最后的散射角可以大于 90°,这种散射称为反散射。进入吸收物质表面的电子,能从表面散射回来,因而造成探测器对这部分电子的漏计数;或电子从源衬托材料上反散射进入探测器,使计数增加。低能电子在原子序数 $Z$ 高、样品

厚的物质上的反散射系数高达50%以上。在实验中,宜用低 $Z$ 物质来做源的托架,以减少反散射对测量结果的影响。β粒子的反散射也可用来进行金属薄层(如镀层)的厚度测量。

**4. 正电子与物质相互作用**

正电子通过物质时也像负电子一样,要与核外电子和原子核相互作用,产生电离损失、辐射损失和弹性散射。尽管负电子和正电子与它们作用时受的库仑力方向不同,或为排斥力或为吸收力,由于它们的质量相等,因此能量相等的正电子和负电子在物质中的能量损失与射程大体相同。可是,正电子有其明显的特点:高速电子进入物质后很快被慢化,然后在正电子径迹末端遇负电子即发生湮没,放出 γ 光子。正负电子湮没放出的 γ 光子称为湮没光子。从能量守恒方面考虑,在发生湮没时,正、负电子动能为零,所以两个湮没光子的总能量应等于正、负电子的静止质量能 $2M_0c^2$。同时,从动量守恒方面考虑,由于湮没前正、负电子的总动量等于零,湮没后两个湮没光子的总动量也应为零,因而,两个湮没光子能量相同,各等于 $M_0c^2 = 0.511$ MeV,两个光子的发射方向相反。

**5. β 射线在物质中的减弱与吸收**

β 射线或单能电子束穿过一定厚度的吸收物质时强度减弱的现象称为吸收。β 衰变所释放的 β 粒子能谱是连续分布的,一种核素发射 β 粒子的最大能量是一定的,平均能量为最大能量的 $1/3 \sim 1/2$,此处 β 粒子强度最大(图 3 – 16)。β 粒子比 α 粒子具有更大的射程。例如,在空气中能量为 4 MeV 的 β 射线的射程是 15 m,而相同能量的 α 粒子射程只有 2.5 cm。由于电子质量小,在电离损失、辐射损失和与核的弹性散射过程中,每次相互作用的能量转移总是较大,电子运动方向有很大的改变,β 粒子穿过物质时走过的路十分曲折,因而路程轨迹长度远大于它的射程。

如图 3 – 17 所示,一束初始强度为 $I_0$ 的单能电子束,当穿过厚度为 $x$ 的物质时强度减弱为 $I$,强度 $I$ 随厚度 $x$ 的增加而减小,且服从指数规律,可表示为

$$I = I_0 e^{-\mu x} \tag{3-67}$$

式中　　$I$——穿过厚度为 $x$ 的物质后电子束强度;

　　　　$I_0$——初始电子束强度;

　　　　$\mu$——该物质的线性吸收系数。

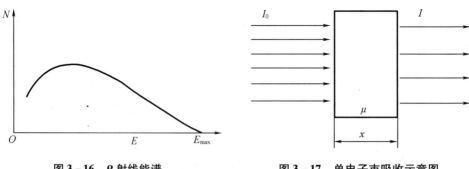

图 3 – 16　β 射线能谱　　　　图 3 – 17　单电子束吸收示意图

实验指出,不同物质的线性吸收系数有很大差别,但是随原子序数 $Z$ 的增加,质量吸收系数 $\mu_m = \mu/\rho$($\rho$ 是该物质的密度)却只是缓慢变化,因而常用质量厚度 $d = \rho x$ 来代替 $x$,于是式(3 – 67)变为

$$I = I_0 e^{-\mu d} \tag{3-68}$$

由于 β 射线不是单一能量,这会使吸收曲线偏离指数规律,接近于线性分布规律,如图 3 – 18 所示。

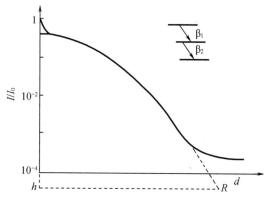

**图 3 – 18　β 射线吸收示意图**

β 射线的射程与 β 射线的最大能量之间,有经验公式相联系。如吸收物质是铝,则当射程 $R > 0.3$ g/cm$^2$ 时,$E = 1.85R + 0.245$,其中 $E$ 为 β 射线的最大能量,单位为 MeV。

6. β 射线射程

图 3 – 19 为测量铝对 β 射线的吸收实验示意图。

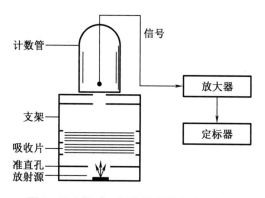

**图 3 – 19　铝对 β 射线的吸收实验示意图**

从该实验中,可求得射程 $R$,并通过射程求出 β 射线的最大能量。β 射线穿过吸收片后,到达探测器,记录它的强度随吸收片厚度的变化,作图得到吸收曲线。由于电子的散射,即使吸收片很薄,仍有部分电子会偏离原来的入射方向,不能到达探测器;只有方向改变小的那些电子才能到达探测器被记录,所以电子的吸收曲线一开始就立即下降。当吸收片增加时,电子能量不断损失,散射偏转越来越大,到达探测器的电子数越来越少,渐渐趋近于零。对 β 谱中每一小能量间隔内的电子,可以认为它遵循线性吸收规律,但由于 β 谱中电子能量连续分布,不同能量的电子其吸收曲线的斜率不同,线性叠加结果,对 β 谱的主要部分来讲,吸收曲线近似为指数曲线,因此,对 β 粒子没有确定的电子射程可言。可以用 β 射线能谱中电子最大能量 $E$ 所对应的射程来表示 β 射线的射程。β 射线的最大射程为 $R_\beta$,在吸收曲线上外推到净计数为零的地方即为 $R_\beta$。β 粒子的最大射程与其最大能量之间的关系只能用经验公式表示,这样的经验关系式同样适用于单能电子情况。对于铝吸收体，β 粒子射程与能量之间有下列经验公式。

当 0.15 MeV < E < 0.8 MeV 时，有

$$R_{\beta,max} = 0.407E^{1.38} \qquad\qquad (3-69)$$

当 0.8 MeV < E < 3 MeV 时，有

$$R_{\beta,max} = 0.542E - 0.133 \qquad\qquad (3-70)$$

式中　$R_{\beta,max}$——β 射线的最大射程，$g/cm^2$；

　　　$E$——β 射线的最大能量，MeV。

β 射线的最大射程以质量厚度为单位。这样，可以避免直接测量薄吸收体线性厚度所带来的较大误差，而面积和质量的测量误差可以较小。在讨论电子的能量损失和射程时用质量厚度来表示靶厚度是很有用的，β 粒子穿过相同质量厚度的不同吸收物质时，与粒子发生碰撞的电子数目大体相同，所以用质量厚度表示时，对 Z 相差不是很大的靶物质，其阻止本领和射程大体相同。对那些原子序数相近的物质（例如空气、铝、塑料和石墨等），尽管它们的密度差异很大，但射程值（以质量厚度为单位）却近似相同。这样，关于射程 - 能量的经验公式(3 - 69)和公式(3 - 70)不仅对铝适用，而且对于那些原子序数和铝相近的物质也都近似适用。

### 3.4.3　γ 射线与物质的相互作用

γ 射线是在原子核转变过程中放射出来的波长比紫外线更短的电磁辐射。它和物质相互作用过程、能量损失过程与带电粒子不同，带电粒子通过多次弹性散射和非弹性散射逐步损失能量，每次相互作用过程的能量损失比较小，γ 光子与物质相互作用时，在一次相互作用过程中就可以损失大部分或全部能量，而没有经受相互作用的光子将继续沿着入射方向前进，γ 光子与物质发生某种相互作用的概率用作用截面来表示。

在 0.01 ~ 10 MeV 的能量范围内，γ 光子与物质相互作用过程主要有光电效应、康普顿效应和电子对效应。

**1. 光电效应**

能量为 hν( h 为普朗克常数，ν 为光子的频率)的光子通过物质时，与原子中的一个轨道电子相互作用，光子将全部能量转移给这个轨道电子，使之脱离原子核的束缚成为自由电子，而光子本身消失，这种过程叫作光电效应（图 3 - 20)。光电效应中发射出来的电子称为光电子。光电效应有以下特点。

(1)参与光电效应过程的是入射光子、原子核、内层轨道电子。

(2)相互作用后，光子能量全部转移(给光电子)，因而光子消失;核获得极小的反冲能，光子的很小一部分能量用作电离能，光子的绝大部分能量由光电子带走。

(3)光电效应可发生在原子各个壳层的电子上，但光子能量必须大于该层电子的结合能；由于能量守恒的要求，自由电子不能产生光电效应。

(4)光电效应必须有原子核参加，而愈内层的电子受核的影响愈大，所以光子能量必须满足大于内层电子结合能的条件。

(5)内层电子发生光电效应的概率大于外层电子。

光电效应发生时，原子内层电子出现空位——原子处于激发态。随之发生退激效应，放出特征 X 射线(荧光)或者俄歇电子。

描述光电子作用概率(微观截面)的是光电子原子截面 $\sigma\tau$，其总的趋势是光电子原子截面 $\sigma\tau$ 随入射光子能量的增大而下降，随靶物质原子序数 Z 的增大而迅速上升，当入射光

子的能量 $h\nu > W_K$（K 层电子结合能）时，光电子原子截面近似地正比于 $\dfrac{Z^n}{(h\nu)^3}$（$n$ 值因观测者而异，从 3.94 到 4.4）。在低能光子入射时，当光子能量相当于某一壳层电子的结合能时，光电吸收截面会突然增高（此时对应的能量称为该壳层的吸收限），然后随光子能量的上升，光电子原子截面平缓地下降，当入射光子能量达到内层电子的结合能时，光电子原子截面再次陡然上升，而后又平缓下降。因而 $\sigma\tau - h\nu$ 曲线明显地呈锯齿状。这在铀、铅、钙等重物质的 $\sigma\tau - h\nu$ 曲线上很明显。图 3-21 为 $\sigma\tau - h\nu$ 关系示意图。当 $h\nu > W_K$ 时，原子的所有轨道电子都可能被击出，但以 K 层发生光电效应的概率最大。

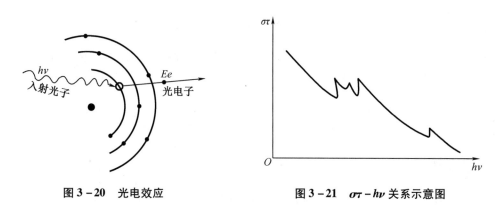

图 3-20  光电效应            图 3-21  $\sigma\tau - h\nu$ 关系示意图

在实际中往往需要用到光电效应宏观截面 $\tau$（光子入射物质后，在 1 cm 厚度的物质中发生光电效应的概率，即单位注量的光子通过 1 cm 厚度的物质后，因光电效应衰减的百分数），只要把介质的原子密度乘以光电效应原子截面即可求得 $\tau$，即

$$\tau = \frac{\rho}{M} \cdot N_A \cdot \sigma\tau \qquad (3-71)$$

式中  $\rho$、$M$——介质的密度和摩尔质量；

  $N_A$——阿伏加德罗常数；

  $\tau$——光电效应宏观总截面，也称光电效应线衰减系数。

**2. 康普顿效应**

当能量为 $h\nu$ 的光子与原子内一个轨道电子发生非弹性碰撞时，光子交给轨道电子部分能量后，其频率发生改变，向与入射方向成 $\theta$ 角的方向散射（康普顿散射光子），获得足够能量的轨道电子与光子入射方向成 $\varphi$ 角方向射出（康普顿反冲电子），此过程称为康普顿（Compton）效应，如图 3-22 所示。

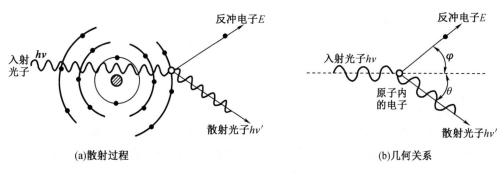

(a)散射过程                    (b)几何关系

图 3-22  康普顿效应示意图

核化学与放射化学

受原子核束缚得愈弱的轨道电子发生康普顿效应的概率愈大,在实际处理时,忽略轨道电子的结合能,把康普顿效应看成入射光子和自由电子的弹性碰撞,在这种弹性碰撞过程中,入射光子与散射光子和反冲电子之间,遵循能量守恒和动量守恒定律,并考虑相对论能量和动量的关系,可以推得散射光子的能量为

$$E_{\gamma'} = \frac{E_{\gamma}}{1 + \alpha(1 - \cos\theta)} \tag{3-72}$$

式中 $E_{\gamma}$、$E_{\gamma'}$——入射与散射光子的能量,$E_{\gamma} = h\nu$,$E_{\gamma'} = h\nu'$;

$\theta$——散射角。

另外,$\alpha = \dfrac{E_{\gamma}}{m_e c^2}$,$m_e c^2$ 为电子的静质量能,值为 0.511 MeV。

由式(3-72)可以看出,对于给定的 $E_{\gamma}$、$E_{\gamma'}$ 与物质的种类无关,仅与散射角 $\theta$ 有关。当 $\alpha \gg 1$ 时,$E_{\gamma'}$ 趋同于一定值。例如:

当 $\theta = 180°$时,有

$$E_{\gamma'} = \frac{E_{\gamma}}{1 + 2\alpha} \approx \frac{E_{\gamma}}{1 + 3.914 E_{\gamma}} \rightarrow 0.25 \text{ MeV}$$

当 $\theta = 90°$时,有

$$E_{\gamma'} = \frac{E_{\gamma}}{1 + \alpha} \approx \frac{E_{\gamma}}{1 + 1.957 E_{\gamma}} \rightarrow 0.5 \text{ MeV}$$

在辐射屏蔽计算中,这些数据是很有用的。

散射光子的波长

$$\Delta\lambda = \lambda' - \lambda = \frac{c}{\nu'} - \frac{c}{\nu} = hc\left(\frac{1}{E_{\gamma'}} - \frac{1}{E_{\gamma}}\right) = hc \cdot \frac{1 - \cos\theta}{m_e c^2} = \frac{h}{m_e c}(1 - \cos\theta)$$

$\lambda_{\text{C}} = \dfrac{h}{m_e c} = 2.426\ 3 \text{ pm}$,称为电子的康普顿波长。于是

$$\Delta\lambda = \lambda_{\text{C}}(1 - \cos\theta)$$

由于入射光子的能量分配给散射光子和反冲电子,因此反冲电子的能量 $E$ 等于入射光子的能量与散射光子的能量之差。

$$E = E_{\gamma} - E_{\gamma'} = E_{\gamma}\frac{\alpha(1 - \cos\theta)}{1 + \alpha(1 - \cos\theta)} \tag{3-73}$$

当 $\theta = 180°$时,反冲电子的能量最大,为

$$E_{\max} = E_{\gamma}\frac{\alpha(1 - \cos 180°)}{1 + \alpha(1 - \cos 180°)} = E_{\gamma}\frac{2\alpha}{1 + 2\alpha} \tag{3-74}$$

同样,可得散射角 $\theta$ 与康普顿电子的反冲角 $\varphi$ 之间有如下关系:

$$\cos\varphi = (1 + \alpha)\tan\left(\frac{\theta}{2}\right) \tag{3-75}$$

由式(3-75)可以看出,由于 $0° \leqslant \theta \leqslant 180°$,所以 $0° \leqslant \varphi \leqslant 90°$,因此反冲电子只能在 $0° \leqslant \varphi \leqslant 90°$出现。

### 3. 电子对效应

在原子核库仑场或核外电子库仑场作用下,一个能量超过阈值的入射光子转化成一对正、负电子的过程,称作电子对效应,如图3-23所示。电子对效应有如下要求。

· 56 ·

（1）必须有核库仑场或电子库仑场的参与。

（2）要求入射光子能量达到阈值，才能发生电子对效应，当核库仑场参与时，阈值为 1.02 MeV$(2m_0c^2)$，当电子库仑场参与时，阈值为 2.04 MeV$(4m_0c^2)$。

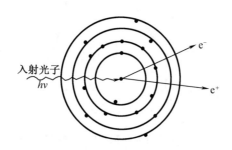

图 3 – 23　形成电子对效应示意图

正、负电子在物质中的行为如同普通 $\beta^+$、$\beta^-$ 射线的行为一样，可多次发生电离碰撞和韧致辐射，逐渐损失动能，电子则被物质吸收成为自由电子；而正电子在完全失去动能前则与物质中的自由电子结合发生阳电子湮灭辐射（正电子寿命一般为 $10^{-10} \sim 10^{-7}$ s）。

因为电子对效应的介质参与者是核库仑场或核外电子库仑场，所以微观截面用原子截面表示。电子对效应的原子截面与入射光子能量和物质原子序数有关。当入射光子能量大于阈值$(h\nu > 2m_0c^2)$但又不太高时，电子对效应原子截面为

$$\sigma_K = C_1 Z^2 (h\nu - 1.02) \tag{3-76}$$

当能量较高$(h\nu \gg 2m_0c^2)$，即超过 4 MeV 时

$$\sigma_K \approx C_2 Z^2 \ln h\nu \tag{3-77}$$

式中　$C_1$、$C_2$——常数；

　　$Z$——介质原子序数。

由此可知：

（1）对同一介质，当 $h\nu$ 稍大于 $2m_0c^2$ 时，电子对效应原子截面 $\sigma_K$ 与入射光子能量 $h\nu$ 近似呈线性关系，当入射光子能量较大$(h\nu \gg m_0c^2)$时，$\sigma_K$ 随 $h\nu$ 增大的速度减慢，呈对数关系。

（2）对于一定能量的入射光子，电子对效应的原子截面与介质原子序数 $Z^2$ 成正比。

电子对效应的线衰减系数 $K$ 是指单位质量的光子在物质中穿过 1 cm 距离时发生电子对效应的概率，也是光子因电子对效应衰减的百分数。它等于电子对效应原子截面 $\sigma_K$ 与物质的原子密度（原子核数/cm³）的乘积。

$$K = \sigma_K \cdot \frac{\rho N_A}{A} \tag{3-78}$$

**4. 效应关系**

γ 射线与物质作用的产物（光电子、康普顿散射电子、正负电子对、俄歇电子、湮没光子、特征 X 射线等）将继续与衰减材料物质发生各种相互作用，直到能量全部耗尽为止。发生光电效应、康普顿散射、电子对效应与其能量和衰减材料原子序数的关系如图 3 – 24 所示，图中 $\sigma_{PH}$ 表示光电效应截面，$\sigma_C$ 表示康普顿散射截面，$\sigma_P$ 表示电子对效应截面。

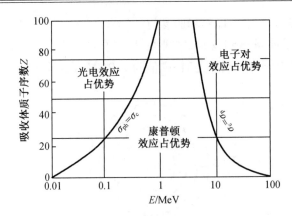

**图 3-24　三大效应与能量和原子序数的优势区域**

如图 3-24 所示,γ 射线与物质的相互作用是竞争关系,也可能同时存在。分析 γ 射线与物质相互作用的三种主要效应,可以得出以下结论。

(1)对于低能 γ 射线和原子序数高的吸收物质,光电效应占优势,正比于 $Z^4/E_\gamma^3$。

(2)对于中能 γ 射线和原子序数低的吸收物质,康普顿效应占优势,正比于 $Z/E_\gamma$。

(3)对于高能 γ 射线和原子序数高的吸收物质,电子对效应占优势,正比于 $Z^2\ln E_\gamma$。

### 3.4.4　中子与物质的相互作用

中子质量与质子质量大约相等,并且中子与 γ 射线一样也不带电。因此,中子与原子核或电子之间没有静电作用。当中子与物质相互作用时,主要是和原子核内的核力相互作用,与外壳层的电子不会发生作用。即中子与物质发生相互作用,主要表现为中子在宏观物质中与物质的原子核之间发生的各种核反应,以及它们之间的能量交换过程。中子与物质的相互作用与靶物质的特性及中子的能量有关。

**1. 中子分类**

通常,不同能量的中子大致可分为慢中子、中能中子、快中子、特快中子四大类。

(1)慢中子

动能低于 1 keV 的中子称为慢中子。慢中子包括冷中子、热中子、超热中子和共振中子。其中,热中子最受关注,它是与所在介质处于热平衡状态的中子。其能谱为麦克斯韦分布,平均能量为 0.025 3 eV。

(2)中能中子

动能在慢中子与快中子能量(1 eV ～ 0.5 MeV)之间的中子称为中能中子。中能中子与原子核作用的主要形式是弹性散射。

(3)快中子

动能在 0.5 ～ 10 MeV 的中子称为快中子。快中子与原子核作用的主要形式是弹性散射、非弹性散射(n,n')和核反应[如(n,α)、(n,p)等反应]。

(4)特快中子

动能为 10 ～ 50 MeV 的中子称为特快中子。特快中子与原子核作用时,除发生弹性散射、非弹性散射以及发射一个出射粒子的核反应外,还可发生发射两个或两个以上出射粒子的核反应。

中子与物质作用主要有弹性散射(n,n),非弹性散射(n,n'),辐射俘获(n,γ),核裂变反应(n,f),带电粒子发射(n,α)、(n,p)和多粒子发射(n,2n)、(n,np)等形式。为了表示中子与原子核作用概率的大小,常引用作用截面这一概念,单位为 $cm^2$。

### 2. 弹性散射(n,n)

中子和原子核的弹性散射,又称为(n,n)反应。弹性散射分为势散射和形成复合核散射两种。中子受原子核核力场作用发生的散射叫作势散射,在势散射中中子未进入核内而是发生在核的表面。复合核散射是中子进入原子核内形成复合核,而后放射出中子。在弹性散射过程中,中子与原子核虽有能量交换,但原子核内能不变,相互作用体系保持能量守恒和动量守恒。

下面讨论快中子在弹性散射过程中的能量损失。设 $E_1$、$E_2$ 为快中子与质量为 $m_A$ 的原子核发生一次弹性碰撞前后的动能,在质心坐标系中,设 $\theta_C$ 为在质心系中中子的散射角,则可推得

$$\frac{E_2}{E_1} = \frac{m_A^2 + 2m_A m_B \cos\theta_C + m_n^2}{(m_A + 1)^2} \approx \frac{A^2 + 2A\cos\theta_C + 1}{(A+1)^2} \tag{3-79}$$

式中,$A$ 为散射核的质量数。散射角 $\theta_C$ 可取 $0 \sim \pi$ 的任何值。当 $\theta_C = \pi$ 时,即发生对心碰撞,中子损失的能量最大,这时

$$\frac{E_{2,\min}}{E_1} = \frac{(A-1)^2}{(A+1)^2} = \alpha \tag{3-80}$$

式中,$\alpha$ 值是表征质量数为 $A$ 的核素使快中子慢化(亦称减速)的能力,$\alpha$ 值仅和 $A$ 有关。在一般情况下,一次碰撞之后,中子能量在 $\alpha E_1$ 和 $E_1$ 之间。式(3-80)表明,中子和氢原子核发生一次对心碰撞时,中子的能量几乎可以全部损失掉。

弹性散射是中子与原子核作用最简单的一种形式,也是中子损失能量的重要方式,无论哪种能量的中子,也不论与之碰撞的是轻核还是重核,弹性散射都可发生。对于快中子和中能中子,弹性散射是中子能量损失的主要方式,当中子能量 $E_2 > 0.5$ MeV 时,开始发生非弹性散射。

由式(3-79)可以推得一次碰撞中,中子动能的损失为

$$\Delta E = E_1 - E_2 = \frac{E_1}{2}(1-\alpha)(1-\cos\theta_C) \tag{3-81}$$

在中子能量为几电子伏到几兆电子伏范围内,在质心坐标系中,中子的散射是各向同性的,亦即在不同方向上,向单位立体角内散射的概率相等。将式(3-81)对中子散射的整个 $4\pi$ 立体角积分,得到中子一次碰撞的平均能量损失为

$$\overline{\Delta E} = \frac{1}{2}E_1(1-\alpha) \tag{3-82}$$

由式(3-82)可以看出,对于氢,平均一次碰撞的能量损失为 $\frac{1}{2}E_1$。由于每次碰撞的 $E_1$ 都不一样,得到的 $\overline{\Delta E}$ 也不一样,故不能用 $\overline{\Delta E}$ 去除以 $E_1$,求得降低到能量为 $E_i$ 时所需的平均碰撞次数 $\overline{N}$。但人们发现了一个量即平均对数能量损失 $\xi$,它和初始能量 $E_1$ 无关。

$$\xi \equiv \langle \ln E_1 - \ln E_2 \rangle$$

$$= 1 + \frac{\alpha}{1-\alpha}\ln\alpha$$

$$= 1 + \frac{(A-1)^2}{2A} \ln \frac{A-1}{A+1} \qquad (3-83)$$

式(3-83)表明,中子在一次碰撞中的平均对数能量损失仅和靶原子核的质量数有关。由此,用下式可以求得快中子由初始能量 $E_i$ 降低到 $E_f$ 时所需的平均碰撞次数:

$$\overline{N} = \frac{\ln E_i - \ln E_f}{\xi} \qquad (3-84)$$

由式(3-84)可以算得 2 MeV 的快中子降低到热能($E_f = 0.025$ eV)时,所需的平均碰撞次数 $\overline{N}$ 如表 3-2 所示。

表 3-2 快中子在不同物质中的减速参数

| 快中子种类 | 氢 | 氘 | 锂 | 铍 | 碳 | 氧 | 铀 |
|---|---|---|---|---|---|---|---|
| $A$ | 1 | 2 | 7 | 9 | 12 | 16 | 238 |
| $\xi$ | 1.00 | 0.725 | 0.268 | 0.209 | 0.158 | 0.120 0 | $8.38 \times 10^{-3}$ |
| $\overline{N}$ | 18 | 25 | 67 | 86 | 114 | 150 | 2 172 |
| $\sigma_a/b$ | 0.332 | 0.000 5 | 70.8 | 0.009 | 0.003 4 | 0.000 27 | 7.58 |

注: * 表示 $\sigma_a$ 为对热中子的反应截面。

从表 3-2 中可以看出,轻元素(特别是氢和氘),可以作为快中子良好的减速剂,而中子与重核的弹性散射,则能量损失很小。一个好的中子慢化剂(亦称减速剂)除了 $\xi$ 要大以外,其弹性散射的截面也要大,而对中子的吸收截面必须很小。因此,在反应堆中常用轻水、重水或石墨作慢化剂。在对快中子的屏蔽防护中,常选用含氢材料如水、石蜡等和石墨作为快中子的减速剂。

用 $\xi$ 并不能完全描述一种物质对快中子的慢化能力,因为慢化能力除与 $A$ 有关外,还与物质的密度和弹性散射的宏观截面 $\sum_s$ 有关,为了比较物质在同样厚度时的慢化能力,引入了慢化本领的概念。

$$\xi \sum_s = \xi N \sigma_s \qquad (3-85)$$

式中   $N$——单位体积内的某种物质的原子数;

$\sigma_s$——中子的微观散射截面;

$\xi \sum_s$——慢化本领或慢化能力。

$\xi \sum_s$ 越大,表明该物质的慢化能力越大。例如液态氢的慢化本领比气态氢大,在屏蔽设计中,需要考虑采用慢化本领大的物质作为屏蔽材料。

在需要利用热中子进行某些核反应的场合,不但需要考虑对中子的减速有效,还需要考虑经减速后慢中子的产额。如果在减速过程中,材料对中子的吸收截面很大,最后中子全部或大部分被吸收了,达不到获得高热中子注量率的目的,则失去了为此种目的而减速的意义。因此,为了获得较高的热中子产额而选用的减速剂,还应考虑对中子的吸收截面,所以提出了减速比的概念,减速比用 $\eta$ 表示:

$$\eta = \xi \frac{\sum_s}{\sum_a} = \xi \frac{\sigma_s}{\sigma_a} \qquad (3-86)$$

式中 $\sum_a$ —— 中子的宏观吸收截面;

$\sigma_a$ —— 中子的微观吸收截面。

$\sum_a$ 等于 $\sigma_a$ 与单位体积中某种物质的原子核数的乘积。

从式 (3-86) 看出,一种物质的 $\xi$ 越大,对中子的弹性散射截面 $\sigma_s$ 越大,吸收截面 $\sigma_a$ 越小,则减速比就越大,其减速的质量就越好。例如对热中子,重水的 $\eta = 5\ 670$,水的 $\eta = 71$,因此重水是比水更好的慢化剂。

**3. 非弹性散射 (n, n′)**

中子与原子核的非弹性散射,分为直接相互作用过程和形成复合核过程,直接相互作用过程是中子与原子核发生时间非常短 ($10^{-22} \sim 10^{-21}$ s) 的相互作用,在每次相互作用过程中中子损失的能量较小。形成复合核过程是中子进入靶核形成复合核,在形成复合核的过程中,中子和原子核发生较长时间 ($10^{-20} \sim 10^{-16}$ s) 的能量交换。在非弹性散射过程中,中子将部分动能交给原子核,使其不仅获得反冲动能,而且获得激发能,因而改变了内能,核从激发态退激时放出一个或几个 $\gamma$ 光子回到基态。

中子在非弹性散射中比在弹性散射中损失的能量更大。在非弹性散射中,中子必须提供核激发能,因而发生非弹性散射阈能。

$$E_{阈} = h\nu \cdot \frac{M+m}{M} \qquad (3-87)$$

式中,$h\nu$ 为核退激时放出的 $\gamma$ 光子能量。

只有能量大于阈能的中子才能发生非弹性散射。核的第一激发能重核一般为 100 keV 以上,轻核为 3~4 MeV。所以快中子在所有重原子核上的散射都为非弹性散射。而能量小于 1 MeV 的中子作用于轻原子核或能量小于 100 MeV 的中子作用于重原子核,通常只能进行弹性散射。

**4. 吸收反应 (又称俘获)**

吸收反应是中子与原子核发生作用形成复合核,复合核不稳定,放出 $\gamma$ 光子或 p、$\alpha$ 等带电粒子的反应。这种现象的特点是:作用后,中子消失,而原子核也发生质的变化。

(1) (n, $\gamma$) 反应 (又称辐射俘获)

辐射俘获反应是原子核吸收一个中子形成激发态的复合核,而后放出一个或几个 $\gamma$ 光子回到基态的过程。

(n, $\gamma$) 反应的生成物是靶核的同位素,质量增大 1。中子 – 质子比增大,故多具 $\beta$ 放射性。例如 ${}^1_1H(n, \gamma){}^2_1H$、${}^{50}Co(n, \gamma){}^{51}Cr$、${}^{50}Co(n, \gamma){}^{60}Co$、${}^{202}Hg(n, \gamma){}^{203}Hg$ 等。

在慢中子作用下,几乎所有的原子核都可发生辐射俘获反应。(n, $\gamma$) 反应是生产人工放射性核素的重要方法之一。利用 (n, $\gamma$) 反应可使非放射性物质产生放射性,故又叫作激活或活化。中子活化分析就是基于这种反应。

(2) (n, p)、(n, $\alpha$) 带电粒子发射反应

原子核俘获一个中子后,立即放出一个 $\alpha$ 粒子或质子而变成另一种性质的原子核。

(n, $\alpha$)、(n, p) 反应有 $\theta < 0$ 的吸热反应和 $\theta > 0$ 的放热反应,吸热反应有阈能。

慢中子的 (n, $\alpha$) 和 (n, p) 反应是放热反应,且放出的能量必须足够大才能使 $\alpha$ 或 p 粒子穿透库仑势垒而放出。因此,慢中子只能引起几种轻元素的这种反应,因为核库仑势垒高度随 Z (核电荷) 的增多迅速增高。重要的反应如 ${}^{14}N(n, p){}^{14}C$、${}^{32}S(n, p){}^{32}P$、${}^{35}Cl(n, p){}^{35}S$、

$^6Li(n,\alpha)^3H$等。

快中子能引起大多数核的$(n,\alpha)$、$(n,p)$反应。一般来说,$(n,p)$反应要求中子提供 $1\sim3$ MeV 能量,$(n,\alpha)$则要求提供更高的能量。

利用$(n,\alpha)$、$(n,p)$反应可生成新的放射性核素($\beta$放射体),用于示踪研究;为中子的探测提供一个重要途径。

(3)$(n,f)$反应(即核裂变反应)

中子与重原子核作用时,使一个重核分裂成两个较轻的原子核,释放出大量的能量,这一过程称为核裂变反应,记作$(n,f)$。核裂变过程中,还会同时发射出 $2\sim3$ 个中子,这种中子的增殖可使裂变反应持续不断进行下去,形成裂变链式反应,这是人类目前获取核能较为重要的途径之一。

裂变过程中产生的中子可以分为瞬发中子和缓发中子。绝大部分(约99%)中子是在裂变过程后 $10^{-8}$ s 放出的,称为瞬发中子;也有很少部分中子是经过一段时间后发出的,称为缓发中子。缓发中子与裂变产物的 $\beta$ 衰变有关,裂变产物经 $\beta$ 衰变后,核处于激发态,此激发态能量高于中子在核中的结合能,于是核发射中子。核发射缓发中子有各种不同的半衰期。在中子测量中,可利用铀的缓发中子测量铀含量。

(4)$(n,2n)$、$(n,np)$多粒子发射反应

这种作用是指当中子被靶核吸收后,可放出 2 个、3 个……中子的$(n,2n)$、$(n,3n)$……反应。这种作用只有在特快中子轰击时才能发生。

总之:①当中子能量、原子核质量不同时,产生的主要作用形式也不同;②弹性散射$(n,n)$和辐射俘获$(n,\gamma)$是常见的作用形式,中能中子和快中子对重核作用主要发生$(n,n')$反应,慢中子对轻核作用以$(n,n)$反应为主,对重核主要发生$(n,\gamma)$反应;③当中子能量更低时,热中子与所有核都以$(n,\gamma)$反应为主;④核裂变主要在重原子核作用时发生,轻原子核发生裂变的可能性很小,不同质量的核产生裂变的中子能量是不同的;⑤热中子能发生$^{233}U$、$^{239}Pu$裂变,只有能量大于 1 MeV 的快中子才能引起$^{238}U$ 和$^{232}Th$ 裂变。

# 第4章 辐射化学

## 4.1 辐射剂量学

辐射剂量学(radiation dosimetry)广义上是指用理论或实践的方法研究电离辐射与受辐照物质之间的相互作用过程中能量传递的规律,并以此来预言、估计和控制有关辐射效应的学科。它根据辐射粒子在介质中的输运方程,研究辐射粒子在介质中能量沉积的大小和空间分布,研究空间辐射剂量和辐射场的关系,研究辐射剂量和引起的效应之间的关系,研究不同辐射条件下各种不同介质所产生的效应和观测这种效应的方法,利用可靠的技术手段来测量辐射效应,进行辐射剂量测量,发展辐射剂量计算方法和评价方法,建立辐射剂量的量度规则和测量基准。用来测定被辐照物质吸收辐照能量的体系称为辐射剂量计(radiatien dosimeter)。

### 4.1.1 基本概念

#### 1. 照射量和照射量率

照射量 $X$,指一束 X 射线或 γ 射线在单位质量空气中产生的所有次级电子完全被阻留在空气中时,产生同一符号的离子(正离子或电子)的总电荷量。根据定义,$X$ 可表示为

$$X = \frac{dQ}{dm} \tag{4-1}$$

式中,$dQ$ 是指 X 射线或 γ 射线在质量为 $dm$ 的空气中产生的全部电子(包括正电子和负电子)被完全阻止于空气中时,在空气中形成某一符号的离子的总电荷量。

照射量的国际单位为 $C \cdot kg^{-1}$(C 为库仑),历史上常用单位是 R(伦琴)。1 R 的照射量就是在 1 kg 空气中产生 $2.58 \times 10^{-4}$ C 的电荷量,即 1 R = $2.58 \times 10^{-4}$ $C \cdot kg^{-1}$。

照射量率被定义为单位时间内的照射量,也就是照射量随时间的变化:

$$\dot{X} = \frac{dX}{dt} \tag{4-2}$$

式中,$dX$ 为 $dt$ 时间内照射量的增量。照射量率的单位是 $C \cdot kg^{-1} \cdot s^{-1}$、$R \cdot s^{-1}$ 等。

#### 2. 吸收剂量和吸收剂量率

照射量是以电离电量的形式来间接地反映射线在空气中辐射强度的量,但不能反映射线被物质吸收而使能量转移的过程。因此,国际上已经明确使用吸收剂量(D)这一物理量,将其定义为

$$D = \frac{d\overline{E}}{dm} \tag{4-3}$$

式中，$dE$ 为小体积元中物质吸收的平均能量；$dm$ 为体积元中物质的质量。因此，吸收剂量表示电离辐射授予某一体积单元中单位质量物质的平均能量。吸收剂量 $D$ 的单位为 $J \cdot kg^{-1}$，单位的专门名称为 Gy（戈瑞）。$1\ Gy = 1\ J \cdot kg^{-1}$。

吸收剂量率 $\dot{D}$ 定义为单位时间内的吸收剂量，它与吸收剂量 $D$ 有下述关系：

$$\dot{D} = \frac{dD}{dt} \tag{4-4}$$

或

$$D = \int_{t_1}^{t_2} \dot{D} dt \tag{4-5}$$

常用的吸收剂量率单位有 $Gy \cdot s^{-1}$、$eV \cdot g^{-1} \cdot s^{-1}$、$eV \cdot mL^{-1} \cdot s^{-1}$，相应的吸收剂量单位为 $Gy$、$eV \cdot g^{-1}$、$eV \cdot mL^{-1}$。

### 3. 照射量和吸收剂量的关系

照射量是根据 X 射线或 γ 射线在空气中的电离能力来量度辐射强度的物理量。它仅适用于 X 射线、γ 射线和空气介质，不涉及重离子、电子、质子、中子等的电离辐射，亦不涉及空气之外的任何其他被作用物质。照射量 $X$ 和吸收剂量 $D$ 是根据电离辐射与物质相互作用的结果，从不同角度对电离辐射量的量度。照射量描述的只是电磁辐射对空气介质的电离效果。吸收剂量是介质吸收的电离辐射的能量，适用于任何电离辐射与介质。照射量仅仅涉及电磁辐射在空气体积内交给次级电子用于电离的那部分能量。吸收剂量涉及的是辐射在介质体积内沉积的能量，而不管这些能量来自体积内还是体积外。

对于空气介质，$1\ R$ 照射量在 $1\ kg$ 的空气中产生 $2.58 \times 10^{-4}\ C$ 的电量。电子的电量为 $1.6 \times 10^{-19}\ C$，产生 $1\ C$ 电量所需电子数为 $1/(1.6 \times 10^{-19}) = 6.24 \times 10^{18}$ 电子。经实验证明，在空气中产生一个离子对所需的 X 射线或 γ 射线能量的平均值等于 $33.97\ eV$，因此，当空气受到 $1\ R$ 的 X 射线或 γ 射线的照射量时，可以此换算求得空气的吸收剂量。

$$1\ R = 2.58 \times 10^{-4} \frac{C}{kg} \times 6.241 \times 10^{18} \frac{电子}{C} \times 33.97 \frac{eV}{电子或离子对} \times 1.602 \times 10^{-19} \frac{J}{eV}$$
$$= 8.76 \times 10^{-3}\ J \cdot kg^{-1} 或 8.76 \times 10^{-3}\ Gy$$

### 4. 比释动能和比释动能率

比释动能 $K$ 是指非带电或中性致电离粒子（如 X、γ 光子，中子等），在质量为 $dm$ 的某种物质中释放出来的全部带电粒子的初始动能总和 $dE_{tr}$ 除以 $dm$，即

$$K = \frac{dE_{tr}}{dm} \tag{4-6}$$

式中，$K$ 单位为 $Gy$；$dE_{tr}$ 包括释放出来的带电粒子在韧致辐射过程中放出的能量，以及在这一体积元内发生的次级过程中产生的任何带电粒子的能量，也包括俄歇电子的能量，单位为 $J$；$dm$ 为所考虑的体积元内物质的质量，单位为 $kg$。

比释动能率 $\dot{K}$ 是指在单位时间内、单位质量的特定物质中，由中性致电离粒子释放出来的所有带电粒子初始动能的总和，即

$$\dot{K} = \frac{dK}{dt} \tag{4-7}$$

　　比释动能和比释动能率描述中性致电离粒子与物质相互作用时,把多少能量传递给了带电粒子,而吸收剂量和吸收剂量率只描述带电粒子通过电离、激发把多少能量沉积在物质中。

### 5. 比释动能和吸收剂量的关系

　　在带电粒子平衡条件下,若韧致辐射损失可以忽略,则吸收剂量就与比释动能相等。但是,当高能带电粒子与高原子序数的物质相互作用时,有一部分能量在物质中转变为韧致辐射而离开体积元,在此情况下,吸收剂量 $D$ 与比释动能 $K$ 的关系为

$$D = K(1 - g) \tag{4-8}$$

式中　$g$——直接电离粒子的能量转化为韧致辐射的份额。

　　对于较低原子序数的物质,一般 $g$ 为 $10^{-3} \sim 10^{-2}$,故可以忽略不计。

　　实际上,中性致电离粒子在物质中的能量沉积过程分为两步:首先是带电粒子把能量转移给带电粒子,然后是带电粒子通过电离、激发等把能量沉积在物质中。因此,比释动能是描述第一个过程中多少能量传递给了次级带电粒子的物理量,而吸收剂量则表示第二步骤的结果。

## 4.1.2　剂量测量

　　剂量测量方法分为物理测量方法和化学测量方法。物理测量方法包括量热法(calorimetry)、电离室法(ionization chamber)等,化学测量法即使用化学剂量计(chemical dosimeter)。

### 1. 量热法

　　量热法是利用量热计直接测量物质从辐射场吸收的能量,属于绝对测量剂量法。其测量原理是根据被辐照物质吸收辐射能后产生的温度的变化来测量剂量。如果被辐照物质吸收的辐射能全部转变为热能(即不转变成其他形式的能,如化学能)或者转变成其他形式的能是可以计算或定量测定的,则在与外界环境没有能量交换的情况(如绝热条件)下,由物质的比热和温度的变化值即可求得被辐照物质的吸收剂量。在上述条件下,被辐照物质的吸收剂量可表示为

$$D = \frac{\mathrm{d}E_H}{\mathrm{d}m} \tag{4-9}$$

式中,$\mathrm{d}m$ 为被辐照物质的质量;$\mathrm{d}E_H$ 是由辐射能转换成的热能。若有部分辐射能转变为其他形式的能,则

$$D = \frac{\mathrm{d}E_H}{\mathrm{d}m} \pm \frac{\mathrm{d}E_S}{\mathrm{d}m} \tag{4-10}$$

式中,$\mathrm{d}E_S$ 是转变为非热能形式的能量;“ + ”为热盈余;“ - ”为热亏损。在制造量热计时,通常选用 $\mathrm{d}E_S$ 值尽可能小的物质(如石墨、金属等)作为吸收体,这时 $\mathrm{d}E_S \approx 0$。在绝热条件下, $\mathrm{d}E_H$ 可由下式求得:

$$\mathrm{d}E_H = c_p \cdot \mathrm{d}m \cdot \Delta T \ (\mathrm{J}) \tag{4-11}$$

式中　$c_p$——量热计吸收体的比热,$\mathrm{J} \cdot \mathrm{kg}^{-1} \cdot {}^{\circ}\mathrm{C}^{-1}$;

　　　　$\Delta T$——吸收体温度的变化,$^{\circ}\mathrm{C}$。

因此,吸收剂量 $D$ 为

$$D = c_p \cdot \Delta T \tag{4-12}$$

从式(4-12)可得到吸收单位剂量相应的温度变化值 $\Delta T/D$,即

$$\frac{\Delta T}{D} = \frac{1}{c_p} \, ℃ \cdot Gy^{-1} \tag{4-13}$$

量热法在绝对剂量法中十分重要,具有很高的精密度和准确度,可测量多种辐射。但是,量热法的灵敏度很低,不能用作日常测量吸收剂量的手段,仅适用于大剂量的测量,它的最大用途是作为一级标准校正其他的辐射剂量计。

**2. 电离室法**

电离室很早就被用来探测电离辐射和测量照射量及吸收剂量,在辐射化学中起到重要作用。目前,电离室仍是测量照射量和吸收剂量的重要手段。电离室是一种核辐射探测器,一般为圆柱形,电离室中间有一个柱状电极,它与外壳构成一个电容器。在电离室的两极加上电压,可以收集射线作用产生的电离电流。根据电离电流的大小可以确定放射性活度。按照被测射线种类不同,电离室可分为 α 电离室、β 电离室和 γ 电离室。在剂量的测量中,根据电离室的工作原理分,常用的电离室有标准或自由空气电离室(standard or free air ionization chamber)和空腔电离室(cavity ionization chamber)。

标准或自由空气电离室是测定照射量的绝对测量装置。它由两个与 X 射线入射束中心轴平行的金属电极板组成(图4-1)。收集电极(collecting electrode)的作用是收集电离室内产生的某一种符号的离子。两侧的保护电极(guard electrode)使漏电流由高压电极(high volt-age electrode)经保护电极至地。收集电极的另一作用是使电场均匀地垂直电极,保证电离室有确定的灵敏体积(图中阴影部分)和收集体积(A、B 和高压电极与收集电极两电极间的体积)。电离室的灵敏体积是指穿过光阑(diaphragm)的 X 射线束通过两平行电极间那部分空气的体积。为确保电子平衡条件和保证次级电子在耗尽其能量前不被电极所收集,光阑到灵敏体积边缘的距离以及电离室电极与 X 射线束边缘距离都应大于次级电子在空气中的最大射程。

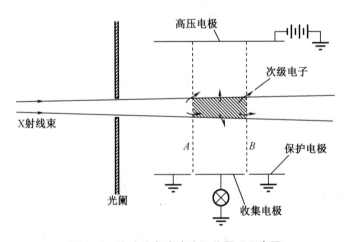

**图4-1 自由空气电离室工作原理示意图**

由图 4 - 1 可以看出,在收集体积中产生的一部分离子是由灵敏体积外的次级电子产生,但是由于满足电子平衡条件,这部分贡献将被从灵敏体积扩散到收集体积以外的次级电子所抵消。因此,在收集电极上收集到的离子,可认为完全是由灵敏体积中产生的次级电子形成的。根据收集到的电量 $Q(C)$ 和灵敏体积 $V(cm^3)$ 可得到以伦琴表示的照射量 $X$:

$$X = \frac{Q}{V \times 0.001\ 293 \times 0.001 \times 2.58 \times 10^{-4}} = 3 \times 10^9 \frac{Q}{V} \qquad (4-14)$$

在标准或自由空气电离室中,电子平衡是靠灵敏体积外围的空气来实现的,因此它只适用于软 X 射线和中等能量的 X 射线(10 ~ 300 keV)测量。射线能量较高时(如 $E >$ 400 keV),次级电子射程较大,为了满足电子平衡,电离室必须造得很大或充以高压气体,但两者均存在实际困难。因此,自由空气电离室并不是实际测量照射量中的常规检测装置,它主要是被作为最初实验室内的标准测量装置。

在常规照射量测量中,经常用到的是空腔电离室。图 4 - 2 为典型空腔电离室的示意图。在这类电离室中,使用与空气等效物质代替灵敏体积外围的空气以建立电子平衡条件。空气等效物质是指除密度外,在化学组成和吸收辐射的性质方面与空气相同的物质。实际上,除固态空气外,完全与空气等效的物质是不存在的,因此在制造空腔电离室时,常选用平均原子序数和阻止本领(对次级电子)与空气接近的物质作为空气等效物质,这类物质包括酚醛树脂、尼龙和有机玻璃等。若将灵敏体积中的空气选用空气等效物质造成的壁(壁厚度大于次级电子的最大射程)封闭起来,则电离室空腔内单位质量空气中的电离量,即为 X 射线或 γ 射线的照射量。

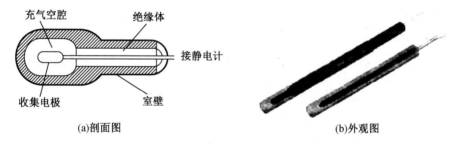

(a)剖面图　　　　　　　　　　　　(b)外观图

**图 4 - 2　典型空腔电离室的示意图**

空腔电离室既可用作基准,也可用于常规测量。由于使用空气等效物质来替代空气,电离室可以制造得很小,并能测定较高能量的电磁辐射(3 MeV)。对于能量更高的 X 射线或 γ 射线,为确保电子平衡条件,需要较厚的电离室壁,这样会引起辐射强度的减弱,需进行校正。

### 3. 化学剂量计

化学剂量计是根据剂量计体系吸收辐射能后引起的化学变化的程度和剂量的关系来测定此体系的吸收剂量的一种仪器。

化学剂量计取材范围广,有液体、气体和固体等多种介质材料,比较重要的有硫酸亚铁剂量计,也叫 Fricke 剂量计。硫酸亚铁标准剂量计溶液为含 $10^{-3}\ mol \cdot L^{-1}$ $FeSO_4$〔或 $(NH_4)_2Fe(SO_4)_2$〕和 $10^{-3}\ mol \cdot L^{-1}$ NaCl 的空气饱和的 $0.4\ mol \cdot L^{-1}$ $H_2SO_4$ 水溶液(pH = 0.46)。

配制 1 L 剂量计溶液所需的试剂用量为

$FeSO_4 \cdot 7H_2O$[或$(NH_4)_2Fe(SO_4)_2 \cdot 6H_2O$]　　0.28 g(或 0.39 g)

NaCl　　　　　　　　　　　　　　　　　　0.06 g

$H_2SO_4$(95% ~ 98%)　　　　　　　　　　　22 mL

为了辐射剂量的定量分析方便,定义某种化学物质 X 的辐射化学产额 $G(X)$ 为受到一定能量的射线照射后在介质中产生的化学物质 X 的量,$G(X)$ 有多个单位。当其单位为 mol/J 时表示照射能量为一焦耳的条件下在介质中产生的化学物质 X 的摩尔数,和 mol/J 等价的单位为 $mol/(kg \cdot Gy)$,它表示在质量为 1 kg 的介质中照射剂量为 1 Gy 时引起的化学物质 X 的摩尔数。

Fricke 剂量计依据的原理是在含有一定浓度的硫酸亚铁的硫酸溶液中,亚铁离子($Fe^{2+}$)在辐射作用下被定量地氧化为铁离子($Fe^{3+}$),它将引起特定波长下吸光度的改变,经过校准后,即可由吸光度的变化值确定剂量计溶液的吸收剂量。吸收剂量测量的国家基准也采用 Fricke 剂量计,它是目前直接重现水中电离辐射吸收剂量最有效的绝对测量方法,已广泛用于剂量场的标定和剂量计的刻度及辐照产品吸收剂量测量,测量准确度可达 ±1.5%,量程 40 ~ 400 Gy。

辐射过程中 $Fe^{3+}$ 的增加等于 $Fe^{2+}$ 的减少,通过测定 $Fe^{3+}$ 的增加量或确定 $Fe^{2+}$ 的减少量都可以确定吸收剂量。$Fe^{3+}$ 对 224 nm 和 304 nm 的光有很强的吸收,$Fe^{2+}$ 在这两个波长处的吸收可以忽略。利用 224 nm 处的吸收来确定铁离子在溶液中的浓度灵敏度要高,但在 224 nm 处塑料制品的干扰会带来大的系统误差。因此常用 304 nm 处的吸收强度来测量吸收剂量。

用准直的光束射到待测样品上,入射和出射光的强度满足

$$I = I_0 e^{-kcl} \qquad (4-15)$$

式中　　$l$——光程;

　　　　$c$——摩尔浓度,$mol/m^3$;

　　　　$k$——和物质及测量光波波长有关的参数。

定义吸收过程中的透射比为

$$T = \frac{I}{I_0} = e^{-kcl} \qquad (4-16)$$

透射比倒数的对数定义为光密度

$$A = \lg \frac{1}{T} = \lg \frac{I_0}{I} = \frac{kcl}{\ln 10} \qquad (4-17)$$

当光穿过的路程长,介质中含的特定波长光的吸收物质的浓度高时,$A$ 就大。因此,光密度 $A$ 反映了光在介质中衰减的程度,光密度 $A$ 也称吸光度。$\frac{k}{\ln 10}$ 为在一定的吸收物质浓度(1 $mol/m^3$)下,光束穿过一定的光程(1 m)时的吸光度,是和吸收物质及测量光波波长有关的参数,称为摩尔线吸收系数。

摩尔线吸收系数 $\varepsilon = \frac{k}{\ln 10}$ 在辐射场作用下,引起辐射化学产额,对应化学浓度变化为

$$\Delta c = \rho D G(X) \qquad (4-18)$$

化学浓度的变化和吸光度的联系为

$$\Delta A(x) = \rho l\varepsilon DG(X) \tag{4-19}$$

$$D = \frac{\Delta A(X)}{\rho l\varepsilon G(X)} \tag{4-20}$$

由此可以得到化学剂量计的测量结果。还有一种得到辐射剂量的方法,首先定义摩尔消光系数 $\varepsilon_m$ 是溶液的吸光度与 $Fe^{3+}$ 浓度线性关系的斜率,再定义物理灰度为

$$G = K_0(1-T) \tag{4-21}$$

式中,$K_0$ 为常数,由灰度值得到光密度值。

Fricke 剂量计的基本参数是 $Fe^{3+}$ 的摩尔消光系数及其随温度的变化率。$Fe^{3+}$ 摩尔消光系数是溶液的吸光度与 $Fe^{3+}$ 离子浓度的线性关系的斜率。

$$A_i - A_0 = D\varepsilon_m Gl\rho \tag{4-22}$$

式中 $A_0$、$A_i$——辐照前后剂量计溶液的吸光度;

$\varepsilon_m$——$Fe^{3+}$ 摩尔消光系数;

$l$——分光光度计液杯的光程长度;

$\rho$——剂量计溶液密度;

$G$——$Fe^{3+}$ 化学产额;

$D$——辐照剂量,Gy。

在 304 nm 波长处,$Fe^{3+}$ 摩尔消光系数的测量值为 205.7 ~ 234.3 $m^2/mol$。

Fricke 剂量计主要特点如下。

(1)组织等效性好 Fricke 剂量计的主要成分是水,它对 γ 射线和带电粒子都是很好的组织等效材料,3 ~ 100 MeV 的电子在 Fricke 溶液中和在水溶液中碰撞阻止本领的比为 0.996,对于 100 MeV 以上的光子质量能量转移系数的差别也很小,对低能光子,为改善组织等效特性,将硫酸的浓度含量降低一些,如降低到 50 $mol/m^3$,但浓度过低会使剂量响应的线性变差。

(2)Fricke 剂量计测量电子核中能光子时,测量精度好于电离室的测量结果,Fricke 剂量计作为吸收剂量测量的次级标准。

(3)Fricke 剂量计主要用于高剂量工业场所使用,测量剂量范围为 30 ~ 500 Gy,测量上限是由于高剂量照射时,溶液中的溶解氧和硫酸亚铁含量降低,辐射化学产额降低所致,受高 LET 射线照射时,溶液中的氧消耗慢,测量上限有所提高,另外增加硫酸亚铁含量也会使测量上限提高,再采取保持供氧措施可以使测量上限提高到 $10^5$ Gy。

(4)$10^6$ Gy/s 以下的短脉冲辐射照射时,Fricke 剂量计的剂量响应和剂量率无关,当剂量率很高时,会出现自由基的复合,导致辐射化学产额降低。

(5)摩尔线吸收系数和温度有关,温度上升时摩尔线吸收系数会增加,温度系数为 0.007/K,因此,Fricke 剂量计需要恒温体系。

## 4.2 辐 射 源

辐射源(radiation source)指能发射电离辐射的物质和装置。根据产生辐射的方式不同,辐射源大致分为以下三类。

①放射性核素源,简称放射源(radioisotope sources),指天然的和人工生产的放射性核

素源,即通过放射性同位素产生的电离辐射。常用的有钴源($^{60}$Co 源)和铯源($^{137}$Cs 源)。

②机器源(machine sources),包括 X 射线装置、粒子加速器、激光辐射装置等。从机器源可以获得 X 射线、电子、质子、氘核、氦核等高能粒子。由机器源产生电离辐射的主要优点是,整个处理系统都不涉及放射性物质,比较容易进行辐射屏蔽保护。

③反应堆(reactor)和中子源(neutron source)。

### 4.2.1  放射源

对放射源的基本要求如下:①有一定的半衰期和合适的电子能量;②易于得到和加工;③操作、维修、使用方便,价格尽量便宜。根据放射源对人类的危害,放射源分为 5 类:Ⅰ 类为极高危险源,人受到辐照后在几分钟至 1 小时之内就会死亡;Ⅱ 类为高危险源,人受到辐照后在几小时至几天内死亡;Ⅲ 类为危险源,人受到辐照后在几天至几周之后死亡;Ⅳ 类为低危险源,人受到辐照后会产生临时性损伤,不会死亡;Ⅴ 类为极低危险源,一般人受到辐照后不会产生永久性损伤。一般地,放射源的放射性活度越高,危害性越大。

放射性源按释放辐射的类型可分为 α、β、γ 三类放射源。α 放射源释放的 α 粒子,相当于氦原子核,通常由重原子或一些人造核素衰变产生。α 粒子与同能量的电子和 γ 射线相比,穿透物质的能力小得多,在空气中只能前进几厘米,因此使用 α 辐射源时必须注意源的能量利用效率和照射的均匀性,照射容器必须是薄壁的。α 辐射源常作为内源使用,这样可以均匀地照射大体积样品,因此更适于气体的辐射化学研究。β 粒子是高速电子,它的穿透能力比相同能量的 α 粒子强,但也很容易被容器壁吸收,因此使用 β 辐射源作为外辐照源时,容器壁也要制得很薄。与 α 辐射源一样,β 辐射源适于照射气体物质和作内照射源。与 α、β 辐射源相比,γ 源是目前使用最广的放射性核素源,往往由反应堆制得,可制成很高的比活度和各种形状,释放的 γ 射线穿透物质能力强,用于气体、液体和固体辐射化学研究与辐射加工工艺。常用的 γ 源是 $^{60}$Co 源和 $^{137}$Cs 源。

$^{60}$Co 是由无放射性的 $^{59}$Co 元素,经放入核反应堆中让它的原子核俘获一个中子所变成的。$^{60}$Co 半衰期为 5.27 a,每次衰变时放出 2 个 γ 光子,能量分别为 1.17 MeV 和 1.33 MeV,平均辐射能量为 1.25 MeV。在照射物品时,γ 射线是穿过不锈钢外壳而作用于被照物品的,所以放射性元素不会泄漏出来污染物品,功率为 $1.48 \times 10^{-2}$ W·Ci$^{-1}$。由于 $^{60}$Co 源的自吸收,源的功率每月下降 1% ,所以照射室的辐射场剂量要经常修正,源也需要补充和更新。

$^{60}$Co γ 辐射源的主要优点如下。

(1)γ 射线的能量高,穿透能力强,可加工有外包装或容器中的产品,其源可制得很高的比活度。

(2)源体可制成金属状态并密封在金属外套中(金属外套也起过滤 β 射线的作用),使它在水中没有放射性泄漏。

(3)为金属单质,可根据需要加工为各种形状。将制成的大量 $^{60}$Co 源元件平行地固定在矩形不锈钢架上,元件的活度和位置均可调整,以便形成中心对称的辐射场,以用于辐射加工辐照。

(4)装置结构简单,主要有辐射源、储源室、辐照室及附属的转动、操作、安全、通风装置等。

钴源辐照装置如图 4-3 所示。

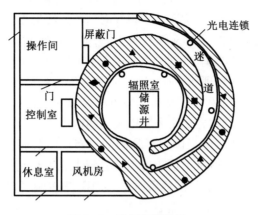

**图4-3 钴源辐照装置**

$^{137}$Cs的半衰期为30.2 a,$\gamma$射线能量为0.66 MeV,能量较低且射线自吸收严重,射线利用率不高。另外,$^{137}$Cs源不能制成金属状态,常以CsCl或硫化物、氧化物状态存在,将$^{137}$Cs源封在不锈钢外壳中泄漏的潜在危害大,在水中易发生放射性污染。因此,$^{137}$Cs源的工业应用远不及$^{60}$Co源普及。但由于$^{137}$Cs源的$\gamma$射线能量较低,比较容易屏蔽,适用于移动式辐照装置。

### 4.2.2 机器源

**1.机器源特点**

机器源具有以下特点:

(1)粒子能量可调,吸收剂量率高;

(2)能量利用率高达约70%,可定向照射;

(3)可加速粒子具有多样性,如电子、质子、各种重离子等。

根据机器源对人类的危害,可将机器源分为以下几类。

Ⅰ类为高危险机器源,短时间受照射人员产生严重放射损伤,甚至死亡,或对环境可能造成严重影响。

Ⅱ类为中危险机器源,使受照人员产生较严重的放射损伤,大剂量照射导致死亡。

Ⅲ类为低危险机器源,一般不会造成受照人员的放射损伤。该危险性主要与机器源的能量和产生的粒子种类有关。一般能量越高,粒子的原子序数越大,危害性越大。

机器源主要包括电子加速器和重离子加速器。这里主要介绍电子加速器。

**2.电子加速器**

电子加速器,也叫电子束(electron beam)辐照装置,是一种以人工方法使电子在真空中受磁场力控制、电场力加速而达到高能量的电磁装置。自由电子可被电场直接或间接加速到很高的能量。与$\gamma$射线相比,电子束具有以下特性。

(1)高能量利用效率。辐射加工使用的高能电子束是工业电子加速器给出的荷电粒子流,它的能量利用效率比$\gamma$射线高出1~2倍。

(2)低穿透性。电子是荷电粒子,质量小。当电子束与物质相互作用时受介质分子或原子库仑场作用,能量迅速损失,引起较大的能量吸收密度,因此电子束与$\gamma$射线相比,穿透力低,射程短。

（3）高功率与高剂量率。电子束给出的剂量率比$^{60}$Co γ辐射源高出4~5个数量级,在辐照样品时可大大节约辐照时间,进而减少射线对基材的辐射损伤,同时也可增加产额。

（4）能量可调,应用范围广。与γ辐射源不同,电子加速器给出的电子束是定向的,并可根据被辐照物的要求调节能量。因此,电子束几乎可以应用于全部辐射加工领域。

电子直线加速器的工作原理如图4-4所示,类似于电视机内的显像管即阴极射线管的工作原理。由高频振荡管、高频变压器和高频电极及其对钢筒、倍压器芯柱之间形成的分布电容组成一个高频振荡器,它在两个高频电极之间产生300 kV以上的高频电压。这一高频电压通过高频电极与芯柱上的半圆电晕环间的分布电容和芯柱内的整流硅堆组成的并联耦合串联倍压系统,在高压电极上产生所需的直流电压。从高压电极内的电子枪产生的电子流在此负极性电压作用下通过加速管时得到加速,从加速管中出来的高能电子束由磁扫描器在水平方向进行扫描,然后穿过钛窗对产品进行辐射加工。高气压钢筒内充以 SF$_6$气体,以保证加速器的高电位梯度。

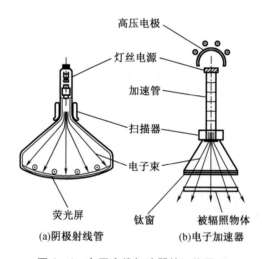

图4-4　电子直线加速器的工作原理

电子加速器种类繁多,工业辐照加速器能量范围为0.15~10 MeV电子加速器。按电子束能量可分为低能电子加速器(0.15~0.5 MeV)、中能电子加速器(0.5~5 MeV)和高能电子加速器(5~10 MeV)三类。低能电子加速器在农产品的辐射灭菌、表面涂层固化、海水淡化膜、橡胶硫化等方面有重要应用;中能电子加速器可应用于电线电缆、包敷材料、聚乙烯发泡塑料的辐射交联,高强度耐湿聚乙烯热缩管的辐射加工,辐射生产防水阻燃木塑地板等方面;高能电子加速器可应用于医疗器械和卫生用品的辐照消毒灭菌、粮食灭虫、食品辐照保鲜、进出口食品检验检疫、中成药灭菌、抗生素降解、半导体器件改性等。

**3.电子加速器基本组成结构**

各种电子加速器基本组成结构相同,主要由电子枪、加速结构、导向聚焦系统、束流输运系统和高压电源或高频功率源五部分组成。除以上五个基本组成结构之外,通常还有束流监测和诊断系统,维持加速器所有系统正常运行的电源系统、真空系统、恒温系统等辅助设备和靶室。

（1）电子枪

电子枪是电子加速器的电子注入器,它发射出具有一定能量、一定流强、一定束流直径和发射角的电子束流。用来为电子加速器提供电子束的电子枪一般分为热发射电子枪和场致发射电子枪两种。无论哪种类型的电子枪,它们均由阴极、聚焦极和阳极三部分组成。阴极是电子枪的关键部件之一,它是电子的发射极,决定了电子枪的发射能力和寿命。聚焦极是电子注入形状的限制极;阳极用来引出电子束,使其准确进入加速系统。

（2）加速结构

加速结构是加速器的关键部件,用于将带电粒子束加速到高能,按照设计目标,达到预定能量。电子加速器中的加速结构主要是加速管,根据加速电子的方式不同,加速管分为行波加速管和驻波加速管两种。

（3）导向聚焦系统

为使从电子枪发射的电子束汇聚成细束注入加速管,使其沿着预定轨道运动,为此在电子枪出口安装了聚焦线圈。同时为了保证电子在加速管中横向运动的稳定性,即避免电子在加速过程中散开而损失掉,在加速管外部安装有多组螺线管聚焦线圈。导向聚焦系统一般由形态各异的电磁场构成。

（4）束流输运系统

束流输运系统的作用是在加速器各个系统间输运带电粒子束,其物理设计任务是给定加速器束流出口的束流参数,设计最佳输运元件组合,令靶上得到符合参数要求的束流,进而保证整个加速器系统在设计、运行上都经济合理。

（5）高压电源或高频功率源

此部件组成主要是为加速结构形成加速电场提供高电压或高频功能。对于低、中能加速器,通常使用直流高压电源。对于高能加速器,使用的是高频功率电源,目的是获得具有时间脉冲特点的电子束。

# 4.3　辐射防护基本知识

## 4.3.1　辐射防护中专用的量

### 1. 当量剂量( equivalent dose )

不同的辐射诱发的相对生物效应不同。如全身均匀照射条件下,分别接受 1 mGy 能量为 250 keV 的 X 射线和 4.5 MeV 的快中子的照射时,快中子照射诱发某种生物效应的概率约比 X 射线诱发概率大 10 倍。为了在共同基础上比较不同辐射所致生物效应的大小,提出了当量剂量概念。

当量剂量( $H_{T,R}$ )是指辐射 R 在某一组织或器官 T 中的平均吸收剂量经辐射权重因子加权处理后的吸收剂量。它不仅与辐射所产生的吸收剂量有关,而且与辐射本身的性质,即辐射类型有关。当量剂量的计算式为

$$H_{T,R} = D_{T,R} w_R \tag{4-23}$$

式中　　$D_{T,R}$——某种辐射 R 在人体组织或器官 T 内产生的平均吸收剂量,Gy;

$w_R$——辐射权重因子,代表组织 T 接受的照射所导致的随机效应的危险系数与全身
受到均匀照射时的总危险系数的比值。

常见辐射类型的辐射权重因子 $w_R$ 见表 4-1。当辐射场是由不同权重因子的不同类型

的辐射组成时,当量剂量为各类辐射产生的当量剂量的和。当量剂量的 SI 单位为 J·kg$^{-1}$,专用单位为 Sv,旧单位为 rem(1 Sv = 100 rem)。

表 4 - 1　常见辐射类型的辐射权重因子 $w_R$

| 辐射类型 | 辐射权重因子 $w_R$ |
|---|---|
| 光子 | 1 |
| 电子 | 1 |
| 质子 | 5 |
| α 粒子、裂变碎片、重核 | 20 |
| 中子 | 中子能量 $E_n$ 的连续函数 $E_n < 1 \text{ MeV}, 2.5 + 18.2e^{\left[-\frac{(\ln E_n)^2}{6}\right]}$ $1 \text{ MeV} \leqslant E_n \leqslant 50 \text{ MeV}, 50 + 17.0e^{\left\{-\frac{[\ln(2E_n)]^2}{6}\right\}}$ $E_n > 50 \text{ MeV}, 2.5 + 3.25e^{\left\{-\frac{[\ln(0.04E_n)]^2}{6}\right\}}$ |

对一般人而言,每年正常因环境本底辐射(主要是空气中的氡)的摄取量是 1 ~ 2 mSv。

**2. 有效剂量**(effective dose)

有效剂量 $E$ 是指人体中受照射各器官或组织加权后的当量剂量的总和,单位为 Sv。有效剂量计算式为

$$E = \sum_{T} w_T \cdot H_T \qquad (4-24)$$

式中,$w_T$ 及 $H_T$ 分别为任一被照射的人体组织或器官的加权因数或权重因子及其所接受的当量剂量。$w_T$ 表示受照组织或器官的相对危险度。相同的当量剂量在不同的组织或器官中产生生物效应的概率是不同的,它可评价全身受到非均匀照射时发生随机效应的概率是不同的,是评价全身受到非均匀性照射时发生随机效应概率的物理量。对任何一次辐射暴露时间,所有被照射组织或器官的加权因数总和必等于 1.00。不同组织或器官的权重因子 $w_T$ 见表 4 - 2。

表 4 - 2　不同组织或器官的权重因子 $w_T$

| 组织或器官 | 组织权重因子 $w_T$ |
|---|---|
| 乳腺、红骨髓、结肠、肺、胃 | 0.12 |
| 其余组织 | 0.12(分男女各取 13 个组织)* |
| 性腺(卵巢和睾丸) | 0.08 |
| 膀胱、食道、肝、甲状腺 | 0.04 |
| 骨表面、脑、唾液腺、皮肤 | 0.01 |
| 全身 | 1.00 |

注:* 包括肾上腺、胸外区、胆囊、心脏、肾、淋巴结、肌肉、口腔黏膜、胰腺、前列腺(男)、小肠、脾、胸腺、子宫/宫颈(女)。

3. **待积当量剂量**(committed dose equivalent)

待积当量剂量 $H_T$ 为人体单次摄入放射性物质后,某一器官或组织在 $\tau$ 年内将要受到的累积的当量剂量,单位为 Sv。定义为

$$H_T(\tau) = \int_{t_0}^{t_0+\tau} + \dot{H}_T(t)\,\mathrm{d}t \tag{4-25}$$

式中　$t_0$——摄入时刻;

　　　$\dot{H}_T(t)$——在 $t$ 时刻器官或组织 T 受到的当量剂量率(单位时间内物质吸收的当量剂量,$Sv \cdot s^{-1}$)。

成年人计算 $\tau$ 为 50 年,儿童为 70 年。

4. **待积有效当量剂量**(committed effective dose equivalent)

待积有效当量剂量 $E_T$ 为受到辐射危险的各个器官或组织的待积当量剂量 $H_T(\tau)$ 经组织权重因子 $w_T$ 加权处理后的总和,单位 Sv。其定义为

$$E_T(\tau) = \sum_T w_T H_T(\tau) \tag{4-26}$$

采用该量可以用同一尺度来表示受均匀或不均匀照射后对全身所致的危险度的程度,也可与外照射所致的有效当量剂量进行比较。

5. **集体当量剂量**(collective equivalent dose)

集体当量剂 $S_T$ 定义为

$$S_T = \int_0^\infty H_T N(H_T)\,\mathrm{d}H = \sum_i \overline{H}_{Ti} N(\overline{H}_T)_i \tag{4-27}$$

式中　$N(H)\mathrm{d}H$——接受剂量在 $H_T \sim (H_T + \mathrm{d}H)$ 的人数,或可表示在这一群体中全身或任一特定器官或组织所受的剂量当量在 $H_T \sim (H_T + \mathrm{d}H)$ 范围内的人数,人·Sv;

　　　$N(\overline{H}_T)_i$——接受平均当量剂量 $\overline{H}_{Ti}$ 的群体分组 $i$ 中的人数;

　　　$\overline{H}_T$——人均当量剂量。

6. **集体有效剂量**(collective effective dose)

在特定时间内,若受照群体中的有效剂量介于 $E \sim (E + \mathrm{d}E)$ 的个体人数是 $\mathrm{d}H$,则相关时间内群体的集体有效剂量 $S_E$ 定义为

$$S_E = \int_0^\infty H_E N(H_e)\,\mathrm{d}H = \sum_i \overline{H}_{Ei} N(\overline{H}_E)_i \tag{4-28}$$

式中　$\overline{H}_E$——人均有效剂量。

因此,集体有效剂量是人群平均有效剂量与人群人数的乘积,人·Sv。

## 4.3.2　辐射的生物效应

辐射对人体的作用极其复杂,人体从吸收辐射能量开始,到产生生物效应,乃至机体的损伤和死亡为止,涉及许多不同性质的变化。

一般认为,在辐射作用下,人体内的生物大分子,如核酸、蛋白质等会被电离或激发。这些生物大分子的性质会因此而改变,细胞的功能及代谢遭到破坏。实验证明,辐射可令 DNA 断裂或阻碍分子复制,这个过程一般称为直接作用(direct action)。人体内的生物大分子存在于大量水分子中,当辐射作用于水分子时,水分子亦会被电离或激发,产生有害的自由基,继而使

在水分子环境中的生物大分子受到损伤,这个效应称为间接作用(indirect action)。

生物效应根据发生的时间可分为急性效应(acute effect)或早期效应(early effect)和晚期效应(late effect)或延迟效应(delayed effect)。急性效应主要是指数小时或数天内,受到大剂量照射时所导致的急性损伤和急性放射病等。晚期效应是指发生急性效应后或长期小剂量照射的患者在数月或数年后才发生的效应。

### 1. 辐射的生物效应分类

从辐射防护的需要考虑,辐射的生物效应按剂量 – 效应关系可分为随机性效应(stochastic effect)和确定性效应(deterministic effect)两类。

(1)随机性效应

随机性效应是指当机体收到电离辐射的照射后对健康产生的一种随机效应。其发生的概率(而不是其严重性)是所受剂量的线性函数,无剂量阈值。遗传效应和肿瘤发生就是随机效应。电离辐射在任何物质中的能量沉积都是随机的,因此,任何小的剂量照射于机体组织或器官,都有可能在某一个体细胞中沉积足够的能量,使细胞中 DNA 受损而导致细胞变异。由于引起这种细胞变异的辐射能量沉积事件是随机的,因而由这种辐射引起的生物效应也是随机性效应。

(2)确定性效应

确定性效应是指当机体或局部组织受到电离辐射的较大剂量照射后对健康产生的一种效应,如诱发白内障的效应、抑制骨髓造血功能的效应等。该效应的严重程度随所受剂量而异,其严重程度与所受剂量大小成比例增加,此种效应的剂量阈值可能存在。发生确定性效应的剂量与受照组织对辐射的敏感性有关。确定性效应的剂量阈值与受照的剂量率有关。确定性效应一般发生在被照者在短时间内接受了比较高的剂量。当被电离辐射照射时,组织或器官中有足够多的细胞被杀死或不能繁殖和发挥正常的功能,而这些细胞又不能由活细胞的增殖来补偿,导致某种机体效应必然要发生。发生确定性效应的剂量与受照组织对辐射的敏感性有关。确定性效应的剂量阈值与受照的剂量率有关。图 4 – 5 所示为人体在受到不同剂量照射后所产生的确定性反应。

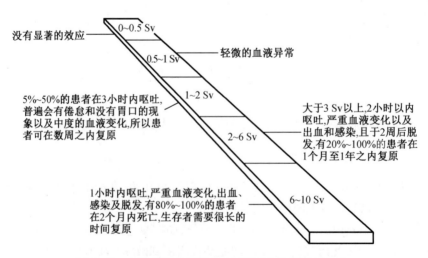

**图 4 – 5　在受到不同剂量照射后所产生的确定性反应**

随机性效应和确定性效应的主要差别见表 4 − 3。

**表 4 − 3　随机性效应和确定性效应的主要差别**

| 项目 | 随机性效应 | 确定性效应 |
|---|---|---|
| 诱发机制 | 个别细胞受损 | 大量细胞集体被杀或受损 |
| 阈值概念(假设) | 线性无阈 | 有阈值 |
| 与剂量的关系 | 发生率取决于剂量 | 严重程度取决于剂量 |
| 效应性质 | 用统计方法在受照射群体中观察与预言,有潜伏期 | 在受照射者本人身上显示出来 |
| 效应 | 癌症、遗传效应 | 白内障、生育能力受损、组织纤维化、器官功能损伤 |

**2. 影响辐射的生物效应的因素**

影响辐射的生物效应的主要因素如下。

(1)组织的辐射敏感性

不同物种、不同个体及个体的不同组织对电离辐射的敏感性存在差异,产生的生物效应也不同,它与个体的性别、年龄、生理状态、遗传等因素有关。即使同一个体,在不同生长发育阶段对辐射敏感性也不相同。一般胚胎较幼年敏感,幼年较成年敏感。

(2)剂量和剂量率

在大剂量、高剂量率下,剂量 − 效应曲线可能呈线性二次函数关系形状。

(3)LET 大小

低 LET 辐射电离密度较均匀;高 LET 电离密度大,生物效应显著。在一定的辐射剂量范围内,单位剂量的高 LET 辐射的效应发生率高于低 LET 辐射效应的发生率。对于致癌率,单位剂量的高 LET 辐射,其致癌率随剂量及剂量率降低变化不大;而低 LET 辐射,其单位剂量的致癌率随剂量及剂量率降低而减少。

(4)受照条件

包括照射方式:外照射 n > γ、X > β > α,内照射 α、p > β、γ、X;照射部位:腹部 > 头部 > 躯部 > 四肢。

### 4.3.3　辐射防护的基本原则和方法

**1. 辐射防护原则**

我国辐射防护主要遵循实践的正当性、防护的最优化和个人剂量限值三原则。

(1)实践的正当性

任何伴随有辐射危害的实践,都要进行代价与利益的分析。只有当社会和个人从中获得的利益超过所付出的代价时,该项实践才是正当的。

(2)防护的最优化

最优化是指必须在涉及放的实践所付出的代价与所得到纯利益之间进行权衡,以最低的代价获取最大的利益。为达到辐射防护最优化所使用的较简单有效的方法是代价 −

利益分析,保证实现"可合理达到的尽可能低的水平"。

(3)个人剂量限值

为了保护个人不致受到不合理的损害,所有辐射实践带来的个人受照剂量必须低于确定的个人剂量限值,作为以防护最优化原则确定防护水平的一个约束条件。职业性人员和公众的剂量限值列于表4-4。

表4-4 职业性人员和公众的剂量限值[①]

| 应用 | | 剂量限值 | |
|---|---|---|---|
| | | 职业性人员 | 公众 |
| 连续5年的有效剂量/mSv·a⁻¹[②] | | 20 | 1[③] |
| 连续5年的当量剂量/mSv | 眼晶体 | 150 | 15 |
| | 皮肤[④] | 500 | 50 |
| | 手足 | 500 | |

注:①限值用于规定期间有关的外照射及该期间摄入量的50年(对儿童算到70岁)的待积剂量之和。
②另有在任一年内有效剂量不得超过50 mSv的附加条件。对孕妇职业性照射做了限制,只要该妇女已经或可能怀孕,为了保护未出生儿童,在孕期余下的时间内应施加补充的当量剂量的限值,对腹部表面(下躯干)不超过2 mSv,并限制放射性核素的摄入量大约为1/20 ALI。
③在特殊情况下,假如5年内平均不超过1 mSv·a⁻¹,在单独一年内有效剂量可允许大一些。
④对有效剂量的限制足以防止皮肤的随机性效应。对于局部照射,为了防止随机性效应的发生,不管受照面积多大,对任何1 cm² 面积上平均为500 mSv,标准深度为7 mg·cm⁻²。

**2. 外照射防护要素**

外照射防护的三要素为时间、距离、屏蔽。

(1)控制受照时间

累积剂量与受照时间成正比。在满足工作需要的条件下,应当尽量缩短受照时间。

(2)增大辐射源与操作人员之间的距离

外照射剂量与人距辐射源的距离有关。当辐射源被认为是点源时,剂量率与距离的平方成反比。要实现距离防护,可利用各种保证加大距离的操作工具,如带长柄钳子、长把检测仪、机械手和机器人等遥控装置。

(3)利用屏蔽材料

屏蔽就是在源和人之间插入必要的吸收物质,使屏蔽层后面的辐射场强度能降低到所要求的水平。屏蔽材料对不同的辐射应分别选用不同的材料,例如对 β 射线和高能电子束应采用双重屏蔽,第一层屏蔽物采用低原子序数的材料如塑料等吸收电子,第二层采用高原子序数的材料如铅等吸收韧致辐射。对于 γ 光子,可选用的屏蔽材料包括水、土壤、岩石、混凝土、铅、铅玻璃、铀、钨等。

**3. 内照射防护措施**

内照射防护措施如下。

(1)包容

在操作过程中,将放射性物质密闭起来,如采用通风橱、手套箱等。对于从事非密封放射性物质操作的工作人员,可用工作服、鞋、帽、口罩、手套等,将操作人员围封起来,以防止放射性物质进入人体。

（2）隔离

根据放射性核素的毒性大小、操作量多少和操作方式等,将工作场所进行分级、分区管理。

（3）净化

采用吸附、过滤、除尘、凝聚沉淀、离子交换、蒸发、储存衰变、去污等方法,尽量降低空气、水中放射性物质浓度,降低表面放射性污染水平。

（4）稀释

在合理控制下利用干净空气或水使空气或水中的放射性浓度降低到控制水平以下。

# 4.4 水的辐射化学

## 4.4.1 水的辐射分解过程

水的辐射分解过程十分复杂,取决于许多因素。电离辐射引起的水或水溶液的变化过程,从射线轰击水分子开始到建立某种辐解产物的化学平衡为止,可分为以下三个阶段。

### 1. 辐射能量传递阶段

这一过程是射线和水作用的开端, 作用时间约 $10^{-15}$ s 或更短( $10^{-18} \sim 10^{-15}$ s)。在此过程中,辐射能量直接或间接地引起水分子的电离或激发, 产生电子、带正电的水离子( $H_2O^+$ )和处于激发状态的水分子( $H_2O^*$ )。

$$H_2O \longrightarrow e^- + H_2O^+ \tag{4-23}$$

$$H_2O \longrightarrow H_2O^* \tag{4-24}$$

### 2. 建立热平衡阶段

这一过程作用时间约 $10^{-11}$ s 或更短。主要包括以下几个过程。

（1）电离电子速度减慢,成为"热"电子。电子的电场吸引极性水分子在其四周重新排列( 图 4-6 ),它又叫作水合电子[①],该过程可表示为

$$e^- \longrightarrow e^-_热 \longrightarrow e^-_{水合} \tag{4-25}$$

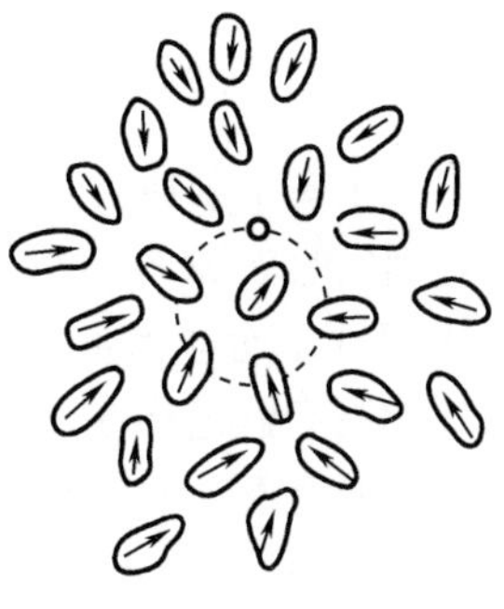

（2）带正电的水合离子和相邻水分子发生质子转移反应,生成 $H_3O^+$ 和 OH,即

$$H_2O^+ + H_2O \longrightarrow H_3O^+ + OH \tag{4-26}$$

**图 4-6 水合电子**

生成的 $H_3O^+$ 也随即发生水合作用。水合 $H_3O^+$ 和水合电子的分布范围不一样。前者在辐射电离荆棘近旁,后者要远些,因为电子具有更大的迁移性。

辐射形成的激发态水分子分解成氢原子核 OH:

$$H_2O^* \longrightarrow H + OH \tag{4-27}$$

---

① 由于受电子的电场吸引,极性水分子在"热"电子四周重新排列,这种情况下的电子叫作"水合电子"。

由离子形成 OH 时间为 $10^{-12} \sim 10^{-11}$ s,电离电子失去能量随后俘获 $H_3O^+$,生成氢原子的时间数量级也大致相同。

**3. 建立化学平衡阶段**

处于自由基的扩散、相互作用及建立化学平衡阶段中,在辐射电离径迹范围内,生成了大量的初级辐解产物 $e_{水合}^-$、$H_2O^+$、$H_2O^*$、$H_3O^+$、H、OH 等,它们之间相互作用生成次级辐解产物。同时,这些辐解产物会逐渐向水体扩散。在扩散过程中相互反应,并逐渐达到平衡。表 4 – 5 列出了水中主要自由基反应及其反应速度常数。

表 4 – 5 水中主要自由基反应及其反应速度常数

| 反应 | 反应速度常数 | pH 值 |
|---|---|---|
| $e_{水合}^- + e_{水合}^- \xrightarrow{2H_2O} H_2 + 2OH^-$ | $5.5 \times 10^9$ | $10 \sim 13$ |
| $e_{水合}^- + H \xrightarrow{H_2O} H_2 + OH^-$ | $2.5 \times 10^{10}$ | 10.5 |
| $e_{水合}^- + OH \longrightarrow OH^-$ | $3.0 \times 10^{10}$ | 11 |
| $e_{水合}^- + H_3O^+ \longrightarrow H + H_2O$ | $2.06 \times 10^{10}$ | $2.1 \sim 4.3$ |
| $e_{水合}^- + H_2O \longrightarrow H + OH^-$ | $3.5 \times 10^9$ | 13 |
| $H + H \longrightarrow H_2$ | $1.0 \times 10^{10}$ | 2.1 |
| $H + OH \longrightarrow H_2O$ | $3.2 \times 10^{10}$ | $0.4 \sim 3$ |
| $OH + OH \longrightarrow H_2O_2$ | $6 \times 10^9$ | $0.4 \sim 3$ |
| $H + H_2O_2 \longrightarrow H_2O + OH$ | $1.6 \times 10^8$ | $0.4 \sim 3$ |
| $OH + H_2O_2 \longrightarrow HO_2 + H_2O$ | $4.5 \times 10^7$ | 7 |
| $OH + H_2 \longrightarrow H + H_2O_2$ | $6 \times 10^7$ | 7 |
| $H_3O^+ + OH^- \longrightarrow 2H_2O$ | $1.43 \times 10^{10}$ | |

## 4.4.2 水的辐解产物

为了衡量水辐射分解的程度,引入辐解初级产额的概念,即水每吸收 100 eV 的辐射能产生或消失的辐解产物的数目,用 $G$ 值表示。如 $G(H_2) = 0.43$ 表示 100 eV 能量被水吸收后将有 0.43 个氢分子产生,$G(H_2O) = 4.1$ 表示水每吸收 100 eV 辐射能会有 4.1 个水分子分解。

初级产额是指在没有外加溶质的情况下,当辐照体系达到热力学平衡时各种活性粒子和分子的产额。对水而言,它的主要初级产物为 H·和·OH 自由基,水合电子 $e_{水合}^-$、$HO_2$、$H_2O_2$、$H_2$、$H^+$ 和 H 原子,在环境温度和高温下辐射产额对比值见表 4 – 6。

表 4 – 6 水中主要辐解产物的 $G$ 值

| 温度 | 辐射 | $e_{水合}^-$ | $H^+$ | $H*$ | $H_2$ | $\cdot OH$ | $HO_2$ | $H_2O_2$ |
|---|---|---|---|---|---|---|---|---|
| 25 ℃ | γ 射线 | 2.70 | 2.70 | 0.61 | 0.43 | 2.86 | 0.03 | 0.61 |
| | 中子 | 0.93 | 0.93 | 0.50 | 0.88 | 1.09 | 0.04 | 0.99 |
| 350 ℃ (试用值) | γ 射线 | 3.565 | 0.612 | 0.927 | 3.565 | 4.632 | | 0.542 |
| | 中子 | 0.662 | 1.278 | 0.453 | 0.662 | 1.849 | 0.050 | 0.836 |
| | α 射线 | 0.152 | 1.974 | 0.199 | 1.974 | 1.191 | 0.300 | 1.104 |

水的主要辐解产物从化学形态看,可分为自由基产物和分子产物两类。自由基产物极活泼,很不稳定,难以积聚到易于测量的水平;分子产物则较稳定,可在溶液中积聚到一定的浓度,较易测量。所以实际工作中常以易于测量的分子产物的产额和积聚量来判断水的辐解程度与辐解速度。

分子产物主要是 $H_2$、$O_2$ 和 $H_2O_2$,主要由氢原子和氢氧自由基复合而成。

$$H + H \longrightarrow H_2 \tag{4-28}$$

$$OH + OH \longrightarrow H_2O_2 \tag{4-29}$$

水的直接辐解也能产生一定量的 $H_2$ 和 $H_2O_2$:

$$H_2O + H_2O^* \longrightarrow H_2 + H_2O_2 \tag{4-30}$$

此外,$H_2$ 的生成还与水合电子有关:

$$e^-_{水合} + H \xrightarrow{H_2O} H_2 + OH^- \tag{4-31}$$

$$e^-_{水合} + e^-_{水合} \xrightarrow{2H_2O} H_2 + 2OH^- \tag{4-32}$$

无氧水中游离 $O_2$ 的生成与 $HO_2$ 和 $H_2O_2$ 密切相关:

$$HO_2 + HO_2 \longrightarrow H_2O_2 + O_2 \tag{4-33}$$

$$HO_2 + OH \longrightarrow H_2O + O_2 \tag{4-34}$$

$$H_2O_2 \longrightarrow H_2O + \frac{1}{2}O_2 \tag{4-35}$$

$H_2O_2$ 的自氧化还原分解反应式(4-35)随反应温度和 pH 值增加而加快。金属离子的催化作用也会加剧 $H_2O_2$ 的分解,$HO_2$ 也会与金属离子反应放出 $O_2$。

按照化学性质,也可以将水的辐解产物分成还原性产物和氧化性产物两大类,前者包括水合电子 $e^-_{水合}$、氢原子 H、氢分子 $H_2$,后者包括氢氧自由基 $\cdot OH$、二氧化氢 $HO_2$、过氧化氢 $H_2O_2$ 以及氧分子 $O_2$。

氢氧自由基的氧化能力极强,在 $H^+$ 浓度为 1 mol/L 时,$OH/OH^-$ 的氧化电位可达 $-2.8$ V,这意味着它几乎能将所有低价无机物氧化到高价态,因而氢氧基的形成是水冷反应堆中金属腐蚀的重要因素,当 pH > 9 时,氢氧基可以离解:

$$OH \longrightarrow H^+ + O^- \tag{4-36}$$

$$\cdot OH + OH^- \longrightarrow O^- + H_2O \tag{4-37}$$

$O^-$ 也是一种强氧化剂,它对其他物质的氧化反应速度以及和 H、$H_2O_2$ 的反应速度都要比 $\cdot OH$ 快。

$HO_2$ 是强氧化剂,在酸性介质中,其氧化电位为 $-1.7$ V。它可离解:

$$HO_2 \longrightarrow H^+ + O_2^-$$

在无氧水中,$HO_2$ 由下列反应生成:

$$H_2O_2 + OH \longrightarrow H_2O + HO_2 \tag{4-38}$$

$$2OH \longrightarrow HO_2 + H \tag{4-39}$$

但其产额一般很小,多数情况下可以忽略。但水中有氧时,则易于通过反应

$$H + O_2 \longrightarrow HO_2 \tag{4-40}$$

生成 $HO_2$,因而使之成为一个非常重要的次级产物。

$H_2O_2$ 主要由氢氧基结合产生:

$$OH + OH \longrightarrow H_2O_2 \tag{4-41}$$

$H_2O_2$ 和 $HO_2$ 的存在是无氧水在反应堆辐照条件下生成游离氧的两个主要原因。

### 4.4.3 影响水辐射分解的因素

**1. 溶液成分和杂质等因素的影响**

水中的氧化性或还原性杂质,可以和初级还原性或氧化性辐解产物相互作用。杂质浓度增加时,大大减少了初级辐解产物相互作用的机会。杂质对水辐解产物的影响是十分显著的。水中还原剂浓度增高(如加入氢),会导致 OH 浓度减少,由此引起 $H_2O_2$ 产额的降低。金属离子的催化作用也会加剧 $H_2O_2$ 的分解,这是水辐解产生游离氧的另一原因。

**2. pH 值的影响**

水辐解产生的自由基能和 $H^+$ 和 $OH^-$ 发生反应,所以由 $H^+$ 和 $OH^-$ 离子浓度的变化(pH 值变化)引起的自由基浓度的改变,将影响辐解产物的产额。

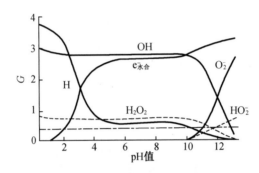

(0.1~20 MeV 快电子和 γ 射线辐照)

**图 4-7 pH 值对水辐解产物 $G$ 值的影响**

**3. LET 传能线密度和辐射剂量的影响**

LET 和辐射剂量这两个因素对辐解产物的影响趋势是一致的。两者数值的增大都会引起自由基产物的增加,使自由基相互作用的概率变大,从而提高分子产物的产额。辐射剂量只有达到较高数值时,才对辐解产物的产额有明显影响。在压水堆冷却剂的辐射水平下,$H_2O_2$、$H_2$ 产额均有明显提高。

**4. 温度和压力的影响**

由表 4-7 可见,温度升高将加快初始辐解产物向水体的扩散,从而减少了生成分子产物的机会,压力对辐射分解的影响可以忽略。

**表 4-7 温度对辐解产物的影响**

| 辐解产物 | $G$ 值 (2 ℃) | $G$ 值 (25 ℃) | $G$ 值 (65 ℃) | 温度系数 /(% · ℃$^{-1}$) |
|---|---|---|---|---|
| $H + e_{水合}^-$ | 3.59 | 3.67 | 3.82 | + 0.10 ± 0.03 |
| OH | 2.80 | 2.91 | 3.13 | + 0.18 ± 0.04 |
| $H_2$ | 0.38 | 0.37 | 0.36 | − 0.06 ± 0.03 |
| $H_2O_2$ | 0.78 | 0.75 | 0.70 | − 0.15 ± 0.03 |
| $- H_2O$ | 4.35 | 4.41 | 4.54 | + 0.07 ± 0.03 |

# 第5章 辐射探测

核辐射测量仪器简称核仪器,按其结构和所承担的任务可分成两大部分:一部分是将射线的能量转换为电信号或其他信号的能量转换器,称为核辐射探测器;另一部分是将核仪器给出的信号(如电信号)予以放大、处理、记录、对比测量的测量仪器及配套设备。通常,核辐射探测主要包括记录粒子的数目、测定射线的能量,以及确定射线的种类等。探测器探测射线的原理主要有以下六类。

(1)利用射线与某些物质相互作用产生的荧光现象。典型应用是闪烁计数器,其应用相当广泛,可以探测各种粒子。

(2)利用射线通过物质的电离作用。常见的电离型探测元件有电离室、盖革计数管、半导体探测器和正比计数管,等等。

(3)利用射线对某些物质的核反应或相互碰撞产生易于探测的次级粒子。其主要用来测量中性粒子,如中子。因为中子不带电,没有电离作用,很难直接探测,但中子与某些物质的核反应可产生易于电离的粒子。例如,三氟化硼中子计数管。

(4)利用射线与物质作用发生的辐照损伤现象。如径迹探测器等。

(5)利用射线与物质作用产生的热效应。

(6)利用射线与物质作用发生的化学反应等。

探测器按探测介质的类型分为三类,即气体探测器、闪烁探测器、半导体探测器。此外,还有一些特殊的探测器,如径迹探测器、热释光探测器、位置探测器等。本章主要是按照探测介质的类型不同进行分类介绍。

另外,描绘探测器性能的主要指标即使用探测器要考虑的因素主要有探测器效率、能量分辨率,其他还有本底、噪声、探测器的形状和大小、寿命及其使用环境条件等。

## 5.1 气体探测器

气体探测器具有制备简单、成本低廉、性能可靠、使用方便等优点。其按工作电压区间分为电离室、正比计数器和盖格-弥勒(G-M)计数器,它们以气体为探测介质,结构上也基本相似。

### 5.1.1 气体探测器的工作原理

**1.气体的电离**

带电粒子通过气体时,由于与气体分子发生电离或激发作用而损失能量,因而在其通过的径迹上生成大量的离子对(电子和正离子),这一过程称为气体的电离。而电离过程产生的离子对数称为总电离,包括初电离和次电离。初电离是入射粒子直接与气体分子碰撞引起电离而产生的离子对数;次电离是由碰撞打出的高速电子($\delta$电子)所引起电离而产生的离子对数。

带电粒子在气体中产生一对离子所需的平均能量称为电离能。各种气体的电离能与气体的性质、入射粒子的种类及能量有一定关系,一般都在 30 eV 左右。

总电离 $N$ 与电离能 $\omega$ 成反比,与入射粒子能量 $E_0$ 成正比,因此,测量总电离可以测定入射粒子的能量,即

$$N = E_0/\omega \tag{5-1}$$

电离碰撞是随机过程,因此,即使粒子损失相同的能量,其总电离仍然有统计涨落。涨落大小由方差 $\sigma^2$ 表示,即

$$\sigma^2 = F \cdot (E_0/\omega) \tag{5-2}$$

式中,$F$ 是法诺因子,$F \leqslant 0.2$。电离的统计涨落决定了探测器的能量分辨率的下限。

**2. 电离生成的电子和正离子在气体中的运动**

电离产生的电子和正离子从入射粒子俘获动能,它们在气体中运动并和气体分子碰撞,其结果会产生下列的物理过程。

(1)扩散

在气体中电离粒子的密度是不均匀的,电离处密度大。电子和正离子从密度大的地方移向密度小的地方,这种现象叫作扩散。由气体动力学可知,若电离粒子的速度遵循麦克斯韦分布,则扩散系数 $D$ 与电离粒子的杂乱运动速度 $\mu$ 之间的关系为 $D = \frac{1}{3}\mu\lambda$。其中 $\lambda$ 为平均自由程,即连接两次碰撞之间所经过的路程的平均值。温度越低,气压越高,扩散进行得越慢。电子的质量小,所以它的飘移速度比正离子的大,电子的平均自由程比正离子的大,因此电子扩散的影响比正离子的扩散要大得多。

(2)吸附

电子在运动过程中与气体分子碰撞时可能被分子俘获形成负离子,这种现象称为电子吸附效应。每次碰撞中电子被吸附的概率称为吸附系数,用 $h$ 表示。$h$ 大($h > 10^{-5}$)的气体称为负电性气体,例如 $O_2$ 和水蒸气的吸附系数为 $10^{-4}$,卤素气体的吸附系数为 $10^{-3}$,负离子的速度比电子慢得多,这增加了复合的可能性,从而导致电子数减少。所以气体探测器应使用 $h$ 值小的气体,并使负电性气体的含量减到最低。

(3)复合

电子与正电离子相遇或负离子与正离子相遇能复合成中性原子或中性分子,电子和正离子复合称为电子复合,负离子与正离子复合称为离子复合,复合概率与电子(负离子)、正离子的密度成正比。

(4)漂移

由于探测器外加有一定的电压,在探测器气体空间形成了电场,电子和正离子在电场作用下分别向正负电极方向运动,这种定向运动叫作漂移运动。电子在电场作用下,会和气体分子碰撞损失能量,但又能从电场获取能量。当电子的能量低于气体分子的最低激发能时,每次碰撞损失的能量较小;而当电子的能量大于分子的激发能时,发生非弹性碰撞,才能引起较大的能量损失。当它损失的能量和从电场获得的能量相等时,达到平衡状态。

### 3.离子的收集和电压电流曲线

气体探测器利用收集辐射在气体中产生的电离电荷来探测入射粒子,所以实际上是离子的收集器。气体探测器通常由高压电极和收集电极组成,两个电极由绝缘体隔开并密封于容器内。电极间充气并外加一定的电压,如图 5 – 1 所示,入射粒子使电极间的气体电离,生成的电子和正离子在电场作用下漂移,最后被收集到电极上。电子和正离子生成后,由于静电感应,电极上将感生电荷,并且随它们漂移而变化,于是在输出回路中形成电离电流,电流的强度取决于被收集的离子对数。

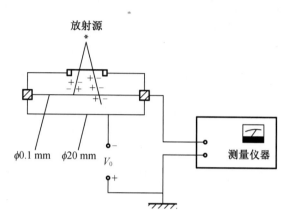

**图 5 – 1 离子收集装置示意图**

用图 5 – 1 所示的示意装置测量在恒定的辐射照射下外加电压与电离电流的关系,可得如图 5 – 2 所示的实验结果。

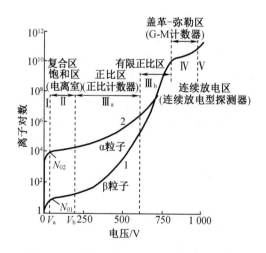

**图 5 – 2 收集的电荷数与外加电压的关系**

曲线明显地分为 5 个区段。

第 Ⅰ 区称为复合区,电离电流随电压增大而增加,这时复合损失随电压升高而减小。继续增大电压时复合逐渐消失,电流趋向饱和。

第 Ⅱ 区称为饱和区或电离室区,该区内离子可全部被收集,电流等于单位时间产生的原(初)电离电荷数。

第Ⅲ_a区称为正比区,因为电流正比于原电离的电荷数,外加电压超过$V_b$后,电流开始上升,这时的电场强度足以使被加速电子进一步引起电离,离子对数倍增至原电离的$10 \sim 10^4$倍,此种现象被称为气体放大。倍增的系数称为气体放大系数,它随电压而增大,当电压固定时气体放大倍数恒定。

第Ⅲ_b区称为有限正比区,电压继续增大时,由于气体放大系数过大,空间离子密集,抵消了部分场强,使气体放大倍数相对减少,称为空间电荷效应。显然,原电离越大,这种影响就越大,这时气体放大倍数不是恒定的,而是与原电离相关,所以第Ⅲ_b区称为有限正比区。

第Ⅳ区称为G－M区或盖革－弥勒区,电压继续增大使倍增更加剧烈,电流猛增,形成自激放电,此时电流不再与原电离有关,图中α粒子和β粒子两条曲线重合。原电离对放电只起"点火"作用,但每次放电后必须猝熄,才能作为射线探测器,而工作于该区的探测器称为G－M计数器。

第Ⅴ区称为连续放电区,即当外加电压继续增高时,便进入连续放电,并有光产生。利用气体放电这一特性,设计出了流光室、火花室、电晕管和自猝灭流光探测器。

综上所述,在不同区域内的探测器,电离粒子与气体分子的作用机制不同,输出信号的性质也不同,从而可将它们分为电离室、正比计数器、G－M计数器和连续放电型探测器等四类气体探测器。

### 5.1.2 电离室

电离室有两种类型,一种是记录单个辐射粒子的脉冲电离室,主要用于测量重带电粒子的能量和强度;另一种是记录大量辐射粒子平均效应的电流电离室和累计效应的累计电离室,主要用于测量 X、γ、β 和中子的照射量率或通量、剂量或剂量率,它是剂量监测和反应堆控制的主要传感元件。

电离室的主体由两个处于不同电位且被绝缘体隔开的电极组成,并密封于充有一定气体的容器内,如图5－3所示。电离产生的电子和正离子分别顺着和逆着空间电场方向,向相反的方向运动,最后被收集下来,其中,与记录仪器相连的一个电极叫作收集电极,它通过负载电阻接地。另一个电极则加上数百至数千伏电压,叫作高压电极。在收集电极和高压电极之间还有一个保护环,其电位与收集电极相同。保护环与两电极间也由绝缘体隔开。保护环的作用是使从高压电极到地的漏电电流不通过收集电极。

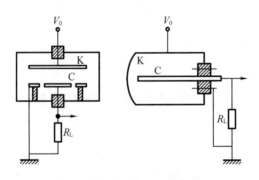

图5－3 电离室的结构简图

为了避免电极间漏电造成的测量误差,要选用性能良好的绝缘体。绝缘性能的要求对电流电离室尤其重要,一般要求体电阻大于 $10^{14}$ Ω。

**1. 脉冲电离室**

由于电子和正离子的运动,它们在两电极上的感应电荷随之而变。这时,如果高压电极保持恒定电位,收集电极的电位将随电子和离子的漂移而变化。这种变化始于离子对形成,终于离子对全部被收集,时间约 $10^{-3}$ s。因此,相应于一个入射粒子的电离,在收集电极上就会出现一个短暂的电压或电流脉冲。

图 5 - 4 绘出了平行板电离室的电流脉冲和电压脉冲的波形。由图 5 - 4 可知,电流脉冲分为电子脉冲和离子脉冲两部分;且可以看到的是,电压脉冲中有一个快速上升的前沿,其幅度与电离产生的地点有关,电压脉冲最大幅度却与电离产生的地点无关。

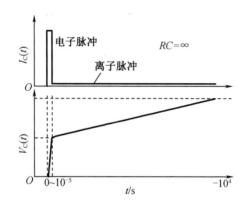

**图 5 - 4　平行板电离室的电压脉冲和电流脉冲波形图**

应该说明的是:

(1)脉冲的形成始于两电极上感生的电荷发生变化(即始于离子对生成),终于离子对全部被收集。不能认为脉冲是由电子和离子被收集到电极上才形成的,这是不符合实际的,却又是常有的错误概念。

(2)脉冲的变化率取决于漂移速度。电子的漂移速度约比正离子大三个量级,这决定了脉冲前沿主要是电子脉冲的贡献,但其幅度与电离产生的地点有关。至于脉冲的慢成分,它最终达到的最大幅度只取决于原电离的离子对总数,而与电离产生的地点无关。这里还需说明,认为电子脉冲和离子脉冲的贡献是各占一半的概念也是错误的。

利用电离室测定入射粒子的能量,对于 $^{210}$Po 的 5.299 MeV 的 α 粒子。能量分辨率约等于 1%。

**2. 电流电离室和累积电离室**

电流电离室和累积电离室是为了应用于大量入射粒子导致脉冲发生重叠的情况,此时只能由平均电离电流或积累的总电荷来测定射线的强度。

若电离强度不变或变化得很缓慢,则平均电离电流 $I_C$ 为

$$I_C = e \int n \mathrm{d}\tau = eN$$

式中　$e$——单位电荷;

$n$——体积元 $d\tau$ 内单位体积中离子对产生率；

$N$——在灵敏体积内离子的总产生率。

忽略其他影响的情况下，经过 $t$ 时后累计的电荷 $Q$ 应为

$$Q = eNt \tag{5-3}$$

而收集电极上电位 $V_C$ 的变化 $\Delta V_C$ 为

$$\Delta V_C = eNt/C_0 \tag{5-4}$$

式中，$C_0$ 为两电极构成的电容。

由于以上讨论忽略了电子与离子由于扩散和复合所产生的损失，电离电压实则低于式(5-4)的结果。使用电流电离室常要考虑的指标主要有饱和特性、灵敏度和线性范围。

(1)饱和特性

实际上饱和区的电离电流仍随电压升高而略为增大，表现在饱和区仍有一定的斜率，主要原因是电压升高时，电极边缘的电场增强，使实际的灵敏体积扩大。

(2)灵敏度

灵敏度以单位强度的射线辐照下输出的电离电流来量度。不同的射线因强度单位不同，灵敏度单位也不同。

(3)线性范围

线性范围指电离室输出电流与辐射强度保持线性关系的范围。在确定的工作电压下，若辐射强度过大，复合损失将使工作点脱离饱和区，即超出线性范围。

## 5.1.3　正比计数器

气体探测器在正比区工作时，会在离子收集时发生气体放大现象，这种现象就是电子雪崩，即被加速的原电离电子在电离碰撞中逐次倍增，从而使得在收集电极上感生的脉冲幅度 $V_\infty$ 将是原电离感生的脉冲幅度的 $M$ 倍，即

$$V_\infty = -MNe/C_0 \tag{5-5}$$

式中　$M$——气体放大系数，为常数；

$N$——原电离离子对数；

$C_0$——K、C 两电极间的电容；

$e$——单位电荷。

此外，负号表示负极性脉冲。正比计数器就是在这种状态下工作的。

与电离室相比，正比计数器有脉冲幅度较大（因此不必用高增益的放大器）、灵敏度较高（因此更适合于探测低能或低比电离的粒子，如软 β、γ 和 X 射线以及高能快速粒子等）、脉冲幅度几乎与原电离的地点无关等优点。而脉冲幅度随工作电压变化较大且容易受外来电磁干扰是正比计数器的主要缺点，因此，其对电源的稳定度要求也较高（≤0.1%）。

1. 气体放大的机制

设圆柱形计数管的阳极半径为 $a$，电位为 $V_C$；阴极半径为 $b$，电位为 $V_K$；外加工作电压 $V_0 = V_C - V_K$，则沿着径向位置为 $r$ 的电场强度 $E(r)$ 为

$$E(r) = \frac{V_0}{r\ln(b/a)} \tag{5-6}$$

式中　$r$——该点与轴心的距离。

当射线通过电极间气体时,电离产生的电子和正离子在电场作用下,分别向阳极和阴极漂移。对于正离子而言,电场的加速不足以使它发生电离碰撞,这是因为正离子的质量大,且沿漂移方向的电场由强到弱。而对于电子而言,漂移距离阳极越近,则电场强度将会越强,到达某一距离 $r_0$ 后,电子在平均自由程上获得的能量就足够使得气体分子发生电离碰撞,从而产生新的离子对。同样,新产生的电子又被加速并能再次发生电离碰撞,并且漂移电子愈接近阳极,电离碰撞的概率也愈大。于是,不断增殖的结果将倍增出大量的电子和正离子,这就是电子雪崩的过程。

2. 脉冲的波形

原电离对脉冲的贡献是微乎其微的,这是因为气体放大系数 $M$ 很大,而雪崩后增殖了大量的电子和正离子,它们的运动将感生更大的脉冲。假设入射带电粒子的原电离发生在半径为 $r$ 的地方,而产生的电子经过 $t_1$ 时间后到达阳极附近的雪崩区域。发生雪崩后,增殖后的电子和正离子的运动使电压脉冲急剧上升。同样地,脉冲仍由两部分组成,即电子运动和正离子运动的贡献(图 5 - 5)。由圆柱形电离室的情况可知,电子脉冲的幅度 $V_\infty^-$ 与总脉冲 $V_\infty$ 的比例为

$$\frac{V_\infty^-}{V_\infty} = \frac{\ln(r_0/a)}{\ln(b/a)} \qquad (5-7)$$

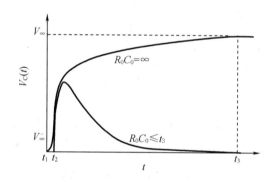

图 5 - 5　正比计数器的脉冲波形

可见,由于电子雪崩仅发生在阳极附近极小的范围内,即 $r_0 \sim a$,所以电子脉冲 $V_\infty^-$ 只占总脉冲的 $V_\infty$ 中的很小的一部分,因此,正比计数器的电压脉冲主要是由倍增后的正离子所贡献的。这些离子对集中在阳极丝附近,电压脉冲的幅度与电离产生的地点无关。

### 5.1.4　G - M 计数器

**1. G - M 计数器的优缺点**

(1)优点

在 G - M 区,电极收集到的离子对总数与原电离无关,G - M 计数器探测射线具有以下优点:

①灵敏度高,任何射线只要在灵敏区内产生一对离子,便可能引起放电而被记录;

②脉冲幅度大,输出脉冲幅度可达几伏甚至几十伏;

③稳定性高,不受外界电磁场的干扰,对电源的稳定度要求不高,一般偏差小于 1%

即可；

④计数器的大小和几何形状可按探测粒子的类型和测量的要求在较大的范围内变动；

⑤使用方便、成本低廉、制作的工艺要求和仪器电路都比较简单。整个测量系统可以做得轻巧灵便，适于携带。

（2）缺点

G-M 计数器的主要缺点：

①不能鉴别粒子的类型和能力；

②分辨时间长，约 $10^2\mu s$，不能进行快速计数；

③正常工作的温度范围较小（卤素管略大些）；

④有乱真计数。

### 2. G-M 计数器的特性

（1）坪曲线

在强度不变的放射源照射下，测量计数率随工作电压的变化，如图 5-6 所示，所得曲线称为坪曲线。曲线的特点是当工作电压超过起始电压时，计数率由零迅速增大；工作电压继续升高时，计数率仅略随电压增大，并有一个明显的坪存在，工作电压再继续升高，计数率又急剧增大，这是因为计数器失去猝熄作用，形成连续放电。坪曲线是衡量 G-M 计数器性能的重要标志。

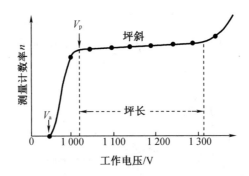

图 5-6　G-M 计数器的坪曲线

坪曲线的主要参数如下。

①起始电压。起始电压相当于计数器放电的阈电压。当工作电压超过起始电压后，输出脉冲不再与原电离有关。

②坪斜。在坪区，计数率仍随电压升高而略有增加，表现为坪有坡度，称为坪斜。通常，坪斜以工作电压在 $V_p$ 开始，每增 100 V（或 1 V）时计数率增长的百分率来表示。

坪斜的原因主要是因为乱真放电随电压升高而增多，从而造成假计数增多的缘故。乱真放电的来源如下：

a. 猝熄不完全，猝熄分子的正离子到达阴极后有时还能打出少数电子；

b. 负离子的形成，电子被捕获形成负离子后漂移速度大大减慢，一直等到放电终止后才到达强场区。

负离子上的电子在强场区可能重新被释放出来引起新的放电。

有机管的坪斜比卤素管小，前者坪斜约小于 5%/100 V，后者坪斜约小于 10%/100 V。此外，结构的缺陷、尖端放电以及灵敏区随电压升高而扩大等也可造成坪斜。

③坪长。坪长与猝熄气体的性质、含量有关。有机管的坪长为 150~300 V，卤素管约

为 100 V。

（2）死时间和恢复时间

从脉冲的形成到计数管内电场恢复到能维持放电的电场,这一段时间称为计数管的死时间或失效时间,用 $t_d$ 表示。由于电场尚未恢复到初始的强度,在 $t_d$ 以后入射粒子产生的脉冲信号的幅度较小。随着电场的逐渐恢复,脉冲幅度也逐渐增大,直至正离子到达阴极时电场完全恢复脉冲幅度才恢复到正常值。从 $t_d$ 到脉冲恢复到正常的脉冲幅度所需的时间称为恢复时间 $t_r$。

（3）探测效率

探测器输出脉冲数与入射到探测器灵敏体积内粒子数之比定义为探测效率,有时也称为探测器的本征探测效率。对带电离子的探测效率是指计数一个带电粒子在灵敏体积内到产生一个初电离离子对的概率。要获得高的探测效率,必须选择高的比电离气体,增大气压或加大尺寸,G－M 计数器等带电粒子探测效率近 100%。对 γ 光子的探测效率是以 γ 光子在计数器管壁上至少打出一个能进入灵敏体积内的次级电子的概率,除低能 γ 和 X 射线外,要选择高 Z 材料作阴极管壁,即使是这样其效率也较低,一般约为 1%。

（4）寿命

G－M 计数器的寿命取决于猝灭气体的耗损,有机管的寿命约为 $10^8$ 计数,卤素管的寿命可达 $10^{10}$ 计数。

（5）温度效应

计数器必须在一定温度范围内才能保持正常工作。温度太低时,部分猝熄蒸气会凝聚,使猝熄作用减弱,坪区缩短直至完全丧失猝熄能力而连续放电;如果温度太高,由于阴极表面热电子等原因会使坪区缩短,坪斜加长。

# 5.2　闪烁探测器

闪烁探测器是利用透明物质与核辐射相互作用时因电离、激发而发射的荧光来进行探测核辐射的。闪烁探测器是核辐射探测器中应用最广泛的一种,可以分为四类,即能谱测量、强度测量、时间测量及剂量测量。其中,剂量测量是强度和能量测量的结合。

## 5.2.1　闪烁探测器工作过程

闪烁探测器由闪烁体、光电倍增管和相应的前置电路三个主要部分组成,此外还有包装外壳及光导、光学耦合剂等附件,如图 5－7 所示。

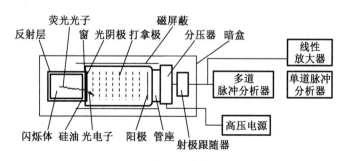

图 5－7　闪烁探测器组成示意图

闪烁探测器工作过程如下。

**1. 发光过程**

射线(如 γ 射线)进入闪烁体后与之发生相互作用而产生次级带电电子,闪烁体吸收次级带电粒子的能量而使闪烁体的原子、分子发生电离和激发,这些受激的原子、分子退激时发射荧光光子(闪烁光子)。

**2. 光电转换过程**

闪烁光子通过光导和光学耦合剂到达光电倍增管的光阴极,由于光电效应而使光阴极发射光电子。

**3. 电子倍增过程**

光电子在光电倍增管中逐级倍增,数量由一个增加到 $10^4 \sim 10^9$ 个,最后在光电倍增管的阳极上收集到大量的电子流。

**4. 脉冲信号成形过程**

阳极上的电子流在负载上形成电脉冲信号并经前置电路输出。

## 5.2.2 闪烁体

**1. 闪烁体的物理特性**

(1)发射光谱

闪烁体发射光子数随光子波长或能量变化的关系曲线称为发射光谱。闪烁体的发射光谱都是单一峰值或多个峰值的连续谱线,闪烁体的发射光谱特性常用发射光谱谱线和发射光谱中对应峰值最强的发射波长 $\lambda_0$ 表示。

(2)发光效率

发光效率是指闪烁体将所吸收的射线能量转变为光的比例,常用能量转换效率表示,即闪烁体发射光子的总能量与被它吸收的入射能量之比。闪烁体的能量转换效率决定着探测器能量分辨。闪烁体较高的发光效率能使输出的脉冲幅度较大,每单位能量产生的光子数较多,统计涨落小则能量分辨好。

(3)闪烁衰减时间

闪烁体单次激发后,发射光子的速率下降到初始值的 $1/e$ 所需的时间为 $\tau$(e = 2.718 281 28…), $\lambda = 1/\tau$ 称为闪烁衰减常数。一般认为闪烁体的闪烁衰减用指数函数来描述,对于两个以上衰减成分组成的闪烁体,常给出平均衰减时间。闪烁衰减不仅与闪烁体种类有关,还与激活剂、闪烁物质、移波剂的性质与含量、激发闪烁的方式(辐射种类)及闪烁体的温度有关。

**2. 闪烁体类型**

闪烁体按其化学性质可分为无机闪烁体、有机闪烁体两大类。无机闪烁体又分为无机晶体闪烁体和玻璃体。无机晶体闪烁体是含有少量杂质(称为激活剂)的无机盐晶体。有机闪烁体是环碳氢化合物,又可分为以下三种:

(1)有机闪烁体,如蒽、芪、萘、对联三苯等有机晶体;

(2)有机液体闪烁体;

(3)塑料闪烁体。

常见的几种闪烁体的性能参数及物理性能对比见表 5 - 1 和表 5 - 2。

表5-1 几种闪烁体的性能参数对比

| 闪烁体 | 发光效率 /(光子·keV$^{-1}$) | 发光衰减 时间/ns | 密度 /(g·cm$^{-1}$) | 半吸收厚度 /cm | FWHM (662 keV) | 峰计数率 (2 615 keV) |
|---|---|---|---|---|---|---|
| NaI(Tl) | 38 | 250 | 3.67 | 2.5 | 7.0% | 1.0 |
| LaBr$_3$(Ce) | 63 | 16 | 5.08 | 1.8 | 2.9% | 1.65 |
| BGO | 9 | 300 | 7.13 | 1.0 | | |

注:半吸收厚度是相对于662 keV的γ射线;FWHM、峰计数率是分别相对662 keV的γ射线,以及3 in(1 in = 0.025 4 m)的晶体的性能参数。

表5-2 各种闪烁体的物理性能

| 材料 | 最强发射 波长/nm | 发光衰减 时间 | 折射率 | 密度 /(g·cm$^{-1}$) | β和γ闪烁效率/% | |
|---|---|---|---|---|---|---|
| | | | | | 相对 NaI(Tl) | 相对蒽 |
| NaI(Tl) | 410 | 0.23 μs | 1.85 | 3.67 | 100 | 230 |
| CaI(Tl) | 565 | 1.0 μs | 1.79 | 4.51 | 85 | |
| ZnS(Ag) | 450 | 0.2 μs | 2.4 | 4.09 | 130 | |
| $^6$Li(Eu) | ~480 | 1.4 μs | 1.95 | 4.08 | 35 | |
| Li 玻璃 | 395.9 | 75 ns | 1.53 | 2.5 | 10 | |
| BGO | 480 | 0.3 μs | 2.15 | 7.13 | 7~14 | |
| BaF$_2$ | 310 | 0.6 μs/0.6 ns | 1.56 | 4.89 | 5~16 | |
| CWO | ~500 | 5 μs | 2.3 | 7.9 | 38 | |
| 蒽 | 447 | 30 ns | 1.62 | 1.25 | 43 | 100 |
| 芪 | 410 | 4.5 ns | 1.63 | 1.16 | | 50~60 |
| 液体闪烁体 | 420 | 2.4~4.0 ns | 1.52 | 0.9 | | 20~80 |
| 塑料闪烁体 | ~480 | 1.3~3.3 ns | 1.60 | 1.05 | | 45~68 |

### 3. 闪烁体的选择

在实际使用中,选择闪烁体时需要考虑以下几个方面的问题。

(1)闪烁体的种类和尺寸应适应于所探测射线的种类、强度及能量,也就是说使选用的闪烁体在测量一种射线时能排除其他射线的干扰。

(2)闪烁体的发射光谱应尽量与所用光电倍增管的光谱响应配合,以获得高的光电子产额。

(3)闪烁体对所测的粒子有较大的阻止本领,应使入射粒子在闪烁体中损耗较多的能量。

(4)闪烁体的发光效率应足够高,并且有较好的透明度和较小的折射率,以使闪烁体发射的光子尽量被收集到光电倍增管的光阴极上。

(5)在时间分辨计数或短寿命放射性活度测量中,应选取发光衰减时间短及能量转换效率高的闪烁体。

（6）作为能谱测量时,要考虑发光效率对能量响应的线性范围。

### 5.2.3 光学收集系统

闪烁体探测器的光学收集系统由反射层、光学耦合剂、光导构成,它决定着闪烁体发出的闪烁光能否有效地被光电倍增管的光阴极所收集。

**1. 反射层**

反射层是为了把闪烁体中发射的光从各个方向有效地反射到闪烁体,并耦合到光电器件的光阴极去产生光电子(或电子空穴对),常用的反射层物质有 $MgO$、$TiO_2$、铝箔和镀铝塑料膜等。

**2. 光学耦合剂**

闪烁体光导光阴极的折射率都很大,若它们之间有空气存在,很容易发生全反射,因而在与光导、光电器件光阴极交界处必须加上一层折射率大的透明媒质光学耦合剂,它的作用是增大临界角,增加透射部分,排除交界面的空气,从而减少光在交界面的全反射,使光有效地传输到光电器件的光阴极上。

**3. 光导**

光导就是在闪烁体和光电器件阴极之间所加的导光介质。光导的工作原理是基于光在光导内的传播与在界面的反射,闪烁光由闪烁体进入光导并在其中传播,碰到光导侧面时一部分光从界面反射回来,另一部分通过折射从光导介质中射出去或被吸收。

另外,在闪烁体与光电倍增管之间使用光导最终必然导致到达光阴极的强度减弱,光强减弱的原因有:闪烁光在闪烁体－光导－光电倍增管衔接处的反射损失;光导介质的吸收;闪烁光在光导侧面反射时的损失。减少光损失的措施包括对光路中的衔接面(接触面)高度抛光;选择透光的光耦合剂,常用的光耦合剂有凡士林、硅油、硅脂、硅酮脂(油);选择合适的光导材料,要注意的是使用光导后最终会导致到达光敏器件的光强减弱;在要弯角的情况下,采用缓慢弯曲,不采用直角;减少光导的长度。

**4. 光电器件**

（1）光电倍增管

图 5－8 是光电倍增管的工作原理图。光子从闪烁体离开并经过光导射向光电倍增管的光阴极,由于光电效应,在光阴极上打出光电子。光电子经电子输入系统加速、聚焦后射向第一"打拿极"(又称倍增极)。每个光电子在打拿极,再经倍增射向第三打拿极,直到最后一个打拿极。所以,最后射向阳极的电子数目是很多的。所有电子由阳极收集起来,最终转变成电信号输出。

光电倍增管可分为如下两类。

①聚焦型。聚焦型结构的电子渡越时间分散小,脉冲线性电流大,极间电压的改变对增益的影响大,故适用于要求时间响应较快的闪烁计数器。

②非聚焦型。其暗电流特性好,平均输出电流较大,脉冲幅度分辨率较好,适用闪烁能谱测量。其放大倍数随打拿极数目不同而异,可达到 $10^7 \sim 10^8$。

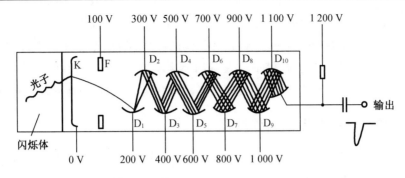

K—光阴极；F—聚集极；D₁ ~ D₁₀—打拿极；A—阳极。

**图 5-8　光电倍增管的工作原理图**

（2）通道型电子倍增器

多通道电子倍增器又称为微通道板，它是在一块材料（通常为铅玻璃）薄片上，做成含有数十万至上百万个互相平行的圆柱孔的倍增元件阵列。

典型的通道直径为 $10 \sim 100\ \mu m$，通道直径和长度之比为 $1/100 \sim 1/40$。孔内表面材料的二次电子发射系数 $\delta \geqslant 3$。当圆柱孔空间存在 $10^4\ V \cdot cm^{-1}$ 的强电场时，入射粒子在负极轰击出电子，会在内壁不断得到倍增，在正极端得到放大的输出信号。其实通道型电子倍增器的每个通道就是一个光电倍增管，但无专门的光阴极，且有连续分布的打拿极。而且它对任何能在通道壁上打出次级电子的载能粒子都能响应。

（3）硅光电二极管

硅光电二极管类似于工作在反向偏压的 PN 结。当光信号入射到其上时产生电子空穴对；在电场作用下，电子和空穴向相反方向运动，并在外电路中产生电流信号。由于普通 PN 结很薄，体积有限，探测高能射线时，为了增加探测效率和减小射线对光电器件造成的辐射损伤，往往在硅光电二极管之前加上光谱相匹配的闪烁体。

# 5.3　半导体探测器

半导体探测器是一种发展极为迅速的核辐射探测元件，它具有许多优越的性能：

（1）能量分辨本领高，远远超过闪烁计数器和气体探测器，利用半导体探测器可以很好地研究复杂能谱的精细结构；

（2）能量线性范围宽；

（3）体积小，可以制成空间分辨率高的探测器；

（4）分辨时间短，可以制成时间响应快的探测器。

半导体探测器不足之处主要有：

（1）通常需要在低温（液氮或电制冷）和真空条件下工作，甚至要求在低温下保存，因此使用不便；

（2）对辐射损伤较灵敏，受强辐照后性能变差；

（3）体积还不够大，用以探测 γ 射线和高能 X 射线的效率较低。

半导体探测器的种类很多，根据结构不同可分为 PN 结型、面垒型和 PIN 型；按照制造工艺不同可分为面垒型、扩散型、离子注入型和锂漂移型等；按照材料的不同可分为锗、硅和化合物（如 GaAs、$HgI_2$、CdTe 等）型；按形状不同可分为平面型、同轴型及一些特殊类型。

### 5.3.1　半导体探测器的工作原理

半导体探测器是根据射线通过物质时产生电离电荷，通过收集这些电离电荷产生电信号，从而了解入射射线的情况。与之前所介绍的探测器不同的是，气体探测器的介质是气体，而半导体探测器的介质是固体。下面以 PN 结型半导体探测器为例来讨论它的工作原理。

电离室能成为一个探测器需满足以下三个条件：

（1）没有射线穿过灵敏体积时，不产生信号或信号可忽略；

（2）带电粒子穿过灵敏体积时，将在其中产生离子对；

（3）在电场作用下，离子在漂向两极的过程中没有明显的损失，在输出回路中形成的信号能代表原初产生的离子对数。

半导体探测器的探测原理虽然与电离室类似，但不能简单地使用一块半导体材料代替气体，这将无法满足上述条件。

目前纯度最高的硅的电阻率大约为 $10^5\ \Omega \cdot cm$，如果将厚度为 1 mm 的这种硅片切成面积为 $1\ cm^2$ 并装上欧姆接触，当加上 100 V 的电压时，将有 0.01 A 的电流流过，该大小的漏电流将会把待测信号全部湮没（需要注意的是，一个好的探测器的漏电流应约为 $10^{-9}\ A$）。为降低通过半导体的漏电流，引出信号不能用简单的欧姆接触，而要用非注入电极。当使用非注入电极时，被外加电压移走的载流子不再注入另一个电极，从而使半导体内的载流子总浓度下降，使漏电流大大降低。

最合适的非注入电极就是半导体的 PN 结的两个面。PN 结区内的载流子浓度很低，地区又称耗尽区。实用的硅探测器的耗尽区内的剩余载流子浓度低到每立方厘米只有约 100 个，如此高的电阻在加上反向电压后，电压几乎完全降落在结区，并在该处形成一个足够强的电场，因此几乎没有漏电流流过。当带电粒子射入结区后，通过与半导体材料相互作用，很快地损失掉能量，带电粒子所损失的能量将使电子由满带跳到空带上去，于是在空带中有了电子，在满带中留下了空穴，也就形成了可以导电的电子 – 空穴对。在电场作用下，电子和空穴分别向两极漂移，于是在输出回路中形成信号。

如果带电粒子的全部能量均消耗在结区，则通过测量脉冲信号的幅度，就可以测定带电粒子的能量。因此，如果半导体材料中载流子的俘获中心和复合中心足够少，也就是载流子的平均寿命比载流子的收集时间长（一般收集时间为 $10^{-7} \sim 10^{-8}\ s$，因此载流子的平均寿命大约在 $10^{-5}\ s$ 就足够了），则辐射形成的载流子基本上能全部被收集，且输出信号的幅度与带电粒子在结区消耗的能量成正比。

### 5.3.2　PN 结型半导体探测器

#### 1. PN 结

可以把 PN 结看成"突变结",即在 N 区含有均匀分布的施主杂质,浓度为 $N_d$,在 P 区含有均匀分布的受主杂质,浓度为 $N_a$,从 P 区到 N 区的交界面处杂质浓度由 $N_a$ 突然变为 $N_d$。在界面附近的区域内,当载流子的扩散运动和漂移运动达到动平衡时,可形成一个由杂质离子组成的"空间电荷区",即耗尽区,也是结区,如图 5-9(a)所示。结区空间的电荷密度为

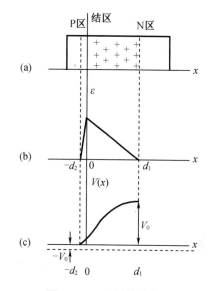

$$\sigma(x) = \begin{cases} N_d e & 0 < x < d_1 \\ -N_a e & -d_2 < x < 0 \end{cases} \qquad (5-8)$$

式中　$e$——单位电荷;

$d_1$、$d_2$——N 区和 P 区内电荷区的宽度。

$x = 0$ 处为 P 区和 N 区的分界面。

由于总电荷应为零,则

$$d_1 N_d = -d_2 N_a \qquad (5-9)$$

**图 5-9　PN 结的特性**

#### 2. PN 结区的性质

(1)结区的电场分布

空间电荷区的电位分布 $V(x)$ 应满足泊松方程,即

$$\frac{\mathrm{d}^2 V(x)}{\mathrm{d}x^2} = -\frac{\sigma(x)}{\varepsilon} \qquad (5-10)$$

式中,$\varepsilon$ 是介电常数。

考虑到边界条件:当 $x = d_1$ 和 $x = -d_2$ 时电场强度 $E = 0$,以及电场在分界面的连续性,对式(5-3)积分可得两区的电场分布,即

$$E(x) = \left| -\frac{\mathrm{d}V(x)}{\mathrm{d}x} \right| = \begin{cases} \dfrac{e N_d}{E}(d_1 - x) & x > 0 \\ \dfrac{e N_a}{E}(x + d_2) & x < 0 \end{cases} \qquad (5-11)$$

可见,结区内的电场是不均匀的,当 $x = 0$ 时电场最强;当 $x = d_1$ 和 $x = -d_2$ 时,$E(x) = 0$,电场方向均为从 N 区指向 P 区。图 5-9(b)和图 5-9(c)给出了结区内电场强度分布的情况。

(2)结区的宽度与反向偏压

通常半导体探测器的结区中,一种区域的掺杂比另一种区域重得多,例如 $N_a \geq N_d$,这时 $d_2 \leq d_1$,结区的宽度 $d = d_1 + d_2 \approx d_1$。在没有外加电压的情况下,$d_1 \approx 70\ \mu\mathrm{m}$,可见灵敏区的厚度是很小的。由于结区很薄,远小于一般带电粒子在其中的射程,所以无法测量能量。由于结区很薄使得结电容很大,因而造成探测器的噪声特性很差。所以一个实用的探测器需要加上"反向"偏压,即 P 边的电压为负,N 边为正;这时 PN 结的传导电流很小,相当于 PN 结二极管加反向电压的情况。当加上反向偏压后,P 区中的空穴从结区被吸引到接触点,类似地,N 区中的电子也向结区外移动,结果使结区宽度变宽。随着外加偏压的增加,结

区的宽度也增加。能加的最高偏压受到半导体的电阻的限制,太高时则会将结区破坏。当外加偏压($V_B$)为 300 V 时,$d_1 \approx 1.2$ mm。如果使用高纯度的硅,则 $d_1 = 5.5$ mm。

(3)PN 结的电容

当外加偏压变化时,结区的宽度也随之变化,从而结区内的电荷量也要发生变化。这种电荷随外加电压的变化反映了结区具有一定的电容。结电容($C_d$)为

$$C_d = \frac{\mathrm{d}Q}{\mathrm{d}V} = \varepsilon \frac{A}{d_1} \qquad (5-12)$$

对硅探测器,当结区面积($A$)= 1 mm² 时,可得经验公式

$$
\begin{cases}
C_{d'} = 2.1(\rho_n V_B)^{-1/2} & \text{pF} \cdot \text{mm}^{-2} \quad \text{(N 型)} \\
C_{d''} = 3.5(\rho_n V_B)^{-1/2} & \text{pF} \cdot \text{mm}^{-2} \quad \text{(P 型)}
\end{cases}
$$

可见半导体材料的电阻率($\rho_n$)越高,反向电压($V_B$)越高,结电容也就越小。

(4)PN 结的漏电流

PN 结的漏电流直接决定着探测器的噪声水平,其来源有三部分。

①首先是结区内部产生的体电流,这是由于热激发在结区可能产生一些电子空穴对,这些电子空穴对在外加电场的作用下被扫向两极形成的。电子空穴对不断地产生,又不断地被收集,在一定的温度下达到平衡。

②表面漏电流是漏电流最主要的来源,产生因素有表面的化学状态、是否被污染、安装工艺等。

③在加上反向电压后,在结区有一个从 N 区指向 P 区的电,一旦有 P 区的电子或 N 区的空穴,即少数载流子扩散到结区,就会立即被结的电场扫走,构成一部分反向电流,称为少数载流子扩散电流,这种电流比其他两种电流要小得多。

在实际中,测到的反向电流是以上三种成分的叠加。测量了反向电流的数值及其随外加电压的变化,就可以大体上估计探测器的质量。

### 5.3.3 金硅面垒半导体探测器

金硅面垒半导体探测器是最常用的一种半导体探测器,它主要用于测量带电粒子的能谱。其能量分辨率仅次于磁谱仪,比屏栅电离室和闪烁谱仪都要高,而设备比磁谱仪要简单得多,使用也方便得多。其缺点是无法使用大面积的放射源,因为不能将灵敏体积做得很大。金硅面垒探测器的时间响应速度与闪烁探测器差不多,可用作定时探测器。它的本底很低,适用于低本底测量。金硅面垒探测器的结构示意图如图 5-10 所示。

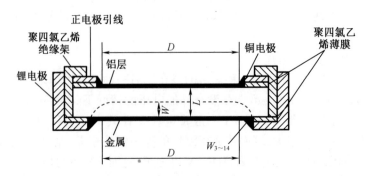

$D$—探测器灵敏面积的有效直径,cm;$W$—灵敏区(耗尽层)的厚度,mm;$L$—硅片总厚度,mm。

**图 5-10 金硅面垒探测器的结构示意图**

金硅面垒谱仪装置的方框图如图 5-11 所示。其中甄别放大器的作用是,当多道脉冲幅度分析器的道数不够时,利用它切割、展宽能谱的某一部分,使得待测的能量落入多道分析器的适当范围内,以利于脉冲幅度的精确分析。当要提高谱仪的能量分辨率时,探头应放在真空室和低温容器中。

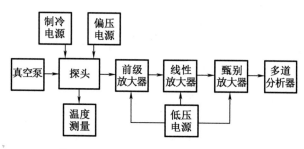

图 5-11　金硅面垒谱仪装置的方框图

### 5.3.4　高纯锗(HPGe)探测器

金硅面垒半导体探测器在短射程的带电粒子方面的测量得到了广泛的应用,但对于探测 β 或 γ 射线来说灵敏区较薄。例如,1 MeV 的电子在硅中的射程大约为 2 mm,而金硅面垒探测器的灵敏区厚度一般均在 1 mm 以下。

增加灵敏区的厚度的方法如下。

一种办法是增加反向电压,但这是有限的,因为随着反向电压的增加,反向电流也增加,使能量分辨率变差,甚至被击穿。

另一种方法是降低净杂质浓度。降低净杂质浓度的方法有两种:①改进半导体材料的纯化工艺,将其中的杂质浓度降低到大约每立方厘米 $10^{10}$ 个原子,这时再加上 1 000 V 偏压,则耗尽区的厚度可达约 10 mm。这种纯度对锗已经达到,但对硅尚未达到。用这种高纯度锗制成的探测器称为高纯锗探测器或本征锗探测器。②制造一种"补偿"半导体材料,即材料中的剩余杂质被类型相反的等量掺杂原子所补偿。这种补偿是在半导体单晶生长完成之后,用锂离子漂移的方法实现的,该过程生产的探测器称为锗锂漂移[Ge(Li)]探测器或硅锂漂移[Si(Li)]探测器。

早在 20 世纪 60 年代发达国家就已生产出锂漂移探测器,此后约 20 年其在测量 γ 和 β 射线中得到广泛应用。到 20 世纪 70 年代才生产出高纯锗探测器。出于使用方便等因素的考虑,80 年代 Ge(Li)探测器逐渐被高纯锗探测器取代,目前已不再生产 Ge(Li)探测器了。但灵敏区较厚的硅探测器目前还只能用 Si(Li)探测器。

# 5.4　其他类型探测器

### 5.4.1　原子核乳胶

核乳胶类似于普通的照相底片乳胶。利用照相乳胶进行核辐射探测,早在 19 世纪末就已经开始了。原子核乳胶是径迹探测器中应用很广的一种。作为粒子探测器,它既能应用于低能范围,又能应用于高能范围。它不但能清楚地记录单个带电粒子的径迹,而且能够根据径迹的长短、弯曲和颗粒稀密程度来鉴定带电粒子的性质及测量它的动能。

### 1. 工作原理

乳胶的主要成分为溴化银晶粒,带电粒子进入后与之发生作用分解成溴原子和银原子,且带电粒子自身会不断损失能量。在一定条件下,由某些银原子陆续地汇集在一起形成集团,当这些汇集的银原子数目达到10个左右时,组成的集团就能形成可以显影的核心,即潜影。显影核心的晶粒经过化学显影处理后被还原成黑色的银颗粒,通过被还原了的银颗粒可以显示出带电粒子的径迹,从而获得各种粒子在核乳胶中的径迹相片。

利用化学显影法使溴化银晶粒还原为银颗粒,首要的条件是在晶粒中有潜影存在,因为潜影在显影过程中起催化作用,才能使晶粒中的溴化银还原成银粒,乳胶经过显影后,由于没有潜影而未被还原的溴化银晶粒,可以用定影液溶解掉。因此,经过显影和定影,只有被还原了的黑色银粒留在了乳胶中,从而组成了带电粒子的径迹。

### 2. 原子核乳胶的特性

带电粒子的理想探测方法,就是在能探测单个粒子存在的同时,还能够鉴定粒子的特性,如确定它的电荷、质量、能量和动量等。

对原子核乳胶的主要要求是:①任何带电粒子都能在其中产生径迹;②本底必须减至最小的程度,使径迹清晰而明显;③不同性质粒子的径迹必须有不同的形状,以便鉴定。

为了满足以上要求,在制造核乳胶时,需采取相应措施。表征乳胶的基本参量为:①乳胶中溴化银的含量;②溴化银晶粒平均直径;③溴化银晶粒对带电粒子的灵敏度。灵敏度定义为带电粒子通过晶粒时,在该晶体中产生潜影的概率,它与带电粒子在晶粒中损失的能量、晶粒大小、过剩的银原子以及制造工艺有关。

带电粒子的电离损失和乳胶的灵敏度都随能量的增大而下降,因此达到某一能量极限后,径迹就无法与雾状本底区分,所以乳胶灵敏度也用这一极限的最大能量(MeV)来表示。

在实验上,核乳胶的总灵敏度常常用一定能量的质子在乳胶中的径迹的颗粒密度作尺度。核乳胶的灵敏度与受辐照时乳胶的温度有关。在极低的温度下,乳胶甚至完全不灵敏,它随温度增加而达到一个最大值,该最大值的温度就是照射乳胶的理想温度,而后灵敏度随温度增加而下降。此外,灵敏度也会随储藏时间的增长而下降,下降的速度与储藏时温度有关,温度越高,灵敏度下降越快。因此,为了延长放置的时间,未照射的乳胶必须保存于低温处,但是也不能放置过久。

### 3. 原子核乳胶的优缺点

(1)原子核乳胶的优点

①核乳胶可阻止本领大的固体介质,可以用来有效地记录高能粒子。

②连续灵敏,适宜于宇宙线的研究,并可以较长时间连续照射而不会改变其灵敏度。照射时间的长短,取决于潜影衰退的快慢。

③组成径迹的银颗粒极为微小,故空间分辨本领非常高。

④设备简单、价格便宜、质量小、尺寸小,对高空宇宙线的研究特别有价值。

(2)原子核乳胶的缺点

①在显影、定影及干燥过程中,乳胶有胀缩现象,造成径迹畸变,使测量射程和多次散

射的精确度受到一定的影响。

②乳胶成分复杂,分析高能核作用比较困难。

③在强磁感应强度下(2 T),径迹不能弯曲到可以测量的程度,因此,不能从曲率来求得动量和粒子所带电荷的正负。

④潜影形成后有衰退现象,因此,照射后不能搁置很久,需要很快显影。

原子核乳胶处理方法与普通照相底片相似,要经过显影、制止、定影、水洗、浸泡甘油、晾干及清洁等过程。

### 5.4.2 固体径迹探测器

固体径迹探测器是 20 世纪 60 年代初发展起来的,简单的固体径迹探测器就是一片透明的固体,如云母、玻璃或塑料。它被重带电粒子照射以后,经化学药剂浸蚀,在其固体表面层通过光学显微镜就能观测到粒子的径迹。这种探测器具有经济、简便等优点,它的应用范围正日益扩大。

固体径迹探测器的材料,按现有情况可分为三类:第一类是非结晶物质,如各种玻璃、金属和陶瓷等;第二类是结晶物质,如云母、石英、氯化银和氟化锂等;第三类是聚合物,如聚碳酸酯、硝化纤维、醋酸纤维等。

#### 1. 工作原理

当重带电粒子射入固体径迹探测器时,会在粒子穿过的路径上造成原来的物质分子被破坏,从而会产生辐射损伤,而原来的物质分子化学键被打断,形成许多分子碎块、位移原子和原子空穴等。这种辐射损伤区域的直径约几个纳米,只有用电子显微镜才能观察到。由于这种辐射损伤的材料固体结构发生变化并具有较强的化学活性性,用化学方法进行蚀刻时,就会在化学药剂(即蚀刻剂)中较快产生蚀坑,把径迹显示出来。当径迹扩大到 μm 数量级以上时,就可用光学显微镜观察了。图 5 - 12 所示为许多片固体径迹探测器材料叠加起来,在粒子穿过的路程上蚀刻出一连串蚀坑所组成的粒子径迹。而关于形成径迹的机制,看法尚不统一,有待进一步研究。

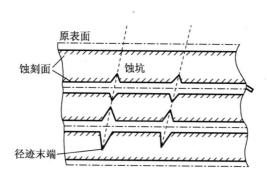

**图 5 - 12 硝化纤维膜上形成的 α 径迹**

#### 2. 固体径迹探测器的特性

固体径迹探测器的特点是具有阈特性。虽然入射到固体径迹探测器中的各种带电粒子都会对材料产生辐射损伤,但只有辐射损伤密度达到某一数值(阈值)时,蚀刻剂才能以较快的速度与损伤物质反应而出现蚀坑。如果损伤较轻,辐射损伤密度达不到阈值,就蚀刻不出径迹来。实验表明,不同的物质材料具有不同的阈值,而与粒子的种类无关,如图 5-13 所示。图 5-13 中的实线表示各种重带电粒子在探测器材料中的辐射损伤密度与粒子速度的关系。由图 5-13 可知,硝酸纤维是探测质子和 α 粒子最灵敏的探测器材料。聚碳酸酯不能记录质子,只能记录 α 粒子和更重的粒子。云母可记录比氖(Ne)更重的粒子,陨石矿物比云母的阈值还要高。

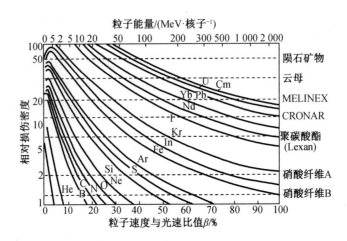

图 5-13  带电粒子电介质中造成的损伤密度与入射粒子能量的关系

### 3. 固体径迹探测器的优缺点

(1)优点

固体径迹探测器有很多突出的优点,包括:

①经济简便,若用化学浸蚀法显影,则它在各种探测器中是最经济简便的,不需要暗室等条件;

②由于各种材料都具有各自的阈值,可在轻粒子和 γ 本底下进行重粒子的研究;

③记录稳定性高,一般不受温度、湿度等环境的影响,记录时不需要供电系统;

④可以长期保存径迹,不像原子核乳胶有潜影衰退的问题,因此,不受低通量、低计数率的限制。对低计数率的粒子,可加长照射时间,而对高通量、高计数率的粒子也不会有漏失现象。

此外,在天然物质材料中还能得到古代产生的重带电粒子的径迹。

(2)缺点

固体径迹探测器的主要缺点是观察工作较繁重,用显微镜测量径迹和处理数据速度慢。不过,近年来人们已研制成功了固体径迹电视自动扫描和火花自动计数器,实现了径迹观测自动化。另外,固体径迹探测器对轻粒子不灵敏,限制了它的应用范围。

## 5.4.3  热释光探测器

热释光探测器自 20 世纪 60 年代初得到较为迅速的发展。它具有很多优点,如体积小、灵敏度高、量程宽、测量对象广泛,可测 X、γ、α、β、中子和质子等射线,特别是在剂量测量领域中占有日益重要的地位。

### 1. 基本原理

首先,我们需要回顾一下固体能带理论。由固体能带理论可知,晶体中电子的能量状态已不是分立的能级,而成为能带,如图 5-14 所示。电子分别处在各个容许能带上,各容许能带被禁带分开。晶体的基态是指容许能带被电子所占据的状态。固体可以有几个满带被禁带分开,最上面的一个满带称价带。当带电粒子穿过介质时,电子获得足够能量使原子电离,亦即电子由价带进入导带。但若电子获得的能量不足以使它到达导带,而只能到达

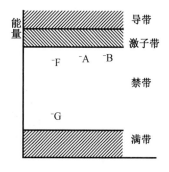

图 5-14 离子晶体的电子能带

激子带,这就是激发过程,这种电子空穴对就叫激子。激子可以在晶格中运动,但不导电。电子或空穴在晶格内的运动过程中,可能被陷阱俘获而落入深度不同的陷阱能级中或落入被杂质原子在禁带所形成的能级(图 5-14 中 F、G 能级)中。陷阱是指磷光体内晶格的不完整性所引起的一些与导带底部能距小的能级(图 5-14 中 A、B 能级)。这些被俘获的电子,只有通过热起伏而重新被激发到导带,才能同发光中心复合而发光。显然,提高磷光体的温度,可以使储存于其中的辐射能加速地释放出来,这一现象称为热释发光。加热放出的总光子数与陷阱中释放出的电子数成正比,而总电子数又与磷光体最初吸收的辐射能量成正比。因此,可以通过测量总光子数来探测各种核辐射。

### 2. 对热释光磷光体的要求

许多天然矿石和人工合成的物质都具有热释光特性。但要作为探测元件使用,还应满足一定要求,如要求陷阱密度大、发光效率高、在常温下被俘获的电子能长期储存,即自行衰退性小、发光曲线比较简单、最好是有效原子序数低的材料。

上述要求实际上不可能全部满足,只能根据不同实验目的来选择较为满意的材料。常用的有氟化锂(LiF)、氟化钙($CaF_2$)、硼酸锂[$Li_2B_4O_7(Mn)$]、氧化铍(BeO)、硫酸钙[$CaSO_4(Dy)$]等。最常用的是 LiF,它衰退较小、能量响应好,但制备工艺较复杂、灵敏度不够高。

### 3. 加热发光测量装置的主要部分

加热发光测量装置可分为三部分:加热部分、光电转换部分、输出显示部分。由加热和光电转换部分组成测量探头。加热发光的测量是通过光电倍增管将光信号转变为电信号的,因此,光电倍增管是探头的核心部分。对探头的要求是:①收集磷光体所发光的效率尽可能高;②尽可能降低其他因素产生的噪声,如热噪声、光电倍增管噪声等;③探测效率稳定。探头示意图如图 5-15 所示。

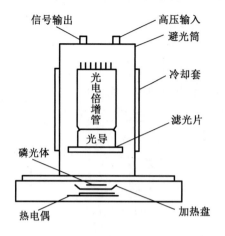

图 5 – 15　探头示意图

探头一般包括以下几部分。

（1）加热盘

通常由厚度为 0.2 mm 左右的不锈钢片、钽片或电阻钢带按一定形状冲压而成。要求加热盘在高温下不变形，不易氧化及金属表面的光泽基本不变，也可在加热盘上镀上一层银。

（2）温度传感器

常用的有镍铬 – 镍铝、镍铬 – 青铜或铜 – 康铜等热电偶。它通常在加热盘下面的中心处点焊。

（3）滤光片

各种滤光片具有各自特定的透射光谱曲线，它基本上要与所用的磷光体的发光光谱一致，使磷光体发出的光大部分透过，其他光谱则被滤去。

（4）光导

光导是用透明的光学玻璃或有机玻璃做成的，在光电倍增管和加热盘之间产生一定距离，以减少加热盘的电磁干扰及高温对光电倍增管工作的影响，并使磷光体发出的光能够有效地输送至光电倍增管的光阴极。

（5）光电倍增管

光电倍增管是探头的重要部件，其性能好坏和工作状况对测量结果有很大影响。因此，一般选择具有高的光量子效率的光阴极，其光谱特性与磷光体的热释发光光谱相匹配，暗电流要极低。为了降低光电倍增管的暗电流，应在避光筒外装上冷却水套或半导体制冷器。

### 5.4.4　位置灵敏探测器

在许多物理测量工作中，不仅要求测量入射粒子的能谱，而且还要求测量入射粒子的位置（位置灵敏）。由于射线在半导体探测器中形成的电离密度比在一个大气压的气体中高大约 3 个量级，并且离子对被限制在直径为约 1 $\mu$m 的柱体内，所以使用半导体可制成高分辨的位置灵敏探测器。

将一块长条形半导体材料(如 50 mm × 5 mm)按图 5 – 16 的方式制成金硅面垒探测器。从探测器的正面金层处(C 端)引出的信号是 α 粒子形成的总电流信号,因而其脉冲幅度反映入射粒子的能量,称为"能量信号"。在半导体的背面做一层高阻层(10 ~ 20 kΩ),如图 5 – 16 所示的斜线部分,在该层的两端加上电压,A 端接地,B 端接电荷灵敏放大器。下面可以看到,B 端输出信号的幅度反映了 α 粒子的位置,称为"位置信号"。

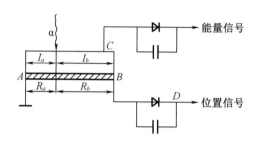

**图 5 – 16  半导体位置灵敏探测器示意图**

由图 5 – 16 可知,α 粒子产生的电流信号,当流经探测器背面时分两路走,一路经过电阻 $R_a$(即 α 粒子入射点与 A 点之间的电阻)到地,另一路是经过电阻 $R_b$(即 α 粒子入射点与 B 点之间的电阻)至电极 B,再输入到前置放大器被测量,因为放大器的输入阻抗很低,B 点相当于虚地。从 B 电极输出的电流信号只占总电流信号的一部分,即

$$I_b = \frac{R_a}{R_a + R_b} I_0 \tag{5 – 13}$$

式中   $I_b$——从 B 电极输出的电流;

   $I_0$——α 粒子产生的总电流。

设入射 α 粒子的能量为 E,则在 D 点得到的信号脉冲幅度为

$$V_p \propto \frac{R_a}{R_a + R_b} E \tag{5 – 14}$$

高阻层可以做得很均匀,使得其阻值与长度成正比,因而有

$$\frac{R_a}{R_a + R_b} = \frac{l_a}{l_a + l_b} \tag{5 – 15}$$

式中   $l_a$、$l_b$——α 粒子的入射点与 A、B 点的距离。

所以,从 D 点输出的信号脉冲幅度为

$$V_p \propto \frac{l_a}{l_a + l_b} E \tag{5 – 16}$$

式(5 – 16)可以反映入射粒子的位置。当半导体和高阻层都很均匀时,空间分辨率可达到约 250 μm。

# 5.5 放射性活度测量与射线测量仪器

## 5.5.1 带电粒子测量

**1. α、β 射线样品的活度测量概述**

（1）放射性活度

放射性活度是描述某种放射性核素数量的一个物理量，它反映该核素的放射性强弱（因而早期称为放射性强度测量），与该核素自身的物质质量密切相关。它定义了处于某一特定能态的放射性核素在单位时间内发生原子核衰变的数目，即单位时间内的衰变数。原子核的衰变服从指数衰变规律，即放射性活度的取值等于衰变常数乘以衰变核的数目：

$$A = \mathrm{d}N/\mathrm{d}t = \lambda N = \lambda N_0 e^{-\lambda t} = A_0 e^{-\lambda t} \qquad (5-17)$$

（2）标准样品

为了实施和制定测量标准，常常需要制作标准样品。一般地，标准样品只在标准所涉及的范围内使用，它是具有足够均匀的一种或多种化学、物理、生物、工程技术等性能特征，经过技术鉴定并附有性能特征说明证书，经过国家标准化管理机构批准的样品。多数应用部门尤其是放射性核素应用部门主要依靠标准样品（标准放射源）来开展工作。标准放射源除了具有一定的准确度外，通常还要求其物理和化学性质稳定，放射性核素的半衰期较长，核纯度较高，从而有效使用期也较长。

（3）绝对测量和相对测量

放射性活度测量方法按测量方式分为绝对测量和相对测量两大类。绝对测量是指采用测量装置直接测量放射性核素的衰变率，而不必依赖于其他标准测量的比较，又称为直接测量。相对测量是需借助其他标准测量来校准测量装置再测量放射性核素的衰变率，又称为间接测量。在标准源生产单位和计量研究部门主要采用绝对测量方法，而一般部门的常规测量大多使用相对测量方法。

（4）影响活度测量的因素

使用一般探测装置测量放射性样品活度时，得到的是单位时间内所记录的脉冲数，即计数率。计数率并不等于样品的放射性活度，而只是在一定条件下与样品活度成正比的相对数值。同时，由于在测量过程中，对于不同的测量对象和装置，存在一系列不完全相同的影响因素，因此，必须对这些因素进行校正后才能求得可靠的衰变率。下面讨论在 α、β 活度测量中的主要影响因素。

①几何因素

几何因素是指样品对探测器所张的立体角、样品与相对探测器的几何位置等。在各种测量中，几何条件变化都会影响计数率变化，特别是在进行放射性的相对测量时。当样品的核辐射各向同性时，对于一般探测器来说，可将放射性样品放在探测器外面进行测量，但射入探测器灵敏体积的粒子数只是发射率的一部分，即只有部分粒子能进入探测器的灵敏体积，此时引入几何效率校正因子（简称几何因子）$f_g$ 用来表示几何因素的影响，其定义为：在不考虑其他影响因素的条件下，每秒到达探测器灵敏体积的粒子数目与样品每秒发射的粒子数目之比。

②探测器本征探测效率

本征探测效率表示为进入探测器灵敏体积的一个入射粒子所产生一个输出脉冲信号的概率。在探测器的脉冲工作方式下,探测器本征探测效率是探测到的粒子数与在同一时间内入射到探测器中的该种粒子数的比值;在探测器的电流工作方式下,它是探测系统的灵敏度。探测器本征效率的最大值为1,其值与探测器种类、运行状况和几何尺寸有关,也与入射粒子的种类和能量、探测器窗厚度有关,还与电子记录仪的工作状况有关。这是因为当入射粒子射到探测器时,需要穿过探测器窗才能进入探测器的灵敏体积,探测器窗除了可能吸收一部分入射粒子外,还可能使射入灵敏体积的粒子能量有所减少,从而改变探测器产生的脉冲幅度分布,使得有些脉冲的幅度可能低于电子仪器的甄别阈而不产生计数。还需指出,粒子以平行束入射和以锥形束入射的探测器效率是有差别的。

③吸收因素

放射性样品所发射的射线在达到探测器之前,一般要经过样品材料自身的自吸收、样品和探测器之间的空气层吸收、探测器窗吸收以及源保护层吸收等过程。通常,在测量条件不变时,后三种吸收是相对不变的,仅考虑样品的厚度变化。因此,可在确定测量条件下,按一定厚度的样品来考虑自吸收对测量的影响。通常,自吸收对测量 α、β 射线(特别是低能 β 射线)影响较大,其自吸收程度取决于样品中的 β 射线的能量、样品的材料及其厚度等因素。

④散射因素

放射样品所发射的射线(如 β 粒子等)容易受到周围物质(如空气、测量盘、支架、铅室内壁等)的散射,散射对测量的影响有正向散射和反向散射两类。正向散射使射向探测器灵敏区的射线偏离而不能进入灵敏区,这种散射使计数率减少;反向散射使原来不该射向探测器的射线经散射后而进入灵敏区,这种散射使计数率增加。在一般测量中,样品距探测器较近,正向散射的影响不大,主要影响为反散射,特别是样品盘的反散射影响。

⑤分辨时间

计数装置的分辨时间是指能够区分连续入射的两个粒子的最小时间间隔。显然,在分辨时间内,进入探测器的第二个粒子就无法被记录。因此,计数装置实际观测到的计数率要比真正进入探测器内的真计数率少。事实上,所有脉冲型探测器都存在有限的分辨时间,原则上都需要进行漏计数的校正。

⑥本底计数

任何放射性测量均须扣除本底的影响才能求得样品的真计数率,特别是测量低放射性活度的样品时。本底的影响,一部分指的是探测器在没有放射性样品时,常由周围环境中存在的天然放射性核素、宇宙射线,或环境中及探测室内放射性物质以及邻近放射源而测得一定的计数,该计数是狭义的本底计数;另一部分是指放入样品后,样品中存在的干扰放射性核素所产生的计数,即干扰计数。

**2. α、β 射线样品的活度测量方法**

放射性活度是核工程、核防护、核物理实验,以及放射性样品测量中经常遇到的放射性测量问题,它的涉及面较广,源活度范围很大,每一种测量方法往往只能适应一定的范围,因此这里主要介绍微居里级源的活度测量方法。

通常，α源活度测量主要有薄α源活度的绝对测量、厚样品α比放射性测量。而β源活度测量还要考虑下面一些问题。

第一，β粒子的能谱是连续的，从零到 $E_{\beta max}$ 都有。从放射源到探测器的途中，能量低的β粒子将易被吸收，而且即使β粒子进入探测器，在探测器里产生的信号幅度也很小（对输出信号幅度与能量成正比的探测器），当与噪声大小相近时，还会被电子线路甄别掉，因而测到的β射线计数将比实际的偏低。

第二，β粒子质量小，易被原子、原子核散射，因此存在部分β粒子因中途被散射而不能进入探测器，而一些本来不该进入探测器的β粒子却因散射而进入探测器，从而使得测到的计数与真正的源活度之间有差异，为此需要修正。

（1）小立体角法

如果放射源向 $4\pi$ 立体角各向同性地发射α粒子，可测量一定立体角内的α粒子所产生的计数率，再通过已知的探测效率便可推算待测样品的α粒子发射数，从而计算样品的活度。这种方法既可用于绝对测量，又可用于相对测量。

①薄α放射性样品活度的绝对测量

小立体角法是很早就被采用的一种源活度的绝对测量方法。小立体角有两重意思：在几何上，它是相对于 $2\pi$ 和 $4\pi$ 立体角而言的；在实际测量中，它是指对窄束射线的测量。这种方法简单方便，使用设备不多，便于广泛采用。

图5-17是测定α源活度的小立体角装置示意图。在一个长管子的两端放置源和探测器，靠近源的一侧内壁有一采用原子序数较低的物质做成的阻挡环。放射源发出的α粒子经准直器打到闪烁体上，闪烁体发出的光子经光导进入光电倍增管。为了使源接近于点源的几何效果，源与探测器间距离要稍微远一些。管子的长度一般为几十厘米，这比α粒子在大气中的射程还要长一些。管子内部要抽成真空，以避免空气的吸收和散射。准直器的孔径大小可直接确定立体角，为准确计算立体角，准直孔轴线与源轴线必须重合。

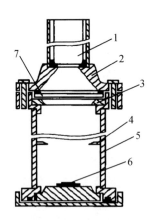

1—光电倍增管；2—光导；3—准直器；4—阻挡环；5—长管；6—源；7—闪烁体。

**图5-17　测定α源活度的小立体角装置示意图**

小立体角法的点源的近似要求待测样品是薄且均匀的源，活性区的直径也不能太大，这样测量α源活度的准确度很高。另外，也要求自吸收的影响可忽略，这是因为射线被源物质自身吸收将使计数率和能谱都有改变，为了鉴定α源的自吸收是否严重，可预先测定源的能谱。α射线是单能的,它的射程很短,当源的厚度增加时,自吸收变得严重起来,因此谱线向低能方向畸变。

②厚α放射性样品活度的相对测量

源的自吸收在样品厚度不被认为是无限薄的时候不可忽略,为此需要知道α粒子在样品中的射程,这是很难测准的。所以,对于厚样品,常常采用比放射性相对测量法,首先需要估计一下从厚样品表面出射的α粒子数 $N$。

假设,样品的比放射性活度(即单位质量放射性核素所含的放射性活度)为 $A_m$;每次衰变放出一个α粒子。样品的质量厚度为 $x_m$,面积为 $S$,并且假定样品的直径远大于样品的厚度。样品表面离探测器的距离为 $x$,样品厚度为 $dx$ 的一个薄层,如图 5-18 所示。

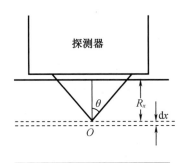

**图5-18　样品自吸收示意图**

当薄层向上发射α粒子时,其样品上部相当于吸收物质(厚度为 $x$),即从 $dx$ 薄层中向上出射的所有α粒子中,只有穿过样品实际厚度且小于α粒子在样品中的射程 $R$ 的那些粒子,才有可能进入探测器,这相当于以 $O$ 点为顶点在 $\theta$ 圆锥角内发射的α粒子。这一部分粒子占 $O$ 点发射的α粒子总数的份额为

$$w = \frac{\Omega(0)}{4\pi} = \frac{1}{2}\left(1 - \frac{x}{R}\right) \tag{5-18}$$

于是,深度为 $x$ 的薄层 $dx$ 中发射的α粒子中,能射出样品表面的粒子数就为

$$dI(x) = A_m \cdot S \cdot w \cdot dx = \frac{1}{2}A_m S\left(1 - \frac{x}{R}\right)dx \tag{5-19}$$

将式(5-19)对整个样品厚度积分,便得到每秒能射出样品表明的α粒子总数 $I$ 为

$$I = \int dI(x) = \int_0^{x_m} \frac{1}{2}A_m S\left(1 - \frac{x}{R}\right)dx = \frac{1}{2}A_m S x_m\left(1 - \frac{1}{2}\frac{x_m}{R}\right) \tag{5-20}$$

显然,式(5-20)右边包含两项:第一项表示不考虑自吸收时,样品向上方发射的α粒子总数;第二项表示被样品自吸收的份额。所谓薄源,就是自吸收可忽略不计,此时源厚度应当比射程小得多。在比较精确的测量中,常要求自吸收小于1%,此时样品的厚度 $x_m < 0.02R$。例如,$^{234}$U 放出能量为 4.77 MeV 的α粒子,它在铀中的射程为 19 mg·cm$^{-2}$,则源的厚度应小于 380 μg·cm$^{-2}$,相当于线性厚度 0.2 μm。若$^{234}$U 混杂在沙土中,因沙土的主要成分是硅,则射程减为 5 mg·cm$^{-2}$,样品厚度应相应小于 100 μg·cm$^{-2}$或 0.4 μm。由此可见,通常只有厚度不大于 1 μm 的极薄样品才可忽略自吸收的影响,否则需做自吸收修正。

③测量 β 放射性活度的小立体角法

β 放射源活度的测量常用的探测器有 G－M 计数器、流气式正比计数管、塑料闪烁体、液体闪烁体等。测量方法则有小立体角法、4π 计数法、4πβ－γ 符合法、液体闪烁法等。下面将介绍测量 β 放射性活度的小立体角法。

用小立体角法测量 β 源的放射性活度,与测量 α 源的方法基本相同。但是由于 β 粒子射程比 α 粒子长,源和探测器间的距离可稍远一些,这对保证点源的近似性是必须的。这时装置内不一定抽成真空,而只需对空气的吸收进行修正。具体结构形式很多,典型装置如图 5－19 所示。

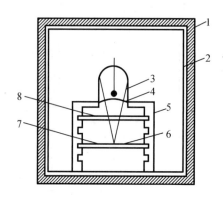

1—铅室;2—铝或塑料板;3—计数管;4—云母窗;5—源支架;6—放射源;7—源托板;8—准直器。

**图 5－19　测量 β 放射源活度的小立体角装置示意图**

为了减小本底,探测器和放射源置于铅室内,铅室壁厚一般大于 50 mm。为了减少散射,铅室内腔要足够空旷。铅室内壁的厚度为 2～5 mm 的铝皮或塑料板,其作用是减少 β射线在铅中的轫致辐射。总之,源的支架及原托板都要用原子序数低的材料以减少轫致辐射及散射的影响,并且尽量做到空旷些。准直器一般用铝或有机玻璃做成,厚度略大于 β粒子的最大射程。探测器通常用薄云母窗的钟罩形 G－M 计数器,也可使用带窗的流气式正比计数管或塑料闪烁计数器,但是探测器窗的厚薄直接影响探测器的探测效率。为了减小对探测效率的影响,气体探测器的窗常用薄的云母片,而塑料闪烁体则用薄的铝箔覆盖以便闪烁体避光。假设,每次衰变放射出一个 β 粒子,实验测得的计数率为 $n$,本底计数为$n_b$,此时净计数 $n_0$ 与放射源活度 $A$ 的关系为

$$n_0 = n - n_b \propto \varepsilon \cdot A \qquad (5-21)$$

式中,$\varepsilon$ 为小立体角测量装置对 β 射线的总探测效率,它是测量到的净计数率 $n_0$ 与放射源衰变率之比,可采用下式表示

$$\varepsilon = f_g \cdot f_a \cdot f_b \cdot f_m \cdot f_\tau \cdot f_\gamma \cdot \varepsilon_{in} \qquad (5-22)$$

若已知 $\varepsilon$,则可由测量计数率和本底计数率求出活度 $A_0$。由式(5－22)可知,$\varepsilon$ 是许多修正因子的乘积,其中 $f_g$ $f_a$ $f_b$ $f_m$ $f_\tau$ $f_\gamma$ 等修正因子和本征探测效率 $\varepsilon_{in}$ 的含义如下。

a.　相对立体角修正因子 $f_g$

设放射源发射 β 射线是各向同性的,在小立体角装置中,探测器只能测到小立体角 $\Omega$内的 β 粒子,所以需引入相对立体角修正因子。

b. 吸收修正因子 $f_a$

β 粒子从放射源内射出,进入探测器灵敏体积的路径中,因为经过了一定厚度的源本

身、源到探测器之间的空气、探测器的入射窗的吸收,所以要进行吸收因子修正。物质对于β 射线的吸收服从指数规律,关于 $f_a$ 的计算可以详见核辐射探测相关教材,由于篇幅有限,此处不再赘述。

c. 反散射修正因子 $f_b$

由图 5 - 19 可见,放射源是放在托板上的,托扳又是放在支架上的。β 射线在托板和支架上的大角度散射将会使不在小立体角内的粒子散射后进入探测器,引起记录数增加,为此引进反散射因子。

d. 坪斜修正因子 $f_m$

G - M 计数器的坪区有坪斜存在,因此计数率随工作电压增加而略有增大,如图 5 - 20所示。在坪的起始部分,这种因工作电压增加而增加的假计数是较少的,若把坪曲线坪的起始部分( $ab$ 段)延长和坪直线部分( $cd$ 段)的延长线相交处所对应的计数率 $n'$ 作为真计数率,工作电压 $U_0$ 所对应的计数率为 $n_0$,则

$$f_m = n'/n_0 \qquad\qquad (5 - 23)$$

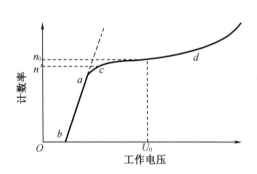

图 5 - 20　计算坪斜修正因子示意图

e. 分辨时间修正因子 $f_\tau$

在测量系统分辩时间内,探测器对入射粒子不灵敏,使测得的计数率比实际的计数率少,因此引入 $f_\tau$。

f. 计数管对 γ 射线计数的修正因子 $f_\gamma$

多数 β 衰变的放射性核素都伴随有 γ 跃迁。而 G - M 计数器对 γ 射线也是灵敏的,因此实际测得的计数率包含着 β 射线和 γ 射线引起的计数,故引入修正因子 $f_\gamma$。

g. 探测器本征效率 $\varepsilon_{in}$

入射粒子只要在 G - M 计数器灵敏体积里产生一对以上离子对,就可以引起一次放电,从而给出一个计数。所以对带电粒子来说,G - M 计数器的本征效率约为100%。

将以上讨论的诸修正因子代入式(5 - 21)便可根据测得的总计数率和本底计数率求得放射源的活度 $A$,关于诸修正因子的计算,由于篇幅有限尚未列出,读者可参见其他核辐射测量教材。但是,小立体角法修正因子较多,因此误差较大。对能量大于 1 MeV 的 β 射线,在做了各项修正后,误差可达5%~10%。对于低能 β 射线,因吸收严重,探测效率大大降低,因此,对能量低于 0.3 MeV 的低能 β 粒子,用小立体角法做绝对测量就不适宜了。

与测 α 源活度时一样,改变源与探测器间距离,可在很大范围内改变进入探测器的粒子数。因此,小立体角法适用范围较大,从微居里级到毫居里级都可适用。

(2)4π 计数法

由于需要许多修正,小立体角法测 β 源活度误差较大。4π 计数法是把放射源移到计数管内部,使计数管对源所张的立体角接近于 4π,从而减少了散射、吸收及几何位置等影响。另外,源和承托膜做到很薄,使得承托膜的吸收、散射和源的自吸收降到最低限度。因此,4π 计数法测量结果的误差要比小立体角法小,可控制在 1% 左右。

β 放射性活度的绝对测量通常采用4π 计数法,使用的探测器主要有三类:气流式正比计数器、内充气式正比计数器和液体闪烁计数器。

①气流式正比计数器测量 β 样品

所用计数管为4π 计数管,4π 计数管既可工作于 G-M 区,也可工作于正比区,它的基本结构分为充气密封式和流气式两种。对密封式4π 计数管,当把样品放于计数管内后,首先密封、抽真空,然后充入工作气体。对气流式计数管则不抽真空,而是把工作气体不断送入计数管内,并排出原有气体。

②内充气式正比计数器测量 β 样品

有些低能 β 核素,如$^{14}$C($E_{\beta max} = 0.155$ MeV)、$^3$H($E_{\beta max} = 18.6$ keV)等,可以以气态形式与工作气体混合,充入正比计数器中。对测量结果进行各种修正后,可以求得被测气体的比活度,来避免4π 流气式正比计数器方法中源的自吸收和其他吸收修正,因此精度高。内充气方法还具有探测效率高、稳定性好的优点,其误差可低到 0.2%~1%。但是充气制源设备复杂,操作麻烦。这种方法主要需要修正因素包括计数管的管端效应修正、管壁效应修正和分辨时间修正。

③液体闪烁计数器测量 β 样品

液体闪烁计数器是把待测放射性核素引入闪烁体,再根据液体闪烁计数器的计数来计算一定数量待测放射性核素的活度。液体闪烁计数器可以避免几何位置、源的自吸收、探测器窗的吸收等影响,而且特别适用于测量低能 β 粒子的核素(例如 2H 和$^{14}$C)、低能 γ 核素和低水平 α 放射性。

使用液体闪烁计数器的测量装置原理图如图 5-21(a)所示。图 5-21(b)是采用符合方法的测量装置原理图,该装置可以降低光电倍增管的噪声。

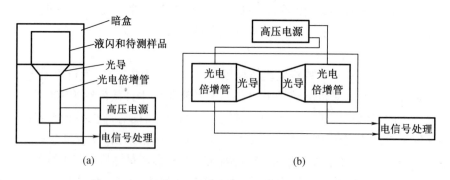

图 5-21 液体闪烁法测量 β 放射性样品装置原理图

把待测样品引入闪烁体而又保证闪烁体有足够的光输出是一个难点。由于待测样品的引入,使得闪烁体光输出低于纯闪烁体的情况,这种现象称为"猝熄"。发生猝熄可能是在能量传递过程中干扰了闪烁体,也可能是由于降低了液体的光学性能所致,因此需要限制引入液体闪烁体的样品数量。

另外,由于待测粒子能量低,可能在光电倍增管光阴极上只产生几个光电子,所产生的脉冲小,以至于难以甄别掉光电倍增管的噪声脉冲,影响到探测效率。如果要求高的探测效率就可能会出现高本底;如果希望低本底就可能出现低探测效率。采用双光电倍增管符合方法可以解决这个矛盾,这就可去掉每个光电倍增管的噪声脉冲,两个光电倍增管的噪声脉冲同时出现的可能性又小,而由样品发射的粒子产生的脉冲在两个光电倍增管的阴极上都能出现。这样既可去掉光电倍增管的噪声脉冲又使样品计数损失较少。使用符合方法和高增益光电倍增管可使探测效率提高到 90% 左右。

(3)$4\pi\beta - \gamma$ 符合法

有些放射性核素,衰变时往往伴有级联辐射,例如,$\beta - \gamma$ 的级联衰变,这时可以采用符合法测量源的活度。符合法的好处是可避开 $4\pi\beta$ 法中源自吸收修正的困难,因此,精度得以进一步提高,这是目前测量源活度较好方法之一。近年来,在用 $4\pi\beta - \gamma$ 符合法测 $^{60}$Co 等核素时,精度可达 0.1% 左右。

符合法就是利用符合电路来甄选两个或两个以上同时的关联事件的方法。例如,一个原子核级联衰变时接连放射 β 和 γ 射线,则 β 和 γ 便是一对关联事件,如图 5 -22 所示。

任何符合电路都有确定的分辨时间。在分辨时间内,符合电路的所有输入端都有信号输入时,符合电路的输出端就会有一个信号输出;只要有一个输入端无信号输入,则输出端就无信号输出。反符合电路恰恰相反,当所有输入端都有信号输入时,电路没有信号输出,当有一个输入端无信号输入时,电路就有信号输出。符合电路的一个输入端称为一道,输出端称为符合道。反符合电路的一个输入道称为反符合道,其他输入道称为分析道。

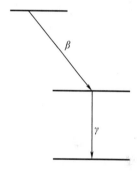

图 5 -22　级联 β - γ 衰变

对于两道符合,凡是在分辨时间以内来的两个输入脉冲都可以使符合电路产生一个符合脉冲,即引起一次符合计数。时间上有关的事件产生的脉冲引起的符合计数称为直符合计数,而在时间上没有必然联系的事件产生的脉冲引起的符合计数称为偶然符合计数。

考虑如图 5 -22 所示的级联衰变。$\rho(v)$ 是单位体积内的放射源活度;$\varepsilon_\beta(v)$ 是 β 探测器对源放出的 β 射线的探测效率,它是放射源的体积元函数;$\varepsilon_\gamma(v)$ 为 γ 探测器对源放出的 γ 射线的探测效率。则 β 道、γ 道、符合道的计数率 $n_\beta$、$n_\gamma$、$n_c$ 可采用下面公式表示,即

$$\begin{cases} n_\beta = \int \rho(v)\varepsilon_\beta(v)\mathrm{d}v \\ n_\gamma = \int \rho(v)\varepsilon_\gamma(v)\mathrm{d}v \\ n_c = \int \rho(v)\varepsilon_\beta(v)\varepsilon_\gamma(v)\mathrm{d}v \end{cases} \quad (5-24)$$

由此可得

$$\frac{n_\beta n_\gamma}{n_c} = \frac{\int \rho(v)\varepsilon_\beta(v)\mathrm{d}v \cdot \int \rho(v)\varepsilon_\gamma(v)\mathrm{d}v}{\int \rho(v)\varepsilon_\beta(v)\varepsilon_\gamma(v)\mathrm{d}v} \qquad (5-25)$$

当两个探测器中有一个探测器对放射源的各点探测效率都相等时,可简化为

$$A_0 = n_\beta n_\gamma / n_c = \int \rho(v)\mathrm{d}v \qquad (5-26)$$

式中 $A_0$——测量空间中的放射源活度。

实践表明,对一般的 $4\pi\beta$ 计数管,当源的活性区域较小(约小于几十毫米)时,源的各点 $\beta$ 探测效率几乎相等,所以式(5-26)可以成立。式(5-26)表明放射源活度只与三个道的计数有关。为准确测量放射源的活度,还必须进行一些修正,这是由于:

①在 $\beta$ 道、$\gamma$ 道或符合道的计数中都有本底的贡献;

②由于 $\beta$ 道和 $\gamma$ 道的脉冲总是具有一定的宽度,使得符合电路存在一定分辨时间,因此不相关的 $\beta$ 和 $\gamma$ 脉冲就会产生偶然符合计数,当然本底也会产生符合计数;

③当所测核素的衰变包含有内转换过程时,内转换电子将使 $\beta$ 道的计数增加;

④由于 $\beta$ 探测器对 $\gamma$ 射线也是灵敏的,这同样引起 $\beta$ 道计数的增加;

⑤需要对死时间进行修正。

因此,在实际测量时,不能简单地运用式(5-26)来计算源的活度,而要对上述因素进行各种修正。

**3. $\alpha$ 测量仪器**

在 $\alpha$ 粒子探测装置中,各种探测仪都由 $\alpha$ 粒子探测器和信号处理系统两大部分组成,即根据不同的测量对象和需求,配置不同的 $\alpha$ 探测器和与其相适应的信号处理系统,构成完整的 $\alpha$ 测量仪器。

$\alpha$ 测量仪器是利用 $\alpha$ 粒子与探测器介质相互作用特性对 $\alpha$ 粒子进行测量的核仪器,它可分为 $\alpha$ 强度测量仪和 $\alpha$ 能谱测量仪。$\alpha$ 强度测量仪(如表面 $\alpha$ 剂量仪、低本底 $\alpha$ 计数器等)是指用于测量 $\alpha$ 粒子强度的核仪器,主要用于记录单位时间内被探测到的 $\alpha$ 粒子个数,其结构较为简单;能谱测量仪简称 $\alpha$ 谱仪,能够将被探测到的 $\alpha$ 粒子按能量大小进行分类记录,形成 $\alpha$ 粒子强度-能量谱图。因此,$\alpha$ 能谱测量仪较 $\alpha$ 强度测量仪更复杂、贵重。下面介绍这两种 $\alpha$ 测量仪器的具体类型和功能。

(1) $\alpha$ 强度测量仪

$\alpha$ 强度测量仪为用于测量 $\alpha$ 强度的仪器,除了之前介绍的闪烁体计数器外,还有 $\alpha$ 活度测量仪、$\alpha$ 表面污染检测仪、低本底 $\alpha$ 测量仪等。

① $\alpha$ 活度测量仪

$\alpha$ 活度测量仪主要用于核工程、辐射防护、核物理实验中微居里量级 $\alpha$ 放射性样品测量。根据不同的测量对象,$\alpha$ 活度测量仪可配以闪烁体或面垒型探测器或薄窗正比计数器,同时配置真空系统和标准源。用于 $\alpha$ 活度测量仪的样品源必须制备得薄而均匀,以减小自吸收的影响,样品源活性区大小应与标准源保持一致。

② $\alpha$ 表面污染检测仪

$\alpha$ 表面污染检测仪是用于放射性表面污染检测的一类仪器。$\alpha$ 表面污染检测仪的品种繁多、形状各异、体积差异甚大。$\alpha$ 表面污染检测仪主要用于核电站污染测量、核设施退役、

放射性实验室测量、环境监测、核医学以及放射性场所的表面污染检测。它可同时对 α、β、γ 粒子进行总计数、计数率、已知核素活度和浓度的测量。目前,除特定场所外,新型的 α 表面污染检测仪几乎都按便携式设计,并实现了探测器和主机一体化,具有质量小、便于携带、操作方便等特点。

③低本底 α 测量仪

低本底 α 测量仪是一种测量低水平 α 放射性活度的高精密度仪器。该仪器主要用于辐射防护、环境样品、商品检测、食品卫生、农业科学、地质勘探、考古等领域进行低水平 α 放射性活度测量。它可以测量比活度极低的 α 放射性样品,其 α 计数率与 α 本底计数可以处于同一数量级。新型仪器对$^{239}$Pu α 标准源 $2\pi$ 探测效率高于 85%,其 α 本底计数优于 $0.02\ \mathrm{cm}^{-2}\cdot\mathrm{h}^{-1}$。通常,该仪器的电子学部分采用低噪声的电子元器件和稳定的高压电源,必要时将探头和前置放大器置于低温中,并屏蔽外来电磁波干扰和机械扰动。新型的低本底 α 测量仪基本上都实现了探测器和主机一体化,具有操作简便、性能稳定等特点。

(2)α 能谱测量仪

电离型 α 能谱测量仪是由电离室作为探测器的 α 放射性能量测量装置。该仪器可用于大面积 α 样品源的测量,可测量比活度低到 $10^{-5}\ \mathrm{Bq}\cdot\mathrm{s}^{-1}\cdot\mathrm{g}^{-1}$ 或半衰期长达约 $10^{15}$ a 的 α 样品。用屏栅电离室组成的 α 能谱测量仪的能量分辨率一般在 0.6% 左右。

正比型 α 能谱测量仪是由正比计数器组成的 α 放射性能量测量装置。该能谱测量仪易受正比计数器制造精度、所充气体的纯度和气体放大倍数波动等因素的影响,其能量分辨率不如屏栅电离室。测量 α 能谱时,其能量分辨率可达 1%。

闪烁型 α 能谱测量仪是由闪烁探测器组成的 α 放射性能量测量的装置(图 5 – 23)。从发光效率方面考虑,对于 α 粒子能谱的测量其探测器一般不采用有机晶体,而采用 NaI(Tl)、CsI(Tl)等无机晶体。其中,CsI(Tl)的发光效率最高,由它组成的 α 闪烁谱仪对$^{210}$Po 的 5.3 MeV α 粒子的能量分辨率一般在 4% 左右,最好的则可达 1.8%。它的分辨时间短(约 $10^{-8}$ s),对快计数及符合测量有利。它的灵敏度高,主要用于微弱 α 放射性计数。该仪器的性能稳定可靠、成本低廉、使用方便。

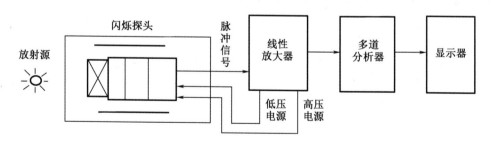

**图 5 – 23　闪烁型测量系统结构示意图**

半导体型 α 能谱测量仪是由半导体探测器组成的 α 放射性测量装置,广泛用于 α 放射性样品定性或定量分析。通常,该能谱测量仪采用低噪声的电子元器件和高稳定的高压电源,必须屏蔽外来电磁波干扰和机械扰动,如通过将探头和前置放大器置于低温中,来获得更好的仪器性能。该类能谱测量仪可测 α 粒子能量上限约为 40 MeV,可测样品最大直径 50 mm。半导体型 α 能谱测量仪的能量分辨率可达 0.2%,其能量分辨率仅次于磁谱仪、远好于电离室和闪烁谱仪;它还具有能量线性范围宽、脉冲上升时间快、体积小和价格低等优点,在 α 粒子及其他重带电粒子能谱测量中有着广泛的应用。

α 磁谱仪是利用 α 粒子在磁场中偏转的大小与其动量有关的原理测量 α 粒子能量的仪器,能够精确测量 α 粒子能量,帮助对原子核能级的研究。由于 α 粒子的质量远大于电子质量,所以 α 磁谱仪所需的磁场较强。α 磁谱仪的能量分辨率远优于由金硅面垒探测器组成的 α 能谱仪,其能量分辨率可达 $10^{-4}$ 量级。该仪器由于比较复杂、贵重,很少用于普通测量,主要用于分辨率要求特别高或对能量进行精密测量等高、精、尖的研究。

### 4. β 测量仪器

#### (1)低本底 α、β 弱放射性测量仪

低本底 α、β 弱放射性测量仪是既可记录 α 粒子强度,又可记录 β 粒子强度的核仪器。该仪器主要用金硅面垒型半导体探测器作为探测元件,配以核电子学及其数据处理系统组成。该仪器的探测灵敏度高、本底计数低;对 $^{239}$Pu 标准源,$2\pi$ 立体角下每分钟的 α 探测效率大于 60%;对 $^{90}$Sr + $^{90}$Y 标准源,$2\pi$ 立体角、每分钟的 β 探测效率大于 30%。该仪器主要用于低水平环境样品的放射性活度测量,亦可用于测量环境保护、视频、生物制品、饮用水及其他微弱 α、β 弱放射性样品的活度,也可用于河流水底泥煤炭、建材、土壤中 α 和 β 放射性水平的监测。

#### (2)液闪测量仪

液体闪烁测量(简称液闪测量)是闪烁探测技术中借助闪烁液作为射线能量传递的媒介来进行的一种放射性测量技术。液闪测量对低能量、射程短的射线具有较高的探测效率,由于该技术将待测样品完全溶解或均匀分散在液态闪烁体之中,或悬浮于闪烁液内,或将样品吸附在固体支持物上并浸没于闪烁液中。因此,射线在样品中的自吸收很少,也不存在探测器壁、窗和空气的吸收等问题,几何条件接近 $4\pi$。这种特点使得对样品中的 $^3$H 和 $^{14}$C 探测效率显著提高。目前商品供应的液体闪烁谱仪对 $^3$H 的计数效率可达 50%~60%,对 $^{14}$C 及其他能量较高的 $\beta^-$ 射线可高达 90% 以上。由于 $\beta^-$ 射线的电离密度大、在闪烁液中的射程短,绝大部分 $\beta^-$ 粒子的能量在闪烁液中被吸收;又因闪烁过程中产生的光子数与 $\beta^-$ 射线的能量成正比,因而液体闪烁法也可用于 $\beta^-$ 谱测定。

#### (3)β 磁谱仪

β 磁谱仪是研究 β 粒子能谱的磁偏转系统谱仪。在原子核 β 衰变过程中,放射性原子核通过发射电子和中微子转变为另一种核,并产生 β 电子。β 磁谱仪测量 β 粒子能量是利用带电 β 粒子在磁场中偏转的大小与其动量的关系,可对 β 粒子的能量做绝对测量,具有高分辨率和高精度。

除了上述所述的仪器外,还有 G – M 计数器和闪烁体探测器都可以用于 β 射线的测量,关于这两种仪器的介绍可以参考本章的 5.1 节和 5.2 节。

### 5.5.2 中子测量

#### 1.中子探测方法原理

由于中子呈电中性,直接探测比较困难,可间接地通过探测中子与原子核反应产生的次级粒子达到探测目的。中子与原子核的作用,可使得原子核发生热弹性散射或直接作用,或通过一系列的中间态达到统计平衡,在趋向统计平衡的过程中可能发射多种粒子或

与原子核作用,并融合成激发的复合核。形成的复合核可通过多种方式衰变:①共振弹性散射,释放中子,且剩余核处于基态;②非弹性散射,入射中子的部分能量转换为靶核的激发能,复合核放出中子后,剩余核处于激发态;③产生带电粒子的核反应;④辐射俘获,复合核通过发射光子的方式跃迁至低能态;⑤裂变,中子诱发重核裂变成多个中等质量的原子核。

根据中子与原子核的作用机制,探测中子的方法有核反冲法、核反应法、核裂变法和核活化法。

(1)核反冲法

中子与原子核发生弹性碰撞后,将一部分能量传递给原子核使其发生反冲,这部分原子核称为反冲核。反冲核通常为带电粒子(如质子、氚核等),可被探测器直接测量,这种方法称为核反冲法。单位面积、单位时间内的反冲核数目可表示为

$$N_p = \Phi \cdot \sigma_s \cdot \rho \cdot D = \Phi \cdot \sigma_s \cdot N_s \tag{5-27}$$

式中　$\Phi$——中子注量率;

　　　$D$——薄靶厚度;

　　　$\rho$——原子密度;

　　　$\sigma_s$——靶核的弹性散射截面积;

　　　$N_s$——单位面积靶核数。

对于确定的靶核,$\rho$、$D$ 和 $\sigma_s$ 都是常数,所以由测到的反冲核形成的脉冲数 $N_p$ 便可反推出中子注量率。核反冲法的辐射体的选择原则是:反冲核动能大,弹性散射截面大,易被精确测量;反冲核的角分布简单;随着中子能量的增加,截面应平滑地变化,最好遵循 $1/V$ 定律。由于氢核对中子具有较大的弹性散射截面和较大的反冲动能,所以含氢比例较高的塑料闪烁体是常用的探测介质。

(2)核反应法

中子本身不带电,与原子核不发生库仑作用,因此容易进入原子核,发生核反应。选择某种能产生带电粒子的核反应,记录下带电粒子引起的电离激发现象,即可探测中子。这种方法主要用于探测慢中子的强度,个别情况下也可用来测量快中子能谱。目前应用最多的是以下三种核反应:

$$\begin{cases} n + {}^{10}B \rightarrow \alpha + {}^{7}Li + 2.792 \text{ MeV}, \sigma_0 = (3\ 837 \pm 9)b \\ n + {}^{6}Li \rightarrow \alpha + {}^{3}T + 4.786 \text{ MeV}, \sigma_0 = (940 \pm 4)b \\ n + {}^{3}He \rightarrow P + {}^{3}T + 0.765 \text{ MeV}, \sigma_0 = (5\ 333 \pm 7)b \end{cases} \tag{5-28}$$

中子与其他原子核反应截面一般是几靶,而上述三种反应截面却很大,图 5-24 为三种核的中子核反应截面与中子能量关系,这是常采用这三种核反应来探测中子的重要原因。而由于硼的材料比较容易获得其中,因此 ${}^{10}B$ $(n,\alpha)$ 反应目前应用最广泛,气态的可选用 $BF_3$ 气体,固态的可选用氧化硼或碳化硼。为了提高探测效率,在制造中子探测器时常对硼进行浓缩(天然中 ${}^{10}B$ 的含量约为 19.8%,往往浓缩至 96% 以上),而浓缩硼的获得也并不很困难,所以目前利用这种核反应的中子探测器占很大比例。

对于这三种反应的另外两种反应来说,首先,Li$(n,\alpha)$反应由于是三种反应中放出的能量最大的,因此具有最好的 n/γ 抑制比。但是 Li 由于没有合适的气体化合物,使用时只能

采用固体材料。其中基于$^6$LiF/ZnS 闪烁体和波移光纤结构的大面积位置灵敏型热中子探测器已成为近些年的研究热点,中国散裂中子源工程的高通量粉末衍射仪即拟采用这种探测器形式。对于$^3$He(n,p)反应,这是三种反应中反应截面最大的,但是在自然界中,$^3$He 的同位素丰度非常低,$^3$He 的天然丰度仅为 $1.37 \times 10^{-4}$%,其余为$^4$He。因此获取十分困难,而且价格十分昂贵。所以,许多实验组都开始研发新型中子探测器来代替基于$^3$He 的中子探测器。

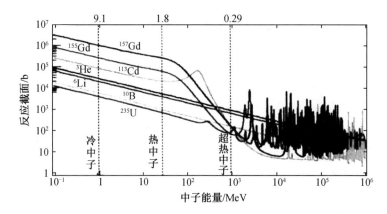

图 5 - 24　三种核的中子核反应截面与中子能量关系

(3)核裂变法

中子俘获诱发重核裂变产生裂变碎片,通过探测裂变碎片来测量中子注量率的方法称为核裂变法。一次裂变产生两个质量相近的碎片,总动能为 150 ~ 170 MeV,每一裂变碎片的动能为 40 ~ 110 MeV,它形成的脉冲比 γ 本底脉冲大得多,可用于强 γ 辐射场中子的测量。因此,该方法适用于探测反应堆的中子注量率。

多数裂变核具有 α 放射性,以裂变核为探测介质的探测器因衰变 α 粒子的作用存在自发信号,而 α 粒子的信号相对于裂变碎片的能量很小,可利用幅度甄别来消除自发信号。另外,对于被裂变材料,只有中子能量大于某一值时才会引起裂变,所以可以利用不同阈值的裂变元素来判断中子的能量。表 5 - 3 列出了几种裂变核的主要物理参数。核裂变法的缺点是探测中子的效率低,因为裂变碎片的射程极短,裂变材料厚度只能很薄,一般是涂敷成薄膜。采用高浓缩铀为探测介质,探测中子的效率也仅为 $10^{-3}$,可采用多层结构以增加辐射体的面积来提高探测效率。

表 5 - 3　常用裂变阈探测器核素的主要物理参数

| 核素 | $^{232}$Th | $^{231}$Pa | $^{234}$U | $^{236}$U | $^{238}$U | $^{237}$Np |
|---|---|---|---|---|---|---|
| 热中子截面 /($10^{-27}$ · cm$^2$) | <0.2 | 10 | <0.6 | — | <0.5 | 19 |
| 裂变阈/MeV | 1.3 | 0.5 | 0.4 | 0.8 | 1.5 | 0.4 |
| 3 MeV 中子截面 /($10^{-24}$ · cm$^2$) | 0.19 | 1.1 | 1.5 | 0.85 | 0.55 | 1.5 |
| 半衰期/a | $1.405 \times 10^{10}$ | $3.276 \times 10^4$ | $2.455 \times 10^5$ | $2.342 \times 10^7$ | $4.468 \times 10^9$ | $2.144 \times 10^6$ |

（4）核活化法

中子和原子核相互作用时,辐射俘获是主要的作用过程。中子很容易进入原子核形成一个处于激发态的复合核,复合核通过发射一个或者几个光子迅速退激回到基态。这种俘获中子放出 $\gamma$ 辐射的过程称为"辐射俘获",用 $(n,\gamma)$ 表示。一个典型的例子是 $^{115}In$ 做激活材料,它受中子辐照时发生如下反应:

$$n + {}^{115}In \rightarrow {}^{116}In \rightarrow {}^{116}In + \gamma \qquad (5-29)$$

新生成的核素一般都是不稳定的,本例中生成的 $^{116}In$ 就是 $\beta$ 放射性的,衰变方式如下:

$$^{116}In \rightarrow {}^{116}Sn + \gamma \qquad (5-30)$$

这种现象称为"活化"或"激活",所产生的放射性称为"感生放射性"。测量经过中子辐照后样品的放射性,即可知道中子的强度,这就是活化法。

综上所述,中子探测的四种方式的基本原理归根结底,就是中子与原子核相互作用的四种基本作用过程。目前,广泛使用的各种中子探测器基本上都是基于以上四种原理开发的。此四种基本方法的定性比较列于表 5-4 中。

表 5-4　裂变核的主要物理参数

| 方法 | 作用 | 辐射体 | 截面/b | 用途 |
|---|---|---|---|---|
| 核反应法 | $(n,d)$、$(n,p)$ | $^{10}B$、$^6Li$、$^3He$ | $10^3$ | 热、慢中子 |
| 核反冲法 | $(n,n)$ | H | 1 | 快中子 |
| 核裂变法 | $(n,f)$ | $^{235}U$、$^{239}Pu$ | $10^2$ | 热中子 |
| 活化法 | $(n,\gamma)$ | In、Au、Dy | 1 | 中子 |

**2. 中子测量仪器**

中子测量仪器是利用中子与探测器介质相互作用特性对中子进行测量的核仪器。由于中子探测器不是一类独立的自成系列的核探测器,而是几类核探测器在中子探测中的应用。所以,根据不同的测量对象和需求,配置不同的探测器的中子测量仪器形状各异,大小差距很大,而且种类繁多。不过,根据中子测量仪器是否带有中子源,可将中子测量仪器分为有源中子测量仪和无源中子测量仪两大类。

（1）有源中子测量仪

有源中子测量仪主要用平均中子能量为 0.3 MeV 的 $^{241}Am-Li$ 中子源作为诱发裂变中子源,其发出的中子只能诱发 $^{235}U$ 发生裂变,所以由中子计数器探测并由后续设备进行计数分析的中子主要是 $^{235}U$ 的诱发裂变中子,与 $^{238}U$ 含量基本无关。

①有源中子符合计数环( UNCL )

UNCL 由 20 根 $^3He$ 正比计数管分 3 面埋在聚乙烯中组成。探测器另一面为 $^{241}Am-Li$ 中子源,其中子探测效率为 12%。UNCL 主要是测量新燃料组件中 $^{235}U$ 含量,它应用于沸水堆( BWR )、压水堆( PWR )以及其他类型堆的燃料组件 $^{235}U$ 含量的确定,主要是达到衡算、关键点控制以及核保障的目的。

在移走 $^{241}Am-Li$ 中子源后,UNCL 可对一些有自发裂变中子的核材料进行无源测量。例如,在轻水堆新燃料组件中, $^{238}U$ 占有较大的比例,且 $^{238}U$ 的自发裂变率相对较高,可通过无源的方式对新燃料组件中的 $^{238}U$ 进行粗略测量,然后结合有源方式测量得到的 $^{235}U$ 含量,可以测量组件中$^{235}U$的丰度如下：

$$^{235}U(丰度) = ^{235}Ug/cm \cdot (^{238}Ug/cm + ^{235}Ug/cm)^{-1} \qquad (5-31)$$

由于利用 UNCL 进行无源测量$^{238}Ug/cm$有较大的不确定度，因此，该方法测量得到的丰度只能简单用来核实操作人员上报的丰度值，不能进行准确确认。

②有源井型中子符合计数器（AWCC）

图 5-25 为 AWCC 基本结构示意图。

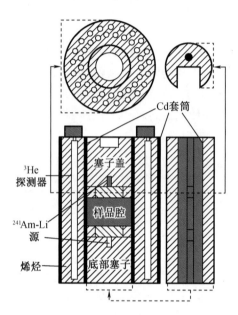

图 5-25　AWCC 基本结构示意图

AWCC 由 42 根 $\phi$25.2 mm × 500 mm 的$^3$He 计数管分两环均匀埋置在聚乙烯慢化体内构成阵列式中子探测器；每只$^3$He 计数管充有 0.4 MPa $^3$He 气体，这些$^3$He 计数管共分为 6 组，每组为 7 根$^3$He 管并用导线连在一起后与前置放大器输入端相连；装置内共使用 6 个相互独立的前置放大器，其中子探测效率为 25%。AWCC 可以用来测量 $UO_2$ 散料样品、高浓铀金属、铀铝合金废料、轻水堆燃料芯块和$^{235}U$ - Th 燃料等。

AWCC 工作有两种测量模式：热模式和快模式。在快模式中，为了滤去入射的热中子，样品腔内装有一个镉桶。镉桶厚 0.5 mm 左右，以吸收测量室慢化体返回的热中子，使得入射到待测物料上的中子都是较高能量的镉上中子。由于高能量的中子容易进入待测样品的内部，这种模式适用于检测大质量物料，但是它的灵敏度低。热模式法测量是利用所有能量的中子，也包括了热中子。由于热中子诱发裂变截面大，所以该法灵敏度高，适合测量小质量样品。AWCC 兼有源/无源功能，移走$^{241}$Am - Li 源可进行无源测量。

③缓发中子计数装置

20 世纪 60 年代末，一台称为 Cf Shuffer 的时间识别测量装置通过利用 1 mg$^{252}$Cf（约 2.5 × $10^9$ n/s）被成功研制，这得益于较大强度的$^{252}$Cf 源的生产而使之成为缓发中子和 γ 射线分析仪器使用的同位素中子源。该装置由一个$^{252}$Cf 源、一个 U 形源转换管道、一个马达传输装置和在样品壁周围设置的一系列$^3$He 正比计数管组成。该装置的分析测量过程为：首先，由传输装置将放射源通过 U 形管道送入指定位置，照射样品几秒。然后，将放射源快速送回屏蔽室,在送回放射源的同时,接通 ³He 探测器记录缓发中子,整个分析周期如此反复循环。最佳计数周期时间可随样品的各种特性而定,一般计数周期约 10 s。用²⁵²Cf 中子辐射仪分析快增殖反应堆燃料棒时,不断移动燃烧棒,由 NaI 探测器或 Ge 探测器记录缓发 γ 射线达到分析之目的。

Cf Shufler 仪在非破坏性分析中应用非常广泛,已进入最灵敏的分析仪器之列。它可测铀和钍的切削料、废料桶内的铀和钍、高浓缩废料和废容器;可测 mg 级到 kg 级的各种形状的样品,测量小容量内 1 mg 的²³⁵U 分析时间约为 30 min。在辐照装置内加 Ni 反射层和聚乙烯减速剂,可调节中子能谱以达到分析热中子或快中子之目的。图 5 – 26 为用于测量放射性废物具有有源、无源工作方式的大型 Cf Shufler 仪外形示意图。该装置通常采用²⁵²Cf 中子源诱发超铀元素发生裂变,然后撤走²⁵²Cf 中子源,测量裂变产生的缓发中子。它有大、中、小三种类型装置系统,主要用于测量退役核设施管道中滞留量、放射性核废物等。

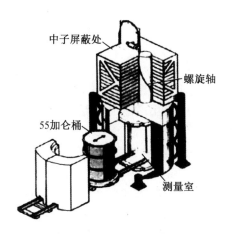

中子屏蔽处

螺旋轴

55加仑桶

测量室

**图 5 – 26   Cf Shufler 仪外形示意图**

注:1 加仑为 3.785 411 L。

(2)无源中子测量仪

无源测量仪不需要诱发中子源,样品本身就可以发射出中子,由中子计数器探测,并由后续设备进行计数分析。

①无源单中子积分计数器

单中子积分计数器中最具有代表性的是屏蔽式中子探测器,它是由聚乙烯圆柱体作减速剂,圆柱体内衬一层 Cd 屏蔽层,Cd 内放置两个³He 正比计数管组成。为达到方向性和降低本底之目的,聚乙烯圆柱体呈 240° 的扇体放置在 Cd 屏蔽层的周围。当化学成分和同位素组分已知时,利用相应的标准,用它可测量钍总量。分析 U、Pu 样品时,可用于测量核素自发裂变和(α,n)反应产生的中子。

②中子符合计数器

符合计数用于记录同时(在分辨时间内)发生的彼此有关的两个或两个以上的事件。只有当符合电路的两个(或两个以上)输入端同时有输入信号时,符合电路才有输出。无源中子符合计数器的原理有别于单分子积分计数,它只探测自发裂变过程的伴随中子。由于符合法对低原子序数材料反应极灵敏,而且对中子本底变化也极灵敏,符合计数器的探测效率近似于单中子积分计数器的探测效率的平方,所以在符合计数器的设计中,使用多个探测器的圆柱体几何形状可获得高于单中子积分计数的探测效率,即将样品置于探测器之中。一般是在六角形聚乙烯屏蔽层内设置 18 个 $^3$He 探测器或更多探测器的桶式计数器,样品被放在探测器之中进行测量。在 Pu 同位素中,由于 $^{240}$Pu 的自发裂变概率最大(是 $^{239}$Pu 的 $10^4$ 倍, $^{238}$Pu 的 25 倍, $^{241}$Pu 的 10 倍),所以此法主要是测 $^{240}$Pu 的自发中子。测定 Pu 总量通常借助于 γ 谱测量的同位素比,通过计算获得 Pu 总量。因此,往往是中子符合计数器与 γ 谱仪联合使用。

随着核电子技术的发展,桶式中子计数器已成为非破坏性分析的重要仪器之一,尤其是移位寄存符合电路的出现,具有比常规电路的符合计数率更高、死时间更短、测量 Pu 样范围更大的特点。人们还研制了一种使用塑料闪烁体的无源中子符合计数器,用于探测自发裂变的快中子和 γ 射线。

③便携式中子计数器

便携式中子计数器(SNAP)由 1 根或 2 根 $^3$He 正比计数管组成,它适用总中子计数分析方法,主要应用在核材料衡算与控制、特殊核材料的搜寻、核材料发运/接受测量以及库房核材料的监视中。通常,SNAP 对中子的探测效率约为 0.3%(在 30 cm 处),其效率相对低些。

④高计数率中子符合计数器

高计数率中子符合计数器由 18 根 $^3$He 正比计数管组成,其中子探测效率为 17.5%。构成对核材料 4π 测量环境,中子分析方法和总中子法均可使用。该设备是对含 Pu 物料中 Pu 元素的偶数同位素自发裂变中子进行测量分析,以确定样品中 Pu 含量,主要应用在 Pu 材料的衡算核实工作中,在国际原子能机构视察及许多国家国内核材料衡算中广泛应用。

⑤多重性计数器

多重性计数器利用中子多重性分析技术对含 Pu 材料进行无源测量分析。多重性计数器在高计数率中子符合计数器的基础上增加 $^3$He 正比计数管的数量,从而具有很高的探测效率,不需要标样刻度,主要应用在 Pu 物料衡算与控制、国际视察和核工厂废物测量中。通常,一个 5 圈 130 根 $^3$He 正比计数管组成的中子多重性计数器的中子探测效率约为 50%。

### 5.5.3　γ 测量

#### 1. γ 能谱测量原理

γ 射线不带电荷,是一种光子,因此它通过物质时,不能直接使物质产生正负电荷对或电子 - 空穴对。γ 射线的探测利用 γ 光子与物质的相互作用时光子的全部或部分能量传递给探测器介质中的电子,该电子的最大能量等于入射 γ 光子的能量或与入射 γ 光子的能量成正比,而且将以任何其他快电子(如 β 粒子)的同一方式在探测器中慢化,从而损失其能量。因此,γ 射线的照射量率或能量测量都是通过记录沉积在探测器中的能量来实现的。显然,采用 γ 能谱仪获得的 γ 能谱分布与入射到 γ 探测器之前的 γ 射线原始能谱分布是不同的。通常,把由 γ 能谱仪测得的 γ 能谱称之为 γ 仪器谱,而把 γ 射线的原始能谱称为 γ 射线谱。

探测 γ 射线的探测器必须具有两个特殊功能:一是具有转换功能,即入射 γ 射线在探测器中有适当的相互作用概率,并将 γ 射线转换为一个或更多的快电子(又称为次级电子);二是具有探测功能,即能够记录这些次级电子在探测器中损失的能量。

对各类型的探测器来说,γ 射线与探测器物质的相互作用形式是相同的。对于 γ 能谱测量,主要考虑 γ 射线与物质相互作用中具有实际意义的三种主要机制,即光电效应、康普顿效应和形成电子对效应。由第 2 章可知,对于低能 γ 射线(直到数百 keV)光电吸收占优势;而对于高能 γ 射线(5 ~ 10 MeV 以上),电子对生成占优势;康普顿效应在数百 keV 至 3 MeV 能量范围内是最可能发生的相互作用。另外,对于发生相互作用的介质,其物质的原子序数对这三种作用的相对概率有明显的影响,其中影响最显著的是光电吸收截面,它大体随 $Z^{4.5}$ 而变化。事实上,对于 γ 射线的测量,优先选用的相互作用形式是光电吸收,所以在选择用于探测 γ 射线的探测器时,着重从含有原子序数高的元素材料中挑选。

**2. γ 谱仪**

**(1)基本结构**

γ 谱仪可判别核素的种类及测量其活度,是获得样品辐射的 γ 能谱的测量设备。谱仪主要由探测器、电源(偏压电源和低压电源)、脉冲放大器、多道脉冲分析器和数据处理与传输、存储设备等部件所组成,如图 5 - 27 所示。当 γ 放射性核素衰变发射的 γ 射线进入探测器灵敏体时,由光电转换(电子离子对、闪光或电子 - 空穴)形成脉冲,经紧靠探测器的前置放大器将脉冲进行初级放大后,脉冲进入脉冲放大器再次进行数十倍放大、成形。经放大、成形后的脉冲进入由计算机控制的多道脉冲幅度分析器,按脉冲幅度的高低将不同幅度的脉冲分别寄存在不同的道址内,形成 γ 能谱。γ 能谱经数据处理后,输出分析结果。

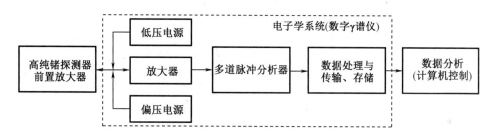

**图 5 - 27   γ 谱仪组成示意图**

早期 γ 谱仪是一个庞大的系统,主要涉及高压、放大器、多道分析、数据处理系统等。目前,这些庞大的系统高度集成于与砖头大小相当的电子学系统(或称数字化 γ 谱仪,见图 5 - 28 虚线框),实现了便携式测量,使用和维护非常简便。

最常用的探测器为高纯锗探测器,其次为碘化钠(NaI)探测器,在不同应用场景,应根据具体情况和需要,选配 γ 谱仪辅助设备,包括屏蔽准直器、吸收衰减片、激光测距仪等,以获得 γ 能谱探测理想效果。

**(2)主要技术参数**

γ 谱仪的性能体现了谱仪的基本特性和适用范围,是购置和选用 γ 谱仪的依据。最常用的 γ 谱仪是闪烁 γ 谱仪和半导体 γ 谱仪,都存在多种型号的探测器,其主要性能包括探测效率、能量分辨、峰形参数等。

**①探测效率**

探测效率是表征探测器对 γ 射线的探测本领的重要指标之一,可分为两大类,包括绝对探测效率($\varepsilon_{sp}$)和本征探测效率($\varepsilon_{in}$)。影响探测效率的因素很多,主要取决于探测器的类型。对 γ 谱仪性能而言是本征效率,而在实际应用中,常常会用到绝对探测效率。

本征探测效率是探测器探测记录到某 γ 射线的脉冲计数与其射到探测器灵敏体积中的数目之比。半导体 γ 谱仪的探测效率常常用相对探测效率来表示,即相对于 NaI(Tl)探测器($\phi75$ mm$\times75$ mm,$^{60}$Co 1.33 MeV,探测距离 $d=25$ cm)。而绝对探测效率是探测记录到的某 $\gamma$ 射线的脉冲计数与其放射源发射的该 $\gamma$ 射线的数目之比,它与本征效应、几何效应、吸收效应和记录效应紧密相关。

②能量分辨率

能量分辨率是表征 $\gamma$ 谱仪对相近能量 $\gamma$ 射线的分辨本领,即探测器能够分辨的两个粒子能量之间的最小值,也是 $\gamma$ 谱仪的重要指标之一。其定义为测量单能峰分布的峰值 1/2 处的宽度,亦称为半宽度($\Delta E$),缩写符号为 FWHM,以能量单位表示,如图 5 – 28 所示。在单峰构成的分布曲线上,FWHM 为峰值 1/2 处曲线上两点的横坐标间的距离。

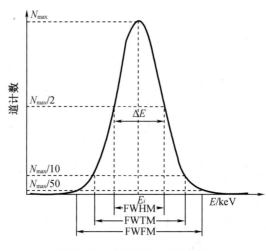

图 5 – 28　能量分辨率示意图

由于存在涨落因素与能量相关,因此用相对能量分辨率更为确切,即能量分辨率($\eta$),其定义为

$$\eta = \frac{\Delta E}{E_i} \times 100\% \tag{5 – 32}$$

式中　$\eta$——能量分辨率,%；

$\Delta E$——半宽度值,keV；

$E_i$——全能峰的能量,keV。

③峰形参数

峰形表征全能峰形状特性,可鉴别一个能峰是单能峰还是重峰。全能峰近似高斯分布,峰形指标依据就是高斯分布函数。峰高的 1/10,1/20,1/50 处宽度,其缩写符号分别为 FWTM、FWSM 和 FWFM(类似于 FWHM,参见图 5 – 28)。通常用以 FWTM、FWSM 和 FWFM 与 FWHM 之比来表示峰形参数。按高斯分布函数计算标称值分别为 1.83,2.08,2.38。对于已知单能峰,$\gamma$ 测量计算结果应靠近标称值。不同的 $\gamma$ 谱仪会存在一定差异,针对特定的 $\gamma$ 谱仪,测量已知单能峰的峰形指标,可作为判断是否为单能峰的判据,在实际测量时,可根据所测得峰形指标是否超出判据范围来判断是否存在重峰。另外,必须控制测量死时间,以免太大导致峰形会展宽而影响判断结果。

④峰康比

峰康比表征 $\gamma$ 谱仪在高能 $\gamma$ 射线的康普顿连续谱影响下,对低能 $\gamma$ 射线的探测能力,峰康比越大,这种能力越强。其定义为单能谱线的峰道计数与康普顿连续谱平坦部分的平均道计数之比。测量峰康比,通常用$^{60}$Co 的 1.33 MeV γ 射线全能峰的峰高,与能量范围为 1.04 ~ 1.90 MeV 的康普顿连续谱的平均高度之比表示,符号用 P/C。

⑤能量非线性

能量非线性($D_E$)是在一定能量范围内,实测能量与标称能量的偏离,通常用相对百分数表示,定义为

$$D_E = \frac{|E_0 - E_1|}{E_0} \times 100\% \qquad (5-33)$$

式中　$D_E$——能量非线性,%;

　　　$E_0$——半宽度值,keV;

　　　$E_1$——全能峰的能量,keV。

γ 谱仪的能量非线性与探测器的类型、放大系统和脉冲幅度模拟数字转换相关联,它直接影响 γ 谱仪识别 γ 射线能量和鉴别核素的能力。

⑥重复性

重复性表征仪器在较短时间内的稳定性。在同样的测量条件下,对同一能峰重复测量结果的一致程度,用相对标准偏差(RSD)表示,其重复测量次数不小于6,表达式如下:

$$RSD = \sqrt{\frac{\sum_{i=1}^{N}(S_i - \overline{S})^2}{(n-1) \cdot \overline{S}}} \qquad (5-34)$$

式中　$S_i$——第 $i$ 次测量的峰面积;

　　　$\overline{S}$——$n$ 次测量的平均峰面积;

　　　$n$——重复测量次数。

⑦不稳定性

在较长时间内(一般要求不小于 8 h),用同一测量参数对同一测量对象进行多次测量,其测量结果的极差(RR)为不稳定性,定义为

$$RR = \frac{S_{max} - S_{min}}{\overline{S}} \times 100\% \qquad (5-35)$$

式中　$S_{max}$——多次测量值中最大峰面积;

　　　$S_{min}$——多次测量值中最小峰面积;

　　　$S$——多次测量平均峰面积。

不稳定性表征仪器在较长时间内的稳定性。仪器的不稳定性直接影响能量分辨率、道漂移、能峰变形,扰乱 γ 谱解析,致使分析结果可靠性降低。仪器的不稳定性除与仪器本身硬件相关外,也与测量环境温度和湿度相关,因此控制实验室环境条件是必要的。

⑧时间分辨率

时间分辨率是指探测系统能够分辨的两个脉冲之间的最小时间间隔。探测器的时间分辨性能越好,分辨两个接续事件的能力越强,偶然符合概率越低。基于 γ 能谱分析的符合、反符合测量技术中涉及时间分辨。时间分辨性能最好的是塑料闪烁体探测器,其值不到纳秒,常用于快符合测量事件中。碘化钠闪烁体的时间分辨性次之,多在反康普顿 γ 谱仪中应用

⑨最大计数率

最大计数率是指γ谱仪保持正常工作的状态下,能够允许通过的最大计数率,它也是一个γ谱仪的重要指标(对强活度测量尤其重要)。γ谱仪最大计数率表征γ谱仪获取数据的速度,与探测器的电荷收集时间、脉成形时间、幅度模拟数字时间及数据存储时间等因素相关,与电子学系统直接关联。

当计数率超过最大计数率时,脉冲严重堆积、计数大量损失、损失补偿不可靠。异常表现为测量死时间偏大、峰形畸变、能量分辨率变差、峰位漂移,甚至无法继续测量。最大计数率越高,数据获取越快,可大大缩短测量时间,有利于强活度样品或多核素样品的测量。

(3)能谱分类

①NaI(Tl)γ谱仪

NaI(Tl)γ谱仪由NaI(Tl)探测器、电子学和控制处理单元构成。NaI(Tl)γ谱仪的成本较低,探测效率较高,常温使用,其质量和体积较小(易于便携),适宜于能量较低的γ能谱测量。通常,晶体尺寸为$\phi 75\ mm \times 75\ mm$的NaI(Tl)γ谱仪是其他γ谱仪本征探测效率的刻度标准。稳谱技术成功应用于该谱仪的测量,其稳定性明显增强,可适用较长时间测量。不过,其能量分辨率较低、易吸潮、高能区效率低,需要提高防潮和解谱技术。

②HPGe γ谱仪

HPGe γ谱仪由HPGe探测器(含制冷单元)、电子学和控制处理单元构成。HPGe γ谱仪的能量分辨率较高、晶体不吸潮、可室温存放、稳定性高,适宜于宽能量范围(10 keV ~ 3 MeV)的γ能谱测量,定性定量分析可靠性高。随着HPGe大体积单晶制备技术发展,目前市售HPGe γ谱仪的本征探测效率已高达200%,克服了早期效率低的不足。不过,HPGe探测器需要低温工作,其质量和体积相对较大,便携和时间响应稍差,成本较高。

③低本底反康普顿γ谱测量系统

低本底反康普顿γ谱测量系统的探测器:由HPGe主探测器、NaI环形探测器和Na塞子探测器共同构成反符合屏蔽探测器,其余组件为铅屏蔽室、电子学反符合线路、多道分析器、谱分析软件、计算机和打印机等。该系统特别适用于低活度样品测量,通常其峰康比在反康模式下优于1 000:1;在40 keV ~ 2 MeV能量范围积分总本底可小于$0.5\ s^{-1}$。

低本底反康普顿γ谱测量系统的工作原理:当高能辐射(例如初级宇宙射线)贯穿主探测器与反符合屏蔽探测器,两个探测器都有信号输出时,后面的反符合电子学线路就会使这些信号不被谱仪记录,从而起到抑制或屏蔽本底信号的作用。同样,当被测样品放出的γ射线入射到主探测器,其中发生康普顿效应的光子将产生非全能峰信号。与此同时,其将同时被散射而进入到反符合屏蔽探测器而产生信号,后面的反符合电子学线就会使这些信号不被谱仪记录,从而起到抑制康普顿效应、提高峰康比的作用。

④多通道能谱测量系统

多通道能谱测量系统实际上是γ谱仪和α谱仪的结合体,主要由铅室、探测器、前置放大器、高压电源、线性放大器、模/数转换器、存储器、计算机和绘图仪等组成。该系统有16 384道,分成了4个4 096道,其中3个用作γ谱的测量,1个用作α谱的测量。

多通道能谱测量系统的探测器组件配置了P型、N型和井型三种HPGe探测器和两种α探测器,这五种探测器可同时或单独进行γ谱或α谱的测量,数据采集、存储、刻度、寻峰、数据处理绘图等全部程序化,用于微量元素(核素)的测定,通过对天然的和人工的放射性核素的α或γ射线的测量,以达到对元素定量分析的目的。其具有操作简单、灵敏度高、准确性好、需要量少(一般为数毫克至数十毫克)、样品非破坏性、与化学组分无关、多元素分析等特点。

**3. γ 能谱分析**

γ 射线与探测介质原子作用产生光电子、康普顿电子或正负电子对,次生电子再电离激发探测介质产生电脉冲,获得脉冲幅度谱,即 γ 谱,它是由连续谱和特征峰组成的。不同能量 γ 射线存在不同的连续谱和特征峰,使得 γ 谱很复杂,再加之次生 γ 射线或 X 射线作用,以及逃逸和峰效应等,使得 γ 谱更为复杂。在实际 γ 测量工作中,需要识别和分析谱峰构成和具体样品。

(1) γ 能谱构成

① 特征峰

能量为 $E_\gamma$ 的 γ 射线在探测器内发生光电效应或累计效应,其能量全被探测器吸收,产生的电脉冲幅度正比于 γ 射线能量 $E_\gamma$,在脉冲幅度谱上 $E_\gamma$ 位置出现明显的能峰为特征峰,亦称全能峰或光电峰。探测特征峰的能量和强度可用于放射性核素识别和活度测量。

② 连续谱

在康普顿散射中,反冲电子获得 γ 射线一部分能量,散射角 $\theta$ 不同,反冲电子能量也不同,其能量($E_e$)为

$$E_e = E_\gamma^2 (1 - \cos\theta) / [m_e c^2 + E_\gamma (1 - \cos\theta)] \qquad (5-36)$$

散射光子能量($E_\gamma'$)为

$$E_\gamma' = E_\gamma / [1 + E_\gamma (1 - \cos\theta) / m_e c^2] \qquad (5-37)$$

为此,由康普顿反冲电子产生的脉冲幅度谱是连续的,称为康普顿连续谱。康普顿散射会增加 γ 谱的本底,能量越高、γ 射线越丰富,低能区域本底越高、峰形越复杂,峰强度解析准确度和弱峰分析灵敏度都下降。

③ 反散射峰

当康普顿效应散射角为 180° 时,γ 射线与电子碰撞后,沿反方向散射回来,而反冲电子则沿入射方向飞出,这种现象称为反散射。此时散射光子能量最小为

$$E_{\gamma\min}' = E_\gamma \cdot (1 + 2E_\gamma / m_e c^2)^{-1} \qquad (5-38)$$

其值约为 200 keV。在 γ 谱中约 200 keV 处会出现隆起峰,即反散射峰,在 NaI(Tl) γ 谱中比较明显。

④ 逃逸峰

逃逸峰存在两种情况:一种为单、双逃逸峰;另一种为 X 射线逃逸峰。当能量大于 1.02 MeV 的 γ 射线与探测器灵敏介质可发生电子对效应时,能量损失产生两条运动方向相反的 γ 射线(能量为 511 keV),当两条从探测器灵敏介质逃逸时,γ 谱中显示能量差值为 1.02 MeV 的能峰为双逃逸峰,而从介质重逃逸一条时能量差值为 0.511 MeV 能峰,称为单逃逸峰。测量 $^{24}$Na 的 γ 谱是典型例子(图 5-29)。

第二种逃逸峰的情况,是由于 X 射线逃逸源于探测器内光电效应结果而发射的 X 射线光子从探测器敏感部分逃逸,通常在低能端才能观察到 X 射线逃逸峰。如 NaI(Tl) 探测器探测 $^{77}$Se 的 γ 谱(图 5-30),162 keV 为 $^{77}$Se 的特征峰,碘 $K_\alpha$ X 射线能量为 28 keV,为此,产生 162 - 28 = 134(keV) 碘的特征 X 射线逃逸峰。

⑤ 诱发 X 射线峰

γ 射线与探测灵敏介质以外的材料物质(包装体、衰减材料、屏蔽体等)会发生光电效应。光电效应辐射 X 射线逃逸并被探测器探测到,在 γ 谱上呈现出 X 射线峰。如用镉作为衰减材料时,会产生 23.2 keV 的 X 射线,通常在邻近探测器端放置薄铜片,以衰减次生 X 射线。

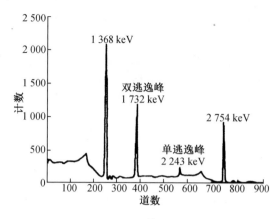

图 5 - 29    $^{24}$Na 的 γ 谱

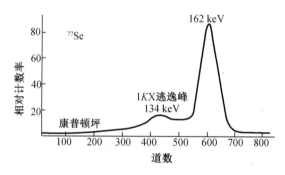

图 5 - 30    NaI( Tl) 探测器获得$^{77}$Se 的 γ 谱

⑥湮没 γ 峰

$E_\gamma$能量大于 1.02 MeV 的 γ 射线与探测器灵敏介质发生电子对效应,正电子淹没辐射光子被探测到,呈现在 γ 谱上为 511 keV 的湮没 γ 峰。β$^+$湮没也能产生 511 keV 湮没 γ 峰。湮没峰半宽度与 β$^+$、e$^+$特性和物质微观缺陷相关,与缺陷程度呈正向关系。故可用湮没 γ 峰来分析物质内部缺陷,$^{22}$Na 是最常用的 β$^+$辐射源。

⑦韧致辐射谱

当存在能量较高的 β 射线时,受源物质或周围物质阻止减速,将产生 $0 \sim E_\beta$ 的韧致辐射,呈现出随能量下降的连续谱。在 β 衰变产生较高能量 β 射线的核素的 γ 谱中,韧致辐射特征明显。

⑧和峰

和峰包括级联和峰、偶然和峰。级联和峰在 γ 谱上出现时,能量是当核素衰变存在的两个同时被探测灵敏介质吸收级联 γ 射线之和。γ 与 γ 射线、γ 与 X 射线、γ 与湮没光子等相关级联都可能产生级联和峰,多次级联组合更多,可基于衰变纲图预测可能的组合。级联和峰强度($I$)与源强($I_0$)和探测效率相关,即

$$I = I_0 \cdot \varepsilon_1 \cdot \varepsilon_2 \qquad (5-39)$$

对一特定测量对象和 γ 谱仪而言,探测距离是决定级联和峰的关键因素。探测距离越大,级联和峰的强度就越低。实际测量时,根据需求调整适宜的测量距离,就可以利用或避免和峰效应。

偶然和峰是在高计数率情况下 γ 射线偶然加和形成,任意两能量都可能加和,与测量

系统时间特性关联,强度依赖于计数率大小,与探测距离无关。

⑨本底谱

根据实际样品所测得的 γ 谱与被测样品有关,还受到环境本底谱的影响。测量现场附近的核材料或核污染辐射,土壤、岩石、建筑材料中辐射以及宇宙射线等,会不同程度地在 γ 射线探测器中被响应。康普顿散射在本底中所占份额较高,选择探测器的适宜位置及采取屏蔽措施可大幅度降低康普顿散射本底。

野外环境本底与实验室存在的差异,主要是陆地地质背景、天然辐射差异引起的。在实验室测量时,可以采用屏蔽方式减少环境本底,结合反符合技术可以将本底降至更低(图5 – 31)。图 5 – 31 中,a 为铅室外;b 为铅室内;c 为铅室内反符合。

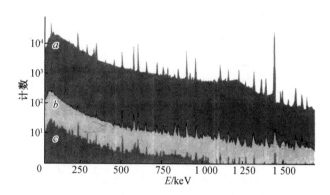

**图 5 – 31 实验室不同测量方式的本底谱示意图**

由于 γ 能谱的复杂性,需要对能谱数据进行处理,主要包括谱光滑处理、寻峰和定峰位、本底扣除和净峰面积计算,有兴趣的读者可以参考相关书籍。

(2)效率刻度

当用 γ 谱法分析测定放射性活度时,通常有两种定量分析法,即相对法(有标比较分析)和绝对法(无标理论计算)。另外,还有一种为自校正(自刻度)的方法。这里主要介绍相对法和绝对法。

①相对法

相对法亦称有标比较分析法,要求被分析对象与标准样品之间在物理量和几何量等方面保持一致,即要求测量样品和标准的探测效率相同,则可计算出样品的活度($A$)。

$$A = \frac{I}{I_0}A_0 \tag{5 – 40}$$

式中    $I$——测量样品的强度;

$I_0$——测量标准的强度;

$A_0$——标准的活度。

由于溶液样品相对容易制备对应的标样(参照样),因此,相对法在溶样样品测量中得以应用,如测量溶液中某核素(如钚溶液中 $^{241}$Am),或加入放射性核素用来测量分离效率等。而对于其他众多分析对象,制备与之一致的标准(参照样)非常困难,为此,相对法应用范围较窄。

②绝对法

绝对法亦称无源效率刻度法,是根据探测对象内 γ 辐射的分布情况,采用 MC 模拟 γ 射线输运过程,计算探测器对探测对象特征 γ 射线的全能峰的绝对探测效率($\varepsilon_{sp}$),通过实际

测量获得 γ 射线的全能峰计数率 $n_0$，依据核衰变规律计算出探测对象内放射性物质的放射性活度($A$)或放射性物质的量($m$)。

在 γ 能谱中，探测器探测到的某一特征 γ 射线全能峰的计数率($n_0$)可表示为

$$n_0 = N \cdot \lambda \cdot P \cdot \varepsilon_{sp} \qquad\qquad (5-41)$$

式中　$N$——特征 γ 射线所属核素的原子数；

　　　$\lambda$——特征 γ 射线所属核素的衰变常数；

　　　$P$——特征 γ 射线所属核素的特征 γ 射线绝对强度；

　　　$\varepsilon_{sp}$——γ 探测器对特征 γ 射线的全能峰的绝对探测效率。

被探测对象中放射性物质的质量($m$)为

$$m = \frac{M \cdot n_0}{\lambda \cdot P \cdot N_A \cdot \varepsilon_{sp}} \qquad\qquad (5-42)$$

式中　$M$——测量放射性核素的原子量，g/mol；

　　　$N_A$——阿伏加德罗常数，$\text{mol}^{-1}$。

# 第6章 核 反 应

原子核与原子核之间,或者原子核与其他粒子(如中子、γ光子等)之间的相互作用所引起的各种变化称为核反应。

核反应过程对原子核内部结构的扰动以及所牵涉的能量变化一般要比核衰变过程大得多。例如,核衰变只涉及低激发能级,通常在 3 MeV 以下,这是衰变核谱学的一个局限性。而核反应涉及的能级可以很高,通常在一个核子的分离能以上,甚至高达几百 MeV 以上。反应核谱学是研究高激发能级的重要手段。核反应产生的现象丰富多彩,光是轻粒子(不比 α 粒子更重的粒子)引起的核反应就有几千种。因而,核反应可在更广泛的范围内对原子核进行研究。此外,各式各样的核反应是产生各种不稳定的原子核的根本途径,对它的研究具有很大的实际意义。

## 6.1 核反应截面

### 6.1.1 核反应概述

#### 1.核反应的表示

核反应一般可以表示为

$$A + a \longrightarrow B + b \tag{6-1}$$

一般称 A 为靶核(target nucleus),a 为入射粒子(incident particle)、轰击粒子(bombarding particle)或弹核(projectile nucleus),B 为剩余核(residual nucleus)或产物核(product nucleus),b 为出射粒子(emergent or outgoing particle)。上述反应亦可以简写为

$$A(a,b)B \tag{6-2}$$

表示用粒子 a 轰击原子核 A 生成原子核 B 并发射粒子的反应。

对于一定的入射粒子和靶核,能发生的核反应过程往往不止一种。例如,能量为 2.5 MeV 的氘核轰击 $^6$Li 时,可以产生下面反应:

$$^6\text{Li} + d \longrightarrow \begin{cases} ^4\text{He} + \alpha \\ \alpha \longrightarrow {}^7\text{Li} + p_0 \\ ^7\text{Li}^* + p_1 \end{cases} \tag{6-3}$$

式中,$p_0$、$p_1$ 表示相应反应中放出的质子。

每一种核反应过程,都被称为一个反应道(reaction channel)。反应前的道称为入射道(entrance channel),反应后的道称为出射道(exit channel),对于同一个入射道,可以有若干个出射道,如上面所写的反应。对于同一个出射道,也可以有若干个入射道,例如:

$$\left.\begin{array}{l} ^{6}\text{Li} + \text{d} \\ ^{7}\text{Li} + \text{p} \end{array}\right\} \longrightarrow {}^{4}\text{He} + \alpha \qquad\qquad (6-4)$$

产生各个反应道的概率是不等的,而且这种概率会随入射粒子能量的变化而改变。一般入射粒子能量越高,开放的反应道越多。

**2. 核反应的分类**

核反应的分类方法很多,下面主要介绍两种。

(1)按照入射粒子种类分类

①中子核反应(neutron induced nuclear reaction)。由中子激发的核反应:如中子弹性散射(n,n),即核反应前后体系的动能相等;中子非弹性散射(n,n′),即核反应前后体系的动能不相等,靶核被激发到激发态;中子辐射俘获(n,γ),即中子被靶核俘获,发射一个或数个 γ 光子等。

②带电粒子核反应。如质子引起的核反应(p,γ),(p,p),(p,α),(p,n),(p,2n)等;氘核引起的核反应,如(d,p),(d,n),(d,f)等;α 粒子(He)引起的核反应,如(α,p),(α,n),(α,2n)等;重离子(指比 α 粒子更重的离子)引起的核反应,如($^{12}$C,4n),($^{12}$C,6n)等。

③光核反应(photonuclear reaction)。即 γ 光子引起的核反应,如(γ,n),(γ,p),(γ,α)等。此外,电子也可以引起核反应,其特点和光核反应类似。

(2)按照入射粒子能量高低分类

①低能核反应。指入射粒子的单核子能量 $E < 30$ MeV 的核反应。此时靶核作为一个整体与入射粒子发生相互作用,导致复合核或复合系统的形成,产生的出射粒子的数目一般是 3~4 个。

②中能核反应。指单核子能量为 30 MeV $< E/A <$ 1 000 MeV 的核反应。此时可以使靶核散裂成许多碎片。当 $E/A > 100$ MeV 时,还可以产生介子。

③高能核反应。指 $E/A > 1$ 000 MeV 的核反应。此时入射粒子会与靶核中的个别核子相互作用,导致直接反应,除可以产生介子外,还可以产生其他的一些基本粒子和形成奇特核。

上面的能量划分不是很严格,由此可见,中、低能核反应和高能核反应在反应机制上有很大差别。

**3. 实现核反应的途径**

核反应只有在原子核或其他粒子(如中子、γ 光子等)足够接近另一原子核,一般需达到核力作用范围之内,即小于 $10^{-12}$ cm 的数量级的条件下才会发生,可以通过以下三个途径实现这一条件。

(1)利用放射源产生的高速粒子去轰击原子核

例如,1919 年卢瑟福实现的历史上第一个人工核转变就是用放射源 RaC′($^{210}$Po)的 α 粒子去轰击氮原子核,引起核反应:

$$^{14}_{7}\text{N} + {}^{4}_{2}\text{He} \longrightarrow {}^{17}_{8}\text{O} + {}^{1}_{1}\text{H} \qquad\qquad (6-5)$$

式(6-5)表示 α 粒子($^{4}_{2}$He)打在氮原子核$^{14}_{7}$N 上,使$^{14}_{7}$N 核转变为$^{17}_{8}$O 核,同时放出一个质子 p($^{1}_{1}$H 核)。

通过放射源提供高速入射粒子来研究核反应的方法,其入射粒子具有种类较少,强度不大,能量不高,而且不能连续可调的种种缺点,目前已很少使用。

(2)利用宇宙射线进行核反应

宇宙射线是指来自太空的高能粒子,其能量通常很高,最高可达 $10^{15}$ MeV,而用人工办法很难产生这样高能量的粒子。用它作为入射粒子来研究高能核反应有可能发现一些新现象。它的缺点是强度很弱,能观测到核反应的机会极小。然而,由于它具有上述独特的优点,研究人员一直在努力弥补它的不足,并在高能物理方面做了大量的研究工作。

(3)利用带电粒子加速器或反应堆来进行核反应

利用带电粒子加速器或反应堆来进行核反应是实现人工核反应最主要的手段。随着粒子加速器技术的不断发展和性能的不断改进,人们已经能够将几乎所有的稳定核素加速到单核子能量数百 MeV 甚至更高的能量,而在束流强度和品质方面也有极大提高。人们已经可以利用种类繁多、能区宽、束流强和品质好的入射束流来进行核反应实验,极大地拓展了核反应的研究领域。

**4. 核反应中的能量**

核反应过程中放出的能量称为反应能,通常用 $Q$ 表示,亦称核反应的 $Q$ 值。表明反应能的核反应表达式为

$$A + a \longrightarrow B + b + Q \tag{6-6}$$

$Q > 0$ 的反应称为放能反应,$Q < 0$ 的反应称为吸能反应。显然,反应能应等于反应产物的动能减去反应物的动能,即

$$Q = E_B + E_b - E_A - E_a \tag{6-7}$$

因核反应遵守能量守恒定律,故有

$$E_a + m_a c^2 + E_A + m_A c^2 = E_b + m_b c^2 + E_B + m_B c^2 \tag{6-8}$$

式中   $m_X$——原子核 X 的质量;

   $c$——光速。

两式整理可得

$$Q = (m_A + m_a - m_B - m_b) c^2 \tag{6-9}$$

当 $Q < 0$ 时,反应所缺的能量需由轰击粒子以动能形式带入,因此入射粒子的动能只有大于某一值时才能够发生,被称为吸能反应的阈能。当 $Q > 0$ 时,原则上入射粒子动能为 0 也能发生反应,但对带电粒子核反应来说,仅当入射粒子的动能超过库仑势垒时,反应概率才比较大。

**5. 核反应中的守恒定律**

大量实验表明,核反应过程遵守以下几个守恒定律。

(1)质量数守恒,即反应前后的总质量数不变。

(2)电荷数守恒,即反应前后的总电荷数不变。

(3)能量守恒,即反应前后的总能量(包括动能和静质量能)相等。

(4)动量守恒,即反应前后体系的总动量不变。

(5)角动量守恒,即反应前入射粒子的轨道角动量、自旋角动量及靶核的自旋角动量的矢量和等于反应后生成的出射粒子的轨道角动量、自旋角动量及剩余核的自旋角动量的矢量和。

$$l_a + I_a + I_A = l_b + I_b + I_B \tag{6-10}$$

(6)宇称守恒,即反应前后体系的宇称不变。反应前体系的宇称$\pi_i$等于入射粒子的宇称$P_a$、靶核的宇称$P_A$和两者相对运动的轨道宇称$(-1)^{l_a}$之积,反应后体系的宇称$\pi_f$等于出射粒子的宇称$P_b$、剩余核的宇称$P_B$及二者相对运动的轨道宇称$(-1)^{l_b}$之积。宇称守恒要求

$$\pi_i = \pi_f \tag{6-11}$$

或

$$P_a \cdot P_A \cdot (-1)^{l_a} = P_b \cdot P_B \cdot (-1)^{l_b} \tag{6-12}$$

### 6.1.2 反应截面

#### 1.反应截面与激发曲线

因为原子核的体积与原子体积相比$(10^{-12}/10^{-8})$是非常小的,当一束入射粒子轰击一定数目的某种原子组成的靶子时,只有很小的一部分入射粒子与靶核发生相互作用。为了描述入射粒子与靶核发生核反应的概率,需要引入反应截面的概念。

设有一薄靶厚度为$x$,入射粒子垂直通过薄靶时的能量和强度可以认为不变,单位体积的靶中含有的靶核数为$N_v$,则单位面积上的靶核数$N_S = N_v x$。如果入射粒子的强度,即单位时间内的入射粒子数目为$I$,则单位时间内发生反应的数目$N'$应正比于$N_S$和$I$,即

$$N' \propto I N_S \tag{6-13}$$

令比例常数为$\sigma$,则

$$N' = \sigma I N_S \tag{6-14}$$

式中,$\sigma$为反应截面或有效截面,即

$$\sigma = \frac{N'}{I N_S} = \frac{\text{单位时间发生的反应数}}{\text{单位时间的入射粒子数} \times \text{单位面积的靶核数}} \tag{6-15}$$

故反应截面$\sigma$的物理意义是表示一个粒子入射到单位面积内只含有一个靶核的靶子上所发生的反应概率,或者说,表示一个入射粒子同单位面积靶上一个靶核发生反应的概率。

因为$N'$和$I$的量纲相同,所以$\sigma$的量纲与$N_S$的量纲的倒数相同,即具有面积的量纲。反应截面的法定SI单位为$m^2$,常用单位为靶恩(barn),简称靶,1靶(b) $= 10^{-24}$ $cm^2$。

对于给定的入射粒子和靶核,可以发生的核反应往往有若干个反应道。如果$N'$是通过各个反应道的总反应率,则相应的$\sigma$称为核反应的总截面。如果$N'$只是通过某一反应道的反应率,则相应的$\sigma$称为分截面。所谓的反应率指的是单位时间的反应数。显然,总截面应该等于所有分截面之和,发生各种反应的总概率等于发生每种反应的概率之和,即

$$\sigma_t = \sum_i \sigma_i \tag{6-16}$$

式中　$\sigma_t$——反应总截面;

　　　$\sigma_i$——发生第$i$种反应的分截面。

核反应中的各种截面均与入射粒子的能量有关。反应截面随入射粒子能量的变化关系称为激发函数,以此函数画成的曲线称为激发曲线。中子轰击$^{109}$Ag发生中子俘获反应的激发曲线如图6-1所示。

对$^{109}$Ag而言,能量小于0.7 eV的中子被俘获的截面$\sigma_c$的对数与中子能量$E_n$的对数呈线性关系,斜率为$-1/2$,即

$$\sigma_{\mathrm{c}} \propto \frac{1}{v} \qquad\qquad (6-17)$$

此即"$1/v$ 定律"。

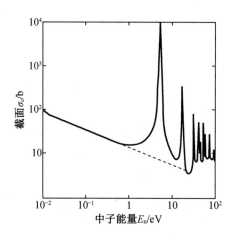

**图 6-1** 天然丰度的 $^{109}\mathrm{Ag}$ 与中子反应的激发曲线

（资料来源：USAEC Report AECU - 2040 and Supplement）

在中子能量高于 0.7 eV 直至上千电子伏区域，$\sigma_{\mathrm{c}}$ 随 $E_{\mathrm{n}}$ 的变化出现剧烈波动，在中子能量达到某些值时出现共振峰；中子能量更高时，出射粒子的反应道会开放，且不同出射道的截面有时重叠。

激发曲线的实验测量是核反应工作的一项主要任务，它在核物理基础研究和实际应用方面具有重要的意义。

**2. 微分截面和角分布**

核反应中还常常会使用微分截面。微分截面能够比总截面和分截面更细致地反映核反应的特征，而且它通常是一个可直接通过实验测量的量，现讨论如下。

核反应的出射粒子往往可以向不同方向发射。研究发现，在每个方向上的出射粒子数不一定相同，这表明核反应中出射粒子飞向各个方向的概率不一定相等。出射粒子的坐标如图 6-2 所示。

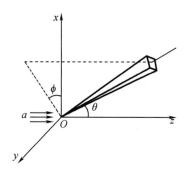

**图 6-2** 出射粒子的坐标

设导致出射粒子发射到 $\theta \rightarrow \theta + \mathrm{d}\theta$ 和 $\phi \rightarrow \phi + \mathrm{d}\phi$ 间的立体角 $\mathrm{d}\Omega$ 内的截面为 $\mathrm{d}\sigma$,即定义单位立体角内的截面 $\mathrm{d}\sigma/\mathrm{d}\Omega$ 为微分截面 $\sigma(\theta,\phi)$,即

$$\sigma(\theta,\phi) = \frac{\mathrm{d}\sigma}{\mathrm{d}\Omega} \tag{6-18}$$

微分截面是核反应中的一个重要的物理量。这是因为它既可以由实验直接测定,也可以由理论推导得出,便于实验和理论进行比较。此外,要想从实验求得某种反应道的分截面,往往是通过测量微分截面,并将测量结果对立体角进行积分的方式,通常这种截面也叫作积分截面。

事实上,对于一般的入射粒子和靶核,反应后的出射粒子相对于入射方向具有轴对称性,即微分截面对 $\phi$ 角是各向同性的,因而 $\sigma(\theta,\phi)$ 实际上只是 $\theta$ 的函数。于是,式(6-18)可以写为

$$\frac{\mathrm{d}\sigma}{\mathrm{d}\Omega} = \sigma(\theta) \tag{6-19}$$

微分截面 $\sigma(\theta,\phi)$ 对 $\theta$ 和 $\phi$ 角积分可得核反应的截面 $\sigma$,即

$$\sigma = \int_0^{2\pi} \int_0^{\pi} \frac{\mathrm{d}\sigma}{\mathrm{d}\Omega} \sin\theta\mathrm{d}\theta\mathrm{d}\phi = 2\pi \int_0^{\pi} \sigma(\theta)\mathrm{d}\theta \tag{6-20}$$

由于在核反应中体系的宇称和角动量必须守恒,因此出射粒子方向与入射粒子方向之间存在着角关联(angular correlation)。$\sigma(\theta)$ 随 $\theta$ 变化的曲线称为角分布(angular distribution)。角分布与核反应的机制有关。

在质心坐标系(C系,质心静止不动)中,出射粒子的角分布有一定的对称性。根据一定的理论模型,可以计算出角分布。实际测量都是在实验室坐标系(L系,靶核静止不动)中进行的,只有将L系观察到的角分布转换为C系中的角分布,才能将其与理论值进行比较。此外,采用C系在理论处理上可以简化。

### 3. 细致平衡原理——正、逆反应截面

在核反应中,正反应

$$A + a \longrightarrow B + b + Q \tag{6-21}$$

的截面 $\sigma_{\alpha\beta}$ 与其逆反应

$$B + b \longrightarrow A + a - Q \tag{6-22}$$

的截面 $\sigma_{\beta\alpha}$ 间也存在一定的关系,即细致平衡原理:

$$\frac{\sigma_{\alpha\beta}}{\sigma_{\beta\alpha}} = \frac{p_{\beta}^2(2I_b + 1)(2I_B + 1)}{p_{\alpha}^2(2I_a + 1)(2I_A + 1)} \tag{6-23}$$

式中    $\sigma_{\alpha\beta}$——入射道为 $\alpha$、出射道为 $\beta$ 时的反应截面,若称它为正过程,则 $\sigma_{\beta\alpha}$ 为逆过程反应截面;

         $p_{\alpha}$、$p_{\beta}$——$\alpha$ 和 $\beta$ 道质心系相对运动动量;

         $I_a$、$I_A$、$I_b$、$I_B$——入射粒子、靶核、出射粒子和剩余核的自旋。

细致平衡原理有着广泛的应用,常用于由正反应截面计算逆反应截面,以及确定粒子或核的自旋。

# 6.2 原子核裂变

## 6.2.1 核裂变的机制

核裂变(nuclear fission)是指一个较重的原子核在核反应中分裂为两个或多个质量较小的其他原子核的现象。

如果用原子核的液滴模型分析裂变的原因,当原子核从球形变为椭球形时,体积不变而表面积增大,因此表面势能增大、库仑势能减小,总体上势能增大,即当原子核形变为椭球形时,又会重新回到球形,返回到相对比较稳定的状态,所以一般情况下自发裂变不容易发生。实际上,也发现了原子核自发裂变的情况,只是概率非常小,例如$^{235}$U自发裂变的半衰期为$10^{17}$ a,$^{239}$Pu自发裂变的半衰期为$10^{15}$ a。

原子核俘获一个中子后,就会成为复合核。如$^{235}$U俘获一个中子后,形成的复合核为$^{236}$U;$^{236}$U俘获一个中子后,形成的复合核为$^{239}$U。复合核处于激发态,会产生震荡、改变形状,如果激发能足够大,就会导致复合核的分裂,这就是原子核的诱发裂变。

诱发裂变在入射粒子的能量与复合核的结合能大于激发能时发生概率较大。例如,$^{235}$U的激发能是5.1 MeV,$^{236}$U的激发能是6.0 MeV。而$^{235}$U俘获一个中子称为复合核$^{236}$U,放出的结合能是6.8 MeV,这一能量足以使$^{236}$U发生分裂。所以$^{236}$U只需要俘获一个能量不高的中子,即所谓热中子(thermal neutron,指室温下与环境达到热平衡态的中子,也称慢中子)即可发生裂变。但是$^{238}$U的激发能为5.8 MeV,$^{239}$U的激发能为6.3 MeV,而$^{238}$U俘获一个中子成为复合核$^{239}$U后,放出的结合能只有5.3 MeV,小于$^{239}$U的激发能,因而不足以使$^{238}$U发生裂变。要想使$^{238}$U发生裂变,必须提高入射中子的能量,达到1 MeV以上,使其成为所谓的快中子(fast neutron)。

## 6.2.2 自发裂变与诱发裂变

### 1. 自发裂变

自发裂变(spontaneous fission,SF)是原子核在没有外来粒子轰击的情况下自行发生的核裂变,类似于放射性衰变。由于中等质量核的比结合能比重核的大,故裂变会有能量的释放。理论上,仅从能量方面分析比结合能曲线,对于较轻的核,例如$A > 90$的核裂变时有能量释放,自发裂变就有可能发生。但是,实验发现很重的核才能自发裂变。因此可以看出,有能量放出只是原子核发生自发裂变的必要条件,只有在同时具有一定程度的裂变概率的情况下,才能从实验上观测到裂变现象。

很重的原子核大部分也同时具有α放射性。自发裂变和α衰变是重核衰变的两种不同方式,两者之间存在竞争。对于$Z \approx 92$的核素,自发裂变比起α衰变概率太小以致观察不到。$^{252}$Cf能自发裂变也可以α衰变,自发裂变分支比约占3.1%,是重要的自发裂变源和中子源。$^{254}$Cf的自发裂变分支比是99.7%,裂变是主要的衰变方式。一般来说,较轻的锕系核素自发裂变半衰期都比较长,例如$^{238}$U的自发裂变半衰期$T_{1/2}$为$10^{16}$ a。其他核素的自发裂变半衰期,如$^{235}$U,$T_{1/2} = 3.5 \times 10^{17}$ a;$^{240}$Pu,$T_{1/2} = 1.45 \times 10^{11}$ a;等等。一些锕系核素的自发裂变半衰期如图6-3所示。而$Z > 100$的超重元素自发裂变的半衰期越来越短,是合成超重元素的主要障碍。从$^{238}$U($T_{1/2}=1.0\times10^{16}$ a)到$^{258}$Fm($T_{1/2}=3.8\times10^{-4}$ s),半衰期的减少达到$10^{28}$数量级。

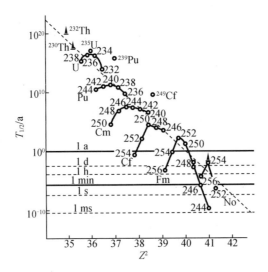

**图6-3　一些核素的自发裂变半衰期**

考察迄今发现的100多个自发裂变核素,人们发现,对于偶-偶核,自发裂变的半衰期有随$Z^2/A$下降的趋势。同一种元素的各种同位素半衰期差别很大,图6-3中由实线相连。而奇$A$核的自发裂变半衰期都比相邻的偶-偶核长。

和$\alpha$衰变的势垒穿透类似,原子核自发裂变也要穿透势垒。这种裂变穿透的势垒称为裂变势垒。势垒穿透概率的大小和自发裂变半衰期密切相关,势垒穿透概率大,自发裂变容易发生,半衰期就短;势垒穿透概率小,自发裂变不容易发生,半衰期就长。自发裂变半衰期对于裂变势垒高度非常敏感,垒高相差1 MeV时,半衰期可以差到$10^5$倍。

**2. 诱发裂变**

除了自发裂变,在外来粒子轰击下,重原子核也会发生裂变,这种裂变称为诱发裂变(induced fission),它可以当作核反应的一个反应道,记作A(a,f),其中,A表示靶核,a表示入射粒子,f表示裂变。发生裂变的核素称为裂变核,对于诱发裂变来说,入射粒子与靶核组成的复合核才是裂变核。诱发裂变现象也说明裂变势垒的存在。当裂变核的激发能超过裂变势垒的高度时,裂变概率就显著地增大。

为了克服裂变势垒,需要从外面加入能量。重核对于带电粒子的库仑势垒很高,而中子不需要克服库仑势垒,能量很低的中子就可以直接进入核内使核激发而发生裂变。裂变过程又有中子发射,因而可能形成链式反应,这也是中子诱发裂变更受到重视的原因。如用动能为$E_k$的中子轰击核X($A,Z$),中子被靶核吸收形成复合核X($A+1,Z$),释放的结合能为$S$,则

$$_Z^A X + n \longrightarrow {}_Z^{A+1}X^* \qquad (6-24)$$

$$S = [M(Z,A) + m_n - M(Z,A+1)]c^2 \qquad (6-25)$$

若$S$大于X($A+1,Z$)的裂变势垒$E_B$,不管$E_k$为何值,哪怕是热中子,一旦中子被X($A,Z$)吸收,就可能导致裂变。我们称这种能被热中子分裂的核素为易裂变核素(fissile nuclide)。易裂变核素又被称为核燃料，$^{235}$U、$^{239}$Pu 和$^{233}$U 等都是核燃料，这些核素都有很大的热中子裂变截面。从表 6 - 1 中可知，中子数为奇数的核（如$^{233}$U、$^{235}$U、$^{239}$Pu 和$^{241}$Pu 等）俘获一个中子释放的能量比中子数为偶数的核（如$^{232}$Th、$^{238}$U、$^{238}$Np、$^{240}$Pu 等）释放的能量要大，而生成的核的激发能高于裂变势垒，因此这些核素可以被热中子裂变，它们就是易裂变核素。而一些核虽然不能被热中子分裂，当入射中子的能量增高到一定数值时，这些核才会发生裂变，这样的裂变称为有阈裂变。$^{232}$Th、$^{238}$U、$^{238}$Np、$^{240}$Pu 等不能被热中子分裂，存在一定的裂变阈能，它们属于可被快中子分裂的可裂变核素（fissionable nuclide）。

表 6 - 1 　一些重核的裂变阈能　　　　　　　　　　　单位：MeV

| 核素$^{A+1}_{Z}$X | $^{233}$Th | $^{234}$U | $^{236}$U | $^{239}$U | $^{238}$Np | $^{239}$Pu | $^{240}$Pu | $^{241}$Pu | $^{242}$Pu |
|---|---|---|---|---|---|---|---|---|---|
| 裂变势垒 | 6.4 | 6.0 | 5.9 | 6.2 | 6.0 | 6.2 | 5.7 | 5.9 | 5.8 |
| $S^*$ | 4.78 | 6.85 | 6.54 | 4.80 | 5.49 | 5.65 | 6.53 | 5.23 | 6.31 |
| 核素$^{A}_{Z}$X | $^{232}$Th | $^{233}$U | $^{235}$U | $^{238}$U | $^{237}$Np | $^{238}$Pu | $^{239}$Pu | $^{240}$Pu | $^{241}$Pu |
| $^{A}_{Z}$X 的裂变阈能 | 1.62 | — | — | 1.4 | 0.51 | 0.55 | — | 0.7 | — |

注：* 为最后一个中子的结合能。

此外，$^{232}$Th 俘获一个中子后经两次 β$^-$ 衰变生成$^{233}$U：

$$^{232}\text{Th} \xrightarrow{(\text{n},\gamma),7.4\text{ b}} {}^{233}\text{Th} \xrightarrow{\beta^-,22.4\text{ min}} {}^{233}\text{Pa} \xrightarrow{\beta^-,27.0\text{ d}} {}^{233}\text{U}$$

$^{238}$U 俘获一个中子后经过两次 β$^-$ 衰变生成$^{239}$Pu：

$$^{238}\text{U} \xrightarrow{(\text{n},\gamma),2.73\text{ b}} {}^{239}\text{U} \xrightarrow{\beta^-,23.5\text{ min}} {}^{239}\text{Np} \xrightarrow{\beta^-,2.34\text{ d}} {}^{239}\text{Pu}$$

$^{240}$Pu 俘获一个中子后生成$^{241}$Pu：

$$^{240}\text{Pu} \xrightarrow{(\text{n},\gamma),286\text{ b}} {}^{241}\text{Pu}$$

这类可俘获热中子经过（或不经过）β$^-$ 衰变转变为易裂变核素的核素称为可转换核素。

除了中子可以诱发核裂变以外，具有一定能量的带电粒子如 p、d、α 和 γ 射线也能诱发核裂变。而带电粒子为了进入靶核内，必须克服库仑势垒。氘核引起的核裂变常是 (d,pf)。氘核较为松散，当其接近靶核时容易受到极化，通常是中子进入靶核内引发核裂变，而质子未进到靶核内部就受到了靶核的库仑排斥作用。这种核裂变实际上是中子诱发的裂变。高能带电粒子甚至可以引起质量较小的元素（如 Cu）发生裂变。

γ 射线引起的核裂变记作 (γ,f)，称为光致裂变，光致裂变截面都比较小。

高能粒子和重核作用还可能将靶核打散，出现很多自由核子或很轻的原子核，这种过程不再是核裂变而称为散裂反应。

重离子轰击重核时，融合在一起的复合核有很高的激发能，核裂变是复合核衰变的主要方式。

### 3. 裂变势垒高度

根据液滴模型，裂变反应从形变开始，因此受到势垒的阻挡。形变过程中裂变核的能量提高，其最高点的能量与基态能量之差被称为裂变势垒（fosion barrier）。经过最高点后，能量随形变的加大而下降，两裂片之间的库仑斥力使它们沿相反的方向分开，完成裂变反应。中等质量的原子核不出现自发裂变，诱发裂变也很困难，根本原因是这些核素的裂变势垒很高。重核的裂变势垒就比较低。在容易发生核裂变的锕系核素中,裂变势垒高度约为 6 MeV。表 6-2 列出了一些核素的裂变势垒高度。

表 6-2 　一些核素的裂变势垒高度　　　　　　　　　　　单位:MeV

| 核素 | 势垒高度 | 核素 | 势垒高度 | 核素 | 势垒高度 | 核素 | 势垒高度 |
|---|---|---|---|---|---|---|---|
| $^{178}$Lu | 28.7 ±3 | $^{211}$Po | 19.7 ±0.5 | $^{235}$U | 5.8 | $^{243}$Pu | 5.8 |
| $^{179}$Ta | 27 ±3 | $^{212}$Po | 18.6 ±0.5 | $^{236}$U | 5.9 | $^{244}$Pu | 5.4 ±0.3 |
| $^{186}$Os | 23.4 ±0.5 | $^{213}$At | 16.8 ±0.5 | $^{237}$U | 6.1 | $^{245}$Pu | 5.4 |
| $^{187}$Os | 22.7 ±0.5 | $^{226}$Ra | 8.5 ±0.5 | $^{238}$U | 5.8 | $^{241}$Am | 5.9 ±0.3 |
| $^{188}$Os | 24.2 ±0.5 | $^{227}$Ra | 8.5 ±0.5 | $^{239}$U | 6.2 | $^{242}$Am | 6.4 |
| $^{189}$Ir | 22 ±3 | $^{231}$Th | 6.2[①] | $^{240}$U | 5.7 | $^{244}$Am | 6.3 |
| $^{191}$Ir | 23 ±3 | $^{232}$Th | 6.0 | $^{237}$Np | 5.6 ±0.3 | $^{245}$Cm | 6.2 |
| $^{198}$Hg | 21.8 ±0.7 | $^{233}$Th | 6.4 | $^{238}$Np | 6.0 | $^{247}$Cm | 5.9 |
| $^{207}$Tl | 22.3 ±0.5 | $^{234}$Th | 6.1 | $^{239}$Pu | 5.8 | $^{249}$Cm | 5.5 |
| $^{207}$Bi | 21.2 ±0.5 | $^{232}$Pa | 6.3 | $^{240}$Pu | 5.9 | $^{245}$Bk | 5.9 |
| $^{209}$Bi | 22.6 ±0.5 | $^{233}$U | 5.7 ±0.3 | $^{241}$Pu | 5.9 | $^{253}$Cf | 5.3 ±0.3 |
| $^{210}$Po | 20.4 ±0.5 | $^{234}$U | 6.0 | $^{242}$Pu | 5.8 ±0.3 | | |

注:①表示未注明误差的实验值,其误差约为 ±0.2 MeV。

### 6.2.3　裂变截面和激发曲线

重核 $X(A,Z)$ 吸收一个中子以后生成复合核 $X^*(A+1,Z)$,复合核既可以裂变,也可以通过发射中子及 $\gamma$ 射线退激。于是总截面

$$\sigma_t = \sigma_f + \sigma_\gamma + \sigma_n \qquad (6-26)$$

当激发能比较低(例如轰击粒子为热中子时),发射中子的反应截面很小。令

$$\sigma_a = \sigma_f + \sigma_\gamma \qquad (6-27)$$

式中,$\sigma_a$、$\sigma_f$、$\sigma_\gamma$ 分别为吸收截面、裂变截面和俘获截面。

表 6-3 列出了几种可裂变核素的中子反应截面。

表 6-3 　一些核素的中子反应截面　　　　　　　　　　　单位:b

| 截面 | $^{232}$Th | $^{233}$U | $^{235}$U | $^{238}$U | $^{239}$Pu | $^{240}$Pu | $^{241}$Pu |
|---|---|---|---|---|---|---|---|
| $\sigma_t$ | 20.07 | 587.0 | 694 | 11.6 | 1 019 | 291.1 | 1 388 |
| $\sigma_a$ | 7.40 | 578.8 | 680 | 2.7 | 1 011.3 | 289.5 | 1 377 |
| $\sigma_f$ | — | 531.1 | 582 | — | 742.5 | — | 1 009 |
| $\sigma_\gamma$ | 7.40 | 47.7 | 98.6 | 2.7 | 268.8 | 289.5 | 368 |

$^{235}$U +n 的激发函数如图 6-4 所示。热中子的反应截面符合 $1/v$ 定律;超热中子的激发曲线剧烈起伏,是由于核反应的共振;快中子的反应截面随中子能量变化平缓,当入射中

子的能量增高,复合核的激发能高于中子的分离能时,将会出现与裂变相竞争的$(n,n')$反应。

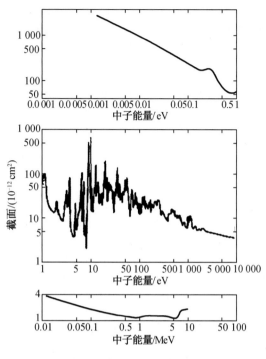

图 6 - 4 $^{235}$U + n 的激发曲线

### 6.2.4 裂变的实验特征(裂变后现象)

当原子核裂变成两个裂变碎片(初级裂片,primary fragments)后,将在其间巨大的库仑斥力的作用下分离,并继续高速运动,从介质中俘获电子,损失能量,最终停留在介质中,整个过程的时间约为 $10^{-12}$ s。两个裂变碎片的动能之和占了绝大部分的裂变释放能量。初级裂片处于高激发能态,是很不稳定的原子核,其中一部分激发能将通过发射中子和 γ 射线的方式释放出来。这一阶段发射的中子和 γ 射线分别称为瞬发中子(prompt neutron)和瞬发 γ 射线(prompt gamma - ray)。

裂变碎片有两种退激方式:当初级裂片的激发能小于最后一个中子的结合能时,只能通过多次 β 衰变(通常伴随有 γ 射线的发射)退激。这种瞬发过程刚刚结束而放射性衰变过程尚未开始的裂片称为次级裂片(secondary fragment)或初级裂变产物(primary fission product),质量不同的次级裂片构成了一条条的衰变链(或称质量链)。初级裂变产物是丰中子的核素,经过 β 衰变或多次 β 衰变链,最后转变为稳定的核素。作为例子,这里提出著名的 $A = 140$ 重碎片的 β 衰变链。正是对这个 β 衰变链的研究,发现了原子核的裂变。

$$^{140}\text{Xe} \xrightarrow[16\text{ s}]{\beta^-} {}^{140}\text{Cs} \xrightarrow[66\text{ s}]{\beta^-} {}^{140}\text{Ba} \xrightarrow[12.8\text{ d}]{\beta^-} {}^{140}\text{La} \xrightarrow[40\text{ h}]{\beta^-} {}^{140}\text{Ce}(\text{稳定}) \tag{6-28}$$

轻碎片中 $A = 99$ 的 β 衰变链则是人造元素锝(Tc,$Z = 43$)的重要来源。

$$^{99}\text{Nb} \xrightarrow[2.4\text{ min}]{\beta^-} {}^{99}\text{Mo} \xrightarrow[67\text{ h}]{\beta^-} {}^{99}\text{Tc} \xrightarrow[2.12 \times 10^5\text{ a}]{\beta^-} {}^{99}\text{Ru}(\text{稳定}) \tag{6-29}$$

β 衰变半衰期一般长于 $10^{-2}$ s,比上述发射中子和 γ 射线的时间要长得多。因此,β 衰变过程称为慢过程。在β衰变过程中形成的某些核素,其激发能高于中子结合能,有一定的概率发射中子,这就是裂变过程中的第二种退激方式。例如,在轻碎片 $A = 87$ 的β衰变链中,$^{87}$Br 经 β$^-$ 衰变到 $^{87}$Kr,而 $^{87}$Kr 的一个激发能级可以发射中子。当 β$^-$ 衰变到这样的能级时,中子立即被发射出来。实验上,中子发射的半衰期为 55 s,是 $^{87}$Br β$^-$ 衰变的半衰期。衰变纲图如图 6 – 5 所示。这种在慢过程中发射的中子,称为缓发中子。其中,激发态的 $^{87}$Kr 称为中子发射体,$^{87}$Br 称为缓发中子先驱核。又如重碎片 $A = 137$ 的 β 衰变链中,$^{137}$Xe 也是中子发射体,中子发射半衰期由 β 衰变母核 $^{137}$I 的半期($T_{1/2} = 22$ s)所决定,这里的 $^{137}$I 即为缓发中子先驱核。缓发裂变中子的产额约占裂变中子总数的 1% 。

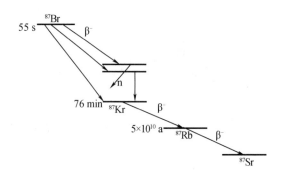

**图 6 – 5　$^{87}$Kr 发射中子的衰变纲图**

由初级裂变产物至少经过一次 β 衰变生成的核素称为次级裂变产物(secondary fission product)。随后开始递次 β 衰变的慢过程( $>10^{-3}$ s)。例如,$A = 82$ 的衰变链如下:

其中箭头上面的数字表示半衰期,d. n. 表示发射缓发中子,箭头下的数字表示分支比。每一个裂变产物核素既可以由裂变产物直接生成初级裂变产物,又可以作为衰变链中的一部分由其前面的成员衰变得到次级裂变产物。由核裂变直接生成核素的产额称为独立裂变产额(independent fission yield)。某一裂变产物核素的独立产额,加上到指定时刻由 β 衰变生成该核素的产额,称为该核素的累积裂变产额(cumulative fission yield),如果没有指定时间,则取衰变累积的渐近值。如果某一裂变核素前面的成员是一个稳定核或寿命很长的核素,如上面衰变链中的 $^{82}$Br,它只能通过裂变直接生成,称为被屏蔽核(shielded nucleus)。一条衰变链的每个成员独立产额的总和称为该质量链的链裂变产额(chain fission yield)。换句话说,链式裂变产额等于裂变产生指定数量裂片的概率。因为一次裂变形成两个裂片,所以链裂变产额的总和为 200% 。显然,如果一条质量链上没有被屏蔽核,则该链的最后一个成员的累积裂变产额就等于该质量链的链裂变产额。

重核裂变共有 100 余条质量链,裂变产物核素超过 600 种,组成极其复杂。裂变产物的产额按质量数的分布称为裂变产物的质量分布(mass distribution)。图 6 – 6 给出了热中子核 14 MeV 快中子诱发 $^{235}$U 裂变的质量分布曲线。

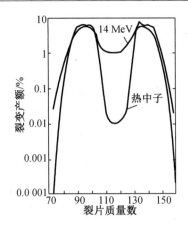

图 6 - 6    $^{235}$U 裂变的质量分布曲线

　　质量分布曲线的一个显著特征是曲线的双峰,且激发能越低,峰谷越深。这表明,当激发能较低时,重核的非对称裂变占主导地位,发生对称裂变的概率很小。质量较大的峰称为重峰,峰的重心在 $A = 139$ 左右,这是由 $Z = 50$,$N = 82$ 的双闭壳层结构的特殊稳定性决定的。质量较小的峰称为轻峰,峰的重心在 $A = 90 \sim 95$,这是受到了 $N = 50$ 的中子闭壳层结构的特殊稳定性的影响。比较质量不同的重核的自发裂变和不同能量的中子轰击下的诱发裂变的质量分布曲线,可以看出,重峰的重心及重峰轻侧的位置基本不变,而随着裂变核质量的增加,轻峰重心和重峰重侧的位置近似线性地向右移动。

　　上述规律也适用于光致裂变和带电粒子诱发裂变。

　　对于一条质量数为 $A_F$ 的质量链,在裂片生成瞬间各成员之间的裂变产额的分布称为裂片的电荷分布(charge distribution)。显然,以给定质量链的各成员的独立产额和核电荷数 $Z$ 为坐标轴作图,就是该质量链的电荷分布。因为测定一条质量链所有成员的独立产额是非常困难的,一般是先建立数学模型,然后利用已经获得的实验数据确定模型中的参数。目前认为,电荷分布是高斯型的:

$$p(Z) = \frac{1}{\sqrt{c\pi}} \exp \left[ -\frac{(Z - Z_p)^2}{c} \right] \tag{6 - 30}$$

式中,$Z_p$ 为最概然电荷,参数 $c$ 的平均值为 $0.84 \pm 0.14$。

　　最概然电荷 $Z_p$ 可通过实验测定独立产额或累积产额求得,也可由下列假说之一估算。

　　最小势能(minimum potential energy,MPE)假说:该假说认为在断点前复合核的电荷将会重排,使得体系的势能降到最低,即

$$E_{\text{TOTAL}} = E(A_H, Z_H) + E(A_L, Z_L) + Z_L Z_H \frac{e^2}{D} \tag{6 - 31}$$

最小,其中下标 L 和 H 分别表示轻、重裂片,$D \approx 18 \times 10^{-15}$ m。此假说与实验符合较好。

　　恒电荷密度(unchanged charge density,UCD)假说:此假说认为裂变碎片的电荷密度 $Z_p / A_p$ 与裂变核放出中子后的电荷密度 $Z/(A - \bar{\nu})$ 相等,即

$$\frac{Z_p}{A_p} = \frac{Z}{A - \bar{\nu}} \tag{6 - 32}$$

此假说与实验结果有一些偏差。

　　等电荷位移(equal charge displacement,ECD)假说:此假说认为,一条质量链的最概然

的质子数($Z_p$)与其所在质量链最稳定核的质子数($Z_s$)的差值即电荷位移,与其互补链的电荷位移相等,即

$$Z_{L,p} - Z_{L,s} = Z_{H,p} - Z_{H,s} \qquad (6-33)$$

此假说与实验结果符合较好,是目前采用较多的假说。

# 6.3 中低能核反应

## 6.3.1 中、低能核反应机制

在核反应机制理论发展的基础上,外斯科夫(V. F. Weisskopf)于 1957 年对中、低能核反应提出了以下三个阶段的描述。图 6-7 描绘了核反应过程的粗糙图像。

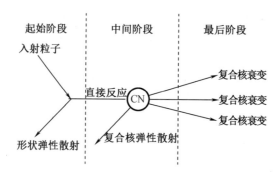

**图 6-7 Weisskopf 的核反应三阶段概念**

**1. 起始阶段(独立粒子阶段)**

入射粒子接近到靶核势场作用范围内运动,就好像光波射入一个半透明的玻璃球上一样,但仍保留着相对独立性。此时入射粒子既可能进入靶核,被靶核吸收,好像玻璃球吸收了光波,引起了核反应;也可能被靶核弹出来,好像光波遭到了玻璃球的反射核折射,这就是弹性散射,描述这一阶段的核反应模型称为光学模型。

这两种过程广义上都叫作核反应,截面 $\sigma$ 可以写成上述两个过程的截面之和,即

$$\sigma = \sigma_{pot} + \sigma_a$$

式中　$\sigma_{pot}$——势散射(又称形状弹性散射)截面;

$\sigma_a$——吸收截面。

**2. 中间阶段(复合系统阶段)**

在入射粒子被靶核吸收后,反应进入了第二阶段。在这一阶段中,粒子与靶核发生了能量交换,因而不能再看作粒子在整个靶核作用下独立运动,而认为入射粒子和靶核形成了一个复合体系,所以叫作复合系统阶段。

如果二者或二者之一立即飞出核外,这就直接将核反应推向了第三阶段。这样的核反应称为直接反应。显然,发生直接反应的必要条件是激发能高于二者或二者之一与剩余核的结合能。这一过程所经历的时间是非常短的,大约与入射粒子穿越靶核所需的时间相

近,约为 $10^{-22}$ s 量级。

复合状态也可能出现另一种情况,即处于激发能级的核子经过与其他核子的多次碰撞,形成更多的粒子 – 空穴对。最后入射粒子带入靶核的激发能在所有可能的激发方式间分配,不断损失能量达到统计平衡,最后停留在核内,和靶核融为一体,形成一个中间过程的原子核,称为复合核(compound nucleus,CN)。复合核的显著特点是它的寿命($10^{-16\pm3}$ s)与它形成的时间相比非常之长,因此它对于自己的形成方式失去"记忆",即"忘记"了复合核是怎样形成的。复合核的衰变方式与其形成方式无关,只与激发能、角动量的大小有关。描述复合核的理论称为复合核理论。

除了直接反应过程与复合核反应过程之外,还存在介于二者之间的过程,即预平衡发射(pre – equilibrium emission)过程,从复合状态向复合核过渡的过程中,仍然存在着发射粒子的可能性。这种达到统计平衡前发射粒子的现象称为预平衡发射。

综上所述,在本阶段中入射粒子与靶核发生了能量交换,二者不再是互相独立的。由入射粒子和靶核组成的体系称为复合系统。应该注意,复合系统是比复合核更广的一个概念,前者中的各种自由度不像后者中那样都必须达到平衡状态。

**3. 最后阶段**

在这一阶段中,复合系统分解成出射粒子和剩余核。对于复合核反应,最后阶段就是复合核的衰变。按照原子核的液滴模型,复合核就像是被加热了的液滴,复合核衰变的过程就是它蒸发核子退激的过程,描述这一过程的模型称为蒸发模型。对于中、低能核反应,当入射粒子能量比较低时,主要是复合核反应。随着入射粒子能量升高,预平衡发射和直接反应的贡献愈来愈大。

### 6.3.2 分波分析与光学模型

光学模型将原子核视为半透明的玻璃球,入射粒子与靶核的作用就好像是一束光投射在了玻璃球上,一部分被透射或反射,另外一部分被吸收。透射或反射的光波相当于粒子被散射,而入射粒子进入靶核引起核反应则类比于光波被玻璃球吸收。可以看出,光学模型认为靶核对于入射粒子是半透明的,既不像早期核反应机理研究时提出的势阱模型那样,认为靶核几乎是完全透明的,也不像黑核模型那样认为靶核是完全不透明的。因此,光学模型的理论处理是为入射粒子与靶核的作用引入一个复数势阱,将其代入薛定谔方程中求解,然后计算出散射截面和吸收截面。

最简单的势阱形式是早期提出的复数直角势阱,即

$$V(r) = \begin{cases} -(V_0 + iW) & r \leqslant R \\ 0 & r > R \end{cases} \tag{6-34}$$

式中 $V_0$、$W$——正实数;

$R$——反应道半径。

而关于靶核对入射平面波的作用,光学模型以核势阱作为复数势阱,即

$$V(r) = \sum_k [U_k f_k(r) + iW_k g_k(r)] \tag{6-35}$$

式中 $U_k$ 和 $W_k$——分别代表核势阱深度的实部和虚部;

$f_k(r)$ 和 $g_k(r)$——与 $r$ 有关的形状因子。

式(6-35)中的求和包括体积能、表面能和自旋-轨道相互作用能。

入射粒子在复势中的一维薛定谔方程是

$$\frac{\mathrm{d}^2\psi}{\mathrm{d}x^2} + \frac{2\mu}{\hbar^2}(E' + V_0 + \mathrm{i}W)\psi = 0 \tag{6-36}$$

式中 $\mu$——入射粒子与靶核的折合质量;

$E'$——入射粒子的相对运动动能。

将该势函数 $V(r)$ 代入入射粒子的薛定谔方程,可以得到波函数。对于一维方势阱的简单情况,波函数具有如下形式:

$$\Psi = \mathrm{e}^{\mathrm{i}K_1 x}\mathrm{e}^{-K_2 x} \tag{6-37}$$

其中

$$K_1 \approx \frac{1}{\hbar}\sqrt{2\mu(E' + U)} \tag{6-38}$$

$$K_2 \approx \frac{W K_1}{2(E' + U)} \tag{6-39}$$

因为 $|\Psi|^2 = \mathrm{e}^{-2K_2 x}$,即 $\Psi$ 随 $x$ 呈指数衰减,复势的虚数部分 $W$ 正比于衰减系数 $2K_2$,这表明对入射粒子的吸收,$W$ 越大,衰减越快。由此可见,势函数的虚部 $W$ 导致入射粒子的吸收。求得了出射波函数后,就可以计算透射系数 $T_l$,即该种粒子进入靶核的概率,进而计算散射和吸收截面。

上述讨论说明,光学模型只描述核反应的第一阶段。此外,光学模型适用于能量高于共振区的入射粒子与靶核的相互作用。在此能区内能量不确定性约为 $10^5$ eV 量级。因此,用光学模型计算出的截面是在该能量间隔中的截面的平均值。

### 6.3.3 核反应的共振及复合核模型与蒸发模型

#### 1. 复合核模型

在早期的核反应研究中,玻尔(N. Bohr)于1936年提出了复合核模型,成功地解释了许多的核反应现象。该模型假定,一般的低能核反应有两个互相独立的阶段:第一阶段为复合核的形成,即入射粒子与靶核作用后融合为一个新的激发核,称为复合核;此阶段经历的时间约为 $10^{-22}$ s 量级;第二阶段是复合核的衰变,即复合核分解成出射粒子和剩余核,这一阶段经历的时间比前一阶段长得多,约为 $10^{-16\pm3}$ s 量级。

复合核反应的过程可写为

$$A + a \rightarrow C \rightarrow B + b \tag{6-40}$$

式中,C 表示复合核。

设复合核的形成截面为 $\sigma_{CN}(E_a)$,复合核通过发射粒子 b 的衰变概率为 $p_b(E')$。根据复合核的形成与衰变两阶段相互独立的假设,则式(6-40)截面 $\sigma_{ab}$ 为

$$\sigma_{ab} = \sigma_{CN}(E_a)W_b(E^*) \tag{6-41}$$

式中 $E_a$——入射粒子的能量;

$E^*$——复合核的激发能。

复合核模型的基本思想与描述核结构的液滴模型相同,也可以将原子核比作液滴。入射粒子进入靶核后,与周围核子发生了强烈作用,从而完成了能量的传递。这些核子又可

以把能量传给自己周围的核子。从复合核的形成到衰变经过无数次碰撞,最后核子间的能量传递达到了动态平衡,其他各种自由度也相继达成统计平衡,至此完成了复合核的形成阶段。这一阶段可以认为是液滴加热的过程。一般所形成的复合核总是处于激发态,复合核的激发能相当于液滴增加的热量。

根据能量守恒定律,复合核的激发能 $E^*$ 应该由两部分组成。一部分是入射粒子的相对运动动能:$E' = [m_A/(m_a + m_A)]E_a$;另一部分是入射粒子与靶核的结合能 $B_{aA}$。于是

$$E^* = \frac{m_A}{m_a + m_A}E_a + B_{aA} \tag{6-40}$$

这表示通过实验测得入射粒子的动能并查表获得反应前后各粒子的质量后,即可算得复合核的激发能。这是由实验研究复合核能级的重要途径。

复合核形成后,并不立刻进行衰变,这是因为尽管复合核的激发能很高,但分配到每个核子上的能量并不多。因此,要从核中发射出核子,必须在某一核子上聚集足够大的能量,即该核子与剩余核的分离能,这就要求核子有足够频繁的能量交换。当某一核子上聚集到的能量大于分离能时,该核子就可能摆脱核力的束缚飞出原子核,完成复合核的衰变。这与从液滴中蒸发出液体分子的情形相似。所以,复合核通过发射粒子而退激的过程也叫作粒子蒸发。蒸发后的余核还可以处于激发态,但它的激发能要比原始复合核的激发能低了。这正如液滴蒸发出液体分子后液滴的温度要降低一样。

由于复合核中在某一核子上聚集有足够大的能量的概率是很小的,因而需要足够多次的能量交换,因此复合核的寿命一般都比较长,可以长达 $10^{-15}$ s,这比粒子直接穿过原子核的时间 $10^{-20} \sim 10^{-22}$ s(原子核的线度/粒子速度)要大好几个数量级。

复合核的衰变方式一般不止一种,通常可以蒸发中子、质子、$\alpha$ 粒子或发射 $\gamma$ 光子等。各种衰变方式具有不同的概率,这种概率与复合核的形成方式无关,只取决于复合核本身的性质。

### 2. 复合核的衰变 - 蒸发模型

如前所述,处于激发态的复合核就像是一个液滴,从液滴中蒸发出来的液体分子是各向同性的,也就是说在各个方向上分子蒸发的概率是相等的,且能谱类似于麦克斯韦分布。在通过复合核的反应中,出射粒子的能量也具有麦克斯韦分布的特点,在适当的条件下角分布也是各向同性的。因此,我们可以利用液滴蒸发的图像来处理复合核的衰变,这就是蒸发模型名称的由来。

随着复合核激发能的提高,能级宽度增加,能级间距减小,单位能量间隔中的能级数目(能级密度)也随之增加,许多能级间十分接近。如果将复合核的衰变过程视为由复合核能级 $E^*$ 至剩余核能级 $E_B^*$ 之间的跃迁过程(图 6-8),能够实现的跃迁过程是非常多的。此时,A(a,b)B 反应可以表示为以下公式:

$$A + a \rightarrow C \rightarrow \begin{cases} B_0 + b_0 \\ B_1^* + b_1 \\ B_2^* + b_2 \end{cases} \tag{6-43}$$

式中 $B_0$、$b_0$——处于基态的剩余核和相应的出射粒子;

$B_n^*$、$b_n$——处于第 $n$ 个激发态的剩余核和相应的出射粒子。

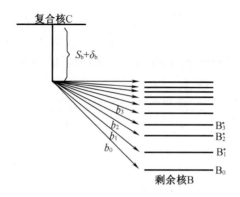

图 6-8 复合核的衰变

出射粒子的能量 $E_b'$ 为

$$E_b' = E^* - S_b - E_B^* - E_B' - \delta_b$$
$$\approx E^* - S_b - \delta_b - E_B^*$$
$$\approx (E_b')_{max} - E_B^*$$

式中 $S_b$——出射粒子的分离能;

$E_B'$——剩余核的反冲动能。

对于中、重核发射中子或质子的反应来说,$E_B' \ll E_b'$,$\delta_b$ 是对效应的修正项。当剩余核处于基态时,$E_b'$ 达到最大值 $(E_b')_{max} = E^* - S_b - \delta_b$。当 $E_b' = E^* - S_b - \delta_b$ 时,$E_b^* = 0$,因此出射粒子能量在 0 至 $(E_b')_{max}$ 间分布。这与从液体中蒸发液体分子的情况相似,因此可以用统计理论进行处理。理论分析和实验结果表明,出射粒子的能谱呈麦克斯韦-玻尔兹曼分布。对于出射中子,谱分布函数为

$$\frac{dn}{ndE_n} = CE_n e^{-E_n/T} \tag{6-45}$$

式中 $C$——归一化常数;

$T$——核温度,它具有能量的量纲。

对于带电粒子,因为存在库仑势垒,故飞行粒子的平均能量要比出射中子的平均能量高得多,谱分布函数为

$$\frac{dn}{ndE_b} = Cp(E_b', l_b) E_b e^{-E_b/T} \tag{6-45}$$

式中,$p(E_b', l_b)$ 表示能量为 $E_b'$、角动量为 $l_b$ 的出射粒子穿透势垒的概率。

与液体蒸发分子的角分布是各向同性相类似,适当条件下的质心系统中,出射粒子的角分布也是各向同性的。在有些情况下,即使不是各向同性的,也与垂直于入射方向的平面对称,即

$$\sigma(180° - \theta) = \sigma(\theta) \tag{6-46}$$

### 6.3.4 直接反应

实验表明:形成复合核并不是所有核反应的必经阶段,在某些情况下,核反应不是经过复合核阶段,而是通过入射粒子与靶核中的少数核子直接相互作用来完成。直接反应主要分为三种类型:削裂反应、拾取反应及一些其他直接反应。

1. 削裂反应

入射粒子掠过靶核时,其中一个或几个核子被靶核俘获,其余部分留在核外继续飞行前进,这样的反应称为削裂反应。显然,能够引起削裂反应的入射粒子至少要由两个核子组成。氘核引起的削裂反应(d,p)和(d,n)是最常见而且最重要的削裂反应。氘核的平均结合能只有 1.11 MeV,比一般原子核内每个核子的平均结合能(约 8 MeV)要小得多,因此削裂反应的 $Q$ 值一般都比较大。由于靶核库仑场对氘核的取向和极化作用,使得氘核的中子一端靠近靶核,质子一端远离靶核,因而(d,p)反应比(d,n)反应截面大得多。最有实际意义的削裂反应是 $^1$H(d,n)$^1$He 反应,这一反应的 $Q$ 值大(17.58 MeV),在氘核能量为 105 keV 时反应截面有 5 b,氢弹中正是利用这一反应。在加速器上可利用这一反应获得 14 MeV 的中子。

2. 拾取反应

拾取反应是削裂反应的逆过程,它是指当入射粒子进入靶核,与之相互作用时,从靶核拾取一个或几个核子,结合成较重的出射核粒子并飞出核外的反应。拾取反应与削裂反应类似,没有通过复合核的形成,所以它是直接反应的一种类型。

3. 其他直接反应

除削裂反应和拾取反应外,还有其他几种常见的直接反应,如电荷交换反应,以及非弹性散射和敲出反应等。

(1)电荷交换反应是指入射粒子与靶核作用时,不交换粒子,只交换电荷的反应,如(p,n)和(n,p),($^3$He,t)和(t,$^3$He);

(2)非弹性散射是入射粒子与靶核作用时传递给靶核部分能量使其激发,而自己继续飞行的反应;

(3)敲出反应是指入射粒子进入靶核后将能量交给靶核中的一个或几个粒子而使其飞出靶核的反应,出射粒子中不包含原来入射粒子的成分。

这些反应从表面上看似乎和复合核反应没有区别,但在实验上是可以区分的。区分方法如下。

①角分布不同。复合核反应的角分布是各向同性的或者具有 90° 对称,而直接反应则没有 90° 对称性。

②激发曲线形状不同。实验测得的激发曲线如与按复合核反应计算的激发曲线相符,该反应是复合核反应;如实验激发曲线在高能端有偏高的尾巴,需要考虑存在直接反应的可能性。

③出射粒子能谱不同。复合核反应的出射粒子谱为蒸发谱,而直接反应则不是。

## 6.3.5　中、低核反应化学及意义

中、低能核反应有着广泛的应用。除了军事用途外,重核裂变已经成为一种重要的能源,而一旦实现可控轻核聚变(热核反应),将为人类提供取之不尽的洁净能源。活化分析作为一种高灵敏度的分析手段得到了研究人员的青睐。通过核反应生产的各种放射性核素和标记化合物也已广泛用于工农业生产、医疗卫生及科学研究中。除此之外,中、低能核反应在阐明天体演化与元素起源方面起到了非常重要的作用。

1. 合成新核素

到目前为止,已发现约 3 000 种核素,理论预测表明仍有约 3 000 种没有发现。绝大多

数的未知核素分布在远离 β 稳定线的区域,而且丰中子同位素比缺中子同位素的数目多。例如,用(p,t)、($^3$He, n)、(He,t)等反应制得了像$^9$C、$^{13}$O、$^{17}$Ne、$^{21}$Mg、$^{33}$Ar、$^{40}$Ti 等缓发质子的放射性核素以及缓发 α 粒子的核素$^{20}$Na。用 80 ~ 120 MeV 的$^3$He 和$^4$He 轰击稀土元素靶制得了具有 α 放射性的缺中子核素。利用重离子作轰击粒子制备缺中子的核素更为有效。在 $N = 82$ 的中子闭壳层附近的许多极缺中子的核素如$^{151~153}$Er、$^{150~154}$Ho 和$^{156~157}$Yb 都具有α 放射性。极缺中子的$^{222~225}$Pa、$^{212~224}$Th 和$^{213~222}$Ac 形成了类似于天然放射系的衰变链。利用高注量率反应堆或核爆炸产生的高注量率中子也可以生产像$^{252}$Cf 这样的作用较大的核素。

根据核的壳层模型,$Z = N = $ 幻数的原子核具有特别高的稳定性。1994 年人们合成了$^{100}$Sn,这是迄今为止已知的双幻数核中最重的一种,其他四个是$^4$He、$^{16}$O、$^{40}$Ca 和$^{56}$Ni。对其性质的研究将有助于检验和完善原子核的壳层模型,从而更深入地了解元素的起源。

1985 年,通过测量某些 He 和 Li 的同位素的相互作用截面以及核半径发现了晕核(halo nucleus)现象。晕核是一种特殊的原子核,其核心由正常密度的核物质组成,外围则是低密度的中子或质子云(或称中子皮和质子皮),其核心部分与外围核子没有空间耦合(彼此没有影响)。最外层核子的分离能很小,而且核表面的密度分布非常分散,因此它具有相当大的核半径、很窄的动量分布和反常大的反应截面。例如,晕核$^{11}$Li($T_{1/2}$ = 8.7 ms)的核半径相当于$^{32}$S 的核半径。图 6 - 9 是晕核示意图。

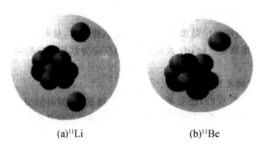

(a)$^{11}$Li                    (b)$^{11}$Be

**图 6 - 9   晕核示意图**

量子力学提出,如果若干个核子束缚在同一个核力势阱中,大部分的核子将会紧密结合组成核心,剩下两个的核子(称为价核子)结合得比较松散,或者说它们在其余核子的平均场中所处的能级很高,则它们有超过一半的概率( > 50% )穿透势垒,出现在势阱之外的区域。根据测不准原理,晕核的寿命很短($10^{-3}$ ~ 1 s),晕核子的轨道角动量为0(s 态),因为高角动量的核子穿透势垒要受到离心势垒的阻挡。同理,晕质子在空间上的延展不如晕中子。显然,晕核不能用壳层理论或平均场理论来描述,因此提出了量子力学的少体模型(few - body model)理论。

该理论预言有中子晕、质子晕、n - p 晕或晕集团四种类型的晕核,目前已发现了前两种。$^6$He、$^{11}$Li、$^{11}$Be、$^{17}$B、$^{19}$B、$^{15}$C、$^{19}$C、$^{23}$O 等为中子晕核,$^8$B、$^{11}$C、$^{17}$F、$^{17}$Ne 等为质子晕核。晕核并不局限于基态核,我国学者张焕乔等发现$^{13}$C 的第一激发态也是晕核,最近更重的晕核$^{26~28}$P 和$^{27~29}$S 也被人发现。

Borromean 核是一种类似于三环结的结构(图 6 - 10)。其由核心部分和结合松弛的两个中子或两个质子组成,只要移去核心部分和结合松弛的两个核子三者中的任意一个,其余两个(环)也将分离开。$^6$He、$^{11}$Li、$^{14}$Be、$^{17}$B、$^{19}$B、$^{21}$C 为具有两个价中子的 Borromean 核,$^8$B、$^{11}$C、$^{17}$Ne 等为具有两个价质子的 Borromean 核。

近年来,我国在中、低能核反应方面取得了很好的成绩。中国科学院近代物理研究所和现中国科学院上海应用物理研究所先后合成并鉴定了$^{202}$Pt、$^{208}$Hg、$^{185}$Hf、$^{237}$Th 等八种丰中子新核素,$^{131}$Ce、$^{135}$Nd 等八种轻稀土质子滴线核素,$^{25}$P 和$^{65}$Se 两种轻质量数质子滴线核素,$^{230}$Ac、$^{237}$Th 等六种锕系新核素,以及超锕系新核素的$^{259}$Db。其中$^{230}$Ac 是 β 缓发裂变(β - delayed fission)核。

**图 6 - 10   Borromean 三环结和 Borromean 核**

中国科学院近代物理研究所目前的研究内容是建造用放射性核素作为轰击粒子(放射性束)的装置。由于放射性核素束本身是丰中子或缺中子的,以这种核素作为轰击粒子,有可能合成出更靠近中子滴线或质子滴线的新放射性核素。产生放射性束的装置一般分为两个阶段,短寿命放射性核素由驱动装置(高功率加速器或高通量反应堆),通过散裂反应、碎裂反应或裂变反应生成;所需要的粒子通过在线同位素分离器分离后,经过电荷剥离和预加速后送入后加速器(post - accelerator)中,加速到额定能量,引入靶室轰击电子。

总之,新核素的合成是核化学研究的一个广泛领域,随着这方面工作的进展,将会极大地丰富人类对原子核结构和核素演化方面的认识。

**2. 研究核反应机制**

如前所述,对于核反应的第一阶段,光学模型可以给出与实验测量基本一致的计算结果;对于复合核的衰变,统计理论也能够对出射道的截面和出射粒子谱给出定量的解释。然而,对于核反应的第二阶段,目前仍然未有较多了解。近年来,为尽可能完善统计理论,许多研究工作集中于解释高角动量对于核反应进程的影响。由于复合核发射高角动量的粒子受到离心势垒的阻挡,当一个核反应可以生成一种核的两种或两种以上的同质异能素时,剩余核的能量在衰变过程中会比角动量降低得要快,这就使得高自旋的同质异能素比低自旋的同质异能素具有更大的截面。通过测定同质异能素的生成截面比(同质异能素比, isomer ratio),可以获得有关能级密度方面的知识。现代快电子学技术的发展,使研究人员直接测定复合核的寿命成为可能,这必将丰富与完善我们对于核反应机制的理解。

**3. 测定核反应截面**

核化学方面的研究也可用于核反应截面的测定,这类工作在理论上和实践上都具有重要意义。

原则上讲,只需要测定入射粒子的电流 $I$、透过靶核后的电流 $I'$ 以及单位面积上的靶核数 $N_S$,即可计算出反应截面,此时单位时间的反应数 $N' = I - I'$。事实上,这一方法只适用于中子截面的计算而不适合于带电粒子的核反应。这是因为中子不带电,也不与核外电子发生作用。这样就可以测出总反应截面。而对于带电粒子,由于核外电子的库仑势垒,带电粒子的能量会发生变化,甚至被减速到不能引起核反应的程度。由于反应截面与能量有关,因此只能测定某个能量区间的平均截面。为避免入射粒子的能量在靶核中发生变化,靶必须做得很薄。这样单位时间发生核反应的次数很少,而计算的反应截面误差很大。

通常采用两个方法测定反应截面:其一为测定生成的剩余核的数目,这种方法只适合于产物是放射性核素的情况,优点是可以测定许多核反应的分截面;其二为测定出射粒子的数目,这种方法的缺点是无法区分不同反应放出的同种粒子,如$(\alpha,n)$、$(\alpha,2n)$反应放出的中子。

核反应截面是核武器设计、核反应堆设计、放射性同位素生产、天体物理和宇宙化学及辐射防护等方面极其重要的基础数据。世界上有五个大的核反应数据库(JENDL、CENDL、BROND、ENDF/B、JEF)可供查询;中子的实验核反应数据可查 EXFOR 数据库,可登录我国核科学与核技术网上合作研究中心的网站(http://nst. pku. edu. cn 或 http://159. 226. 2.40/main. htm)获取数据。许多重要的医用放射性核素(如$^{11}$C、$^{13}$N、$^{15}$O、$^{18}$F、$^{68}$Ga、$^{94}$Tc、$^{111}$In、$^{123}$I、$^{124}$I、$^{201}$Tl 等)都是由带电粒子轰击相应的靶核生产的,有关的激发函数已汇编成册(参见:Charged particle cross section database for medical radioisotope production:diag – nostic radioisotopes and monitor reactions, Final report of a co – ordinated research project, IAEA – TECDOC – 1211, May 2001)。

# 6.4  重离子核反应

重离子(heavy – ion)一般指比 α 粒子($^{4}$He)重的原子核,有时也将 α 粒子称为轻的重离子。核反应的发生,要求碰撞的两个原子核之间具有一定的相对运动质量。通常,将其中一个原子核电离成离子,然后由加速器加速产生一定的能量,作为炮弹去轰击固定的靶,使反应得以发生。在考虑原子核反应时,核外的电子影响(弱相互作用)微乎其微,仅考虑离子状态的原子核之间的相互作用(强相互作用)即可。习惯上,我们称这种反应为重离子核反应。

## 6.4.1  重离子核反应的特点和分类

### 1. 重离子核反应的特点

与 p、d、α 等轻离子核反应相比,重离子核反应具有以下几个特点。

(1)库仑相互作用强

由于重离子的原子序数较大,它同靶核之间的库仑相互作用要比轻离子大得多。

(2)产生的合成体系激发能高

重离子核反应中形成的合成体系的激发能一般为几十 MeV,甚至超过 100 MeV。若用轻离子核反应,由于非复合核过程的竞争,获得如此高激发能的概率是相当小的。

(3)带给合成体系的角动量大

由于重离子的质量很大,在同样的速度下,重离子的动量要比轻离子大得多,因而重离子给合成体系带来的角动量也可以很大。表6 – 4列举了能量为8 MeV·$A^{-1}$的几种不同离子轰击镍靶所形成的复合核的最大角动量值 $l_m$。可以看出,离子越重,复合核的角动量越大,这使得研究高自旋核态成为可能。

表6-4　离子轰击镍靶形成的最大角动量

| 入射粒子 | p | $\alpha$ | $^{12}C$ | $^{20}Ne$ | $^{40}Ar$ |
|---|---|---|---|---|---|
| $l_m(\hbar)$ | 3 | 16 | 47 | 75 | 104 |

（4）重离子的波长短

因为粒子的波长 $\lambda$ 与动量 $p$ 之间有如下关系（其中 $h$ 为普朗克常数）：

$$\lambda = \frac{h}{p}$$

而重离子的动量比轻粒子大得多,所以重离子的波长比轻粒子要短得多。在计算重离子核反应的各种截面时,往往可以采用半经典近似。

**2.重离子反应的分类**

根据半经典处理方法,一个简单的碰撞轨道图像可以用来描述不同深度下重离子和靶核的相互作用。随着碰撞参量 $\rho$ 由大到小,即轨道角动量 $l$ 值由大到小变化,入射重离子与靶核的作用由远及近,由浅到深,因此,按照不同的性质,可将相互作用过程分为四类,如图6-11 所示。

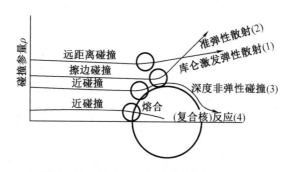

图6-11　重离子和靶核碰撞的经典图像

（1）当碰撞参量 $\rho$ 较大时,入射粒子在核力的作用之外,与靶核间只有长程的库仑相互作用。这时只能发生卢瑟福弹性散射和库仑激发,称为重离子的远距离碰撞（distant collision）。

（2）当碰撞参量 $\rho$ 大约等于道半径 $R$（即两核半径之和 $R_1 + R_2$）时,核力开始起作用,但作用时间很短,两核相切擦边而过。此时既可以发生弹性散射,也可以发生非弹性散射,甚至在这一擦边的瞬间发生两核表面交换少数核子的转移反应。在核子转移反应发生时,两个核交换了少许能量、质量和电荷。这一过程称为准弹性散射（quasi - elastic scattering,QES）,也称擦边碰撞（grazing collision）,但其性质属于核间表面的直接反应。

（3）当碰撞参量 $\rho$ 继续减小时,两个原子核相互撞入的程度加深,相切时间延长,形成一个具有一定寿命的双核系统,相当多的核子参与了作用,在两个原子核之间发生了大数目的核子交换,反应过程转移了大量能量、质量和电荷。此时原子核处于高度的激发态,但两核并没有完全融合在一起,而是基本上保持着各自的特征,或称两体特征,相互作用后很快分开。这一过程被称为深度非弹性碰撞(deep inelastic collision,DIC)或深度非弹性散射(deep inelastic scattering,DIS)。它也是体内相互作用的一种过程。

(4)当碰撞参量 $\rho$ 很小的时候,重离子与靶核接近于迎面碰撞,两核相互作用时间足够长,两核可以熔合在一起,使动能和动量在所有核子之间进行交换与分配而达到统计平衡。这样形成了一个高激发态、高角动量的复合核,接着复合核进行衰变。有时在熔合过程中,在达到平衡以前,可能发射少数粒子。这一过程称为熔合反应(fusion)或全熔合反应(complete fusion,CF)。近年来又发现先发射粒子后熔合的反应,称为不完全熔合反应(incomplete fusion,ICF)。

上述分类情况还可以用表6-5来表示。表中,$\rho_{gr}$、$l_{gr}$ 分别为擦边距离和擦边角动量,它表示核作用力的最大界限,即大于这个值,核力不起作用。$\rho_m$、$l_m$ 分别为体内相互作用的最大距离和最大角动量,即大于这个值,不发生体内作用。$\rho_{cr}$、$l_{cr}$ 分别为发生熔合反应的临界距离和临界角动量,超过这个值,熔合反应就不会发生。例如,用 600 MeV 的 $^{64}$Kr 轰击 $^{209}$Bi时,$l_m = 250$,$l_{gr} = 75$。

表6-5 四种重离子核反应过程分类

| 碰撞参数 | 轨道角动量 | 相互作用过程 |
|---|---|---|
| $\rho > \rho_{gr}$ | $l > l_{gr}$ | 库仑激发,卢瑟福散射 |
| $\rho_{gr} > \rho > \rho_m$ | $l_{gr} > l > l_m$ | 准弹性散射 |
| $\rho_m > \rho > \rho_{cr}$ | $l_m > L > L_{cr}$ | 深度非弹性散射 |
| $\rho < \rho_{cr}$ | $l < l_{cr}$ | 熔合反应 |

## 6.4.2 重离子的弹性散射

弹性散射是核碰撞的基本过程,主要发生在两核密度无重叠或者少量重叠的区域。弹性散射是研究两核相互作用的一个根本性的实验手段,也是研究原子核基本性质,如核物质分布(大小、表面弥散等)的重要实验手段。在实验中,弹性散射常被用于参考标定其他反应的过程,如非弹性散射、转移反应等。可以说,弹性散射的研究是低能重离子核反应研究的基础。

弹性散射类型与碰撞能量、弹靶的 $Z_1Z_2$ 乘积(库仑场)强烈相关。从低能到高能,可以依次观察到卢瑟福(Rutherford)散射、菲涅耳(Fresnel)散射和夫琅和费(Fraunhofer)散射。

卢瑟福散射是核力作用范围之外的一种弹性散射。核与核之间作用的库仑势垒高度为

$$V_c = \frac{1}{4\pi \varepsilon_0} \frac{Z_1 Z_2 e^2}{R} = \frac{1}{4\pi \varepsilon_0} \frac{Z_1 Z_2 e^2}{r_0(A_1^{1/3} + A_2^{1/3})} \qquad (6-47)$$

式中 $Z_1$、$Z_2$——两个原子核的电荷数;

$R$——两个核的半径之和,$R = r_0(A_1^{1/3} + A_2^{1/3})$;

$A_1$、$A_2$——两个原子核的质量数。

处理散射较好的理论是光学模型,由实验可以定出一组光学模型参量,从而可以与其他类型实验中得到的参量进行比较。

### 6.4.3 重离子的准弹性散射

传统上,准弹性散射包括非弹性散射、少数核子转移等其他接近弹性散射的周边反应过程,它们是核结构研究的有力工具,如获取核形变、核谱学、谱因子等重要的原子核信息。

重离子所带的电荷多,$Z_1 Z_2$较大,因此当能量接近势垒但没有超过时,库仑激发是主要的非弹性散射过程,是激发原子核集体运动的重要手段。库仑激发通过电磁相互作用实现,可以发生在距离很远的地方,而且激发过程很快,多重激发概率很大。然而,非弹性散射通常是指由核力作用引起的靶核激发或出射粒子的激发。与轻离子反应类似,对非弹性散射的研究不仅可以获得反应机理的知识,还可获得原子核激发能级的知识。

入射粒子与靶核之间发生的一个或多个核子的转移或交换的反应统称为转移反应。一两个核子的转移反应是表面相互作用的重要过程。在这种转移反应中,能量交换通常较小。因此,它的运动轨道可以近似地用经典的库仑碰撞来描述。转移反应中,一般转移一个核子的截面最大,并且随着转移核子数的增多,截面逐渐变小。一般认为,多个核子的转移反应不是一个直接作用的过程,而是属于深度非弹性散射的范畴。

### 6.4.4 重离子的深度非弹性散射

在表面直接反应或准弹性碰撞过程中,入射粒子和靶核的相互作用是一个瞬时的非平衡态擦边过程;在全熔合反应或复合核形成过程中,系统已由非平衡态达到统计平衡态;而深度非弹性散射则是介于两者之间的一个过渡阶段,是一个无法达到统计平衡的系统。

两个重原子核的碰撞,可以视为两个液滴相互碰撞。核物质的宏观性质(如物质的黏滞性、压缩性、热传导、摩擦力等性质)在核碰撞中都能出现。在深度非弹性碰撞中,由于黏滞性和摩擦力的存在,将使两核相对运动动能被耗损,并转变成反应碎片的内部激发能,以及相对轨道角动量转换为碎片内部角动量。

当$l < l_m$时,随着$\rho$的减小,两个核的相互结合加深,轨道逐渐向小角度弯曲,甚至弯向负角度,这代表着深度非弹性散射过程。此时两核相切时间增加,摩擦力增大,使入射粒子黏着靶核上转向了负角度,同时耗散了大量的动能。大量动能转化为激发内能,在高激发态、高角动量和大形变下形成了一个复合核,然后再通过各个自由度的弛豫过程,向稳定的统计平衡系统过渡。进行弛豫的各个自由度包括动能、电荷、质量、角动量和中子过剩自由度。

深度非弹性反应是重离子引起的一种特殊反应机制,在由轻离子引起的核反应中并不存在。对深度非弹性反应机制的研究可以揭示重离子核反应过程的动力学效应,特别适合研究多个自由度的弛豫现象,从而获得一个非平衡核态过渡到平衡核态的详细信息。

### 6.4.5 重离子的熔合反应

熔合反应是指入射核子克服库仑势垒,被势阱俘获,最终形成复合核的反应。一般来说,复合核处于较高激发态,故用"熔合"一词而非"融合"。高激发态的复合核通过蒸发粒子(n、α、p、γ等)或裂变等方式退激。在近库仑势垒能区,对于轻体系,入射粒子被俘获后基本上都形成复合核,称为全熔合;对于重体系,两核接触后形成复合体系的势能曲面非常复杂,存在多个演化途径,仅有部分能够形成复合核,即不完全熔合。

全熔合反应是比复合核反应更为广泛的一个概念,它不仅包括复合核过程,还包括入射粒子与靶核形成中间复合体后,在向平衡态发展的过程中发射粒子、再过渡到统计平衡的过程。因此,一般来说,全熔合反应的截面要比复合核的截面大。

同时,与轻核反应相比,重离子反应产生的复合核具有较高的激发能,一般达到几十甚至一百兆电子伏以上,并且还具有较高的角动量。因此,它们的衰变过程,包括轻离子的蒸发、裂变和退激,都显示出一些新的特征。

### 1. 蒸发轻离子

处在高激发态的复合核会蒸发出 p、n、α 等轻离子。轻复合核衰变时,发射 p、α 粒子的概率较大;在中等以上质量的复合核衰变中,则蒸发中子的概率最大。这里只简要地介绍中子蒸发过程。

设 $p(E^*, xn)$ 为激发能等于 $E^*$ 的复合核蒸发 $x$ 个中子的概率,则重离子引起的发射 $x$ 个中子的反应(HI, xn)的截面:

$$\sigma(HI, xn) = \sigma_{CN} p(E^*, xn) \tag{6-48}$$

式中　　$\sigma_{CN}$——复合核的形成反应截面。

图 6-12 是(HI, xn)反应的典型激发曲线,这是根据式(6-48)计算得到的理论值。曲线呈现出一个宽度较大的峰,峰半宽度约 10 MeV。在曲线的低能区和峰值附近,实验值与理论值吻合较好;在高能区,理论值通常低于实验值,这说明(HI, xn)反应并不完全来自复合核。当入射能量稍高时,一部分中子来自复合核平衡前的退激发射。

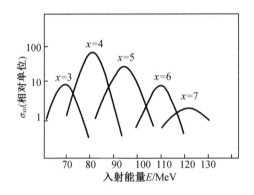

**图 6-12　(HI, xn)反应的典型激发曲线**

### 2. 复合核裂变

当重复合核的激发能超过裂变势垒时,裂变的强烈竞争使得蒸发中子的截面变小。原因是复合核越重,其自发裂变势垒越低。例如轻原子核是几十兆电子伏,而铀原子核只有 5~6 MeV。此外,复合核的自旋增加会导致核偏离球形,这也显著降低了有效裂变势垒,增加了裂变概率。这可以用"旋转液滴"模型来解释:当核液滴旋转时,由于离心力的作用,球形核就会沿垂直于旋转轴的方向拉长,角动量越大,拉伸得越长,越有利于裂变。

### 3. 退激

复合核在经过蒸发粒子的过程后,激发能会降低到一个核子的结合能(约 8 MeV)和裂变势垒以下,此时发射 γ 光子的退激成了复合核衰变的唯一方式。

然而,蒸发粒子的过程会大大降低复合核的激发能,而复合核的角动量却减少不多,这是由于每个中子能带走的角动量非常有限。因此蒸发中子后的剩余核通常仍具有很高的角动量。随后发生的级联 γ 退激,也即电或磁多级 γ 跃迁过程,则能带走大量的角动量。

# 6.5 高能核反应

随着入射粒子能量的增加,预平衡发射和直接反应在复合核反应中所占的比重也愈来愈大。以不同能量的质子轰击$^{209}$Bi 为例,当质子能量低于 50 MeV 时,核反应主要通过复合核进行,预平衡发射的贡献已经相当显著,也有一定程度的直接反应。不论上述的机制是什么,都可以用(p,xnyp)描述,裂变的概率很小。反应产物(剩余核)是质量数为 206 ~ 209的核。质子能量为 1 GeV 时,核反应产物的质量从 $A = A_{\text{target}}$ 至 $A < A_{\text{target}}/3$ 以下的一个很宽的范围里连续分布,如图 6 - 13 所示。在 $A_{\text{target}}/3 < A < 2A_{\text{target}}/3$ 区间的产物由裂变生成;$A > 2A_{\text{target}}/3$的产物得自靶核的散裂反应(spallation);$A < A_{\text{target}}/3$ 的产物通过碎裂反应和多重碎裂反应生成;当质子能量更高时,散裂产物区和裂变产物区的分界逐渐消失,碎裂和多重碎裂产物增多。

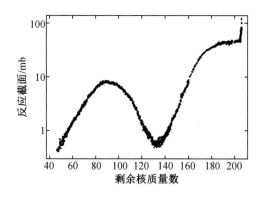

**图 6 - 13  1 GeV 的质子轰击$^{209}$Bi 生成产物核的质量分布**

## 6.5.1  散裂反应

当入射粒子的能量达到400 MeV・u$^{-1}$时,入射粒子的德布罗意波长就相当于靶中核子间的距离(约 1.2 fm)。入射粒子进入原子核以后,将会与核内的单个核子或核子团发生碰撞。两核子碰撞的平均截面 $\sigma$ 约为 30 mb,核物质的核子数密度 $\rho$ 约为 $1.4 \times 10^{38}$ cm$^{-3}$,入射粒子在核中的平均自由程 $\Lambda = 1/(\rho\sigma) = 2.4$ fm。可以看出,入射粒子将在核内经历多次碰撞。核子 - 核子的碰撞截面与入射粒子能量成反比,当入射粒子的能量增加时,靶核对于入射粒子几乎是透明的。由于核内的低能级都已经被核子所占据,根据泡利原理,这些能级将不会被受到碰撞的核子占据。因此,将不会发生能量转移很小的碰撞。受撞击粒子则将具有很高的动能(平均约 25 MeV),它们与入射粒子一样,可以与原子核内其余的核子碰撞,产生下一级的受撞击粒子,这一过程称为核内串级(intranuclear cascade, INC)。这些被撞击的核子最终可能从靶核中飞出。此外,当能量高于 300 MeV 的质子与核子碰撞时,可产生 π 介子(π$^\pm$介子的静质量能为 139.6 MeV)。π 介子与核子的相互作用截面很大,在核内的平均自由程更短,因此能更有效地将能量传递给核内更多的核子,发射更多的次级粒子。

由此可以看出,在反应的第一阶段,入射核通过核内串级将中子、质子和 π 介子从核内打出,整个反应过程约为 $10^{-22}$ s。此时,剩余核具有很高的激发能,在过渡到第二阶段的过程中,还会发生预平衡发射,释放中子、质子和复合粒子。在反应的第二阶段,剩余核既可以通过蒸发中子、质子或轻复合粒子退激,生成散裂产物,也可以发生裂变,给出裂变中子和裂变产物。这个过程比第一阶段需要经历更长的时间,约为 $10^{-16}$ s。

散裂产物主要是缺中子核素。裂变产物核处于 β 稳定线附近,中子数仍然过剩,并将通过 β 衰变形成稳定核。高能粒子轰击重核会产生大量中子。用质子轰击 Pb、W 和 $^{238}$U,每个能量为 1~4 GeV 的质子可产生 20~40 个次级中子。正是由于散裂反应可以产生大量的次级中子的性质,预计能够用于建造加速器驱动的亚临界反应堆,用作干净的核能源。近年来提出的处理高放废液的分离-嬗变(partition – transmutation)方案是将从高放废液中分离出来的次锕系元素(minor actinides)用中子嬗变成短寿命核素,最终衰变为稳定核素而无害化。因此,散裂反应近年来引起了人们的广泛关注。

### 6.5.2 碎裂反应

通过测量产物核的动量、角分布和符合度可以确定,出现在中等质量数区域的反应产物来自裂变。与低能裂变显著不同的是,裂变产物的质谱呈现为一个宽峰而非双峰。其中大部分的裂变产物都是由激发能仅为数十兆电子伏的中间核裂变产生的,它们是靶核经过核内串级和蒸发中子形成的。这些裂变产物大多是处于 β 稳定线附近的丰中子核素。

但是,在高 Z 区,产物核多为缺中子核素,其反冲动能低于裂片应有的反冲动能。可见,它们不是由裂变反应生成的,在低 Z 区可以找到它们的互补核。据此可以推测出,它们是高能核反应的另一种过程——碎裂反应形成的。碎裂反应被认为是入射粒子以较小的碰撞参数打在靶核上(如迎头碰撞),靶核的激发能很高,通过蒸发粒子后抛射出中等质量碎片(intermediate mass fragment,IMF)形成,或者经过多重碎裂反应形成。

### 6.5.3 多重碎裂反应

对于高能重离子核反应,多重碎裂反应可以用刮除-剥裂(abrasion – ablation)模型描述。入射粒子进入靶核时,与靶核重叠的部分会获得大量能量,形成"火球"(fireball),并以介于入射粒子和靶核之间的运动速度从靶核中飞出。靶核和入射粒子的非重叠部分基本保持不变。这一阶段称为刮除。火球飞出后,会在入射粒子和靶核上留下"伤口"。由于产生了新增的表面,伤口处具有过剩的能量,这一部分作为剩余核的激发能可转化为碎片动能而将碎片抛射出来。因此可以看出,在多重碎裂反应中,是高能入射粒子将靶核中的核子团从靶核中击出,就像在质谱仪中快原子束将分子碎片从被分析的有机分子上击出一样。发射碎片后的剩余核的质量数高于裂变产物的质量数,中子数相对不足。因此这些碎裂产物一般是缺中子核素。

目前对于多重碎裂反应机制还存在分歧。碎片产物可能是退激动力学过程中抛射出来的,也可能是达到平衡后按统计规律发射的。另一种观点认为,当核物质的激发能很高时,就会产生相变,核液滴被气化、凝聚时,会形成很多小液滴,导致多个碎片核的生成。

### 6.5.4 π介子引起的核反应

高能质子与核子碰撞时会产生 π 介子,即入射粒子大部分动能(139.6 MeV)转化为 π 介子的静质量能。按照核力的介子理论,π 介子是核力的媒介子。π 介子与核子间存在强相互作用。通过用 π 介子束轰击质子或中子,可以观察到共振态的形成。共振态的寿命很短,它很快衰变为核子和 π 介子,上述过程表现为核子对于 π 介子的共振散射。π 介子最终被两个核子吸收,其静质量能分配在两个核子之间。由此可见,在高能核反应中,π 介子引起的共振态的生成和衰变 π 介子被吸收的过程加大了入射粒子的能量向靶核的转移。

# 6.6 核 聚 变

由两个较轻的原子核融合成一个比二者任意一个都重的原子核的核反应称为原子核聚变(nuclear fusion),简称为核聚变。整理原子核的比结合能如表 6 - 6 所列,轻原子核的结合能都比中重核平均比结合能 8.4 MeV 低,特别是最前面的几个核的比结合能特别低。一般来说,轻原子核聚变比重原子核裂变放出更大的比结合能。现在,人们已经知道,在宇宙中能量的主要来源就是原子核的聚变,太阳和宇宙中的其他大量恒星,能长时间发热、发光,都是轻核聚变的结果。

表 6 - 6  轻核的结合能

| 核 | 结合能/MeV | 比结合能/MeV |
|---|---|---|
| $^{1}_{1}H$ | 0 | 0 |
| $^{2}_{1}H$ | 2.224 | 1.112 |
| $^{3}_{1}H$ | 8.481 | 2.827 |
| $^{3}_{2}He$ | 7.718 | 2.573 |
| $^{4}_{2}He$ | 28.30 | 7.075 |
| $^{6}_{3}Li$ | 31.99 | 5.332 |
| $^{7}_{3}Li$ | 39.24 | 5.606 |
| $^{9}_{4}Be$ | 58.16 | 6.462 |
| $^{10}_{5}B$ | 64.75 | 6.475 |
| $^{11}_{5}B$ | 76.20 | 6.928 |
| $^{12}_{6}C$ | 92.16 | 7.680 |

聚变反应可以用以下公式表示:

$$A + B \longrightarrow C + D \tag{6-49}$$

其中,反应物 A 和 B 可以是不同的核素,也可以是相同的核素;C 为聚变产物;D 为发射的轻离子或 γ 光子。表 6 - 7 为利用公式计算出一些轻核的聚变反应释放的能量。

表 6 – 7　一些轻核的聚变能

| 聚变反应 | $Q/\text{MeV}$ | 备注 |
|---|---|---|
| ${}^1\text{H} + {}^1\text{H} \longrightarrow {}^2\text{H} + e^+ + \nu$ | 0.42 | 涉及弱相互作用,速率慢 |
| ${}^1\text{H} + {}^2\text{H} \longrightarrow {}^3\text{He} + \gamma$ | 5.49 | |
| ${}^2\text{H} + {}^2\text{H} \longrightarrow {}^4\text{H} + \gamma$ | 23.8 | 激发能量超过 p 和 n 结合能,受强烈竞争 |
| ${}^2\text{H} + {}^2\text{H} \longrightarrow {}^3\text{H} + p$ | 4.03 | 占 50%,最重要的聚变反应 |
| ${}^2\text{H} + {}^2\text{H} \longrightarrow {}^3\text{He} + n$ | 4.27 | 占 50%,最重要的聚变反应 |
| ${}^2\text{H} + {}^3\text{H} \longrightarrow {}^4\text{He} + n$ | 17.6 | 最重要的聚变反应 |
| ${}^2\text{H} + {}^3\text{He} \longrightarrow {}^4\text{H} + p$ | 18.3 | |
| ${}^3\text{H} + {}^3\text{H} \longrightarrow {}^4\text{He} + 2n$ | 11.3 | |
| ${}^3\text{He} + {}^3\text{He} \longrightarrow {}^4\text{He} + 2p$ | 12.86 | |
| ${}^{12}\text{C} + {}^{12}\text{C} \longrightarrow {}^{24}\text{Mg} + \gamma$ | 13.9 | 元素核合成过程涉及 |
| ${}^{16}\text{O} + {}^{16}\text{O} \longrightarrow {}^{32}\text{S} + \gamma$ | 16.5 | 元素核合成过程涉及 |

在表 6 – 7 中所列的聚变反应中,H – H 反应是发生在太阳中的主要核反应,为太阳提供了恒定而巨大的能量。其中,${}^2\text{H} + {}^2\text{H}$ 反应(D – D 反应)和 ${}^2\text{H} + {}^3\text{H}$ 反应(D – T 反应)是最重要的聚变反应(图 6 – 14),它们的库仑势垒相对较低,易于实现。

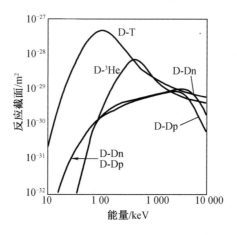

图 6 – 14　${}^3\text{H}(d,n){}^3\text{He}$、${}^2\text{H}(d,p){}^3\text{H}$ 等反应的激发函数

两个轻核相互靠拢时,会受到它们之间库仑势垒的阻挡。在巨大的库仑斥力下,两个原子核会在一定程度上被展平,阻碍它们的进一步接近。如果不考虑这种展平作用,D – D 和 D – T 这两个聚变反应的库仑势垒高度约为 0.5 MeV;${}^2\text{H} – {}^3\text{He}$ 聚变的库仑势垒高度大致提高到 2 倍;${}^3\text{He} – {}^3\text{He}$ 聚变的库仑势垒高度将增加到 4 倍。而室温下 H、H 及 He 等原子的平均动能仅为 0.025 eV,穿透库仑势垒的概率实际上为 0,所以自发核聚变不会发生。

有两个方法可以克服库仑势垒的阻挡:①用粒子加速器将参与反应的两种原子核之一加速,轰击另一个原子核。这种方法易于实现,但并没有实现能量的增益;②通过适当的方法将反应物加热到非常高的温度（如约 $10^8$ K，此时粒子的动能约为 10 keV）。然而，随着库仑势能的成倍提高，势必要求加热的温度也成倍提高，这不但会增加技术上的难度，还会大大增加输出能源的成本。

因此，在进行了各种理论和实验上的尝试之后，人们接受了这样的现实：只有让轻元素处于极高的温度下，它们的原子核由于做剧烈的热运动，相互碰撞，才有可能实现聚合，发生聚变，如果氘核热运动的动能达到 10 keV，相应的温度时 $10^8$ K，所以核聚变也被称为热核反应（thermonuclear reaction），在这样高的温度下，所有的原子都处于等离子态（plasma），即电子全部脱离原子核的束缚，等量的正电荷与负电荷以气体的形式存在。

等离子体是大量正离子和电子的集合体，是一种新的物质形态，被称为物质的第四态。数亿度的等离子体被约束在一定区域内一段时间，使其中轻核产生聚变反应和热核反应。

氢弹爆炸就是一种人工实现的不可控的热核反应。氢弹中的爆炸材料主要是氘、氚、锂的某种凝聚态物质，比较大的可能性是氘化锂和氚化锂的混合物，锂的作用是在爆炸过程中补充氚的供应，反应式为

$$D + T \longrightarrow {}^4He + n$$
$$^6Li + n \longrightarrow {}^4He + T$$
$$^6Li + D \longrightarrow 2{}^4_2He + 22.4 \ MeV$$

普遍认为，氢弹爆炸所需要的初始高温是由裂变的原子弹提供的。氢弹中裂变物质的爆炸产生高温高压，使轻核聚变并释放出更大的能量。一般原子弹爆炸威力为 2 万吨级，氢弹的爆炸威力为 100 万吨级。但这种能量是在短时间、局部范围内产生的，时间和空间上都有很大的局限性，除了进行杀伤和爆破以外，是很难作为一般能源来加以利用的。受控热核反应就是要根据人们的需要，以受控的方式稳定地产生聚变，以提供能源。为了实现这一目标，必须创造一个稳定的高温等离子体，使其有足够的时间产生聚变反应，并且放出的能量能够超过维持这反应所消耗的能量。

# 第7章　放射性元素化学

## 7.1　天然放射性元素

### 7.1.1　天然放射性核素

放射性核素（radionuclide），也叫作不稳定核素，是相对于稳定核素来说的。它是指不稳定的原子核，能自发地放出射线，通过衰变形成稳定的核素。放射性核素又可分为天然放射性核素和人工放射性核素，天然放射性核素又分为原生和宇生放射性核素。

在自然界中，有一些半衰期很长（一般大于 $10^9$ a）又有稳定同位素的放射性核素，被称为原生放射性核素，如表 7-1 所示，它们在地球形成时（约 $4.5 \times 10^9$ a）就已经存在，由于半衰期很长，至今地球上仍有一部分残存。依据衰变方式划分，有一些是 β 放射性核素，如 $^{40}$K、$^{87}$Rb、$^{96}$Zr，因为所涉及的 β 跃迁属于高级禁阻跃迁，或者衰变能很小，所以半衰期很长；有一些是双 β 放射性核素，如 $^{100}$Mo（2β），因涉及核中两个中子同时转变为质子（或相反），概率很小；有一些是 α 放射性核素，如 $^{147}$Sm，α 衰变能很小，α 粒子穿透势垒的概率很小，所以半衰期特别长。

表 7-1　原生放射性核素

| 核素 | 在该种元素中的占比/% | 半衰期/a | 衰变类型 | 衰变能/MeV | 子核 |
|---|---|---|---|---|---|
| $^{40}$K | 0.0117 | $1.25 \times 10^9$ | β⁻ | 1.312（89%） | $^{40}$Ca |
| | | | β⁺, EC | γ1.451（10.7%） | $^{40}$Ar |
| $^{50}$V | 0.250 | $>3.9 \times 10^{17}$ | EC | γ1.554 | $^{50}$Ti |
| | | | β⁻ | γ0.793 | $^{50}$Cr |
| $^{87}$Rb | 27.835 | $4.89 \times 10^{10}$ | β⁻ | 0.273 | $^{87}$Sr |
| $^{113}$Cd | 12.22 | $9 \times 10^{15}$ | β⁻ | — | $^{113}$In |
| $^{115}$In | 95.7 | $4.4 \times 10^{14}$ | β⁻ | 0.496 | $^{115}$Sn |
| $^{123}$Te | 0.908 | $1.3 \times 10^{13}$ | EC | — | $^{123}$Sb |
| $^{138}$La | 0.09 | $1.06 \times 10^{11}$ | EC | Ba K X（13%） | $^{138}$Ba |
| | | | β⁻ | γ0.789（34%） | $^{138}$Ce |
| | | | | γ1.436（66%） | |
| $^{144}$Nd | 23.80 | $2.1 \times 10^{15}$ | α | 1.83 | $^{140}$Ce |

表 7-1（续）

| 核素 | 在该种元素中的占比/% | 半衰期/a | 衰变类型 | 衰变能/MeV | 子核 |
|---|---|---|---|---|---|
| $^{147}$Sm | 15.0 | $1.08 \times 10^{11}$ | α | 2.23 | $^{143}$Nd |
| $^{148}$Sm | 11.3 | $7 \times 10^{15}$ | α | 1.96 | $^{144}$Nd |
| $^{174}$Hf | 0.162 | $2.0 \times 10^{15}$ | α | 2.50 | $^{170}$Yb |
| $^{176}$Lu | 2.59 | $3.7 \times 10^{10}$ | β$^-$ | 0.57 | $^{176}$Hf |
| | | | γ | 0.308（93%） | — |
| $^{187}$Re | 62.60 | $4.5 \times 10^{10}$ | β$^-$ | 0.0026 | $^{187}$Os |
| $^{186}$Os | 1.58 | $2 \times 10^{15}$ | α | 2.75 | $^{182}$W |
| $^{190}$Pt | 0.01 | $7 \times 10^{11}$ | α | 3.18 | $^{186}$Os |
| $^{232}$Th | 100 | $1.4 \times 10^{10}$ | α | 4.01… | →…$^{208}$Pb |
| $^{235}$U | 0.7200 | $7.04 \times 10^{8}$ | α | 4.401… | →…$^{207}$Pb |
| $^{238}$U | 99.274 | $4.47 \times 10^{9}$ | α | 4.196… | →…$^{206}$Pb |

　　由于初级和次级宇宙辐射与平流层中的核子相互作用产生的核素称为宇生放射性核素，如 $^3$H、$^7$Be、$^{14}$C、$^{22}$Na、$^{26}$Al、$^{36}$Cl。中子既可直接来自宇宙射线，也可以由宇宙射线中的高能粒子与大气中 O 或 N 核的核反应产生。表 7-2 列出了部分宇生放射性核素。这些核素通过正常的交换进入对流层，并被雨水带到地球表面。这些元素的产生和分配速率维持平衡，在特定单元中每一种核素的比活度大致恒定。当生物体消亡后，平衡被打破，该样本中核素的比活度下降。基于这一原理可用其进行年代测定。宇生放射性核素也可能来自太阳系附近的超新星爆发，因此测量宇生放射性核素的含量可以推测超新星的活动。由于 $^3$H、$^{14}$C 不断产生又不断衰变，在大气 - 水 - 生物圈中达到平衡，通常认为 $^3$H、$^{14}$C 的含量是不变的。20 世纪的大气核武器试验使得大气圈、水圈和生物圈碳中 $^{14}$C 的丰度有所提高，表 7-3 列出了部分导致大量放射性核素进入大气的事件。

表 7-2  由宇宙射线产生的主要核素

| 核素 | 半衰期 | 核反应 | 产生速率/（原子 $m^{-2}$ $y^{-1}$） | 衰变方式和衰变能 | 子核 |
|---|---|---|---|---|---|
| $^3$H | 12.3 a | $^{14}$N（n，$^3$H）$^{12}$C | $1.3 \times 10^{11}$ | β$^-$ 0.018 | $^3$He |
| $^7$Be | 63 d | 散裂 | $2.5 \times 10^{10}$ | EC | $^7$Li |
| | | | | γ 0.477 | |
| $^{10}$Be | $1.6 \times 10^{6}$ a | 散裂 | $1.3 \times 10^{10}$ | β$^-$ 0.555 | $^{10}$B |
| $^{14}$C | 5 730 a | $^{14}$N（n，p）$^{14}$C | $7 \times 10^{11}$ | β$^-$ 0.155 | $^{14}$N |
| $^{22}$Na | 2.605 a | 散裂 | $2.2 \times 10^{7}$ | β$^+$ 0.555 γ 1.27 | $^{22}$Ne |
| $^{26}$Al | $7.2 \times 10^{6}$ a | 散裂 | $4.8 \times 10^{7}$ | β$^+$ 1.16 γ 1.83 | $^{26}$Mg |

表7-2(续)

| 核素 | 半衰期 | 核反应 | 产生速率/(原子 m$^{-2}$ y$^{-1}$) | 衰变方式和衰变能 | 子核 |
|------|--------|--------|--------|--------|------|
| $^{32}$Si | 100 a | 散裂 | $5 \times 10^7$ | $\beta^-$ 0.1 | $^{32}$P |
| $^{32}$P | 14.3 d | 散裂 | $2.5 \times 10^8$ | $\beta^-$ 1.71 | $^{32}$S |
| $^{33}$P | 25.3 d | 散裂 | $1 \times 10^9$ | $\beta^-$ 0.249 | $^{33}$S |
| $^{36}$Cl | $3 \times 10^5$ a | 散裂 | $5 \times 10^8$ | $\beta^-$ 0.714 | $^{36}$Ar |
| $^{39}$Ar | 269 a | $^{36}$Ar(n, γ)$^{39}$Ar | $4.2 \times 10^{11}$ | $\beta^-$ 0.57 | $^{39}$K |
| $^{81}$Kr | $2.1 \times 10^5$ a | $^{81}$Kr(n, γ)$^{81}$Kr | $3 \times 10^5$ | EC | $^{81}$Br |

注:产生速率仅为近似值。

表7-3　导致放射性核素大量注入大气的事件

| 来源 | 国家 | 时间/年 | 放射性/Bq | 重要核素 |
|------|------|--------|-----------|----------|
| 广岛,长崎 | 日本 | 1945 | $4 \times 10^{16}$ | 锕系裂变产物 |
| 大气核武器实验 | 美国、苏联 | 1963 | $2 \times 10^{20}$ | 锕系裂变产物 |
| 温士盖 | 英国 | 1957 | $1 \times 10^{15}$ | $^{131}$I |
| 车里雅宾斯克 | 苏联 | 1957 | $8 \times 10^{16}$ | 裂变产物$^{90}$Sr、$^{137}$Cs |
| 哈里斯堡 | 美国 | 1979 | $1 \times 10^{12}$ | 裂变产物$^{90}$Sr、$^{137}$Cs |
| 切尔诺贝利 | 苏联 | 1986 | $2 \times 10^{18}$ | 裂变产物$^{131}$I、$^{137}$Cs |

$^{222}$Rn 作为一种惰性放射性气体,可以很容易地通过扩散或迁移转移到大气中。研究测量指出,$^{222}$Rn 活性浓度在冬季和夏季以及旱季和雨季会发生变化。氡浓度的变化会影响大气电场。在近地面的边界层中,$^{222}$Rn 的短寿命子体可以作为大气中的天然示踪剂。$^{222}$Rn 的半衰期为 3.82 d,但氡及其放射性子体的剂量对生物具有重要意义。人类的流行病学研究指出,高达 14% 的肺癌是由于接触低浓度或中等浓度的氡引起的。

研究人员对尼日利亚阿多岛、奥塔岛及沿海地区土壤进行了天然放射性测定,利用 γ 能谱(HPGe 探测器)确定放射性核素的存在。结果表明,$^{238}$U、$^{232}$Th 和 $^{40}$K 的含量变化范围分别为 $(24 \pm 7) \sim (49 \pm 10)$ Bq·kg$^{-1}$、$(67 \pm 6) \sim (120 \pm 9)$ Bq·kg$^{-1}$ 和 $(88 \pm 17) \sim (139 \pm 20)$ Bq·kg$^{-1}$。样品的镭当量范围为 $132.51 \sim 230.91$ Bq·kg$^{-1}$,平均值为 185.89 Bq·kg$^{-1}$。土壤样品的 γ 剂量率的平均值估计为 81.32 nGy·h$^{-1}$。年有效剂量当量的估计值为 $0.61 \sim 1.07$ mSv·y$^{-1}$。研究区域的辐射影响表明,土壤样品 γ 剂量率值分别为 89.99 nGy·h$^{-1}$,94.39 nGy·h$^{-1}$ 和 101.04 nGy·h$^{-1}$,均高于 80 nGy·h$^{-1}$ 的极限值,长期暴露可能造成健康问题。

海洋中 $^{238}$U 和 $^{232}$Th 的总量分别为 $4.3 \times 10^{12}$ kg 和 $6.9 \times 10^{10}$ kg。海洋中铀的含量比岩石中高得多。铀的含量也比钍高许多,而钍在岩石中含量更丰富。这是因为缺乏易溶解的钍络合物,而 $UO_2(CO_3)_3^{4-}$ 络合能力较强。$^{238}$U 衰变成 $^{234}$Th,在衰变到 $^{234}$U 之前沉淀或吸收胶体,造成 U 的两个同位素之间的轻微不平衡。$^{40}$K 在海洋中的总含量为 $7.4 \times 10^{13}$ kg,相当于 $1.94 \times 10^4$ EBq,是海洋中最大的放射性源。少量的放射性来自以 HTO 形式存在的 $^3$H 和已溶解的 $CO_2$ 或 $HCO_3^-$ 存在的 $^{14}$C。

### 7.1.2　天然放射性元素

全部由放射性核素所组成的元素称为放射性元素(radioactive element),原子序数大于83 的元素属于放射性元素,又可分为天然放射性元素和人工放射性元素两大类。

天然放射性元素即在自然界中存在的放射性元素。这些元素一般是一些原子序数大于 83 的重元素,包括 Po、At、Rn、Fr、Ra、Ac、Th、Pa、U(表 7 - 4)。其中 U 和 Th 的半衰期较长,可以与地球寿命(约为 $4.5 \times 10^9$ a)相比较,因而能在自然界中长期存在;其余天然放射性元素半衰期较短,本应早在地球上消失了,但由于它们都是 $^{238}$U、$^{235}$U、$^{232}$Th 的衰变子体,因此可以与 U、Th 共存。放射系指重放射性核素的递次衰变系列,这些放射性元素按母体核素及衰变途径的不同形成三个放射系,这就是三个天然放射系。下面对三个现存的天然放射系和曾经的天然放射性镎系展开介绍。

表 7 - 4　天然放射性元素

| 原子序数 Z | 元素名称<br>(符号) | 寿命最长的核素<br>(半衰期) | 发现历史 | 附注 |
|---|---|---|---|---|
| 84 | 钋(Po) | $^{209}$Po(102 a) | 1898 年 M. Curie | 类似 Te |
| 85 | 砹(At) | $^{210}$At(8.3 h) | 1940 年 Corson、McKenzie、Segre | 卤素;挥发性 |
| 86 | 氡(Rn) | $^{222}$Rn(3.825 d) | 1900 年 Rutherford、Soddy | 稀有气体 |
| 87 | 钫(Fr) | $^{223}$Fr(21.8 min) | 1939 年 Perey | 碱金属;类似 Cs |
| 88 | 镭(Ra) | $^{226}$Ra(1 600 a) | 1898 年 M. Curie | 碱土金属;类似 Ba |
| 89 | 锕(Ac) | $^{227}$Ac(21.773 a) | 1899 年 Debierne | 类似 La |
| 90 | 钍(Th) | $^{232}$Th($1.405 \times 10^{10}$ a) | 1828 年 Berzelius | 仅有Ⅳ氧化态;类似 Ce(Ⅳ),Zr(Ⅳ)和 Hf(Ⅳ);水解强烈;有许多配合物 |
| 91 | 镤(Pa) | $^{231}$Pa($3.276 \times 10^4$ a) | 1917 年 Hahn、Meitner | 倾向于Ⅴ氧化态;非常强烈的水解;有许多配合物 |
| 92 | 铀(U) | $^{238}$U($4.468 \times 10^9$ a) | 1789 年 Klaproth | 倾向于Ⅳ和Ⅵ氧化态;在溶液中为 $UO_2^{2+}$ 离子;有许多配合物 |

## 7.2　人工放射性元素(锝、钷、钫、砹)

直到 1925 年,当时的元素周期表中还有四个空位没有元素填充,即 43 号、61 号、85 号和 87 号。1934 年,人工放射性的出现,为寻找这几种元素开辟了新的道路。有的是直接由人工制备的,有的是从裂变产物或衰变系中分离出来的,但它们的半衰期都很短,所以通常称这四个元素为人工元素。

最后一种在自然界中存在的稳定元素是在 1923 年($^{72}$Hf)和 1925 年($^{75}$Re)发现的。一个多世纪以来地壳元素的快速发现历程也就此结束。在$^{83}$Bi 之前的元素中,原子序数中还存在两个空位:43 和 61。Moseley 提出的原子序数与原子电子跃迁能量之间的关联理论也表明,这些空位是真实存在的。

观察各个元素质量数的分布,存在普遍规律。例如,$^{7}$N 之后的元素,奇数原子序数元素的稳定同位素的质量数也是奇数,并且这种元素只有一个稳定的同量异位素。钼稳定同位素的质量数有 92,94,98 和 100。钌稳定同位素的质量数有 96,98,102 和 104。铌质量数有 93,铑有 103。这些稳定同位素的质量数相连,没位置留给锝了,因而它在质量数为 97 和 99 的情况下有稳定核的可能性最大。同样,钕或钐的 $\beta^-$ 稳定同位素从 142 到 150;没有钷的位置了。

回旋加速器和后来的裂变反应堆的发展提供了各种人工转化的方法,但往往很难确定得到的放射性产品的原子序数和质量数。在许多情况下,单个放射性核素只能用简单的特征来描述,例如半衰期,这无法区分复杂混合物的成分。在发现新元素的过程中,由于先前的种种失误,人们不接受只有未确认的光谱特征作为新元素的判据,还需要增加必要化学表征。

人工(也称为合成或人为)放射性元素是指那些没有稳定同位素且在自然界中不存在的元素,或者只有少量且通常是短寿命的元素。虽然这些元素可以通过核反应产生,且在某些恒星中也发现了它们的存在,但在地球上却找不到它们,这是因为它们寿命最长的同位素的半衰期都太短了,使它们在地球形成后很快都衰变了。如表 7 - 5 所示,目前所知(截至 2013 年)有 28 个人工放射性元素,未来有希望继续增加。许多人工放射性元素已经有了很多应用。

表 7 - 5 目前所知的人工放射性元素

| 原子序数 Z | 元素名称（符号） | 最长寿命核素（半衰期） | 发现 | 性质 |
|---|---|---|---|---|
| 43 | 锝(Tc) | $^{98}$Tc($4.2 \times 10^6$ a) | 1937 年 Perrier 和 Segrè | 与 Re 相似;更易以Ⅳ和Ⅶ氧化态存在 |
| 61 | 钷(Pm) | $^{145}$Pm(17.7 a) | 1947 年 Marinsky、Glen - denin 和 Coryell | 仅有氧化态为Ⅲ |
| 93 | 镎(Np) | $^{237}$Np($2.144 \times 10^6$ a) | 1940 年 McMillan、Abelson | 氧化态从Ⅲ到Ⅶ;水溶液中以 Np(Ⅴ)存在 |
| 94 | 钚(Pu) | $^{244}$Pu($8.00 \times 10^7$ a) | 1940 年 Seaborg 等 | 氧化态从Ⅲ到Ⅷ |
| 95 | 镅(Am) | $^{243}$Am(7 370 a) | 1944 年 Seaborg 等 | 氧化态从Ⅲ到Ⅵ |
| 96 | 锔(Cm) | $^{247}$Cm($1.56 \times 10^7$ a) | 1944 年 Seaborg 等 | 与 Gd 相似;能被氧化为 Cm(Ⅳ) |

表 7 – 5（续）

| 原子序数 Z | 元素名称（符号） | 最长寿命核素（半衰期） | 发现 | 性质 |
|---|---|---|---|---|
| 97 | 锫（Bk） | $^{247}$Bk(1 380 a) | 1949 年 Thompson 等 | 与 Tb 相似 |
| 98 | 锎（Cf） | $^{251}$Cf(898 a) | 1950 年 Thompson 等 | 与 Dy 相似 |
| 99 | 锿（Es） | $^{252}$Es(471.7 d) | 1952 年 Thompson 等 | 与 Ho 相似 |
| 100 | 镄（Fm） | $^{257}$Fm(100.5 d) | 1953 年 Thompson 等 | 与 Er 相似 |
| 101 | 钔（Md） | $^{258}$Md(51.5 d) | 1955 年 Ghiorso 等 | 与 Tm 相似 |
| 102 | 锘（No） | $^{259}$No(58 min) | 1958 年 Ghiorso 等 | 更易以 2$^+$ 氧化态存在 |
| 103 | 铹（Lr） | $^{262}$Lr(3.6 h) | 1961 年 Ghiorso 等 | 与 Yb 相似 |
| 104 | 𬬻（Rf） | $^{261}$Rf(68 s) | 1969 年 Ghiorso 等 | 四价 |
| 105 | 𬭊（Db） | $^{262}$Db(34 s) | 1970 年 Ghiorso 等 | 五价 |
| 106 | 𬭳（Sg） | $^{271}$Sg(2.4 min) | 1974 年 Ghiorso 等，Flerov 等 | 与 Mo 和 W 十分相似 |
| 107 | 𬭚（Bh） | $^{267}$Bh(17 s) | 1981 年 Münzenberg 等 | Re 的同系物 |
| 108 | 𬭻（Hs） | $^{270}$Hs(30 s) | 1984 年 Münzenberg 等 | Os 的同系物 |
| 109 | 鿏（Mt） | $^{276}$Mt(0.72 s) | 1982 年 Münzenberg 等 | Ir 的同系物 |
| 110 | 𫟼（Ds） | $^{281}$Ds(9.6 s) | 1995 年 Hofmann 等 | Pt 的同系物 |
| 111 | 𬬭（Rg） | $^{280}$Rg(3.6 s) | 1995 年 Hofmann 等 | Au 的同系物 |
| 112 | 鎶（Cn） | $^{285}$Cn(34 s) | 1996 年 Hofmann 等 | Hg 的同系物 |
| 113 | 鉨（Nh） | $^{284}$Nh(0.48 s) | 2004 年 Morita 等 | Tl 的同系物 |
| 114 | 𫓧（Fl） | $^{289}$Fl(2.6 s) | 2000 年 Oganessian 等 | Pb 的同系物 |
| 115 | 镆（Mc） | $^{289}$Mc(220 ms) | 2004 年 Oganessian 等 | Bi 的同系物 |
| 116 | 𫟷（Lv） | $^{293}$Lv(61 ms) | 2000 年 Oganessian 等 | Po 的同系物 |
| 117 | 鿬（Ts） | $^{294}$Ts(78 ms) | 2010 年 Oganessian 等 | At 的同系物 |
| 118 | 鿫（Og） | $^{294}$Og(0.9 ms) | 2006 年 Oganessian 等 | Rn 的同系物 |

核反应是指原子核和原子核，或原子核和其他粒子之间的相互作用引起的各种变化，是产生放射性核素、获得核能的主要途径。人工放射性元素的合成的方式主要有以下几种。

（1）反应堆中子辐照合成，可合成的最重的核素是$^{257}$Fm，是唯一能获得可称量超铀元素的方法。

（2）从辐照过的核燃料中提取，核燃料在反应堆中经中子辐照发生裂变反应，能产生大量裂变产物，锝和钷即可从中提取。

（3）用加速器加速粒子轰击合成，粒子轰击由各种重元素制成的靶，通过核反应可合成绝大多数超铀元素。

（4）热核爆炸合成，热核爆炸装置中的铀核在 $10^{-8} \sim 10^{-7}$ s 的时间内，多次俘获中子，形成极富中子的铀同位素,再经一系列的 β⁻ 衰变,即可得到重超铀元素。

### 7.2.1 锝(Tc)

**1. 概述**

根据元素周期表,原子序数为 43 的缺失元素的化学性质应该介于锰和铼之间。1925 年发现铼的研究者(W. Noddack 等)声称在同样的矿物中也发现了 43 元素("masurium"),后来分离出可称量的铼(超过 1 g),但他们无法证实得到的物质是 43 号元素。终于在 1937 年,意大利科学家 C. Perrier 和 E. Segre 用伯克利回旋加速器中 8 MeV 的氘核(和次级中子)轰击了一块钼板几个月,在氘核的表面,他们发现了强烈的放射性,这主要是由于非常慢的电子,同时也有一部分来自一种新的物质,经过分析研究,首次发现了 $10^{-10}$ g 的 43 号元素,并把它命名为锝(Technetium, Tc),源自希腊语 technetos,意思为"人造的"。$^{99}$Tc 是经过加速器分离出来的第一个"人造"元素。自从它被发现以来,人们就开始在陆地上寻找这种元素。最终在 1962 年,B. T. Kenna 和 P. K. Kuroda 在非洲沥青铀矿(一种富铀矿)中分离出了极微量的 $^{99}$Tc,它是 $^{238}$U 的自发裂变产物。如果它确实存在,浓度一定非常小。在不同温度及不同演化阶段的恒星光谱中已经发现了锝,它在恒星物质中的存在影响了恒星中产生重元素的新理论。

迄今已发现 37 个 Tc 同位素,质量数为 87～113,所有锝的同位素都具有放射性。它也是原子序数小于 83 的所有元素中仅有的两个没有稳定同位素的元素之一(另一个是 $^{61}$Pm)。其中半衰期最长的是 $^{97}$Tc($T_{1/2}=2.6\times10^{6}$ a)、$^{98}$Tc($T_{1/2}=4.2\times10^{6}$ a)和 $^{99}$Tc($T_{1/2}=2.11\times10^{5}$ a)。$^{235}$U 和 $^{239}$Pu 裂变生成 Tc 的产额很高。例如,$^{235}$U 热中子裂变生成 $^{99}$Tc 的产额高达 6.16%。据计算,燃耗深度为 25 000 MWD·tHMT 的动力堆元件,每吨重金属含锝约 628 g,在初始 $^{235}$U 的富集度为 3%,燃耗深度为 35 000 MWD 的乏燃料中,每吨约含有约 1 kg $^{99}$Tc。目前锝的产量已达吨量级。

最常用的锝的同位素为 $^{99m}$Tc,$^{99m}$Tc($T_{1/2}=6.01$ h)是重要的医用放射性核素,因为它的半衰期短,发射 γ 射线,且能够与许多生物活性分子进行化学结合。$^{99m}$Tc 可以从 $^{99}$Mo–$^{99m}$Tc 发生器方便地得到。制备 $^{99}$Mo 主要有两个方法:①以天然 Mo 或富集 $^{98}$Mo 的 Mo 作靶子,用高通量反应堆的热中子照射,生产出的 $^{99}$Mo 比活度分别约为 1 Ci·g⁻¹ 和 10 Ci·g⁻¹;②从裂变产物中分离 $^{99}$Mo,$^{99}$Mo 的比活度高达 10 000 Ci·g⁻¹。由于 $^{99}$Tc 是由核反应堆中的铀裂变产生的裂变产物,多年来已经大量生产,目前产量已达公斤级。

$^{94m}$Tc($T_{1/2}=52.0$ min)发射 β⁺ 粒子,近年来常用于制备正电子发射断层成像的药物(PET 药物)。$^{94m}$Tc 可以用多个核反应制备,如 $^{94}$Mo(p,n)、$^{93}$Nb(α,3n)、$^{93}$Nb($^{3}$He,2n)等,前一个反应要求的质子能量约为 10 MeV,故可以用医用回旋加速器生产,但需用 $^{94}$Mo 富集靶。$^{99m}$Tc 属于单一低能 γ 辐射,半衰期也较理想,它的一些化合物及络合物几乎可用于人体所有脏器的显影扫描。世界各国在核医学放射性显像剂中 80% 以上都使用 $^{99m}$Tc 标记的药物。$^{99m}$Tc 也是裂片核素,但在医学应用中它常来自 $^{99}$Mo–$^{99m}$Tc 放射性同位素发生器,俗称钼锝"母牛"。

$^{99}$Tc 和 $^{99m}$Tc 均属低毒核素。$^{99}$Tc 的裂变产额高($^{235}$U 为 6.1%),半衰期长,可被动物体内浓集,在核燃料再生循环中可生成挥发性化合物,所以 $^{99}$Tc 虽是低毒性核素,但随着核能事业的发展及其广泛应用,从长远的观点来看,它是一种重要的环境污染核素。有人估计

$10^4$ 年后,它与 $^{129}I$ 和 $^{237}Np$ 等可能成为环境中最重要的危害核素。

**2.锝的物理化学性质**

金属锝呈银灰色,密度为 11.50 g·cm$^{-3}$。金属中 Tc 原子呈密排六方形。金属锝在潮湿的空气中慢慢失去光泽,而在干燥空气中则不变。锝溶于氧化性酸如硝酸、王水和热浓硫酸,但不溶于任何浓度的盐酸。在氯气中锝的反应缓慢且不完全。锝金属在 11 K 时是优良的超导体。

锝的常见氧化态是 +7 价、+5 价和 +4 价。锝在空气中加热到 500 ℃ 时,燃烧生成溶于水的 $Tc_2O_7$:

$$4Tc + 7O_2 \xrightarrow{500\ ℃} 2Tc_2O_7$$

锝在氧气中燃烧生成易挥发的 $Tc_2O_7$,300 ℃ 时即升华。$Tc_2O_7$ 溶于水生成高锝酸 $HTcO_4$。它是一种相当强的一元酸,在溶液中以最稳定的 $TcO_4^-$ 离子形式存在。高锝酸的钠盐和铵盐易溶于水,但是其钾、铯和银等盐的溶解度则很小。高锝酸银 $AgTcO_4$、高锝酸四苯基砷 $[(C_6H_5)_4As]TcO_4$ 等可在锝的重量法测定中作为基准物质。常温下 $TcO_2$ 在空气中较稳定,但易被氧化成 $Tc_2O_7$,当 $TcO_2·H_2O$ 溶于浓的 KOH 或 NaOH 溶液中时,则生成 $Tc(OH)_6^{2-}$ 离子。

锝在氟气中燃烧生成 $TcF_5$ 和 $TcF_6$ 的混合物,和氯气反应生成 $TcCl_4$ 和其他含氯化合物的混合物。

锝的硫化物已知有 $Tc_2S_7$ 和 $TcS_2$ 两种,其中 $Tc_2S_7$ 可用于分离纯化锝。锝和硫反应生成 $TcS_2$。锝不和氮气反应。锝不溶于氢卤酸或氨性 $H_2O_2$ 中,但溶于中性或酸性的 $H_2O_2$ 溶液中。表 7-6 列出了锝的部分卤化物和卤氧化物。

表 7-6 锝的卤化物及氧卤化物

| 氧化态 | F | Cl | Br |
|--------|-----|------|-----|
| $Tc^{7+}$ | $TcO_3F$ | $TcO_3Cl$ | — |
| $Tc^{6+}$ | $TcF_6$ | $TcCl_4$ | — |
| $Tc^{5+}$ | $TcOF_4$<br>$TcF_5$ | $TcOCl_3$ | $TcOBr_3$ |
| $Tc^{4+}$ | — | $TcCl_4$ | |

锝是一种显著的钢铁缓蚀剂。只需 55 ppm[①] 的 $KTcO_4$ 在温度高达 250 ℃ 的含气蒸馏水中就可以有效地保护低碳钢。这种腐蚀保护仅限于封闭系统,因为锝是放射性的,必须加以限制。

锝的电子组态为 $4d^65s^1$,基态谱项为 $^6S_{5/2}$,在元素周期表中属ⅦB族,与锰、铼同族,性质上更接近于铼,并与相邻元素钌有一些相似之处,相似之处表现在:①它的配合物都是低自旋的;②高氧化态比低氧化态稳定;③生成金属-金属键的倾向比锰大;④M(Ⅳ)和M(Ⅰ)配合物的配体取代反应比相应的锰配合物惰性大。但在一定程度上,锝和铼还是有

---

① ppm 表示百万分之一,对于气体,ppm 一般指摩尔分数或体积分数;对于溶液,ppm 一般指质量浓度。

差别的,与铼相比,锝和锰的相似性大于铼和锰的相似性。

锝的价态可以从 +7 价到 -1 价,其中 +7 价最稳定, +4 价较稳定。低于 +4 价的化合物易被氧化成 +4 价或 +7 价。如果选择适当的配体,锝可以稳定在任何价态,最常见的稳定价态是 +5 价。 +5 价和 +6 价的锝的含氧酸在溶液中发生歧化。

$$2TcO_4^{2-} + 2H^+ \longrightarrow TcO_4^- + TcO_3^- + H_2O$$

$$2TcO_3^- \longrightarrow TcO_4^{2-} + TcO_2$$

锝的标准电极电位如下:

$$Tc^- \xrightarrow{约-0.5\ V} Tc \xrightarrow{0.72\ V} TcO_2 \xrightarrow{1.39\ V} TcO_4^{2-} \xrightarrow{0.569\ V} TcO_4$$

（上方跨接 0.472 V，下方跨接 0.738 V）

(1) Tc(Ⅶ):最常见的 Tc(Ⅶ)化合物为高锝酸 $HTcO_4$ 及其盐。高锝酸是强酸, $TcO_4^-$ 水化程度很低,容易被阴离子交换树脂吸附和被胺类萃取剂萃取。许多中性萃取剂(如磷酸三丁酯、三辛基氧化膦、醇、酮、醚等)能萃取 $HTcO_4$。在生物体内, $TcO_4^-$ 的行为与 $I^-$ 离子类似,被甲状腺选择性吸收。许多还原剂可以将 $TcO_4^-$ 还原,还原 Tc 的价态除了取决于还原剂的氧化还原电位以外,还与溶液酸度及存在的配体种类和浓度有关。 $HTcO_4$ 的 OH 基可以被等电子的甲基取代,生成 $CH_3TcO_3$。

(2) Tc(Ⅴ):已合成大量的 Tc(Ⅴ)配合物,这些配合物按照"配位核心"的不同,大致可以分为 Tc(Ⅴ)、$[Tc=O]^{3+}$、$[O=Tc=O]^+$、$[Tc\equiv N]^{2+}$、$[Tc=NAr]^{3+}$、$[Tc=S]^{3+}$ 等类型。多数 $TcO^{3+}$ 核配合物具有四方锥结构,由于 $O^{2-}$ 的强给电子作用,Tc 原子位于四方锥底面之上。Tc(Ⅴ)的两个 4d 电子占据能量最低的非键轨道 $d_{xy}$,因此配合物呈反磁性,且对配体取代反应表现一定的惰性。$N^{3-}$ 是一个比 $O^{2-}$ 更强的 π 给予体,与 Tc(Ⅴ)形成 $[Tc\equiv N]^{2+}$ 核。这个核也生成四方锥结构的配合物,它比相应的 $TcO^{3+}$ 配合物更不易被水解和还原。

(3) Tc(Ⅳ):Tc(Ⅳ)为 $d^3$ 电子,它的配合物的一个显著特点是对于配体取代反应动力学的惰性。$TcCl_6^{2-}$ 是制备 Tc(Ⅳ)配合物的常用原料,可用浓盐酸还原高锝酸得到。

(4) Tc(Ⅲ):电子组态为 $d^4$ 的 Tc(Ⅲ)能与各种类型的配体形成配合物,包含单核和多核配合物、簇合物及金属有机化合物,这些化合物都是低自旋的,Tc(Ⅲ)的配位数可由"18电子规则"推算出来。

(5) Tc(Ⅱ):电子组态为 $d^5$ 的 Mn(Ⅱ)的绝大多数配合物都是高自旋的,而 Tc(Ⅱ)配合物则是低自旋的。Tc(Ⅱ)容易被氧化,需要用叔膦等配体使之稳定。

(6) Tc(Ⅰ):Tc(Ⅰ)是 $d^6$ 离子,它的配合物对配体取代反应具有高度惰性。它与 6 个二电子给体(如 CO、RNC、$H_2O$、胺等)形成低自旋八面体配合物。其中较重要的有 $[Tc(CO)_3(H_2O)_3]^+$ 和 $[Tc(CNR)_6]^+$。

四价、五价及低价的锝与各种配体能生成大量的配合物,油气水与各种有机物配体生成许多复杂的配合物。表 7-7 列举了各种价态存在的一些配合物。

**表 7 – 7  锝的配合物举例**

| 价态 | 配合物例子 |
|---|---|
| +7 | $[TcH_9]^{2-}$, $TcO_4^-$, $CH_3TcO_3X(bpy)$ $(X = Cl、Br)$, $TcN(O_2)_2(bpy)$, $Tc(NAr)_3Me$ |
| +6 | $TcO_4^{2-}$, $[TcOCl_5]^-$, $Tc_2(NAr)_6$, $[TcNX_4]^-$, $Tc(NHC_6H_4S)_3$ |
| +5 | $[Tc(diars)_2Cl_4]^+$, $[TcOCl_4]^-$, $[TcO(CN)_4(H_2O)]^-$, $TcO(EC)$, $TcN(Et_2NCS_2)_2$, $[TcO(SCH_2CH_2S)_2]^-$ |
| +4 | $[TcCl_6]^{2-}$, $[Tc(acac)_3]BF_4$, $[Tc(C_2O_4)_3]^{2-}$, $(H_2EDTA)Tc(\mu - O)_2(H_2EDTA)$ |
| +3 | $[Tc(tu)_6]^{3+}$, $[Tc(NCS)_6]^{3-}$, $[TcCl_3(CO)(PMe_2Ph)_5]$, $TcCl(Hdmg)_2(dmg)BCH_3$ |
| +2 | $trans - TcCl_2(dppe)_2$, $[Tc(bpy)_3]^{2-}$, $TcCl_2[C_6H_5P(OEt)_2]_4$, $[Tc(CH_3CH)_6]^{2+}$ |
| +1 | $[Tc(CNR)_6]^+$, $[Tc(CN)_6]^{5-}$, $[Tc(dmpe)_3]^+$, $[Tc(phen)_3]$, $[Tc(CO)_3(H_2O)_3]^+$, $[Tc(C_6H_6)_2]^+$ |
| 0 | $Tc_2(CO)_{10}$, $Tc_2(PF_3)_{10}$, $TcM(CO)_{10}(M = Mn、Re)$, $TcCo(CO)_9$, $Tc_2(CO)_8(\mu - C_4H_6)$ |
| −1 | $[Tc(CO)_5]^-$, $HTc(CO)_5$ |

## 7.2.2  钷(Pm)

**1. 概述**

1902 年, B. Branner 预言在钕和钐之间存在一种元素, 这被 J. A. Moseley 在 1914 年证实。1941 年, 俄亥俄州立大学的工作人员用中子、氘核与粒子辐照钕和镨, 产生了几种新的放射性物质, 很可能是 61 号元素。1942 年, Wu、Segre 和 Bethe 确认了这一发现。然而, 由于当时的稀土分离困难, 缺乏生产 61 号元素的化学证据。61 号元素的空白一直持续到 1947 年, Marinsky、Glendenin 和 Coryell 用草酸沉淀法分离稀土馏分后, 在铀的裂变产物中发现了该元素。他们运用离子交换法, 从裂变产物和慢中子照射钕靶的核反应产物中, 分离出这种新的镧系元素, 从淋洗曲线中清楚地看到它的淋洗峰位于 60 号和 62 号元素之间, 确定了它就是 61 号元素。这种元素被命名为钷 (Promethium, Pm), 以纪念希腊神话中给人类带来火的普罗米修斯 (Prometheus)。

自然界中没有天然存在的钷, 这是因为钷全部衰变了。但是, 在仙女座星系的 HR465 恒星的光谱中已经发现了钷。这种元素是近年来在恒星表面形成的, 因为已知的钷同位素的半衰期都不超过 17.7 a。目前已知 17 种钷的同位素 ($A = 134 \sim 155$), 天然物质中钷的含量是可以忽略的, 如果存在有大量的钷, 就会有很强的放射性。如果钷在 1 g 的样品中以 1 ppm 的浓度存在, 则活性为 6 MBq。$^{235}U$ 的热中子裂变生成 $^{147}Pm$ 的产额 2.27%, 可从裂变产物中大量提取。Pm 的寿命最长的同位素是 $^{145}Pm$ ($T_{1/2} = 17.7$ a), 其次是 $^{146}Pm$ ($T_{1/2} = 5.53$ a); $^{147}Pm$ ($T_{1/2} = 2.6$ a) 最为常用。

钷主要来源于质量数为 147 的裂变产物链, 钕的中子辐照也可以产生 Pm 的同位素:

$$^{147}Nd \xrightarrow{\beta^-,10.98\ d} {}^{147}Pm \xrightarrow{\beta^-,2.62\ a} {}^{147}Sm \xrightarrow{\alpha,1.06 \times 10^{11}\ a} {}^{143}Pr$$

$$^{147}Nd(n,\gamma)^{147}Nd \xrightarrow{\beta^-,10.98\ d} {}^{147}Pm \xrightarrow{\beta^-,2.62\ a} {}^{147}Sm$$

$$^{148}Nd(n,\gamma)^{149}Nd \xrightarrow{\beta^-,1.73\ h} {}^{147}Pm \xrightarrow{\beta^-,53.1\ b} {}^{147}Sm$$

$$^{150}Nd(n,\gamma)^{151}Nd \xrightarrow{\beta^-,12.4\ h} {}^{151}Pm \xrightarrow{\beta^-,28.4\ b} {}^{151}Sm$$

$^{147}$Pm 是纯 β 发射体,β 粒子的能量为 0.233 MeV,主要有以下几种主要用途。

(1)可用于密度计、测厚仪等。

(2)可以制造荧光粉,用于航标灯、夜光仪表和钟表。

(3)可以用于制造体积小、质量小的核电池,通过光电池捕获光并将其转换成电流。这样的电池使用$^{147}$Pm,将有大约 5 年的使用寿命。

(4)便携式 X 射线源,它可能成为有用的热源,为太空探测器和卫星提供辅助电源。

**2. 钷的物理化学性质**

钷是一个较弱的 β 发射体;虽然不发射 γ 射线,但当粒子撞击高原子序数的元素时,会发射 X 射线,处理时必须非常小心。由于其高放射性,钷盐在黑暗中会发出浅蓝色或绿光。金属钷与其他镧系元素金属相似。金属钷有两个同素异形体,常温下处于立方晶格的 α 相。Pm 与水作用缓慢,在热水中作用较快,可置换氢。它易溶于稀酸中,在空气中缓慢氧化,在 150 ~ 180 ℃时灼烧可形成氧化物 $Pm_2O_3$。三价钷离子在水溶液中呈浅红黄色,加入氨水或氢氧化钠到碱性,则生成微棕色凝胶状的氢氧化钷。硝酸钷晶体呈浅玫瑰色,在空气中易吸水而潮解。$Pm^{3+}$ 离子可形成难溶的氟化物、草酸盐、磷酸盐和氢氧化物。用钙可以将 $PmF_3$ 还原,从而获得熔点为 1 158 ℃的金属。在高温下烧制的氧化钷能很好地溶解在强酸中,形成相应的盐。

## 7.2.3 钫(Fr)

### 1.概述

1939 年,法国科学家 M. C. Perey 在研究锕的同位素$^{227}$Ac 的 α 衰变产物时,从中发现了 87 号元素,命名为钫(Francium,Fr)。

$$^{227}Ac \xrightarrow{\alpha,21.77\ a} {}^{223}Fr \xrightarrow{\beta^-,21.8\ min} {}^{223}Pa$$

后来从钍衰变系中又找到另一个同位素$^{224}$Fr,它来自$^{228}$Ac 的 α 分支衰变子体。

$$^{228}Ac \xrightarrow{\alpha,6.15\ h} {}^{224}Fr \xrightarrow{\beta^-,2.7\ min} {}^{224}Ra$$

钫在所有元素中相对质量最大,在元素周期表前 101 个元素中最不稳定。已知钫有 34 种同位素,$A$ = 199 ~ 232。在自然界$^{223}$Fr 在铀矿中含量极微,7. 7 × 10$^{14}$个$^{235}$U 原子,或 3 × 10$^{18}$个天然铀原子中含一个$^{223}$Fr 原子。寿命最长的$^{223}$Fr 是$^{227}$Ac 的衰变子体,半衰期为 22 min,这是自然界中唯一存在的钫同位素。因为所有已知的钫同位素都是高度不稳定的,关于这种元素的化学性质的知识来自放射化学技术。尚未制备或分离出可称量的元素。

钫是碱金属中已知最重的元素,是$^{227}$Ac 的 α 衰变的产物。它可以通过用质子轰击钍核或用中子轰击镭核来人工制造。钫最稳定的同位素$^{223}$Fr 可以发生 β 衰变衰变成$^{223}$Ra,或 α 衰变衰变成$^{219}$At。

### 2.钫的物理化学性质

钫的电子组态为 7s$^1$,属于元素周期表 I A 族元素,具有典型的碱金属性质。在室温下是固体,化学性质与铯最相似。只有特征的 +1 价氧化态,它的大多数化合物如氢氧化物、盐类等都是水溶性的。仅有少数化合物如高氯酸铯、氯铂酸铯、硅钨酸铯、氯钽酸铯等可以与钫同晶共沉淀载带下来,把沉淀溶解,用离子交换法把钫与铯分开,可以获得无载体的放射性核素钫。

### 7.2.4  砹(At)

#### 1. 概述

1940 年,加利福尼亚大学的 D. R. Corson、K. R. MacKenzie 和 E. Segre 用 α 粒子轰击铋靶,引起核反应$^{209}Bi(\alpha,2n)^{211}At$,得到 85 号元素,命名为砹(Astatine, At),源自希腊语"astatos",意思是"不稳定的"。由于铀和钍的衰变,自然界中存在少量砹,尽管在任何特定时间地壳中砹的总量都少于 30 g。由于其稀缺性,砹会在需要时生产。

后来在三个天然放射系里也找到了砹的短半衰期同位素。已知砹的同位素共有 31 个,$A = 193 \sim 223$,其中$^{210}At$($T_{1/2} = 8.1$ h)和$^{211}At$($T_{1/2} = 7.214$ h)的半衰期最长。自然界存在同位素有$^{215}At$、$^{218}At$ 和$^{219}At$,其他都是人工合成的同位素。

砹可以通过用高能 α 粒子轰击铋得到寿命相对较长的$^{209\sim211}At$ 来生产,它可以通过在空气中加热从靶中蒸馏出来。

$^{211}At$ 是一个 α 发射体(42%α,5.87 MeV;58% EC),半衰期适中,可用于制备体内放疗药物。

砹本身无毒,但其放出的射线对人体有害。动物实验证明,$^{211}At$ 类似碘,易为人身的甲状腺所吸收。因此,砹放射出的 α 粒子对甲状腺组织起破坏作用。

#### 2. 砹的物理化学性质

砹的电子组态为$6s^2 6p^5$,属于元素周期表ⅦA 族元素。"time of flight"质谱仪已被用来证实这种高放射性卤素化学性质与其他卤素,特别是与碘非常相似,和邻近的元素钋也有某些相似。砹被认为比碘具有更多的金属性质,和碘一样,砹可能在甲状腺中积累。布鲁克海文国家实验室的工作人员最近使用交叉分子束中的反应散射来识别和测量砹的基本反应。实验证明砹同时具有金属性和非金属性。

砹易挥发,在室温下受热升华,但比碘挥发得慢,利用 At 的这一性质可将它与 Bi、Po 等分离。

At 在 Au、Ag 和 Pt 的表面却不易挥发,室温时能沉积在 Au 的表面上,但不能沉积在 Cu、Ni 和 Al 表面上,砹在这方面的性质和钋相似。元素 At 易溶于非(或低)极性溶剂中,以碘为载体,很容易被$CCl_4$ 或$CHCl_3$ 萃取。

已知 At 有 -1 价、0 价、+1 价、+5 价和 +7 价五种价态。它在溶液中的化学性质类似碘,当砹以游离元素形式存在于溶液中时,它可以被苯萃取。溶液中的元素砹可以被$SO_2$ 还原,也可以被溴氧化。在卤族元素中砹最具正电性,它的具有共沉淀特性的氧化态类似于碘离子、游离碘和碘酸离子的氧化态。强氧化剂可使砹产生一个砹酸根离子,但得不到高砹酸离子,游离的砹极易获得。元素 At 在水溶液中易被$SO_2$ 或 Zn 还原成$At^-$。在溴水或$HNO_3$ 作用下,$At^-$ 被氧化成$AtO^-$。在过硫酸盐、高价铈等强氧化剂作用下,$At^-$ 将转变成$AtO_3^-$。电解时,砹既可以在阴极上析出,也可在阳极上析出,这说明砹的行为又与钶相似。

# 7.3  锕系元素

锕系元素是指原子序数为 89 ~ 103 的 15 种化学元素,其第一个元素是锕,最后一个元素是铹。表 7 - 8 列出了锕系元素的发现情况。锕系元素的化学性质是由它们最外层的电子亚层控制的。锕系元素是占据 5f 亚层的过渡元素,具有如下几个特征。

（1）大多数比铀重的元素最初是通过人工方法发现的:①核反应堆中中子轰击重原子;②加速器中其他粒子轰击重原子;③核爆炸。

（2）所有锕系核素都具有放射性,易发生自发和诱发的核裂变。

（3）半径非常大,以离子半径非常大的阳离子形式存在于化合物和溶液中。

（4）锕系金属具有特殊的物理性质。钚有六种同素异形体,是所有金属中最特殊的。

（5）许多锕系元素有丰富的氧化态。特别是钚,它能同时以四种氧化态形式存在于水溶液中。

（6）在钚之前元素的化合物中,5f 轨道足够分散,这些轨道中的电子是自由的(离域的,化学成键的,通常具有独特的磁矩和电导率)。在大多数超钚元素化合物中,5f 电子是定域的(对电导率或化学键的影响不大)。

（7）锕(在金属、自由原子或离子中都没有 5f 电子)、锔和锘之间的元素与镧系元素(填充 4f 电子亚层)相似。钍 - 锫之间的元素具有一些与 d 区过渡元素相似的性质。

（8）锕系元素的电子性质和自旋轨道相对论效应的研究对锕系元素化学性质十分重要。

表 7 - 8　锕系元素的发现

| $Z$ | 元素 | 元素符号 | 发现时的核反应及同位素 | 发现者及发现时间 |
|---|---|---|---|---|
| 89 | 锕(actinium) | Ac | 天然,$^{227}Ac$ | A. Debiernr,1899 年 |
| 90 | 钍(thorium) | Th | 天然,$^{232}Th$ | J. J. Berzelius,1828 年 |
| 91 | 镤(protactinium) | Pa | 天然,$^{231}Pa$ | K. Fajans,1913 年 |
| 92 | 铀(uranium) | U | 天然,$^{238}U$ | M. H. Klaproth 等,1789 年 |
| 93 | 镎(neptunium) | Np | $^{238}U(n,\gamma)\xrightarrow{\beta^-}{}^{239}Np$ | G. T. McMillian 等,1940 年 |
| 94 | 钚(plutonium) | Pu | $^{238}U(d,2n)^{238}Np\xrightarrow{\beta^-}{}^{238}Pu$ | G. T. Seaborg 等,1940—1941 年 |
| 95 | 镅(americium) | Am | $^{239}Pu(n,\gamma)(n,\gamma)^{241}Pu\xrightarrow{\beta^-}{}^{242}Am$ | G. T. Seaborg 等,1944—1945 年 |
| 96 | 锔(curium) | Cm | $^{239}Pu(\alpha,n)^{242}Cm$ | G. T. Seaborg 等,1944 年 |
| 97 | 锫(berkelium) | Bk | $^{241}Am(\alpha,2n)^{243}Bk$ | S. G. Thompson 等,1949 年 |
| 98 | 锎(californium) | Cf | $^{242}Cm(\alpha,n)^{245}Cl$ | S. G. Thompson 等,1950 年 |
| 99 | 锿(einsteinium) | Es | 热核爆炸,$^{253}Es$ | A. Ghiorso 等,1952 年 |
| 100 | 镄(fermium) | Fm | 热核爆炸,$^{255}Fm$ | A. Ghiorso 等,1953 年 |
| 101 | 钔(mendelevium) | Md | $^{253}Es(\alpha,n)^{256}Md$ | A. Ghiorso 等,1955 年 |
| 102 | 锘(nobelium) | No | $^{238}U(^{22}Ne,xn)^{254,256}No(x=6,4)$ | A. Ghiorso 等,1958 年 |
| 103 | 铹(lawrencium) | Lr | $^{249\sim252}Cf+^{10,11}B\longrightarrow{}^{257,258}Lf$ <br> $^{243}Am(^{18}O,5n)^{256}Lr$ | A. Ghiorso 等,1961 年 <br> E. D. Donets 等,1965 年 |

### 7.3.1　概论

**1. 锕系元素电子轨道研究**

(1)锕系元素 5f 轨道与镧系元素 4f 轨道的对比

锕系元素是 5f 过渡元素,有电子部分填充 f 和 d 轨道。与主要填充 4f 轨道的镧系元素相比,锕系元素 5f 轨道中在化学键结中起着更重要的作用,因为它们更广泛的径向分布和相对论效应带来的更高的能量。当粒子以接近光速的速度运动时,相对论就变得重要起来。相对论效应在较重的元素中变得重要,并影响波函数的能级结构和径向分布。图 7 – 1 显示了一般 7 个 f 轨道的原子轨道的空间方向。由于 f 轨道方向的变化,配体与不同原子的相互作用十分复杂。

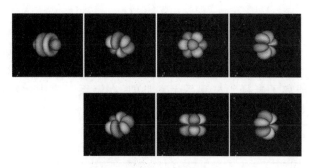

**图 7 – 1　7 个 f 轨道的分布**

对于较轻的锕系元素,如铀、镎、钚和镅,5f→6d 的电子激发能比 4f→5d 的电子激发能小。由于较小的电子激发能,化学键在较轻的锕系元素是复杂的,这些元素的氧化态从 +3 价到 +7 价。然而,比镅重的锕系元素更接近镧系元素, +3 价变得稳定。为了理解锕系元素的化学性质,必须考虑价电子轨道的相对能量和 5f 电子的相对论效应。5f 和 6d 轨道之间的相对能量强烈影响离子的氧化态和离子半径。

(2)锕系元素 5f 和 6d 轨道的能量对比

在锕系中,5f 轨道和 6d 轨道的能量接近(图 7 – 2)。在镤($Z = 91$)之前,6d 轨道低于5f,因此电子优先填充 6d 轨道;镤之后则相反,电子优先填充 5f 轨道,在锕之后开始形成 5f 电子层,直到铹($Z = 103$)的 5f 电子层完全充满。锕系元素中性原子核 +1 ~ +4 价离子基态的电子组态见表 7 – 9。

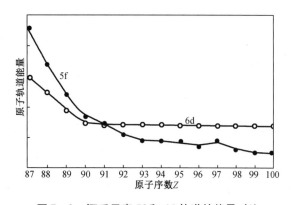

**图 7 – 2　锕系元素 5f 和 6d 轨道的能量对比**

表7-9　锕系元素中性原子核+1～+4价离子基态的电子组态

| 元素 | Ac | Th | Pa | U | Np | Pu | Am | Cm | Bk | Cf | Es | Fm |
|---|---|---|---|---|---|---|---|---|---|---|---|---|
| $Z$ | 89 | 90 | 91 | 92 | 93 | 94 | 95 | 96 | 97 | 98 | 99 | 100 |
| $M^0$ | $6d7s^2$ | $6d^27s^2$ | $5f^26d7s^2$ | $5f^36d7s^2$ | $5f^46d7s^2$ | $5f^67s^2$ | $5f^77s^2$ | $5f^76d7s^2$ | $5f^97s^2$ | $5f^{10}7s^2$ | $5f^{11}7s^2$ | $5f^{12}7s^2$ |
| $M^+$ | $7s^2$ | $6d7s^2$ | $5f^27s^2$ | $5f^37s^2$ | $5f^57s$ | $5f^67s$ | $5f^77s^1$ | $5f^77s^2$ | $5f^97s$ | $5f^{10}7s$ | $5f^{11}7s$ | $(5f^{12}7s)$ |
| $M^{2+}$ | $7s$ | $5f6d$ | $5f^26d$ | $5f^36d$ | $5f^5$ | $5f^6$ | $5f^8$ | $5f^8$ | $5f^9$ | $5f^{10}$ | $5f^{11}$ | $(5f^{12})$ |
| $M^{3+}$ | | $5f$ | $5f^2$ | $5f^3$ | $5f^4$ | $5f^5$ | $5f^7$ | $5f^7$ | $5f^8$ | $5f^9$ | $5f^{10}$ | $(5f^{11})$ |
| $M^{4+}$ | | | $5f$ | $5f^2$ | $5f^3$ | $5f^4$ | $5f^6$ | $5f^6$ | $5f^7$ | $5f^8$ | $(5f^9)$ | $(5f^{10})$ |

## 2. 离子半径

### (1) 锕系收缩

表7-10给出了锕系元素和镧系元素的离子半径。离子半径和配位数的数据由 R. D. Shannon 和 E. T. Prewitty 研究得出。他们主要分析了氟化物、氧化物、氯化物和硫化物的晶体结构,测得了晶体或离子半径。与镧系元素类似,在锕系元素中也存在离子半径随着原子序数的增加而减小,即锕系收缩现象,这是锕系元素的重要性质之一。

表7-10　镧系元素和锕系元素的离子半径

| $Z$ | 元素 | $Ln^{3+}/nm$ | $Ln^{4+}/nm$ | $Z$ | 元素 | $An^{3+}/nm$ | $An^{4+}/nm$ |
|---|---|---|---|---|---|---|---|
| 57 | La | 0.106 1 | | 89 | Ac | 0.111 9 | — |
| 58 | Ce | 0.103 4 | 0.092 | 90 | Th | (0.108) | 0.097 2 |
| 59 | Pr | 0.101 3 | 0.090 | 91 | Pa | (0.105) | 0.093 5 |
| 60 | Nd | 0.099 5 | | 92 | U | 0.104 1 | 0.091 8 |
| 61 | Pm | (0.097 9) | | 93 | Np | 0.101 7 | 0.090 3 |
| 62 | Sm | 0.096 4 | | 94 | Pu | 0.099 7 | 0.088 7 |
| 63 | Eu | 0.095 0 | | 95 | Am | 0.098 2 | 0.087 8 |
| 64 | Gd | 0.093 8 | | 96 | Cm | 0.097 0 | 0.087 1 |

表7-10　镧系元素和锕系元素的离子半径

| $Z$ | 元素 | $Ln^{3+}/nm$ | $Ln^{4+}/nm$ | $Z$ | 元素 | $An^{3+}/nm$ | $An^{4+}/nm$ |
|---|---|---|---|---|---|---|---|
| 65 | Tb | 0.092 3 | 0.084 | 97 | Bk | 0.094 9 | 0.086 0 |
| 66 | Dy | 0.090 8 | | 98 | Cf | 0.093 4 | 0.085 1 |
| 67 | Ho | 0.089 4 | | 99 | Es | 0.092 5 | — |
| 68 | Er | 0.088 1 | | 100 | Fm | — | |
| 69 | Tm | 0.086 9 | | 101 | Md | 0.089 6 | |
| 70 | Yb | 0.085 8 | | 102 | No | 0.089 4 | |
| 71 | Lu | 0.084 8 | | 103 | Lr | 0.088 2 | |

由图 7 - 3 可知, +3 ~ +6 价四种锕系氧化态都表现出锕系收缩。对于 $An^{3+}$ 和 $An^{4+}$ 离子, 半径 $r$ 并非原子序数 $Z$ 的线性函数, 前几个元素的 $r(An^{3+})$ 及 $r(An^{4+})$ 随 $Z$ 增加收缩得快, Np 或 Pu 以后变化平缓。这意味着, 锕系元素的化学行为的差别随着原子序数的增加而逐渐变小, 这就使得超钚元素分离越来越困难。因此, 在锕系元素中对复杂自旋态方面的理论认识是非常重要的。与较轻的锕系金属相比, 这些重锕系金属具有较低的内聚能和较大的原子体积。从 Pa 到 Pu 的锕系金属与较重的锕系金属相比具有更小的原子体积和更高的密度。在较轻的锕系金属中, 由于 5f 电子的因素, 金属间的键合变得更紧密。

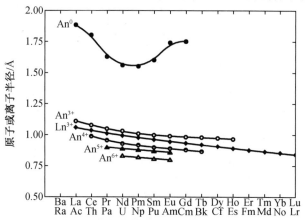

**图 7 - 3　镧系元素 (Ln) 和锕系元素 (An) 的原子和离子半径**

(2) 锕系元素离子半径的测定

由于重锕系元素的产量有限且半衰期较短, 测定重锕系元素的离子半径和化学性质是相当困难的。Bruchle 等通过离子交换实验测定了 $Md^{3+}$ 和 $Lr^{3+}$ 的水合能和离子半径。最近, 最稳定的锘通过新开发的流动电解色谱技术被制得, $No^{2+}$ 被成功氧化为 $No^{3+}$, 并将其置于 $\alpha$ - 羟基异丁酸溶液 ($\alpha$ - HIB) 中。结果表明, 在原子的时间尺度上, No 的氧化态完全由所使用的装置控制。这一新方法有望用于测定 $No^{3+}$ 的离子半径, 这是理解锕系末端离子半径收缩的关键。

### 7.3.2　金属与化合物

#### 1. 锕系金属的理化性质

锕系元素金属一般可在 1 100 ~ 1 400 ℃ 下用碱金属或者碱土金属如 Li、Mg、Ca 或 Ba 蒸气还原它们的三氟化物或者四氟化物来制备。由锕到镄都已获得金属形式。金属钍、铀和钚是重要的核燃料, 已大量生产。而锕、镤和一些轻超铀元素仅分离出 g 级或 mg 级产品。超锎金属还未得到。

$$PuF_4 + 2Ca \longrightarrow Pu + 2CaF_2$$

新制备的锕系金属呈银白色或银灰色, 在空气中很快变暗。它们有很高的密度, 例如 $\alpha$ - U 的密度为 19.050 g·cm$^{-3}$, $\alpha$ - Np 的密度高达 20.2 g·cm$^{-3}$。从 Ac 到 Pu 固态金属的同素异形相的数目逐渐增加, 固体铀有 3 个相, 固体钚至少有 6 个相 (图 7 - 4), 钚之后的元素金属相的数目逐渐减少。此外, 从 Ac 到 Pu, 室温下稳定相的对称性逐渐降低, 熔点也随之降低。锕系金属的密度在室温下表现出不寻常的变化: Ac ~ 10 000 kg·m$^{-3}$, Th ~ 11 800 kg·m$^{-3}$, Pa ~ 15 400 kg·m$^{-3}$, U ~ 19 100 kg·m$^{-3}$, Np ~ 20 500 kg·m$^{-3}$, Pu ~ 19 900 kg·m$^{-3}$, Am ~ 13 700 kg·m$^{-3}$, Cm ~ 13 500 kg·m$^{-3}$, Bk ~ 14 800 kg·m$^{-3}$。

所有的金属都具有很强的电正性,与水蒸气反应而产生氢气。它们在空气和更高的温度下以小碎片的形式缓慢氧化,是自燃的。锕系金属化学性质活泼,在适当的单质气体中加热金属容易产生氢化物、氧化物、氮化物和卤化物,以图7-5和图7-6中的钍和铀的反应为例。氟化物是最重要的固体锕系化合物之一,因为它们是生产金属的起始材料。铀的挥发性六氟化物用于同位素富集。

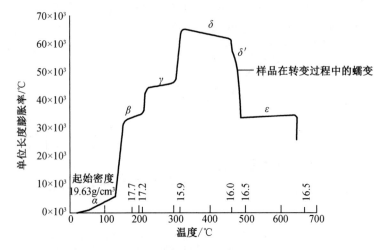

图7-4 高纯钍的膨胀曲线及密度

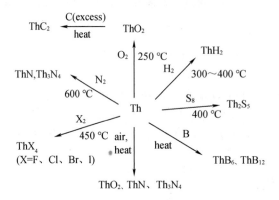

图7-5 钍的反应

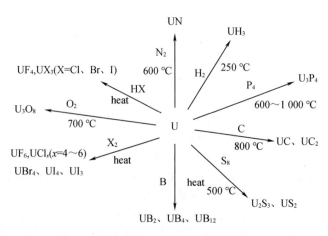

图7-6 铀的反应

## 2. 锕系元素化合物

本部分研究锕系元素的一些最重要的二元化合物,主要是氧化物和卤化物。尽管锕系元素具有放射性,但这些元素中的大多数二元化合物已经得到了较为全面的研究,并为理解锕系元素固体化学提供帮助。

### (1)氧化物

表 7-11 总结了锕系元素氧化物的分子式。表中仅为部分氧化物,特别是 U 和 Pu,在所示的组成之间还存在一些其他相。

**表 7-11　锕系元素氧化物**

| Ac | Th | Pa | U | Np | Pu | Am | Cm | Bk | Cf | Es |
|----|----|----|----|----|----|----|----|----|----|----|
| $Ac_2O_3$ | | | | | $Pu_2O_3$ | $Am_2O_3$ | $Cm_2O_3$ | $Bk_2O_3$ | $Cf_2O_3$ | $Es_2O_3$ |
| | $ThO_2$ | | $UO_2$ | $NpO_2$ | $PuO_2$ | $AmO_2$ | $CmO_2$ | $BkO_2$ | $CfO_2$ | |
| | | $Pa_2O_5$ | | $Np_2O_5$ | | | | | | |
| | | | $UO_3$ | $NpO_3$ | | | | | | |

锕系元素的氧化物和镧系元素有些许不同,在镧系元素中,常见的氧化物是 $Ln_2O_3$。较轻的锕系元素与过渡金属表现出更多的相似之处,其中最大氧化态对应于外层电子数,这反映了锕系元素中 d 和 f 电子的更大游离性。特别是 +4 价比在镧系中更稳定,在镧系中只会在少数离子中存在。

氧金属比(O/M ratio)是了解这些氧化物固态行为的重要参数之一。在混合氧化物($MO_X$)核燃料的研究中,关于萤石结构的二氧化物有较为全面的研究。表 7-12 给出了超铀元素氧化物的基本性质。镎为五价氧化物 $Np_2O_5$,而其他超铀元素在氧化物主要为三价和四价。这些氧化物未来可能用于辐照核燃料和固化高放射性核废料。

**表 7-12　超铀元素氧化物的性质**

| 化合物 | 颜色 | 对称性 |
|--------|------|--------|
| $NpO_2$ | 苹果绿色 | 立方体 |
| $Np_2O_5$ | 深棕色 | 单斜 |
| $Pu_2O_3$ | 黑色 | 六角形 |
| $PuO_2$ | 黄绿-棕色 | 立方体 |
| $Am_2O_3$ | 棕褐色 | 六角形 |
| $Am_2O_3$ | 红棕色 | 立方体 |
| $AmO_2$ | 黑色 | 立方体 |
| $Cm_2O_3$ | 白色/淡褐色 | 六角形 |
| $Cm_2O_3$ | 白色/浅绿色 | 单斜 |
| $Cm_2O_3$ | 白色 | 立方体 |

表 7 – 12（续）

| 化合物 | 颜色 | 对称性 |
|---|---|---|
| $Cm_7O_{12}$ | 黑色 | 菱形 |
| $CmO_2$ | 黑色 | 立方体 |
| $Bk_2O_3$ | 浅绿色 | 六角形 |
| $Bk_2O_3$ | 黄 – 绿色 | 单斜 |
| $Bk_2O_3$ | 黄 – 棕色 | 立方体 |
| $BkO_2$ | 黄 – 棕色 | 立方体 |
| $Cf_2O_3$ | 浅绿色 | 六角形 |
| $Cf_2O_3$ | 石灰绿 | 单斜 |
| $Cf_2O_3$ | 浅绿色 | 立方体 |
| $Cf_7O_{12}$ | | 菱形 |
| $CfO_2$ | 黑色 | 立方体 |
| $Es_2O_3$ | 白色 | 六角形 |
| $Es_2O_3$ | 白色 | 单斜 |
| $Es_2O_3$ | 白色 | 立方体 |

（2）卤化物

①常见的锕系元素卤化物

表 7 – 13 总结了已知卤化物。早期锕系元素中唯一处于 +2 价的化合物是 $ThI_2$，它是一种金属导体，可能是 $Th^{4+}(e^-)_2(I^-)_2$。某些较重的锕系元素形成 $MX_2$（Am、Cf、Es），通常具有相应的 $EuX_2$ 结构，因此是 $M^{2+}$ 型化合物。除了钍和镨外，所有锕系元素都有四种三卤化物；四氟化物存在于 Th – Cf；已知仅有 Pa、U 和 Np 有五卤化物；U – Pu 存在六卤化物，铀是唯一可以形成六氯化物的锕系元素。锕系卤化物通常是稳定的化合物，大多数都溶于水（并被水解）。

表 7 – 13　锕系元素的卤化物及氧化态

| 氧化态 | +2 价 | +3 价 | +4 价 | +5 价 | +6 价 |
|---|---|---|---|---|---|
| Ac | | F、Cl、Br、I | | | |
| Th | I | I | F、Cl、Br、I | | |
| Pa | | I | F、Cl、Br、I | F、Cl、Br、I | |
| U | | F、Cl、Br、I | F、Cl、Br、I | F、Cl、Br | F、Cl |
| Np | | F、Cl、Br、I | F、Cl、Br、I | F | F |
| Pu | | F、Cl、Br、I | F | | F |
| Am | Cl、Br、I | F、Cl、Br、I | F | | |
| Cm | | F、Cl、Br、I | F | | |

**表 7－13**（续）

| 氧化态 | ＋2 价 | ＋3 价 | ＋4 价 | ＋5 价 | ＋6 价 |
|---|---|---|---|---|---|
| Bk | | F、Cl、Br、I | F | | |
| Cf | Cl、Br、I | F、Cl、Br、I | F | | |
| Es | Cl、Br、I | F、Cl、Br、I | | | |
| Fm | | | | | |
| Md | | | | | |
| No | | | | | |
| Lr | | | | | |

在早期锕系化合物中发现的最大氧化态对应于 7s、6d 和 5f 轨道中可用的电子总数。在铀之后的元素就不再符合这一规律，高氧化态的稳定性急剧下降，这可能是因为 5f 电子成键的可能性逐渐降低。锕系的后半部分，＋3 价为主要氧化态，这点与镧系元素相似。氟是卤素中最强的氧化剂，＋6 价氧化态的锕系元素卤化物基本为氟化物。

②卤化物的合成

锕系元素卤化物有相当多的合成方法，许多涉及氧化物与 HX 或 $X_2$ 的反应（根据所需的氧化状态），但有时会使用到其他卤化剂，如 $AlX_3$ 或六氯丙烯。下面是一些可选的方法。

·氟化物

$$Ac(OH)_3 \longrightarrow AcF_3(HF,700\ ℃)$$

$$AmO_2 \longrightarrow AmF_3(HF,heat)$$

$$PaO_2 \longrightarrow PaF_4(HF/H_2,600\ ℃)$$

$$PaF_4 \longrightarrow PaF_5(F_2,800\ ℃)$$

在某些情况下，＋3 态很容易被氧化，则可采用还原方法：

$$MO_2 \longrightarrow MF_3(M = Pu,Np;HF/H_2,500\ ℃)$$

$$UF_4 + Al \longrightarrow UF_3 + AlF(不稳定)(900\ ℃)$$

·氯化物

在 $AnCl_3$ 存在的情况下，可用制备镧系三卤化物的方法——用氯化铵加热氧化物或水合氯化物：

$$Ac_2O_3 \longrightarrow AcCl_3(NH_4Cl,250\ ℃)$$

$$AmCl_3 \cdot 6H_2O \longrightarrow AmCl_3(NH_4Cl,250\ ℃)$$

$$NpO_2 \longrightarrow NpCl_4(CCl_4,500\ ℃)$$

也可采用氧化还原方法：

$$UH_3 \longrightarrow UCl_3(HCl,350\ ℃)$$

$$NpCl_4 \longrightarrow NpCl_3(H_2,600\ ℃)$$

·溴化物

$$Ac_2O_3 \longrightarrow AcBr_3(AlBr_3,750\ ℃)$$

$$NpO_2 \longrightarrow NpBr_4(AlBr_3,heat)$$

$$M_2O_3 \longrightarrow MBr_3(M = Cm,Cf;HBr,600 \sim 800\ ℃)$$

### 7.3.3 氧化还原

**1. 氧化态**

(1)不同氧化态成因的解释

元素的化学性质由其价电子结构、氧化态、离子半径和配位数决定。锕系元素的氧化态比镧系元素的氧化态变化范围更大。

6d 和 7s 亚层的电子比填满的亚层的电子束缚更小,也比 5f 电子束缚更小。在这些外层中,结合能在几个 eV 的范围内,即与化学成键中常见的数量级相同。因此,Ac 容易失去其 $6d7s^2$ 电子形成 $Ac^{3+}$,Th 容易失去其 $6d^27s^2$ 电子形成 $Th^{4+}$。对于其后的元素,从 Pa 到 Am,情况更加复杂。放射化学和核化学认为,在一定的原子数下,f – 亚层轨道的空间特征会发生突变;也就是说,f 层电子在某些元素中可能比在其他元素中被屏蔽的效应更强,因为 f 层轨道靠近电子云的表面(发生化学作用的地方),并且 5f 层电子与 d 层和 s 层电子的接触更紧密。

(2)锕系元素常见的氧化态

表 7 – 14 给出了锕系元素的氧化状态。锕和超钚元素(从 Am 到 Lr)以 +3 价为最稳定的氧化态,它们的行为与镧系元素相似,而 $^{102}$No 更倾向于 +2 价。由于 5f 电子的非定域性,较轻的锕系元素具有较宽的氧化态范围。Ac ~ U 的这种与过渡金属的相似性在近一个世纪前被注意到,因此最初使人们认为锕系元素是另一组过渡金属。轻的超铀元素 Np、Pu 和 Am 的氧化态可以表现为 +3 价到 +7 价,这三种元素最稳定的氧化态分别是 +5 价、+4 价和 +3 价。较重的锕系元素从 Bk 左右开始,大多数元素倾向于表现出一种稳定的氧化态,几乎在所有情况下都是 +3 价,与镧系元素相似,如表 7 – 15 所示。

表 7 – 14 锕系元素的氧化状态

| 原子序数 | 元素 | 符号 | 氧化态 |
|---|---|---|---|
| 89 | 锕 | Ac | 3 |
| 90 | 钍 | Th | (3)**4** |
| 91 | 镤 | Pa | (3)4 **5** |
| 92 | 铀 | U | 3 4 5 **6** |
| 93 | 镎 | Np | 3 4 **5** 6 7 |
| 94 | 钚 | Pu | 3 **4** 5 6 (7) |
| 95 | 镅 | Am | (2)**3** 4 5 6 7$^?$ |
| 96 | 锔 | Cm | (2)**3** 4 5$^?$ 6$^?$ |
| 97 | 锫 | Bk | **3** 4 |
| 98 | 锎 | Cf | (2)**3** 4 5$^?$ |
| 99 | 锿 | Es | (2)**3** (4) |
| 100 | 镄 | Fm | 2 **3** 4$^?$ |
| 101 | 钔 | Md | 1$^?$ 2 **3** |

表 7 – 14(续)

| 原子序数 | 元素 | 符号 | 氧化态 |
|---|---|---|---|
| 102 | 锘 | No | **2** 3 |
| 103 | 铹 | Lr | 3 |

注:最稳定的氧化状态用粗体表示,不稳定的氧化状态用括号表示,可能存在的氧化状态用(?)表示。

### 表 7 – 15 锕系元素价态

| 元素 | +2 价 | +3 价 | +4 价 | +5 价 | +6 价 | +7 价 |
|---|---|---|---|---|---|---|
| Ac | | □ | | | | |
| Th | ? | ○ | □ | | | |
| Pa | | ○ | ○ | □ | | |
| U | | ○ | □ | ○ | □ | |
| Np | | ○ | ○ | □ | ○ | ○ |
| Pu | | ○ | □ | ○ | ○ | ○ |
| Am | ○ | □ | ○ | ○ | ○ | ? |
| Cm | | □ | ○ | ○ | ? | |
| Bk | | □ | ○ | | | |
| Cf | ○ | □ | ○ | | | |
| Es | ○ | □ | ? | | | |
| Fm | ○ | □ | | | | |
| Md | ○ | □ | | | | |
| No | □ | ○ | | | | |
| Lr | | □ | | | | |

注:○—已知;□—常见;? —不确定。

五价和六价锕系元素与氧结合,表现为氧合锕基离子 $AnO_2^+$ 和 $AnO_2^{2+}$($An$ = 锕系元素)形式。稳定的五价镎在溶液中呈 $NpO_2^+$ 型结构。氧化态与结构的关系是锕系元素溶液化学和分离化学的基本信息。锕系元素的五价(除了 Pa 和 Np)比其他态更不稳定,通常在酸溶液中发生歧化。钚在水溶液中以多种氧化态共存。例如,25°C 下,0. 5 M 盐酸的含 $3 \times 10^{-4}$ M钚的溶液中,最初含有 50% 的 Pu(Ⅳ)和 50% 的 Pu(Ⅵ),将在几天内通过歧化反应而达到平衡,在没有络合阴离子时变为 75% 的 Pu(Ⅵ)、20% 的 Pu(Ⅳ)和少量 Pu(Ⅴ)和 Pu(Ⅲ)。具体的反应如下:

$$2PuO_2^+ + 4H^+ \Longrightarrow PuO_2^{2+} + 2H_2O$$
$$PuO_2^+ + Pu^{4+} \Longrightarrow PuO_2^{2+} + Pu^{3+}$$

**2. 锕系元素的氧化还原反应**

(1)锕系元素氧化还原电位及变化规律

对于锕系元素水溶液化学的研究至关重要。现将锕系元素在水溶液中的摩尔电位、标准电极电位以及相应的电极反应中大部分数值是直接测定的;有些体系在水溶液中不稳定,这就由估算得出 1 mol/L 的 $HClO_4$ 溶液中测得的摩尔电位比离子强度为零的标准电极电位更加准确些,因为后者常由热力学数据外推或计算得到。

由表 7 - 16 可知,锕系元素的还原电位随着原子序数的增加而增大。锕、铀、镎、钚、镅和锔都是还原剂,其中锕的还原性最强,镅的还原电位达到极大值。这种电位与原子序数的函数关系,跟镧系元素的相应曲线相似。此外,二价锕系元素的稳定性从镅至锘是不断增加的。$MO_2^{2+}$ 的氧化性则依 Am > Np > Pu > U 的顺序降低。

表 7 - 16 锕系元素还原电位( V )

| 元素 | $M^{3+} + 3e^- \longrightarrow M$ | $M^{4+} + 4e^- \longrightarrow M$ | $M^{3+} + e^- \longrightarrow M^{2+}$ | $M^{4+} + e^- \longrightarrow M^{3+}$ |
|---|---|---|---|---|
| Ac | − 2.13 | | − 4.9 | |
| Th | | − 1.83 | − 4.9 | − 3.7 |
| Pa | | − 1.47 | − 4.7 | − 2 |
| U | − 1.8 | − 1.38 | − 4.7 | − 0.63 |
| Np | − 1.79 | − 1.30 | − 4.7 | 0.15 |
| Pu | − 2.03 | − 1.25 | − 3.5 | 0.98 |
| Am | − 2.07 | − 0.90 | − 2.3 | 2.3 |
| Cm | − 2.06 | | − 3.7 | 3.1 |
| Bk | − 1.96 | | − 2.8 | 1.64 |
| Cf | − 1.91 | | − 1.6 | 3.2 |
| Es | − 1.98 | | − 1.6 | 4.5 |
| Fm | − 2.07 | | − 1.1 | 4.9 |
| Md | − 1.74 | | − 0.15 | 5.4 |
| No | − 1.26 | | 1.45 | 6.5 |
| Lr | − 2.1 | | | 7.9 |

镧系元素的特征氧化态是 +3 价,由于 f 轨道全空($f^0$)、半充满($f^7$)和全充满($f^{14}$)特别稳定,某些镧系元素有比较稳定的 2 + 价或 +4 价。锕系元素的情况比较复杂。锕和钍在水溶液分别处于 +3 价和 +4 价态。镤、铀、镎、钚和镅出现变价,镉及其以后的锕系元素处于锕系应有的特征价态 +3 价。图 7 - 7 表示 An(Ⅲ)/An(Ⅱ) 和 An(Ⅳ)/An(Ⅲ) 在 1 mol·L$^{-1}$ 的 $HClO_4$ 溶液中的条件电极电位随原子序数的变化。从总的变化趋势来看,随着原子序数增加,$E_{An(Ⅳ)/An(Ⅲ)}$ 和 $E_{An(Ⅲ)/An(Ⅱ)}$ 上升,低价的稳定性增加,这与锕系收缩和相对论效应的影响是一致的。$Z = 96$(锔)的 $E_{Cm(Ⅲ)/Cm(Ⅱ)}$ 特别低,这是 $Cm^{3+}$ 的电子组态为 $5f^7$ 的缘故。同理,$Z = 97$(锫)的 $E_{Bk(Ⅳ)/Bk(Ⅲ)}$ 比邻近的 Cm、Cf 低,这是因为 $Bk^{3+}$ 的电子组态是 $5f^8$,很容易再失去一个电子,变成 5f 轨道半充满的 $Bk^{4+}$。

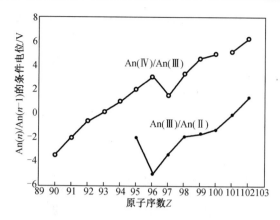

图 7－7  An(Ⅲ)/An(Ⅱ)和 An(Ⅳ)/An(Ⅲ)的条件电极电位
（在 1 mol·L$^{-1}$ 的 HClO$_4$ 溶液中）

（2）锕系元素的歧化反应

锕系元素的 +4 价和 +5 价氧化态离子在溶液中会进行自身氧化还原的反应，即歧化反应：

$$3M^{4+} + 2H_2O \longrightarrow 2M^{3+} + MO_2^{2+} + 4H^+$$

$$2MO_2^+ + 4H^+ \longrightarrow M^{4+} + MO_2^{2+} + 2H_2O$$

歧化反应的倾向可用歧化势来度量，它可由摩尔还原电势求出。+4 价离子的歧化势为

$$E_{歧化} = E^0_{(Ⅳ)(Ⅲ)} - E^0_{(Ⅵ)/(Ⅳ)}$$

+5 价离子的歧化势为

$$E_{歧化} = E^0_{(Ⅴ)(Ⅳ)} - E^0_{(Ⅵ)/(Ⅴ)}$$

歧化势愈大，该离子发生歧化反应的倾向就愈大。由图 7－8 和表 7－17 可以得到 U、Np、Pu 和 Am 的歧化势和若干歧化反应的平衡常数。

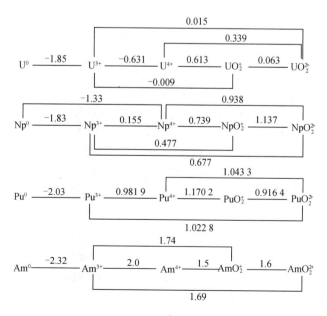

图 7－8  U、Np、Pu 和 Am 在 1 mol·L$^{-1}$ 的 HClO$_4$ 溶液中的条件电位（单位：V）

表 7-17 锕系离子在水溶液中的歧化反应平衡常数(25 ℃)

| 元素 | 歧化反应 | $\log K$ |
|---|---|---|
| U | $2UO_2^+ + 4H^+ \rightleftharpoons U^{4+} + UO_2^{2+} + 2H_2O$ | 9.30 |
| Np | $2NpO_2^+ + 4H^+ \rightleftharpoons Np^{4+} + NpO_2^{2+} + 2H_2O$ | $-6.72$ |
| Pu | $2PuO_2^+ + 4H^+ \rightleftharpoons Pu^{4+} + PuO_2^{2+} + 2H_2O$ | 4.29 |
| | $3PuO_2^+ + 4H^+ \rightleftharpoons Pu^{3+} + 2PuO_2^{2+} + 2H_2O$ | 5.40 |
| | $3Pu^{4+} + 2H_2O \rightleftharpoons 2Pu^{3+} + PuO_2^{2+} + 4H^+$ | $-2.08$ |
| Am | $3Am^{4+} + 2H_2O \rightleftharpoons 2Am^{3+} + AmO_2^{2+} + 4H^+$ | 32.5 |
| | $2Am^{4+} + 2H_2O \rightleftharpoons Am^{3+} + AmO_2^+ + 4H^+$ | 19.9 |

不同价态的铀、镎、钚、镅在溶剂萃取和离子交换方面很不相同,通过控制溶液的氧化还原电位,可以调整它们的价态,达到分离的目的。图 7-9 给出了这四种元素在 $1\ mol \cdot L^{-1}\ HClO_4$ 溶液中的条件电位。

从图 7-9 可知,$UO_2^+$ 和 $PuO_2^+$ 易发生歧化反应。$U^{4+}$ 和 $Np^{4+}$ 不易发生歧化反应,而 Am 的歧化倾向则较大。如果没有别的配体及价态支持剂(或称价态保持剂)存在,$Pu^{3+}$、$Pu^{4+}$、$PuO_2^+$ 和 $PuO_2^{2+}$ 以相差不多的浓度在溶液中共存,这在所有的已知元素中是独一无二的。在水溶液中,$NpO_2^{2+}$ 是中等强度的氧化剂,$Np^{3+}$ 是中等强度的还原剂,Np 主要以 $Np^{4+}$ 和 $NpO_2^+$ 存在。在强碱性溶液中,Np 可以被氧化到 +6 价的 $[NpO_4(OH)_2]^{3-}$。Np( Ⅶ )也可以以固态镎酸盐存在,如 $CsNpO_4$。

迄今已对 U、Np、Pu 的氧化还原动力学进行了大量的实验研究。一般来说,$An^{4+} + e^- \rightleftharpoons An^{3+}$ 和 $AnO_2^{2+} + e^- \rightleftharpoons AnO_2^+$ 为单电子转移,反应速度快;$AnO_2^+ + 4H^+ + e^- \rightleftharpoons An^{4+} + 2H_2O$ 和 $AnO_2^{2+} + 4H^+ + 2e^- \rightleftharpoons An^{4+} + 2H_2O$ 因涉及 An=O 键的断裂或生成,反应速度较慢。

### 7.3.4 水解与配位

#### 1. 配位

锕系元素可处于多个氧化态,它们的 5f、6d、7s 和 7p 轨道都可以参与成键,使得锕系元素有丰富的配位化学。由于电子能级的能量差异与化学键能相似,锕系元素最稳定的氧化态可能会从一种化合物转变为另一种化合物,因此溶液化学对配体的存在非常敏感。因此,配合物的形成成为锕系化学的一个重要特征。

如前氧化态所述,较轻锕系元素的氧化态类似于 d 区金属,最大氧化态对应于"外层"电子的数量。因此,钍的氧化态主要为 +4 价(比 Zr 或 Hf 更大),但铀的氧化态有 +3 价、+4 价、+5 价、+6 价,大多数化合物处于 +4 价或 +6 价状态。其原因是铀(Ⅲ)化合物容易氧化:

$$U^{4+}(aq) + e^- \longrightarrow U^{3+}(aq) \quad E = -0.63\ V$$

而在水溶液条件下,$UO_2^+$ 离子容易歧化成 $U^{4+}$ 和 $UO_2^{2+}$ 的混合物。在化合物形成过程中,f 电子参与络合变得越来越困难,因此后面的锕系元素越来越多地显示出 +3 价的化学性质,类似于镧系元素,但更多的还是 +2 价。

锕系阳离子是"硬酸",它们与配体的结合是用静电相互作用来描述的,而且它们更易与氧或氟等"硬碱"相互作用,而不是与氮或硫等"软碱"相互作用。锕系阳离子可以与"软碱"形成络合物,但只在非水溶剂中。作为典型的"硬酸",锕系元素配合物的稳定性与熵效应有关。焓项要么是吸热的,要么是非常弱的放热的,在决定络合物形成中平衡的总体位置时,它的影响不大。

配合物的形成可以看作一个三步过程:

$$M(aq) + X(aq) \leftrightarrow [M(H_2O)_nX](aq) \leftrightarrow [M(H_2O)X](aq) \leftrightarrow MX(aq)$$

第一步是扩散控制,而在第二步中,配体和金属原子之间至少有一个水分子介入的"外层"复合物形成。在第三步或速率决定步骤中,金属和配体之间建立了直接的连接,形成了"内层"配合物。如果配体不能取代水,该过程可能在第二步后终止。锕系元素可以形成内外层配合物,但大多数情况下形成较强的"内层"配合物。卤化物、硝酸盐、磺酸盐和三氯醋酸盐配体形成三价锕系元素的"外层"配合物,而氟、碘酸盐、硫酸盐和醋酸盐形成"内层"配合物。

(1)配位数

与镧系元素和过渡元素相比,锕系元素的一个显著特点是可以达到很高的配位数,这是因为锕系元素离子半径大,可以参与成键的轨道多的缘故。对较轻的锕系元素的溶液离子进行了有趣的比较(表7-18列出了水分子的数量和键长)。以 $An^{4+}$ 为例,其配位数可以为6(如 $[UCl_6]^{2-}$,八面体),7(如 $Na_3UF_7$,五方双锥),8(如 $U(acac)_4$,四方反棱柱),9(如 $[Et_4N][U(NCS)_5 \cdot 2bpy]$),10(如 $[PPh_4]Th(NO_3)_5(Me_3PO)_2$ 中的阴离子,1:5:5:1构型),11[如 $Th_2(NO_3)_6(\mu-OH)_2(H_2O)_6$],12(如 $[U(NO_3)_6]^{2-}$,十二面体),14(如 $U(BH_4)_4 \cdot 2THF$,其中 $BH_4^-$ 为二齿配体)。在水溶液中,水合离子 $An(H_2O)_x^{4+}$ 中 $x$ 可能等于8或9。

表7-18 锕系元素水溶液离子-结合水分子数和金属-水键长[①]

| 氧化态 | | Ac | Th | Pa | U | Np | Pu | Am | Cm | Bk | Cf |
|---|---|---|---|---|---|---|---|---|---|---|---|
| +6 价 | $MO_2^{2+}$ | | | | 5.0 | 5.0 | 6.0 | | | | |
| | M—OH₂(Å) | | | | 2.40 | 2.42 | 2.40~2.45 | | | | |
| +5 价 | $MO_2^+$ | | | | | 5.0 | 4.0 | | | | |
| | M—OH₂(Å) | | | | | 2.50 | 2.47 | | | | |
| +4 价 | $M^{4+}$ | | 10.0 | | 9.0;10.0 | 11.2 | 8 或 9 | | | | |
| | M—OH₂(Å) | | 2.45 | | 2.51;2.42 | 2.40 | 2.39 | | | | |
| +3 价 | $M^{3+}$ | | | | 9 或 10 | 9 或 10 | 10.2 | 10.3 | 10.2 | | 8.5±1.5 |
| | M—OH₂(Å) | | | | 2.61 | 2.52 | 2.51 | 2.48 | 2.45 | | 2.4 |

注:①水合作用数的不确定性一般在1之内。

水合铀酰离子 $[UO_2(OH_2)_5]^{2+}$ 是从用衍射法和X射线吸收法(EXAFS)在溶液中研究的几种盐中分离出的。然而,在 $[MO_2(aq)]^{2+}$ (M=Np、Pu)和 $[MO_2(aq)]^+$ (M=U、Np、Pu)中也存在类似的离子。像 $UO_2^{2+}$ 这样的离子在镧系化学中是前所未有的,有两个突出的特点:

存在 +6 氧化态;存在强而稳定的 $U=O$ 键。其次,水合的 +3 价锕系离子的配位数明显高于 $Ln^{3+}$ 离子(较轻的镧系为 9,较重的镧系为 8),这是因为锕系离子的离子半径略高。其他几个有特征的水离子之一是三角柱状 $[Pu(H_2O)_9]^{3+}$,与相应的镧系元素非常相似。

(2)配合物稳定性规律

在锕系配合物中,静电相互作用在形成金属与配体间的化学键 M—L 中起主要作用,即主要取决于离子势 $Z/r$,但共价成键的贡献也不可忽略。与镧系元素的 4f 轨道相比,5f 轨道在更大程度上参与成键作用。锕系元素配位物的稳定性规律如下。

①对于同一锕系元素,配合物的稳定性按下列顺序递减:$M^{4+} > MO_2^{2+} > M^{3+} > MO_2^+$。

②对给定的配体,锕系离子的配合物比相应的同价镧系离子的配合物稳定性稍大一些。

③"锕系酰基"离子 $AnO_2^{2+}$ 和 $AnO_2^+$ 分别比通常的二价和一价主族金属离子的配合能力强。

④对给定的配体,同价锕系离子配合物的稳定性随原子序数增加而增加,但对于 $AnO_2^{2+}$ 和 $AnO_2^+$ 有例外。

**2. 水解**

金属离子的水解,实质上是与 $OH^-$ 的配位作用,因为 $OH^-$ 也是一种强的配体。在研究锕系元素水溶液过程中,必须要考虑它们的水解问题。随着溶液 pH 值提高,原先与锕系离子配位的配体逐渐被 $OH^-$ 取代。同时,羟合锕系离子通过 $OH^-$ 桥开始聚合为多核羟合物,提高温度或(和)pH 值加剧聚合过程,并导致 $OH^-$ 桥向 $O^{2-}$ 桥过渡,最终形成聚合物,在形成沉淀之前,这一聚合过程相当缓慢。氢氧化物沉淀结构复杂,最终产物为无定形的水合氧化物,并可转化为水合氧化物微晶。这一过程常常是不可逆的。+3 价和 +4 价锕系离子的一级水解常数见表 7-19,一级水解常数定义为

$$M(H_2O)_x^{n+} \Longrightarrow M(H_2O)_{x-1}(OH)^{(n-1)+} + H^+$$

$$K_{H,1} = \frac{[M(H_2O)_{x-1}(OH)^{(n-1)+}][H^+]}{[M(H_2O)_x^{n+}]}$$

**表 7-19  三价和四价锕系元素的一级水解常数**

| $An^{3+}$ | $K_{H,1}$ | $An^{4+}$ | $K_{H,1}$ |
|---|---|---|---|
| $Pu^{3+}$ | $1.1 \times 10^{-7}(\mu = 5 \times 10^{-2})$ | $Th^{4+}$ | $7.6 \times 10^{-5}(\mu = 1.0)$ |
| $Am^{3+}$ | $1.2 \times 10^{-6}(\mu = 0.1, 23\ ℃)$ | $Pa^{4+}$ | $7 \times 10^{-1}(\mu = 3)$ |
| $An^{3+}$ | $K_{H,1}$ | $An^{4+}$ | $K_{H,1}$ |
| $Cm^{3+}$ | $1.2 \times 10^{-6}(\mu = 0.1, 23\ ℃)$ | $Np^{4+}$ | $0.5 \times 10^{-2}(\mu = 2)$ |
| $Bk^{3+}$ | $2.2 \times 10^{-6}(\mu = 0.1, 23\ ℃)$ | $U^{4+}$ | $2.1 \times 10^{-2}(\mu = 2.5)$ |
| $Cf^{3+}$ | $3.4 \times 10^{-6}(\mu = 0.1, 23\ ℃)$ | $Pu^{4+}$ | $5.4 \times 10^{-2}(\mu = 2.5)$ |

单体水解的研究需要在恒定的高氯酸溶液中,偶尔较高的离子强度和最小的待测元素浓度下进行。因此,半衰期较短或相对较短的放射性核素非常便于进行水解研究。一些较重的元素很容易水解,并随着 $C_M$ 的增加迅速形成聚合物,多个单体 $C_0^+$ 水解形成聚合物,

$Pu^{4+}$ 便是如此。

要想抑制水解,一般是提高溶液的 $H^+$ 浓度,或加入强配体。

在锕系元素中,高电荷的离子半径小,水解和形成配合物的能力强。水解倾向和配合物形成能力的递减顺序为 $M^{4+} > MO_2^+ > M^{3+} > MO_2$。

### 7.3.5　钍(Th)

**1. 概述**

M. Esmark 在挪威洛夫亚岛发现了一种黑色矿物,并将其样本交给了他的父亲著名矿物学家 J. Esmark。J. Esmark 无法识别它,于是在 1828 年把一个样本寄给瑞典化学家 J. J. Berzelius 进行检验。1829 年,J. J. Berzelius 确定它含有一种新元素,并以北欧神话雷神托尔(Thor)的名字将其命名为钍(Thorium,Th)。直到 1885 年 Carl Auer von Welsbach 发明了气灯罩,钍才有了实际用途。1898 年,波兰 – 法国物理学家 M. Curie 和德国化学家 G. C. Schmidt 分别观察到钍的放射性。1900—1903 年,E. Rutherford 和 F. Soddy 展示了钍是如何随着时间以固定的速率衰变成一系列其他元素的。他们通过观察结果确定了半衰期,完成了 α 粒子放射性实验,确定了放射性衰变理论。1925 年,Anton Eduard van Arkel 和 Jan Hendrik de Boer 发现了晶棒法(或"碘化法"),用于生产高纯度金属钍。

已发现的钍的同位素有 30 种(表 7 – 20),其原子量从 209 到 238 不等。它们都不稳定,其中最稳定的是 $^{232}$Th,半衰期为 140.5 亿年。自然界中的钍基本都以 $^{232}$Th 形式存在,它是 4n 系的起始母核,在成为稳定同位素 $^{208}$Pb 之前,经过 6 次 α 衰变和 4 次 β 衰变。$^{232}$Th 的放射性足以使感光底片在几小时内曝光。钍的其他同位素是衰变链中短寿命的中间产物,且仅以微量存在。寿命较长的微量同位素包括:$^{230}$Th($T_{1/2} = 75\ 380$ a)是 $^{238}$U 衰变的子产物;$^{229}$Th($T_{1/2} = 7\ 340$ a),$^{228}$Th($T_{1/2} = 1.92$ a),剩余的放射性同位素的半衰期均小于 30 d,其中大多数的半衰期都小于 10 min。地球产生的大部分内部热量是由钍和铀产生的。

**表 7 – 20　钍同位素的核性质**

| 原子序数 | 半衰期 | 衰变类型 | 主要辐射/MeV | 生产方法 |
|---|---|---|---|---|
| 209 | 3.8 ms | α | α 8.080 | $^{32}$S + $^{182}$W |
| 210 | 9 ms | α | α 7.899 | $^{35}$Cl + $^{181}$Ta |
| 211 | 37 ms | α | α 7.792 | $^{35}$Cl + $^{181}$Ta |
| 212 | 30 ms | α | α 7.82 | $^{176}$Hf($^{40}$Ar,4n) |
| 213 | 140 ms | α | α 7.691 | $^{206}$Pb($^{16}$O,9n) |
| 214 | 100 ms | α | α 7.686 | $^{206}$Pb($^{16}$O,8n) |
| 215 | 1.2 s | α | α 7.52(40%)<br>α 7.39(52%) | $^{206}$Pb($^{16}$O,7n) |

表 7-20(续1)

| 原子序数 | 半衰期 | 衰变类型 | 主要辐射/MeV | 生产方法 |
|---|---|---|---|---|
| 216 | 28 ms | α | α 7.92 | $^{206}Pb(^{16}O,6n)$ |
| 217 | 0.237 ms | α | α 9.261 | $^{206}Pb(^{16}O,5n)$ |
| 218 | 0.109 μs | α | α 9.665 | $^{206}Pb(^{16}O,4n)$<br>$^{209}Bi(^{14}N,5n)$ |
| 219 | 1.05 μs | α | α 9.34 | $^{206}Pb(^{16}O,3n)$ |
| 220 | 9.7 μs | α | α 8.79 | $^{208}Pb(^{16}O,4n)$ |
| 221 | 1.68 ms | α | α 7.32(40%)<br>7.29(60%) | $^{208}Pb(^{16}O,3n)$ |
| 222 | 2.8 ms | α | α 7.17(81%)<br>7.00(19%)<br>γ 0.177 | $^{208}Pb(^{16}O,2n)$ |
| 223 | 0.60 s | α | α 6.478(43%)<br>6.441(15%) | $^{208}Pb(^{18}O,3n)$ |
| 224 | 1.05 s | α | γ 0.321 | $^{228}U$ 子核<br>$^{208}Pb(^{22}Ne,α2n)$ |
| 225 | 8.0 min | α≈90%<br>EC≈10% | α 6.335(79%)<br>6.225(19%) | $^{229}U$ 子核<br>$^{231}Pa(p,α3n)$ |
| 226 | 30.57 min | α | γ 0.111 3 | $^{230}U$ 子核 |
| 227 | 18.68 d | α | α 6.038(25%)<br>5.978(23%)<br>γ 0.236 | 天然 |
| 228 | 1.9116 a | α | α 5.423(72.7%)<br>5.341(26.7%)<br>γ 0.084 | 天然 |
| 229 | $7.340×10^3$ a | α | α 4.901(11%)<br>4.845(56%)<br>γ 0.194 | $^{233}U$ 子核 |
| 230 | $7.538×10^4$ a | α | α 4.687(76.3%)<br>4.621(23.4%)<br>γ 0.068 | 天然 |
| 231 | 25.52 h | β⁻ | β⁻ 0.302<br>γ 0.084 | 天然<br>$^{230}Th(n,γ)$ |
| 232 | $1.405×10^{10}$ a<br>$>1.0×10^{21}$ a | α<br>SF | α 4.016(77%)<br>3.957(23%) | 天然 |

表 7 – 20（续 2）

| 原子序数 | 半衰期 | 衰变类型 | 主要辐射/MeV | 生产方法 |
|---|---|---|---|---|
| 233 | 22.3 min | $\beta^-$ | $\beta^-$ 1.23<br>$\gamma$ 0.086 | $^{232}Th(n,\gamma)$ |
| 234 | 24.10 d | $\beta^-$ | $\beta^-$ 0.198<br>$\gamma$ 0.093 | 天然 |
| 235 | 7.1 min | $\beta^-$ | | $^{238}U(n,\alpha)$ |
| 236 | 37.5 min | $\beta^-$ | $\gamma$ 0.111 | $^{238}U(\gamma,2p)$<br>$^{238}U(p,3p)$ |
| 237 | 5.0 min | $\beta^-$ | | $^{18}O + ^{238}U$ |
| 238 | 9.4 min | $\beta^-$ | | $^{18}O + ^{238}U$ |

$^{232}$Th 是一种宇生核素，以目前的形式存在了 45 亿年，其半衰期相当于宇宙的年龄，因此早于地球的形成。钍是在濒死恒星的内核通过 $r^-$ 过程形成的，并在超新星爆发时被分散到星系各处。在岩石和土壤中发现了少量的钍，土壤中钍的含量通常平均在百万分之六（6 ppm）左右。钍存在于几种矿物中（表 7 – 21），包含钍石（$ThSiO_4$）、方钍石（$Th_2 + UO_2$）和独居石。方钍石是一种稀有矿物，含有高达 12% 的氧化钍。独居石含 2.5% 的钍，褐帘石含 0.1% ~ 2% 的钍，锆石含 0.4% 的钍。所有大陆上都有含钍矿物。截至当前，钍的含量是铀和锡的三倍，砷的两倍，和铅或钼的含量相当。常从独居石中获取钍，独居石中含有 3% ~ 9% 的 $ThO_2$ 和稀土的混合矿物。

表 7 – 21 各种矿物中的钍含量

| 附生矿物 | Th/ppm |
|---|---|
| 独居石 | 25 000 ~ 200 000 |
| 褐帘石 | 1 000 ~ 20 000 |
| 锆石 | 50 ~ 4 000 |
| 硅酸盐 | 100 ~ 600 |
| 绿帘石 | 50 ~ 500 |
| 磷灰石 | 20 ~ 150 |
| 磁铁矿 | 0.3 ~ 20 |
| 磷钇矿 | 较少 |

生产金属钍的方法有几种：①用钙还原氧化钍；②无水氯化钍在氯化钠和氯化钾的熔融混合物中电解；③用钙还原四氯化钍与无水氯化锌的混合物；④用碱金属还原四氯化钍。

制备金属钍最常用的方法是将氧化钍粉末与金属钙一起研磨后放在 CaO 衬里的坩埚中，在氩气中加热到 1 000 ℃，使氧化物还原成金属。这个反应是放热反应，但放出的热量不足使钍熔化（钍的熔点是 1 750 ℃）。

$$ThO_2 + 2Ca \longrightarrow Th + 2CaO(-\Delta H_{293} = 41 \text{ kJ})$$

用熔融盐电解法可以制取有延展性的高纯金属钍,熔盐是 $KThF_5$、$ThCl_4$ 和 $ThF_4$,助熔剂是 NaCl 和 KCl。电解用钼做阴极,在石墨坩埚(阳极)中进行,温度为 800 ℃,产率高达 90%、小量的高纯金属钍采用范阿克耳(Van Arkel)碘化物分解过程:将合成的四碘化钍在灯丝上加热到 900 ~ 1 700 ℃,使四碘化钍分解成纯的金属钍和碘。

将四氯化钍在 900 ℃ 时用镁还原,可以得到 Th – Mg 合金。合金在 920 ℃ 的真空下蒸馏除去 Mg 后得到海绵状的金属钍。

钍在曾经的主要用途是制备用于便携式煤气灯的气灯纱罩。这些气灯纱罩由氧化钍和大约 1% 的氧化铈和其他成分组成,当在气体火焰中加热时,会发出耀眼的光。钍 – 镁合金在高温下具有高强度和抗蠕变能力。由于钍的工作功能低、电子发射能力强,所以被用于电子设备中钨丝的涂层。钍的氧化物还用于控制电灯用钨的粒度,也用于实验室的高温坩埚。含有氧化钍的玻璃具有高折射率和低色散,因此在照相机和科学仪器的高质量镜头中得到了应用。氧化钍还被用作氨转化为硝酸、石油裂解和生产硫酸的催化剂。金属钍是核领域的重要原料。从地壳矿物中的钍中可获得的能量可能比从铀和化石燃料中获得的能量要多,但钍基核燃料的大规模应用仍需数年后才能实现。钍 – 铀循环系统的开发工作已基本完成,高温气冷反应堆和 MSRE(熔盐转换反应堆实验)已经运行。虽然高温堆是有效的,但由于某些操作困难,预计它们在许多年内不会成为重要的商业反应堆。

天然钍属于中毒性元素。进入机体的钍,无论是可溶性化合物还是不溶性化合物都容易形成络合物,从而被吞噬细胞吞噬,进入内皮网状组织。钍主要蓄积于肝、骨髓、脾和淋巴结,其次是骨骼和肾。一般认为,钍本身的化学毒性并不高,但其化合物则有较高的化学毒性,会引起钍急性中毒;钍及其子体的辐射作用会导致钍慢性中毒,其主要临床症状是造血功能障碍、机体抵抗力减弱、神经功能失常以及由脏器损伤导致的病变和致癌效应。粉末钍金属是自燃的,在空气中经常自燃。钍分解产生钍射气($^{220}$Rn),这是一种 α 发射体,并产生辐射危害。因此,储存或处理钍时必须保持良好的通风。

### 2. 钍金属

(1)物理性质

钍的制备是通过钠、钾或钙还原卤化物或双卤化物来完成的。

钍是一种明亮的银白色金属,在锕系元素中具有最高的熔点,而其密度在除 Ac 以外的系列中是最低的。Th 金属是面心立方(fcc)结构,在 1 360 ℃ 以上转变为体心立方(bcc)结构。在高压下,观察到第三种体心四方晶格。晶体结构很大程度上取决于金属中的杂质量,熔点、密度、电阻等其他物理特性也是如此。钍的熔点为 2 023 K,密度为 11.6 g·cm$^{-3}$。钍的机械加工性能比铀好,易于冲压、煅压。

(2)化学性质

钍的化学反应活性高,是一种还原剂。它很容易与氧、氢、氮、卤素和硫在高温下反应。

成块的钍在正常的条件下在大气中基本不腐蚀,在干燥的大气中能形成一层蓝色的氧化物保护层,提高温度形成氧化物的速率加大。细粉状的钍在空气中是不稳定的。在氧气中,350 ℃ 以下氧化反应符合抛物线反应速率定律,从 350 ℃ 到 450 ℃ 反应服从直线律。超过 450 ℃ 后可能由于 $ThO_2$ 的高生成热,氧化反应加速进行。与氮气的反应比氧气要缓慢得多,但也具有类似的图形,在达到 1 370 ℃ 前反应速率曲线是抛物线形,这一阶段反应是由扩散过程所控制的;在更高温度时呈直线速率关系,此时金属表面膜破裂,这种膜是由内层 ThN 和外层 $Th_2N_3$ 组成的。与氢作用生成 $ThH_2$ 也服从抛物线速率定律。反应是相当快的,在 480 ℃时氢压力为 0.16 atm(1atm = 1.01×10⁵ Pa)，每小时吸收氢 3 mg/cm²，在 550 ℃时吸收这些量的氢只需 15 min。

钍与水蒸气的作用相当复杂：

$$Th + 2H_2O \rightleftharpoons ThO_2 + 2H_2$$

生成的氢扩散到金属中形成少量 $ThH_2$。反应在 70 mm 分压时，在半小时内，所增加的质量为：200 ℃，0.2 mg/cm²；400 ℃，1.0 mg/cm²。反应的活化能为 26.79 kJ/mol。温度超过 400 ℃反应速率下降，550 ℃时下降至 1/10。在 100 ℃的蒸馏水中钍的抗腐蚀性能很好，但在大于 200 ℃的加压釜中很快就发生腐蚀，氧化物层失去了作用。

钍对酸是较不活泼的。对浓或稀 HF、稀 HCl、稀 $H_2SO_4$、浓 $H_3PO_4$ 或浓 $HClO_4$ 作用很慢。但用浓 $H_2SO_4$ 能将钍溶解，尤其是加热时，与王水作用则更快。与浓 HCl(12 mol/L)反应总是会留下一定量的黑色残留物(12%~15%)，这最初被认为是金属中最初存在的 $ThO_2$。有研究表明生成了较低价的水合氧化钍 ThO·$H_2O$，后续的研究表明，这种化合物实际上是一个包含氢氧根离子和氯离子的氧化氢物的沉淀物 ThO(X)H，这里 X 是—OH 或—Cl，这一假设也得到了质谱研究的验证。稀 $HNO_3$ 缓慢地溶解钍，浓 $HNO_3$ 则使钍钝化。在 8～16 mol/L $HNO_3$ 中加入 F⁻ 离子或在 $H_2SO_4$ 加入 Cl⁻ 离子能使钍较快地溶解。钍与熔融的 NaOH 不起反应，但熔融的 $KHSO_4$ 与钍反应很快。

（3）钍的合金

已知的钍合金有很多种，包括铁、钴、镍、铜、金、银、铂、钼、钨、钽、锌、铋、铅、汞、钠、铍、镁和铝。其他体系，如 Th/Cr 和 Th/U 只是简单的共晶，与铈在液体和固体状态下完全混溶。钍与碱金属在 600 ℃时不反应。能溶于铅、铋、锡、锑、铟、铊、铝和镓等成合金。在 600 ℃时不与不锈钢起反应，但到 700 ℃就起反应。

**3. 钍的化合物**

（1）钍的氧化物

钍主要拥有两种氧化物 ThO 和 $ThO_2$，关于 ThO 的研究还很有欠缺，下面主要介绍 $ThO_2$ 的性质。

$ThO_2$ 是钍唯一的较稳定的氧化物，为白色固体，属于简单的立方晶系，为萤石晶体结构，熔点高达 3 390 ℃，是氧化物中的最高熔融温度，沸点 4 400 ℃。在高温(1 400～1 900 ℃)和低氧压($10^{-2}$～$10^{-6}$ atm)下加热，$ThO_2$ 失去氧原子，颜色由白变黑，成为缺氧的 $ThO_{2-x}$ 化合物，发出蓝色的光；如果加入 1% 左右的铈，光线就会更白，也更强烈，因此这种混合物就被用于制造白炽气体罩，这种灯罩直到最近才被广泛地用于照明。在空气中降低温度即恢复成白色的 $ThO_2$。$ThO_2$ 与熔融的钍金属在相当高的温度下相接触，$ThO_2$ 能显出化学计量上的钍氧原子比的一些差异。

将钍放在空气中加热，煅烧氢氧化钍，草酸钍盐都可得到 $ThO_2$，通常是从较纯的硝酸钍溶液中，沉淀出草酸钍，再将草酸钍在 800～1 200 ℃灼烧制得纯的 $ThO_2$。要得到球状 $ThO_2$ 可以用核燃料工艺中的"溶胶－凝胶工艺"(sol－gel process)。在此过程中，先将硝酸钍用水汽分解成分散的 $ThO_2$ 水溶胶，再将 $ThO_2$ 用稀硝酸消化成溶胶，然后用低温蒸发法制成含水 3% 的 $ThO_2$ 凝胶。这种 $ThO_2$ 小球的直径是 100 Å。将这种凝胶加热到 1 000～1 150 ℃，它能进一步失去水分和硝酸根，烧结成密度为 9.9 g/cm³ 的颗粒。

$ThO_2$ 是很稳定的。当在 2 000 ℃以上蒸发时，它能分解成气态的一氧化钍(ThO)和氧。ThO 只在气态时很稳定，在真空下冷却即分解成金属和 $ThO_2$。$ThO_2$ 本身的化学稳定性与原料煅烧的温度有关,一般是温度越高,$ThO_2$ 的化学稳定性越强。在低于 550 ℃以下灼烧的 $ThO_2$ 很容易溶解在含有少量氟离子的 8 ~ 16 mol/L $HNO_3$ 中。经高温灼烧过的 $ThO_2$ 要用含有大量氟离子的浓硝酸迴流才能慢慢地溶解。即使加了 HF 的浓 HCl 也无法使高温处理过的 $ThO_2$ 溶解。用发烟硫酸消化或用 $NaHSO_4$($Na_2S_2O_7$、$NH_4HSO_4$)熔融,能使 $ThO_2$ 转化为溶于水的硫酸钍。

$ThO_2$ 有一定的吸湿性。与硝酸或盐酸反应,然后蒸发生成水合物,在过去被认为类似于锡和锆的所谓的"偏氧化物"。材料可以作为带正电的胶体在蒸发后扩散,胶体可以通过添加电解质"盐析"出来。被点燃的氧化物或烧结成较大颗粒的氧化物是已知的最耐火物质之一,与热硫酸或与硫酸氢钾熔合只能部分反应。在 250 ~ 750 ℃下,热的水 HF 或 HF 气体将钍转化为 $ThF_4$。

钍盐溶液中加入碱,会生成白色胶状的沉淀,它是带有几个水分子的二氧化钍 $ThO_2 \cdot xH_2O$,而不一定是确定的 $Th(OH)_4$。新沉淀的 $ThO_2 \cdot xH_2O$ 易溶于酸,并能溶解于碳酸钠、草酸铵、柠檬酸钠等溶液中,形成钍的络合阴离子。

在钍盐的中性或弱酸性溶液中加入 $H_2O_2$,或在臭氧或过二硫酸盐的作用下,生成了凝胶状的钍的过氧化物沉淀。它往往是成分不很固定的化合物,且包含着溶液中的阴离子,在硫酸溶液中生成 $Th(OO)SO_4 \cdot 3H_2O$ 沉淀。过氧氯化钍是一个多聚物,其中氧和钍之比是 5:3,氯和钍之比是 2:3 和 1:3。过氧硝酸钍被确定为 $Th_6(O_2)_{10}(NO_3)_4 \cdot 10H_2O$。除了过氧硫酸钍以外,其他都不稳定,在室温下放出氧,在 130 ℃时迅速分解。

$ThO_2$ 是一种活性催化剂,因为它除了能与水反应外,还能与许多气体反应。酒精的脱水、醇的脱氢、烯烃的水合和加氢已经被证明。异戊二烯选择性加氢、异丙醇分解和甲烷氧化偶联反应也都可用氧化钍作为催化剂。事实上,基于钙钛矿母结构的混合金属稀土/钍/铜氧化物已经被证明可以分解 $NO_x$,催化 CO 还原 NO,并对苯酚进行脱羟基化。

(2)钍的卤化物

除了 +2 价和 +3 价氧化态的两种定义相当模糊的价态下有碘化物外,钍只在 +4 价时形成卤化物。钍的卤化物可以通过多种途径制成,包括:

$$ThO_2 + 4HF \longrightarrow ThF_4 + 2H_2O$$
$$ThH_2 + 3Cl \longrightarrow ThF_4 + 2HCl$$
$$Th + 2Br_2 \longrightarrow ThBr_4 (700 ℃)$$
$$Th + 2I_2 \longrightarrow ThI_4 (400 ℃)$$

这些卤化物都是白色固体。表 7-22 总结了钍(Ⅳ)卤化物的结构数据(氯化物和溴化物以两种不同形式存在于固体中)。

表 7-22　钍(Ⅳ)的卤化物

| 钍的卤化物 | 配位数 | 固态键长(Å) | 最接近的多面体 | 气相配位数 | 键长(·) |
|---|---|---|---|---|---|
| $ThF_4$ | 8 | 2.30 ~ 2.37 | 十二面体 | 4 | 2.14 |
| $ThCl_4$ | 8 | 2.72 ~ 2.90(β);2.85 ~ 2.89(α) | 四方反棱柱 | 4 | 2.58 |
| $ThBr_4$ | 8 | 2.85 ~ 3.12(β);2.91 ~ 3.02(α) | 四方反棱柱 | 4 | 2.72 |
| $ThI_4$ | 8 | 3.13 ~ 3.29 | 十二面体 | | |

（3）氟化物

$ThF_4$ 是熔盐电解法制备粉末状金属钍的原料，也是钙热还原法制取金属钍的原料。在钍熔融盐反应堆中，用 $ThF_4$ 与氟化铍、氟化锆、氟化钾的混合物作为增殖 $^{233}U$ 的材料。

制备 $ThF_4$ 的方法很多，它可以直接从元素钍和氟反应生成，也可用 HF 与钍的其他卤化物、氧化物、氢氧化物、草酸盐或 $ThH_2$ 反应生成。工业上通常应用的制法与制取 $UF_4$ 相似，由钍的氧化物转化而得。在氢氧化钍水溶液中加入氢氟酸，钍以 $ThF_4 \cdot 8H_2O$ 的八水化合物形式沉淀下来。由于在水溶液中存在着 $ThF^{3+}$、$ThF_2^{2+}$、$ThF_3^+$ 等络离子，只有在氟的浓度足够大时，$ThF_4$ 才沉淀下来，但脱水条件相对较为苛刻。

$ThF_4 \cdot 8H_2O$ 经加热转化为 $ThF_4 \cdot 4H_2O$。$ThF_4 \cdot 4H_2O$ 加热到 100 ℃ 转化为 $ThF_4 \cdot 2H_2O$，加热到 250 ℃ 生成 $Th(OH)F_3 \cdot H_2O$，再加高温成为 $ThOF_2$。当将氟化钍从热的浓氢氟酸中沉淀出来时，可得 $ThF_4 \cdot 0.25H_2O$，条件略加改变即得无水的 $ThF_4$。

除了用上述的湿法制备 $ThF_4$ 外，还可用高温干法制取 $ThF_4$。用气态氟化剂如 $HF \cdot NH_4F$、$CF_2Cl_2$ 等在 600 ℃ 高温下与 $ThO_2$ 作用，可得无水的 $ThF_4$。与直接氢氟化相比，该方法的缺点是需要超过 8 倍的 $HF \cdot NH_4F$。

$ThF_4$ 是白色结晶粉末，具有八个配位原子的 $UF_4$ 型结构，为单斜晶系，与氟化锆和氟化铪的晶体结构同型，含有轻微错位的氟离子的与 $Th^{4+}$ 离子配位的正方形反棱柱结构。$ThF_4$ 熔点为 1 110 ℃，沸点为 1 703 ℃。钍的氟化物可以与水水合，可以从水溶液中沉淀，但到现在还没有完全确认它的结构特征。

$ThF_4$ 的化学性质非常稳定，难溶于水和氢氟酸，稀的无机酸对它不发生作用，冷的浓硫酸和浓硝酸也难以溶解。中等浓度的盐酸和硫酸能慢慢地将它溶解。用浓硫酸煮沸四氟化钍时生成硫酸钍，用碱液煮沸时则生成氢氧化钍。$ThF_4$ 和水蒸气在 900 ℃ 下相互作用生成二氧化钍和氟气。$ThF_4$ 易溶于热的碳酸铵溶液，它还能溶于 $Al(NO_3)_3$ 和硼酸之中。

$ThF_4$ 与碱金属氟化物生成一系列的复盐，如 $MThF_5$、$M_2ThF_6$、$MTh_2F_9$、$MTh_3F_{13}$ 等。

（4）氯化物

另一个在核工业中有价值的卤化物是四氯化钍（$ThCl_4$），它是制备金属钍的氯化物熔盐电解法的原料。

$ThCl_4$ 的制法也有好多种，均属干法。①氢化钍与氯或氯化氢作用；②金属钍或碳化钍与氯作用；③金属钍与氯化氢作用；④或者 $ThO_2$ 与各种氯化剂（$Cl_2$、$SCl$、$CCl_4$、$PCl_5$、光气 $COCl_2$）加热反应均可制得 $ThCl_4$。

将碳与 $ThO_2$ 混合在 700～800 ℃ 高温下与氯作用也生成 $ThCl_4$：

$$ThO_2 + C + 2Cl_2 \longrightarrow ThCl_4 + CO_2$$

在上述这些反应中，必须小心地除去水汽和氧，否则会生成部分氯化氧钍 $ThOCl_2$，或者全部都成了 $ThOCl_2$。

$ThCl_4$ 是白色晶体，是双晶的，在 405 ℃ 发生晶型转变。$ThCl_4$ 熔点为 770 ℃，沸点为 922 ℃。相变只能在特殊条件下和非常纯的样品中观察到。通常，高温相 β－$ThCl_4$ 在低于 405 ℃ 的温度下仍然是一种亚稳态化合物。低温相 α－$ThCl_4$ 和高温相 β－$ThCl_4$ 都是四方晶系，$Th^{4+}$ 为八配位的。截至目前，$ThCl_4$ 水合物的结构数据尚不清楚，但二、四、七和八水合物的生成焓已经通过溶解焓测量出来。

用盐酸处理 $ThO_2$ 或 $ThCl_4$ 可得到四氯化钍的水溶液。已知 $ThCl_4$ 有好多种结晶水合物 $ThCl_4 \cdot xH_2O$（$x = 2, 4, 7, 8, 9, 12$）。$ThCl_4$ 相当易溶于水。$ThCl_4$ 与元素氟或氟化氢作用

能转化为 $ThF_4$。$ThCl_4$ 与碱金属的氯化物反应也能生成多种复盐：$MThCl_5$（M 为全部碱金属）、$M_2ThCl_6$（M = Li、$NH_4^+$）、$M_4ThCl_8$（M = Rb、Cs）。氯化物中还有高氯酸钍 $Th(ClO_4)_4$。

（5）溴化物

制备 $ThBr_4$ 没有什么工艺上的价值，它的制法与四氯化钍的制法类似。将元素溴与金属钍或碳化钍或氯化钍作用，或者将溴化氢与氢化钍作用都能生成 $ThBr_4$。溴蒸气在高温下作用于碳及二氧化钍混合物也能生成白色的 $ThBr_4$ 固体。

$ThBr_4$ 是双晶的：$\alpha-ThBr_4$ 是正交晶系，$\beta-ThBr_4$ 是四方晶系。$ThBr_4$ 也有多种结晶水合物，已报道的有七、八、十、十二水合的水合物。在化学性质方面与 $ThCl_4$ 不同的是，$ThBr_4$ 易发生光解，也更易于水解。

（6）碘化物

制备四碘化钍的工艺价值不大，只在碘化法生产少量金属钍中应用。金属钍与碘蒸气作用得到白色的 $ThI_4$ 固体。将碘化氢与氢化钍作用也能制得 $ThI_4$。

$ThI_4$ 与其他四卤化钍结构不同。$ThI_4$ 属单斜晶系，$Th^{4+}$ 是八配位的，熔点 570 ℃，沸点 827 ℃。$ThI_4$ 用金属钍还原可以得到黑色的 $ThI_3$ 或 $ThI_2$。$ThI_2$ 有两种变体：

$$\alpha-ThI_2 \xleftrightarrow{600\sim700\ ℃} \beta-ThI_2$$

$$\text{黑色，六方晶系} \qquad \text{金黄色，六方晶系}$$

在硝酸钍的水溶液中加入过量的碘酸钾或碘酸，就有带结晶水的碘酸钍沉淀析出，加热到 100 ℃ 左右可得无水的 $Th(IO_3)_4$。

**4. 钍的水溶液化学**

已知钍在水溶液中只有一种稳定的氧化态，即四价（$Th^{4+}$），在溶液中无色。曾有报道称四价的钍离子可以发生氧化还原反应生成三价的，但已被热力学证据证明不可能发生。

（1）钍的水解反应

由于 $Th^{4+}$ 具有较高的离子势，所以它可以水解。作为最大的四价锕系离子，$Th^{4+}$（aq）也是它们中最不易水解的，且由于直径较大，它比许多其他多电荷离子如 Fe(Ⅲ) 更不易水解。一般认为在 pH > 3 时，四价钍水解，水解反应如下：

$$Th^{4+} + 2H_2O \Longleftrightarrow Th(OH)^{3+} + H_3O^+$$

$$Th(OH)^{3+} + 2H_2O \Longleftrightarrow Th(OH) + H_3O^+$$

然而，它易于发生多核反应和形成胶体，而且其氢氧根或含水氧化物的溶解度低，研究较为困难，因此文献中发表的氧化物或氢氧化物溶解度和水解常数存在很大的差异。

钍离子发生的多核反应有多种，以二聚反应为例：

$$2Th(OH)^{3+} \Longleftrightarrow Th_2(OH)_2^{6+}$$

通过超离心法和光散射实验，还证实了钍的多核高聚物的水解产物存在。在一般情况下，pH 增大随即发生 $Th(OH)_4$ 沉淀。

（2）钍的配位反应

①无机配体

$Th^{4+}$ 是 $Z^2/r$ 值较大的阳离子，能与大量的阴离子形成配合物，与一些强酸根阴离子 $NO_3^-$、$SO_4^{2-}$、$Cl^-$ 也能形成配合物。与 $UO_2^{2+}$ 离子形成的配合物相比，$Th^{4+}$ 离子的配合物比较稳定，但它不如 $U^{4+}$ 离子的配合物稳定。

②有机配体

$Th^{4+}$还能与一些有机酸,如乙酸、乙二酸、丙二酸、水杨酸、柠檬酸、酒石酸等生成水溶性的螯合物。与氨羧型配合剂 EDTA、DTPA、TTHA、NTA 等也形成配合常数很大的水溶性螯合物。

### 7.3.6　铀 U

#### 1.概述

铀在自然界中是由三种同位素$^{238}U$、$^{235}U$ 和$^{234}U$ 的混合物。$^{238}U$、$^{235}U$ 和$^{234}U$ 的相对丰度已经被不同的研究者测量过,而$^{238}U$、$^{235}U$ 和$^{234}U$ 的相对丰度"最佳值"是通过 Holden(1977)的研究来选择的。我们已经接受了这些值,如表 7 – 23 所示。然而,自然界中铀同位素的比率值差异可能多达 0.1% 。利用质谱分析和核衰变数据,计算出天然铀的(化学)原子质量是 238.028 9 ±0.000 1。同位素$^{238}U$ 是天然放射系$4n + 2$ 的母核,同位素$^{235}U$ 是天然放射系$4n + 3$ 的母核。$^{234}U$ 是$^{238}U$ 经放射性衰变产生,这两种同位素也因此相互关联,但是$^{235}U$ 似乎有独立的来源。

表 7 – 23　铀同位素的自然丰度

| 原子序数 | 丰度( at% ) | |
| --- | --- | --- |
| | 范围 | "最佳"值 |
| 234 | 0.005 9 ~ 0.005 0 | 0.005 ±0.001 |
| 235 | 0.720 2 ~ 0.719 8 | 0.720 ±0.001 |
| 238 | 99.275 2 ~ 99.273 9 | 99.275 ±0.002 |

在自然界中存在的丰度是 0.72% 的同位素$^{235}U$ 是 Dempster 在 1935 年用质谱分析鉴别的。这种核素具有特殊的重要性,因为它可以在慢中子的作用下发生裂变。

$^{235}U$ 的完全裂变产生的能量约等于$2 \times 10^7$ kWh $\cdot$ kg$^{-1}$( 相当于每次裂变约有 200 MeV)。利用$^{235}U$ 的裂变能力不仅可以产生大量的能量,还可以合成其他重要的锕系元素。由天然同位素组成的铀可以在核反应堆中产生中子。链反应是由$^{235}U$ 的裂变所产生的多余的中子来维持的,而超过增殖链反应所需的中子可以被另一种天然同位素俘获来生产钚:

$$^{238}U + n \longrightarrow 裂变产物 + 能量 + 2.5 中子$$
$$^{238}U + n \longrightarrow ^{239}U$$
$$^{239}U \xrightarrow{\beta^-} ^{239}Np \xrightarrow{\beta^-} ^{239}Pu$$

丰富的$^{238}U$ 可以以这种方式转化为$^{239}Pu$,$^{239}Pu$ 和$^{235}U$ 一样在慢中子作用下都是易裂变的。

$^{233}U$ 是 Seaborg、Gofman 和 Stoughton 发现的。这种同位素尤其值得注意,因为它也能在慢中子的作用下发生裂变。

#### 2.铀金属

(1)物理性质

元素铀具有很强的正电性,在这方面类似铝和镁。因此,金属铀不能通过氢还原制备。金属铀的制备方法有很多,例如,用强正电性元素(如钙)还原铀氧化物;熔盐浴中的电沉积;热分解;卤化铀分解;用正电金属(Li、Na、Mg、Ca、Ba)还原卤化铀($UCl_3$、$UCl_4$、$UF_4$)。

$$UF_4 + 2Mg \longrightarrow U + 2MgF_2 + 343.1\ kJ$$
$$UF_4 + 2Ca \longrightarrow U + 2CaF_2 + 560.7\ kJ$$

实际生产中常用镁还原法,因镁比较便宜,方法也简便。但 $UF_4$ 与它的反应热较低,因此必须将两者的混合物加热到 600～700 ℃,反应才能开始。反应释放的热使铀熔化,于是铀聚集在 $MgF_2$ 熔渣的下面,冷却后即可取出铀锭,再经过精炼即可得到合格的金属。

四氟化铀和四氯化铀都可以用钙和镁还原,而二氧化铀可以用钙和镁还原。对于金属状态$^{233}$U 或 $^{235}$U 的小规模生产,批量大小受到这些核素临界质量的限制,钙是首选还原剂。

金属铀在低于熔点(1 134.8 ±2.0)℃下有 3 种同素异形体。α 相是室温下的铀晶相,铀独特的正方晶格结构导致与普通结构类型的金属形成固溶体受到严重限制。β 相存在于 668～775 ℃;它有一个复杂的结构,在正方单位细胞中有六个晶体独立的原子。γ 相的铀在大于 775 ℃ 的情况下形成,它是体中心立方(bcc)结构,该相在室温下通过加入钼而稳定下来,并与 γ - 铀形成一系列广泛的固溶体。

铀熔点为 1 408 ±2 K,沸点为 1 720～2 340 K。它是密度最大的金属之一,为19.04 g·$cm^{-3}$,只有一些铂金属、α - Np 和 α - Pu 比它密度大。铀不像铬、钼或钨那样是难熔金属。铀的电阻率大约是铜的 16 倍,铅的 1.3 倍,接近铪的电阻率。

铀的一个重要的机械性能是其可塑性,易于挤压加工。尽管铀具有塑性特性,但它有一个明确的屈服点,且有一个非常低的比例极限。铀的极限抗拉强度在 $3.44 \times 10^5$ 和 $13.79 \times 10^5$ kPa之间变化,取决于样品的冷加工和之前的热经历。铀在高温下迅速失去强度,抗拉强度从 150 ℃ 的 $1.862 \times 10^5$ kPa 降至 600 ℃ 的 $0.827 \times 10^5$ kPa。

(2)铀的金属间化合物和合金

铀与其他金属行为的最显著特征是与各种合金金属形成金属间化合物,以及在 α 和 β 铀中存在广泛的固溶体。表 7 - 24 总结了金属元素的合金化行为。大量金属间化合物已经用 X 射线晶体学方法和常规金相技术进行了表征。铀合金的许多性质比金属铀优越,如形状稳定,耐腐蚀性和不易发生辐照膨胀现象。因此在核燃料后处理工艺中,铀合金占据重要地位。

表 7 - 24　铀与各种金属的反应

| 类别 | 行为 | | 金属 |
| --- | --- | --- | --- |
| I | 形成金属间化合物 | 深入研究 | Al, As, Au, B, Be, Bi, Cd, Co, Cu, Fe, Ga, Ge, Hg, Ir, Mn, Ni, Os, Pb, Pd, Pt, Rh, Ru, Sb, Sn |
| II | 形成固溶体没有金属间化合物 | 浅显研究 | In, Re, Tc, Tl, Mo, Nb, Pu, Ti, Zr |
| III | 既不形成固溶体也不形成金属间化合物! | 深入研究 | Ag, Cr, Mg, Ta, Th, V, W |
| | | 浅显研究 | 镧系, Li, Na, K, Ca, Sr, Ba |

下面列举两个合金体系:

①γ - U 混溶体系。Zr、Mo、Ti、Nb、Ru 等元素都易溶于 γ - U 中,合金能在室温下保持 γ 相铀,改善了抗胀性能。例如将含有 10% Mo 的U - Mo合金作为快中子堆燃料,当燃耗达到 2% 时,它仍不发生膨胀。U - Mo、U - Nb 合金主要用在动力反应堆中作为核燃料。

②α - U 合金体系。γ - U 体系中引入了大量合金元素,造成过多的中子吸收,所以需

用浓缩铀。α－U 合金体系则采用尽量少的添加剂，以控制铀的粒度和晶粒取向，此时铀相仍是 α 的结构，但性能大为改善。用合金化与热处理相结合的方法能使铀经受 α－β 相变温度的热循环（反复加热冷却），而不发生显著的变形、例如 U－Mo(1.2%)合金和 U－Mo(2%)－Zr(0.5%)合金对于防止元件形变都很有效。

在天然铀石墨反应堆中，只有金属铀才能达到临界。现在，以生产 Pu 为目的的反应堆即生产堆中，一般都用金属铀作为燃料元件的芯体。但是铀的相变会使燃料元件变形和破坏，因此反应堆中铀周围的温度不能超过铀的 α－β 相变温度。

（3）化学性质

金属铀是一种高度活性的物质，它几乎可以与元素周期表上的所有元素发生反应，除了稀有气体。表 7－25 列出了铀的一些更重要的化学反应。

表 7－25　金属铀的化学反应

| 反应物 | 反应温度[1]/℃ | 产物 |
|---|---|---|
| $H_2$ | 250 | α－ 和 β－$UH_3$ |
| C | 1 800 ~ 2 400 | $UC$，$U_2C_3$，$UC_2$ |
| $N_2$ | 700 | $UN$，$UN_2$ |
| P | 1 000[2] | $U_3P_4$ |
| $O_2$ | 150 ~ 350 | $UO_2$，$U_3O_8$ |
| S | 500 | $US_2$ |
| $F_2$ | 250 | $UF_6$ |
| $Cl_2$ | 500 | $UCl_4$，$UCl_5$，$UCl_6$ |
| $Br_2$ | 650 | $UBr_4$ |
| $I_2$ | 350 | $UI_3$，$UI_4$ |
| $H_2O$ | 100 | $UO_2$ |
| HF(g) | 350[b] | $UF_4$ |
| HCl(g) | 300[b] | $UCl_3$ |
| $NH_3$ | 700 | $UN_{1.75}$ |
| $H_2S$ | 500[2] | $US$，$U_2S_3$，$US_2$ |
| NO | 400 | $U_3O_8$ |
| $N_2H_4$ | 25 | $UO_2(NO_3)_2 \cdot 2NO_2$ |
| $CH_4$ | 635 ~ 900[2] | $UC$ |
| CO | 750 | $UO_2 + UC$ |
| $CO_2$ | 750 | $UO_2 + UC$ |

注：①与块状金属的反应温度；

②与粉末状铀的反应温度（来自 $UH_3$ 的分解）。

金属块状铀暴露在空气中会缓慢地氧化，生成黑色的氧化膜，而使表面变暗，此氧化层可防止金属进一步被氧化。粉末状的铀在空气中能自燃，甚至有时在水中也能自燃。铀氧化时形成 $UO_2$ 和 $UH_3$。铀属于高毒性元素。

块状铀与沸腾的水作用生成 $UO_2$ 和 $H_2$；又与铀作用形成 UH，由于 UH 的生成使铀块易于破碎，加快了水对铀的侵蚀。铀与水蒸气作用很猛烈，在 150 ~ 250 ℃时反应生成 $UO_2$

和 $UH_3$ 的混合物：

$$7U + 6H_2O(气) \longrightarrow 3UO_2 + 4UH_3$$

在反应堆中，为避免铀与水起反应，燃料元件通常采用铝、锆或不锈钢包壳。

铀在溶解时被氧化成不同氧化态（Ⅲ、Ⅳ 或 Ⅵ）的铀盐。金属铀能溶于 $HNO_3$ 形成硝酸铀酰；也能溶于 $HCl$ 生成 $UCl_3$ 和黑色的羟基氢化物 $HO-UH-OH$，此残留物与 $H_2O_2$ 作用

可生成过氧化物

$$\begin{array}{c} H-O \qquad\qquad\quad H \\ \diagdown \quad\quad\quad\quad\quad \diagup \\ U-O-O-U \\ \diagup\diagdown \quad\quad\quad\quad\quad \diagdown \\ O \qquad\qquad\qquad\quad O \end{array}$$

而溶解。铀在盐酸水溶液中溶解得很快。这个

反应经常产生大量的黑色固体，可能是一种水合氧化铀，但很可能含有一些氢。加入少量氟硅酸离子可防止在盐酸中溶解时黑色固体的出现。非氧化性酸，如硫酸、磷酸和氢氟酸，只与铀反应非常缓慢，而硝酸溶解大量铀的速度适中。

金属铀对碱是惰性的。向氢氧化钠溶液中加入氧化剂，如过氧化氢，会导致铀的溶解，并形成界限不清的水溶性过氧铀酸盐。

**3. 铀的化合物**

铀在不同情况下，可形成 U(Ⅲ) 至 U(Ⅵ) 的各种铀化合物，其中最稳定的是 U(Ⅵ) 的化合物，其次是 U(Ⅳ) 的化合物。有些铀化合物由于能作为核燃料或是制备其他化合物的中间原料，而受到人们密切的注意。

（1）铀的氧化物

铀－氧体系是复杂的二元体系，不但存在着多种氧化物相，而且氧化物的量常偏离化学计量。铀的氧化物有 $UO_2$、$U_2O_5$、$U_4O_9$、$U_3O_{13}$、$U_3O_8$、$UO_3$、$UO_4 \cdot 2H_2O$ 等，较重要的是 $UO_2$、$U_3O_8$、$UO_3$ 和 $UO_4 \cdot 2H_2O$，其中最稳定的是 $U_3O_8$，其次是 $UO_2$。

① $UO_2$

$UO_2$ 是动力反应堆中广泛使用的燃料，同时也是制取 $UF_4$ 的原料。它可由下列方法制得：

用 $H_2$ 于 650 ℃ 还原高价氧化物：

$$UO_3 + H_2 \xrightarrow{650\,℃} UO_2 + H_2O$$

也可由 $(NH_4)_4[UO_2(CO_3)_3]$ 直接热分解：

$$3(NH_4)_4[UO_2(CO_3)_3] \xrightarrow{800\,℃} 3UO_2 + 10NH_3 + 9CO_2 + N_2 + 9H_2O$$

动力反应堆多以 $^{235}U$ 丰度较高的 $UO_2$ 作为燃料元件。上述方法制得的 $UO_2$ 粉末，先经压制成型，如圆柱或片状，然后在 $N_2$ 或 $H_2$ 气氛中于 1 400～1 700 ℃ 烧结，最后装在精密加工的锆管中，即成为反应堆用的燃料元件。

陶瓷二氧化铀具有熔点高，不发生相变的优点，适宜在动力堆中使用。缺点是铀密度低和导热性差，在热通量高的快中子反应堆中不宜使用。因此推动了 NaCl 型半金属的铀化合物如碳化物、氮化物等的发展。

$UO_2$ 是一种暗红色粉末，比重为 10.87，熔点为 2 865 ℃（图 7-9）。它能与很多金属如 Th、Zr、Bi 和稀土的氧化物生成固溶体。在氧气中，粉末状的 $UO_2$ 会着火。在与空气隔绝条件下，$UO_2$ 可被强酸溶解而得四价铀盐的绿色溶液，若溶于 $HNO_3$ 中，则成为亮黄色的硝酸铀酰溶液。

②$U_3O_8$

八氧化三铀至少存在三种结晶变体,通常见到的是 α - $U_3O_8$(图7 - 10)。它是黑色的化合物,随制备温度的不同有时呈暗绿或橄榄绿色。它在空气中很稳定,800 ℃以下其组成不发生变化,通常作为铀的重量分析中的基准物。

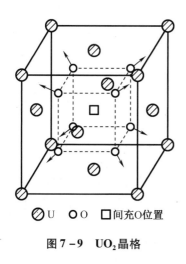

⊘U　○○O　□间充O位置

图7 - 9　$UO_2$晶格

(图中小球代表五角双锥的顶点)

图7 - 10　α - $U_3O_8$的晶体结构

不同氧化态的铀化合物在高温下可转变为 $U_3O_8$。例如三氧化铀或重铀酸铵的热分解反应:

$$6UO_3 \xrightarrow{>500\ ℃} 2U_3O_8 + O_2$$

$$9(NH_4)_2U_2O_7 \xrightarrow{800\ ℃} 6U_3O_8 + 2N_2 + 14NH_3 + 15H_2O$$

③$UO_3$

三氧化铀随着生成条件的不同,具有无定形的六种晶体结构,各具不同的颜色和特性。几乎所有的铀酸盐、铀酰铵复盐和铀酸铵盐在空气中煅烧,都可生成三氧化铀。例如由硝酸铀酰脱硝而有

$$UO_2(NO_3)_2 \cdot 6H_2O \xrightarrow{300\sim370\ ℃} UO_3 + 2NO_2 + \frac{1}{2}O_2 + 6H_2O$$

生成的 $UO_3$ 是橙红色的球状颗粒,在450 ~ 650 ℃时它在空气中是稳定的。650 ℃以上 $UO_3$ 开始分解成铀的各种氧化物,从 $UO_2$ 到 $U_3O_8$。三氧化铀是制取金属铀和二氧化铀的原料。

④$UO_4 \cdot xH_2O$

过氧化铀以多种水合物如含2,3,4 或5 个水分子的形式存在。常见的是 $UO_4 \cdot 2H_2O$,它是在微酸性溶液中由 $H_2O_2$ 作用于 $UO_2^{2+}$ 得到的:

$$UO_2^{2+} + H_2O_2 + 2H_2O \xrightarrow{70\sim80\ ℃} UO_4 \cdot 2H_2O \downarrow + 2H^+$$

它的结构式可表示为 $\left[ \begin{matrix} O & & O \\ & U & \\ O & & O \end{matrix} \right] \cdot 2H_2O$。由于其溶解度低,使得铀可与许多元素分

离,常用于铀的纯化,但 Th、Pu、Np、Zr、Hf 除外。过氧化铀的水合物都能溶于无机酸中:

$$UO_4 \cdot xH_2O + H_2SO_4 \longrightarrow UO_2SO_4 + H_2O_2 + xH_2O$$

(2)铀的卤化物

铀卤化物氧化态从 +3 到 +6 不等,铀的卤化物如表 7 - 26 所示。

表 7 - 26  铀的卤化物

| +3 价 | +4 价 | +5 价 | +6 价 |
|---|---|---|---|
| $UF_3$ | $UF_4$ | $UF_5$ | $UF_6$ |
| $UCl_3$ | $UCl_4$ | $UCl_5$ | $UCl_6$ |
| $UBr_3$ | $UBr_4$ | $UBr_5$ | |
| $UI_3$ | $UI_4$ | | |

卤化物的稳定性随卤素原子序数的增加而递降。例如,六价的卤化物只有 $UF_6$ 和 $UCl_6$,并没有相应的溴化物和碘化物。四价卤化物中,$UI_4$ 在中等温度下即分解成 $UI_3$ 和 $I_2$,反映出同样的稳定性降低的趋势(表 7 - 27)。

表 7 - 27  四卤化铀的一些性质

| 化合物 | 熔点/℃ | 沸点/℃ | 生成热 $-\Delta H_{293}/(kJ \cdot mol^{-1})$ |
|---|---|---|---|
| $UF_6$ | 1 036 | 1 415 | 1 882.8 |
| $UCl_4$ | 590 | 792 | 1 051.4 |
| $UBr_4$ | 519 | 761 | 826.3 |
| $UI_4$ | 506 | 756 | 529.3 |

卤化物的挥发性则随铀氧化态的增高而显著变大。三卤化铀难挥发,四卤化铀略有挥发性,至六卤化铀 $UF_6$ 和 $UCl_6$ 则有很强的挥发性了。

卤化铀以氟化物为最重要,$UF_6$ 用于大规模分离 $^{235}U$ 和 $^{238}U$ 以获取浓缩 $^{235}U$,$UF_4$ 则是制备 $UF_6$ 和金属铀的原料。

①六氟化铀

目前工业上制备 $UF_6$ 的主要方法是在高温下用氟与 $UF_4$ 反应:

$$UF_4(固) + F_2 \xrightarrow{300\ ℃} UF_6(气)$$

$UF_6$ 在常温下是近于白色的晶体,有时因夹带杂质而呈黄色,在空气中水解而发烟,它属斜方结构,在 1 大气压下,$UF_6$ 不能以液态存在;在 56.5 ℃时,固态的 $UF_6$ 迅速升华为气体。但在压力大于 1.47 大气压时,它能凝结成无色透明液体。

$UF_6$ 与 $F_2$ 相似,是一种强氧化剂,但活泼性略低于 $F_2$。$UF_6$ 与 $H_2$、HCl、HBr、烃和卤代烃都能起反应,而其自身则被还原。它不与 $O_2$、$N_2$、$CO_2$ 或卤素作用。

$UF_6$ 在潮湿空气中水解产生 HF,若与玻璃作用则发生下述反应:

$$SiO_2 + 6HF \longrightarrow H_2SiF_6 + 2H_2O$$

反应一直进行至 $UF_6$ 完全分解为止,因此不能用玻璃器皿装存。

$UF_6$ 遇水反应激烈,立即水解成铀酰盐和氢氟酸,同时释放出大量的热:

$$UF_6 + 2H_2O \longrightarrow UO_2F_2 + 4HF$$

$UF_6$ 在 NaOH 溶液中强烈水解,形成重铀酸钠沉淀。

$$2UF_6 + 14NaOH \longrightarrow Na_2U_2O_7 \downarrow + 12NaF + 7H_2O$$

$UF_6$ 对金属有很强的腐蚀性,但在室温下 Cu、Al 和 Ni 被腐蚀后,表面上形成一层氟化物膜,从而具有抗腐蚀作用。在高温下,Ni 和高 Ni 合金是耐 $UF_6$ 腐蚀的材料。聚四氟乙烯、聚三氟氯乙烯等也不与 $UF_6$ 作用,常用做衬填材料。

$UF_6$ 是扩散分离铀同位素的适宜原料。这是因为 $UF_6$ 能以稳定的气态化合物形式在较低温度下存在,而且氟是只有一种质量数为 19 的稳定核素 $^{19}F$。因此,$UF_6$ 实际上只是两种分子:即分子量为 349 的 $^{235}UF_6$ 和分子量为 352 的 $^{238}UF_6$ 的混合物,所以扩散法分离过程仅由铀的质量决定。

$UF_6$ 与 NaF、KF 能生成络合物 $3Na(K)F \cdot UF_6$。此络合物在 100 ℃ 以内是稳定的,高于 100 ℃ 即分解。这在工业上很有意义,因为冷凝 $UF_6$ 需花很长时间,而且能量损耗大,用生成 $3NaF \cdot UF_6$ 的方法可以保存 $UF_6$ 到需要时再使它分解。这个方法也常用来精制 $UF_6$。

②四氟化铀

$UF_4$ 是绿色晶状物质,俗称绿盐。它有两种晶型,在 833 ℃ 以下为 α 型,单斜结构;高于 833 ℃ 时成为 β 型。其熔点为 1 036 ℃。$UF_4$ 的化学性质比较稳定,是一种不很活泼的化合物。例如,它与氧需 800 ℃ 才发生反应:

$$2UF_4 + O_2 \longrightarrow UF_6 + UO_2F_2$$

它与氯几乎不发生反应,但在温度高于 250 ℃ 时,易与氟反应而转化为 $UF_6$。

$UF_4$ 可溶于草酸铵,但不大溶于 HCl 和 $HNO_3$。它在水中的溶解度约为 0.1 mmol/L (25 ℃)。$UF_4$ 不吸水,但在高温下易水解,反应如下:

$$UF_4 + 2H_2O \rightleftharpoons UO_2 + 4HF$$

③氯化铀

$UCl_4$ 是较为重要的氯化物,它是暗绿色固体,熔点为 590 ℃。$UCl_4$ 强烈吸湿,极易与水气反应生成 $UO_2Cl_2$;在空气中 300 ℃ 左右,$UCl_4$ 被迅速氧化为 $UO_2Cl_2$。由于 $UCl_4$ 具有挥发性,而大部分铀裂变产物的氯化物是不挥发的,因此,高温氯化法有可能用于铀与裂变产物的分离。$UCl_4$ 可由 $UO_2$ 与 $CCl_4$ 或 $SOCl_2$ 在适当温度下反应来制得:

$$UO_2 + CCl_4 \xrightarrow{450 ℃} UCl_4 + CO_2$$

$UCl_3$ 在室温下呈橄榄绿色,熔点 835 ℃。它是强还原剂,在 250 ℃ 时与 $Cl_2$ 反应生成 $UCl_4$。

$UCl_5$ 是红棕色微晶形粉末,吸水性强,遇水发生歧化反应:

$$2UCl_5 + 2H_2O \longrightarrow UCl_4 + UO_2Cl_2 + 4HCl$$

在 520 ℃ 时,$UCl_4$ 与氯作用可得 $UCl_5$:

$$2UCl_4 + Cl_2 \rightleftharpoons 2UCl_5$$

$UCl_5$ 不稳定,加热到 1 500 ℃,分解而成低价氯化铀和氯气。

$UCl_6$ 是暗绿色或黑色固体,熔点为 177.5 ℃。它有显著的挥发性。与水剧烈反应,产物是 $UO_2Cl_2$。$UCl_6$ 可由 $UCl_5$ 在真空中进行歧化反应,或在高温下进一步与氯作用而得。

④溴化铀

$UBr_3$是褐色晶体。氢化铀与溴化氢作用,或金属铀在 500 ℃时与溴反应,均可制得 $UBr_3$。它的性质与 $UCl_3$ 相似,但它的吸水性以及在空气中的氧化反应比 $UCl_3$ 强。

$UBr_4$是熔点为 519 ℃的棕色物质,可由 $UO_3$ 与 $CBr_4$ 于 165 ℃作用而得。它能溶于有机溶;也很易溶于水,成为绿色溶液,在水中强烈水解。化学稳定性差。

$UBr_5$是一种黑色粉末,在干燥的氧中虽稳定,但对水分很敏感,极不稳定。

⑤碘化铀

铀的碘化物只有 $UI_3$ 和 $UI_4$ 两种,都是黑色针状晶体,可直接由单质化合制备。它们之间容易互相转化:

$$2UI_4 \rightleftharpoons 2UI_3 + I_2$$

⑥卤化铀酰

已知有四价和六价铀的卤氧化物存在,四价铀的有 $UOCl_2$ 和 $UOBr_2$;六价铀的有 $UO_2F_2$、$UO_2Cl_2$、$UO_2Br_2$ 和 $UO_2I_2$。

$UO_2F_2$ 呈淡黄色,在空气中加热至约 300 ℃仍是稳定的;但至 800 ℃时,完全分解成 $U_3O_8$。$UO_2F_2$ 易溶于水,25 ℃时为 65.6%(质量分数),也易溶于乙醇。但它与其他卤化铀酰不同,不溶于乙醚。无水氟化铀酰可用气态 HF 与 $UO_3$ 在 350~500 ℃时反应而制得。

$UOCl_2$ 为黄绿色物质,它由蒸发四氯化铀水溶液来获得。二氯氧化铀易溶于水,成为绿色溶液。如与 $CCl_4$ 在 170 ℃反应,则生成 $UCl_4$。对它的红外光谱研究表明,$UOCl_2$ 分子中不存在游离的 $UO^+$ 基团。

⑦混合卤化物

U(Ⅲ)和 U(Ⅳ)的混合卤化物一般都具有收湿性,可溶于水。混合氟化物在水中分解生成一种不溶相。实例如下所示:

| | | | | |
|---|---|---|---|---|
| $UBrCl_2$ | $UClF_3$ | $UBrCl_3$ | $UICl_3$ | $UIBr_3$ |
| $UBr_2Cl$ | $UBrF_3$ | $UBr_2Cl_2$ | $UI_2Cl_2$ | $UI_2Br_2$ |
| $UICl_2$ | $UIF_3$ | $UBr_3Cl$ | $UI_3Cl$ | $UI_3Br$ |
| $UIBr_2$ | | | $UIBr_2Cl$ | |
| $UI_2Br$ | | | $UIBrCl_2$ | |

此外,制得的氢硼化铀 $U(BH_4)_4$ 和铀的氮卤化物如 UNCl、UNBr 和 UNI 等,氮卤化物在潮湿空气中水解生成 $\beta - UO_2$ 和相应铵卤化物,加热可转化为 $U_3O_8$。

(3)铀的其他二元化合物

①氢化物

铀的氢化物是在实验室中用铀做原料制备各种铀化合物的中间产物,块状铀与 $H_2$ 在温度约为 250 ℃时迅速反应生成 $UH_3$ 黑色粉末。$UH_3$ 是化学性质很活泼的物质,它与 $N_2$、$O_2$、$Cl_2$、$Br_2$、$I_2$ 反应,分别生成铀的氮化物、氧化物和四价卤化物。与水发生剧烈的反应。与卤代有机溶剂的反应则是危险的。已知存在氢化铀的两种晶体,$\alpha - UH_3$ 和 $\beta - UH_3$,其中 $\beta - UH_3$ 更为常见。当温度大于 400 ℃时,氢化铀开始分解,得到高活性细粉末状的铀;这种铀特别适合于合成铀的化合物,也是氢化铀的主要用途。

②氮化物

铀的氮化物 UN 具有导热性好、熔点高、辐照稳定性也好的优点,抗腐蚀性比 UC 强,因此可能成为动力反应堆的潜在核燃料。氮化铀易于氧化,在温度低于 1 200 ℃制得的 UN 粉末会于空气中着火、在温度 300 ℃以下时,UN 与水缓慢反应生成一层 $UO_2$ 保护层,一氮化铀溶于硝酸、浓高氯酸或热磷酸,但不溶于盐酸、硫酸或氢氧化钠溶液。此外,还有 $U_2N_3$ 和 $UN_2$ 两种氮化物。

③碳化物

铀的碳化物主要有 UC 和 $UC_2$ 两种,前者的熔点为 2 525 ℃,后者约为 2 480 ℃。将 $UH_3$ 于 450 ℃以上进行分解,获得的铀粉再与 $CH_4$ 作用,650 ℃时产物主要是 UC,而 950 ℃以上则是 $UC_2$。UC 也可用以下反应制得:

$$UO_2 + 3C \longrightarrow UC + 2CO$$

碳化物的性质很活泼。与氧作用时,部分碳被氧化,在 400 ℃时,碳完全被氧化。UC 与水在 60 ℃以上迅速反应,生成 $UO_2$ 和 $CH_4$。UC 能与许多金属起反应,因此这些金属不能作为包壳材料。若 UC 中溶有 Zr、Nb、Ti、V 等金属,则能提高 UC 的机械强度和耐腐蚀性,碳化铀导热性好,熔点和硬度都很高,类似于金属。因此,可把弥散于石墨中的 $(U+Th)C_2$ 固溶体作为燃料在高温气冷堆中应用,而碳化物 $(U+Pu)C$ 也可能成为未来的快堆燃料。

④硫化物

已知有五种铀的硫化物:US,$U_2S_3$、$U_3S_5$、$US_2$ 和 $US_3$。

一硫化铀 US 可由细粉状 $UH_3$ 与 $H_2S$ 在 500 ℃加热而制得。完全均相化的 US 外表像金属,具有银白色光泽。它不与沸水作用,可溶于稀的氧化酸中并放出 $H_2S$,但不与 HCl 反应。直到 300 ℃,US 的抗氧化性仍然良好,温度较高时,与氧缓慢进行反应,生成 UOS;粉末状 US 在 360~375 ℃着火。US 在很大的温度范围内,能与各种包壳材料相容,例如,Mo、Nb、Ta 和 V 直到 2 000 ℃都不与它反应,即使有 Na 存在时,直至 800 ℃也未发现有何变化。高密度液相熔结的 US 具有良好的辐照稳定性,放出的裂变气体很少。

其他硫化物也可用金属铀与硫或硫化氢于不同温度下制取,其中 $US_2$ 有三种结晶变体。它们具有与 US 相似的化学性质,抗氧化,不与 HCl 等非氧化性无机酸作用,还具有耐碱性溶液的性能。

(4)铀的重要盐类

①硝酸盐

$UO_2(NO_3)_2$ 易溶于水,也溶于多种有机溶剂,与 TBP 形成中性溶剂络合物而被萃取。在铀矿石加工和核燃料后处理工艺中都广泛应用 $UO_2(NO_3)_2$。

硝酸铀酰有三种常见的水合物:$UO_2(NO_3)_2 \cdot 2H_2O$、$UO_2(NO_3)_2 \cdot 3H_2O$ 和 $UO_2(NO_3)_2 \cdot 6H_2O$,此外它也能生成一水合物和无水盐。

$UO_2(NO_3)_2 \cdot 6H_2O$ 受热分解成 $UO_3$:

$$UO_2(NO_3)_2 \cdot 6H_2O \xrightarrow{\triangle} UO_3 + 2NO_2 + \frac{1}{2}O_2 + 6H_2O$$

将铀或氧化铀溶于 $HNO_3$,蒸发到开始结晶后冷至室温,即有六水合物 $UO_2(NO_3)_2 \cdot 6H_2O$ 结晶析出,它呈现出亮黄的颜色。无水硝酸铀酰则是一种淡黄色粉末,它的化学反应性强。配位化合物 $UO_2(NO_3)_2 \cdot 2X$(式中 X 为乙醚、丙酮、二氧杂环己烷或硝基甲烷)在液态空气温度下会发出强烈的荧光。

②硫酸盐

在铀处理工艺中,常用 $H_2SO_4$ 浸取铀矿石,使铀以硫酸根络阴离子形式进入溶液。$UO_2SO_4$ 的重水($D_2O$)溶液还可作为均相反应堆的燃料。硫酸铀酰可生成三水合物、一水合物和无水盐、但也有人认为,自水溶液中结晶所得的水合物组成是 $UO_2SO_4 \cdot 2.5H_2O$,而不是三水合物。此化合物在室温下不稳定。无水 $UO_2SO_4$ 可于 450 ℃下加热任何一种水合物制得。

③碳酸复盐

三碳酸铀酰铵 $(NH_4)_4[UO_2(CO_3)_3]$ 是淡黄色结晶,能溶于水,它在水中的溶解度随温度上升而增加,酸和碱都能使它破坏。与酸作用可得到铀酰离子,与碱作用则得到重铀酸盐沉斑。三碳酸铀酰铵水溶液受热发生分解反应:

$$(NH_4)_4[UO_2(CO_3)_3] \xrightarrow{100\ ℃} UO_2CO_3 + 4NH_3 + 2CO_2 + 2H_2O$$

固体 $(NH_4)_4[UO_2(CO_3)_3]$ 受热易分解,在温度为 300～500 ℃时分解生成 $UO_3$、$NH_3$、$CO_2$ 和水。在不通空气的情况下,700 ℃时分解而为 $UO_2$。

在铀矿石浸取、化学浓缩物净化及从有机相中反萃铀的过程中,都会用到铀的碳酸复盐。

当浴液中有 $(NH_4)_2CO_3$ 存在时,三碳酸铀酰铵的溶解度显著下降;在水溶液中存在其他铵盐时,其溶解度也能降低。当用较高浓度的碳酸铵溶液反萃存在于有机相的铀时,铀从有机相转入水相,并以 $(NH_4)_4[UO_2(CO_3)_3]$ 晶体的形式析出,一步完成反萃和沉淀操作。

④铀酸盐

单铀酸盐为 $M_2UO_4$,M 是一价金属阳离子,铀为六价,由铀盐与碱金属氧化物、碳酸盐或醋酸盐一起加热而得。

多铀酸盐的主要化合物是重铀酸铵(ADU)。在工业上是将氨水加入硫酸铀酰或硝酸铀酰溶液中,于是得到亮黄色的重铀酸铵沉淀:

$$2UO_2SO_4 + 6NH_3 + 3H_2O \longrightarrow (NH_4)_2U_2O_7 \downarrow + 2(NH_4)_2SO_4$$

制备这种沉淀时,溶液中不能有可溶性的碳酸盐,否则会因形成碳酸铀酰络盐而达不到预期的结果。$(NH_4)_2U_2O_7$ 在铀水冶工业中是生产回收铀的重要中间产品,工业上又称化学浓缩物或"黄饼"。重铀酸铵的近年研究表明,它的 $UO_3 - NH_3 - H_2O$ 的三元体系,随着沉淀形成的 pH 值等条件的不同,其三元组成也有所变化。

$(NH_4)_2U_2O_7$ 是重量法测定铀常用的形式,经灼烧后转变为 $U_3O_8$:

$$9(NH_4)_2U_2O_7 \xrightarrow{800\ ℃} 6U_3O_8 + 14NH_3 + 2N_2 + 15H_2O$$

铀酸盐和多铀酸盐的结构如下:

其通式是 $[U_nO_{3n+1}]^{2-}$,它们是由金属氧化物和 $UO_3$ 熔融制得的。

### 4. 铀的水溶液化学

铀元素有六个价电子,基态原子构型是 $[Rn]5f^3 6d^1 7s^2$。它有四种氧化态,在水溶液中主要以 U(Ⅳ) 和 U(Ⅵ) 的形式存在。现将它们的离子半径列于表 7-28 之中。

表7-28 铀离子的氧化态和离子半径

| 氧化态 | (n-2)内层电子 | 离子半径($\cdot$) |
|---|---|---|
| U($\text{III}$) | $5f^3$ | 1.022 |
| U($\text{IV}$) | $5f^2$ | 0.929 |
| U($\text{V}$) | $5f^1$ | 0.88 |
| U($\text{VI}$) | $5f^0$ | 0.83 |

不同价态的铀离子在溶液中具有特征的颜色和吸收光谱,因而可用来鉴定它们的价态。在酸性溶液中 U($\text{VI}$)以 $UO_2^{2+}$ 形式存在;U($\text{V}$)为 $UO_2^+$ 形式,它在水溶液中很不稳定,确定 $UO_2^+$ 的颜色比较困难。表7-29 为铀离子的颜色和某些热力学数据。

表7-29 铀离子的颜色和某些热力学数据

| 氧化态 | 溶液中的离子 | 颜色 | 生成热,$\Delta H_{298}/(\text{kJ} \cdot \text{mol}^{-1})$ | 标准熵,$S_{298}/(\text{J} \cdot \text{mol}^{-1} \cdot \text{K}^{-1})$ |
|---|---|---|---|---|
| $\text{III}$ | $U^{3+}$ | 玫瑰红 | $-471.1 \pm 12.6$ | $-146.4 \pm 25$ |
| $\text{IV}$ | $U^{4+}$ | 绿色 | $-612.1 \pm 12.6$ | $-338.9 \pm 29$ |
| $\text{V}$ | $UO_2^+$ | 不稳定 | $-992.9^+$ | |
| $\text{VI}$ | $UO_2^{2+}$ | 黄绿色 | $-1\,046.0 \pm 8.4$ | $-83.7 \pm 21$ |

注:生成自由能 $\Delta G_{298}$。

(1)铀的氧化还原反应

不同价态铀在溶液中表现出各自的氧化还原性质。

$U^{3+}$ 是一种强还原剂,与水作用可缓慢地放出 $H_2$:

$$2U^{3+} + 2H_2O \longrightarrow 2U^{4+} + H_2 + 2OH^-$$

它易被氧化为四价和六价。与三价稀土元素性质相似,在酸性溶液中,其氟化物和草酸盐均为难溶化合物。

$U^{4+}$ 在空气中不稳定,可被溶液中的 $O_2$ 所氧化。由于氧化为 $UO_2^{2+}$ 的过程伴随着破坏水分子中两个 H—O 键,形成 U—O 键,故反应速度较慢。但在光照条件下,U 被氧化的速度加快。此外,酸度降低、$UO_2^{2+}$ 的存在也显著加速它的氧化过程。为了稳定溶液中 U 的状态,可加入与 U 形成络合物的酸,如硫酸、磷酸或者胱、尿素和氨基磺酸作为稳定剂。U($\text{IV}$)与 Ce($\text{IV}$)的化学性质相似,碘酸盐,砷酸盐或铜铁试剂都可形成铀($\text{IV}$)沉淀。

$UO_2^+$ 很不稳定,在酸性溶液中发生歧化反应,生成 $U^{4+}$ 和 $UO_2^{2+}$:

$$2UO_2^+ + 4H^+ \longrightarrow U^{4+} + UO_2^{2+} + 2H_2O$$

平衡常数 $K = 1.7 \times 10^6$。只有当 pH 在 2.0~2.5 的狭窄范围内,$UO_2^+$ 离子才能稳定存在。

$UO_2^{2+}$ 是铀最稳定的价态。它与还原剂作用生成 $U^{4+}$,还原方法可采用电化学法、化学法或光化学法。电化学还原的过程如下:

$$\text{阴极} \quad UO_2^{2+} + 4H^+ + 2e^- \longrightarrow U^{4+} + 2H_2O$$

$$\text{阳极} \quad H_2O \longrightarrow \frac{1}{2}O_2 \uparrow + 2H^+ + 2e^-$$

电解还原铀在炼铀工艺中,是制取 $UF_4$ 的常用方法。此外,铀的电解还原也可以用汞阴极电解法。在汞阴极上,$UO_2^{2+}$ 还原为 $U^{4+}$,由于在汞阴极上的超电势很大,故不会发生 $H^+$ 的还原作用。Zn、Fe、Ni、Pb 和 C 等氧化还原电势在 Mn 以下的金属,都能在汞阴极上析出,而 $U^{4+}$ 则留在溶液中。这一方法不仅使 $UO_2^{2+}$ 得以还原,同时使之纯化。

如用化学法还原铀,常用的还原剂有金属 Zn、Cd、Pb 和它们的汞齐、银粉、$Sn^{2+}$、$Ti^{3+}$、$Fe^{2+}$ 和 $Na_2S_2O_4$ 等。在光作用,某些有机物能将 $UO_2^{2+}$ 还原为 $U^{4+}$,例如:

$$UO_2^{2+} + C_2O_4^{2-} + 4H^+ \xrightarrow{\text{光}} U^{4+} + 2CO_2 + 2H_2O$$

因其还原速度较小,这类实际应用不多。

现将各种价态铀在 25 ℃,0.1 mol/L $HClO_4$ 溶液中的电势图画出(图 7-11),图中为摩尔氧化还原电势,指在一定介质中反应物和生成物的浓度均为 1 mol/L 时,测得的电极电势值。括号内为标准电极电势 $E^0$,指各物质的活度为 1 时的数值,或外推或由热力学数据算得,不及摩尔氧化还原电势实际。

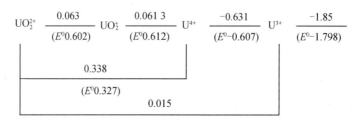

[25 ℃,0.1 mol/L $HClO_4$ 溶液]

图 7-11　铀元素电势图(单位:V)

铀的电极电势受介质的影响很大,例如,在碱性介质中它有如下的氧化还原电势(V):

$$UO_2(OH)_2 \xrightarrow{-0.62} U(OH)_4 \xrightarrow{-2.14} U(OH)_3 \xrightarrow{-2.17} U$$

此外,如介质不是 $HClO_4$ 而是其他介质中,那么铀会发生不同程度的络合或水解,其电极电势也跟着发生变化。而 $HClO_4$ 对铀的络合作用极弱,即使在 1 mol/L $HClO_4$ 中,铀的各种离子几乎都只以水合离子形式存在。

(2)铀的水解反应

铀和其他多电荷金属离子一样,在水溶液中容易发生水解反应。离子势越高,水解能力也越强。水溶液中铀离子水解能力的顺序为:$U^{4+} > UO_2^{2+} > U^{3+} > UO_2^+$。由于 $U^{3+}$ 和 $UO_2^+$ 都不稳定,因此对它们的水解行为研究较少。

①$U^{4+}$ 的水解

$U^{4+}$ 离子最易水解,与同一配位体生成配合物的能力也比 $UO_2^{2+}$ 离子强得多。其实水解不过是配合离子形成的一种特殊情况,在该配合离子中,羟基离子是配位体 L,$H_2O$ 则是质子化的配位体。U 在 25 ℃,pH=2 的溶液中开始水解,结果产生氢离子而呈酸性。

$$U^{4+} + H_2O \Longrightarrow U(OH)^{3+} + H^+$$

其第一级水解常数为 $K_{h1} = 2.7 \times 10^{-2}$。当 pH>2 时,$U(OH)^{3+}$ 单体与 $U^{4+}$ 形成聚合体,然后进一步聚合组成多核离子 $U[(OH)_3U]_n^{4+n}$ 和聚合物 $[U(OH)_4]_x$。这些水解产物往往聚合成胶状物,而难溶于酸。$U^{4+}$ 的氢氧化物在加入过量碱时被溶解:

$$U(OH)_4 + OH^- \longrightarrow H_3UO_4^- + H_2O \quad K = 1.7 \times 10^{-4}$$

随着温度的升高,U(Ⅳ)的水解产物增多,水解常数 K 也随着增大。例如,除主要一级水解产物 $U(OH)^{3+}$ 以外,尚有 $U(OH)_2^{2+}$,$U(OH)_3^+$ 和 $U(OH)_4$。

②$UO_2^{2+}$ 的水解

$UO_2^{2+}$ 在水溶液中的状态随 pH 而改变,只有当 pH < 2.5 时,它才是稳定的;pH > 2.5 时,$UO_2^{2+}$ 开始水解,同时伴随有聚合反应,最后生成复杂的氢氧化物沉淀。影响水解的主要因素是温度和 $UO_2^{2+}$ 的浓度。它在稀溶液中的水解过程为

$$UO_2^{2+} \Longleftrightarrow UO_2(OH)^+ \Longleftrightarrow UO_2(OH)_2$$

$$pH < 2.5 \qquad pH > 2.5 \qquad pH > 4$$

生成 $UO_2(OH)^+$ 的 $K_{h1} = 2 \times 10^{-6}$。随着溶液中铀浓度的增加,所得水解产物除带一个正电荷的 $UO_2(OH)^+$ 离子之外,还有少量带两个正电荷的聚合离子,如 $U_2O_5^{2+}$ 和 $U_3O_8^{2+}$ 等,这些产物都可形成单聚或多聚铀化合物。铀浓度越高,则由水解反应析出氢氧化物沉淀时的 pH 值越低,参见表 7 - 30。

表 7 - 30  $UO_2^{2+}$ 水解析出氢氧化物沉淀的 pH 值

| $[UO_2^{2+}]$ 浓度/(mol·$L^{-1}$) | $10^{-1}$ | $10^{-2}$ | $10^{-3}$ | $10^{-4}$ | $3 \times 10^{-5}$ | $1 \times 10^{-6}$ |
|---|---|---|---|---|---|---|
| 开始析出的 pH 值 | 4.47 | 5.27 | 5.90 | 6.62 | 6.80 | 7.22 |

利用 $UO_2^{2+}$ 在水解过程中产生 $H^+$ 离子的特点,可用碱滴定溶液中 $H^+$ 的浓度,从电位曲线上观察水解产物状态的变化。

③铀的配位反应

各种价态铀的络合能力顺序与其水解次序一致,即 $U^{4+} > UO_2^{2+} > U^{3+} > UO_2^+$。由于在溶液中 $U^{4+}$ 不如 $UO_2^{2+}$ 稳定,下面从最常见的铀酰 6 子开始讨论。

a.$UO_2^{2+}$ 离子的配合物

$UO_2^{2+}$ 形成配合物的倾向颇强,它能与很多无机和有机的配位体作用。在各种配位体中,以含氧配位体为最,含氮、硫配位体次之。

U(Ⅵ)常见的配位数是 8,这比其 5f6d7s7p 电子壳层中共有 16 个空轨道要少。在配位数为 8 的配合物中,两个配位的位置被 $UO_2^{2+}$ 中的 O 原子占据,因此有六个位置可与配位体配位。

$UO_2^{2+}$ 的配合物常具有六角双锥的构型(参见图 7 - 12)。它与卤素离子形成配合物的稳定性次序为:$F^- > Cl^- > Br^- > I^-$。可以看出 $UO_2^{2+}$ 难与 $I^-$ 形成配合物。

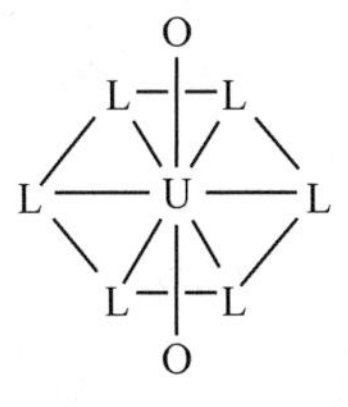

**图 7 - 12  $UO_2^{2+}$ 络合物的立体结构**

$UO_2^{2+}$ 与 $SO_4^{2-}$ 配合形成中性分子 $UO_2SO_4$ 和配阴离子 $UO_2(SO_4)_2^{2-}$、$UO_2(SO_4)_3^{4-}$。所形成的铀酰配阴离子容易被胺类萃取剂萃取，或被阴离子交换树脂所吸附。这个特性广泛地用于铀的水冶工艺中。$UO_2^{2+}$ 的 $SO_4^{2-}$ 配合物比相应的 $NO_3^-$、$Cl^-$ 配合物稳定。

$UO_2^{2+}$ 与 $CO_3^{2-}$ 形成的配合产物为 $UO_2CO_3$、$UO_2(CO_3)_2^{2-}$ 和 $UO_2(CO_3)_3^{4-}$。当温度为 25 ℃，pH 为 4.5 ~ 6.5 时，$UO_2(CO_3)_2^{2-}$ 是稳定的；当 pH > 6.5 时，随着 $CO_3^{2-}$ 浓度的增加，$UO_2(CO_3)_2^{2-}$ 逐渐变为 $UO_2(CO_3)_3^{4-}$，它的稳定范围在 pH 的 6.5 ~ 11.5；当 pH 达到 11.5 以上时，配离子被破坏，生成氢氧化物沉淀。

$UO_2^{2+}$ 与 $C_2O_4^{2-}$ 配合生成 $UO_2C_2O_4$、$UO_2(C_2O_4)_2^{2-}$ 和 $UO_2(C_2O_4)_3^{4-}$。

$UO_2^{2+}$ 与 $NO_3^-$ 配合的能力很弱。虽可形成 $UO_2(NO_3)^+$、$UO_2(NO_3)_2$、$UO_2(NO_3)_3^-$ 和 $UO_2(NO_3)_4^{2-}$ 等配离子。后两种状态只存在于固体或有机相中。

$UO_2^{2+}$ 在磷酸体系中形成 $[UO_2H_2PO_4]^+$、$[UO_2H_3PO_4]^{2+}$、$[UO_2(H_2PO_4)_2]$、$UO_2(H_2PO_4)(H_3PO_4)^+$ 配合物，当磷酸浓度高时，可形成阴离子配合物。磷酸配离子比硫酸配离子稳定。

$UO_2^{2+}$ 与 EDTA 形成水溶性的螯合物 $[UO_2EDTA]^{2-}$，$K = 2.5 \times 10^{10}$。因为在 pH 为 4 ~ 7 时，EDTA 对 $UO_2^{2+}$ 的络合作用较弱，而对其他许多阳离子有强烈的掩蔽作用，故在六价铀的分析中常用 EDTA 为掩蔽剂。此外，$UO_2^{2+}$ 与 DTPA，酒石酸柠檬酸等也能形成水溶性的螯合物。

现将 $UO_2^{2+}$ 与某些配位体的配合物稳定常数列于表 7 – 31。

表 7 – 31　$UO_2^{2+}$ 络合物的稳定常数

| 配位体 | 介质 | 温度/℃ | 稳定常数 | | | |
|---|---|---|---|---|---|---|
| | | | $K_1$ | $K_2$ | $K_3$ | $K_4$ |
| $NO_3^-$ | 2 mol/L $NaClO_4$ | 20 | 0.5 | | | |
| $F^-$ | 2 mol/L $NaClO_4$ | 20 | $3.9 \times 10^4$ | $2.2 \times 10^3$ | $3.6 \times 10^2$ | 23 |
| $Cl^-$ | 1 mol/L $NaClO_4$ | 20 | 0.79 | | | |
| $Br^-$ | 1 mol/L $NaClO_4$ | 20 | 0.5 | | | |
| $SO_4^{2-}$ | 1 mol/L $NaClO_4$ | 20 | 50 | 7.0 | 7.2 | |
| $CO_3^{2-}$ | | 25 | $K_1K_2 = 4.0 \times 10^{14}$ | | $5.0 \times 10^3$ | |
| $C_2O_4^{2-}$ | 1 mol/L $NaClO_4$ | 20 | $4.3 \times 10^3$ | $1.1 \times 10^4$ | $2.0 \times 10^3$ | |
| $H_2PO_4^-$ | | 20 | $1.0 \times 10^3$ | $2.7 \times 10^3$ | 80 | |

$UO_2^{2+}$ 除了能形成上述配合物外，还能形成多核配合物，其中含有两个以上 U 原子。例如 $UO_2^{2+}$ 与 $C_2O_4^{2-}$ 就能形成多核配合物，其结构式为

$$\begin{array}{ccc} C_2O_4 & & C_2O_4 \\ | & & | \\ H_2O\!-\!UO_2 \cdot C_2O_4\!-\!UO_2 \cdot OH_2 \\ | & & | \\ C_2O_4 & & C_2O_4 \end{array}$$

b. $U^{4+}$ 离子的配合物

$U^{4+}$ 离子具有较高的电荷和较小的离子半径(0.929Å),它不但能与各种配位体形成配离子,而且容易发生水解。$U^{4+}$ 与配位体形成的配合物的配位数通常是 8,配合物具有正四方体结构,如图 7 – 13 所示。

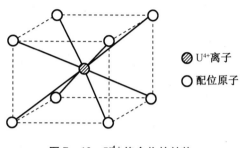

**图 7 – 13　$U^{4+}$ 络合物的结构**

它比 $UO_2^{2+}$ 相应的螯合物稳定得多。$U^{4+}$ 与 DTPA 形成螯合物 $U(DTPA)^-$,$K = 5.4 \times 10^{28}$,也很稳定。由于 $U^{4+}$ 在溶液中易被氧化,限制了对它的配合物作更广泛的研究。对 $U^{3+}$ 和 $UO_2^+$ 更是如此。

$U^{4+}$ 与阴离子的配合作用比 $UO_2^{2+}$ 的强。在溶液中 $SO_4^{2-}$ 浓度较高时,能形成 $U(SO_4)_4^{4-}$ 和 $U(SO_4)_3^{2-}$;而在稀 $H_2SO_4$ 溶液中,则生成 $U(SO_4)_2 \cdot (H_2O)_4$ 含水配合物和 $U(SO_4)(H_2O)_6^{2+}$ 配离子。$U^{4+}$ 与 $Cl^-$,$Br^-$ 和 $NO_3^-$ 离子形成的配合物,其稳定性都较差。但它与草酸或磷酸根离子形成配合物的能力则很强。

$U^{4+}$ 与 EDTA 形成螯合物 $U(EDTA)$,$K = 4.1 \times 10^{25}$。

### 7.3.7　镎 Np

**1. 概述**

关于镎的发现,早期有许多错误的报道。其中最重要的是 E. Fermi 的理论,他认为用中子轰击铀,会导致衰变而产生 93 号元素。1934 年,他用中子轰击铀原子,并报告说他制造出了 93 和 94 号元素。事实证明,E. Fermi 实际上使铀原子裂变或分裂成许多放射性同位素碎片。Hahn 和 Strassman 后来发表了对裂变现象的解释,L. Meitner 正确地解释了实验结果。1940 年,加州大学伯克利分校的科学家们兴奋地表示发现了裂变,E. M. McMillan 和学生 P. Abelson 用回旋加速器产生的慢速中子轰击铀,但结果不是裂变,而是形成新元素 93 号元素,他们将这种新元素命名为镎(Neptunium,Np)。$^{239}$Np 是世界上第一个合成的超铀元素,也是发现的第一个超铀元素。

$$^{238}U(N,\gamma)^{239}U \xrightarrow{\beta^-,235\ min} {}^{239}Np \xrightarrow{\beta^-,235\ d}$$

自然界中的镎量是很少的,因为寿命最长的 $^{237}$Np 其半衰期也比地球的年龄短许多,即使当初有,几乎都衰变掉了;只是由于铀俘获中子的结果,连续不断地生成镎,所以它才能以极少量的形式存在于自然界中。镎的发现是很重要的,这不仅从揭开超铀元素领域的观点来说是如此,而且它首次揭示 5f 电子存在的可能性,即涉及锕后元素在周期表中的位置问题。

有 25 种已知的镎放射性同位素,其原子量从 225 到 244 不等,其中 5 种是亚稳态同位素。最稳定的是$^{237}$Np,其半衰期为214万年;$^{236}$Np的半衰期为154 000年;$^{235}$Np的半衰期为396天。所有剩余的同位素的半衰期都小于4.5天,大多数都小于50分钟。轻于$^{237}$Np的同位素的主要衰变方式是α衰变。产物主要是铀的同位素。$^{237}$Np的主要衰变模式是α衰变形成镤。比$^{237}$Np重的同位素的主要通过β衰变形成钚。$^{237}$Np先衰变成Pa,然后衰变成U,最终衰变成$^{209}$Bi和$^{205}$Tl。

### 2. 镎金属

金属镎的外观呈银色,常温下暴露在空气中会形成一层薄薄的氧化层。在较高的温度下,形成氧化物的反应更明显。金属形式在物理性能上与铀相似。普遍承认的熔点和密度值分别为$(912 \pm 3)$K和19.38 cm$^3 \cdot$g$^{-1}$,沸点尚未通过实验确定;然而,通过外推蒸气压结果得到了4 447 K的值。镎存在三种同素异形体:

(1)α – Np,室温下存在,斜方晶系,密度为20.45 g/cm$^3$。

(2)β – Np,高于280 ℃存在,四方晶系,密度为19.36 g/cm$^3$(313 ℃)。

(3)γ – Np,高于577 ℃存在,体心立方晶系,密度为18 g/cm$^3$(600 ℃)。

镎在金属熔点和沸点之间的液态范围是所有元素中最大的,为3 363 K。它在所有锕系元素中密度最高,在所有天然元素中密度第五。最近发现了一种镎基超导体合金,其分子式为NpPd$_5$Al$_2$。镎化合物中超导性的出现是令人惊讶的,因为它们经常表现出强磁性,而这通常会破坏超导性。

### 3. 镎的化合物

(1)镎的氧化物

①二元氧化物

镎 – 氧体系已发现有下列的二元氧化物或水合氧化物:NpO$_2$、NpO$_3 \cdot$2H$_2$O、NpO$_3 \cdot$H$_2$O、Np$_2$O$_5$和Np$_3$O$_8$等。

二氧化镎是镎中最稳定的氧化物,许多镎的化合物如:氢氧化物、草酸盐、硝酸盐、8 – 羟基喹啉盐等在600 ~ 1 000 ℃时热分解都可制得NpO$_2$。它同其他锕系元素的二氧化物一样,晶体为氟石型结构,其晶格常数遵循锕系元素二氧化物系列的规律。NpO$_2$(气)的离解能为14.3 eV;NpO$_2$的升华热为595.3 kJ/mol,它的生成自由能可由下式计算:

$$固体 NpO_2 : \Delta G(kJ/mol) = [-254.10 + 40.5 \times 10^{-3} T(K)] \times 4.184$$
$$气体 NpO_2 : \Delta G(kJ/mol) = [-113.10 + 3.5 \times 10^{-3} T(K)] \times 4.184$$

将Np(V)氢氧化物的悬浮液用臭氧在18 ℃或90 ℃时进行氧化,可制得三氧化镎的水化物NpO$_3 \cdot$2H$_2$O和NpO$_3 \cdot$H$_2$O。后者与斜方晶系的UO$_3 \cdot$H$_2$O互为同构,由于红外光谱中没有自由水分子的谱带,故而该化合物或许以化学式NpO$_2$(OH)$_2$表示更正确些。NpO$_3 \cdot$H$_2$O在300 ℃时热分解可生成五氧化二镎Np$_2$O$_5$,它的结构与Np$_3$O$_8$很相似。

Np$_3$O$_8$与相应的铀化合物是同构的,可在300 ~ 400 ℃用空气(或NO$_2$)氧化Np(IV)或Np(V)的氢氧化物制得。Np$_3$O$_8$的热稳定性很差,500 ℃以上时便失去氧,转化为NpO$_2$。若溶于稀无机酸溶液,可得NpO$_2^+$与NpO$_2^{2+}$比值等于2:1的溶液。这就是说,八氧化三镎与同构的铀化合物U$_3$O$_8$一样,晶格中也含有五价和六价的镎。但当Np$_3$O$_8$被CCl$_4$氯化时可定量生成NpCl$_4$,而U$_3$O$_8$的类似反应中却生成UCl$_4$、UCl$_5$和UCl$_6$的混合物。Np$_2$O$_5$的稀无机酸溶液则只有五价镎的吸收谱带。

②三元及多元氧化物

二氧化镎与许多元素氧化物进行固相反应,或从 $LiNO_3 - NaNO_3$ 熔盐中沉淀,都可生成 +4 价、+5 价、+6 价和 +7 价镎的三元氧化物或氧化物相,这取决于反应条件和加入的金属氧化物。至今所发现的大多数三元和多元氧化物都是含 Np(Ⅳ) 和 Np(Ⅵ) 的。

$Li_5NpO_6$ 是六方晶系的 $Li_5ReO_6$ 型结构,它可由相应的 $Li_2O$ 和 $NpO_2$ 混合物于 $400 \sim 420$ ℃ 时,在氧气流中加热制成。这是第一个含 +7 价镎的结晶化合物,在 1968 年以前还不知道有 +7 价。另外制成了 $Ba_2LiNpO_6$ 和 $Ba_2NaNpO_6$,它们与铼和锝的相应化合物同构。

碱金属的镎(Ⅴ)酸盐既不像铀(Ⅴ)酸盐那样可用氢气还原法制得,也不能像从相应的钚化合物所预料的那样可由镎(Ⅵ)酸盐热分解制得。实际上制备的唯一方法是由镎(Ⅵ)酸盐和 $NpO_2$ 等比例化合而得:

$$Li_6NpO_6 + NpO_2 \longrightarrow 2Li_3NpO_4$$

+4 价镎与碱土金属的三元氧化物如 $BaNpO_3$,可在严格排除氧气的条件下制得。 +4 价镎的三元氧化物和氧化物相大多数与其他四价锕系元素的对应化合物类似。

**2. 镎的卤化物**

(1) 氟化物

紫色的 $NpF_3$ 和绿色的 $NpF_4$ 是分别在 $H_2$ 与 $O_2$ 存在下,将二氧化镎于 500 ℃ 时通氟化氢制成的:

$$NpO_2 + \frac{1}{2}H_2 + 3HF \longrightarrow NpF_3 + 2H_2O$$

$$NpF_3 + \frac{1}{2}O_2 + HF \longrightarrow NpF_4 + \frac{1}{2}H_2O$$

其中 $NpO_2$ 可由镎的氢氧化物、碳酸盐、草酸盐代替。$NpF_4$ 在氢气流中加热可还原成 $NpF_3$。这两种氟化物都不溶于水和稀酸,因而也能从水溶液中用沉淀法制得。

$NbF_6$ 固态时为橙色,气态时无色。它可在 $300 \sim 500$ ℃ 时以 $BrF_3$、$BrF_5$ 或单质氟对 $NpO_2$ 或 $NpF_4$ 进行氟化而得。

$NpF_6$ 同 $PuF_6$ 一样见光便分解。由于 $^{237}$Np 的比活度低,它的自辐解作用也弱。$NpF_6$ 在 54.4 ℃ 时熔融,55.76 ℃ 时沸腾,三相点在 54.759 ℃ 和 1.01 bar 处。因此与 $UF_6$ 相反,$NpF_6$ 在一般条件下不升华。熔化热 $\Delta H_m = 17.524$ kJ/mol。$NpF_6$ 的红外光谱与 $UF_6$、$PuF_6$ 相似,在气态 $NpF_6$ 中,镎原子周围是由六个氟原子组成的八面体,$Np - F$ 间距等于 1.981 Å(力常数 $= 3.71 \times 10^{-8}$ N/Å)。

$NpF_6$ 遇到痕量水分便迅速分解为氟化镎酰 $NpO_2F_2$,较纯的 $NpO_2F_2$ 是由 $NpO_3 \cdot H_2O$ 与 $BrF_3$ 在室温下反应,或与 $F_2$ 在 230 ℃ 时反应,与 HF 在 300 ℃ 时反应而得到;也能在真空条件下浓缩 Np(Ⅵ) 的氢氟酸溶液制得。由 $Np_2O_5$ 与气态氟化氢反应生成 $NpOF_3$,它与 $NpO_2F_2$ 是同构的。

$NpF_6$ 在 $250 \sim 400$ ℃ 范围内被 NaF 吸附生成八氟合镎(Ⅴ)酸钠:

$$3NaF(\text{固}) + NpF_6(\text{气}) \Longleftrightarrow Na_3NpF_8(\text{固}) + \frac{1}{2}F_2(\text{气})$$

此反应是可逆的,平衡常数 $K = \dfrac{p(NpF_6)}{p^{\frac{1}{2}}(F_2)}$,有下列关系式:

$$\log K(\mathrm{atm}^{\frac{1}{2}}) = 2.784 - 3.147/T(\mathrm{K})$$

在含 $NH_4^+$ 的 $Np(Ⅳ)$ 溶液中加入稀氢氟酸,生成淡绿色的 $NH_4NpF_5$ 沉淀。在 $Np(Ⅳ)$ 的盐酸溶液中加入 $KF-HF$ 溶液,则生成斜方晶系的 $KNp_2F_9$。C. E. Thalmayer 和 D. Cohen 从饱和的 $KF$ 溶液中提取成功各种价态镎的三元氟化物。他们意外地发现,在浓的 $KF$ 溶液中,镎的最稳定的价态是 $Np(Ⅳ)$ 而不是 $Np(Ⅴ)$。

固体 $NpO_2$ 与碱金属碳酸盐、碳酸氢盐或草酸盐在 500 ℃ 的 $HF-O_2$ 气流中反应,可生成三元氟化物 $LiNpF_5$ 或 $7MF\cdot6NpF_6$($M=Na$、$K$、$Rb$),它们与其他四价锕系元素的相应化合物都是同构的。$LiNpF_5$ 呈四方晶系结构,7:6 的氟化物复盐呈六方晶系结构。此外尚有 $Na_2NpF_6$、$Na_3NpF_8$、$K_2NpF_6$、$Rb_2NpF_6$、$Rb_3NpF_7$、$CsNpF_6$、$KNpO_2F_2$、$K_3NpO_2F_5$ 等含镎的氟化物,它们多呈绿色或粉红-紫色。

(2)氯化物、溴化物、碘化物

将 $NpO_2$ 或草酸镎在含有 $CCl_4$ 蒸气的氯气流中于 450 ℃ 时反应,可得到高纯度的挥发性 $NpCl_4$。四氯化镎很易潮解,它的水解过程经由黄色的 $NpOCl_2$ 变成 $NpO_2$。

$NpX_4$ 与 $Sb_2O_3$ 反应,如:

$$3NpCl_4 + Sb_2O_3 \longrightarrow 3NpOCl_2 + 2SbCl_3$$

这与钍、镤、铀的氯氧化物一样,生成的是纯淡棕色的 $NpOCl_2$ 或橙色的 $NpOBr_2$。

用氢气或氨气在 350～400 ℃ 时还原 $NpCl_4$,可生成绿色的 $NpCl_3$,其熔点为 800 ℃。在潮湿空气中,温度为 450 ℃ 时水解而成四方晶系的 $NpOCl$。

如用过量的 $AlBr_3$,在 350 ℃ 的温度下对 $NpO_2$ 进行溴化反应,则可生成红棕色的四溴化镎:

$$3NpO_2 + 4AlBr_3 \longrightarrow 3NpBr_4 + 2Al_2O_3$$

$NpBr_3$ 在 800 ℃ 以下不升华,因而很难与反应混合物分开,损失也较大。三碘化镎可采用类似的反应制得,但四碘化镎因热力学的不稳定性未能制备成功。

将氯化氢通入含 $Cs^+$ 和 $Np(Ⅳ)$ 的盐酸溶液,则沉淀出六方晶系的 $Cs_2NpCl_6$。$NpCl_4$ 与乙酰胺或 N,N-二甲基乙酰胺的丙酮溶液反应,可生成 $NpCl_4\cdot4CH_3CONH_2$ 和二聚的 $NpCl_4\cdot2.5CH_3CON(CH_3)_2$ 络合物。同样,含二甲基亚砜的加成络合物如:$NpCl_4\cdot7(CH_3)_2SO$,$NpCl_4\cdot5(CH_3)_2SO$ 和 $NpCl_4\cdot3(CH_3)_2SO$ 可由其各个组分直接反应制得。

在含 $Cs^+$ 和 $Np(Ⅴ)$ 的中性溶液中加入丙酮或乙醇,可生成绿松石型结构的 $Cs_3NpO_2Cl_4$;而在 $Np(Ⅴ)$ 的 8 mol/L HCl 溶液中加入 $CsCl$,却生成淡黄色的沉淀 $Cs_2NpOCl_5$,即 $NpO_2^+$ 比通常认为的更容易被氯化。有人制备了含有六价镎的四苯基砷盐和四烷基铵盐。这些化合物大多数与相应的四价钍、铀、钚的氯化物复盐是同构的。

含 $Np(Ⅴ)$ 和 $Cl^-$ 的水溶液,按它们离子浓度的不同可形成 $NpOCl_3$ 或 $NpO_2Cl$。

**4. 镎的水溶溶液化学**

在溶液中,镎表现出五种氧化态,Ⅲ、Ⅳ、Ⅴ、Ⅵ、Ⅶ,其中 Ⅴ 态最稳定。Ⅲ 和 Ⅳ 的溶液离子为简单离子 $Np^{3+}$ 和 $Np^{4+}$。与铀类似,随着镎离子上电荷的增加,它分布在一个更大的氧正离子上。因此,$Np(Ⅴ)$ 在溶液中以 $NpO_2^+$ 的形式存在,$Np(Ⅵ)$ 以 $NpO_2^{2+}$ 的形式存在,$Np(Ⅶ)$ 是一种结构可能包括氢氧根离子的氧正离子,因为它只在强碱性溶液中稳定,存在形式为 $NpO_5^{3-}$。镎的含氧酸根与稀土形成鲜明对比,后者在水溶液中只显示出(Ⅱ)、(Ⅲ)和(Ⅳ)氧化态的简单离子。在溶液中,$Np(Ⅲ)$ 易氧化形成 $Np(Ⅳ)$。在碱性溶液中稳定的

Np(Ⅶ),如果 pH 值变得更小,则会迅速还原为 Np(Ⅵ)。在酸性溶液中,Np(Ⅲ)呈深蓝紫色;Np(Ⅳ)为草绿色;Np(Ⅴ)呈翠绿色;在强碱性溶液中,Np(Ⅵ)为浅紫红色;Np(Ⅶ)为深绿色。

表 7 - 32 给出了各种镎离子的生成热、熵值及其简单的制备方法。在溶液中最稳定的是五价镎,此时它以带一个电荷的水合酰离子 $NpO_2^+$ aq 存在,包含对称的线形 O—Np—O 键。当 pH > 7 时 $NpO_2^+$ 离子水解,高酸度时才发生歧化,但不生成多核配合物。

表 7 - 32　水溶液中的各种镎离子

| 价态 | 离子形式 | 颜色 | 生成热 $\Delta H_{f293}$ /(kJ·mol$^{-1}$) | 熵值 $S_{293}$ (J·mol$^{-1}$·K$^{-1}$) | 简单制备法 |
|---|---|---|---|---|---|
| +3 | $Np^{3+}$ | 蓝紫色 | -531.4 | -181.2 | (1)Np( >Ⅲ) + $H_2$/Pt<br>(2)电解 |
| +4 | $Np^{4+}$ | 黄绿色 | -554.4 | -326.4 | (1)$Np^{3+}$ + $O_2$<br>(2)Np(Ⅴ) + $SO_2$<br>(3)Np(Ⅴ) + $I^-$(5 mol/L HCl) |
| +5 | $NpO_2^+$ | 绿色 | -966.5 | -25.9 | (1)$Np^{4+}$ + $HNO_3$(加热)<br>(2)Np(Ⅵ) + 化学计量的 $I^-$<br>(3)Np(Ⅵ) + $NH_2OH$ |
| +6 | $NpO_2^{2+}$ | 粉红色 | -870.3 | -83.7 | (1)Np( <Ⅵ) + $HClO_4$(蒸发)<br>(2)Np( <Ⅵ) + AgO(或 $BrO_3^-$、$Ce^{4+}$) |
| +7 | $NpO_5^{3-}$ | 绿色 |  |  | (1)将高温制得的 $Li_5NpO_6$ 溶于稀碱中<br>(2)Np(Ⅵ) + 臭氧(或 $XeO_3$、$K_2S_2O_8$、高碘酸)在 0.5 ~ 3.5 mol/L 的 MOH 中反应 |

六价镎不如六价铀稳定,它的 $NpO_2^{2+}/NpO_2^+$ 标准电极电势 $E_{298\ K}$ = -1.236 V,与二氧化锰的 $MnO_2/Mn^{2+}$($E_{298\ K}$ = -1.23 V)和单质溴 $Br_2/Br^-$($E_{298\ K}$ = -1.07 V)接近,故可把 Np(Ⅵ)看作中强氧化剂,例如它可被离子交换树脂迅速还原成 Np(Ⅴ)。

三价镎则是中强程度的还原剂,可将六价铀进行还原。只有在没有氧气的情况它才是稳定的,否则会被氧化为四价镎。

(1)镎的氧化还原反应

现将镎的各种价态的标准电极电势列于表 7 - 33,其中多数是 D. Cohen、J. C. Hindman 和 L. B. Magnusson 等直接测得的。

从镎的电势图以及常用氧化剂或还原剂的电势值,便可判断镎的氧化还原反应进行的条件。

(2)镎的水解反应

不同价态的镎离子均可发生水解。Np(Ⅵ)的水解能力最强,在水溶液 pH > 1 时就开始水解;Np(Ⅳ)在 pH > 3.9 时开始水解;而 Np(Ⅴ)的水解能力最弱,在 pH > 7 时才开始水解。镎的水解产物为氢氧化物或聚合的氢氧化物。镎发生水解时会更加难分离,因此在操作镎时,应尽量避免水解发生,加酸和络合剂有助于抑制镎的水解。

表 7 – 33　镎的电势图(25 ℃,单位:V)

(1)1.0 mol/L HClO

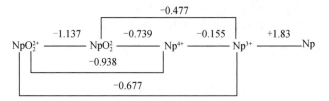

(2)1.0 mol/L HCl

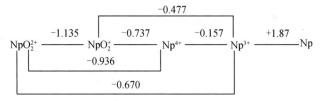

(3)1.0 mol/L $H_2SO_4$

$$NpO_2^{2+} \xrightarrow{-1.084} NpO_2^{+} \xrightarrow{-0.99} Np^{4+} \xrightarrow{+0.1} Np^{3+}$$
$$\underset{-1.04}{}$$

(4)1.02 mol/L $HNO_3$

$$NpO_2^{2+} \xrightarrow{-1.138} NpO_2^{+}$$

(5)1.0 mol/L NaOH

$$NpO_2(OH)_2 \xrightarrow{-0.48} NpO_2(OH) \xrightarrow{-0.39} Np(OH)_4 \xrightarrow{+1.76} Np(OH)_3 \xrightarrow{+2.25} Np$$
$$\underset{(-0.43)}{}$$

$$Np(Ⅶ) \xrightarrow{+0.582} Np(Ⅵ)$$

(3)镎的配位反应

镎能与 $NO_3^-$、$Cl^-$、$F^-$、$SO_4^{2-}$、$CO_3^{2-}$、$C_2O_4^{2-}$ 等阴离子生成无机配合物,其中 Np(Ⅳ)在浓硝酸或浓盐酸溶液中能形成 $Np(NO_3)_6^{2-}$ 或 $NpCl_6^{2-}$ 配阴离子,这些配阴离子可被阴离子交换树脂吸附,且分配系数很高,这一性质常用来分离纯化样品中的微量镎。

镎也能与许多有机试剂生成螯合物,如 Np(Ⅳ)可与 TTA 生成螯合物 $Np(TTA)_4$;Np(Ⅴ)能与 TTA – TBP 溶液生成协萃螯合物 $HNpO_2(TTA)_2 \cdot TBP$。这一性质也可用于萃取分离镎。

### 7.3.8　钚 Pu

#### 1.概述

当第一个超铀元素镎被发现时,人们意识到 $^{239}_{93}Np$ 的放射性 β 衰变会导致第 94 号元素的形成。然而,当时实验的规模无法识别。1940 年后期,由 G. T. Seaborg, E. M. McMillan 等通过用氘轰击铀获得了同位素 $^{238}Pu$:

$$^{238}_{92}U + ^{2}_{1}H \longrightarrow ^{238}_{93}Np + 2^{1}_{0}n$$

$$\mathop{}_{93}^{238}\mathrm{Np} \xrightarrow[2.1\ \mathrm{d}]{\beta^-} \mathop{}_{94}^{238}\mathrm{Pu}\,(T_{1/2} = 87.7\ \mathrm{a})$$

$^{238}$Pu 较短的半衰期有利于示踪剂的研究。并使 G. T. Seaborg、A. C. Wahl 和 J. W. Kennedy 获得了足够的化学信息,以便随后分离和分离其他钚同位素。最重要的同位素 $^{239}$Pu 是在 1941 年发现的。$\mathop{}_{93}^{239}\mathrm{U}$ 被 $\mathop{}_{92}^{239}\mathrm{U}$ 产生的中子轰击将会衰变成 $^{239}_{93}\mathrm{Np}$,最终衰变为 $^{239}_{94}\mathrm{Pu}$:

$$\mathop{}_{92}^{238}\mathrm{U} + \mathop{}_{0}^{1}\mathrm{n} \longrightarrow \mathop{}_{92}^{239}\mathrm{U} + \gamma$$

$$\mathop{}_{92}^{239}\mathrm{U} \xrightarrow[23.5\ \mathrm{min}]{\beta^-} \mathop{}_{93}^{239}\mathrm{Np} \xrightarrow[2.36\ \mathrm{d}]{\beta^-} \mathop{}_{94}^{239}\mathrm{Pu}\,(T_{1/2} = 24\ 110\ \mathrm{a})$$

1941 年,J. W. Kennedy,Segré 和 A. C. Wahl 用慢中子检测了 $^{238}$Pu 的裂变能力。这个关键的实验揭示了 $^{238}$Pu 作为核能的潜力。1942 年 3 月,第 94 号元素被命名为钚(Plutonium, Pu)。钚是以冥王星命名的,与镎以行星命名的方式一致。

1942 年 8 月,芝加哥大学战时冶金实验室成功分离出约 1 $\mathrm{mg}\,^{239}_{94}\mathrm{Pu}$,这是用回旋辐照 90 kg 硝酸铀酰制备的。该实验使钚成为第一个能获得可见数量的人造元素。这些研究人员于 1942 年 9 月 10 日首次对这种人造元素进行了称重,使用了更大的样本量 2.77 mg。

钚现在的产量比任何其他合成元素都要大得多。在华盛顿汉福德的大型战时化学分离厂是在超微观化学规模调查的基础上建造的。超微化学实验和最终的汉福德工厂之间的比例约为 $10^{10}$ 倍。

人们已经合成了许多钚的同位素,所有同位素都是放射性的(表 7 – 34),质量数从 228～247。

**表 7 – 34　钚同位素的放射性衰变特性**

| 质量数 | 半衰期 | 衰变方式 | 主要辐射/MeV | 生产方式 |
|---|---|---|---|---|
| 228 | 1.1 s | α | α 7.772 | $^{198}\mathrm{Pt}(^{34}\mathrm{S},4\mathrm{n})$ |
| 229 | – | α | α 7.460 | $^{207}\mathrm{Pb}(^{26}\mathrm{Mg},4\mathrm{n})$ |
| 230 | 2.6 min | EC, α | α 7.055 | $^{208}\mathrm{Pb}(^{26}\mathrm{Mg},4\mathrm{n})$ |
| 231 | 8.6 min | EC 90%<br>α 10% | α 6.72 | $^{233}\mathrm{U}(^{3}\mathrm{He},5\mathrm{n})$ |
| 232 | 33.1 min | EC ≥80%<br>α ≤20% | α 6.600(62%)<br>6.542(38%) | $^{233}\mathrm{U}(\alpha,5\mathrm{n})$ |
| 233 | 20.9 min | EC 99.88%<br>α 0.12% | α 6.30<br>γ 0.235 | $^{233}\mathrm{U}(\alpha,4\mathrm{n})$ |
| 234 | 8.8 h | EC 94%<br>α 6% | α 6.202 (68%)<br>6.151(32%) | $^{233}\mathrm{U}(\alpha,3\mathrm{n})$ |
| 235 | 25.3 min | EC >99.99%<br>α 3×10$^{-3}$% | α 5.850 (80%)<br>γ 0.049 | $^{235}\mathrm{U}(\alpha,4\mathrm{n})$ |
| 236 | 2.858 a<br>1.5×10$^9$a | α<br>SF 1.37×10$^{-7}$% | α 5.768 (69%)<br>5.721(31%) | $^{235}\mathrm{U}(\alpha,3\mathrm{n})$<br>$^{236}\mathrm{Np}$ 子核 |

表 7-34（续）

| 质量数 | 半衰期 | 衰变方式 | 主要辐射（MeV） | 生产方式 |
|---|---|---|---|---|
| 237 | 45.2 d | EC >99.99%<br>$\alpha$ 4.24×$10^{-3}$% | 5.356（~17.2%）<br>5.334（~43.5%）<br>$\gamma$ 0.059 | $^{235}$U($\alpha$,2n)<br>$^{237}$Np(d,2n) |
| 238 | 87.7 a<br>4.77×$10^{10}$ a | $\alpha$<br>SF 1.85×$10^{-7}$% | $\alpha$ 5.499（70.9%）<br>5.456（29.0%） | $^{242}$Cm 子核<br>$^{238}$Np 子核 |
| 239 | 2.411×$10^4$ a<br>8×$10^{15}$ a | $\alpha$<br>SF 3.0×$10^{-10}$% | $\alpha$ 5.157（70.77%）<br>5.144（17.11%）<br>5.106（11.94%）<br>$\gamma$ 0.129 | $^{239}$Np 子核 |
| 240 | 6.561×$10^3$ a<br>1.15×$10^{11}$ a | $\alpha$<br>SF 5.75×$10^{-6}$% | $\alpha$ 5.168（72.8%）<br>5.124（27.1%） | 多次 n 捕获 |
| 241 | 14.35 a | $\beta^-$ >99.99%<br>$\alpha$ 2.45×$10^{-3}$%<br>SF 2.4×$10^{-14}$% | $\alpha$ 4.896（83.2%）<br>4.853（12.2%）<br>$\beta^-$ 0.021<br>$\gamma$ 0.149 | 多次 n 捕获 |
| 242 | 3.75×$10^5$ a<br>6.77×$10^{10}$ a | $\alpha$<br>SF 5.54×$10^{-4}$% | $\alpha$ 4.902（76.49%）<br>4.856（23.48%） | 多次 n 捕获 |
| 243 | 4.956 h | $\beta^-$ | $\beta^-$ 0.582（59%）<br>$\gamma$ 0.084（23%） | 多次 n 捕获 |
| 244 | 8.08×$10^7$ a<br>6.6×$10^{10}$ a | $\alpha$ 99.88%<br>SF 0.121 4% | $\alpha$ 4.589（81%）<br>4.546（19%） | 多次 n 捕获 |
| 245 | 10.5 h | $\beta^-$ | $\beta^-$ 0.878（51%）<br>$\gamma$ 0.327（25.4%） | $^{244}$Pu(n,$\gamma$) |
| 246 | 10.84 d | $\beta^-$ | $\beta^-$ 0.15（91%），<br>$\gamma$ 0.224（25%） | $^{245}$Pu(n,$\gamma$) |
| 247 | 2.27 d | $\beta^-$ | | 多次 n 捕获 |

钚最重要的同位素$^{239}$Pu 由$^{238}$U 俘获中子而得到：

$$^{238}U(n,\gamma)^{239}U\xrightarrow[23.5\ min]{\beta^-}{}^{239}Np\xrightarrow[2.35\ d]{\beta^-}{}^{239}Pu$$

缺中子的钚同位素主要是用加速 $\alpha$ 粒子轰击$^{233}$U 或$^{235}$U 产生的。质量数为 240～244 的重同位素则由 Pu 作多次中子俘获而产生：

$$^{239}Pu(n,\gamma)^{240}Pu(n,\gamma)^{241}Pu(n,\gamma)^{242}Pu(n,\gamma)^{243}Pu(n,\gamma)^{244}Pu$$

钚同位素中，最重要的核性质是：$^{239}$Pu 和$^{241}$Pu 都具有很高的裂变截面 $\sigma$(n, f)，同时，它们的中子俘获截面 $\sigma$(n, $\gamma$)也较高。

钚是现存最重的原生元素，它最稳定的同位素$^{244}$Pu，其大约 8 000 万年的半衰期刚好足够在自然界中以微量元素的形式被发现。1971 年,Hoffman 从寒武纪前的氟碳铈矿(一种镧系氯氟化矿物)中分离出钚,通过质谱测量证实了自然界中存在$^{244}$Pu。天然铀矿中也存在微量钚。它的形成方式与镎大致相同:用中子辐照天然铀,然后衰变。在天然铀样品中发现了极少量的$^{238}$U,这是由于$^{238}$U 罕见的双衰变。钚很可能是由奥克罗(Oklo)天然反应堆的天然$^{238}$U 中子活化形成的,但它早就衰变了。钚在大多数情况下是反应堆中核反应的副产品,在反应堆中,裂变过程释放的一些中子将$^{238}$U 转化为钚。$^{238}$Pu 和$^{239}$Pu 是合成最广泛的同位素。$^{239}$Pu 是通过下列反应合成的,使铀(U)和中子(n)通过 β 衰变(β),以镎为中间体:

$$\ce{^{238}_{92}U} + \ce{^{1}_{0}n} \longrightarrow \ce{^{239}_{92}U} \xrightarrow{\beta^-,235\ min} \ce{^{239}_{93}Np} \xrightarrow{\beta^-,2.3565\ d} \ce{^{239}_{94}Pu}$$

$^{238}$Pu 是在下列第一次发现反应中,用氘轰击$^{238}$U 合成的:

$$\ce{^{238}_{92}U} + \ce{^{2}_{1}D} \longrightarrow \ce{^{238}_{93}Np} + 2\ce{^{1}_{0}n}$$

$$\ce{^{238}_{93}Np} \xrightarrow{\beta^-,2.117\ d} \ce{^{238}_{94}Pu}$$

钚在超铀元素中占据了最重要的地位,因为它被用作核武器的爆炸性成分,且它作为发展核能工业用途的关键材料不可忽视。一公斤$^{239}$Pu 的裂变可以产生 21 000 t TNT 爆炸当量,相当于大约 2 200 kW·h 的热能。PUREX 对乏核燃料进行后处理,以提取钚和铀,这些钚和铀可以用来形成混合的 U/Pu 氧化物或"MOX"燃料,以便在核电反应堆中重复使用。MOX 燃料生产也是减少用于和平目的的过多国防钚储备的一个良好机制。

不同的同位素每质量产生的热量不同。$^{238}$Pu 的半衰期为 88 年,产热率较高,是一种使用寿命较长的电源。衰变热通常用瓦特/千克或毫瓦/克来表示。$^{238}$Pu 是放射性同位素热电发电机中的热源,用于为航天器和地外漫游者提供动力。作为电源和热源,$^{238}$Pu 还被用于为阿波罗宇航员留在月球上的仪器、气象卫星和星际探测器提供动力,并为卡西尼土星任务和火星探测器提供动力。$^{238}$Pu 曾一度被成功地用于为人工心脏起搏器提供动力,但现在已被锂基原始电池所取代。研究了$^{238}$Pu 作为一种为潜水者提供补充热量的方法。$^{238}$Pu 与铍混合是产生中子的一种简便方法。

钚和所有其他超铀元素一样,是一种放射性危害,必须用专门的设备和预防措施来处理。动物研究发现,每公斤组织中含有几毫克钚是致命的。钚吸入比摄入更危险。当被吸入时,钚可以通过血液在全身流动,进入骨骼、肝脏或其他身体器官。到达人体器官的钚通常会在体内停留几十年,并继续使周围的组织暴露在辐射中,因此可能会导致癌症。

**2. 钚的化合物**

(1)钚的氧化物

钚和氧可形成一系列二元氧化物、过氧化物、氢氧化物(或水合氧化物),以及与其他金属元素共存的三元和四元氧化物。下面主要介绍二元氧化物。

(1)$PuO_2$在所有钚的化合物中,以二氧化钚为最重要,研究得最详尽。它具有十分理想的性质,如熔点高,辐照稳定性好,同金属易于互溶以及便于制备等,使它成为增殖堆和动力堆的重要核燃料。

二氧化钚同所有锕系元素的二氧化物一样,其结晶呈萤石晶格,它是钚的最稳定的氧化物,生成热 $\Delta H = -1\ 055.83$ kJ/mol,熵 $S = 68.37$ J/(mol·K)。将钚的草酸盐、过氧化物、氢氧化物或硝酸盐等,置于氧气中加热到 800～1 000 ℃,都能生成纯的符合化学计量的 $PuO_2$。为避免起始化合物在加热过程中因急剧分解而引起的飞溅损失,对不同的化合物可采取不同的升温灼烧方式。

钚与铀一样可形成非化学计量的氧化物。不过，$UO_2$在其孔隙的位置上容易吸收氧形成超化学计量的$UO_{2+x}$氧化物，而$PuO_2$在1 400 ℃以上却失去氧形成亚化学计量的$PuO_{2-x}$氧化物。由于$PuO_2$极易在表面上吸附氧，因此粉末状的$PuO_2$中，其O/Pu可大于2。

二氧化钚通常是呈绿色的固体，但由于纯度和颗粒大小的差异，由不同原料化合物制得的$PuO_2$产品可自浅黄、黄绿而至黑色。至于在1 200 ℃灼烧的产品其外观均为深黄褐色。将$PuO_2$封入氩气氛下的钨皿中，测得其熔点为(2 390 ± 20) ℃。

(2)$Pu_2O_3$曾制备和研究过三种倍半氧化物：六方系的β - $Pu_2O_3$，立方系的α - $Pu_2O_3$和α′ - $Pu_2O_3$。β - $Pu_2O_3$可由$PuO_2$和碳置于氩气中加热到1625 ℃或更高的温度制得；也可在密闭的钽坩锅中，于1 500 ℃下用过量磨细的钚金属或氢化物还原$PuO_2$数小时而制取。如所得黑色烧结的$Pu_2O_3$中含有金属钚，可在1 800 ~ 1 900 ℃下用真空蒸发的方法除去。研磨时需注意，氧化物很容易自燃。若不搅动它，则在几天内也不被空气所氧化。2 210 K时$Pu_2O_3$的气化按下式进行：

$$Pu_2O_3 \rightleftharpoons PuO(气) + PuO_2(固)$$

在气化过程中，固体的组成趋于$PuO_2$，随后其蒸气压减小。

α - $Pu_2O_3$可在真空中加热$PuO_2$至1 650 ~ 1 800 ℃制备；也可采用制β - $Pu_2O_3$的类似方法，据报道这是碳还原$PuO_2$到β - $Pu_2O_3$的一个中间产物。α′ - $Pu_2O_3$则被认为是α - $Pu_2O_3$的高温形态，均呈黑色。

(2)钚的卤化物

①氟化物

a.$PuF_3$呈暗紫色，属六方晶系，可由$PuO_2$与HF、$H_2$的混合物在600 ℃反应而得到：

$$PuO_2 + 3HF + \frac{1}{2}H_2 \xrightarrow{600\ ℃} PuF_3 + 2H_2O$$

用钚的硝酸盐或草酸盐代替二氧化钚，也能进行同样的反应。

b.$PuF_4$同所有其他锕系元素(Ⅳ)的氟化物一样，$PuF_4$结晶呈β - $ZrF_4$型的单斜结构。将$PuF_3$在干燥的氧气中加热到600 ℃，便可部分地转化为$PuF_4$：

$$4PuF_3 + O_2 \underset{真空}{\overset{600\ ℃}{\rightleftharpoons}} 3PuF_4 + PuO_2$$

此反应是可逆的。

将钚的氧化物或草酸盐在HF - $O_2$的混合气流中加热到550 ℃，可得纯的四氟化物产物：

$$PuO_2 + 4HF \xrightarrow[O_2]{550\ ℃} PuF_4 + 2H_2O$$

其中的氧是用于防止氟化氢气体中的少量氢对四价钚的还原作用。

把氢氟酸加入Pu(Ⅳ)盐溶液中，生成粉红色的$PuF_4 \cdot 2.5H_2O$沉淀，于200 ~ 300 ℃加热脱水，便变成淡棕色的$PuF_4$。它在300 ℃以上的潮湿气体中水解成$PuO_2$。

c.$PuF_6$六氟化物的特点是沸点和熔点低，而挥发性则较高。它可由单质氟在500 ~ 700 ℃的温度下与$PuF_4$反应制得。

$$PuF_4 + F_2 \longrightarrow PuF_6$$

氟化的速度随温度的升高而急剧地增加。此外，$PuF_4$固体与氟的混合物在室温下用紫外线照射亦能得到六氟化物。

$PuF_6$在180 ℃时是白色的固体，室温时呈黄棕色；液态和气态则为棕色到红棕色。固体

$PuF_6$ 在常压下不能升华，但液态 $PuF_6$ 可变成气态，这点与 $UF_6$ 是不同的。六氟化钚分子在气态时呈正八面体结构，固态时的八面体稍有变形。

由于 $^{239}Pu$ 的比活度较高，引起 $PuF_6$ 不断辐解而生成 $PuF_6$ 和 $F_2$ 固体 $PuF_6$ 的分解速度约为每天 1.5%，比气态 $PuF_6$ 高得多，因为气态情况下大部分 α 衰变能量被器壁所吸收。如加入稍为过量的氟气，可大大地抑制气态 $PuF_6$ 的辐解。

六氟化钚是非常强的氧化剂，能使 $UF_5$ 转变为 $UF_6$，或将 $BrF_3$ 变为 $BrF_5$。痕量的水汽很快就能使 $PuF_6$ 水解成氟化钚酰 $PuO_2F_2$，它与相应的铀化合物同构。

②氯化物

a. $PuCl_3$：将 Pu（Ⅲ）的草酸盐与六氯丙烯一起加热到 180～190 ℃，便可大量制取 $PuCl_3$。如欲纯化产品，可在氯气或高真空下，将主要的反应产品进行升华或经石英过滤器过滤。它还可由金属钚、氢化钚、二氧化钚等作起始反应物进行氯化而得。

三氯化钚是蓝色至绿色的固体，熔点 750 ℃，沸点为 1 767 ℃。在 25 ℃时，生成自由能 $\Delta G = -916.3$ kJ/mol。无水三氯化钚暴露在潮湿空气中时，吸收水分而形成潮解性的六水合物。

b. $PuCl_4$：当温度在 400 ℃以上，将氯气通过固体的 $PuCl_4$ 时，有气态的 $PuCl_4$ 生成。但它在冷的表面上凝聚时，就分解为 $PuCl_3$ 和 $Cl_2$ 气。可见四氯化钚是不稳定的。

固体 $PuCl_4$ 并不存在，但有人制得了它与乙酰胺的红棕色固体络合物 $PuCl_4 \cdot 6CH_3CONH_2$，与 N，N－二甲基乙酰胺的红棕色固体络合物 $PuCl_4 \cdot 2.5CH_3CON(CH_3)_2$，以及较低级的络合物 $PuCl_4 \cdot 0.5CH_3CON(CH_3)_2$ 等。它与二甲基亚砜形成稳定的加成化合物为 $PuCl_4 \cdot 3(CH_3)_2SO$。这些化合物常是以四价钚的氯化物复盐，如 $Cs_2PuCl_6$ 在有机溶剂中与有机试剂进行反应而制得。

c. Pu 的其他氯化物：将 $PuO_2$ 置于 $HCl-H_2$ 气流中加热至 650 ℃，便可制得纯的 PuOCl：

$$PuO_2（固）+ \frac{1}{2}H_2（气）\rightleftharpoons PuOCl_3（固）+ H_2O（气）$$

此外，$PuO_2$ 与熔融的 $MgCl_2$ 反应亦可生成同一产物。

蓝绿色的氯化氧钚不溶于水，但易溶于稀的无机酸。它呈 PbFCl 型的四方结构。如将 PuOCl 放在 HCl 气流中加热，又可获得 $PuCl_3$：

$$PuOCl（固）+ 2HCl（气）\rightleftharpoons PuCl_3（固）+ H_2O（气）$$

③溴化物、碘化物

a. $PuBr_3$：溴化氢与 Pu（Ⅲ）的草酸盐反应便可制得：

$$Pu_2(C_2O_4)_3 \cdot 10H_2O + 6HBr \xrightarrow{500\ ℃} 2PuBr_3 + 3CO_2 + 3CO + 13H_2O$$

其他类似于制备 $PuCl_3$ 的方法。

三溴化钚从空气中吸收湿气形成六水合物，并且潮解，生成亮紫色的溶液。固体 $PuBr_3$ 的熔点为 681 ℃。

b. $PuBr_4$：制备纯固体 $PuBr_4$ 的努力没有成功。与 $PuCl_4$ 一样，它只能以气态存在，并能以络合物的形式稳定下来。例如，用液态溴将乙腈中的 $PuBr_3$ 氧化，并加入化学计算量的三苯基氧膦（TPPO）或六甲基磷酰胺（HMPA），在室温下真空蒸发，便可形成鲜红色的络合物 $PuBr_4 \cdot 2TPPO$ 和 $PuBr_4 \cdot 2HMPA$。这些络合物在惰性气体中是很稳定的。

c. $PuI_3$：将碘化汞与金属钚置于真空石英安瓿中，加热至 500 ℃，便可生成蓝绿色的三碘化钚。$PuI_3$ 的熔点约为 777 ℃，熔化热 $\Delta H_m = -50.2$ kJ/mol。

d. Pu(Ⅲ)和 Pu(Ⅳ)的碘酸盐:将碱金属的碘酸盐溶液加入 Pu(Ⅲ)或 Pu(Ⅳ)盐溶液中,可分别析出黄褐色固体三碘酸钚 $Pu(IO_3)_3$ 和淡红色无定形沉淀四碘酸钚 $Pu(IO_3)_4$。由于 $Pu(IO_3)_4$ 的溶解度较低,可用于从镧及稀土中分离钚。在 150 ~ 250 ℃烘干的无水四碘酸钚,适于作钚的第一分析标准。

(3)钚的其他二元化合物

①氢化物

在通常的条件下将氢和金属钚直接化合,制得的氢化物组成在 $PuH_2$ 与 $PuH_3$ 之间,精确的组成与温度和氢的压力有关。如在 150 ~ 200 ℃时反应,可得灰色金属光泽、具有氟石结构的氢化物相,组成范围在 $PuH_{1.5}$ 至 $PuH_{2.7}$ 之间,上限即为 $PuH_{2.7}$。

除了立方结构的氢化物相以外,还存在符合化学计量 $PuH_3$ 的黑色氢化物,它与六方晶系的 $UH_3$ 结构是同类型的。对 Pu - H 体系的详细研究表明,每摩尔的固态和液态金属钚中氢的溶解度可达 0.1 mol。

氢化钚有易于自燃的倾向,它们在空气中的稳定性与颗粒的大小、氢/钚比等因素有关,通常只有在干燥惰性气体中处理和贮存才是安全的,它在 150 ℃时被空气迅速氧化,250 ℃时同反应形成 PuN。

二氢化钚在下列温度范围内分解压力的经验方程式为

$$PuH_2(673 \sim 1\,073\ \text{K})$$
$$\log P^* = (10.01 \pm 0.32) - (8\,165 \pm 263)/T(\text{K})$$
$$PuD_2(873 \sim 1\,073\ \text{K})$$
$$\log P^* = (9.71 \pm 0.19) - (7\,761 \pm 151)/T(\text{K})$$

在 1 个大气压的氢气下,温度高达 1 000 ℃时,$PuH_2$ 仍是稳定的。但在真空中,温度低至 420 ℃时,它便迅速分解,5 g 样品经 2 h 就转化为金属钚。$PuH_3$ 固体化合物的稳定性比 $PuH_2$ 更差,25 ℃时它的分解压力为 0.466 bar[①];在 200 ℃时,它很快分解成 $PuH_2$。

二氢化物的生成热:

$$Pu(s) + H_2(g) \Longrightarrow PuH_2(s)$$
$$\Delta H_{f293} = -(139.3 \pm 5.0)\,\text{kJ/mol}$$
$$Pu(s) + D_2(g) \Longrightarrow PuD_2(s)$$
$$\Delta H_{f293} = -(134.7 \pm 2.9)\,\text{kJ/mol}$$

研究钚和氢反应的重要意义,在于制备粉末冶金所需要的粉末状钚。

②碳化物

在 Pu - C 体系中,已知有 $Pu_3C_2$、PuC、$Pu_2C_3$ 和 $PuC_2$ 等化合物,可用石墨粉对 $PuO_2$ 或钚的氢化物进行高温还原来制备。从增殖堆和动力堆角度看来很重要的 U - Pu 混合碳化物,与纯的碳化物类似,可由 U - Pu 合金与石墨一起熔融或用石墨还原(U, Pu)$O_2$ 而制得,也可将分别制得的单个碳化物在电弧中熔融来制备。已对钚的碳化物的性质和结构进行过研究,但与其他元素碳化物之间形成化合物的研究工作则尚少见。

混合碳化物(U, Pu)C 遇热水和酸水解,产生氢和甲烷,还有少量长链烷烃和烯烃,水解产物中的氢含量随混合碳化物中 Pu 含量的增高而增加,但中子辐照后将极大地改变碳

---

① 1 bar = 100 kPa。

化物的水解性质。

③氮化物

在 Pu – N 体系中,只存在符合化学计量的一氮化合物 PuN。它与钍、铀的氮化物同构,结晶呈氯化钠晶格。可由氢化钚在氮气流中加热至 250 ~ 400 ℃制备。

一氮化钚很易水解,慢慢地产生 $PuO_2$ · PuN 溶于稀盐酸或稀硫酸中,形成蓝色的 $Pu^{3+}$ 溶液。PuN 与 $PuO_2$ 反应可生成 $Pu_2O_3$ 并放出氮气。

PuN 与 UN 能形成一系列的固溶体;PuN 与 PuC 反应生成碳氮化物 Pu(C, N),它与氮化物一样在 1 600 ℃以上时有较高的挥发性。由于一氮化钚具有高度的挥发性且易于分解,故它不能像非挥发性的 UN 那样可望作为核燃料。

(4)钚的含氧酸盐

①碳酸盐

含 Pu(Ⅳ)的碳酸盐 $Pu(CO_3)_2$ 固体尚未发现,但钚(Ⅳ)的碱金属碳酸盐溶液则可由 $Pu(OH)_4$ 或 $Pu(C_2O_4)_2$ · aq 溶于适当浓度的碱金属碳酸盐溶液而得,或用 $H_2O_2$,肼等还原剂将 Pu(Ⅵ)碳酸盐溶液进行还原。Pu(Ⅳ)碳酸盐很不稳定,当温度稍高时即行水解而沉淀出 $PuO_2$ · aq。

钚(Ⅳ)的碳酸络合物有: $M_4[Pu(CO_3)_4]$ · aq(M = $NH_4$、K、Na),$M_6[Pu(CO_3)_5]$ · aq(M = $NH_4$、K、Na),$M8[Pu(CO_3)_6]$ · aq(M = $NH_4$、K)和 $K_{12}[Pu(CO_3)_8]$ 等。它们多数是从含 Pu(Ⅳ)的相应碱金属碳酸盐溶液中,加入乙醇和丙酮沉淀得到的,沉淀出来的碳酸络合物的组成与溶液的碳酸盐浓度有关。四价钚的碳酸络合物都是绿色的,热稳定性很差,溶于水而不溶于有机溶剂。

钚(Ⅴ)的碳酸络合物 $MPuO_2CO_3$(M = Na、K、$NH_4$),可由固体碱金属碳酸盐加到 Pu(Ⅴ)溶液中来制得。如将固体碳酸铵加到酸性 Pu(Ⅵ)溶液中,可沉淀出绿色的 $(NH_4)_4[PuO_2(CO_3)_3]$,将它加热到 120 ℃则形成红色的碳酸钚(Ⅵ) $PuO_2CO_3$:

$$(NH_4)_4[PuO_2(CO_3)_3] \xrightarrow{120\ ℃} PuO_2CO_3 + 4NH_3 + 2CO_2 + 2H_2O$$

②硝酸盐

硝酸钚(Ⅳ)的五水合物 $Pu(NO_3)_4$ · $5H_2O$ 呈绿色,属斜方晶系,它可由 Pu(Ⅳ)的 10 mol/L 硝酸溶液在室温下慢慢蒸发而得。此化合物很不稳定,40 ℃以上即开始分解;它可溶于水、丙酮和乙醚。硝酸钚(Ⅵ)酰的六水合物 $PuO_2(NO_3)_2$ · $6H_2O$ 是粉红色或棕色的矩形片状化合物,由 $P_2O_5$ 浓缩 Pu(Ⅵ)的硝酸溶液而得到。将此六水合物进行热分解,则先后生成四水合物、三水合物和二水合物,最后在 150 ℃时变成无水化合物。在存放期间,该化合物因辐射而迅速分解。

**3. 钚的水溶液化学**

钚的固体化合物中存在五种价态:Pu(Ⅲ)、Pu(Ⅳ)、Pu(Ⅴ)、Pu(Ⅵ)和 Pu(Ⅶ)。与此相似,钚在水溶液中以下列水合离子形式存在: $Pu^{3+}$、$Pu^{4+}$、$PuO_2^+$、$PuO_2^{2+}$ 和 $PuO_5^{3-}$。其中以四价为最稳定。现将各种价态钚的生成热、熵值及简单的制备方法列于表 7 – 35。钚的最大特征是在溶液中能以 Pu(Ⅲ)、Pu(Ⅳ)、Pu(Ⅴ)和 Pu(Ⅵ)四种价态同时存在,形成热力学稳定的体系。这种特性在周期表中是独特的。钚(Ⅴ)在稀酸溶液中极易歧化生成这四种价态同时存在的溶液。

表 7 - 35　水溶液中的各种钚离子

| 价态 | 离子形式 | 颜色 | 生成热 $\Delta H_{f293}$ /(kJ·mol$^{-1}$) | 熵值 $S_{293}$ /(J·mol$^{-1}$·K$^{-1}$) | 简单制备法 |
|---|---|---|---|---|---|
| +3 | Pu$^{3+}$ | 蓝色 | -581.2 | -186.6 | (1)将金属钚溶于盐酸中<br>(2)用 I$^-$(NaHSO$_3$)还原 Pu(Ⅳ)<br>(3)用 H$_2$/Pt 在 40~60 ℃时还原 Pu(Ⅳ) |
| +4 | Pu$^{4+}$ | 黄绿色 | -526.8 | -364.0 | (1)用 NaNO$_2$ 或 KBrO$_3$ 在室温下氧化 Pu(Ⅲ)<br>(2)电解氧化 Pu(Ⅲ) |
| +5 | PuO$_2^+$ | 粉红色或红紫色 | -878.6 | -79.5 | (1)用化学计量的 I$^-$ 在 pH=3 时将 Pu(Ⅵ)还原;用 CCl$_4$ 萃取 I$_2$ |
| +6 | PuO$_2^{2+}$ | 黄绿色 | -715.5 | -54.4 | (1)将 Pu 的 HClO$_4$ 溶液进行蒸发<br>(2)用 AgO 氧化 Pu(Ⅳ)。以上两法在氧化前需除去含有的 SO$_4^{2-}$ 和 PO$_4^{3-}$ 离子 |
| +7 | PuO$_5^{3-}$ | 蓝绿色(pH>7) | | | (1)用 K$_2$S$_2$O$_8$ 或臭氧在 pH>7 时氧化 Pu(Ⅵ)<br>(2)将高温下制成的 Li$_5$PuO$_6$ 溶于氢氧化锂或水中 |

除了中间价态的歧化反应之外,由于钚自身 α 粒子的辐解作用,溶液中钚的价态也会发生变化,而辐解的程度则取决于钚的同位素组成。钚(Ⅵ)能被氨羧络合剂、8 - 羟基喹啉和 1,3 - 二酮类等许多有机试剂还原,所以在萃取和离子交换实验中必须加以注意。

PuO$_2^+$ 和 PuO$_2^{2+}$ 离子与其他锕系元素的酰基离子相似,是线形对称基团。金属 - 氧之间主要是共价键,Pu - O 间距为 1.8~1.9 Å,这个距离比 Pu$^{6+}$ 和 O$^{2-}$ 离子半径的总和还短得多。由结构类型、红外光谱和水溶液化学行为的研究表明,钚酰基团 PuO$_2^{n+}$ [Pu(Ⅴ)$n=1$,Pu(Ⅵ)$n=2$]的结构与铀酰基团 UO$_2^{2+}$ 是相仿的。

蓝绿色的钚(Ⅶ)溶液钚稳定,可由钚(Ⅵ)的 0.5~3 mol/L NaOH 溶液用臭氧、过硫酸盐或电化学氧化而成;但它甚至在 OH$^-$ 浓度较高的情况下也能将水氧化。如将 Pu(Ⅶ)的碱性溶液酸化,它便迅速还原成 Pu(Ⅵ)。多种还原剂均能将七价钚还原成低价状态。

(1)钚的氧化还原反应

现将钚的标准电极电势图列于表 7 - 36。其中 Pu$^{4+}$/Pu$^{3+}$ 电对和 PuO$_2^{2+}$/PuO$_2^+$ 电对只涉及一个电子的传递,因而它们的氧化还原平衡能迅速建立。而 PuO$_2^+$/Pu$^{4+}$ 电对和 PuO$_2^{2+}$/Pu$^{4+}$ 电对电位的建立则与 Pu - O 键的断裂或形成有关,从而比较缓慢。表 7 - 34 提供了计算某种价态钚定量地转变成另一种价态时所需条件的依据,计算中需要考虑络合剂的浓度以及可能出现的歧化反应。

表 7 - 34　钚的电势图

(1)1 mol/L HClO$_4$

$$PuO_2^{2+} \xrightarrow{-0.916\,4} PuO_2^+ \xrightarrow{-1.170\,2} PuO^{4+} \xrightarrow{-0.981\,9} PuO^{3+} \xrightarrow{+2.03} Pu$$

$$PuO_2^+ \xrightarrow{-1.043\,3} PuO^{4+}$$

$$PuO_2^{2+} \xrightarrow{-1.022\,8} PuO^{4+}$$

(2)1 mol/L HCl

$$PuO_2^{2+} \xrightarrow{-0.912\,2} PuO_2^+ \xrightarrow{-1.189\,5} PuO^{4+} \xrightarrow{-0.970\,2} PuO^{3+} \xrightarrow{+2.03} Pu$$

$$PuO_2^+ \xrightarrow{-1.050\,8} PuO^{4+}$$

$$PuO_2^{2+} \xrightarrow{-1.023\,8} PuO^{4+}$$

(3)1 mol/L H$_2$SO$_4$

$$Pu^{4+} \xrightarrow{+0.75} Pu^{3+}$$

(4)1 mol/L HNO$_3$

$$PuO_2^{2+} \xrightarrow{-1.10} PuO^{4+} \xrightarrow{-0.92} PuO^{2+}$$

$$PuO_2^{2+} \xrightarrow{-1.04} PuO^{2+}$$

(5)1 mol/L OH$^-$

$$PuO_2(OH)_2^- \xrightarrow{-0.26} PuO_2(OH) \xrightarrow{-0.76} Pu(OH)_4 \xrightarrow{+0.85} Pu(OH)_3$$

$$PuO_2(OH)_2^- \xrightarrow{-0.4} Pu(OH)_4$$

$$Pu(\text{Ⅶ}) \xrightarrow{-0.9} Pu(\text{Ⅵ})$$

资料来源：引自 J. M. Cleveland, (1967) Solution Chemistry of Plutonium in O. J. Wick (ed.)：Plutonium Handbook,Vol. 1.

氧化还原反应的速度与外界因素如溶液的 pH 值、温度以及氧化剂或还原剂的性质等密切相关。有关钚的氧化还原反应动力学和热力学数据,可参阅相关文献。

(2)钚的水解与聚合反应

①水解

不同价态钚离子的水解能力随离子势的降低而减弱,次序如下：

$$Pu^{4+} > PuO_2^{2+} > Pu^{3+} > PuO_2^+$$

这从它们的氢氧化物溶度积可以看出：$Pu(OH)_4$ ($K_{sp} \approx 10^{-56}$) < $PuO_2(OH)_2$ ($K_{sp} \approx 10^{-23}$) < $Pu(OH)_3$ ($K_{sp} \approx 10^{-20}$) < $PuO_2(OH)$ ($K_{sp} \approx 10^{-20}$)。

在强碱溶液中,$Pu^{3+}$ 会生成蓝色的 $Pu(OH)_3$,但很快就被空气中的氧气所氧化,形成 $Pu(OH)_4$ 或 $PuO_2 \cdot xH_2O$。

$Pu^{4+}$ 在 pH >1 的水溶液中就水解,水解产物为 $Pu(OH)_4$、$PuO_2 \cdot xH_2O$ 或多核聚合物。$PuO_2^+$ 在 pH <5 时基本不水解,pH ≈6.8 时,开始析出 $PuO_2(OH)$ 沉淀。

②聚合

在弱酸性溶液中,$Pu^{4+}$ 与 $Th^{4+}$ 和 $U^{4+}$ 相似,能形成胶状聚合物。首先 $Pu^{4+}$ 水解生成 $Pu(OH)_4$,然后氢氧根转变为"氧"桥(—O—)而形成 $Pu^{4+}$ 的聚合物。但 $Pu^{4+}$ 的聚合与 $Th^{4+}$ 的聚合过程有所不同。$Th^{4+}$ 的聚合过程是可逆的,而 $Pu^{4+}$ 的聚合是不可逆的。因此,

$Pu^{4+}$聚合物一旦形成就不易破坏,从而给钚的分离带来麻烦。提高溶液的酸度、加入络合剂可防止此种情况发生。

(3)钚的配位反应

各种价态的钚离子在含有无机酸根或有机酸根的水溶液中能形成不同配位体的配合物,其中以$Pu^{4+}$形成的络合物最稳定,也最重要。

$Pu^{4+}$与$NO_3^-$、$Cl^-$、$CO_3^{2-}$、$C_2O_4^{2-}$、$SO_4^{2-}$等无机酸根能形成配合物,且在一定浓度下能形成配阴离子,如$Pu(NO_3)_6^{2-}$、$PuCl_6^{2-}$、$Pu(CO_3)_4^{4-}$、$Pu(C_2O_4)_4^{4-}$、$Pu(SO_4)_3^{2-}$等,这在钚的分离和难溶性钚盐的溶解中有广泛的应用。

$Pu^{4+}$能与酮类(如TTA)、酯类(如TBP)、羧酸类(如柠檬酸)、胺类(如TOA)和氨羧络合剂(如EDTA)等有机试剂形成有机络合物,这些络合物常用于钚的萃取分离和去污促排等方面。目前对于加速体内钚的排除,应用最多、效果最佳的是DTPA钙盐和锌盐。

# 7.4 超锕元素

1940年开始人工合成超铀元素,1961年锕系元素全部合成。1964年开始合成104号超锕系元素(transactinide elements),104～118号元素迄今已被报道,104～111号元素已由IUPAC和IUPAP(International Union of Pure and Applied Physics)命名,112号元素的合成已经被确认,而113～118号元素的合成尚有待确认。表7-37列出了超锕系元素的英文名、中文名、元素名称及合成时间。

表7-37 超锕元素的命名及合成时间

| 原子序数 | 英文名 | 中文名 | 元素符号 | 合成年份/年 |
|---|---|---|---|---|
| 104 | Rutherfordium | 𬬻 | Rf | 1964 |
| 105 | Dubnium | 𬭊 | Db | 1967 |
| 106 | Seaborgium | 𬭳 | Sg | 1974 |
| 107 | Bohrium | 𬭛 | Bh | 1981 |
| 108 | Hassium | 𬭶 | Hs | 1984 |
| 109 | Meitnerium | 鿏 | Mt | 1982 |
| 110 | Darmstadtium | 𫟼 | Ds | 1994 |
| 111 | Roentgenium | 𬬭 | Rg | 1994 |
| 112 | Copernicium | 鿔 | Cn | 1996 |
| 113 | Nihonium | 鉨 | Nh | 2004 |
| 114 | Flerovium | 𫓧 | Fl | 1998 |
| 115 | Moscovium | 镆 | Mc | 2004 |
| 116 | Livermorium | 𫟹 | Lv | 2000 |
| 117 | Tennessine | 鿬 | Ts | 2016 |
| 118 | Oganesson | 鿫 | Og | 2004 |

### 7.4.1　超锕元素的合成

104 号之后的元素均由重离子加速器制备。104 ~ 106 号元素由"热熔合"反应(用$^{12}$C 到$^{22}$Ne 等作为入射粒子)制备;107 ~ 113 号元素由"冷熔合"反应(用重离子如$^{54}$Cr、$^{58}$Fe、$^{64}$Ni 和$^{70}$Zn 等轰击铅和铋等)制备,114 ~ 116 号及 118 号元素由"暖熔合"反应制备。104 号后的新核素的合成量极小,以个数计,同时需要使用新的探测方法。

一种新元素确定的基本条件是确定它的原子序数,质量数并不是必要条件。为证明一种新元素,必须具备三原则,重要程度依次递减:①化学鉴定;②X 射线;③α 衰变关系以及已知质量数的子核的证明。

根据确认新元素的三原则,下面对 104 ~ 108 号元素合成作简单介绍。

(1)104 号(铲,Rf)

1964 年,Г. Н. Флеров 等用直径 3 m 的重离子回旋加速器,用 114 MeV 能量的$^{22}$Ne$^{4+}$离子(流强为$1.8 \times 10^{12}$ s$^{-1}$)轰击$^{242}$PuO$_2$靶,实现下列核反应:

$$^{242}\text{Pu}(^{22}\text{Ne},4\text{n})^{260}\text{Rf} \xrightarrow{\text{SF},T_{1/2}=0.3\text{ s}}$$

产生的$^{260}$Rf 核从 Pu 靶反冲到捕集传送带上,以一定速度把新核传送到磷酸盐玻璃探测器,留下新核自发裂变的径迹。从传送速度和探测位置,可以测得新核的自发裂变半衰期为 0.3 s。研究人员 1970 年在重复这一实验时,设法减少了本底,结果把自发裂变半衰期修正为$(0.1 \pm 0.05)$s。

1966 年,I. Zvara 等发表了化学鉴定的实验结果,他们将产生的新核素$^{260}$Rf 在 300 ℃用 NbCl$_5$氯化成$^{260}$RfCl$_4$,并用 ZrCl$_4$为载体,迅速通过一个吸附过滤器。设想三价铌氯化物被过滤器吸附,而 ZrCl$_4$把 RfCl$_4$带进云母窗探测器,以记录 Rf 原子的裂变径迹。总共记录了 14 个$^{260}$Rf 原子的自发裂变径迹。

在该实验中,是用测定自发裂变产物的能量来鉴定新元素的,但是裂片的能量并不是特有的。A. Ghiorso 等多次重复这一实验,并没有观察到$^{260}$Rf 元素,因此对实验结果提出了疑问。他们实现了下列两个核反应:

$$^{249}\text{Cf}(^{12}\text{C},4\text{n})^{257}\text{Rf} \xrightarrow{\alpha,4.5\text{ s}} {}^{253}\text{No}$$

$$^{249}\text{Cf}(^{13}\text{C},3\text{n})^{259}\text{Rf} \xrightarrow{\alpha,3\text{ s}} {}^{255}\text{No}$$

他们测定了核反应产物发射的 α 粒子的能量并鉴定出其衰变子体是已知的$^{253}$No,从而证明了核反应产物是$^{257}$Rf。依靠测定特征的 α 粒子的能量来鉴定新元素是比较可靠的方法,通过子体能够可靠地鉴定母体的存在。他们合成得到的这两个同位素的原子核的数目数以千计,这有利于新元素的分离和鉴定。

1967 年,A. Ghiorso 等进一步以 90 ~ 100 MeV 能量的$^{18}$O 离子轰击 50 μg Cm 靶,合成了目前已知的 Rf 同位素中寿命最长的新核素$^{261}$Rf,按以下核反应生成:

$$^{248}\text{Cm}(^{18}\text{O},5\text{n})^{261}\text{Rf} \xrightarrow{\alpha(70\pm10)\text{s}} {}^{257}\text{No} \xrightarrow{\alpha,23\text{ s}}$$

(2)105 号(𬭊,Db)

1970 年,A. Ghiorso 等成功地获得了 105 号元素,他们使用 85 MeV 的$^{15}$N 离子轰击 60μg 的$^{249}$Cf 靶,实现了下列核反应:

$$^{249}\text{Cf}(^{15}\text{N},4\text{n})^{260}\text{Db} \xrightarrow{\alpha(1.6\pm0.3)\text{s}} {}^{256}\text{Lr}$$

同样地,用测定 α 粒子的能量和鉴定其子体证实了$^{260}$Db 的存在,1971 年被研究人员所做的实验所证实,他们是用$^{22}$Ne 轰击$^{243}$Am 而获得了 Db。

1971 年, A. Ghiorso 等又合成了两个新的 Db 同位素：$^{261}$Db 和 $^{262}$Db, 核反应分别为 $^{249}$Bk($^{16}$O, 4n)$^{261}$Db 或 $^{250}$Cf($^{15}$N, 4n)$^{261}$Db 及 $^{249}$Bk($^{18}$O, 5n)$^{262}$Db。$^{261}$Db 的子体为 $^{257}$Lr, 而 $^{262}$Db 的子体为 $^{258}$Lr, 都已被观察到，而作为新元素的证明。$^{262}$Db 的 α 衰变的半衰期相当长，达 34 s, 这对合成 106 号以上的元素，增加了希望。

（3）106 号（镭, Sg）

1974 年, A. Ghiorso 等使用 95 MeV 的 $^{18}$O 离子轰击 $^{249}$Cf, 实现下列核反应：

$$^{249}\text{Cf}(^{18}\text{O}, 4n)^{263}\text{Sg} \xrightarrow[9.06, 9.25 \text{ MeV}]{\alpha, 0.9 \text{ s}} {}^{259}\text{Rf} \xrightarrow[6.77, 8.86 \text{ MeV}]{\alpha, 3 \text{ s}} {}^{255}\text{No} \xrightarrow[8.11 \text{ MeV}]{\alpha, 3 \text{ min}}$$

新核素 $^{263}$Sg 的生成截面约为 $3 \times 10^{-10}$ b。其子体 $^{259}$Rf 及其再下一代子体 $^{255}$No 都是已知半衰期和能量的 α 放射核。这样，从 α 放射性衰变的母子体关系，就能对新核素的原子序数和质量数提供明确无误的证据。同年，研究人员用 280 MeV 的 $^{54}$Cr 离子轰击 $^{207}$Pb 和 $^{208}$Pb, 都获得另一同位素 $^{259}$Sg, 其自发裂变半衰期为 4 ~ 10 ns。

（4）107 号（铍, Bh）

1976 年, Ю. И. Огакесян 用 $^{54}$Cr 轰击 $^{209}$Bi, 认为发生了下列核反应：

$$^{209}\text{Bi}(^{54}\text{Cr}, 2n)^{261}\text{Bh} \xrightarrow{\alpha, 80\%} {}^{257}\text{Db} \xrightarrow{\text{SF}, 5 \text{ s}}$$
$$\downarrow \text{SF}, 2 \text{ ns}$$

利用自发裂变判断 107 号新元素。对于这一实验有不同的意见：既然有 80% 的 α 衰变，为什么未加以观察？而采用自发裂变判断新核素的原子序数, Seaborg 等认为这并不可靠。

1981 年, G. Münzenberg 等在 120 m 长的"全粒子加速器"上，用 $^{54}$Cr 离子（4.85 MeV·u$^{-1}$）轰击 $^{20}$Bi 靶，其核反应如下：

$$^{209}\text{Bi}(^{54}\text{Cr}, n)^{262}\text{Bh}$$

每天能获得 2 个 $^{262}$Bh 的计数，总共观察到 7 个计数，使用半导体面垒探测器测定了 α 粒子的能量。利用衰变关系证明了 $^{262}$Bh 合成的成功。

$^{262}$Bh、$^{258}$Db、$^{254}$Lr 和 $^{250}$Fm 衰变数据都是在这一实验中测定的 $^{262}$Bh 是新发现的一种核素，$^{250}$Fm 是已知的，$^{258}$Db 和 $^{254}$Lr 是尚未报道过的新核素。因此他们用 4.75 MeV·u$^{-1}$ 的 $^{50}$Ti 离子流进行核反应 $^{209}$Bi($^{50}$Ti, n)$^{258}$Db, 这就证明了 $^{258}$Db 和 $^{254}$Lr 这两种新核素的 α 衰变特征。因而能确定图 7 - 14 所示的 $^{262}$Bh 的全部衰变系。这就证实了 $^{262}$Bh 的存在。

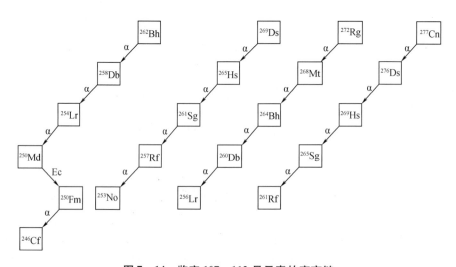

图 7 - 14　鉴定 107 ~ 112 号元素的衰变链

（5）108 号（镙, Hs）

1984 年, 德国重离子研究所（GSI）的 P. Armbruster 和 G. Münzenberg 等又报道了 108 号元素的合成。他们用能量为 5. 02 MeV · u$^{-1}$ 的 $^{58}$Fe 离子轰击 $^{208}$Pb 靶, 观察到三个 $^{208}$Pb($^{58}$Fe, n)$^{265}$Mt核反应事件, $^{265}$Mt 的寿命为 22 ~ 34 ms。其衰变如图 7 - 16 所示。

### 7.4.2  超锕元素化学

从 104 号 Rf 开始的超锕系元素在周期表中应该处于何处, 104 ~ 112 号元素的原子是否陆续填充 6d 轨道, 从而构成第四过渡元素系？113 ~ 118 号元素原子是否陆续填充 7p 轨道, 组成第七周期的 p 区元素？如果将它们这样排列到周期表中, 它们的物理化学性质是否与现有周期表的变化规律相同？对超重元素, 相对论效应更大, 这会在多大程度上影响它们的物理化学性质？这些问题的解决需要开展超锕系元素化学的研究。

超锕系元素化学的研究与常见元素研究的最大差别是可用于化学研究的元素的量非常少而且半衰期非常短, 很多情况下是每次只有一个原子, 即所谓"one - atom - at - a - time", 这就需要用新的理论与研究方法。

**1. 超锕系元素化学的研究方法**

（1）设备

①加速器和靶

为了生成可以进行化学研究的量, 加速器的束流强度应尽可能大。典型值为：束流强度 3 × 10$^{12}$ HI · s$^{-1}$（HI = heavy ions, 重离子数）, 靶子厚度 0. 8 mg · cm$^{-2}$。在这种条件下, Rf 和 Db 核的生成速度为 2 ~ 3 个 min$^{-1}$, $^{265}$Sg 约为 5 个 h$^{-1}$, $^{269}$Hs 约为 2 个 d$^{-1}$。因此, 选择超重核生成截面大的反应, 使用高效率的离子源和束流光学系统, 选择最佳的加速能量, 以达到最大的生产效率。

②产物传输装置

一般采用喷射传输, 将从靶子中反冲出来的产物核快速转运到在线分离系统, 常用气溶胶喷射或称"簇雾"（cluster）喷射, 在水溶液中进行分离一般用 KCl 作为簇雾物质, 如 KCl - He 气流。若分离在气相中进行, 一般用碳作为簇雾物质。这种技术的传输时间一般为几秒。

③快速分离装置

（略）

④在线化学研究装置

视所研究的超重核的半衰期, 选择手工间歇操作或自动化连续操作。测定超锕系元素在某萃取体系的分配系数只需用间歇操作。迄今关于 Rf - Sg 的化学行为的知识主要是用自动快速化学仪器（automated rapid chemistry apparatus, ARCA）获得的。ARCAI 采用微机控制, 可快速、重复和可重现地完成液相色谱分离, 柱中可填充阴或阳离子交换树脂, 也可填充萃取色层的固定相。对于"每次一个原子"的化学, 唯一的分析方法就是放射性测量。如与 α 能谱测量系统相耦合的自动离子交换仪（automated ion exchange apparatus coupled withdetection system for alpha spectroscopy, AIDA）。AIDA 还包括样品出入真空测量系统的运送装置。通过比较超锕系元素与已知元素的离子交换色谱或萃取色谱行为（如淋洗峰位）, 研究它们在周期表中的正确位置以及在同族元素中的化学性质变化趋势。研究超锕系元素挥发性化合物可采用连续快速气相色谱, 如在线气相色谱仪（on - line gas chromatographic apparatus，OLCA），通过测定穿透曲线确定其"保留时间当量"（retention - time - equivalent，相当于气相色谱的保留时间）或热色谱中的位置，推断其与已知元素的相似性程度。

（2）主要研究成果

①Rf 的化学

为了研究 Rf 离子与 F 离子的配位作用，测定 HF 浓度对 Zr(Ⅳ)、Hf(Ⅳ)、Th(Ⅳ) 和 Rf 在 $HNO_3$ - HF 水溶液的阳离子交换行为，改变 HF 浓度，测定这些离子在阳离子交换树脂上的分配常数 $K_d$，比较使 $K_d$ 下降所需 HF 浓度，可以推断出这些离子与 $F^-$ 形成配合物的趋势有如下顺序：Zr≥Hf > Rf > Th。也可以用阴离子交换树脂进行这项研究，即测定多大的 HF 浓度下，给定离子就不被阴离子交换树脂吸附。

②Db 的化学

实验发现，在硝酸和盐酸介质中，Db 很容易被玻璃表面所吸附，这是ⅤB族 Nb、Ta 的典型性质。在用 ARCA 进行的三异辛胺/HCl - HF 体系萃取色层实验中，发现 Rf 的行为不同于 Nb 和 Ta 而类似于"拟同族元素"Pa。这一结果不好解释，因为无法分辨到底生成了 $Cl^-$ 还是 $F^-$ 配合物。考虑了 $Cl^-$ 和 $OH^-$ 的竞争后，理论预言，从纯 HCl 溶液萃取的顺序为 Pa > Nb≥Db > Ta。最近以纯 $F^-$、$Cl^-$、$Br^-$ 体系进行的实验，结果与相对论量子力学计算结果符合极好。

③Sg 的化学

用离子交换法进行的研究结果表明，Sg 最稳定的价态是 +6 价。与 Mo 和 W 相似，Sg 也生成阴离子氧化物及卤氧化物。其化学行为与 U 的化学行为不同。在硝酸介质中，Sg 没有类钨性质，可归因于其水解倾向较弱，Mo(Ⅵ) 和 W(Ⅵ) 可水解为中性产物 $MO_2(OH)_2$，而 Sg(Ⅵ) 的水解停留在 $[Sg(OH)_5(H_2O)]^+$（或写作 $\{SgO(OH)_3\}^+$）甚至 $[Sg(OH)_2(H_2O)_2]^+$。对于其卤氧化物及羟氧化物也进行了气相色谱研究。

### 7.4.2 展望

从 1940 年开始人工合成超铀元素，到 1961 年合成了 103 号元素铹，历经 21 年，得到从 89 ~ 103 号全部锕系元素。1964 年开始合成锕系后的元素 104 号，到 1996 年已合成 112 号元素。截至 2016 年，113 ~ 118 元素已宣布合成成功。

从最重天然放射性元素钍、铀、钋直到最重的元素，它们的半衰期不断缩短。从 93 号元素镎到最重的 112 号元素镉，$\lg T_{1/2}$ 随原子序数增加半衰期的缩短近乎呈直线下降，如图 7 - 15 所示。

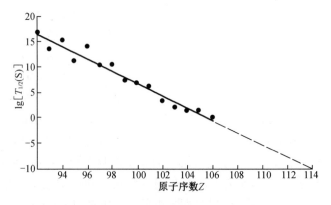

**图 7 - 15　超铀元素半衰期随着原子序数的增加而缩短**

随着合成的超重核的原子序数的增加,生成截面越来越小(图7-16),按照目前的检测下限,生成截面 <0.11 pb 就很难检测出来。

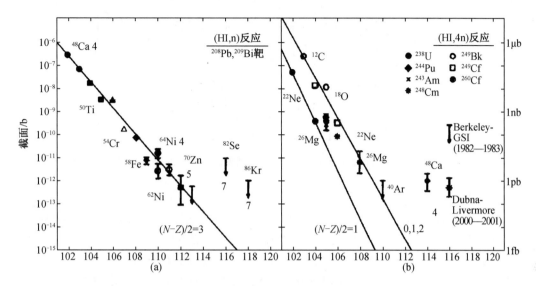

**图 7 - 16**　$^{208}\mathbf{Pb}(\mathbf{HI},\mathbf{xn})$ 和 $^{209}\mathbf{Bi}(\mathbf{HI},\mathbf{xn})$ 反应的实测截面和截面极限

由此可见,超铀元素的半衰期和生成截面随着原子序数的增加而迅速下降,自发裂变的趋势越来越大,随着新元素的合成,元素周期表的拓展问题自然被提出——元素周期表究竟可以填充到什么程度?

重元素和超重元素的存在受到它们对裂变的稳定性的限制,最终终止了核素图,限制了化学元素的数量。在宏观描述中,铀以外重核的稳定极限是由起黏合作用的核力和分裂作用的库仑力之间的平衡决定的。裂变的稳定性由裂变参数 $\chi$ 来描述,$\chi$ 是带电核液滴的库仑能和表面能的比值,归一化到临界裂变,超过临界裂变,核就会立即解体。

$$\chi = \frac{\dfrac{z^2}{A}}{\left(\dfrac{z^2}{A}\right)_{\text{crit}}}$$

$$\left(\frac{z^2}{A}\right)_{\text{crit}} = 50.883\left[1 - 1.782\,6\left(\frac{N-z}{A}\right)^2\right]$$

对于球状原子核,在 $Z \approx 130$ 附近,裂变参数 $\chi = 1$,这是自发裂变对于球形原子核的 $Z$ 设定的上限。超重核不是球形核,由于形变,超重核的能级结构发生改变,形变核的壳层效应使得超重核有可能稳定存在,这就是 20 世纪 60 年代提出"稳定岛"的根据。

根据理论物理学的计算,提出了存在"超重核"的可能性。可以预测,在核内存在着类似于核外电子壳层的核壳层,具有幻数中子数或质子数的原子核就显得特别稳定。一般认为质子数为 114,中子数为 184,质量数为 298(114 + 184 = 298)的双幻数核最稳定。估计原子序数为 114 ~ 126,中子数为 184 ~ 196 的区间,可能存在较稳定的超重核,称为超重元素的"稳定岛",如图 7-18 所示。稳定岛理论是核子物理中的一个理论推测,核物理学家推测原子核的质子数和中子数为"幻数"的超重元素会特别稳定。要想达到超重核的稳定岛,就必须跨过不稳定的区域,即必须使用重离子作为入射粒子引起核反应。

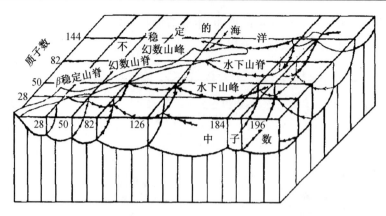

**图 7 – 17　已知的和预言的核稳定区（四周是不稳定的海洋包围着）**

　　根据理论计算,超重核的单粒子能级有很大的改变。首先,总的能级密度与 $A^{1/3}$ 成正比,其次能级间没有特别大的能隙,这意味着在这一区域壳层效应不显著。理论预测在 $Z =$ 82 和 $N = 126$ 之后幻数处的壳层效应已不复存在,取而代之的是一个没有幻数的广宽的壳稳定区域,这意味着通过弹核 – 靶核组合有可能合成壳稳定的超重核。

　　随着原子序数的增加,1s 电子出现在原子核中的概率增高,它们被核中的质子俘获的概率随之增加,使得元素的"化学"不稳定出现在 $Z = 172$ 附近。

　　超重核合成的第三个限制是核中的 $N/Z$ 比。随着 $Z$ 的增加,处于外推 β 稳定线的核的 $N/Z$ 应增加,目前的弹核 – 靶核组合的 $N/Z$ 比总是偏小,使得合成的超重核都是缺中子的,这使得它们的自发裂变、α 衰变、EC 衰变不稳定。目前合成的 114 号元素的同位素 $N =$ 175,与双幻数核 $^{298}$Fl 的中子数 $N = 184$ 还缺 9 个中子。要解决这个问题非常困难。使用高丰中子弹核 $^{48}$Ca（天然丰度 0.187% , $N/Z = 2.4$）、$^{70}$Zn（天然丰度 0.6% , $N/Z = 2.33$）、$^{76}$Ge（天然丰度 7.44% , $N/Z = 2.375$）,甚至使用丰中子的放射性弹核,可以在一定程度上改善这一问题。

　　最后,探测系统的有限灵敏度也是鉴定核反应产物的一大限制。近年来 GSI 在这方面做了极大的努力,有望将现有的探测灵敏度提高一个数量级。

# 第8章　核燃料化学

　　核能的发现和应用在人类历史上有着重大的意义,这离不开早期西方科学家的探索和发现。沥青铀矿的发现是在1789年,由德国化学家克拉普洛特在德国和捷克边境上的伊特必村中的阿姆斯塔尔矿中发现,并且分离出了棕黑色的二氧化铀粉末。金属铀是1841年法国化学家佩里戈特使用单质钾还原四氧化铀获得。将该元素命名为"铀"(Uranium)为了纪念1781年天文学家盖尔舍勒发现天王星(Uranus)。

　　当今世界上绿色发展已经是主流的发展方式,作为负责任的大国发展清洁能源就是我国未来能源的方向,同时核能在国防和民生方面也有着重要的战略意义。因此建立一个完整的核燃料循环体系,是我国发展和利用核能的重中之重。

　　完整的核燃料循环体系是包括燃料在堆内反应之前和之后的所有过程,包括铀矿的开采、加工、纯化、转化、浓缩、燃料制造、燃料在堆内反应、乏燃料后处理、废物处理和处置等,涉及铀矿冶、核化工、同位素分离、粉末冶金、机械加工、核反应、放射化学等诸多学科和领域。

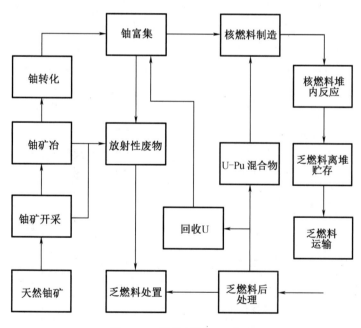

图8-1　核燃料循环示意图

# 8.1 铀 资 源

铀元素作为唯一具有天然存在的易裂变核素的元素,在自然界中的分布十分广泛,但在地壳中的分布不均,主要分布在岩浆岩、沉积岩、变质岩、交代岩以及海水中。易于开采的铀矿石品位一般较低,但核燃料对铀纯度的要求很高(铀元素的纯度要求大于99.9%),与普通金属相比,铀的提取过程更加复杂,要先把矿石加工成含有60%~70%的铀化学浓缩物(一般是重铀酸盐,如重铀酸铵,呈黄色,俗称黄饼),再进一步加工精制。

## 8.1.1 铀在自然界的储量

铀在自然界的储量包括已查明资源、待查明资源和非常规铀资源三种。

### 1. 已查明资源

已查明铀资源包括合理确定资源和推定资源两部分,根据国际原子能机构的统计,按照生产成本划分,全球已查明资源最多的十五个国家的情况统计于表8-1中。

表8-1 世界已探明铀资源(2015年)

| 排位 | 国家 | 铀储量/t | 比例% |
|------|------|---------|-------|
| 1 | 澳大利亚 | 1 706 100 | 28.9 |
| 2 | 哈萨克斯坦 | 679 300 | 11.5 |
| 3 | 俄罗斯 | 505 900 | 8.6 |
| 4 | 加拿大 | 493 900 | 8.4 |
| 5 | 尼日尔 | 404 900 | 6.9 |
| 6 | 纳米比亚 | 382 800 | 6.5 |
| 7 | 南非 | 338 100 | 5.7 |
| 8 | 巴西 | 276 100 | 4.7 |
| 9 | 美国 | 207 400 | 3.5 |
| 10 | 中国 | 199 100 | 3.4 |
| 11 | 蒙古国 | 141 500 | 2.4 |
| 12 | 乌克兰 | 117 700 | 2.0 |
| 13 | 乌兹别克斯坦 | 91 300 | 1.5 |
| 14 | 博茨瓦纳 | 68 800 | 1.2 |
| 15 | 坦桑尼亚 | 58 500 | 1.0 |
| 16 | 约旦 | 33 800 | 0.6 |
|  | 其他 | 191 500 | 3.2 |
| 全世界合计 |  | 5 896 700 |  |

## 2. 待查明资源

待查明资源包括预计资源和推测资源两部分。根据国际原子能机构统计,两者合计共约 791 万吨(按 75% 回收率进行计算)。其中美国、蒙古国、南非、俄罗斯、加拿大、巴西、哈萨克斯坦七个国家合计资源量达 650 万 t,占全球铀资源总量的 82%。

## 3. 非常规铀资源

常规铀资源是指可回收的主要产品、共产品或重要副产物的铀矿资源,而非常规铀矿资源是铀作为少量副产品回收的铀矿资源,如磷块岩、非有色金属矿石、碳酸岩、黑色页岩和褐煤伴生的铀等。其中,磷块岩中的铀占大多数,并且是唯一曾实现过商业化生产的非常规铀资源。由于非常规铀资源的地质工作程度很低,实际数字可能要高得多。据有关机构估计,全球非常规铀矿资源可能还有 2 200 万 t。

目前,全球常规铀矿资源地质工作程度总体来说并不高,找矿潜力和生产潜力较大,未来全球铀矿供应将仍然主要来自常规铀矿资源,非常规铀矿资源比重难以有大的提高。此外,海水中大约含有 40 亿 t 铀,但由于海水体积巨大导致其浓度太低,开发成本过于高昂,现有的技术较难对其进行有效开发,也许在未来有商业开发的潜在价值。

新版铀红皮书显示,全球铀资源总量再次增加。表 8-2 列出了 2018 年和 2020 年发布的两版红皮书中不同开采成本的已查明可开采资源(Identified recoverable resources)[即合理确定资源(Reasonably assured resources)与推断资源(Inferred resources)之和]。从表 8-2 可以看出,截至 2019 年 1 月 1 日,开采成本低于 260 美元/kg U 的全球已查明可开采铀资源总量达到 807.04 万 t U,较 2017 年的 798.86 万 t U 增长 1.0%;开采成本低于 130 美元/kg U 的资源总量增加 0.1%,成本低于 80 美元/kg U 的资源总量减少 3.5%,成本低于 40 美元/kg U 的资源总量增加 2.2%。

表 8-2　铀资源变化

| 资源类别 | 2017 年 | 2019 年 | 增幅百分比 |
|---|---|---|---|
| 已查明资源(即合理确定资源与推断资源之和) | | | |
| 开采成本低于 260 美元/kg U | 798.86 | 807.04 | +1.0% |
| 开采成本低于 130 美元/kg U | 614.22 | 614.78 | +0.1% |
| 开采成本低于 80 美元/kg U | 207.95 | 200.76 | -3.5% |
| 开采成本低于 40 美元/kg U | 105.77 | 108.05 | +2.2% |
| 合理确定资源 | | | |
| 开采成本低于 260 美元/kg U | 481.50 | 472.37 | -1.9% |
| 开采成本低于 130 美元/kg U | 386.50 | 379.17 | -1.9% |
| 开采成本低于 80 美元/kg U | 127.99 | 124.39 | -2.8% |
| 开采成本低于 40 美元/kg U | 71.34 | 74.45 | +4.4% |
| 推断资源 | | | |
| 开采成本低于 260 美元/kg U | 317.30 | 334.64 | +5.5% |
| 开采成本低于 130 美元/kg U | 227.70 | 235.57 | +3.5% |
| 开采成本低于 80 美元/kg U | 79.99 | 76.36 | -4.5% |
| 开采成本低于 40 美元/kg U | 34.44 | 33.59 | -2.5% |

在全球范围内,澳大利亚继续在已查明资源中领先,占开采成本低于 130 美元/kgU 已查明资源的 28%。在澳大利亚全国已查明资源中,超过 64% 来自世界级的奥林匹克坝铀矿。就低开采成本(低于 80 美元/kg U 和低于 40 美元/kg U)的铀资源而言,哈萨克斯坦分别占世界总量的 49% 和 36%。

截至 2019 年 1 月 1 日,全球待查明资源为 722.03 万 t U,较上一版红皮书中的 753.06 万 t U 减少 4%。非常规资源是未来潜在供应的另一来源,目前总量达 3 900 万 t U。需要指出的是,在某些情况下,包括那些拥有大量已查明资源库存的主要生产国,待查明资源和非常规资源的估计值未上报或已有数年未更新。

我国铀矿储量居世界第 10 位。矿石品位偏低,通常有磷、硫以及有色金属、稀有金属矿共生或伴生,并且开采难度较大,因此我国属于贫铀国家。矿床类型主要有花岗岩型、火山岩型、碳硅泥岩型和砂岩型 4 种铀矿床。

### 8.1.2　我国铀矿资源特点

我国铀矿资源有如下特点。

(1)矿床类型多,以花岗岩型、火山岩型、碳硅泥岩型和砂岩型为主,占比分别为 34%,22%,20% 和 15%。

(2)成矿年代跨度大,囊括了古生代、中生代和新生代。

(3)矿床规模小,埋藏不深。在已探明的 200 多个铀矿床中,中小矿床占总储量的 60% 以上。

(4)分布不均。我国已有 23 个省(区)发现铀矿床,分布不均匀,以江西、湖南、广东、广西四省(区)为主,占探明储量的 74%。

但我国铀矿资源有很大的潜力,"十一五"以来,大型铀矿资源基地、老的铀矿田和重点远景区勘查都取得重要进展,新探明了数个中大型至特大型铀矿床,并发现了超大型铀矿床,如伊犁地区的中国第一个万吨级砂岩型铀矿床,鄂尔多斯地区先后探明了中国最大的铀矿床。

# 8.2　铀矿开采与加工

## 8.2.1　铀矿石的开采

核燃料循环的第一步是对铀矿石进行开采,也就是把工业品位铀矿石从矿床中开采出来。根据目前的铀矿利用水平,含铀量在千分之一左右的铀矿就有开采价值。铀矿的开采流程和技术与其他有色金属基本相同。但由于铀矿含有放射性,能放出放射性气体(氡气),品位较低,矿体分散和形态复杂等特性,所以铀矿开采又有一些特殊性,主要表现在以下三个方面。

(1)在回采过程中,自始至终都要依靠放射性物探识别矿石与废石及矿石品位,圈定矿体和周围岩边界,指导落矿、运搬及地压管理工作,是贯穿回采过程的主要生产工艺。

(2)铀矿石品位较低,铀金属重要且稀有,因此回采过程中要尽量降低贫化损失和采用贫化(由于回采过程中周围岩等的混入,使得开采出矿石的品位降低的现象)损失较低的采矿方法。

（3）安全防护工作。回采过程中要加强通风、洒水和个人防护工作,降低工作场地氡和氡子体浓度,降低工作人员的放射性威胁。

目前主要有三种有工业应用价值的铀矿开采方法,即地下开采法、露天开采法和地浸开采法。根据铀矿的储量及形貌特点,世界各国大多数采用地下开采法,少数采用露天开采法,地浸开采法则是在 20 世纪 70 年代中期由美国试验成功并推广使用的。我国铀矿地下开采占 80%~85% ,露天开采占 15%~20%

地下开采亦称井下开采,是通过掘进联系地表与矿体的一系列井巷,从矿体中采出矿石。地下开采的工艺过程比较复杂,机械化程度比较低。在矿床离地表较深的条件下需要采用这种方法。

露天开采是按照一定程序先剥离表土和覆盖岩石,使矿体出露,然后进行采矿。这种方法仅适用于埋藏较浅的矿体。

地浸开采法（in - situ leaching,又称原地浸出采矿法,或化学采矿法）是把化学溶剂（浸出剂）直接注入地下矿体内,浸出矿石中的铀,再收集含铀浸出液,经过另外的钻孔提升到地面进行回收处理（图 8 - 2）。同地下采矿法相比,地浸采矿法工艺简单,基建投资少,建设周期短,劳动条件好,劳动效率高,成本较低。但为了防止化学溶剂和含铀浸出液的大量流失,对矿床条件以及矿石和周围岩的特性有苛刻的要求。因此地浸采矿法的应用限于具有一定地质和水文地质条件的疏松砂岩型铀矿床。

铀矿的地下开采可分为开拓、采准、切割和回采四个步骤。矿床开拓是从地面与矿体之间掘进一系列巷道,构建完整的提升、运输、通风、排水、行人、安全通道以及动力供应等系统。矿块采准是指在开拓完毕阶段,掘进采准巷道和切割巷道,将阶段划分成矿块作为回采的独立单元,并在矿块内形成行人、凿岩、出矿、通风、安全出口等条件。切割是指在已采准完毕的矿块里,为大规模回采矿石开辟自由面和自由空间,为大规模采矿创造良好的爆破和出矿条件。在切割完成后,就可以进行大规模的采矿,即回采,包括落矿、运搬和地压管理三大主要工艺。

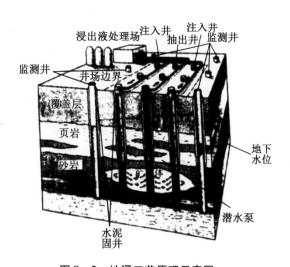

**图 8 - 2　地浸工艺原理示意图**

如果开采出来的铀矿石中掺入废石较多,直接送去作化学加工处理,则矿石的运输量和处理量都大,化学溶剂消耗量也大,使生产成本较高。因此,一般宜经过物理选矿,再进行化学处理。物理选矿不仅可以选掉相当一部分的废石,提高待处理铀矿石的平均品位,扩大铀矿资源,而且可以综合回收其他有用矿物和去除对化学处理有害的杂质。目前采用的铀的物理选矿方法有放射性选矿、浮游选矿、重力选矿、选择性磨矿选矿、电磁选矿等。其中以放射性选矿用得较多。

为了获得较高的浸出率,开采出的铀矿石还须进行破碎、磨矿等处理。破碎是将铀矿石破碎成粒径较小的颗粒。目前广泛应用的铀矿石破碎方式有两种:一是机械力破碎,包括挤压、冲击、研磨和劈裂等;二是非机械力破碎,包括爆破、超声、热裂、高频电磁波和水力等。磨矿的目的是获得细粒或超细粒产品,以便更有效地浸出铀。酸法浸出要求矿石粒度为 $0.5 \sim 0.15$ mm,碱法浸出要求 $0.15 \sim 0.075$ mm。

### 8.2.2　铀的浸出

低铀矿石的品位普遍较低,约为 $0.1\%$ 左右。在一定的工艺条件下,需借助一些化学溶剂或其他手段,将矿石中的有价值的组分选择性地溶解出来。根据铀矿石性质的不同,有两种不同浸出方法:酸法和碱法。铀矿石中的碳酸盐含量决定了铀矿石的浸出应采用的方法。当 $CaCO_3$ 含量小于 $8\%$ 时,一般采用酸法浸出;含量大于 $12\%$ 时,采用碱法浸出。对于含量 $8\% \sim 12\%$ 的矿石,则视其他条件而定。目前世界上多数铀水冶厂采用酸浸出法,少数采用碱浸出法,个别水冶厂同时采用两种方法。

**1. 酸法**

酸法浸出多采用价格较便宜的硫酸作为浸出液。用硫酸溶液浸出铀矿石时,铀以铀酰离子 $UO_2^{2+}$ 的形式进入溶液,并与硫酸根形成一系列的络离子,即

$$UO_2^{2+} \xleftrightarrow{SO_4^{2-}} UO_2SO_4 \xleftrightarrow{SO_4^{2-}} UO_2(SO_4)_2^{2-} \xleftrightarrow{SO_4^{2-}} UO_2(SO_4)_3^{4-}$$

在浸出过程中,除了与有氧化物反应消耗少量酸外,大部分酸消耗于与杂质反应及保持浸出液的剩余酸度。目前工业上处理的大部分铀矿石为高硅铀矿,其典型组成见表 $8-3$。

表 8 - 3　典型高硅铀矿石的组分及含量

| 组分 | U | SiO$_2$ | Fe$_2$O$_3$ | Al$_2$O$_3$ | CaO | Mo | P$_2$O$_3$ | F | TiO$_2$ |
|---|---|---|---|---|---|---|---|---|---|
| 含量/% | 0.264 8 | 74.86 | 3.58 | 10.75 | 4.03 | 0.028 | 0.30 | 2.25 | 0.226 |

由于矿石成分复杂,因而浸出过程的化学反应也是相当复杂的。硅土在硫酸溶液中发生如下反应:

$$nSiO_2 + nH_2O \xrightarrow{H_2SO_4} [H_2SiO_3]_n$$

反应生成的多硅酸以胶体状态进入溶液中,使得矿浆的澄清和过滤困难。一般 $SiO_2$ 在浸出液中的溶解量不超过它在矿石中含量的 $1\%$。

铝在硫酸浸出液中的反应为

$$Al_2O_3 + 3H_2SO_4 \longrightarrow Al_2(SO_4)_3 + 3H_2O$$

但此反应进行比较困难,通常转入溶液的铝不超过原矿石中含量的 $3\% \sim 5\%$。

三价铁氧化物一般较难与稀酸反应,其转入溶液的量不超过其总量的 $5\% \sim 8\%$。二价铁氧化物与稀酸的反应则容易得多,其转入溶液的量一般为其总量的 $40\% \sim 50\%$。它们的化学反应式为

$$Fe_2O_3 + 3H_2SO_4 \longrightarrow Fe_2(SO_4)_3 + 3H_2O$$

$$FeO + H_2SO_4 \longrightarrow FeSO_4 + H_2O$$

若有氧化剂存在,浸出时二价铁的硫酸盐可氧化成三价铁的硫酸盐。

钙镁化合物($CaO$、$MgO$、$CaCO_3$ 和 $MgCO_3$)与稀硫酸作用几乎完全生成硫酸钙和硫酸镁:

$$CaCO_3 + H_2SO_4 \longrightarrow CaSO_4 + CO_2 \uparrow + H_2O$$

$$MgCO_3 + H_2SO_4 \longrightarrow MgSO_4 + CO_2 \uparrow + H_2O$$

一般来说,若矿石中的碳酸盐或钙镁氧化物含量超过 $8\% \sim 12\%$ 时,采用酸浸就不经济,需要除去碳酸盐或直接采用碳酸盐浸出。

磷酸盐和硫化物在稀酸中发生如下反应:

$$2PO_4^- + 3H_2SO_4 \longrightarrow H_3PO_4 + 3SO_4^{2-}$$

$$S^{2-} + H_2SO_4 \longrightarrow H_2S \uparrow + SO_4^{2-}$$

生成的磷酸全部转入溶液。若矿石中含有钼,则生成物为 $MoO_4^{4-}$ 或 $MoO_2(SO_4)_n^{-2(n-1)}$。矿石中含有钒时,则生成物可能是 $VO_2^+$、$VO_3^-$、$V_2O_7^{4-}$ 或 $VO_2(SO_4)_n^{-2(n-1)}$ 等形式之一。

### 2. 碱法

由于溶液中的铀在较高 pH 值时发生水解,形成氢氧化物沉淀。因此,在碱性溶液条件下浸出矿石中的铀,必须采用可以与铀形成可溶性配合物的浸出剂。一般采用碳酸盐(钠盐或铵盐)作为碱性溶液浸出的浸出剂。与酸法相比,碱浸出法具有选择性好、产品溶液较纯以及设备腐蚀性小等优点,其缺点是浸出速度较慢、浸出率低、投资高。

碳酸盐溶液选择性地与铀矿石中的铀氧化物发生化学反应,反应后铀以三碳酸铀酰离子的形式进入溶液。其反应式为

$$2UO_2 + O_2 \longrightarrow 2UO_3$$

$$UO_3 + Na_2CO_3 + 2NaHCO_3 \longrightarrow Na_4UO_2(CO_3)_3 + H_2O$$

浸出剂中需要加入碳酸氢盐,以避免溶液 pH 值大于 10.5 时,已经溶解的 $UO_2^{2+}$ 与浸出液反应生成 $OH^-$ 离子形成沉淀:

$$UO_3 + 3Na_2CO_3 + H_2O \longrightarrow Na_4UO_2(CO_3)_3 + 2NaOH$$

$$NaHCO_3 + NaOH \longrightarrow Na_2CO_3 + H_2O$$

在浸出液中碳酸氢盐是不可缺少的。但是,浸出液中碳酸氢盐的浓度应当尽可能低,以避免在黄饼沉淀过程中消耗过多的碱。

使用碳酸盐作为浸出剂可以选择性地从矿石中提取铀,而铁、铝、钛等化合物几乎不会溶解在碳酸盐溶液中,因此碳酸盐浸出液的杂质较少,一般可以不再进行纯化处理,而是直接用氢氧化钠或氨水从浸出液中沉淀铀,制备铀的化学浓缩物(黄饼)。但由于溶液中 $CO_3^{2-}$ 的存在使铀不能完全沉淀,在沉淀前必须用酸中和,并把溶液加热煮沸,使溶液中的二氧化碳气体被完全去除。

如果浸出不在专门的搅拌浸出设备中进行,而在预先为此构筑成的矿石堆中进行,常称为堆浸。两者的化学原理相同,只是堆浸属于不连续操作,开放作业,受大气和气候的影

响大,且浸出率较低,浸出周期长。但用于低品位铀矿、分散的小矿点,以及老矿山留下表外矿、选冶尾渣中铀的回收,在经济上可能有利,对铀资源的充分利用有重要意义。

矿石不运出地面而在地下进行浸取操作的过程称为地浸。低浸有两种方式,一种是地下直接浸取,另一种是地下堆浸。地下堆浸的操作过程和地面堆浸的操作过程基本类似。

另有一种细菌浸出法是利用某些细菌的生物化学作用为浸出铀提供有利条件的浸出过程。该法可用于堆浸或地浸,也可用于常规搅拌浸出以提高浸出率,特别适用于含铀量低的矿石。

### 8.2.3　铀的提取

铀的提取是将浸出液中的铀与其他杂质分离,同时使铀得到部分浓集。铀的提取方法主要有离子交换法、溶剂萃取法等。

**1. 离子交换法提取铀**

离子交换法是一种从溶液中提取和分离元素的技术,利用离子交换剂在特定体系中对不同离子亲和力的差异,可以有效分离包括稀土元素在内的难分离元素。

一般来说,离子交换过程都在离子交换柱中进行。在铀矿加工工艺中,由于在硫酸浸出液中存在铀的配合阴离子,可以用阴离子交换树脂从硫酸浸出液中选择性地吸附铀,在吸附过程中使铀与浸出液中的其他元素(杂质)分离。

铀的浸出液大致分为酸性和碱性两种,离子交换法提取既适用于酸性介质,也适用于碱性介质。由于不同介质浸出液组成不同,因此,交换过程中的化学反应以及影响因素也不同。

(1)从硫酸浸出液或矿浆中铀的吸附

从硫酸浸出液中吸附铀,需要使用强碱性阴离子交换树脂,因为在硫酸体系中,铀以硫酸铀酰络离子 $UO_2(SO_4)_n^{-2(n-1)}$ 的形式存在。通常在硫酸浸出液中,铀的浓度为 $500 \sim 1\,000$ mg/L,硫酸根的浓度为 $20 \sim 80$ g/L,pH 值为 $1 \sim 2$。铀酰离子与硫酸根存在如下平衡关系(其平衡常数分别为 $K_1$、$K_2$、$K_3$):

$$UO_2^{2+} + SO_4^{2-} \rightleftharpoons UO_2SO_4, K_1 = \frac{[UO_2SO_4]}{[UO_2^{2+}][SO_4^{2-}]} = 50$$

$$UO_2^{2+} + 2SO_4^{2-} \rightleftharpoons UO_2(SO_4)_2^{2-}, K_2 = \frac{[UO_2(SO_4)_2^{2-}]}{[UO_2^{2+}][SO_4^{2-}]^2} = 350$$

$$UO_2^{2+} + 3SO_4^{2-} \rightleftharpoons UO_2(SO_4)_3^{4-}, K_3 = \frac{[UO_2(SO_4)_2^{2-}]}{[UO_2^{2+}][SO_4^{2-}]^3} = 2\,500$$

根据这些平衡关系可以导出

$$[UO_2SO_4] = 50[UO_2^{2+}][SO_4^{2-}]$$

$$[UO_2(SO_4)_2^{2-}] = 350[UO_2^{2+}][SO_4^{2-}]^2$$

$$[UO_2(SO_4)_3^{4-}] = 2\,500[UO_2^{2+}][SO_4^{2-}]^3$$

进而可以得到

$$[UO_2^{2+}] : [UO_2SO_4] : [UO_2(SO_4)_2^{2-}] : [UO_2(SO_4)_3^{4-}]$$

$$= 1 : 50[SO_4^{2-}] : 350[SO_4^{2-}]^2 : 2\,500[SO_4^{2-}]^3$$

由上式可知,二硫酸铀酰、三硫酸铀酰络离子所占的比例随溶液中 $SO_4^{2-}$ 浓度的增大而

呈多次方比例增加。通过上式计算可以得到浸出液中各种化学形式的比例为

$$[UO_2^{2+}]:[UO_2SO_4]:[UO_2(SO_4)_2^{2-}]:[UO_2(SO_4)_3^{4-}] = 1:12.5:22.0:39.5$$

可见,该条件下的硫酸浸出液中,铀大部分是以 $UO_2(SO_4)_3^{4-}$ 络离子形式存在,其次是 $UO_2(SO_4)_2^{2-}$,以 $UO_2^{2+}$ 阳离子形式存在的最少。因此使用强碱性阴离子交换树脂吸附硫酸浸出液中的铀,大部分的铀是以 $UO_2(SO_4)_3^{4-}$ 的形式被吸附的,其化学反应为

$$4(R_4N)^+Cl^- + UO_2^{2+} + 3SO_4^{2-} \Longleftrightarrow (R_4N)_4[UO_2(SO_4)_3] + 4Cl^-$$
$$2(R_4N)^+Cl^- + UO_2^{2+} + 2SO_4^{2-} \Longleftrightarrow (R_4N)_2[UO_2(SO_4)_2] + 2Cl^-$$

其中主要发生第一个交换反应。

需要指出的是,硫酸浓度对强碱性阴离子交换树脂容量有较大影响,如图 8 - 3 所示。这是因为当硫酸浓度增高时,$HSO_4^-$ 的浓度也会随之增加。而 $HSO_4^-$ 与强碱性阴离子交换树脂有较大的亲和力,所以 $HSO_4^-$ 与 $UO_2(SO_4)_3^{4-}$ 将会发生竞争吸附。树脂吸附铀的饱和程度会由于竞争作用而降低。

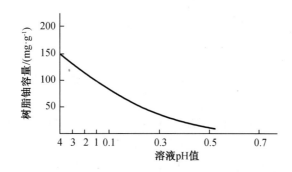

**图 8 - 3　溶液酸度(PH)值对 Amberlite IRA - 400 树脂铀容量的影响**

另一方面,pH 值也不能太大。当提高 pH 值到 3 ~ 4 时,铀酰离子将发生水解反应,反应方程式为

$$UO_2^{2+} + 2OH^- \Longleftrightarrow U_2O_5^{2+} + H_2O$$

伴随水解反应的进行,发生如下反应:

$$U_2O_5^{2+} + 3SO_4^{2-} \Longleftrightarrow U_2O_5(SO_4)_3^{4-}$$
$$U_2O_5^{2+} + 2SO_4^{2-} \Longleftrightarrow U_2O_5(SO_4)_2^{2-}$$

上述两个反应式生成的产物也会被树脂所吸附,对铀的吸附有利;但是同时硫酸溶液中的杂质也会产生水解发生沉淀,从而吸附部分铀,增加了铀的损失。从总的效果来看,损失量很大。因此在工艺上,一般维持 pH 值为 1 ~ 2。

除铀外,浸出液中还含有大量的阳离子杂质,如 $VO^{2+}$、$Fe^{2+}$、$Mn^+$、$Co^{2+}$、$Ni^{2+}$、$Cu^{2+}$、$Zn^{2+}$ 等。当用阴离子交换树脂吸附铀时,这些离子不被吸附。但是如果同时存在的 $Fe^{3+}$ 浓度较高,并且和 $SO_4^{2-}$ 发生如下反应:

$$Fe^{3+} + nSO_4^{2-} \Longleftrightarrow Fe^3(SO_4)_n^{3-2n}$$

$Fe(SO_4)_n^{(3-2n)}$ 络阴离子与 $UO_2(SO_4)_3^{4-}$ 络阴离子将发生竞争吸附,但是其余阴离子交换树脂的亲和力不及铀络离子的大,因此如果控制得当,对铀的吸附影响不大。

（2）从碳酸盐浸出液或矿浆中铀的吸附

在碳酸盐体系中，六价铀主要是以碳酸铀酰络离子 $UO_2(CO_3)^-$ 的形式存在，同时也存在 $UO_2(CO_3)_3^{4-}$ 等离子，因此强碱性阴离子交换树脂也可以从碳酸盐浸出液或矿浆中吸附铀，其吸附反应为

$$4(R_4N)^+X^- + UO_2(CO_3)_3^{4-} \rightleftharpoons (R_4N)_4[UO_2(CO_3)_3] + 4X^-$$

$$2(R_4N)^+X^- + UO_2(CO_3)_3^{4-} \rightleftharpoons (R_4N)_2[UO_2(CO_3)_2] + 2X^-$$

在碳酸盐体系中，铀酰离子主要生成三碳酸铀酰络离子。由于 $UO_2(CO_3)_3^{4-}$ 电荷多，故它与阴离子交换树脂之间的亲和力较大。从吸附顺序来看，它处于浸出液中的 $PO_4^{3-}$、$VO_2^-$、$AlO_2^-$、$SO_3^{2-}$、$HCl_3^-$ 等阴离子之前，优先被吸附。

溶液中过剩的碳酸根离子和碳酸氢根离子对铀的吸收有较大的影响。随着碳酸根浓度提高，树脂对铀的吸附容量会下降。这是由于溶液中存在大量的碳酸根、碳酸氢根与三碳酸铀酰络离子发生竞争吸附的结果。由于碳酸盐浸出对铀的选择性高，浸出液中所含杂质较硫酸浸出液少，故其他杂质的竞争吸附一般情况无须考虑。

与从硫酸浸出液中吸附铀的情况相同，碳酸盐中的氯离子和硝酸根离子，对铀的吸附作用有强烈的干扰。

（3）铀的淋洗

树脂被铀饱和后，先用水将树脂冲洗干净，然后采用适当的试剂把铀从树脂上洗脱下来，以便回收铀的过程叫作铀的淋洗。

按淋洗剂的不同，分为酸性淋洗、碱性淋洗及中性淋洗三种。一般采用酸性淋洗，酸性淋洗尤其适用于淋洗被硫酸浸出液所饱和的树脂。对于从碱性浸出液中吸附铀酰的树脂床来说，选用酸性淋洗液是不恰当的。因为用酸淋洗时，必然产生中和反应，结果导致二氧化碳气体的逸出，树脂床会受到扰动，还可能引起树脂颗粒破裂，所以碳酸铀酰饱和树脂的淋洗多采用氯化钠溶液做淋洗液。为防止铀酰离子的水解，在氯化钠淋洗剂中加入一些碳酸钠或碳酸氢钠，这样的淋洗效果比单用氯化钠溶液要好。

2. 溶剂萃取法提取铀

萃取指利用物质在两种互不相溶（或微溶）的溶剂中溶解度或分配系数的不同，使物质从一种溶剂内转移到另外一种溶剂中，经过反复多次萃取，将绝大部分的物质提取出来的方法。

溶剂萃取法采用的有机相由有机萃取剂、稀释剂和其他添加剂组成，有机相与水不混溶，它和水相一起组成溶剂萃取体系。溶剂萃取的过程是两相混合然后分离的过程。由于两相互不混溶，必须通过搅拌才能达到两相均匀混合，使物质能在两相之间达到分配平衡的目的；一旦停止搅拌，由于不相混溶和密度差使两相自然分离。因此，溶剂萃取过程是很容易实现的。

在铀矿加工工艺中，由于在铀矿浸出液中存在各种铀的络合离子，利用有机萃取剂可以从铀矿浸出液中选择性地提取铀，使铀与浸出液中的其他元素（杂质）分离。溶剂萃取操作简便、快速，设备简单，萃取过程选择性好。因此，溶剂萃取法在铀矿加工工艺中得到广泛应用。

铀工业中常用的有机萃取剂及其基本性质如表 8-4 所示。

表 8 - 4 铀工业中常用的有机萃取剂

| 名称 | 相对分子质量 | 溶解度/(g·L⁻¹,25℃) | 密度/(g·cm⁻³) | 黏度 | 沸点/℃ | 闪点/℃ | 介电常数 |
|---|---|---|---|---|---|---|---|
| 二乙醚 | 74.1 | 0.75 | 0.71 | 0.24 | 34.5 | -41 | 4.33 |
| 二丁醚 | 130 | 0.004 | 0.77 | — | 142 | — | — |
| 甲基异丁基酮(MIBK) | 100.16 | 0.37 | 0.80 | 0.546 | 116 | 27 | 13.11 |
| 磷酸三丁酯(TBP) | 266.37 | 0.42 | 0.973 | 3.32 | 289 | 145 | 8.05 |
| 甲基磷酸二异戊酯(DiAMP) | 236.29 | 1.9 | 0.953 | 4.48 | 256 | 130 | |
| 甲基磷酸二甲庚酯(DMHMP,P350) | 320.45 | 0.01 | 0.915 | 7.57 | 120~122 | 165 | |
| 二(2-乙基己基)磷酸(D2EHPA,P204) | 322.43 | 0.012 | 0.975 | 34.7 | 85 | 206 | |
| 三辛胺(TOA) | 353 | <0.01 | 0.812 | 8.4 | 180~202 | 188 | 2.25 |
| 三脂肪胺(TFA,N235) | — | <0.01 | 0.815 | 10.4 | 180~230 | 189 | 2.44 |
| 三月桂胺(TLA) | 522 | — | 0.82 | 25.3 | 224 | — | |
| 三烷基甲基胺(N263) | 448~459 | — | 0.89 | 19.4 | — | 150~160 | |
| 煤油 | — | — | 0.74 | 0.3~0.5 | 170~240 | 62 | |

一般而言,酸法浸出得到的含铀硫酸溶液可采用酸性磷类萃取剂提取铀,碱法浸出得到的含铀碳酸盐溶液可采用胺类萃取剂如季铵盐萃取剂提取铀。下面介绍几种典型的萃取工艺。

(1)烷基磷酸萃取工艺(Dapex 流程)

该流程所用萃取剂为二(2 - 乙基己基)磷酸(D2EHPA),它在有机相中通常以二聚体 $(HR2P_4)_2$ 形式存在,式中的 R 为乙基己基。当有机相与硫酸铀酰溶液接触时,溶液中的 $UO_2^{2+}$ 可与 D2EHPA 聚合分子中的氢原子进行阳离子交换,$UO_2^{2+}$ 进入有机相,$H^+$ 进入水相:

$$UO_2^{2+} + 2(HR_2PO_4)_2 \rightarrow UO_2[R_2PO_4]_4 \cdot H_2 + 2H^+$$

其萃取流程如图 8 - 4 所示。

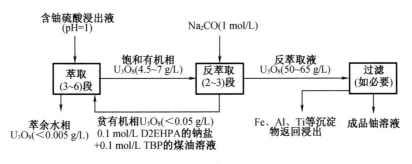

图 8 - 4 萃取流程

其中有铁屑与铀的硫酸浸出液接触,使溶液中的 $Fe^{3+}$ 还原成 $Fe^{2+}$,可以避免 D2EHPA 在萃取铀的同时大量萃取铁。铀的饱和有机相用碳酸钠法萃取,过滤除去 Fe、Al、Ti 的水解沉淀物后,酸化成品液,用氨水沉淀为黄饼。

在 Dapex 流程中,常用碳酸钠溶液做反萃剂。

(2)胺类萃取工艺(Amex 流程)

Dapex 流程由于阳离子交换机理,从铀矿浸出液中大量萃取阳离子,因此该流程的选择性较差,已被选择性较好的胺类萃取流程(amine extraction,Amex)所取代。Amex 流程一般采用叔胺萃取剂如三脂肪胺或三辛胺,在从硫酸溶液萃取铀的过程中,叔胺首先与酸作用:

$$2R_3N + H_2SO_4 \rightleftharpoons (R_3NH)_2SO_4$$
$$(R_3NH)_2SO_4 + H_2SO_4 \rightleftharpoons 2(R_3NH)HSO_4$$

进而通过下列萃取反应从硫酸溶液中萃取铀:

$$UO_3(SO_4)^{2-}_{2(a)} + (R_3NH)_2SO_{4(o)} \rightleftharpoons (R_3NH)_2UO_2(SO_4)_{2(o)} + SO^{2-}_{4(a)}$$
$$UO_2(SO_4)^{2-}_{3(a)} + 2(R_3NH)_2SO_{4(o)} \rightleftharpoons (R_3NH)_4UO_2(SO_4)_{3(o)} + 2SO^{2-}_{4(a)}$$

从上述反应式可以看出,胺类萃取剂从铀矿石浸出液中提取铀的机理是阴离子交换反应,质子化的叔胺与硫酸浸出液中铀的阴离子络合物形成离子缔合体,从水相进入有机相。Amex 流程如图 8 - 5 所示。

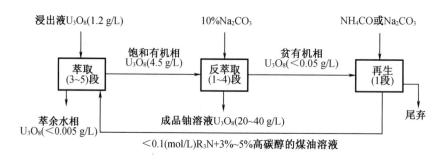

图 8 - 5  Amex 流程

由于是从铀的酸性浸出液中萃取铀,只要水相有足够的酸度,叔胺萃取剂的质子化可以在萃取铀的同时进行,不必预先用酸使胺质子化。

从三脂肪胺有机相中反萃取铀的试剂有硝酸盐、氯化物、氢氧化物和碳酸盐等。

(3)季铵盐萃取工艺

强碱性的季铵盐萃取剂是唯一能从铀的碱性浸出液中提取铀的萃取剂,季铵盐的萃取反应是按照阴离子交换反应的机理进行:

$$2(R_4N)_2CO_3 + UO_2(CO_3)^{4-}_3 \rightleftharpoons (R_4N)_4UO_2(CO_3)_3 + 2CO^{2-}_3$$

季铵盐萃取剂从碳酸盐浸出液中萃取铀的速度很快,当水相的 pH = 7 时,季铵盐萃取铀的分配比最大,但分相较慢;水相的 pH 值由 7 增加到 7.4 时,铀的分配比会迅速下降;水相的 pH 值大于 7.4,铀的分配比下降趋势变缓。

### 8.2.4　铀化学浓缩物的沉淀

铀的化学浓缩物(黄饼)仍然含有相当数量的杂质,必须纯化精制以达到核纯。所谓"核纯"是指产品中不符合核燃料应用要求的杂质,其最高含量必须低于一定的要求。制备核纯铀化合物的转化和精制工艺,可以分为湿法和干法。两者的区别在于湿法是在铀化合物转化过程的初期,即采用 TBP 溶剂萃取法去除铀浓缩物中的杂质,达到核纯要求;干法是在铀化合物转化过程的最后阶段,即得到 $UF_6$ 以后,采用蒸馏 $UF_6$ 的方法去除杂质,达到核纯。

要得到固体状态的铀产品,必须把铀从溶液状态通过沉淀转化为固体,沉淀法是从含铀溶液中制备合格铀化合物的主要方法。

一般采用 $NH_4OH$ 或 $NaOH$ 从酸性溶液中沉淀铀,发生铀的水解反应,由于水解反应的复杂性,得到的铀化合物的组成难以按确定的分子式进行描述,一般将其称为铀的化学浓缩物(黄饼),表征其铀含量高于矿石,也称为铀精矿。

1. 从酸性溶液中沉淀铀

(1)用氨制备重铀酸铵产品

重铀酸铵(ammonium diuranate,ADU),分子式为 $(NH_4)_2U_2O_7$,它的相对分子质量为 624,铀含量 76.28%,是铀矿加工工艺中最重要的产品。

使用氨水($NH_4OH$)或氨 + 空气(1:3)的气体混合物作为沉淀剂,得到的工业产品中包括重铀酸铵、碱式硫酸铀酰和氢氧化铀等,其沉淀反应为

$$2UO_2SO_4 + 6NH_4OH \Longrightarrow (UO_2)_2U_2O_7 + 2(NH_4)_2SO_4 + 3H_2O$$

在沉淀过程中,会产生碱式硫酸铀酰,反应为

$$2UO_2SO_4 + 2NH_3 + 6H_2O \Longrightarrow (UO_2)_2SO_4(OH)_2 \cdot 4H_2O + (NH_4)_2SO_4$$

或

$$2UO_2SO_4 + 2NH_4OH + 4H_2O \Longrightarrow (UO_2)_2SO_4(OH)_2 \cdot 4H_2O + (NH_4)_2SO_4$$

也会产生水和氧化物(或氢氧化物):

$$UO_2SO_4 + 2NH_4OH + (x-1)H_2O \Longrightarrow UO_3 \cdot xH_2O + (NH_4)_2SO_4$$

重铀酸铵的工业产品中存在上述三种化合物,其物理性质不同。碱式硫酸铀酰通常是很好的晶体,容易沉淀和过滤;重铀酸铵往往是无定形的细粒,其沉淀与过滤性能与溶液的性质和沉淀条件有密切关系;水合氧化物呈胶凝状,是产品中最难过滤的化合物,但是杂质很少。

(2)用氧化镁制备铀的水合氧化物

若氨供应困难或对 $NH_4^+$ 的环境要求较高,可以采用氧化镁代替氨,从酸性溶液中沉淀铀,反应如下:

$$UO_2SO_4 + MgO + xH_2O \Longrightarrow UO_3 \cdot xH_2O + MgSO_4$$

氧化镁沉淀的产品结晶性能比重铀酸盐好。澳大利亚的铀工厂,包括 Rum Jungle 工厂和 Mary Kathleen 工厂,都采用氧化镁制备铀的浓缩物。但是,这种固态试剂需要 2 h 才能充分反应,各批试剂的沉淀性能变化较大,试剂中常含有二氧化硅和碳酸盐等有害杂质。因

此,氧化镁沉淀法的应用受到限制。

（3）用过氧化氢制备过氧化铀产品

把过氧化氢加入含铀的酸性溶液中,可以沉淀出水合过氧化铀产品。这个方法对铀具有较高的选择性,尤其溶液中的钼、钒、镍和砷不被沉淀,使铀得到纯化,控制沉淀条件可以制备结晶较好的产品。用过氧化氢沉淀铀的反应为

$$UO_2SO_4 + 2NH_4OH + (x-1)H_2Q = UO_3 \cdot xH_2O + (NH_4)_2SO_4$$

这个反应需要过量的过氧化氢才能进行完全,最初沉淀出来的水合物含结晶水较多,经100 ℃干燥后,最稳定的水合物是$UO_4 \cdot 2H_2O$,铀含量70.41%。

2. 从碱性溶液中沉淀铀

从铀的碳酸钠溶液中直接沉淀铀,一般采用氢氧化钠作为沉淀剂,可以得到重铀酸钠(Sodium Diuranate, SDU),分子式为$Na_2U_2O_7$,相对分子质量为634,铀含量73.50%。

当氢氧化钠加入含铀的碳酸钠 – 碳酸氢钠溶液中时,它首先与$HCO_3^-$作用,当溶液的pH值超过12,过量的氢氧化钠会使溶液中的铀水解并生成$Na_2U_2O_7$沉淀:

$$NaHCO_3 + NaOH = Na_2CO_3 + H_2O$$
$$2Na_4UO_2(CO_3)_3 + 6NaOH = Na_2U_2O_7 + Na_2CO_3 + 3H_2O$$

因此,用氢氧化钠从铀的碳酸钠浸出液中沉淀铀,可以达到沉淀铀和补充浸出剂的双重目的。过量的NaOH有利于$UO_2(CO_3)_3^{4-}$的分解,由于$UO_2(CO_3)_3^{4-}$离子极其稳定,因此溶液中的铀难以完全沉淀。但是,由于沉淀母液返回浸出,节省了碳酸钠浸出剂,在经济上是合适的。

通过上述沉淀方法得到的重铀酸铵和重铀酸钠,即为核燃料循环过程中重要的中间产品,为了进行下一步的铀浓缩和燃料元件制造,还需要进行纯化以达到核纯,并进行一系列转化制备相应的铀化合物。

# 8.3　铀的纯化与转化

铀的化学浓缩物一般为重铀酸盐或三碳酸铀酰盐,这些化合物无论从纯度和化学形态上都不能满足工业应用上的要求,需要做进一步的纯化和转化工作。铀化学浓缩物首先用溶剂萃取法纯化,接着把纯化后的铀转化成为$UO_2$、$UF_6$或金属铀等比较有实用价值的产品形式。

典型天然铀化合物转化流程如图8 – 6所示。

## 8.3.1　铀的纯化

铀的纯化工艺以$U_3O_8$为原料,用硝酸溶液制成硝酸铀酰溶液,用30% TBP – 煤油萃取,杂质留在水相中。含铀有机相用稀硝酸反萃取得到纯化的硝酸铀酰溶液。铀的纯化流程如图8 – 7所示。利用纯化硝酸铀酰溶液可生产$UO_3$、$UO_2$。

铀化学浓缩物(铀矿石浓缩物)

纯化

沉淀

热解或脱硝

UO₃或U₃O₈

还原

UO₂

氢氟化

UF₄

金属热还原　　氟化

金属U　　　　UF₆

**图 8 - 6　典型天然铀化合物转化流程示意图**

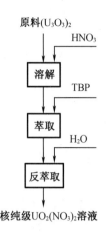

原料(U₃O₈)

HNO₃

溶解

TBP

萃取

H₂O

反萃取

核纯级UO₂(NO₃)₂溶液

**图 8 - 7　铀纯化流程主要步骤**

### 8.3.2　$UO_2$ 的制备

$UO_2$ 的制备方法主要有以下几种。

**1. 三氧化铀还原**

还原铀的高价氧化物是工业上生产 $UO_2$ 的一条重要工艺路线。氢、氨是主要的还原剂，一氧化碳也可以作为还原剂，其化学反应方程式如下：

$$UO_3 + H_2 \longrightarrow UO_2 + H_2O$$
$$UO_3 + 2/3\ NH_3 \longrightarrow UO_2 + 1/3 N_2 + H_2O$$
$$UO_3 + CO \longrightarrow UO_2 + CO_2$$

**2. 一步法脱硝还原**

一步法脱硝还原，是指在一个反应器内硝酸铀酰与还原性气体（氢或氨）反应直接生成 $UO_2$ 的工艺过程。浓缩过的硝酸铀酰溶液以雾滴形式喷入反应器中，首先硝酸铀酰分解为 $UO_3$，接着 $UO_3$ 被送入反应器，与氢气作用，被还原为 $UO_2$。

$$UO_2(NO_3)_2 \cdot 6H_2O + 4H_2 \xrightarrow{>620\ ℃} UO_2 + 2NO + 10H_2O$$

实际进行的反应要比上式所表达的过程复杂得多。

**3. 三碳酸铀酰铵热解还原**

隔绝空气热解还原三碳酸铀酰铵，可制得高活性、流动性良好的 $UO_2$，分解方程式如下：

$$(NH_4)_4UO_2(CO_3)_3 \xrightarrow{>620\ ℃} UO_2 + 2NH_3 + 3CO_2 + 2H_2 + N_2 + 3H_2O$$

**4. $UF_6$ 转化为 $UO_2$**

工业上利用 $UF_6$ 制备低浓 $UO_2$ 的方法可概括为湿法和干法两类。

（1）湿法制备低浓 $UO_2$

重铀酸铵是制备 $UO_2$ 的主要铀酰盐之一。可采用低浓缩度的 $UF_6$ 为原料，从其水解液中沉淀出重铀酸铵，再转化为 $UO_2$。

$UF_6$ 在水中进行水解得到沉淀重铀酸铵用的铀酰溶液,反应式如下:

$$UF_6 + 2H_2O \longrightarrow UO_2F_2 + 4HF$$

从 $UO_2F_2$ 溶液中沉淀重铀酸铵:

$$2UO_2F_2 + 6NH_4OH \longrightarrow (NH_4)_2U_2O_7 \downarrow + 4NH_4F + 3H_2O$$

热解还原重铀酸铵至 $UO_2$ 有三种方法,重铀酸铵在 $H_2$ 氛围下直接煅烧为 $UO_2$,在空气或 $N_2$ 气中热解为 $UO_3$ 或 $U_3O_8$,之后再还原为 $UO_2$。

$UF_6$ 还可经三碳酸铀酰铵还原制备 $UO_2$。该流程包括气态 $UF_6$ 与 $NH_3$ 和 $CO_2$ 在水相的反应、三碳酸铀酰铵结晶生成、晶体过滤、洗涤和热解还原等工序,最后制得 $UO_2$ 粉末,相关反应式为

$$UF_6 + 5H_2O + 10NH_3 + 3CO_2 \longrightarrow (NH_4)_4[UO_2(CO_3)_3] \downarrow + 6NH_4F$$

在氢气气氛下,三碳酸铀酰铵分解为 $UO_2$。

$$(NH_4)_4UO_2(CO_3)_3 + H_2 \xrightarrow{500 \sim 600\ ℃} UO_2 + 4NH_3 + 3CO_2 + 3H_2O$$

(2)干法制备低浓 $UO_2$

$UF_6$ 可通过高温水解还原制备高密度颗粒 $UO_2$:

$$UF_6(g) + 2H_2O(g) + H_2(g) \longrightarrow UO_2(s) + 6HF(g)$$

$UF_6$ 还可通过氨还原制备 $UO_2$。$UF_6$ 与氨气在 100~200 ℃ 反应生成五氟铀铵:

$$3UF_6 + 8NH_3 \xrightarrow{100 \sim 200\ ℃} 3NH_4UF_5 + 3NH_4F + N_2$$

在 500 ℃ 左右,五氟铀铵在真空中分解为 $UF_4$ 和 $NH_4F$;在水蒸气存在下,也可直接水解为 $UO_2$:

$$NH_4UF_5 + 2H_2O \xrightarrow{500\ ℃} UO_2 + NH_3 + 5HF$$

另外,在火焰炉中,$UF_6$ 与氧气和氢气形成活性火焰,反应温度在 760 ℃ 以上时可直接得到 $UO_2$。

### 8.3.2  $UF_4$ 的制备

**1. 湿法制备**

$UF_4$ 湿法制备工艺主要指通过氢氟酸从四价铀溶液中沉淀出 $UF_4$ 水合晶体,再经过过滤、洗涤、干燥和煅烧等工艺处理过程后,制备无水 $UF_4$ 产品。其主要生产过程如下:

(1)$U^{4+}$ 料液的制备;

(2)自 $U^{4+}$ 料液中沉淀析出 $UF_4$ 水合晶体;

(3)$UF_4$ 水合晶体的过滤;

(4)$UF_4$ 水合晶体的干燥和煅烧。

**2. 干法制备**

干法制备的方程式为

$$UO_2(g) + 4HF(g) \Longleftrightarrow UF_4(g) + 2H_2O(g)$$

在一定温度下,利用 $UO_2$ 或某些铀盐与气态氟化氢或氟代烃发生气 - 固相反应,可以制备出无水 $UF_4$。

**3 $UF_6$ 转化为 $UF_4$**

$UF_6$ 转化为 $UF_4$,目前使用较为广泛的是干法工艺。$UF_6$ 干法转化流程如图 8 - 8 所示。

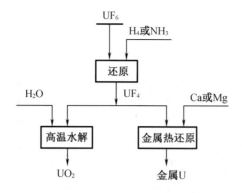

**图 8 − 8　UF₆ 干法加工转化一般流程示意图**

（1）氢还原法

氢还原 UF₆ 的反应方程式为

$$UF_6(g) + H_2(g) \longrightarrow UF_4(s) + 2HF(g) + 288 \text{ kJ/mol}$$

（2）四氯化碳还原法

四氯化碳还原 UF₆ 为 UF₄ 的过程，可在气相或液相中进行。UF₆ 易溶于 CCl₄ 中，随着温度升高，溶解度增加。其反应方程式为

$$UF_6 + 2CCl_4 \longrightarrow UF_4 + Cl_2 + 2CCl_3F$$

### 8.3.3　UF₆ 的制备

**1. UF₄ 氟化法**

UF₄ 氟化法指 UF₄ 已由湿法精制达到核纯度，由它制取的 UF₆ 符合扩散级纯度规格，现在为世界上多数 UF₆ 生产厂所采用。

在生产 UF₆ 的过程中，F 与 UF₄ 相互作用，属非催化型气固相反应，其总反应式为

$$UF_4 + F_2 \longrightarrow UF_6$$
$$H_{298}^{\ominus} = -303.8 \text{ kJ/mol}（即 } H_{298}^{\ominus} = -72.6 \text{ kcal/mol}）$$

实验证明，在室温下氟化反应速率是很慢的。当低于 200 ℃ 时，几乎不生成 UF₆，而是转化为中间产物。当温度升至 250 ℃ 或更高时，反应以明显的速率进行，且随温度的升高反应速率加快。对于该氟化过程的反应机理，许多研究表明，在 200 ~ 250 ℃，氟化反应分两步进行，阶段性十分明显，即 UF₄ 先与 F 作用生成 UF₅：

$$UF_4 + 1/2F_2 \longrightarrow UF_5$$

而后，UF₅ 才被进一步氟化成 UF₆：

$$UF_5 + 1/2F_2 \longrightarrow UF_6$$

反应过程中，第一个反应的速度比第二个反应速度快得多。因此当所有的 UF₄ 尚未转化成 UF₅ 前，UF₆ 生成量极少。

**2. 氟化物挥发法**

该方法由美国联合化学公司开发，首先由铀矿浓缩物（U₃O₈ 或 UO₃）直接经干法转化为粗制 UF₆，再用分馏法纯化到扩散级规格。该方法相比于氟化法，具有工艺流程简化、节省投资、降低成本等优点，为美国、法国等国所采用。而由于我国黄饼中水分高达 27.8% ~ 67.5%，不适用于氟化物挥发法所采用的预处理工艺，因而总体而言我国现在不适宜采用该方法。

### 3. 干法制备低浓 $UO_2$

（1）$UF_6$ 高温水解还原法

$$UF_6(g) + 2H_2O(g) + H_2(g) \longrightarrow UO_2(s) + 6HF(g)$$

上式是总反应式，实际反应是非常复杂的。

该方法主要用于制备高密度颗粒 $UO_2$，其缺点为：产品含氟量高；转化不完全；为保证产品质量，需消耗大量的氢和水蒸气。

（2）$UF_6$ 中温水解 – $UO_2F_2$ 氢还原法

$UF_6$ 与水蒸气相遇时，水解反应即发生，形成白色浓烟并伴有微尘下落。水解温度达到 110 ℃以上时，$UF_6$ 与过量水蒸气反应的固体产物为 $UO_2F_2$，氢气还原 $UO_2F_2$ 即可获得 $UO_2$。

由 $UF_6$ 水解制得 $UO_2F_2$，尤其是在较高温度下产生的 $UO_2F_2$，其氢还原反应活性较差，难于制得高质量的 $UO_2$。因此，要控制水解反应温度，一般不宜超过 500 ℃，并且水解反应要在氢气或氮气稀释下进行。$UO_2F_2$ 的还原一般在 600～700 ℃下进行。还原得到的 $UO_2$ 易与气相产物（HF）反应，因而单用氢还原时，产出的 $UO_2$ 氟含量较高。要制得含氟量低的 $UO_2$，还原操作必须在水蒸气存在下进行。水蒸气的加入，抑制了 $UO_2$ 与 HF 间的反应，从而加快固相中氟的脱除。

# 8.4　乏燃料后处理

## 8.4.1　概述

乏燃料通常是指在核反应堆中，辐照达到计划卸料的燃耗后从堆中卸出，且不在该堆中继续使用的核燃料。核燃料在反应堆中"燃烧"的过程实质上就是核燃料中的易裂变核素（$^{235}U$、$^{239}Pu$ 或 $^{233}U$）在中子流的轰击下发生自持的核裂变反应的过程。随着核反应的进行，核燃料中的易裂变核素逐渐减少，因俘获中子而产生的裂变产物逐渐增加；随着燃耗的不断加深，核反应堆的反应性会逐步降低，可以通过调整控制棒位置来增加反应性。当最后调整控制棒也不能维持链式反应时，就达到了核燃料的物理寿命。此外，随着燃耗的加深，燃料包壳由于受热、中子辐照以及裂变产物积累的影响会发生形变，因此还要考虑包壳的寿命。

由于积累的裂变产物也会吸收中子而影响反应堆的正常运行，为维持核反应堆的正常运行，要在维持链式反应的情况下尽可能地减少反应堆中的易裂变核素。因此，核燃料在反应堆中"燃烧"，不可能一次"烧尽"，核燃料在反应堆中"燃烧"一段时间后，就应从反应堆中卸出。核燃料从堆内卸出的时间，需要综合核燃料的耐辐照性能、力学性能以及核燃料的浓缩度，根据最经济的燃耗值来确定。

通常把对反应堆中的乏燃料进行化学处理，以除去裂变产物等杂质并回收剩余的易裂变核素和可转换核素，以及一些其他可利用物质的过程，称为核燃料后处理（nuclear fuel reprocessing）。国外资料中把核燃料后处理称为乏燃料后处理（reprocessing of spent fuel）。实际上，乏燃料中有许多有价值的物质：一定量的未裂变和新生成的易裂变核素，如$^{235}U$、$^{239}Pu$、$^{233}U$；大量的未用完的可转换核素，如$^{238}U$、$^{232}Th$；在辐照过程中产生的超铀元素，如$^{237}Np$、$^{241}Am$、$^{242}Cm$；核裂变产生的有用的裂片元素，如$^{90}Sr$、$^{137}Cs$、$^{99}Tc$、$^{147}Pm$ 等。这些物质可以通过乏燃料后处理和相应的分离流程予以回收。

核燃料后处理技术在军、民两方面都有重大意义,是核燃料循环中的一个重要组成部分,在核工业中的重要性主要体现在以下几个方面。

### 1. 后处理是生产核武器装料 $^{239}$Pu 必需的一步

迄今为止,核武器的装料仍然是以 $^{235}$U 和 $^{239}$Pu 为主,高丰度的 $^{235}$U 可以从同位素分离工厂获得,但对生产武器级铀的技术的投资和耗电量都很大。采用天然铀作燃料,在反应堆内生产钚,然后通过后处理提取军用钚,则是技术上和经济上比较容易实现的途径。另外,从核武器的性能来看,钚弹的效率比铀弹高,同样威力的钚弹装钚量只有铀弹装铀量的 1/3 左右,容易做到小型化。

### 2. 后处理对于充分利用核能资源关系极大

燃料在反应堆内"燃烧"过程中,将产生大量的裂变产物,其中有一些是中子毒物,当它们积累到一定程度时,会影响反应堆的正常运行,因此必须进行化学分离以除去这些中子毒物。这样,燃料在反应堆内使用一次,就只有一小部分核燃料得到利用,而对于生产堆来说,由于军用钚对 $^{240}$Pu 的含量有一定限制,燃料的燃耗必须较浅,导致燃料的利用率就更低。只有通过后处理才能将乏燃料新生成的可裂变核素,以及没有用完的可裂变核素和未转化的材料分离净化,从而回收复用。也只有经过"辐照 – 后处理 – 元件再加工"多次循环,这样才能使自然界核资源中占绝大部分的 $^{238}$U、$^{232}$Th 被充分转化成裂变物质而加以利用。

### 3. 后处理对核电经济性将有日益重要的影响

为了充分利用天然铀资源,反应堆需要不断提高转化材料的转化率,发展先进的增殖堆,同时实现钚的再利用。因此后处理和元件再加工这两个环节的费用所占的比例将不断上升。为了适应这种情况,必须在后处理工厂中不断降低后处理费用。另外由于环境安全的要求越来越严格,今后在"三废"处理方面的费用也将大幅提高,例如增建一个强放废液玻璃固化车间,后处理的投资就要增加 8%~12%。

具体来说,为了利用后处理产生的分离钚,国际上的做法是将钚与贫化铀(或是后处理分离铀)混合,制成混合氧化物(MOX)燃料,主要在热堆中使用。近年(以 2006 年为例),世界核电站产生的钚量为 89 t/a,经过后处理回收 19 t/a,其中有 13 t/a 作为 MOX 燃料再利用。核能可持续发展依赖于铀资源的充分利用和核废物的最少化。核燃料"一次通过"循环方式的铀资源利用率仅有 0.6% 左右,热堆燃料循环的铀资源利用率能提高 20%~30%,而乏燃料后处理得到的 U、Pu 经增殖快堆中的多次循环后,可以使铀资源利用率提高约 100 倍。

另外,后处理的高放废物的放射毒性是很重要的问题,主要是由次锕系元素和一些长寿命裂变产物(Long – Life Fission Product, LLFP: $^{99}$Tc、$^{131}$I、$^{79}$Se、$^{93}$Zr、$^{135}$Cs)所决定,尤其对于使用 MOX 燃料的轻水堆以及快堆的乏燃料,次锕系(尤其是 Am 和 Cm)的含量显著增加,是现行轻水堆氧化铀乏燃料的 5~10 倍。因此将长寿命核素从乏燃料或者高放废液(High Level Liquid Waste, HLLW)中分离回收,是极为重要的技术环节。通过分离 – 嬗变,可以使高放废物的体积和毒性进一步降低 2 个数量级。近年国外提出的先进后处理技术,也包含次锕系元素的分离。因此,核燃料后处理,尤其是先进后处理技术,对于整个核工业的发展至关重要。

### 8.4.2 后处理工艺

#### 1.水法后处理工艺

从 20 世纪 40 年代最早的军用后处理厂开始,生产上一直采用水法工艺。研究较多或工业上曾使用过的流程主要包括磷酸铋流程、Redox 流程、Butex 流程、Purex 流程和 Thorex 流程。

（1）磷酸铋流程

磷酸铋流程是后处理工艺上最早使用的水法流程,第二次世界大战末期,世界上第一颗原子弹所使用的钚,就是用该流程制得的。这种方法的基本原理是利用 Pu(Ⅳ) 和 Pu(Ⅲ) 在硝酸溶液中与 $BiPO_4$ 共沉淀,而 U(Ⅵ) 和大部分裂变产物不发生共沉淀的特点。当乏燃料用硝酸溶解后,加入 $NaNO_3$ 把 Pu(Ⅵ) 还原为 Pu(Ⅳ),再往溶液中加入硝酸铋和硝酸钠,使 Pu(Ⅳ) 与硝酸铋共沉淀下来,实现钚与铀及大部分裂变产物分离。然后把生成的沉淀用硝酸溶解,多次重复上面的共沉淀步骤。最后通过其他辅助分离手段获得所需纯度的钚。

这种方法工艺和设备简单,投资少,见效快,但存在分离系数小、不能回收铀、操作不易连续进行、化学试剂耗量多及放射性废物量大等缺点,因而它作为后处理的主要分离方法在 20 世纪 50 年代就被淘汰了。

（2）Redox 流程

Redox 流程是 20 世纪 50 年代用溶剂萃取法代替沉淀法处理乏燃料的主要流程之一。与沉淀法相比,其具有能连续操作、能以较高回收率同时回收铀和钚、对裂变产物净化系数高等优点。Redox 是美国大规模从辐照铀燃料中提取钚回收铀的第一个溶剂萃取流程。

Redox 流程以甲基异丁基酮(MIBK)作萃取剂,以硝酸铝作盐析剂,首先在共去污循环的料液中加入重铬酸根离子,把 Pu(Ⅲ) 和 Pu(Ⅳ) 氧化到 Pu(Ⅵ),使铀、钚共萃入有机相而与裂变产物分离;然后在分离循环中,再用氨基磺酸亚铁把钚还原为不易被萃取的 Pu(Ⅲ),进而实现铀、钚的分离。

Redox 流程的缺点是萃取剂 MIBK 的挥发性和易燃性,另外,由于 MIBK 即使在中等硝酸浓度下也不稳定,所以不能用硝酸作萃取时的盐析剂,应使用大量非挥发性的硝酸铝作盐析剂,但这样既增大了试剂的消耗,又会产生大量难处理的放射性废液。所以在实际生产中,Redox 流程逐渐被 Purex 流程所取代。

（3）Butex 流程

Butex 流程是第一个能克服高放废液中浓集大量硝酸盐这一缺点的流程。Butex 流程的萃取剂是二乙二醇二丁醚,以硝酸作为盐析剂。硝酸可用蒸发法从高放废液中回收并返回使用。

Butex 流程经中试工厂验证后,英国原子能管理局的采用该流程大规模地从低燃耗的天然铀辐照燃料中提取钚和回收铀,甚至在改用 Purex 流程后,直到 20 世纪 70 年代,仍将 Butex 流程作为预净化步骤用于高燃耗乏燃料元件的后处理。由于该流程的萃取剂有可能与硝酸发生反应而引起爆炸且经济上不如 Purex 流程,Butex 流程慢慢失去了在工业上继续使用的价值,而逐渐被 Purex 流程所取代。

（4）Purex 流程

Purex 流程采用磷酸三丁酯(TBP)和碳氢化合物(稀释剂)的混合物作为萃取剂,硝酸作盐析剂,从硝酸溶液中萃取硝酸铀酰和硝酸钚(Ⅳ)。Purex 流程是根据 Warf 的研究成果在 1949 年提出的,Warf 发现,TBP 可以从三价稀土元素的硝酸盐溶液中萃取四价铈。1950 ~ 1952 年,对 Purex 流程进行研究和中试工厂验证。随后美国采用 Purex 流程建造萨凡纳河(Savannah River)钚生产厂,并于 1954 年 11 月投产。Purex 流程的成功运行为通用电气公司于 1956 年 1 月在汉福特厂用 Purex 流程取代 Redox 流程提供了依据。1958 年以后所建造的后处理厂大都采用 Purex 流程。

与 Redox 流程相比,Purex 流程有 4 个优点:①作为盐析剂的硝酸可用蒸发法回收复用,大大减少废水体积;②TBP 的挥发性及易燃性低于异己酮;③TBP 在硝酸中较稳定;④运行费用较低。由于 Purex 流程具有上述优点,预计今后若干年内设计建造的新后处理厂仍将以 Purex 流程为主。

(5)Thorex 流程

与 Purex 流程一样,Thorex 流程也采用 TBP - 碳氢化合物的混合物作为萃取剂,从硝酸盐水溶液中萃取铀和钍。TBP 之所以能从辐照钍燃料中提取 $^{233}$U、回收钍,是基于 TBP 的化学及辐照稳定性,以及对四价和六价金属硝酸盐的选择性萃取。由于钍在 TBP 中的分配系数比铀和钚低很多,所以最初的 Thorex 流程用硝酸铝作盐析剂。为了降低高放废水中的盐分,在 20 世纪 50 年代末 60 年代初,人们开始研究酸性 Thorex 流程,在第一共萃取段用硝酸代替大部分硝酸铝作盐析剂。Thorex 流程由 ORNL 等提出和改进。20 世纪 60 年代初曾用于萨凡纳河厂和汉福特厂处理钍基燃料元件。当燃料中含有相当多的 $^{238}$U 时,辐照后会产生钚,所以这种燃料要用 Thorex 和 Purex 的组合流程进行处理。

**2. 干法后处理工艺**

干法后处理工艺采用熔盐或液态金属作为介质,主要有电解精炼法、金属还原萃取法、沉淀分离法和氟化物挥发法等。一般在数百摄氏度的高温条件下进行分离操作。具体工作温度因介质的种类而异,如在较常用的 LiCl - KCl 共晶系氯化物熔盐中为 450 ~ 500 ℃。干法后处理基本上不存在媒体辐照劣化问题,且临界安全性高,适用于金属燃料、氮化物燃料及氧化物燃料等多种形态的燃料处理。然而,干法由于操作温度高,且使用强腐蚀性的卤化物以及熔融状态金属,存在材料耐用性以及操作可靠性低等问题。近年来随着工业技术的不断发展,以及需求的变化,干法又重新被人们所考虑和研究。具有代表性的干法分离技术如下。

(1)电解精炼法

在熔盐浴中电解,根据组分标准氧化还原电位的差异,通过阳极氧化溶解或阴极还原析出,实现组分的分离。

(2)金属还原萃取法

在熔盐或液态金属浴中加入金属锂等活性金属还原剂,将溶解在其中的目的金属盐选择性地还原,并萃取到液态金属浴中。液态金属一般采用 Cd、Zn、Bi、Pb 等低熔点金属。特别是 Cd、Zn 的沸点较低,最后可以通过蒸馏使其挥发而与待回收的目的金属分离。

(3)沉淀分离法

利用熔盐介质中金属组分溶解度的不同,通过调节温度、蒸汽分压、熔盐组成等,使组分选择性地沉淀分离。

(4)挥发分离法

部分金属卤化物蒸气压较高,可通过高温挥发分离。

总的来说,以 TBP 为萃取剂的 Purex 液 - 液萃取法作为乏燃料后处理技术已有 50 余年的开发和应用历史,并被世界上多个国家作为第一代工业后处理技术广泛采用。但是,该技术本身存在萃取工艺流程复杂、设备规模大、产生大量难处理有机废液、次锕系元素以及锝等长寿命核素得不到有效分离回收等问题。多年来世界主要核能国家都在致力于改良Purex流程的同时,开展更先进的后处理技术研发。近30年来,世界主要核能国家投入了大量的人力和资金,开展先进的湿法后处理技术研究,包括从乏燃料及高放废液中分离回收长寿命次锕系核素和锝,以及强放射性及高发热性铯和锶、铂族等裂片元素。此外,干法后处理作为快堆乏燃料尤其是金属燃料的后处理,以及超铀元素嬗变燃料处理的分离技术,近年来也普遍受到重视,多个国家已将干法流程定位为未来先进后处理体系的重要技术选择,加速从工艺基础到工程应用的研发力度。

### 8.4.3 首端处理

乏燃料首端处理是指核燃料后处理化学分离工艺过程之前的脱壳、剪切、溶解、过滤、调料等过程,其目的在于尽量去除燃料芯块以外的部分,将不同种类的乏燃料元件加工成具有特定的物理、化学状态的料液,供铀钚共萃取共去污工序使用。首段处理是后处理工艺的重要组成部分,对后处理厂试剂的消耗量、"三废"的产生量及运行费用影响很大,直接关系到萃取过程能否顺利进行。多用途燃料后处理厂适应性强,配备有多种不同的首端处理方法,使同一溶剂萃取分离系统可以处理多种类型的乏燃料元件。

**1. 脱壳**

在乏燃料元件的首段处理中,为了减少工艺过程的高放废液量并简化工艺工程,在大多数情况下,首先需要将元件包壳去除。

目前,乏燃料元件的脱壳方法主要有4种:化学脱壳法、机械脱壳法、包壳和芯体同时溶解法、机械-化学脱壳法。燃料元件脱壳方法的选择,取决于其包壳材料的性质、燃料元件的结构以及所选用的后处理工艺流程。

(1)化学脱壳法

化学脱壳法是在不与燃料芯体材料发生作用的溶剂中溶解金属包壳材料。用酸或碱将包壳溶解,留下燃料芯体。

生产堆燃料元件是金属铀芯、金属铝包壳,可采用碱溶去壳、硝酸溶芯的两次溶解过程。

铝与氢氧化钠的反应为

$$2Al + 2NaOH + 2H_2O \longrightarrow 2NaAlO_2 + 3H_2 \uparrow$$

显然,仅用氢氧化钠溶解铝壳会产生大量氢气。氢气与空气的混合物在体积比为4%~75%时易着火爆炸,这对操作安全十分不利。若在NaOH溶液中添加适量NaNO_3,则可抑制氢气的产生:

$$8Al + 5NaOH + 3NaNO_3 + 2H_2O \longrightarrow 8NaAlO_2 + 3NH_3 \uparrow$$

氨与空气的混合物在体积比为15.7%~27.4%范围内也能引爆,但比氢气容易控制,比较安全。

镁或镁合金包壳,通常采用6 mol/L $H_2SO_4$在沸腾温度溶解包壳。

对于锆及其合金、不锈钢包壳仅在强腐蚀性溶液中能选择性溶解,如用含硝酸铵的氟化铵沸腾溶液溶解锆及其合金包壳,但氟离子进入了流程,增加了设备的腐蚀,特别是在废液蒸发浓缩时腐蚀作用更明显,且氟锆酸铵的溶解度不是很大

$$Zr + 6NH_4F + 0.5NH_4NO_3 \longrightarrow (NH_4)_2ZrF_6 + 6NH_3 + 1.5H_2O$$

用 4 ~ 66 mol/L 的热硫酸溶解不锈钢包壳

$$Fe + H_2SO_4 \longrightarrow H_2 + FeSO_4$$

$$Cr + 1.5H_2SO_4 \longrightarrow 1.5H_2 + 0.5Cr_2(SO_4)_3$$

$$Ni + H_2SO_4 \longrightarrow H_2 + NiSO_4$$

虽然化学脱壳法优势在于易处理任何形状的燃料元(组)件,但有下列缺点:

①为减轻溶剂对设备的腐蚀,需采用昂贵的特种合金钢制造。

②产生大量高放射性废液($5 \sim 6 \ m^3/t \ U$),不易处理。

③溶解速度慢且不稳定,有氢气逸出。当溶解器交替用于溶解包壳、芯体时,不可避免地会发生不锈钢包壳的钝化作用,致使不锈钢溶解变慢。

④随包壳而溶解或脱落的铀、钚损失较大。

(2)机械脱壳法

机械脱壳法是用机械方法在水下对乏燃料元件脱壳,水即可作为屏蔽层,又可避免细粒飞扬。首先,切除燃料组件的两端并将组件解体为燃料元件束及单根燃料元件;其次,将包壳管用对机械方法按纵向切成长条,像剥香蕉皮那样剥离每根燃料元件的包壳;最后,将长条切成碎块以减少贮存体积。去除金属铀芯棒表面的包壳碎屑后,送去溶解。这种方法要求水下工作的剥壳机能自动控制、耐水腐蚀和动作可靠,优点是产生的高放射性废液较少。

剥香蕉皮式的机械脱壳法不适用于锆合金或不锈钢包壳陶瓷体燃料元件。

(3)包壳和芯体同时溶解法

以金属为基体的弥散型燃料元件,不可能或很难进行单独的脱壳处理,一般采用将包壳和芯体用同一溶液溶解的方式。该法主要用于处理易裂变材料含量高的燃料或者在同一个后处理厂要求承担多种不同类型燃料元件的处理,特别是当燃料元件的尺寸、形态变化频繁,采用机械脱壳法很难处理,就将包壳和芯体用同一化学试剂溶解。该方法可以防止易裂变材料在机械脱壳时的损失。

(4)机械 - 化学脱壳法

机械 - 化学相结合的脱壳法又称切断 - 浸出法。该法适用于处理包壳材料不溶于硝酸的燃料元件。将单根燃料棒或整个燃料组件用机械剪切法切成长 2 ~ 3 cm 的短段,送入硝酸浸取槽(溶解器),裸露的燃料芯块溶解于硝酸中,而包壳短段不溶解,将包壳短段取出,经漂洗、监测后,送去贮存。

机械 - 化学脱壳法具有同机械脱壳法一样的优点:所产生的废物为金属构件和包壳材料,作为固体废物,体积小,可无限期埋藏。相比于化学脱壳法,不产生放射性废液,废物贮存费仅为化学脱壳法的 5%。相比于机械法脱壳,不存在少量芯体夹带在包壳中而丢失核燃料的情况,并且所使用的剪切机结构更简单。该法广泛应用于处理锆及其合金包壳、不锈钢包壳的氧化物燃料元件的脱壳,是动力堆乏燃料具有代表性的脱壳方式。

机械 - 化学脱壳法的主要缺点是:切割设备较复杂,剪切机需远距离操作,设备维修困难,对收集燃料细粒、防止气溶胶扩散等问题须妥善解决;短段切口可能有较大的变形,以至影响硝酸的流通和燃料的完全浸出,或需要采取附加回收工序以减少未溶解燃料的损失。

除以上四种方法外,还有激光切割法、燃烧浸取法、高温脱壳法等方法,感兴趣的读者可以自行查阅相关资料。

**2. 芯块溶解**

乏燃料元件芯体的化学溶解指的是溶解金属芯体,使燃料芯中的铀和钚完全溶解于硝酸水溶液;使铀、钚和裂变产物转变为有利于分离的化学形态。溶解方法取决于燃料成分的化学形式及后处理厂的生产能力,燃料成分的化学形式决定了溶剂的选择。在溶解过程中要确保燃料芯块成分完全溶解,防止易裂变材料随不溶残渣丢失,以获得较高浓度的溶液并要确保核临界安全。

硝酸是 Purex 流程工艺溶液的主要介质,金属铀燃料、二氧化铀燃料及铀钚氧化物混合燃料都能溶于硝酸,得到的溶解液适合于 Purex 萃取工艺。取出不溶物(空包壳),漂洗后检查铀芯是否完全溶解,然后用机械压扁,做固体废物处理。工艺流程中所有装置的结构材料可采用不锈钢。

(1)金属铀芯块的溶解

非连续的批式硝酸溶解金属铀芯的过程可分为三个阶段。

第一阶段:刚加入硝酸时(通常用 50% $HNO_3$ 即 10.4 mol/L $HNO_3$),熔接器的自由空间充满空气,溶液尚未沸腾,这时溶解反应为

$$U + 8HNO_3 \longrightarrow UO_2(NO_3)_2 + 6NO_2 + 4H_2O$$

硝酸溶解铀是放热反应,当溶液的温度升到 85 ℃ 左右停止加热,铀 – 酸反应本身放出的热量可使溶液达到沸腾温度(100 ~ 105 ℃)。这时 $NO_2$ 排出量显著下降,溶液中的硝酸浓度很快下降到 45% 以下,反应进入第二阶段。

第二阶段:这个阶段溶芯液的酸浓度为 25% ~ 45%,铀酸除按第一阶段反应式继续进行反应外,同时还按下式反应:

$$U + 4HNO_3 \longrightarrow UO_2(NO_3)_2 + 2NO + 2H_2O$$

同时,部分 $NO_2$ 气体在冷凝器中与蒸汽冷凝液发生如下反应:

$$6NO_2 + 3H_2O \longrightarrow 3HNO_3 + 3HNO_2$$

产生的亚硝酸发生分解:

$$3HNO_2 \stackrel{\triangle}{=\!=\!=} 1.5NO + 1.5NO_2 + 1.5H_2O$$

在这个阶段,回收的硝酸回流到溶解器,使实际酸耗显著降低。由于铀溶解使硝酸浓度下降、铀的溶解速度变慢,当溶液中的硝酸浓度低于 25% 时,铀的溶解进入第三阶段。

第三阶段:溶液硝酸浓度低于 25%,铀的溶解主要按照第二阶段反应式进行,产生的气体主要是 NO。

硝酸溶解金属铀芯按上述三个阶段进行,但不可能将这三个阶段截然分开,整个溶解过程如图 8 –9 所示,一批乏燃料元件的溶解通常需要 5 ~ 10 h。

(2)二氧化铀芯块的溶解

二氧化铀在热硝酸中的溶解速度较快。根据硝酸的浓度及二氧化铀量与硝酸比的不同,溶解时放出的二氧化氮和一氧化氮的量液不同。可用下述反应式描述:

$$UO_2 + 4HNO_3 \longrightarrow UO_2(NO_3)_2 + 2NO_2 + 2H_2O$$

$$UO_2 + 3HNO_3 \longrightarrow UO_2(NO_3)_2 + 0.5NO + 0.5NO_2 + 1.5H_2O$$

二氧化铀芯块的溶解过程随反应条件而变,可写成不同反应方程式。以 7.5 mol/L $HNO_3$、通氧条件下的溶解为例,溶解和冷凝总反应式如下:

$$UO_2 + 3HNO_3 + 0.25O_2 \longrightarrow UO_2(NO_3)_2 + NO_2 + 1.5H_2O + 7.19 \times 10^4 \text{ J}$$

溶解速度受芯块表面积、温度、酸度和搅拌条件的影响,其中温度对二氧化铀溶解速度以及尾气产生量影响较大。批式沸腾溶解会产生排气峰,而非沸腾溶解可降低排气峰。溶解时通入氧气可加速 NO 氧化为 $NO_2$,被水吸收后再生成硝酸。

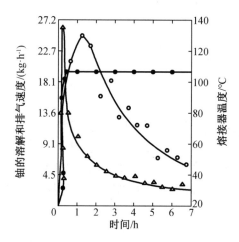

平板元件:$HNO_3$ 浓度 10.4 mol/L;温度 105 ℃;装料 161.5 kg;●溶解器温度;○溶解速度;△排气速度。

**图 8 - 9　溶芯过程中铀的溶解速度和排气速度的变化**

(3)铀钚氧化物混合燃料的溶解

铀钚氧化物混合燃料能溶于热硝酸,但其溶解的完全性和溶解速度与燃料中的钚含量、燃料的制备方式及铀钚组分弥散的均匀性、辐照历程、硝酸的浓度和加入量、温度等因素有关。该氧化物混合燃料在硝酸中的可溶性随着钚含量的增加而降低。

$UO_2$ – $PuO_2$ 混合燃料在硝酸中的溶解速度,比纯 $UO_2$ 燃料慢得多,其中以共沉淀法制备的(U,Pu)$O_2$ 固熔体燃料溶解得快些,也较完全。影响 $UO_2PuO_2$ 混合燃料芯块在硝酸中溶解的主要因素是燃料制备时的烧结温度、$PuO_2$ 的来源和 $PuO_2$ 在燃料中的质量分数。通常用 12 mol/L $HNO_3$ 溶解两次,每次沸腾溶解 6 h,其溶解反应为

$$3UO_2 + 8HNO_3 \longrightarrow 3UO_2(NO_3)_2 + 2NO + 4H_2O$$
$$UO_2 + 4HNO_3 \longrightarrow UO_2(NO_3)_2 + 2NO_2 + 2H_2O$$
$$PuO_2 + 4HNO_3 \longrightarrow Pu(NO_3)_4 + 2H_2O$$
$$3PuO_2 + 8HNO_3 \longrightarrow 3PuO_2(NO_3)_2 + 4H_2O + 2NO$$

产生 +4 价和 +6 价钚的硝酸盐混合物。

### 8.4.4　溶剂萃取分离过程

1955 年第一届和平利用原子能国际会议上发表的 Purex 流程是由四个循环组成的三循环流程,即共去污循环、分离循环、最终的铀纯化循环和最终的钚循环。由共去污循环实现铀、钚和裂变产物的分离;由分离循环实现铀和钚的分离;由最终的铀纯化循环和最终的钚循环进一步纯化和浓缩铀和钚的硝酸溶液。

1958 年第二届和平利用原子能国际会议上发表的 Purex 流程为二循环流程。改进后的第一萃取循环是初步净化裂变产物并实现钚和铀的分离,实际上是将三循环流程中的共去污循环和分离循环合并为共去污分离循环。第二萃取循环分别是铀纯化循环和钚纯化循

环,以进一步纯化铀、钚并得到合格的铀、钚产品。

目前各国采用的 Purex 流程主体部分大多是二循环流程,各个后处理厂根据料液的比活度和去污的要求等具体情况,在流程组合方面有所改变,但所有这些变体流程均以 TBP 萃取铀和钚、还原反萃钚为分离基础,因此习惯上仍统称为 Purex 流程。

Purex 流程可适用于多种处理对象:处理[235]U 浓缩度为 0.2%～93% 的各种辐照燃料和靶件;处理燃耗值高的钚燃料,回收其中的钚和超钚元素;分离和纯化[237]Np;从辐照钍元件中回收[233]U 和[232]Th。对于燃耗较低的天然铀燃料,从工厂的运行经验表明,对于铀和钚而言,选用两循环流程或两循环加尾端净化措施(如铀线加硅胶吸附、钚线加离子交换剂)完全可以满足产品质量要求。

我国后处理自 20 世纪 60 年代起步,早期研究沉淀法从乏燃料中提取钚,后来在清华大学核研院进行 Purex 流程的研究,研究从元件的溶解到得到合格的钚产品。

Purex 二循环流程作为目前的主要萃取流程,相比于三循环流程省去了一次铀、钚萃取、洗涤和反萃,减少一个循环既降低了工厂投资和运行费用,也减少了废物。下面以 Purex 二循环为例进行详细介绍。

**1. 共去污分离循环**

共去污分离循环的安全稳定运行是整个工厂生产过程的关键之一。它的运行好坏直接影响着最终产品的质量、金属的回收率以及整个厂房的辐射安全,对生产起着决定性的作用。

典型的 Purex 二循环流程图－共去污分离循环流程示意图如图 8－10 所示。共去污分离循环包括铀、钚共萃取共去污,铀钚分离,铀的反萃以及污溶剂的净化再生四个操作单元。主要由 1A、1B、1C 三个萃取器组成,它的任务是实现铀、钚与裂片元素的分离以及铀、钚之间的分离。

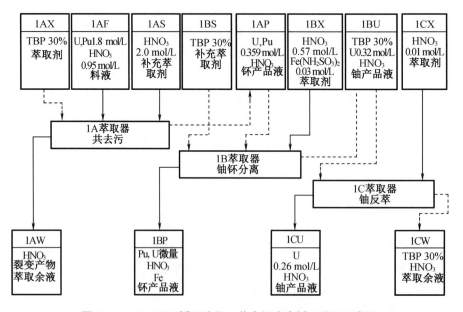

**图 8－10　Purex 二循环流程－共去污分离循环流程示意图**

（1）共萃取共去污（1A）

所谓共萃取共去污,即料液中的六价铀和四价钚几乎全部被有机溶剂所萃取,而99%以上的裂片元素几乎不被萃取,从而在1A 槽中,铀和钚共同实现了去污。在1A 槽上选择不同的工艺条件,镎可能与铀、钚一起被萃取进入溶剂相,也可能与裂片元素一起留在水相萃取残液中。萃取料液1AF 进入1A 槽的中部,与从槽的水相出口端引入的有机溶剂1AX（30% TBP – 煤油）逆流接触。料液中的 U（Ⅵ）几乎全部被萃取进入有机相,而分配系数很小的大部分裂变元素则留在水相萃取残液中。为了提高铀、钚与裂变产物分离的效果,萃取了铀、钚的溶剂相与从1A 槽另一端加入的洗涤剂1AS（一定浓度的硝酸溶液）逆流接触,使随同铀钚一起被萃入有机相的部分裂变碎片元素又转入水相中。萃取液（有机相）1AP进入1B 槽。

（2）铀钚分离槽（1B）

在1B 内进行铀、钚分离。1AP 由1B 槽的中部进入,与从槽的有机相出口端引入的还原反萃剂1BX（水相）逆流接触。在还原剂作用下,Pu（Ⅳ）被还原成 Pu（Ⅲ）,而铀的价态不变,由于 Pu（Ⅲ）的分配系数很低,因而几乎全部被还原反萃入水相。铀绝大部分留在有机相中,只有少量的 U（Ⅵ）随同钚一起转入水相。为了提高钚中去铀的分离效果,从1B 槽水相出口端加入补充萃取剂1BS（30% TBP – 煤油）,使其与含钚反萃水相液逆流接触,被反萃进入水相的铀又大部分转入有机相。水相反萃液1BP 去钚的净化循环进一步净化,有机相液流1BU 进入1C 槽。

（3）铀反萃取槽（1C）

在1C 槽中进行铀的反萃。由1B 槽来的含铀有机相1BU,从1C 槽的一端进入,与从1C 槽另一端加入的铀反萃剂1CX 逆流接触。因为在30% TBP – 煤油 – 稀硝酸体系中,铀的分配系数很低,所以大部分铀从有机相被反萃入水相。含铀水相反萃液1CU 经过蒸发浓缩后在铀的净化循环进一步净化,污溶剂1CW 经过溶剂洗涤系统处理后,循环使用。

**2. 钚的净化循环**

钚净化循环的主要任务是,对经过初步分离的铀和裂片元素的钚中间产品液1BP 再进行萃取分离,进一步除去铀和裂变元素,以便得到较纯净的钚的浓缩液。典型的 Purex 二循环流程 – 钚纯化流程示意图如图 8 – 11 所示。

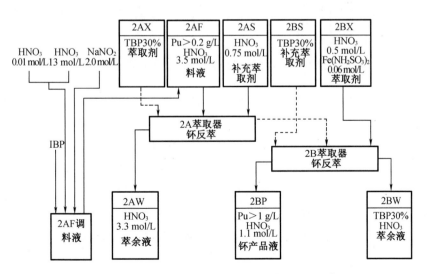

**图 8 – 11　Purex 二循环流程 – 钚纯化循环流程示意图**

该循环是由 2A 和 2B 两个萃取器组成。2A 槽叫作钚的萃取槽。1BP 经过调价和调酸后制成的 2AF 料液从 2A 槽中部加入,与萃取剂 2AX(30% TBP - 煤油)逆流接触萃取钚,料液中少量的铀液同时被萃取到有机相中。有机萃取液与从 2A 槽有机相出口端加入的洗涤液 2AS 逆流接触,洗涤有机相,进一步除去锆、铌、钌等裂片元素。萃取液 2AW 送中放废水系统处理,或返回到前面的工序。萃取液 2AP 去 2B 槽,作 2B 槽的进料液。

2B 槽叫作钚的反萃取槽。反萃取剂 2BX 可以用稀硝酸进行钚的低酸反萃,也可以用还原反萃剂进行钚的还原反萃。采用还原反萃时,为了提高铀、钚分离效果,从 2B 槽水相出口端加入补充萃取剂 2BS(30% TBP - 煤油)使其与反萃液逆流接触,将被反萃到水相中的少量铀在萃取到有机相中。反萃液 2BP 送去进行纯化和转化处理。污溶剂作为 1B 槽的补充萃取剂 1BS,以便回收其中的钚和铀。

**3. 铀的净化循环**

铀净化循环的主要任务是对已经初步分离掉钚和裂片元素的铀溶液 1CU 再次进行萃取和洗涤,以便进一步除去钚和裂片元素,获得更为纯净的铀溶液。典型的 Purex 二循环铀净化循环流程示意图如图 8 - 12 所示。

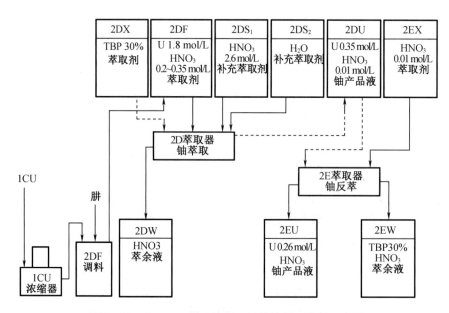

**图 8 - 12　Purex 二循环流程 - 铀纯化循环流程示意图**

铀净化循环主要由 2D 和 2E 两个萃取器组成。

2D 槽叫作铀萃取槽。1CU 经蒸发浓缩和调料后制成的 2DF 料液进入 2D 槽中部,与萃取剂 2DX 逆流接触定量地萃取铀。萃取液与从 2D 槽有机相出口端加入的洗涤剂 2DS 逆流接触,从中洗涤除去锆、铌、钌等裂变碎片元素。萃残液 2DW 经过蒸发浓缩后可送元件溶解器用作溶芯硝酸,以回收其中的铀和酸。也可返回 1A 槽作洗涤剂 1AS,或者送中放废水系统处理。萃取液 2DU 可直接送去沉淀铀产品,也可送 2E 槽反萃取铀。

2E 槽成为铀的反萃取槽。用稀硝酸反萃取铀。反萃液 2EU 去铀纯化和转化系统进一步处理污溶剂 2EW 经洗涤后循环使用。

### 8.4.5　尾端处理

经溶剂萃取分离和净化得到的硝酸钚或硝酸铀酰溶液,无论在纯度或存放形式上还不能完全满足要求,因而在铀、钚主体萃取循环之后,还需要采取一些处理步骤,其目的在于将纯化后的中间产品进行补充净化、浓缩以及将其转化为所需最终形态。

**1.钚的尾端处理过程**

将经溶剂萃取分离和净化得到的硝酸钚和硝酸钚酰溶液,进一步纯化并转化成金属钚及其合金或其他稳定化合物的过程,称为钚的尾端处理过程。

对于最终纯化的方法可以再经过一个纯化循环,也可以采用阴离子交换法或胺类萃取法,然后进行草酸钚沉淀、焙烧等转化为 $PuO_2$ 产品。阴离子交换法或胺类萃取法多用于生产堆燃料流程的补充净化手段,而新建的后处理厂基本上采用主工艺流程中的萃取纯化循环,其产品液直接进入草酸钚沉淀、焙烧等转化工序,并在转化工序中获得一定的净化效果。

(1)阴离子交换纯化钚

由于 $Pu(\text{Ⅳ})$ 能与 $NO_3^-$ 生成稳定的络合阴离子 $[Pu(NO_3)_6]^{2-}$,很容易被阴离子交换树脂吸附。而 $U(\text{Ⅵ})$ 和裂变核素与 $NO_3$ 生成络合阴离子的能力较弱,有的元素甚至不能与 $NO_3^-$ 形成络合阴离子,所以阴离子交换技术在钚的浓缩和纯化过程得到广泛的应用。

用于纯化钚的阴离子交换树脂种类很多,其中性能较好的有 $201 \times 4$(聚苯乙烯季胺型强碱性)树脂、$250 \times 4$(聚苯乙烯吡啶型强碱性)树脂和 $Dowex-1 \times 4$(聚苯乙烯季胺型强碱性)树脂等。

阴离子交换法纯化钚,一般为间歇操作,可分为吸附、洗涤、淋洗和置换几个步骤。

吸附之前,因为在硝酸溶液中只有 $Pu(\text{Ⅳ})$ 与 $NO_3$ 形成稳定的络合阴离子,因而料液在进行离子交换吸附之前,必须用过氧化氢将钚全部转化为四价态,并将酸度调节到一定范围。用阴离子交换树脂吸附后,需要进行洗涤。洗涤的目的是除去树脂空隙间以及吸附在树脂上的铀、裂片元素和其他化学杂质。

淋洗是指把吸附在树脂上的钚解吸下来的过程,淋洗的洗出液即为离子交换的产品液。

树脂床经过稀硝酸淋洗后,它的酸度由 7 mol/L 降低到 1 mol/L 或更低。为了满足持续生产的要求,通常要用 7 mol/L 的硝酸自上而下置换树脂床中的稀酸,使树脂床达到 7 mol/L 左右。

(2)钚的沉淀

硝酸钚转化成 $PuO_2$ 通常采用沉淀和煅烧的方法。将硝酸钚转化成 $PuO_2$,当前认为较好的沉淀法有三种,即过氧化氢钚沉淀法、三价草酸钚沉淀法和四价草酸钚沉淀法。

①过氧化氢钚沉淀法

在三价或四价钚的硝酸水溶液中加入足够量的过氧化氢,可以得到绿色晶型的过氧化钚沉淀物。沉淀体系的硝酸浓度以 $4 \sim 5$ mol/L 为宜。当硝酸浓度高时,沉淀物容易过滤,但在溶液中的溶解度增大,过氧化氢的分解加快。酸度低时将产生胶体沉淀,不易过滤,同时对杂质的净化效果变差。

过氧化氢沉淀法的优点是:唯一引入的试剂过氧化氢容易用加热的方法被破坏掉,简化了母液回收过程;对大多数阳离子的净化效果比其他沉淀过程好得多,只是对少数元素净化效果差些。

该流程的缺点是:母液中钚含量较高,需回收处理的废液量较多;工艺条件要求严格,不易控制;不能处理含铁量高的料液。

②三价草酸钚沉淀法

向硝酸钚溶液中加草酸,可生成草酸钚的九水化合物$[Pu_2(C_2O_4)_3 \cdot 9H_2O]$。采用该法制取$PuO_2$能控制$PuO_2$粒度。工业上从钚净化循环来的硝酸钚溶液在很多情况下都是三价硝酸钚。如果采用该法可以直接沉淀,不必再调整价态,可省去氧化还原操作。另外,沉淀母液中钚浓度很低,因此,钚损失也小。

将三价草酸钚煅烧可生成$PuO_2$,但由三价钚草酸盐煅烧成的$PuO_2$反应活性为中等。

③四价草酸钚沉淀法

将草酸加到$Pu(IV)$的酸性溶液中,可沉淀出黄绿色的草酸钚$(IV)$六水化合物。沉淀过程的化学反应为

$$Pu^{4+} + 4NO_3^- + 2H_2C_2O_4 + 6H_2O \longrightarrow Pu(C_2O_4)_2 \cdot 6H_2O + 4HNO_3$$

为了保证沉淀过程的临界安全,在反应器中应装镉板或镉棒。操作时要严格控制进入反应器的钚量,特别要防止误投两批料。采用几何安全的沉淀反应器是保证临界安全的最佳措施。

四价草酸钚沉淀法的优点是:所用试剂和所得沉淀产品比过氧化钚沉淀流程的稳定性好,因此生产比较安全;可处理含铁量较高的钚溶液。

四价草酸钚沉淀法的缺点是:对杂质的净化没有过氧化钚沉淀流程好;当煅烧不完全时,最终产品含碳量高。

(3)草酸钚$(IV)$的焙烧

氢氧化钚、过氧化钚、草酸钚$(III)$、草酸钚$(IV)$和硝酸钚在空气和惰性气体中煅烧,都可以转化为二氧化钚。在生产二氧化钚的过程中,依据二氧化钚的用途选取适中的煅烧温度,保持二氧化钚的粒度,都是非常重要的。

根据二氧化钚的用途不同选择不同的煅烧温度而得到的二氧化钚差别很大。从增加煅烧产品活性和延长煅烧炉寿命角度看,似乎选择较低的煅烧温度好一些。但是,煅烧温度过低,转化反应不易完全,相应地需要较长的煅烧时间。另外,从二氧化钚包装贮存角度看,希望二氧化钚粉末的活性低,对气体吸附能力差一些,以保证长期安全贮存。因此,英国提出在满足产品活性要求的前提下,选择煅烧温度应该尽可能地高。

草酸钚$(IV)$的焙烧试剂包括两个过程,即滤饼的干燥和草酸钚$(IV)$的热分解,因为这两个过程往往在一个反应器内连续进行,所以放在一起讨论。滤饼的干燥过程是除去其中的夹带水、硝酸和草酸的过程。对于$Pu(C_2O_4)_2 \cdot 6H_2O$的热分解机理有不同的解释,但都认为要经过两个步骤:六水合草酸钚$(IV)$的脱水和无水草酸钚$(IV)$的热分解。其反应可用下式表示:

$$Pu(C_2O_4)_2 \cdot 6H_2O \overset{\triangle}{\longrightarrow} Pu(C_2O_4)_2 + 6H_2O$$

$$Pu(C_2O_4)_2 \overset{\triangle}{\longrightarrow} PuO_2 + 2CO_2 \uparrow + 2CO \uparrow$$

焙烧过程的升温方式有两种,一种是缓慢的等速升温,另一种是阶梯式的升温－恒温。这两种方式的结果是相同的。生产中常采用第二种方式,分三个阶段进行焙烧的升温和恒温。第一阶段恒温在$80 \sim 90 ℃$,主要是滤饼夹带水分的蒸发。这个阶段恒温$1 \sim 2 h$。第二

阶段恒温在 240 ~ 250 ℃，这个阶段是硝酸和草酸的分解，草酸钚(Ⅳ)脱去结晶水的过程。第二阶段恒温 2 小时左右。在这两个阶段中将有大量气体产生，为防止物料喷溅，升温速率不能太快，要注意保持焙烧炉内的负压。第三阶段升温和恒温主要是无水草酸钚(Ⅳ)热分解生成二氧化钚的过程。这一阶段恒温的温度由生产的二氧化钚用途来决定。当温度低时(800 ℃左右)，所得到的二氧化钚活性好，对进一步处理有利，但含氧量高；高温时(1 000 ℃以上)得到的二氧化钚活性差，含氧量也低。

**2. 铀的尾端处理过程**

同钚相似，铀经过溶剂萃取净化得到的硝酸铀酰溶液不能满足后续工序加工对质量和形式的要求，要经过尾端处理进一步纯化，除去裂片元素和其他杂质。

纯化的方法可以增设 TBP 萃取净化循环，也可以用硅胶吸附。由于硅胶吸附流程简单，操作方便，投资少，且可以满足纯化的要求，因而生产上应用较为广泛。

铀的转化方法分湿法和干法两类。

(1)湿法

湿法是选择一种合适的沉淀剂(如碳酸铵或碳酸氢铵、草酸、过氧化氢等)将铀从溶液中沉淀出来。得到的沉淀物经过干燥、加热分解制成铀的氧化物。由于草酸及过氧化氢的价格较贵，且不易回收，因而生产上较多地使用碳酸铵或碳酸氢铵作沉淀剂。干法是将浓缩的硝酸铀酰水溶液在高温下直接脱水脱硝制成三氧化铀，再进一步还原成二氧化铀。此外，我国采用一步脱硝还原法制成二氧化铀。

①以碳酸铵或碳酸氢铵为沉淀剂的湿法的优点

a. 方法比较成熟，设备结构简单，操作稳定的。

b. 可以用沉淀剂从含铀有机萃取液中直接沉淀铀，沉淀过程即为污溶剂的洗涤过程。

c. 总 γ 净化系数较高，可达 100 左右。

d. 由三碳酸铀酰铵煅烧得到的二氧化铀产品活性较高。

②以碳酸铵或碳酸氢铵为沉淀剂的湿法缺点

a. 设备庞大、数量多，操作步骤烦琐，所需操作人员多。

b. 产生大量含硝酸铵的弱放射性废水不易处理，废液贮存费用高。

正因为湿法有着明显的缺点，所以世界上一些国家研究了干法，有的已成功地应用于生产。

(2)干法

①硅胶吸附法纯化铀

在 Purex 流程中，经过两个萃取循环后的硝酸铀酰溶液，其放射性污染依然超过允许标准。经分析主要是来自 Zr、Nb 和 Ru 等裂变核素，其中 Zr 和 Nb 占总放射性活度的 60% ~ 90%。如果将铀溶液通过硅胶柱吸附处理，可使铀得到进一步纯化，使其 γ 放射性活度降低到直接加工的水平。

在酸性溶液中，硅胶能选择性地吸附锆和铌，硅胶也能吸附铀，吸附量为总处理量的 0.15% ~ 2.5%。以离子状态存在的四价铈和三价钚仅在硝酸浓度低于 0.05 mol/L 时才在硅胶上有明显的吸附。$(RuNO)^{3+}$ 的络合物在中性及酸性溶液中不被硅胶吸附。所以，硅胶对以锆和铌为主要 γ 放射性杂质的料液的净化比较有效。总 γ 净化系数通常在 3 ~ 15，有时可能更高些。

②三碳酸铀酰铵沉淀

萃取了铀的 TBP 溶剂与($NH_4)_2CO_3$ 水溶液发生如下的沉淀反萃反应：

$$UO_2(NO_3)_2 2TBP + 3(NH_4)_2CO_3 \longrightarrow (NH_4)_4[UO_2(CO_3)_3] \downarrow + 2NH_4NO_3 + 2TBP$$

该体系为三相。水相主要是过剩的碳酸铵及碳酸氢铵，溶解的少量三碳酸铀酰铵和反应的副产品 – 硝酸铵。有机相是 TBP – 煤油。固相是三碳酸铀酰铵结晶。三碳酸铀酰铵无论是固体状态还是在水溶液中都是最稳定的。三碳酸铀酰铵可溶于水，在 $10 \sim 50 ℃$ 时，其溶解度随着温度升高而增加，当温度高于 $60 ℃$ 时，其溶解度下降。三碳酸铀酰铵在水溶液中按下式离解：

$$(NH_4)_4[UO_2(CO_3)_3] \Longleftrightarrow 4NH_4^+ + [UO_2(CO_3)_3]^{4-}$$

当溶液中($NH_4)^+$ 增加时，由于同离子效应，使三碳酸铀酰铵的溶解度大大下降。

③煅烧三碳酸铀酰铵生产二氧化铀

在隔绝空气的条件下，三碳酸铀酰铵受热分解。当温度高于 $620 ℃$ 时，可生成二氧化铀，其反应式如下：

$$(NH_4)_4[UO_2(CO_3)_3] \xrightarrow{\triangle} UO_2 + 2NH_3 \uparrow + 2CO_2 \uparrow + 4H_2O \uparrow + N_2 \uparrow + H_2 \uparrow + CO \uparrow$$

④硝酸铀酰的脱硝与还原

由上文可知，制得的($NH_4)_2UO_2(CO_3)_3$ 沉淀物经一定工序后煅烧可生成二氧化铀。这种方法通常称为湿法，它的主要优点是工艺成熟，操作比较稳定，可以附带得到一定的净化效果，$UO_2$ 的产品活性也很好。但是，它也有其严重的不足之处：①试剂消耗量大，每生产 1 t 天然铀燃料，至少要用 1.2 t 碳酸铵；②为了回收沉淀母液中的铀和氨，必须增设庞杂的辅助设备和管道；③沉淀物的过滤、洗涤等工序操作烦琐，并且难以实现远距离控制。

因此，随着核技术的发展，硝酸铀酰转化工艺中以直接脱硝法在生产中逐渐取代三碳酸铀酰铵沉淀、煅烧法。

经溶剂萃取或硅胶吸附等纯化工序得到的合乎质量要求的硝酸铀酰溶液，一般不能直接循环复用或长期贮存。为便于加工厂生产金属铀或其他有用的铀化合物形式，必须将硝酸铀酰转化为氧化铀。这个过程叫作硝酸铀酰的脱硝 – 还原过程、脱硝 – 还原法又分为流化床脱硝法和火焰脱硝法。下面主要介绍流化床脱硝法。

流化床脱硝还原法已经经历了几十年的发展过程。英国斯普林菲尔德工厂 1960 年中期投入生产运行，这是世界上第一个采用流化床脱硝技术生产三氧化铀的生产规模工厂。1964 年，美国把流化床脱硝技术用于工业生产，方法是将硝酸铀酰与硝酸混合液蒸发，蒸发时首先蒸发出的是带少量硝酸的水。当硝酸铀酰浓度提高时，此混合物的沸点和硝酸的蒸气压就上升。当硝酸铀酰[$78\% UO_2(NO_3)_2$]转变成带六个结晶水时开始部分脱硝，当它转变为带三个结晶水[$88\% UO_2(NO_3)_2$]时，则出现明显脱硝，反应式如下：

$$UO_2(NO_3)_2 \cdot 6H_2O \longrightarrow UO_3 + NO \uparrow + NO_2 \uparrow + O_2 \uparrow + 6H_2O$$

硝酸铀酰在 $140 ℃$ 开始分解，在 $230 ℃$ 生成 $UO_3$ 的吸热量为 $6.07 \times 105$ J/mol，约到 $300 ℃$ 才全部分解。

在工业上，硝酸铀酰煅烧是在 $240 \sim 450 ℃$ 下进行的。产品中硝酸盐含量随煅烧温度提高而减少，温度在 $240 ℃$ 和 $450 ℃$ 时，产品 $UO_3$ 中硝酸盐含量分别为 $1.1\%$ 和 $0.02\%$（质量百分数），水的含量分别为 $2.6\%$ 和 $0.1\%$（质量百分数）。

在 $600 ℃$ 以上的温度时，三氧化铀可以被氢气还原为二氧化铀：

$$UO_3 + H_2 \xrightarrow{\phantom{aa}>600\ ℃\phantom{aa}} UO_2 + H_2O$$

⑤一步法脱硝还原生产二氧化铀

硝酸铀酰溶液经两次蒸发浓缩后,送入流化床脱水、脱硝、还原,一步制得二氧化铀是一项试验成功的新工艺。它与沉淀法比较,有流程短、设备少、运行费用低、放射性废液量少、较易实现工艺过程自动控制等优点。产品的比活度和杂质含量均符合要求,四价铀含量大部分大于 84%。我国核燃料后处理厂实验证明,该工艺是可行的。其主要缺点是产品的氢氟化活性较低(与三碳酸铀酰铵煅烧所得二氧化铀相比),但比两步法流化床脱硝生产的二氧化铀活性好。

一步法指硝酸铀酰脱硝还原反应在一个流化床中进行。流化气体是氮气和氢气的混合气体($75\% \, H_2 + 25\% \, N_2$),氢是还原剂。硝酸铀酰在流化床中经脱硝生成三氧化铀,三氧化铀被还原为二氧化铀。

# 第9章 裂片元素及活化产物化学

## 9.1 概 论

重原子核分裂成两个质量大体相等的碎片的过程称为核裂变。核裂变可以在没有外来粒子轰击下自发裂变(spontaneous fission),也可以在入射粒子轰击下发生裂变,即诱发裂变(induced fission)。入射粒子为热中子、快中子、带电粒子和光子所引起的裂变反应分别称为热(中子诱发)裂变、快(中子诱发)裂变、带电粒子诱发裂变和光致裂变。其中,热中子引发的裂变最为重要。

原子核裂变时最初形成的两块核碎片,称为裂变碎片,因其中子和质子数之比值高,为丰中子核,在裂变后约在 $10^{-15}$ s 内会直接发射 $1 \sim 3$ 个中子。发射中子后的碎片,称为次级碎片或裂变的初级产物(primary product),其能量仍然很高,但不足以发射中子,在 $10 \sim 11$ s 内发射 $\gamma$ 光子,发射光子后的碎片仍为丰中子核,它们相继发生 $\beta$ 衰变直至变为稳定的核素,形成衰变链(decay chain)的系列。

发射中子后的所有裂变碎片,其中包括 $\beta$ 衰变前的初级产物和衰变子体,统称为裂变产物(fission product)或裂片元素。也就是说,裂变产物的某一核素,它可能是裂变的初级的(或独立的)产物(independent product),也可能是衰变的间接产物。

重核裂变生成的裂变产物组成很复杂,可包括核电荷数(即质子数)从 $30 \sim 71$ 的 42 种元素,质量数在 66 至 172 的 500 多种核素。裂变产物的某一核素在裂变过程中产生的概率,称为裂变产额。通常以每 100 个重核裂变所产生的某种裂变产物原子核数来表示。因为重核裂变基本上都为二分裂,所以所有裂变产物的裂变产额之和为 200%。裂变产额通常分为独立产额(independent yield)、累积产额(build-up yield)和链产额(chain yield)三类。独立产额是指核裂变时直接生成某一裂变产物的概率。累积产额是指某一核素的独立产额加上由于其他裂变产物衰变生成的该核素的产额。链产额是指某一衰变链上所有链成员独立产额之和。

各种裂变产物的产额和半衰期相差悬殊。产额高者可达 6% 以上,低者仅有 $10^{-7}$%,甚至更低。半衰期短的仅零点几秒,甚至更短,长者可达几百万年,甚至是稳定核素。

随着核工业的发展,有些裂变产物已在工业、农业、国防以及医学生命科学等领域中获得广泛的应用。

裂变产物一旦释放到环境中,会污染环境,特别是大气层中的核爆炸所产生的大量放射性裂变产物,其影响范围广,时间长;其次,核反应堆事故也会造成裂变产物释放到环境中来。这些裂变产物通过大气、土壤和水源进入动植物体内,也直接间接进入人体,给人类健康带来危害,其中尤以 $^{89}$Sr、$^{90}$Sr、$^{131}$I 和 $^{137}$Cs 等长、中长寿命核素危害最大。因此,世界各国对环境和生物样品中裂变产物的监测工作十分重视。

　　裂变元素化学对反应堆的设计和运行,核燃料的循环和再生,放射性废物的处理和贮存,放射性核素的生产和应用以及环境和生物样品中放射性核素的监测等,均有重要的意义。此外,本章还介绍几种重要活化产物(activation product)元素的化学,它们不属于裂片元素,但在环境监测中具有重要地位。

# 9.2　放　射　性　铯

## 9.2.1　概述

　　铯是 55 号元素,位于元素周期表的第 6 周期的第一主族,属碱金属元素。

　　铯共有 31 种同位素和 5 种同质异能素,即 $^{116}Cs \sim {}^{146}Cs$。$^{133}Cs$ 是铯唯一的天然稳定同位素,在地壳中的含量约为 7 ppm。铀核裂变时,最重要的裂变产物铯是 $^{137}Cs$,为 β 放射体,半衰期是 30.17 a,比活度为 $3.2 \times 10^5$ Bq/μg,其 β 射线能量为 0.512 MeV(94%)和 1.176 MeV(6%)。$^{137}Cs$ 的衰变子体是处于激发态的 $^{137m}Ba$,其半衰期为 2.551 min,放出能量为 0.662 MeV的 γ 射线,衰变成稳定的 $^{137}Ba$。所以,$^{137}Cs$ 即可作 β 辐射源,又可作 γ 辐射源。作为辐射源,它可用于育种、食品贮存保鲜、医疗器械灭菌、癌症治疗以及工业设备的 γ 探伤。由于 $^{137}Cs$ 辐射源的半衰期长,能量适宜,且价格便宜,因而应用广泛。此外,$^{137}Cs$ 还可制成 $^{137}Cs - {}^{137m}Ba$ 放射性核素发生器,仅隔 20 min 就可得到近似饱和活度的 $^{137m}Ba$,因而对同一病人短时间内可充分使用,不增加本底,亦不会对周围环境造成污染。$^{137m}Ba$ 还可用于血流动力学的研究。

　　$^{134}Cs$ 是活化产物,通过 $^{133}Cs(n,\gamma)^{134}Cs$ 反应和 $^{134}Ba(n,p)^{134}Cs$ 反应生产,β、γ 放射体,半衰期为 2.062 a。其 β 射线能量为 0.662 MeV(71%)和 0.089 MeV(27%),主要的 γ 射线能量为 0.604 6 MeV 和 0.795 8 MeV。

　　$^{131}Cs$ 也是活化产物,通过 $^{130}Ba(\varepsilon)^{131}Cs$ 反应生产。$^{131}Cs$ 的衰变方式是电子俘获,放出 29.6 keV 的氙特征 X 射线。$^{131}Cs$ 属低毒性核素。CsCl 注射液可用于心脏扫描,诊断心肌梗死等疾病。

　　$^{137}Cs$ 和 $^{134}Cs$ 均属中毒性核素。$^{137}Cs$ 是核污染的一种重要放射性核素,在卫生学上具有重要的意义。$^{137}Cs$ 进入人体后,在体内均匀分布。俗称普鲁士蓝的亚铁氰化铁$Fe_4[Fe(CN)_6]_3$ 可用来促排人体内的放射性铯。

## 9.2.2　铯的化学性质

　　铯具有碱金属的通性。铯的化学性质与钾极为相似,但更加活泼,其电负性在所有元素中是最小的(和钫相等),极容易失去一个价电子,故其化合价只有 +1 价。

　　铯的化学性质非常活泼,和水在 −116 ℃时就能反应,放出氢气,生成氢氧化铯 CsOH。氢氧化铯是一种比氢氧化钠、氢氧化钾更强的碱。铯在常温下就能与空气中的氧剧烈反应而燃烧。

　　铯和氧可形成氧化铯 $Cs_2O$、过氧化铯 $Cs_2O_2$ 和臭氧化铯 $CsO_3$ 等氧化物。

　　铯与 Rb 相同,易形成多卤盐:$CsI_3$、$CsI_4$、$CsBr_5$、$CsI_2Br$、$CsFCl_3$ 等,铯的大多数化合物(如氢氧化物、卤化物、硝酸盐、硫酸盐、碳酸盐和磷酸盐等)都易溶于水。铯也能形成一些难溶性盐类：

（1）铯盐与镍、锌、铜、亚铁和钴等金属的亚铁氰化盐作用，能生成亚铁氰化铯复盐沉淀，如：

$$K_2Ni\left[Fe\left(CN\right)_6\right] + 2CsCl \longrightarrow Cs_2Ni\left[Fe\left(CN\right)_6\right]\downarrow + 2KCl$$

这类沉淀在250～300 ℃时分解成可溶性碳酸铯。

（2）铯盐与亚硝酸钴钠作用，能生成黄色亚硝酸钴钠铯沉淀：

$$Na_3\left[Co\left(CN\right)_6\right] + 2CsCl \longrightarrow Cs_2Ni\left[Fe\left(CN\right)_6\right]\downarrow + 2KCl$$

此沉淀与氧化剂（如高锰酸钾）作用，可分解为易溶于水的硝酸铯。

（3）铯盐与氢碘酸及碘化铋溶液作用，能生成碘铋酸铯沉淀：

$$3HI + 2BiI_3 + 3CsCl \longrightarrow Cs_3Bi_2I_9\downarrow + 3HCl$$

（红色）

此沉淀能溶于浓盐酸和硝酸中。

（4）铯盐与四苯硼酸钠作用能生成四苯硼铯沉淀：

$$CsCl + NaB\left(C_6H_5\right)_4 \longrightarrow CsB\left(C_6H_5\right)_4\downarrow + NaCl$$

（白色）

此沉淀在空气中加热到600 ℃时可分解为可溶性的氧化铯 $Cs_2O$；在硫酸溶液中加热时，能生成可溶性的硫酸铯 $Cs_2SO_4$。

（5）铯盐与磷钨酸盐或磷钼酸盐等杂多酸盐在酸性条件下反应，能生成磷钨酸铯或磷钼酸铯等杂多酸铯盐沉淀：

$$H_3\left[PO_4\left(WO_3\right)_{12}\right] + CsCl \xrightarrow{H^+} Cs_3\left[PO_4\left(WO_3\right)_{12}\right]\downarrow + 3HCl$$

$$H_3\left[PO_4\left(MoO_3\right)_{12}\right] + CsCl \xrightarrow{H^+} Cs_3\left[PO_4\left(MoO_3\right)_{12}\right]\downarrow + 3HCl$$

此类沉淀不溶于酸而溶于碱。

（6）铯盐同氯铂酸反应能生成氯铂酸铯沉淀：

$$2CsCl + H_2PtCl_6 \longrightarrow Cs_2PtCl_6（黄色）\downarrow + 2HCl$$

此外，铯还能同二苦胺反应，生成难溶性的二苦酰胺铯盐。

在上述铯的各种难溶性盐类中，有的可用来进行铯的分离和分析，有的可用来促排人体中的放射性铯。

此外，铯难以生成有机络合物。铯易被无机离子交换剂如磷钼酸铵（AMP）、亚铁氰化钴钾（ZrP）等吸附。这一性质已被用于放射性铯的分离以及从含放射性铯的污水中去除铯。

### 9.2.2 $^{137}$Cs 的分离和测定

测量$^{137}$Cs普遍采用辐射测量法。但由于环境和生物样品中$^{137}$Cs的含量一般都很低，因此在测定时需要采集大量的样品，首先将样品中所含的大量 K、Na、Ca、Mg 等干扰元素，特别是与铯同族的天然放射性核素$^{40}$K 和$^{87}$Rb 分离掉，然后才能进行放射性测量。

铯盐在高温下易挥发，因此最好采用湿法灰化样品，灰化前应加入适量的稳定铯作载体。若用干式灰化法处理生物样品时，温度不宜超过 450 ℃。

**1. 浓集和分离**

铯的浓集分离方法有离子交换、沉淀法和溶剂萃取法等。离子交换法尤以无机离子交换法使用最为广泛。常用的无机离子交换剂有 AMP 和 KCFC 等,也可以将亚铁氢化物吸附在阴离子交换树脂上,制备成亚铁氰化物交换树脂使用。

AMP 是一种杂多酸盐,在酸性介质中选择性地吸附一价金属离子,其吸附次序为 $Cs^+$ > $Rb^+$ > $K^+$ > $Na^+$ > $NH_4^+$,分配系数 $Cs^+$ 为 6 000,$Rb^+$ 和 $K^+$ 分别为 230 和 3.4。

KCFC 对铯也有很高的选择性,在 0.1M HCl 的水溶液中,其分配系数为 $1.8 \times 10^4$,对 $^{40}K$ 和 $^{87}Rb$ 的去污系数为 $10^4$。

沉淀法是基于铯可形成上述的一些难溶性盐类来达到分离的目的,铯的沉淀中以氯铂酸铯沉淀效果最佳。

萃取法可用 4 - 仲丁基 - 2($\alpha$ - 甲苄基)酚作萃取剂来分离 $^{137}Cs$。

**2. 测量方法**

$^{137}Cs$ 的测量有两种方法:$\beta$ 射线测量法和 $\gamma$ 能谱法。

$\beta$ 射线测量法是把经过分离纯化后的 $^{137}Cs$ 样品制源,在 $\beta$ 探测器上测其放射性。这是目前分离测定 $^{137}Cs$ 普遍采用的方法。它具有设备简单,灵敏度高等优点,但要求被测定的样品源具有较高的放射性纯度,即要求不含有其他 $\beta$ 放射性核素(特别是 $^{40}K$ 和 $^{87}Rb$)。

$\gamma$ 能谱法利用 $^{137}Cs$ 的子体 $^{137m}Ba$ 的 $\gamma$ 射线,可在 $\gamma$ 谱仪上直接进行测量。此法简便,但是灵敏度低,所以对于低含量的样品还不能代替放化分离浓集后的 $\beta$ 计数法测量。当样品中同时存在 $^{134}Cs$ 时,则必须用 $\gamma$ 谱仪来测量,才能将两者区分开来。$\gamma$ 谱仪还可以同时测量具有不同能量 $\gamma$ 射线的其他核素。

# 9.3　放 射 性 锶

## 9.3.1　概述

锶是 38 号元素,位于周期表第五周期的第二主族,属碱土金属元素。

锶在自然界中的含量较少,约占地壳质量的 0.042%。锶主要存在于海水中,约 8 mg/L。其矿物有硫酸盐和碳酸盐。锶在某些生物样品中有一些含量,如表 9 - 1 所示。

表 9 - 1　一些生物样品中锶的质量分数

| 生物样品种类 | 人骨 | 动物 | 牛奶 | 干草 | 蔬菜 |
|---|---|---|---|---|---|
| 锶的质量分数/(mg·$g^{-1}$) | 0.14 ~ 1.25 | 0.26 | 0.04 | 0.27 ~ 0.46 | 0.10 |

锶共有 23 种同位素和 3 种同质异能素。质量数为 84,86,87 和 88 的四种锶同位素是稳定核素,其余均为放射性核素,其中 $^{89}Sr$ 和 $^{90}Sr$ 是两个重要的裂变产物。

$^{90}Sr$ 是纯 $\beta$ 放射体,反应半衰期为 28.8 a,能量为 0.546 MeV,比活度为 5.09 MBq/$\mu$g。$^{90}Sr$ 的子体 $^{90}Y$ 也是 $\beta$ 放射体,半衰期为 64.0 h,$\beta$ 射线能量为 2.279 MeV,测定 $^{90}Sr$ 时,常常利用测定半衰期短且 $\beta$ 射线能量大的子体 $^{90}Y$ 的放射性活度来计算 $^{90}Sr$ 的含量。这样,可排除 $^{89}Sr$ 对 $^{90}Sr$ 的干扰,比测定 $^{90}Sr$ 放射性的方法更为灵敏和准确。$^{90}Sr$ 可制成特殊能源,用作卫星、沿海浮标及灯塔的一种动力,可直接供热,也可转为电能,功率在几十至上千瓦不等,

其燃料形式为 $SrTiO_3$，该装置经久耐用，无须维修。$^{90}Sr - ^{90}Y$ 在医学上可用作放射性敷贴剂治疗皮肤病等。$^{90}Sr$ 作为辐射源在军事、科学研究、放射性仪表上均有重要用途。

$^{89}Sr$ 也是 β 放射体，可通过 $^{88}Sr(n, \gamma)^{89}Sr$、$^{88}Sr(d, p)^{89}Sr$ 等反应生产，半衰期为 50.5 d，能量为 1.488 MeV，可作 β 放射源。

$^{85}Sr$ 为活化产物，衰变方式为电子俘获，可通过 $^{85}Rb(p, n)^{85}Sr$、$^{85}Rb(d, 2n)^{85}Sr$、$^{84}Sr(n, \gamma)^{85}Sr$ 等反应生产，可作纯 γ 辐射源和示踪剂。在 $^{90}Sr$ 分析测定中，常用 $^{85}Sr$ 作为锶的产额指示剂。

$^{90}Sr$ 和 $^{89}Sr$ 分别属于高毒和中毒性核素，在裂变反应中产额均较高，是典型的亲骨性核素，从放射性卫生学来说具有重要意义。服用大量钙盐可减少放射性锶在骨内的沉积。

植物通过根对 $^{90}Sr$ 的吸收是很少的，$^{90}Sr$ 主要沉降在叶片上，故绝大部分 $^{90}Sr$ 是通过食用叶类蔬菜而进入动物或人体内的。

由于 $^{89}Sr$ 的半衰期相对于 $^{90}Sr$ 要短得多，当环境未受新鲜裂变产物污染时，通常 $^{89}Sr$ 的含量很少，因此观察 $^{89}Sr/^{90}Sr$ 放射性比值的变换，有助于查找环境放射性污染的来源。

### 9.3.2 锶的化学性质

锶与铍、镁、钙、钡、镭同属碱土金属。锶的性质与钙很相似，但更活泼。其化合价只有 +2 价，它的化合物除个别情况外都是离子化合物。

#### 1. 锶的氧化物和氢氧化物

锶的硝酸盐、碳酸盐或氢氧化物在高温下均可转化为 SrO，SrO 与水化合时生成 $Sr(OH)_2$，其饱和溶液可得 $Sr(OH) \cdot 8H_2O$ 晶体。$Sr(OH)_2$ 的碱性比 $Ca(OH)_2$ 强，其溶解度比 $Ca(OH)_2$ 大得多，并随稳定变化而变化，在 0 ℃时，在 100 g 水中的溶解度仅为 0.35 g，而 100 ℃时增至 24 g，这一点与 $Ca(OH)_2$ 不同。

#### 2. 锶的盐类

锶有易溶性和可溶性两种盐类。碳酸锶在水中的溶解度很小，其组成固定，可作为锶分析的基准物。碳酸锶溶液通入 $CO_2$ 可使其溶解度增加，这一点与 $CaCO_3$ 相似。氯化锶与 $CaCl_2$ 相似，易溶于水。将碳酸锶溶于盐酸中并浓缩，在 60 ℃以下得 $SrCl_2 \cdot 8H_2O$ 晶体，在 60 ℃以上得 $SrCl_2 \cdot 2H_2O$ 晶体，加热至 100 ℃时得污水 $SrCl_2$。硝酸锶与其他金属的硝酸盐一样均易溶于水，但在浓硝酸中，与钙和钡的硝酸盐溶解度却大不相同，如表 9-2 所示。据此可进行锶、钡与钙以及其他金属元素的分离。硫酸锶的溶解度及化学性质介于 $CaSO_4$ 与 $BaSO_4$ 之间，均为难溶性盐类。在 HAc 介质中，锶在铬酸盐溶液中可形成铬酸锶沉淀，但此时形成铬酸钡的溶解度更低，利用此性质可进行锶钡的分离。

表 9-2 锶、钙和钡的硝酸盐在浓 $HNO_3$ 中的溶解度

| 硝酸盐 | 硝酸浓度/(mol·L$^{-1}$) | | |
|---|---|---|---|
| | 15 | 17 | 19 |
| 硝酸钙 | 7.38 | | |
| 硝酸锶 | $9.66 \times 10^{-2}$ | $1.45 \times 10^{-3}$ | $4.35 \times 10^{-4}$ |
| 硝酸钡 | $2.29 \times 10^{-3}$ | $1.91 \times 10^{-4}$ | $7.62 \times 10^{-5}$ |

### 3. 锶的络合物

锶的络合能力比钙差,但能与某些有机试剂如 EDTA、柠檬酸、酒石酸等生成络合物,此性质可用于放射性锶的分离测定。

## 9.3.3　$^{90}$Sr 和 $^{89}$Sr 的分离和测定

放射性锶(主要指 $^{89}$Sr、$^{90}$Sr)是核裂变的重要产物。尤其是 $^{90}$Sr,因其产额高、半衰期较长以及化学性质与生物学上的重要元素钙很相似,因此对它的测量具有特别重要的意义。

环境和生物样品中 $^{89}$Sr 和 $^{90}$Sr 的含量一般都很低,因此在分析测定前需要对它们进行浓集和分离。由于它们的化学性质相同,其分离纯化步骤完全相同。放射性锶与放射性钙( $^{45}$Ca)和钡( $^{144}$Ba)的分离是整个过程的关键。对于 $^{90}$Sr 的分析来说,基本上都是通过测定与其处于放射性平衡的子体 $^{90}$Y 来换算的,所以还有一个分离出 $^{90}$Y 的问题。目前 $^{90}$Sr 的测定也有许多成熟的方法,其中常用的有硝酸盐共沉淀法、阳离子交换法、HDEHP 萃取色谱法等。

### 1. 浓集分离

#### (1)硝酸盐共沉淀法

此法通常也称发烟硝酸(沉淀)法,是一种经典的方法。它是利用锶和钙的硝酸盐在浓 $HNO_3$ 中溶解度的不同来实现锶和钙的分离,再利用锶与钡的铬酸盐在 HAc 溶液中溶解度的不同除去钡。残留在锶中的稀土元素和锆等裂片放射性核素,可用 $Fe(OH)_3$ 来进行除去,再以碳酸盐形式沉淀锶并进行总放射性锶( $^{89}$Sr + $^{90}$Sr)的 β 计数的测定。将沉淀放置 14 d 后分离出 $^{90}$Y 并测定其活性,推算出样品中 $^{90}$Sr 的含量。锶与钇的分离是根据两者氢氧化物的溶解度的不同进行的,最后钇以 $Y_2(C_2O_4)_3 \cdot 9H_2O$ 形式制源。将总锶的放射性减去 $^{90}$Sr 的放射性即为 $^{89}$Sr 的放射性。此法测定值的准确性和精密度高,常被用作为标准方法,但是操作烦琐,而且发烟 $HNO_3$ 腐蚀性强,不适于大量样品的分析。

#### (2)阳离子交换法

此法是利用钙和锶与 EDTA、$H_3Cit$ 形成的络合物与离子交换树脂的亲和力的不同而实现锶与钙的分离。调节溶液 pH = 4.0~5.0,通过阳离子交换柱,大部分钙能通过,而锶和部分钙为树脂所吸附,再用不同浓度和 pH 的 EDTA – $NH_4Ac$ 溶液先后淋洗钙和锶。向含锶的流出液中加入铜盐,将锶从络合物中置换出来,以碳酸盐形式沉淀锶,并进行总放射性锶的 β 计数测定。然后再进行 $^{90}$Sr 测量,方法与上相同。此法适合于含钙高的样品,尤其适于同时处理大批量大体积水样,而对小批量样品分析时则显得操作烦琐。

#### (3)HDEHP 萃取色谱法

此法是选择性地分离出 $^{90}$Y 来进行 $^{90}$Sr 的测量,它又有快速法和放置法两种方法。

#### ①快速法

将样品溶液调节 pH 为 1.0,通过 HDEHP – Kel – F 色谱柱,钇被吸附,使之与锶和铯等离子分离,再以 1.5 mol/L $HNO_3$ 溶液洗涤色谱柱,以清除被吸附的铈、钷等轻稀土离子,最后以 6 mol/L $HNO_3$ 淋洗钇,实现 $^{90}$Y 的快速分离,然后测定 $^{90}$Y。

②放置法

将 pH 为 1.0 的样品溶液通过色谱柱,其流出液放置 14 d 后,再在新的色谱柱上吸附、淋洗、分离和测定$^{90}$Y。

如样品中存在$^{91}$Y、$^{144}$Ce 和$^{147}$Pm 等稀土核素时,会干扰快速法的测定。此时宜采用放置法。

**2. 测定方法**

测定$^{90}$Sr 一般采用辐射探测法,分直接测量法和间接测量法两种。由于$^{90}$Sr 的 β 射线能量较弱,经常有$^{89}$Sr 强 β 射线的干扰,所以,一般采用间接测定法。该法通过测定与$^{90}$Sr 达到放射性平衡的子体$^{90}$Y 的 β 射线来推算出样品中$^{90}$Sr 的含量。此法可排除$^{89}$Sr 的干扰。

# 9.4   放 射 性 铈

## 9.4.1   概述

铈是 58 号元素,属于元素周期表第六周期的第三副族,是 15 个镧系元素(从 57 号元素镧到 71 号元素镥)中的一个。镧系元素与第三副族第四、五周期的钪(21 号)和钇(39 号)统称为稀土元素(rare earths element),简称稀土(RE)。

重核裂变反应产生许多 RE 裂片放射性核素,如$^{90}$Y、$^{91}$Y、$^{140}$La、$^{141}$Ce、$^{144}$Ce、$^{147}$Pm、$^{151}$Sm 和$^{155}$Eu 等,它们在核武器爆炸时产额较高,尤其是$^{144}$Ce 和$^{147}$Pm,在核爆炸后的三年内,占沉降物总放射性的比例较大,是两个重要放射性核素。

稀土是化学性质相当强的金属,都能形成盐型化合物及难溶的碱性氧化物 $RE_2O_3$,通常它们的原子价都是正三价。稀土氢氧化物及其盐灼烧可形成氧化物 $RE_2O_3$,它们均难溶于水。稀土可溶性盐溶液中滴加 NaOH 或 $NH_3 \cdot H_2O$ 会形成 $RE(OH)_3$ 胶体沉淀,从而可与钙、镁和钌等分离。草酸稀土盐 $RE_2(C_2O_4)_3 \cdot H_2O$ 在水或低酸度溶液中溶解度很小,但其溶液中加入 10% 的 NaOH 会转变成 $RE(OH)_3$ 沉淀。氟化稀土 $REF_3$ 是稀土化合物中溶解度最小的一种。

稀土与许多有机试剂如 EDTA、DTPA、$H_3$Cit、$H_2$Tart 和 α - 羟基异丁酸等能形成中等稳定的络合物,其稳定性随原子序数的增加而增加。同一元素各络合物的稳定性取决于溶液的 pH 值和络合物的性质。

## 9.4.2   铈的化学性质

铈共有 24 种同位素和 3 种同质异能素,质量数为 136,138,140 和 142 的 4 种同位素是铈的稳定核素,其余均为放射性核素,其中$^{144}$Ce 最重要,$^{141}$Ce 次之。

$^{144}$Ce 是 β、γ 放射体,半衰期为 284 d,比活度为 $1.18 \times 10^8$ Bq/μg,β 能量为 0.316 和 0.160 MeV,γ 能量为 0.134 和 0.080 MeV。$^{141}$Ce 也是 β、γ 放射体,半衰期为 32.5 d,β 能量为 0.444 和 0.582 MeV,γ 能量为 0.145 MeV。它是一种核爆信号核素。

$^{144}$Ce 属高毒核素,$^{141}$Ce 为低毒核素。与$^{89}$Sr 和$^{90}$Sr 类似,观察环境样品中$^{141}$Ce 与$^{144}$Ce

放射性比值的变化,有助于判断放射性污染源是否与新鲜核裂变有关。

铈具有一般稀土元素的通性,但又有其特殊的性质,即可以形成四价稳定化合物,这与其他稀土化合物都不同。因此,铈的化合物以四价最为重要。一般情况下,Ce(Ⅳ)的稳定性不如 Ce(Ⅲ),Ce(Ⅳ)本身是一种强氧化剂,只需较弱的还原剂如盐酸羟胺、抗坏血酸等就能还原成 Ce(Ⅲ);而 Ce(Ⅲ)转变成 Ce(Ⅳ),则需要跟强氧化剂如 $KMnO_4$ 或 $NaBrO_3$ 作用。利用铈的这一氧化还原反应特性可将铈和其他稀土元素迅速分离开。在碱性溶液中,氧化 $Ce(OH)_3$ 或加碱于 $Ce^{4+}$ 溶液中,都可得到 $Ce(OH)_4$ 沉淀。在稀土碘酸盐中唯有四价的铈盐 $Ce(IO_3)_4$ 是难溶性的,而一般稀土元素的三价盐均易溶于水,此性质可用于铈与其他稀土的分离。

$Ce^{4+}$ 比 $Ce^{3+}$ 更容易形成络合物,它甚至可形成络阴离子如 $[Ce(NO_3)_6]^{2-}$。有些四价铈的无机络合盐比单盐更稳定,且难溶于水。利用此性质可将四价铈从稀土中单独沉淀出来。例如,$(NH_4)_2[Ce(NO_3)_6]$ 就比 $Ce(NO_3)_4$ 更稳定,可作分析铈时称量的基准物。

### 9.4.3　$^{144}Ce$ 的分离和测定

#### 1. $^{144}Ce$ 的浓集分离

微量放射性铈的浓集分离方法主要是沉淀法、离子交换法、溶剂萃取法和萃取色谱法。其中用得较多的是共沉淀法和萃取色谱法。

(1)共沉淀法

现将环境和生物样品经预处理后制成溶液,铈还原为 $Ce^{3+}$,用 $H_2C_2O_4$ 沉淀 Ce 和其他 RE 而与 $^{95}Zr$ – $^{95}Nb$、$^{103,106}Ru$ 和 $^{137}Cs$ 等裂变产物初步分离。然后将 $Ce^{3+}$ 氧化为 $Ce^{4+}$,用 $Ce(IO_3)_4$ 沉淀使之与其他稀土分离。再将 $Ce^{4+}$ 还原成 $Ce^{3+}$,以 $Zr(IO_3)_4$ 清扫 $^{95}Zr$、Th 及其他元素,最后将 Ce 以 $Ce_2(C_2O_4)_3$ 进行沉淀制源、称量和放射性测量。

(2)萃取色谱法

将样品制成溶液,与共沉淀法相同,进行草酸盐沉淀。然后将 Ce 氧化成 $Ce^{4+}$ 的溶液通过 HDEHP – Kel – F 色谱柱而被吸附,再用 HCl – 抗坏血酸溶液淋洗,$Ce^{4+}$ 被还原为 $Ce^{3+}$ 被解吸下来,铈以 $Ce_2(C_2O_4)_3$ 形式沉淀、测量。

#### 2. $^{144}Ce$ 的测量

$^{144}Ce$ 的子体 $^{144}Pr$ 也是 β 放射性核素,半衰期仅 17.3 min,因此从样品中分离出 $^{144}Ce$ 后一般放置 2 h,使它们达到放射性平衡,然后测定总活度再计算出 $^{144}Ce$ 的活度。或者利用 $^{144}Ce(0.315\ 6\ MeV)$ 和 $^{144}Pr(2.996\ MeV)$ 的 β 能量差异大,借助于 Al 吸收片法只测定出 $^{144}Pr$ 来确定 $^{144}Ce$ 的活度。当样品中同时含有 $^{141}Ce$ 和 $^{144}Ce$ 时,可以根据它们的 β 能量和半衰期的不同,用 Al 片吸收法或衰减法分别测量和计算它们的 β 活度;理想的方法是用 γ 谱仪直接对它们进行测量。

# 9.5 放 射 性 钌

## 9.5.1 概述

钌是 44 号元素,位于元素周期表第五周期的第八族,与铑、钯、锇、铱和铂同属铂族元素。早在 1884 年就发现了钌,但因当时钌没有什么实际用途,所以对它的研究甚少。在核燃料后处理工艺中,由于钌的化学行为复杂,价态多变,因此它成为最难除去的裂变产物之一。随着核燃料后处理工业的发展,钌化学的研究才引起了人们的极大兴趣。

钌与其他铂族均属稀有元素,在自然界中它们几乎永远一起存在,除少数原矿外,常常还掺杂在某些铁、铜和铅矿中。

钌有 21 种同位素,即$^{92}$Ru ~ $^{112}$Ru,其中$^{106}$Ru 和$^{103}$Ru 是最重要的放射性同位素。$^{106}$Ru 是 β 放射体,半衰期为 367 d,能量为 0.039 2 MeV。$^{103}$Ru 也是 β 放射体,半衰期为 39.4 d,β 能量为 0.225 和 0.117 MeV,还有 0.497 MeV、0.610 和 0.557 MeV 的 γ 射线。

$^{106}$Ru、$^{103}$Ru 分属高毒和中毒核素。$^{106}$Ru 是重要的核裂变产物之一,在核爆炸后1 ~ 3 a,$^{106}$Ru在沉降物中仍占有较大的放射性份额。放射性钌在土壤中易迁移,在海水中能被某些藻类浓集,造成环境和生物体的污染。

## 9.5.2 钌的化学性质

钌的化学状态和化学行为十分复杂,它可以形成从 0 到 +8 价共 9 种价态的多种化合物。在元素周期表中只有锇才有这样多的价态。$Ru^{3+}$ 和 $Ru^{4+}$ 最稳定。在羰基化合物$Ru(CO)_5$ 和 $Ru(CO)_9$中钌以零价存在。

钌常见的氧化物有 $RuO_2$ 和 $RuO_4$ 两种。$RuO_2$ 是粉末状的,可由其氯化物在氧气中灼烧生成。在放化分析中,通常是在碱性溶液中用乙醇将高价钌还原成黑色的 $RuO_2 \cdot xH_2O$ 沉淀,它难溶于水和碱类,在 $HNO_3$、$H_2SO_4$ 中也很少溶解,但溶于 HCl 中,在 500 ℃灼烧失水可得无水 $RuO_2$。$RuO_2$ 可溶于各种酸或混合酸中。低价钌在酸性溶液中被强氧化剂如$KMnO_4$、NaClO 氧化可得 $RuO_4$:

$$3K_2RuO_4 + 2KMnO_4 + 4H_2SO_4 \longrightarrow 3RuO_4 + 4K_2SO_4 + 2MnO_2 \cdot H_2O + 2H_2O$$

$RuO_4$易于挥发,45 ℃时就开始会发成金黄色蒸汽,110 ℃时接近完全挥发。它易溶于$CCl_4$ 和 $CHCl_3$ 中。$RuO_4$ 是极毒性的气体,与还原性有机物接触能爆炸。

钌可生成多种含氧酸盐。钌酸钾 $K_2RuO_4$ 是橙红色的,高钌酸钾 $KRuO_4$ 是绿色的,它们都是钌具有代表性的化合物,可用于钌的分光光度法测定。高钌酸盐遇碱即成钌酸盐,而钌酸盐在稀酸中则生成高钌酸盐,二者的关系与 $KMnO_4$ 和 $K_2MnO_4$ 之间的关系很相似。

Ru 与 $NO^+$、$NO_2^-$、$NO_3^-$、$OH^-$、$H_2O$、CO、$SCN^-$ 和 $CN^-$ 等配位体可形成多种无机络合物,如在乏燃料后处理工艺中,生成一系列的亚硝基酰钌(RuNO)的络合物,它们非常稳定,一旦形成很难破坏,给乏燃料后处理造成困难,从而引起人们的密切关注。

### 9.5.3 $^{106}$Ru 的分离和测定

#### 1. $^{106}$Ru 的浓集分离

浓集分离环境样品中的钌,常用的方法有共沉淀法、蒸馏法和溶剂萃取法。通常是将水样或经过预处理的其他样品溶液用 CoS 沉淀法浓集,或在碱性溶液中,用乙醇将高价钌还原生成水和二氧化钌沉淀浓集,然后用蒸馏法或萃取法分离纯化钌。生物样品灰化后用碱溶法预处理,再用 NaClO 将钌氧化到高价态,在 pH = 4 ~ 5 下用 CCl$_4$ 萃取,然后用 HCl – NaHSO$_3$ 还原反萃取,最后以镁粉还原成金属钌,制源测量。

#### 2. 测定方法

$^{106}$Ru 的测量方法有 β 放射性测量法和 γ 放射性测量法。由于 $^{106}$Ru 放出的 β 粒子能量很低,直接测量困难,通常是通过测量它的子体 $^{106}$Rh 放出的 β 射线(3.53 MeV)或 γ 射线(0.511 8 MeV)来计算 $^{106}$Ru 的含量。

# 9.6 放 射 性 碘

## 9.6.1 概述

碘是 53 号元素,位于元素周期表第五周期的第七主族。

海水中有微量碘,约 $5 \times 10^{-6}\%$,有些海藻能吸收碘,其灰分中约含 1%。在人体甲状腺中碘含量为 5 ~ 8 mg。碘的主要来源是智利硝石,其中含 0.2% 碘酸钠和碘酸钙。

碘有 27 种同位素,即 $^{115}$I ~ $^{141}$I,其中 $^{127}$I 是唯一的稳定同位素。在放射性同位素中,$^{131}$I、$^{129}$I、$^{125}$I 和 $^{123}$I 比较重要,前三者为裂片核素。

$^{131}$I 是 β、γ 放射体,半衰期为 8.04 d,比活度为 $4.6 \times 10^9$ Bq/μg,β 能量为 0.606 MeV(86%)和 0.336 MeV(13%),主要 γ 能量为 0.364 5 MeV。$^{131}$I 在裂变反应中有相当大的产额,可作为检查反应堆燃料元件包壳破损的监测指标,也可作为反应堆事故或核爆炸后环境监测的信号核素。$^{131}$I 也可在反应堆中以慢中子轰击 $^{130}$Te 或在回旋加速器中以氚核轰击 $^{130}$Te 来制得。在医学领域中,$^{131}$I 由于可由反应堆大量生产,价格便宜,所以目前还是制备诊断用放射性药物的重要核素之一。另外,它在甲状腺疾病治疗方面的功能是其他核素难以取代的。

$^{129}$I 是低能 β 放射体,其能量为 0.150 MeV,半衰期为 $1.6 \times 10^7$ a。地球上存在少量天然的 $^{129}$I 主要为宇宙射线造成的。$^{129}$I 也是裂变产物,但产额比 $^{131}$I 小得多。

$^{125}$I 的衰变方式为电子俘获,放出能量为 27.47 keV 的 X 射线和 35.48 keV 的低能 γ 射线,半衰期为 60.2 d。$^{125}$I 是核裂变产物 $^{125}$Xe 的衰变子体,也可在回旋加速器中通过核反应 $^{123}$Sb$(\alpha, 2n)^{125}$I 来制得。$^{125}$I 在医学上用于诊断,所受辐射剂量较 $^{131}$I 小得多。$^{125}$I 的标记化合物在医学等科研工作中,有着广泛的应用。如 $^{125}$I – AFP(血清甲胎蛋白)诊断原发性肝癌,$^{125}$I – 皮质醇放射免疫试剂盒,用于计划生育研究等。

$^{123}$I 也是电子俘获衰变核素,发射出 27.47 keV 的 X 射线和 159 keV(82.9%)的 γ 射线,比活度为 $7.10 \times 10^{10}$ Bq/μg,半衰期为 13.0 h。由于 $^{123}$I 具有良好的核性质,并可合成多种有用的高比活度的放射性药物,近年来在医学应用上得到迅速发展,有逐渐取代 $^{131}$I 作为

显像剂的趋势。但其生产需要有高能回旋加速器,且产额低、价格高,目前尚难以推广使用。

$^{131}$I 属高毒性核素,它主要通过空气 - 蔬菜或空气 - 牧草 - 牛奶等途径进入人体并积累于甲状腺内。碘也容易为海藻所浓集。大气核试验会造成短期全球性$^{131}$I 污染,反应堆事故可能造成明显的局部污染,应给予特别重视。$^{129}$I 属低毒性核素,其裂变产额虽比$^{131}$I 小得多,但由于半衰期很长,随着核工业的发展,特别是核爆炸的影响,环境中$^{129}$I 的量已比 1945 年以前增加了 4 到 5 个量级,其危害已引起人们的重视。将来释放到环境介质中的$^{129}$I 基本上都来自乏燃料后处理厂。$^{125}$I 属中毒核素,由于其生产和使用量的不断增加,半衰期又较长,有可能成为地区性环境污染的核素。

### 9.6.2 碘的化学性质

#### 1.碘的性质

碘是紫黑色的片状晶体,微热即升华,在水中的溶解度极低。但当水中存在 KI 时,碘的溶解度会大大增加,其溶液呈棕色。碘易溶于 $CCl_4$、$CHCl_3$、$CS_2$、苯和酒精等有机溶剂中,也易定量吸附在活性炭、硅胶等吸附剂上。医药中常用的碘酒是碘在酒精中的溶液。

碘具有典型的非金属性,其化学性质较活泼,但比氟、氯、溴的活泼性要差。在自然界中,碘只能以化合物的形式存在。其化合价有 $-1$,$+1$,$+3$,$+5$ 和 $+7$ 价。

碘是卤族元素中最弱的氧化剂,与还原剂如 $NaHSO_3$、$NH_2OH \cdot HCl$ 等作用或在碱性条件下与 $H_2O_2$ 作用,可被还原为 $I^-$ 离子。

$$I_2 + HSO_3^- + H_2O \longrightarrow 2I^- + SO_4^{2-} + 3H^+$$

$$2I_2 + 2NH_2OH \cdot HCl \longrightarrow 4HI + N_2O \uparrow + 2HCl + H_2O$$

$$I_2 + H_2O_2 + 2OH^- \longrightarrow 2I^- + 2H_2O + O_2 \uparrow$$

碘在强氧化剂如浓 $HNO_3$、氯水等作用下可被氧化为碘酸。

$$I_2 + 10HNO_3(浓) \longrightarrow 2HIO_3 + 10NO_2 \uparrow + 4H_2O$$

$$I_2 + 5Cl_2 + 6H_2O \longrightarrow 2HIO_3 + 10HCl$$

碘在碱性溶液中(pH > 9)会发生歧化反应:

$$3I_2 + 6OH^- \longrightarrow IO_3^- + 5I^- + 3H_2O$$

$$2I^- + 4O_2 + 4H^+ \longrightarrow 2I_2 + 2H_2O$$

$$2I^- + 2NO_2^- + 4H^+ \longrightarrow I_2 + 2H_2O + 2NO \uparrow$$

在酸性溶液中,$I^-$ 与 $IO_3^-$ 会发生反应生成 $I_2$:

$$5I^- + IO_3^- + 6H^+ \longrightarrow 3I_2 + H_2O$$

$$5I^- + IO_3^- + 6H^+ \longrightarrow 3I_2 + H_2O$$

#### 2.化合物

(1)碘化氢

HI 是共价化合物,溶于水成氢碘酸,其相应的盐如 NaI、KI 等是可溶性的,而 AgI、HgI、$PdI_2$ 等是难溶性的。AgI 不仅难溶于水,而且难溶于稀酸和氨水,这一性质可用于放射性碘的分析测定。

(2)氧化物

碘有三种氧化物:$I_2O_4$、$I_4O_9$ 和 $I_2O_5$,只有 $I_2O_5$ 是真正的氧化物,它是碘酸 $HIO_3$ 的酸酐;

而前两者只是碘的碘酸盐,可分别写成 $IO(IO_3)$ 和 $I(IO_3)_3$,碘在此表现为很弱的金属性质。

（3）含氧酸

碘的含氧酸有次碘酸 $HIO$、碘酸 $HIO_3$、偏高碘酸 $HIO_4$ 和高碘酸 $H_5IO_6$。它们所生成的相应的盐类以碘酸盐最为重要,可溶性碘酸盐有 $NaIO_3$、$KIO_3$ 等,在还原剂作用下,可被还原为单质碘:

$$2NaIO_3 + 5NaHSO_3 \longrightarrow 3NaHSO_4 + 2Na_2SO_4 + H_2O + I_2$$

难溶性碘酸盐有 $AgIO_3$、$Ce(IO_3)_4$ 等,其中 $AgIO_3$ 不溶于水和稀酸,但易溶于氢氧化铵溶液,形成银氨络离子:

$$AgIO_3 + 2NH_4OH \longrightarrow Ag(NH_4)_2^+ + IO_3^- + 2H_2O$$

（4）卤族化合物

碘可与其他卤族元素形成互化物,如 $IF$、$IF_3$、$IF_5$、$IF_7$、$ICl$、$ICl_3$ 和 $IBr$ 等。它们的化学性质很活泼,可作氧化剂（如 $ICl$）用于制备碘的标记化合物。

（5）多卤化物

碘可与碘离子化合:$I_2 + I^- \longrightarrow I_3^-$、$2I_2 + I^- \longrightarrow I_5^-$ 等,若碘量大时,负离子中的碘原子数可多至 9 个,此化合物为一种多卤化物。

（6）放射性标记化合物

利用各种合成方法很容易将放射性碘标记到各类化合物特别是生化物质的分子上,而标记上去的放射性碘对这些化合物的性质几乎没有影响,可用作放射性药物如 $^{131}I$ - 碘化钠、$^{131}I$ - 玫瑰红、$^{131}I$ - 邻碘马尿酸和 $^{125}I$ - AFP 等扫描剂的制备。

### 9.6.3　$^{131}I$、$^{129}I$ 的分离和测定

#### 1. 浓集分离

一般样品中,放射性碘的浓度低,且有其他核素干扰,需经放化分离后方可测量。样品预处理时必须防止碘的挥发损失。放射性碘常用的浓集和分离方法有共沉淀法、溶剂萃取法和离子交换法等。目前国内已建立了一些标准方法。

植物样品一般先用 0.5 mol/L NaOH 溶液浸泡,然后以 $H_2O_2$ 做助灰化剂,在 450 ℃时灰化,$CCl_4$ 萃取,$AgI$ 沉淀制源测量。水样和牛奶样品可先用强碱性阴离子交换树脂浓集,再经 $CCl_4$ 萃取纯化,制成 $AgI$ 沉淀源测量。水样中的放射性碘可能以几种不同的价态存在,需引入氧化还原步骤,使所有碘成为阴离子后再进行阴离子交换吸附分离。

#### 2. 测定方法

（1）$^{131}I$

由于 $^{131}I$ 放出较强的 β、γ 射线,因此环境中高浓度的 $^{131}I$（如核事故释放的）可直接用 γ 谱仪测定。一般低浓度样品需经放化分离,然后进行 β 测量。前者较简单,后者灵敏度较高。另外,$^{131}I$ 还可用 β - γ 复合计数法或液体闪烁法进行测量。

（2）$^{129}I$

通常样品中的 $^{129}I$ 含量极低,用液体闪烁谱仪测量,也可用中子活化法分析。后者是用 $^{129}I(n,\gamma)^{130}I$ 核反应,通过测定 $^{130}I$ 的 γ 放射性来计算 $^{129}I$ 的含量,其灵敏度一般可达 $10^{-10} \sim 10^{-12}$ g;也可采用质谱法测量生成的 $^{130}I$,其灵敏度大约为 $10^{-15}$ g。$^{129}I$ 活化分析法已成为成熟的方法,但其缺点是需要反应堆,费用高,所以广泛用于环境监测还不实际。

# 9.7 放射性氪和氙

## 9.7.1 概述

氪(Kr)是 36 号元素,氙(Xe)是 54 号元素,它们均属零族元素,又称为稀有气体。Kr、Xe 在空气中的体积分数分别为 $1.14 \times 10^{-6}$ 和 $0.086 \times 10^{-6}$。

重要的放射性 Kr、Xe 气体有多种,其中最重要的放射性核素是 $^{85}$Kr 和 $^{133}$Xe。$^{85}$Kr 是 β、γ 放射体,半衰期为 10.7a,β 能量为 0.672 MeV,γ 能量为 0.517 MeV。$^{133}$Xe 也是 β、γ 放射体,半衰期为 5.25d,β、γ 的能量分别为 0.346 MeV 和 0.081 MeV。它们都是理想的气体示踪剂,可用于测定人体脑组织的血流量,研究肺功能等。$^{85}$Kr 还可作为 β 辐射源和自发光源。

$^{85}$Kr 和 $^{133}$Xe 均属低毒核素。$^{85}$Kr 是核工业和核爆炸中生成量最大的气体放射性核素,虽然它不参与生物的代谢过程,放射性危害不大,但半衰期较长,会对环境产生影响而受到关注。大气中的 $^{85}$Kr 浓度不随季节和气候变化,是一种全球性的气体污染源。

## 9.7.2 氪和氙的化学性质

氪和氙在常温下均为气体,沸点分别为 –153.4 ℃ 和 –108.1 ℃。它们和其他稀有气体均易被活性炭和分子筛等吸附,但其最佳吸附温度和吸附能力各不相同。Kr 和 Xe 易溶于甲苯,二甲苯和煤油等有机溶剂中。在液态 $CO_2$ 中,Kr 有较高的溶解度,可达 1 mL/mL。

稀有气体化学性质极不活泼,曾被人们称作惰性气体。1962 年加拿大化学家 N. 巴特列特(Bartlett)制得了第一个稀有气体化合物氟铂酸氙 $Xe[PtF_6]$,它是一种橙黄色晶体,此后稀有气体化学得到了很大发展。但稀有气体中只有 Kr、Xe 和 Rn 三个原子量大的元素能形成化合物,且只与电负性很强的元素(如 $F_2$ 和 $O_2$)结合,其中 Kr 的活泼性最小。Xe 和 $F_2$ 能直接化合形成 $XeF_2$、$XeF_4$ 和 $XeF_6$,可通过改变反应物的比例来控制产物。Kr 与 $F_2$ 混合在辐射和放电条件下能形成 $KrF_2$。Xe 的氧化物有 $XeO_2$ 和 $XeO_4$。Xe 还可形成重要的氙酸盐如 $Na_2XeO_4$ 和高氙酸盐如 $M_2XeO_6$,其中 Xe 分别为 +6 价和 +8 价,它们属于已知最强的氧化剂。

氪和氙还能形成笼形物。笼形物是在一种物质分子的结晶构造(结晶笼)中包含另一种物质分子而形成的化合物的统称。氪、氙等放射性核素在适当条件下,能与 β – 醌醇 $[C_6H_4(OH)_2]$ 形成此类物质。β – 醌醇分子结晶构造中的空腔容纳氪、氙气体的分子,并将其关闭在空腔内,其间并无化学键形成,但此物很稳定,即使磨成粉末,放射性也无明显的散逸。但由于该物质的水溶性大,易氧化,特别是热稳定性差,因此限制了它的应用。

## 9.7.3 $^{85}$Kr 的分离和测定

### 1.取样分离方法

大气中 $^{85}$Kr 的浓度通常很低,或是与其他的放射性气体混合存在,直接测量是很困难的,这就需要先进行浓集并分离,其主要方法如下。

(1)活性炭吸附法

将含 $^{85}$Kr、$^{133}$Xe 的气体流经装有活性炭层并处于低温下的取样管,即被全部吸附。然后用氦气作载体,进行色谱分离,可获得纯净的$^{85}$Kr 和$^{133}$Xe。

（2）液体 $CO_2$吸附法

当燃料元件中含有大量石墨时,元件后处理尾气中主要成分是 $CO_2$,而活性炭对 $CO_2$也有很强的吸附能力,故难以定量吸附$^{85}$Kr,需将这种尾气冷却和加压,使 $CO_2$液化。气流中的 $N_2$、$O_2$在液态 $CO_2$中溶解度远低于 Kr 和 Xe,大部分会随气流跑掉,溶于 $CO_2$中的$^{85}$Kr 和$^{133}$Xe 在加热解吸时先后分别逸出,从而达到分离的目的。

（3）低温分馏法

此法是利用$^{85}$Kr 和$^{133}$Xe 的沸点与其他气体不同,先用低温使样品气体液化,然后加热分馏就可选择性地分离出$^{85}$Kr 和$^{133}$Xe。

此外,还有渗透扩散法等。但应用得最广泛的是活性炭吸附法。

**2. 测定方法**

$^{85}$Kr 和$^{133}$Xe 都放出 β 和 γ 射线,因此它们的测量既可测 β,也可测 γ。β 测量是将分离纯化了的$^{85}$Kr 和$^{133}$Xe 溶于闪烁液中,用液体闪烁计数器测量其活度,这是最常用方法。

# 9.8　活化产物

## 9.8.1　概述

活化产物是物质在中子等粒子作用下,发生核反应而产生的放射性核素。这里主要介绍在核爆炸及核反应堆中由中子引起核反应产生的活化产物。

大气层和地下核爆炸,产生的大量中子会与空气、土壤、水和弹壳等材料发生核反应生成各种活化产物,如：$^{57}$Co、$^{58}$Co、$^{60}$Co、$^{55}$Fe、$^{59}$Fe、$^{65}$Zn、$^{54}$Mn、$^{51}$Cr、$^{32}$P、$^{35}$S、$^{14}$C、$^{3}$H、$^{35}$Cl、$^{24}$Na、$^{45}$Ca、$^{27}$Mg 等。核电厂和核动力舰船的反应堆运行时也会放出大量中子,一回路冷却剂中的腐蚀产物被中子活化也会产生活化产物,如$^{60}$Co、$^{55}$Fe、$^{59}$Fe、$^{65}$Zn、$^{54}$Mn、$^{51}$Cr、$^{24}$Na、$^{18}$F 等。它们可能通过各种途径流出而污染环境。

## 9.8.2　钴-60

钴是 27 号元素,与铁同属元素周期表第四周期的第八族,是过渡元素。

钴的活化产物有$^{57}$Co、$^{58}$Co、$^{60}$Co 等,其中$^{60}$Co 最重要,它是 β$^-$、γ 放射体,半衰期为 5.271 a,β$^-$粒子能量为 0.315 MeV,γ 能量为 1.333 MeV 和 1.172 MeV,属高毒核素。

$^{60}$Co 是应用较早的放射性核素之一,主要作为外照射源用于辐射育种、食品保鲜、医疗器械灭菌、肿瘤治疗以及工业设备的 γ 探伤等。

**1. 钴的化学性质**

钴的主要价态为 +2 价、+3 价两种。在其简单化合物中钴是 +2 价,+3 价极不稳定,在水溶液中易被还原成二价。

钴盐在空气中和85 ℃以下加热都能得到 $Co_3O_4$,加热至 900 ℃能得到 CoO。$Co_2O_3$是在低温和过量空气中加热 $Co^{2+}$化合物或 $Co(OH)_3$得到的。

向钴盐溶液中加入 NaOH 可得到蓝色 $Co(OH)_2$ 沉淀,它在空气中缓慢氧化成棕色 $Co_2O_3 \cdot xH_2O$ 沉淀。若加入的碱量不够,则得到碱式盐。

钴(Ⅱ)的氯化物、硝酸盐、硫酸盐等皆溶于水。$Co^{2+}$或其正的络离子是粉红色的,负的络离子是蓝色的。邻氨基苯甲酸钴$Co(C_7H_9O_2N)_2$可作为钴的分析基准物质。

$Co^{3+}$的简单化合物虽然远没有$Co^{2+}$的稳定,但它们的络合物却相反。在$Co^{3+}$的络合物中最重要的一种是$[Co(NO_2)_6]^{3-}$,它可与碱金属形成难溶性盐类如$K_3[Co(NO_2)_6]\cdot xH_2O$,$AgK_2[Co(NO_2)_6]$和$Cs_2Ag[Co(NO_2)_6]$等。

**2. 钴-60的分析测定**

$^{60}Co$的浓集分离方法很多。大体积水样的预浓集方法有氢氧化物、硫化物或二氧化锰共沉淀法和离子交换法等。其中使用最广泛最有效的是阴离子交换和溶剂萃取法。例如,海水、水体底质或生物样品经预处理后,制成8~9 mol/L HCl体系,通过强碱性离子交换树脂柱吸附使之与大部分杂质分离,再经甲基异丁基酮选择性萃取进一步纯化,最后在氨性电解液中电沉积制源,测定其$\beta^-$放射性。

$^{60}Co$也可用液闪烁计数法测定。若样品中同时存在$^{58}Co$,则应用$\gamma$谱仪测量$^{60}Co$的特征能峰(1.172 MeV, 1.333 MeV)。

### 9.8.3 铁-59

铁是26号元素。铁的活化产物有$^{55}Fe$和$^{59}Fe$等,主要是$^{59}Fe$。它是$\beta^-$、$\gamma$放射体,半衰期为44.6 d,$\beta^-$粒子能量为0.461 MeV(51%)、0.269 MeV(47%),主要$\gamma$能量为1.292 MeV(43.2%)、1.099 MeV(56.5%)。放射性铁在医学和生物学研究中有一定用途,在人体铁代谢及血液系统疾病治疗的研究中起着重要作用。$^{55}Fe$、$^{59}Fe$均属中毒核素。

**1. 铁的化学性质**

铁的化学性质活泼,能形成多种价态,其中最重要的是+2价和+3价。铁有$FeO$、$Fe_2O_3$、和$Fe_3O_4$三种氧化物。$FeO$在空气中极易被氧化成$Fe_2O_3$,在水中不溶解,但能溶于稀酸而新城铁(Ⅱ)盐。$Fe_3O_4$是最稳定的氧化物,它与酸作用时生成$Fe(Ⅱ)$和$Fe(Ⅲ)$的盐。

$Fe^{2+}$溶液中加入碱或氨水即得$Fe(OH)_2$白色沉淀。$Fe(OH)_2$极易溶于酸中而形成$Fe(Ⅱ)$盐。$Fe^{3+}$溶液中加入$OH^-$或$CO_3^{2-}$可得红色的$Fe(OH)_3$沉淀。$Fe(OH)_3$有稍明显的两性,它溶于酸形成$Fe(Ⅲ)$盐,溶于过量的$NaOH$而生成$NaFeO_2$,但与$NH_3\cdot H_2O$却不起作用,此性质与$Al(OH)_3$相似。

铁可形成多种重要盐类。$FeCl_3$极易溶于水。如果加热煮$FeCl_3$溶液,它会渐渐地由黄色转成红色,这是因为有$Fe(OH)_3$或$Fe_2O_3\cdot xH_2O$的胶体溶液出现。在浓HCl溶液中,$Fe^{3+}$可形成$[FeCl_4]^-$络阴离子,其络合能力大于$Co^{2+}$。$FeSO_4$是一种还原剂,由于不如$(NH_4)_2Fe(SO_4)_2\cdot 6H_2O$易于保存,故在分析化学中常用后者作还原剂。$FeCO_3$难溶于水,但若水中有$CO_2$存在,则它就像$CaCO_3$一样也能溶解。

$(NH_4)_2SO_4\cdot Fe_2(SO_4)_3\cdot 6H_2O$是分析化学中$Fe(Ⅲ)$盐的标准试剂,因为它是唯一易于纯化的普通+3价铁盐的化合物。

$Fe^{3+}$溶液中加入$PO_4^{3-}$生成淡黄色的$FePO_4$沉淀,它不溶于稀HAc,而磷酸亚铁极易溶解,此性质可用于$Fe^{2+}$和$Fe^{3+}$的分离。在强酸介质中,$Fe^{3+}$能形成络阴离子如$[Fe(PO_4)_2]^{3-}$和$[FeCl_3PO_4]^{3-}$,它们都是无色的。此性质可用于氧化还原滴定法测定Fe。因为将$Fe^{3+}$变成$Fe^{2+}$,然后用$KMnO_4$滴定时,生成黄色的$Fe^{3+}$不易看出终点(黄色),若加

入一些 $H_3PO_4$ 就可以避免此种干扰。

铁氰化物是铁的最重要络合物,如淡黄色的亚铁氰化钾 $K_4[Fe(CN)_6]\cdot 3H_2O$,俗名黄血盐,而蓝色的亚铁氰化铁 $Fe_4[Fe(CN)_6]_3$ 俗名普鲁士蓝。

### 2. 放射性铁的测定

$^{59}Fe$ 的放化分析方法很多,基本上与 $^{60}Co$ 相同。但 Fe 与 Co 的性质有差别:在氨水溶液中,Co 能形成 $[Co(NH_3)_6]^{2+}$ 络离子,而 Fe 生成 $Fe(OH)_3$ 沉淀;在 HCl 介质中,$Fe^{3+}$ 与 $Cl^-$ 的络合能力比 $Co^{2+}$ 强;在低酸介质中 $Fe^{3+}$ 就能被胺类萃取剂萃取,被铜铁灵沉淀,钴则不能,这些性质常用于铁钴的分离。

对于空气过滤样品中放射性铁的分离测定,是将样品溶于浓 HCl 溶液中,然后被吸附在阴离子交换柱上,再用 1:25 的 HCl 解吸,将铁与大多数裂变产物及其他的放射性核素分离。进一步去污是在钴、锰和锌反载体存在下,从 1:9 的 HCl 溶液中用铜铁灵再沉淀。在破坏铜铁灵盐之后铁被转变为氯化物,在 $NH_4H_2PO_4 - (NH_4)_2CO_3$ 溶液中络合,再电镀于铜片上制源,用流气式正比计数法测量 $^{59}Fe$ 的计数;然后用一薄晶谱仪进行计数测定由 $^{55}Fe$ 放出的 5.9 keV X 射线,实现 $^{59}Fe$ 与 $^{55}Fe$ 的联合测定。目前,测定 $^{59}Fe$ 更常用的是液体闪烁计数法,它是利用磷酸铁在 $NH_4Cl -$ 乙醇中生成白色磷酸铁铵络合物再去进行测量的。

## 9.8.4　锌 - 65

锌是 30 号元素,位于元素周期表的 d 区,第四周期的第二副族,它的重要活化产物是 $^{65}Zn$,半衰期是 244.1 d,其衰变方式为 95.54% 是电子俘获,1.46% 是 $\beta^+$ 衰变,$\beta^+$ 射线的能量是 0.325 MeV。$^{65}Zn$ 属于中毒元素,存在于反应堆的废水中,随废水的排放进入环境。海洋生物对 $^{65}Zn$ 有极高的浓集能力,当它进入人体后,常被浓集在肌肉和骨骼中。

### 1. 锌的化学性质

锌是较活泼的金属,其化合价为 +2 价。锌溶于稀 HCl 生成 $ZnCl_2$,溶于稀 $HNO_3$ 则生成 $NH_4^+$,其反应为

$$4Zn + 10HNO_3 \longrightarrow 4Zn(NO_3)_2 + NH_4NO_3 + 3H_2O$$

锌还是两性金属,不但能溶于酸,而且还能溶于强碱中,生成辛酸盐:

$$Zn + 2NaOH + 2H_2O \longrightarrow Na_2[Zn(OH)_4] + H_2$$

锌与氨水能形成配离子而溶于氨水:

$$Zn + 4NH_3 + 2H_2O \longrightarrow [Zn(NH_3)_4](OH)_2 + H_2$$

$Zn^{2+}$ 与氨基酸可以生成溶解度很小的盐类,其中一种很重要的盐是谷氨酸锌 $C_5H_7O_4NZn \cdot 5H_2O$。谷氨酸锌在 pH 为 6.3 时溶解度最小。在制备味精谷氨酸钠的过程中,首先用 $Zn^{2+}$ 将发酵液中的谷氨酸在 pH 为 6.3 条件下,生成谷氨酸锌沉淀,分出残液后,再用盐酸酸化,使谷氨酸锌转变为谷氨酸结晶析出,最后将结晶溶解,加入 $Na^+$,生成谷氨酸盐,即为食用的味精。

### 2. 锌 - 65 的分析测定

锌的化学性质与钴和铁有不少相似之处,它们的浓集方法都适用于锌。锌的分离纯化常用萃取法和离子交换法,许多方法常利用锌与其他放射性核素在 HCl 介质中与萃取剂或阴离子交换树脂的结合能力的差别,选择适当的 HCl 浓度即可进行锌的纯化分离。例如,水样用氨水沉淀后,在 6 mol/L HCl 介质中用 MIBK 萃取铁,在 3 mol/L HCl 介质中用 TBP

萃取锌,在 2.5 mol/L $NH_4SCN$ 介质中,用 MIBK 萃取分离钴,最后以电沉积的方法制源,用低本底 $\gamma$ 谱仪测量 $^{65}Zn$ 的放射性。

### 9.8.5 锰 – 54

锰是 25 号元素,位于元素周期表第四周期的第七副族。$^{54}Mn$ 是核爆炸和核反应堆的重要活化产物之一,其半衰期为 312d,它通过电子俘获衰变成 $^{54m}Cr$,然后放出 0.835 MeV 的 $\gamma$ 射线和 5.41 keV 的 X 射线而成为 $^{54}Cr$。$^{54}Mn$ 属于中毒性核素。

**1. 锰的化学性质**

锰是仅次于铁和钛的最常见的过渡金属,以 $Mn^{2+}$ 为最稳定,常见氧化态有 +3 价、+4 价、+6 价、+7 价。$Mn(Ⅳ)$ 是弱酸性的,除了 $MnO_2$ 外,只在亚锰酸盐中存在。锰的氧化物中最重要的是 $MnO_2$,它在常温下很稳定,在水中的溶解度极小,是强氧化剂。用 HCl 溶解锰的氧化物或碳酸盐,可得到 $MnCl_2$ 溶液,在浓 HCl 中可形成 $[MnCl_3]^-$、$[MnCl_4]^{2-}$ 等络阴离子。

$MnSO_4$ 是最稳定的 $Mn(Ⅱ)$ 盐,几乎任何锰的化合物与硫酸共同加热都可得到 $MnSO_4$。$MnCO_3$ 在纯水中不溶解,但水中若有 $CO_2$ 存在则生成 $Mn(HCO_3)_2$ 而溶解。在含有 $NH_4Cl$ 的 $Mn^{2+}$ 溶液中,加 $Na_3PO_4$ 及 $NH_3 \cdot H_2O$ 能得到浅红色的 $Mn(NH_4)PO_4$ 沉淀。此沉淀在稀 $NH_3 \cdot H_2O$ 中不能溶解,灼烧即生成 $Mn_2P_2O_7$,这是测定锰的一种方法。

$KMnO_4$ 是重要的含锰化合物,易溶于水,溶液呈深红色,$Mn^{2+}$ 离子被过量的 $NaBiO_3$ 氧化成 $MnO_4^-$,反应式如下:

$$2Mn^{2+} + 5BiO_3^- + 14H^+ \longrightarrow 2MnO_4^- + 5Bi^{3+} + 7H_2O$$

$MnO_4^-$ 在很宽的 pH 范围内都很稳定,是非常有用的氧化剂。在酸性溶液中,它可以将 $Fe^{2+}$、$I^-$、$Cl^-$ 等离子氧化,其反应如下:

$$MnO_4^- + 5Fe^{2+} + 8H^+ \longrightarrow Mn^{2+} + 5Fe^{3+} + 4H_2O$$

$$2MnO_4^- + 10Cl^- + 16H^+ \longrightarrow 2Mn^{2+} + 5Cl_2 + 8H_2O$$

在碱性、中性或微酸性溶液中,$MnO_4^-$ 被还原为 $MnO_2$,例如:

$$2MnO_4^- + I^- + H_2O \longrightarrow 2MnO_2 + IO_3^- + 2OH^-$$

在强碱性溶液中,$MnO_4^-$ 被还原为 $MnO_4^{2-}$,例如:

$$2MnO_4^- + SO_3^{2-} + 2OH^- \longrightarrow 2MnO_4^{2-} + SO_4^{2-} + H_2O$$

**2. 锰 – 54 的分析测定**

锰的分离可用 $NaClO_3$ 从热浓 $HNO_3$ 溶液中以 $MnO_2$ 的形式沉淀,将锰与大多数元素分离。对其他还溶于酸的放射性核素可通过在 HCl 溶液中将它们以铜铁灵盐形式沉淀而实现有效分离。锰的化学回收率可用体积法或重量法进行测定,体积法是将沉淀的 $MnO_2$ 溶解,其中锰离子用过量的 $NaBiO_3$ 氧化成 $MnO_4^-$,然后再加入一定量的硫酸亚铁铵离子。重量法是基于用 $(NH_4)_2HPO_4$ 从 $NH_4Cl$ 含 $Mn^{2+}$ 的溶液中沉淀 $Mn[(NH_4)PO_4]$,然后将沉淀灼烧成 $Mn_2P_2O_7$;也可将最后分离的锰以磷酸铵锰形式 $Mn(NH_4)PO_4 \cdot H_2O$ 沉淀,然后可计算锰的化学回收率。

$^{54}Mn$ 的测量是将最后得到的沉淀制成放射源,用 $\gamma$ 谱法或 $\gamma$ 计数法进行测量,即对其子体 $^{54m}Cr$ 放出的 0.835 MeV 的 $\gamma$ 射线进行测量。

# 第10章 放射化学分离方法

## 10.1 概  述

针对放射性核素的分离是放射化学重要的分支之一。纵观化学发展史,可以发现,化学的发展离不开分离富集。元素周期表每个元素的发现,经典的化学分离与纯化都发挥了很大的作用。从 20 世纪起,各种天然放射性元素的发现、人工放射性元素的获得、原子核裂变现象的最终确认、各种超铀元素的制备和合成,几乎都离不开各种化学分离技术。

随着科学技术的发展,当代化学的分析目标越来越复杂,被检测组分的含量越来越低。在生命科学、材料科学、环境科学等重要学科的检测中,通常指定检测微克/克、纳克/克、皮克/克甚至更低水平的成分。尽管现阶段有很多分析化学方法具有很高的灵敏度和选择性,但在分析实践中,常常由于存在基体效应和其他各种影响而难以得到准确的结果,因此分离操作仍然是分析方法中不可或缺的重要环节。

放射化学分离(放化分离)与一般实验室传统的分离方法和工业生产中的分离方法有很多共同之处,很多常规的分离方法、分离设备都能应用于放化分离。然而,由于核材料的特殊性,放化分离技术还具有以下的特殊性。

### 1. 分离操作的危险性

在进行分离时,许多样本都含有放射性物质,不但会产生化学毒性,而且会产生辐射。为了保护实验人员免遭损害。因此需要在热室、手套箱或通风柜中进行实验操作。由于样本的 α 或 γ 放射性比活度很高,分析员需要穿着工作服,包括口罩、手套以及一些需要远距离操控的仪器,如机械手臂进行分析操作,这就给操作带来了困难。在分离放射性样本时,非常容易进行的工作步骤,例如采样、稀释、沉淀、过滤等都会变得很艰难。这些问题都会使分离的效率降低。

### 2. 分离体系的非标性

目前,各类商用分离设备大都采用非放射性或较低放射性活度的原材料,以便大规模地进行分析。许多商业设备必须进行改装,以满足高辐射样品分离和分析的要求。有些改造可以通过放化实验室自己进行,有些则需要设备制造商来做。

### 3. 分离处理的复杂性

放化分离工艺可以生产出液态和固态的废物。例如,低放废料可以直接送入核电厂的一般废物处置体系,而有些废料则是价值不菲的核废料,为了达到环保及材料衡算的需要,需要进行特别处理和循环利用。因为废料中除了含有放射性核素之外,通常还会包含萃取剂、助剂、缓冲剂、氧化还原剂等特殊的试剂。对于组成各异的废弃物,应根据实际情况进行单独处置。

#### 4.分离成本的昂贵性

放化分离成本较高的主要原因如下。

（1）很多样品比较稀有，这些样品具有放射性或者是较为昂贵核材料。

（2）放射性使其需要更加严格的防护措施，分离操作难度较高、过程较长，从而消耗的人力资源较多。放射性原料的分离，必须由经过严格培训和授权的专业操作人员完成。

（3）放化分离设备的非标准性必然使其价格偏高。有些体积较小、价格较低的标准化设备，必须放入手套箱、热室或通风柜中使用，因为恶劣的环境（酸、碱、湿、辐射）会加速这些仪器的老化和报废，增加分析成本。

（4）人员劳动保护，特别是辐射防护方面的消耗，也会使放化分离成本提高。

### 10.1.1　分离方法概述

根据分离方法的特性，物料的分离通常可分为两种：物理分离和化学分离。物理分离法是根据被分离组分的物理特性，利用合适的物理方法对其进行分离。其中，常见的有气体扩散、离心、电磁分离、喷嘴喷射等。化学分离法主要是根据组分的化学特性不同，采用化学方法将其分离，包括沉淀、共沉淀、溶剂提取、离子交换、层析法、电化学分离、泡沫浮选、选择性溶解等。其他的分离方法也是根据所分离组分的物理、化学特性，例如沸点、熔点、离子电荷、游动性等性质进行的。通常，这些分离过程也属于化学分离。主要的分离方法及其原理如表 10 - 1 所示。

表 10 - 1　主要的分离方法及其原理

| 分离原理 | 方法或所用试剂 |
| --- | --- |
| 分子大小与几何形状（或电荷） | 分子筛,凝胶渗透色谱,气体扩散,膜渗析,电泳 |
| 表面活性 | 浮选,吸附色谱,气固色谱,高效液相色谱,活性炭吸附,纤维素及改性纤维素吸附等 |
| 挥发性 | 蒸馏与挥发,升华,冷冻干燥,有机物灰化 |
| 溶解度 | 沉淀,共沉淀,选择溶解,汞齐作用,火试金等 |
| 分配平衡 | 溶剂萃取,固液萃取,分配色谱,纸色谱,薄层色谱等 |
| 离子交换平衡 | 无机和有机离子交换剂,液态离子交换剂 |
| 离子在溶液中的性质 | 汞阴极电解,电沉积,隐蔽和解蔽 |

几乎所有的分离技术都是以研究组分在两相之间的分布为基础的，因此状态（相）的变化常常用来达到分离的目的。例如沉淀分离就是利用欲分离物质从液相进入固相而进行分离的方法。溶剂萃取则是利用物质在两个不相混溶的液相之间的转移来达到分离纯化的目的。概言之，绝大多数分离方法都涉及第二相；而这第二相可以是在分离过程中形成，也可以是外加的，如蒸发、沉淀、结晶、电解沉积、泡沫分离、包结化合物、区域熔融等，是在分离过程中欲分离组分自身形成第二相；而另一些分离方法，如色谱法、溶剂萃取、电泳、电渗析等，第二相是在分离过程中人为地加入的。

## 10.1.2　分离方法的评价

就放射性核素来说,不管是自然的或人工制造的,通常与它们的母体、子体、其他的放射性和稳定的核素一起存在。因此,在核燃料的制造、乏燃料的回收、放射性核素及标记物的制造、环境及生物样本中的放射性核素的分析等方面,都要从分离着手,也就是要先把被研究的物体与杂质分开。由于这些物质中含有大量的放射性物质,而且它们的组成成分比较复杂,因此分离起来很困难。目前,常用的放射性物质分离方法主要有共沉淀、溶剂萃取、离子交换、色层法等。

放射化学中常用的分离效率指标包括分离系数、净化系数、化学回收率等。

**1. 分离系数**

分离系数是表示两种物质经过分离操作之后所达到的相互分离的程度。在实际工作中,分离系数有两种不同的定义。

(1)分离系数 $\alpha$

在采用根据不同物质在两相中分配的不同来进行相互分离的方法时,分离系数 $\alpha$ 是指料液中两种物质经过分离操作后分别在两相中的相对含量之比,即

$$\alpha = \frac{[A]_1/[B]_1}{[A]_2/[B]_2} \tag{10-1}$$

式中　$[A]_1$、$[B]_1$——物质 A 和 B 在某一相中的平衡浓度;

　　　$[A]_2$、$[B]_2$——物质 A 和 B 在不相溶的另一相中的平衡浓度。

例如,在一含有 A 和 B 两种物质的水溶液与另一有机溶剂一起进行充分振荡,A、B 两物质被萃取而转移到有机相中,其转移程度的不同可用分离系数表示如下:

$$\alpha_{萃} = \frac{[A]_有/[B]_有}{[A]_水/[B]_水} \tag{10-2}$$

式中　$[A]_有$、$[B]_有$——物质 A 和 B 达到萃取平衡时在有机相中的浓度;

　　　$[A]_水$、$[B]_水$——物质 A 和 B 达到萃取平衡时在水相中的浓度。

由此可见,分离系数 $\alpha_{萃}$ 表示萃取过程对 A、B 两种物质分离的难易程度。$\alpha_{萃}$ 值愈大,A 与 B 愈容易分离。当 $\alpha_{萃}$ 值接近 1 时,表示 A、B 两种物质难以分离。

(2)分离系数 $\beta$

在研究某一分离过程对不同物质的分离效果时,分离系数 $\beta$ 是指两种物质在分离前原料中含量的比值与分离后产品中含量的比值之比:

$$\beta_{B/A} = \frac{原料中的 B 含量/原料中的 A 含量}{产品中的 B 含量/产品中的 A 含量}$$

例如,在辐照核燃料水法后处理过程分离铀和钚时,最终铀产品中钚与铀的含量比值为 $5 \times 10^{-9}$,而原料中钚与铀的含量比值为 $1 \times 10^{-3}$,则该水法后处理过程对铀中去钚的分离系数为

$$\beta_{钚/铀} = \frac{1 \times 10^{-3}}{5 \times 10^{-9}} = 2 \times 10^5$$

分离系数 $\beta$ 值越大,则表示两种物质的分离效果越好。

## 2. 净化系数

净化系数 $DF$ 又称去污系数或去污因子,它表示分离过程对某种放射性杂质的去除程度,可用下式表述:

$$DF = \frac{料液中某种放射性杂质的总量/料液中欲分离核素的总量}{产品中某种放射性杂质的总量/产品中欲分离核素的总量} \quad (10-3)$$

当欲分离核素在分离过程中的化学回收率很高,接近100%时,则

$$DF = \frac{料液中某种放射性杂质的总量}{产品中某种放射性杂质的总量}$$

净化系数亦可用放射性活度来计算:

$$DF = \frac{A_0}{A} \quad (10-4)$$

式中　$A_0$——料液中某种杂质的放射性活度;

　　　$A$——产品中某种杂质的放射性活度。

一般情况下,应用去污实验来确定净化系数,其方法是根据实际料液的成分,先配制模拟料液。模拟料液中包含了非放射性常量物质、放射性杂质和其他主要常量成分,这些物质与要分离的核素具有同样的物理和化学性质,并根据预先确定的分离步骤进行分离,最终将被分离的样本制取,测量杂质的放射性,并计算出分离前后杂质放射性活度的比率 $A_0/A$。但这里有两点必须注意:

(1)实际在去污实验中,添加的某些放射性杂质通常没有载体,而在实际样品中,放射性杂质常与其稳定同位素和其他放射性物质并存。所以,用某些放射性杂质作为其净化作用的方法,与现实存在着很大的差距。另外,在模拟液体中,仅添加了真正的液相成分,而不能与实际的液相比较。所以,脱色实验得到的纯化系数是在较为简单、理想的情况下得到的,常与实际的料液存在差异。

(2)净化系数是指在特定的分离过程中产生的某些放射性杂质,其分离方法、分离条件、放射性杂质等都会导致其净化系数的变化。所以,在实际生产中,模拟液体和实际料液的分离方式及分离条件应严格符合。为了获得相应的净化系数,应对各种放射性杂质进行去污实验。若将不同的放射性杂质同时添加到去污测试中,得到的净化率为总的净化系数。

## 3. 化学回收率

化学回收率 $Y$ 是衡量分离过程对欲分离核素分离效率的指标,其定义是,某种欲分离核素经分离后在产品中所含的总量占其料液中总量的百分数,即

$$Y = \frac{产品中欲分离核素的总量}{料液中欲分离核素的总量} \times 100\%$$

当将欲分离核素的量用放射性活度来表示时,化学回收率又称为放射性产额,其表示式为

$$放射性产额 = \frac{A}{A_0} \times 100\% \quad (10-5)$$

式中　$A_0$——料液中欲分离核素的放射性活度;

　　　$A$——产品中欲分离核素的放射性活度。

下面介绍两种情况下的化学回收率的确定方法。

（1）有载体存在

当分离某些微量放射性核素时,加入一定量的稳定同位素作载体,与欲分离核素均匀混合,并使它们的状态完全相同,经过化学分离后,所分离出来的载体的份额就等于欲分离放射性核素的份额。因此,分离后所得到的载体量与料液中已知的载体总量之比,即为欲分离核素的化学回收率,其表示式为

$$Y = \frac{产品中的载体量}{料液中的载体总量} \times 100\% \qquad (10-6)$$

在实际工作中,一般是通过一组平行样品试验,取其平均值作为该化学分离程序的化学回收率。

（2）无载体存在

在无载体存在的情况下,化学回收率可采用下述两种方法来确定。

①条件试验法

将一组放射性活度已知的欲分离核素的试验样品,按照预定的分离程序进行分离测定,求出一组这种核素的放射性产额数据,取其平均值作为该分离程序的化学回收率。显然,为了使所测得的放射性产额比较稳定,要求每次试验条件必须严格一致。为此,在每次分离真实料液时,通常必须同时按条件试验法进行对照试验,以校正化学回收率,从而防止因实验条件发生变化所引起的偏差。

②放射性示踪法

将欲分离核素的某种放射性同位素作示踪剂,以准确的量加到真实料液之中,经分离后测其放射性活度,并计算出它的化学回收率,即可作为欲分离核素的化学回收率。由于采用放射性示踪法所求得的化学回收率反映了实验的真实情况,因此不必要求每次实验条件严格相同,但要求所加入的示踪剂必须不影响欲分离核素的测量。例如,在分离 $^{90}$Sr 时,可向料液中加入已知量的 $^{85}$Sr 作示踪剂。分离后, $^{90}$Sr 的化学回收率可通过测量 $^{85}$Sr 的 γ 放射性活度来求得。而 $^{90}$Sr 的量可以通过测定其衰变子体 $^{90}$Y 的 β 放射性活度来求得。因此,加入 $^{85}$Sr 作示踪剂不会影响 $^{90}$Sr 的测定。

# 10.2　沉淀法与共沉淀法

共沉淀法是放射化学中应用最早的一种分离方法,它在放射化学的发展过程中曾经起过重要的作用。早期,居里夫妇就用这种方法从沥青铀矿渣中分离、提取了钋和镭。后来,在第二次世界大战后期,美国曾用磷酸铋和氟化镧共沉淀法以工业规模从反应堆辐照元件中分离、提取了核燃料 $^{239}$Pu。目前,在放射化工过程中,由于共沉淀法存在分离效果差、生产能力小、回收率低、废液量大、工艺过程难以实现连续化和自动控制等缺点,已逐渐被其他分离方法所取代,失去了其原有的重要性。但是,由于共沉淀法具有方法简单,微量物质的浓集系数高等优点,因此该法在放射化学分析、废水处理和放射化学研究中仍有着广泛的应用。

常量组分与微量组分的沉淀行为有着本质区别。对于常量放射性元素,可以利用溶解

度小的化合物进行沉淀法定量分离。极低浓度(示踪量)的放射性元素,则一般不能形成沉淀,为了把它分离出来,需要加入载体,使之与载体发生共沉淀。

### 10.2.1 常量组分的沉淀法分离

**1. 沉淀法的原理**

沉淀法是在溶液中加入沉淀剂,使某一成分以一定组成的固相析出,经过滤而与液相分离的方法。原则上,要想沉淀,必须有一定的溶质在溶液系统中饱和。

使溶液的过度饱和有很多种方法:当溶质的溶解度会随着温度的降低而急剧下降时,可以通过降温来减少溶质的溶解度,从而达到过饱和的程度;如果溶质的溶解度随着温度的变化很小,或者出现相反的变化,那么可以通过蒸发一部分溶剂,使溶液进入过饱和状态;把某种物质添加到溶液系统中,改变溶剂的性质,或者让溶质在过饱和的条件下沉淀出来;加入无机盐,利用它产生测同离子效应或析效应常常使另一种盐类析出,这就是盐析效应;向含无机盐的水溶液中加入水溶性有机溶剂,可以使无机盐析出,这称为溶剂转换。另外,可以加入某种沉淀剂,使溶液中发生化学反应,导致溶液对某产物呈过饱和状态,使该物质沉淀析出。

由于沉淀法是基于物质的溶解度差别而达到分离目的的方法,因此要判断是否会生成沉淀,应对物质的溶解度进行研究。

假设溶剂是水,溶质是无机盐 $M_mA_n$。盐在水溶液中的溶解方程为

$$M_mA_n(s) \Longleftrightarrow mM^{n+}(1) + nA^{m-}(1) \qquad (10-7)$$

达到饱和时,盐在固相以及溶液中有相同的化学位,因为固相化学位在温度不变时为一常数,从而有

$$K_{sp}^{\ominus} = a_M^m a_A^n = 常数 \qquad (10-8)$$

$a_M$ 和 $a_A$ 分别为饱和溶液中正、负离子的活度。$K_{sp}^{\ominus}$ 是溶解过程中的热力学常数,称为活度积。对难溶物质,水中的 $M^{n+}$ 和 $A^{m-}$ 的浓度都很低,故可以用溶度积 $K_{sp}$ 代替活度积。

$$K_{sp} = [M]^m [A]^n = 常数 \qquad (10-9)$$

根据某溶液中的 $[M]^m[A]^n$ 的数值,对照溶度积 $K_{sp}$,就可以判断是否会生成沉淀 $M_mA_n$。一般来说,$K_{sp}$ 应小于 $10^{-4}$,才能达到有效的分离。

**2. 影响沉淀分离的因素**

(1)同离子效应

组成沉淀晶体的离子称为构晶离子。当沉淀反应达到平衡后,如果向溶液中加入适当过量的含有某一构晶离子的试剂或溶液,则沉淀的溶解度减小,这就是同离子效应。

例如:25 ℃时,$BaSO_4$ 在水中的溶解度为

$$s = [Ba^{2+}] = [SO_4^{2-}] = \sqrt{K_{sp}} = \sqrt{1.1 \times 10^{-10}} = 1.05 \times 10^{-5} \text{ mol/L}$$

如使水中的 $[Ba^{2+}]$ 增至 $0.1 \text{mol/L}$,此时 $BaSO_4$ 的溶解度为

$$s = [SO_4^{2-}] = \frac{K_{sp}}{[Ba^{2+}]} = \frac{1.1 \times 10^{-10}}{0.10} = 1.1 \times 10^{-9} \text{ mol/L}$$

即 $BaSO_4$ 的溶解度由原来的 $1.05 \times 10^{-5}$ mol/L 降低至 $1.1 \times 10^{-9}$ mol/L,减少近 4 个数量级。

实际工作中,一般采用同离子效应,也就是增加沉淀剂的加入量,以达到完全沉淀的目的。但是,添加的沉淀剂并不一定要多,因为添加过量的沉淀剂,会引起盐、酸、配位等不良反应,从而增加了沉淀物的溶解。通常,添加过量 50% ~ 100% 的沉淀剂比较适宜。若沉淀物不容易挥发,应在过量 20% ~ 30% 范围内添加。

(2)盐效应

当在溶液中加入非构成沉淀的其他离子时,会使溶液的离子强度增大,造成活度系数减小,从而造成溶解度增加,这就是盐效应。

其实质是大量的无关离子存在时,溶液的离子强度增大,离子的活度系数相应减小,使原来饱和的难溶盐溶液变为不饱和,因此沉淀的溶解度增大。盐类对难溶盐溶解度的影响如图 10 - 1 所示。

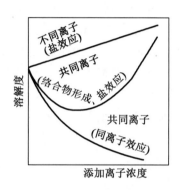

**图 10 - 1　盐类对难溶盐溶解度的影响**

假设离子 $M_n^+$ 和 $Am^-$ 的活度系数分别 $\gamma_M$ 和 $\gamma_A$,则以活度表示的活度积为

$$K_{sp}^{\ominus} = a_M^m a_A^n = K_{sp} \gamma_M^m \gamma_A^n$$

对于难溶的电解质,溶液中的离子浓度很低,可以认为 $\gamma_M = \gamma_A = 1$,则以活度表示的活度积标准 $K_{sp}$ 和以浓度表示的溶度积 $K_{sp}$ 近似相等。

当加入无关电解质时,组成沉淀的离子在溶液中活度系数发生变化,$K_{sp}^{\ominus}$ 标准和 $K_{sp}$ 不再相等。根据 Debye - Huckel 理论,当溶液中总的离子强度不高时,离子的活度系数可近似地表示为

$$\lg \gamma_i = -0.511\,5z_i^2 \sqrt{I} \tag{10-10}$$

$$I = \frac{1}{2} \sum z_i^2 c_i \tag{10-11}$$

式中　$\gamma_i$——离子 $i$ 的活度系数;

　　　$z_i$——离子电荷数;

　　　$I$——离子强度;

　　　$c_i$——离子浓度,mol/L。

可以看出,当 $I > 0$ 时,$\gamma_i < 1$,则 $K_{sp}$ 小于 $K_{sp}^{\ominus}$,即沉淀的溶解度增大,且 $I$ 越大,溶解度增加得越多。

（3）酸效应

溶液酸度对沉淀溶解度的影响称为酸效应。例如,对于二元弱酸 $H_2A$ 形成的盐 MA,在溶液中有下列平衡关系:

$$MA_{(固)} \rightleftharpoons M^{2+} + A^{2-}$$

$$Ka_2 \bigg\| H^+$$

$$HA^- \underset{Ka_2}{\overset{H^+}{\rightleftharpoons}} H_2A$$

当溶液中的 $H^+$ 浓度增大时,平衡向右移动,生成 $HA^-$;$H^+$ 浓度再增大时,甚至生成 $H_2A$,破坏了 MA 的沉淀平衡,使 MA 进一步溶解,甚至全部溶解,即溶解度增大。因此,通常应在尽可能小的 $H^+$ 浓度下生成沉淀。

不同种类的沉积物对酸作用的影响程度不同。一般情况下,弱酸沉淀应该在弱酸条件下进行:若沉淀为弱酸,可溶于碱,应在强酸环境中沉淀;若为强酸,则在酸性条件下进行沉淀,其酸度对沉淀作用不大。对于硫酸盐沉淀,由于 $H_2SO_4$ 的 $Ka_2$ 不大,所以溶液的酸度太高时,沉淀的溶解度也随着增大,其中,还伴随有盐效应的影响。

（4）配位效应（络合效应）

配位作用与配位剂的浓度和配位剂的稳定性有很大关系。在进行沉淀时,若沉淀物为配位剂,则会产生同离子效应,使沉淀的溶解性下降,但也会产生配位效应,增加析出的溶解性。当沉淀剂过量时,同离子效应占主导地位,使析出物溶解性下降;过多的沉淀物以配位作用为主,使析出物溶解度增加。

若不作为配合物,其溶解性将因配位作用而增加。随着配位剂浓度的增加,沉淀物溶解度增加。

（5）影响沉淀溶解度的其他因素

①粒度效应

小颗粒沉淀相对于大颗粒沉淀具有更多的边、角和表面。处于这些位置的离子受晶体内离子的吸引小,又受到溶剂分子的作用,易于进入溶液中,其溶解度较大。因此,对于同种沉淀来说,粒度越小,溶解度越大。

②水解效应

水解效应是使微溶化合物中的构晶离子水解,因而一般导致沉淀溶解度增大。但如果离子水解物的溶度积更小,则会导致沉淀溶解度减小。

③温度效应

由于溶解度和溶度积是温度的函数。如果溶解过程吸热,则溶解度随温度上升而增加;反之,如果溶解过程放热,则溶解度随温度上升而减小。

④压力

理论上讲,如果溶质溶解时体积减小,提高压力则会增加溶解度。反之,如果溶质溶解时体积增加,提高压力则会减小溶解度。但是实际上,除非压力变化很大,压力对溶解度的影响是很小的。

⑤溶剂

通常无机盐在水中的溶解度要大于在有机溶剂中的溶解度,因此经常在水溶液中加入乙醇、丙酮等有机溶剂来降低沉淀的溶解度。

⑥沉淀析出形态

有许多沉淀,在刚刚形成时为"亚稳态",放置后逐渐转化为"稳定态",沉淀能自发地由亚稳态转化到稳定态。亚稳态沉淀的溶解度大于稳定态。

## 10.2.2　微量组分的共沉淀法分离

共沉淀法是利用微量物质随常量物质一起生成沉淀的现象来分离、浓集和纯化微量物质的一种方法。例如,在含有 $Zn^{2+}$ 的水溶液中引入 $H_2S$ 气体,$ZnS$ 在 $0.25\ mol/L\ HCL$ 溶液中不会发生沉淀。然而,在铜离子与锌离子共存的情况下,极少量的硫化锌将与铜发生沉淀。共沉淀技术为人们了解和利用放射性物质做出了重大贡献。居里夫人曾用钡和铋作为载体,从铀矿中提炼出少量的镭。在 1938 年,人们讨论了用中子轰击铀之后,原子核会产生什么样的变化,最终德国的科学家 Strassman 和 Hahn 通过共沉淀法确认了铀的裂变,为核能的发展与应用做出了重大的贡献。

在普通化学中,对于常量组分而言,通常要避免共沉淀现象发生。但在放射化学中,对微量的放射性物质而言,共沉淀法却是一种分离和富集放射性核素的有效手段。

### 1. 共沉淀法的原理

共沉淀法按沉淀类型的不同可分为无机共沉淀法和有机共沉淀法两类。根据无机共沉淀机理的不同,无机共沉淀法又可分为共结晶共沉淀法和吸附共沉淀法。由于形成共结晶共沉淀要满足一定的条件,因此共结晶共沉淀法的特点是选择性比较高,分离效果较好,但这种方法的应用也因此而受到了限制。形成吸附共沉淀的条件不需要那么严格,因此吸附共沉淀具有可同时浓集多种放射性物质的特点,能起到清扫作用,且所用的试剂价格较低,因而这种共沉淀法在放射性废水的处理、污染饮用水的净化、简单体系中放射性物质的分离等方面得到了广泛的应用,但这种方法的选择性不高,因此不能用于复杂体系中多种放射性核素,特别是化学性质相似的元素之间的分离。

(1)共结晶共沉淀法

共结晶共沉淀是微量物质的离子、分子或小的晶格单位取代沉淀物晶格上的常量物质,并进入到晶格内部而从液相转移到固相的一种现象。例如,例如,在含微量镭的水溶液中加入常量的可溶性钡盐和沉淀剂硫酸,就会生成 $BaSO_4 - RaSO_4$ 共沉淀。其中镭分布在整个 $BaSO_4$ 的晶格内部,并取代了 $BaSO_4$ 晶格中钡的位置,这就是 $BaSO_4$ 与 $RaSO_4$ 的共结晶共沉淀。

共结晶共沉淀按其结晶类型的不同主要分为以下 3 种类型。

①形成真正的混晶,即化学性质相近、化学结构相同的物质形成混晶。在这种混晶中,又可以根据形成混晶的物质是否有相同的晶体结构分为两类:一类是共结晶的物质有相同的晶体结构,形成的混晶对微量组分的量没有限制;另一类是共结晶的物质有不同的晶体结构,对微量组分的上限有限制,这类物质称为同二晶物质,它们化学成分类似,但属于不同的晶系。

②格里姆结晶的混晶,生成混晶的两种物质化学性质并不相似,但是有相同的化学结构。生成这种混晶的条件是相同的晶型和相近的离子间距。

③少数化学性质既不相似,化学结构也不相同的物质也能形成混晶,被称为"反常"混晶。

研究表明,微量组分是否能够进入常量组分的结晶,除结晶中的离子大小接近外,溶解度大小是主要因素。一般认为,只要微量组分比常量组分更难溶解,便能以显著量进入常量组分的晶格。

混晶共沉淀载带分离微量元素时,微量组分在常量组分晶体中的分布,依照结晶条件的不同,服从不同的规律,分为均匀分布与非均匀分布。

实现均匀分配的条件是缓慢地沉淀,并连续长时间搅拌,使整个系统最终达到热力学平衡。均匀分配的表达式为

$$\frac{x}{y} = D\frac{a-x}{b-y} \qquad (10-12)$$

式中　$x$、$y$——微量组分和常量组分进入固相的量;

　　　$a$、$b$——参与混晶共沉淀的微量组分和常量组分的原始总量;

　　　$D$——体系热力学常数,一般称为共结晶系数,它与体系的性质、压力和温度有关。

　　　$D>1$时,表示微量组分在固相中得到浓集。

如果改变试验条件,使沉淀迅速形成,并在沉淀析出后立即过滤。整个体系没有达到热力学平衡,微量组分在载体中呈非均匀分布分配。在上述沉淀过程中,表面层与溶液之间达到了平衡。这时微量组分在沉淀中的分配为对数分配,可以表示为

$$\ln\frac{a-x}{a} = \lambda\ln\frac{b-y}{b} \qquad (10-13)$$

式中,$\lambda$——分配系数常数。

当$\lambda>1$,微量组分在最初析出那部分晶体中的浓度要比在后来析出的晶体中的浓度大。当晶体不断长大时,微量组分在晶体中的浓度自中心向外逐渐减小。$\lambda<1$时,微量组分在晶体中的浓度自中心向外逐渐增大。

绝对的均匀分布和绝对的对数分布只有在严格控制试验条件时才能达到。实际过程往往处于两者之间。

(2)吸附共沉淀法

在常量组分沉淀具有很大的表面时,溶液总的微量组分被吸附在沉淀的表面上即表面吸附共沉淀。按照沉淀性质的不同,吸附共沉淀又可分为在离子晶体上的吸附共沉淀和在无定形沉淀上的吸附共沉淀。一般后者应用比较广泛。

吸附共沉淀所用的无定形沉淀是一些难溶的氧化氢或水合氧化物。影响吸附微量组分的因素如下。

①无定形沉淀载带微量组分的量与被载微量组分所形成的化合物的溶解度有关,微量组分形成难溶或难离解的化合物,易于被吸附载带,但与载体沉积物的溶解度关系不大。

②微量组分被载带的量与载体沉淀表面的带电性质有关,如果被吸附的微粒或胶状粒子所带的电荷与沉淀表面所带的电荷相反,则吸附载带率大。

③在沉淀时溶液 pH 和其他电解质的存在也会严重影响吸附载带率。

④微量组分被载带的量还与沉积的比表面大小有关,比表面越大,对载带越有利。

(3)有机共沉淀法

有机共沉淀法的机理不同于无机共沉淀法。因为有机化合物在离子半径、电荷密度及

其分布等物理化学性质上与无机化合物很不相同。大多数有机化合物的离子半径大、表面电荷密度小,因此它们与别的离子形成共结晶共沉淀或吸附共沉淀的可能性也小。有机共沉淀的形成过程通常是先把溶液中的无机离子转化为憎水性的离子或化合物,然后再选择适当的有机载体化合物将它们载带下来。有机共沉淀大致可分为如下三种类型。

第一类是某些离子(或这些离子同中性络合物、阴离子配位体所形成的络离子)与带有相反电荷的有机离子生成难溶的离子缔合物,这种离子缔合物可与结构相似的载体化合物生成共沉淀。如铯离子与四苯硼钠生成难溶的离子缔合物四苯硼铯 $CsB(C_6H_5)_4$ 就属此类。

第二类是金属离子与有机螯合剂形成难溶的金属螯合物,或者金属离子与螯合剂所形成的可溶性金属螯合物进一步与有机离子形成难溶的缔合物,而被载体化合物载带。如铀与 $\alpha$ - 亚硝基 - $\beta$ - 萘酚所形成的难溶性螯合物就属此类。

第三类是利用有机胶体的凝胶作用而生成的共沉淀。如丹宁、动物胶等所生成的有机胶体对钨、铌、钽、硅等元素的含氧酸所生成的共沉淀就属此类。

由于有机共沉淀(指上述第一、二类)往往具有溶解度小、形成条件比较严格、不易吸附无机杂质等特点,因此有机共沉淀法浓集系数高、选择性较好、分离比较完全。目前,有机共沉淀法已应用于放射化学的分离中。

**2. 共沉淀法的特点及注意事项**

共沉淀法的优点是借助于一种沉淀,可以把溶液中不易沉淀的微量物质载带沉淀下来,达到富集和去除(分离)的目的。其消极方面是伴随的沾污沉淀,妨碍物质的纯化。因此,共沉淀法有以下几方面的注意事项。

(1)预先去除容易共沉淀的离子。

(2)生成共沉淀物质的离子浓度要尽可能低。

(3)沉淀生成时,分次少量地加入沉淀剂并充分搅拌溶液。

(4)尽量提高沉淀生成时的溶液温度,以加强共沉淀物质的热运动。

(5)沉淀过滤后,用适当试剂溶解进行再沉淀。

(6)长时间加热反应溶液并随时搅拌,以促使其沉淀。

## 10.2.3　载体及其选择

**1. 载体和反载体**

在共沉淀法中,凡是能够将微量物质从溶液中携带出的物质都叫作载体。载体可以是原本存在于溶液中的,也可以是被添加的,但是大部分属于后者。

比如,含有 740 Bq/L(即 $1.57 \times 10^{-12}$ mol/L)的 $^{90}$Sr 放射性溶液。$SrCO_3$ 溶解度 $K_{sp}$ 为 $1.1 \times 10^{-10}$。结果表明,加入 $Na_2CO_3$ 后,不能得到 $^{90}SrCO_3$ 沉淀,因为没有达到溶度积。在 $^{90}$Sr 的碳酸盐沉淀过程中,首先要将一定数量的可溶性锶盐添加到溶液中,然后添加 $Na_2CO_3$,使 Sr 与 $Na_2CO_3$ 发生反应,形成 $SrCO_3$ 沉淀,并带走 $^{90}$Sr。在此添加的稳定 Sr 称作载体,$Na_2CO_3$ 称作沉淀剂,$SrCO_3$ 称作承载物。

在共沉淀分离体系中,除了欲分离的放射性核素外,往往同时存在着多种其他放射性杂质核素,为了减少分离过程中这些杂质对欲分离核素的污染,除了必须加入欲分离核素的载体外,还必须加入这些放射性杂质核素的稳定同位素或化学类似物,以稀释放射性杂质,从而大大减少这些放射性杂质被沉淀载带或被器皿吸附的概率,即起了反载带的作用,因此把这类稳定同位素或化学类似物称为反载体(或抑制载体)。

例如,当 $^{90}$Sr 放射性溶液中含有 $^{137}$Cs 时,为了用共沉淀法分离 $^{90}$Sr,仅向溶液中加入稳定 Sr 和 $Na_2CO_3$ 来进行 $SrCO_3$ 共沉淀就不够了。因为在 $SrCO_3$ 沉淀析出时会吸附和夹带少量的 $^{137}$Cs 而使 $^{90}$Sr 产品沾污,因此还必须同时加入稳定 Cs 作为反载体,使 $^{137}$Cs 大大稀释,以减少 $^{137}$Cs 对 $^{90}$Sr 产品的沾污。

### 2. 载体的选择

载体通常是根据欲分离核素的性质,分离体系的组成、状态和分离净化的要求等条件来进行选择的。在选择载体时,如果欲分离的放射性核素有稳定同位素,应尽量选用稳定同位素作载体,这类载体称为同位素载体;如果欲分离放射性核素没有稳定同位素,或者其稳定同位素的来源困难,价格昂贵,一般可选用同族邻近的稳定元素作载体,这类载体称为非同位素载体。

载体选好后,还必须选择合适的沉淀剂,使载体与沉淀剂生成难溶的载体化合物,以求沉淀对欲分离核素的载带完全、沉淀性能好、净化效率高,并有利于后续分离操作和制源测量。

例如,用共沉淀法分离 Ra 时,因 Ra 不存在稳定同位素,因而可选用同族邻近的 Ba 作载体。沉淀剂则往往选用 $H_2SO_4$,这是因为,尽管 Ra 和 Ba 几乎所有对应的化合物都是同晶的,但其中以 $BaSO_4$ 的溶解度最小(表 10-2),且分离效果好,因此最适合作载体化合物。

表 10-2　几种难溶钡盐的溶度积(18~25 ℃)

| 难溶钡盐 | $BaF_2$ | $BaC_2O_4$ | $BaCO_3$ | $BaCrO_4$ | $BaSO_4$ |
|---|---|---|---|---|---|
| $K_{sp}$ | $1 \times 10^{-6}$ | $1.6 \times 10^{-7}$ | $5.1 \times 10^{-9}$ | $1.2 \times 10^{-10}$ | $1.1 \times 10^{-10}$ |

如果后续分离过程尚需将沉淀再溶解,则要求所选择的载体化合物还应易于重新溶解。

载体的用量也要选择恰当。在分离环境和生物样品中的微量放射性核素时,载体不宜过多,否则会降低最终样品源的放射性比活度,增加放射性的自吸收。载体用量的多少,要根据化学分析程序的繁简、化学回收率的高低、测量时自吸收的大小等因素来确定。通常,分析一个样品,载体的加入量为 5~20 mg。如果分离程序复杂,载体量可增加到 100 mg 甚至更多。

### 3. 有载体和无载体

如果在某一放射性核素的产品中,除了由它自身组成的化合物和衰变子体外,并不存在稳定核素,则这种放射性产品为无载体的;反之,为有载体的。但无载体也不是绝对的。因为无论哪种分离方法都不可能将复杂体系中的多种核素彼此彻底分离开来,而分离过程中所使用的试剂、器皿等又会引入一些杂质。所以,无载体只是指放射性产品中稳定核素的量用现有的分析方法检测不出来,或者在所研究的范围内不产生影响而言的。

用共沉淀法分离微量放射性物质时,一定要引入载体,所以该法所获得的放射性产品都是有载体的,这是共沉淀法的主要缺点之一。为了获得无载体的放射性产品,可采用非同位素载体进行共沉淀,然后再采用萃取、离子交换等方法将放射性物质和载体分开。

对于有载体的放射性产品,其中放射性核素的量与其载体和杂质的量之间的关系常用放射性比活度 $S$ 来表示,也称放射性比度或比放射性。放射性比活度是指放射性物质的放射性活度与其质量之比,即单位质量产品中所含某种核素的放射性活度:

$$S = \frac{A}{m_A + m} \approx \frac{A}{m} \qquad\qquad (10-14)$$

式中　$A$——产品中某种核素的放射性活度,Bq;

　　　$m_A$——产品中某种放射性核素的质量,g、mg 或 mmol;

　　　$m$——产品中稳定核素的质量,g、mg 或 mmol。

放射性比活度还用 Ci/g、Ci/mg 或 Ci/mmol 来表示。对于液体放射性产品,常用单位体积中所含某种核素的放射性活度来表示该核素的量,即放射性浓度,其单位为 Bq/L 或 Bq/mL。

### 10.2.4　载体与被载带核素间的同位素交换

在共沉淀法中,为了使欲分离核素被载带完全,就要求所加入的作为载体的稳定核素与被载带的欲分离放射性核素具有完全相同的化学状态。但是,欲分离核素在溶液中的化学状态往往难以知道,这是因为欲分离核素在溶液中常以多种价态存在,而射线对溶液的辐射化学作用也能导致欲分离核素的价态变化。那么,怎样才能保证加入的载体与欲分离核素处于相同的化学状态呢?

首先需了解一下在体系中不存在化学状态变化时,某一元素的同位素之间所发生的变化。放射性示踪法研究的结果表明,同位素之间会发生交换,即同位素原子之间会发生再分配。这种过程就称为同位素交换。例如,在含有 $^{210}Pb$ 的溶液中,加入稳定 Pb 的氯化物 $PbCl_2$ 晶体,经过一定时间后,再把 $PbCl_2$ 晶体自溶液中分离出来,发现 $PbCl_2$ 晶体内部也带有放射性,即有一部分 $^{210}Pb$ 已转入到 $PbCl_2$ 晶体之中。这说明溶液中的 $^{210}Pb$ 与 $PbCl_2$ 晶体中的稳定 Pb 发生了同位素交换反应。

这是在两相中同价离子之间进行的交换反应。同位素交换不仅可在两相之间,也可以在同一相中不同化学状态之间以及同一分子内部不同位置的原子之间进行。但是,它们的交换速度是不一样的。

在共沉淀法中,如果所加入的同位素载体与欲分离核素处于不同的化学状态,它们之间虽然也能以一定的速度进行同位素交换,发生同位素原子之间的再分配,直到最终同位素在各种状态之间达到均匀分配为止。但是,这种同位素交换速度比较慢,交换往往不完全。如果载体与欲分离核素具有相同的化学状态,则同位素交换反应迅速而又完全。因此,为了消除载体和欲分离核素之间由于化学状态不同而引起的同位素交换的不完全,可采用下述两种化学方法使载体与欲分离核素处于相同的化学状态:一是向溶液中加入欲分离核素可能存在的所有价态的同位素载体,然后用适当的氧化还原反应把载体与欲分离核素都转变为同一种价态;二是只加入一种价态的同位素载体,然后进行几次强烈的氧化还原反应,使载体与欲分离核素的价态趋于一致。前一种方法,由于样品中欲分离核素存在的价态难以知道,因而实际上难以应用。因此,更为普遍的是采用后一种方法。例如,从裂变产物中分离放射性碘,碘可能存在的价态很多,有 $I^-$、$I_2$、$IO_3^-$、$IO_4^-$ 等,只加入一种价态的碘载体直接进行沉淀,就不可能将碘载带完全。因此,在实际工作中常以 KI 作载体加入溶液之中,在碱性条件下用 NaClO 作氧化剂,将低价碘全部氧化为 +7 价碘,再在酸性条件下用 $NaNO_2$ 作还原剂,将 +7 价碘还原为单质碘,使碘的价态趋于一致。

由于微量放射性核素在溶液中容易以胶体状态存在,因此其同位素交换的速度很慢。为了使同位素交换迅速达到完全,就必须避免胶体的形成,或采取措施破坏已形成的胶体。

### 10.2.5　减少共沉淀沾污的方法

在采用共沉淀法分离、纯化放射性物质时,沉淀往往会吸附一些放射性杂质,造成产品的沾污。为了减少这种沾污,可采取以下措施。

**1.加反载体**

在分离之前,可先加入一定量的各种放射性杂质的稳定同位素作反载体,使放射性杂质大大稀释,从而减少杂质的吸附量。这种方法对减少产品的沾污十分有效。

**2.提高溶液的酸度或加入适宜的络合剂**

提高溶液的酸度,可防止一些易水解的放射性杂质水解,因而可避免这些杂质转变为胶体而被沉淀吸附。对于一些不易水解的阳离子杂质而言,提高溶液酸度,可使溶液中的 $H^+$ 浓度增加,由于 $H^+$ 半径小、电荷密度大,容易把那些已被沉淀吸附的阳离子杂质置换出来,从而减少杂质的吸附量。

此外,加入适宜的络合剂,使杂质以络合物的形式存在于溶液中,也能减少它们对沉淀的沾污。这种络合剂称为掩蔽剂。

**3.采用均相沉淀法**

均相沉淀法是指所使用的沉淀剂不是直接加入的,而是通过溶液中缓慢的化学反应产生的。这样,沉淀也必然是缓慢地生成,其晶体颗粒大,比表面小,因而对杂质的吸附量也少。

**4.多次沉淀**

为了消除放射性杂质对沉淀的沾污,可以把析出的沉淀溶解后再次沉淀。这样,经过多次反复,可以使产品得到进一步纯化。

**5.加热**

在加热条件下进行共沉淀反应或熟化,会加速沉淀—溶解—再沉淀的动态平衡即重结晶过程,使沉淀颗粒增大,比表面积减小。这不仅能降低沉淀表面对杂质的吸附量,而且还能减少沉淀内杂质的夹带量。

**6.洗涤**

在对沉淀进行过滤或清洗分离后,再用含有沉淀剂的溶液洗涤沉淀,可进一步去除沉淀表面所吸附的杂质。如果选择与杂质具有很强络合能力的试剂作洗涤剂,则去污效果更好。

## 10.2.6　沉淀法和共沉淀法应用实例

### 1. 氢氧化铵沉淀法

氢氧化铵沉淀法广泛用于碱金属、部分碱土金属及部分能生成稳定氨配合物的阳离子。此法选择性差,常常需要在配位剂 EDTA 及其类似化合物的存在下,提高选择性。在用氢氧化铵沉淀法分离放射性核素后,还需要进一步纯化。

采用氢氧化铵沉淀技术进行铀的分离,当 EDTA 存在时,只有少量的离子:$UO_2^{2+}$、$Ti(Ⅳ)$ 和 $Be^{3+}$ 能进行定量分析,再加上碳酸盐浸提工艺,可以使 $UO_2^{2+}$ 得到高效的分离。

由于碳酸盐、草酸盐等会影响到钚的定量分析,同时大量的锌、铬、硼也会污染钚的沉淀,因此该方法并没有得到广泛的使用。

### 2. 过氧化氢沉淀法

过氧化氢沉淀具有良好的选择性,在同样的条件下,只有钚、铈、锆具有相似的反应,而大部分普通元素在低浓度时都能很容易地与放射性物质分离,它的主要作用是将原元素从极少的共存杂质中分离出来。

在 $pH = 0.5 \sim 3.5$ 的酸性介质条件下,过氧化氢能与 $UO_2^{2+}$ 生成浅黄色的沉淀,可实现过氧化氢沉淀法对铀的分离。

采用过氧化氢沉淀钚,因 $Pu(Ⅵ)$ 未被过氧化氢所沉积,因此必须采用亚硫酸盐、羟胺等还原剂进行调价。如果含有大量(相当于钚的量)的金属,则会导致不完全的钚沉淀,这是因为其中的一部分被氧化成 $Pu(Ⅵ)$,并且铁催化了过氧化氢的分解。另外,铀、锆和铪会干扰钚的沉积。

钚从酸性介质($1 \sim 2 \ mol/L$)中用过氧化氢进行定量沉淀,可以使钚与许多元素分离,如表 10 - 3 所示。

**表 10 - 3　过氧化氢沉淀纯化钚的效果**

| 元素族 | 元素 | 相对于 Pu 的元素含量/%（质量分数） | | 元素族 | 元素 | 相对于 Pu 的元素含量/%（质量分数） | |
| --- | --- | --- | --- | --- | --- | --- | --- |
| | | 沉淀前 | 沉淀后 | | | 沉淀前 | 沉淀后 |
| ⅠA | Na | > 0.01 | ≈ 0.001 | ⅥB | Cr | 1.4 | < 0.002 |
| | Cu | ≈ 0.01 | ≈ 0.000 1 | | Mo | 0.28 | < 0.002 |
| | Ag | ≈ 0.000 5 | ≈ 0.000 2 | Ⅶb | Mn | 0.001 5 | < 0.000 1 |
| ⅡA | Be | ≈ 0.01 | 0.000 3 | Ⅷ | Fe(Ⅲ) | 0.62 | < 0.001 |
| | Mg | 0.1 | < 0.000 5 | | | > 2 | 0.037 |
| | Ca | ≈ 0.01 | 0.002 5 | | Co | 6.5 | < 0.002 |
| | Zn | 0.001 | 0.001 | | Ni | > 0.13 | < 0.002 |
| | Pb | 0.01 | 0.000 2 | | Ru | 1.6 | 0.1 |

表 10 - 3(续)

| 元素族 | 元素 | 相对于 Pu 的元素含量/% (质量分数) | | 元素族 | 元素 | 相对于 Pu 的元素含量/% (质量分数) | |
|---|---|---|---|---|---|---|---|
| | | 沉淀前 | 沉淀后 | | | 沉淀前 | 沉淀后 |
| ⅢA | B | $\approx 0.1$ | $\approx 0.000\ 1$ | 镧系 | La | 0.005 | $< 0.001$ |
| | Al | $> 0.05$ | $0.000\ 5$ | | Ce | 1 | $\approx 0.015$ |
| | In | $\approx 0.01$ | $0.000\ 5$ | 锕系 | Th | 3.4 | 3.2 |
| ⅣA | Si | 0.12 | 0.002 | | U | 277 | 253 |
| | Ti | $\approx 0.04$ | $< 0.02$ | | | | |
| | Zr | 0.34 | 0.1 | | | | |
| | Sn | 0.001 | $0.000\ 1$ | | | | |

由表 10 - 3 可以看出，Ⅰ A、Ⅱ A 和Ⅲ A 族元素能很好地被分离，Ⅳ A 族元素除硅外，钛、锆、锡只能部分分离。ⅥB 和ⅦB 族元素中的铬、钼和锰不与钚共沉淀。Ⅷ族元素中，除钌外，铁、钴、镍能够被过氧化物沉淀分离。可见用过氧化氢沉淀钚时，能有效地与镧系分离，而钍、铀与钚一起沉淀。

### 3. 氟化物共沉淀

用氟化物沉淀放射性元素的方法在核燃料分析中早已得到应用。常用的共沉剂有 $ThF_4$、$CaF_2$ 和 $LaF_3$ 等氟化物。

研究人员利用 $ThF_4$ 共沉淀方法进行了铀的分离，其过程为：在含几百微克铀的硫酸或盐酸中，加入锌将 $UO_2^{2+}$ 还原为 $U^{4+}$，过滤，滤液中加入 $NH_4F$、HF 与 Th(Ⅳ)盐溶液共沉淀。

高价钚能生成可溶性氟化物，而低价钚的氟化物则不溶；钚在高价时不被稀土氟化物沉淀载带，在低价时则能被稀土氟化物定量载入。用氟化镧循环载带能有效地分离和浓集钚。该方法效率高、载体用量少。在测量钚的 α 浓度时，沉淀的自吸收影响可以忽略，因此，采用氟化镧共沉淀法可以分离和测量溶液中微量钚。

### 4. 氢氧化铁共沉淀法

氢氧化铁是最早广为人知的共沉淀剂，它在水中溶解度较小，在弱酸性溶液中开始沉淀。由于它没有显著的性别特征，因此能在较宽的 pH 范围内使用，适当控制 pH 值，使溶液中主要成分没有明显沉淀时，即可用来载带微量放射性元素。氢氧化铁沉淀为细小的胶体粒子，沉降缓慢，因此往往需要加入助凝剂，来加速胶体的沉降

通常在不含 $CO_3^{2-}$ 的 pH 值为 5～8 的溶液中，用氢氧化铵沉淀铁，可分离富集溶液中毫克量至微克量级的铀。在严格的控制条件下，氢氧化铁可以定量分离溶液中 0.11 μg/L 的铀，此法已经广泛应用于海水、天然水等样品中痕量铀的测定。氢氧化铁共沉淀法还可以用于矿石、废水和其他特定样品中铀的测定。

利用氢氧化铁共沉淀方法可以分离钚和锕系元素。例如，Pu(Ⅳ)在醋酸盐溶液中(pH = 5～6)与氢氧化铁共沉淀，使钚与铀和其他裂变产物分离。当钚的价态变为 Pu(Ⅵ)，则氢氧化铁不会共沉淀钚，利用这一性质可实现分离。

# 10.3　溶剂萃取法

## 10.3.1　概述

从广义上理解,所谓的萃取过程包括了从液相到液相、固相到液相、气相到液相、固相到气相、液相到气相等多种情况的传质过程。但在科学研究和生产实践中,"萃取"一词通常仅指液 – 液萃取过程,而把固 – 液传质过程称为"浸取",气 – 液传质过程称为"吸收",固 – 气和液 – 气传质过程称为"超临界气体萃取"。本节所讨论的内容是液 – 液萃取,常称为溶剂萃取。

溶剂萃取是将一种包含萃取剂及稀释剂的有机相,与含有一种或几种溶质的水溶液相混合,当两相不混溶或混溶程度不大时,一种或若干种溶质进入有机相。稀释剂用于改善有机相的某些物理性质,如降低相对密度、降低黏度、降低萃取剂在水中的溶解度,有利于两相流动和分开。有时在有机相中另加入一种有机试剂,称为添加剂,用于消除某些萃取过程中形成的第三相,抑制乳化现象。当所需溶质从水相转入有机相以后,在改变实验条件下,也可以使它从有机相转到水相,这一过程称为反萃取。有时还在萃取后,将已与水相分开的有机相用一定的水溶液洗涤,以除去与所需的溶质一起进入有机相的其他少量不需要的溶质,称为洗涤。由此可见,完整的萃取分离通常包括萃取、洗涤及反萃取三步,以保证所需溶质不但得到纯化,而且存在于水相中。

溶剂萃取方法具有选择性好、回收率高、设备简单、操作简便、快速,以及易于实现自动控制等特点。该方法的不足之处在于使用的萃取剂大多较昂贵,有机溶剂较易挥发并有一定的毒性。多级萃取过程也较烦琐等。尽管如此,该方法的主要特点使其一直受到广泛的重视,现已广泛用于分析化学、无机化学、放射化学、湿法冶金以及化工制备等领域。

### 1. 基本概念

（1）溶液

一种或几种物质分散到另一种物质里,形成均匀的稳定的混合物,叫作溶液。通常把能溶解其他物质的物质称为溶剂;被溶解的物质称为溶质。溶液是由溶剂和溶质组成的。

（2）相和相比

相是指具有相同物理性质和化学性质的均一部分。物态有固相、液相、气相之分。相与相之间有明显的界面,可以用机械的办法把两相分开。在萃取过程中,为了实现各组分的有效分离,在某一萃取单元内,对有机相和水相的接触体积有一定的要求,通常将有机相和水相的体积比称为相比,$V_o/V_w$ 常用符号表示,也可用水相和有机相的体积比表示,即 $V_w/V_o$。

（3）萃取和反萃取

萃取是利用系统中某组分在各相中不同的溶解度来分离混合物的单元操作。溶剂萃取体系主要是由水相和有机相组成的体系。萃取指被萃取的物质从水相中转移到有机相的过程。萃取分离后的有机相称为萃取液,此时的水相为萃余液(也称萃残液)。在萃取化学上,通常把有机相中能同被萃取物质起作用生成可溶于有机相的化合物的组分叫作萃取剂。为了改善萃取剂的某种物理性能而加入的有机液体叫作稀释剂。稀释剂在萃取过程中不参与化学反应,是能与萃取剂完全互溶的惰性液体。

反萃取(简称反萃)是萃取的逆过程,即被萃取的物质从有机相返回到水相的过程。能使被萃取物质离开有机相的水溶液叫作反萃剂。

(4)洗涤

在萃取过程中,某些杂质也会不同程度地随着要分离的物质一起萃取。为了提高对杂质的去污效果,可用一定组成的水溶液与萃取液接触,把萃取到有机相中的杂质部分或全部分离到水相中去,而所需要分离的物质仍然留在有机相中,这个过程叫作洗涤。能反萃有机相中的杂质而又基本保留需分离的物质在有机相的水溶液称为洗涤剂。

(5)捕集

令有机溶剂与水相接触,使悬浮于水相中的微量萃取剂合并入有机相的过程称为捕集。

(6)盐析

在萃取体系中的水相中加入无机盐,使得被萃取物萃取率增加的过程叫盐析,所加入的无机盐叫盐析剂。水相中加入盐析剂后,有两方面作用:①盐析剂的阴离子与萃合物的阴离子相同,按照质量作用定律,盐析剂加入后增加了阴离子浓度,将会促进中性配合物的形成,这就是"同离子效应",也是中性配合物萃取的特点。②由于盐析剂的阳离子被水化,使体系中自由水分子的浓度下降,提高了萃合物在水相中的有效浓度。电荷大而半径小的阳离子的水化作用强烈,所以盐析效应比较显著。

例如,用 TBP 萃取水溶液中的 U(Ⅵ)时,主要发生了下列两个平衡反应:

$$UO_2^{2+} + 2NO_3^- \rightleftharpoons UO_2(NO_3)_2$$

(电离平衡反应)

$$UO_2(NO_3)_2 + 2TBP \rightleftharpoons UO_2(NO_3)_2 \cdot 2TBP$$

(萃取络合平衡反应)

如果加入硝酸盐,使水相中的 $NO_3^-$ 浓度增加,就有利于 $UO_2(NO_3)_2$ 的生成,因而有利于 U(Ⅵ)的萃取(图 10 - 2)。

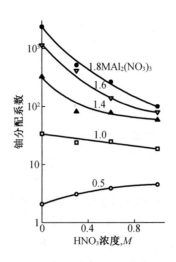

图 10 - 2　水相中盐析剂 $Al_2(NO_3)_3$ 和 $HNO_3$ 的浓度对 U(Ⅳ)分配系数的影响

（7）萃取平衡

在萃取过程中，物质在两相间的转移是一个可逆的过程。例如，用 TBP—苯从硝酸溶液中萃取铀（Ⅵ），就发生了如下的可逆反应：

$$UO_2(NO_3)_{2(水相)} + 2TBP_{(有机相)} \Longleftrightarrow UO_2(NO_3)_2 \cdot 2TBP_{(有机相)}$$

一方面是硝酸铀酰分子 $UO_2(NO_3)_2$ 与 TBP 结合，生成萃合物 $UO_2(NO_3)_2 \cdot 2TBP$，使铀从水相转入有机相；另一方面是有机相中的铀也在向水相转移。起初，铀（Ⅵ）在单位时间内向有机相转移的量比向水相转移的量多，因此有机相中的铀（Ⅵ）浓度不断增加。但随着有机相铀（Ⅵ）浓度的增高，铀（Ⅵ）从有机相转入水相的量不断增加。经过一定时间之后，单位时间内转入有机相和转入水相的铀（Ⅵ）量相等，两相中铀（Ⅵ）浓度不再变化，这种状态就称为萃取平衡。此时，铀（Ⅵ）在两相中的浓度称为平衡浓度。显然，和化学反应平衡一样，萃取平衡也是一种动态平衡。

**2. 重要参数**

在溶剂萃取分离中，达到平衡状态时，被萃取物质在有机相和水相中都有一定的浓度。为了描述萃取平衡状态及萃取效果，需要了解萃取中的常用参数：分配系数、分配比、萃取率、分离系数。

（1）分配系数

某物质在互不相溶的两相中达到萃取平衡时，它在有机相中的总浓度与在水相中的总浓度的比值即为分配系数，又称为分配比，用符号 $D$ 表示：

$$D = \frac{[M]_有}{[M]_水} \qquad (10-15)$$

式中　$[M]_有$——某物质达到萃取平衡时在有机相中的总浓度；

　　　$[M]_水$——某物质达到萃取平衡时在水相中的总浓度。

从式（10-15）中可以看出，$D$ 值越大，则某物质在有机相中的总浓度就越高，也就越容易被萃取。在一定条件下，每一萃取体系的分配系数是一个可以测得的实验值，因而在实际工作中经常使用。

通常，分配系数不是一个常数，它随被萃取物质的浓度、水相中的酸度及其他物质的浓度、有机相中萃取剂的种类和浓度、稀释剂的性质以及温度等条件不同而改变。然而，在一定条件下，当某物质在互不相溶的两相中存在的状态相同（即不发生解离、水解、缔合、络合等情况），则达到萃取平衡时，它在两相中的浓度比为一常数，这就是分配定律，可用下述公式表示：

$$K_D = \frac{[M]_有}{[M]_水} \qquad (10-16)$$

式中，$K_D$——分配常数。

分配定律一般仅适用于溶质浓度较低的简单萃取体系，如碘（$I_2$）在水和四氯化碳之间的分配。实验证明，碘在水溶液中的平衡浓度 $[I_2]_{H_2O}$ 小于 0.19 g/L 时，它在水和四氯化碳中的分配系数 $D = KD$，为一常数；浓度太高时，$D$ 值就增大（表 10-4）。

表 10-4　碘在水和四氯化碳之间的分配系数

| $[I_2]_{H_2O}/(g \cdot L^{-1})$ | $[I_2]_{CCl_4}/(g \cdot L^{-1})$ | $D$ |
|:---:|:---:|:---:|
| 0.081 8 | 6.966 | 85.1 |
| 0.127 6 | 10.88 | 85.3 |
| 0.193 4 | 16.54 | 85.5 |
| 0.291 3 | 25.61 | 87.9 |

但在实际萃取过程中,由于往往伴随有化学反应,因此被萃取物在两相中往往以多种化学状态存在,而通常人们所关心的并不是被萃取物以某一相同的状态在两相中的浓度,而是被萃取物的各种状态分别在两相中的总浓度。因此,一般萃取体系还是用分配系数来进行描述。

（2）分离系数

萃取分离系数的表达式为

$$\alpha_{萃} = \frac{[A]_{有}/[B]_{有}}{[A]_{水}/[B]_{水}} \tag{10-17}$$

由此可得:

$$\alpha_{萃} = \frac{[A]_{有}/[A]_{水}}{[B]_{有}/[B]_{水}} = \frac{D_A}{D_B} \tag{10-18}$$

式中　$D_A$、$D_B$——被分离的 A、B 两种物质在两相中的分配系数。

由式（10-18）可知,萃取分离系数为被分离的两种物质的分配系数之比。当 $D_A$ 值足够大时,则 $\alpha_{萃}$ 越大,这两种物质在萃取时越容易分离,分离的选择性也就越高。当 $\alpha_{萃}$ 越接近 1 时,两种物质彼此就越难分离。

（3）萃取率

经萃取而进入有机相的被萃取物的量占被萃取物在两相中总量的百分数即为该物质的萃取率,用符号 $E$ 表示:

$$E = \frac{被萃取物在有机相中的量}{被萃取物在两相中的量} \times 100\% \tag{10-19}$$

萃取率表征了萃取过程对被萃取物萃取的程度。当达到萃取平衡时,$E$ 与分配系数 $D$ 有如下关系:

$$E = \frac{[M]_{有} V_{有}}{[M]_{有} V_{有} + [M]_{水} V_{水}} \times 100\% = \frac{\dfrac{[M]_{有} V_{有}}{[M]_{水} V_{水}}}{\dfrac{[M]_{有} V_{有} + [M]_{水} V_{水}}{[M]_{水} V_{水}}} \times 100\% = \frac{D \dfrac{V_{有}}{V_{水}}}{D \dfrac{V_{有}}{V_{水}} + 1} \times 100\%$$

$$\tag{10-20}$$

式中　$V_{有}$、$V_{水}$——萃取时有机相和水相的体积。

令

$$R = \frac{V_{有}}{V_{水}} \tag{10-21}$$

$R$ 即相比,则 $E$ 的表达式可改写为

$$E = \frac{DR}{DR+1} \times 100\% \qquad (10-22)$$

由式(10-22)可知,改变相比 $R$,即可引起萃取率的改变;当相比一定时,只要知道 $D$ 值,即可计算出萃取率。萃取率与分配系数、相比之间的关系如图 10-3 所示。

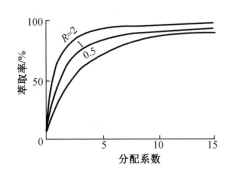

**图 10-3　萃取率与分配系数、相比之间的关系**

当 $R=1$ 时,即 $V_{有}=V_{水}$ 时:

$$E = \frac{D}{D+1} \times 100\% \qquad (10-23)$$

由式(10-23)可知,当 $R=1$,$D=1$ 时,一次萃取的萃取率为 $50\%$;当 $R=1$,$D=9$ 时,一次萃取的萃取率可为 $90\%$。

从式(10-22)还可看出,要提高萃取率 $E$,也可以改变体积比,增加有机溶剂的用量。但当有机溶剂体积增大时,所得有机相中被萃取物的浓度降低,为进一步测定增加了困难。如果改用小体积溶剂连续萃取数次的方法,则要达到同样的萃取率,只需用较少量的有机溶剂就可以达到目的。

### 10.3.2　溶剂萃取体系的分类

萃取体系可以按照萃取剂的种类划分,例如分为 P 型(或磷型)萃取体系、N 型(或胺型)萃取体系、C 型(或螯合型)萃取体系、O 型(或锌盐)萃取体系等。这种分类法对于萃取机理不确定的体系特别适用。萃取体系也可按照被萃取金属离子的外层电子构型来划分,如 5f 区元素(即锕系元素)的萃取、4f 区元素(即镧系元素)的萃取、d 区元素(即过渡金属元素)的萃取、p 区元素(即第Ⅲ至Ⅷ主族元素)的萃取、s 区元素(即碱金属和碱土金属元素)的萃取、惰性气体的萃取等类型。萃取体系还可按照底液的不同分为硝酸底液萃取、其他强酸底液萃取、混合酸底液萃取、弱酸底液萃取、中性和碱性底液萃取等类型。

萃取体系比较合理的分类法最好既要考虑萃取剂的性质,又要考虑被萃取金属元素的特征和底液性质,即根据萃取机理或萃取过程中生成的萃合物的性质来划分,如表 10-5 所示。

表 10 – 5　萃取体系分类

| 大类 | 名称 | 符号 | 举例 | 按萃取剂种类数目分类 |
|---|---|---|---|---|
| 1 | 简单分子萃取体系 | D | $O_sO_4/H_2O/CCl_4$ | 零元萃取体系（物理分配） |
| 2 | 中性络合萃取体系 | B | $Zr^{4+}/HNO_3 - NaNO_3/TBP - C_6H_6$ | 单元萃取体系 |
| 3 | 螯合萃取体系 | A | $S_C^{3+}/pH4 \sim 5/HOx - CHCl_3$ | 单元萃取体系 |
| 4 | 离子缔合萃取体系 | C | $Fe^{3+}/HCl/R_2O$ | 单元萃取体系 |
| 5 | 协同萃取体系 | A + B | $\left.\begin{array}{l} UO_2^{2+}/H_2SO_4/HDEHP \\ TBP \end{array}\right\} - C_6H_6$ | 二元萃取体系 |
| | | A + B + B′ | $\left.\begin{array}{l} UO_2^{2+}/HNO_3/PMBP \\ TBP \\ \Phi_2SO \end{array}\right\} - C_6H_6$ | 三元萃取体系 |
| | | A + B + C | $\left.\begin{array}{l} UO_2^{2+}/H_2SO_4/HDEHP \\ TBP \\ R_3N \end{array}\right\} - 煤油$ | 三元萃取体系 |
| 6 | 高温萃取体系 | | $RE(NO_3)_3/LiNO_3(熔融)/TBP—多联苯\ 150\ ℃$ | |

注:$\Phi = (C_6H_5)_2$。

### 1. 简单分子萃取体系

这类萃取的特点是被萃物在水相和有机相都以中性分子的形式存在,溶剂与被萃物之间没有化学结合,也不外加入萃取剂。例如,萃取剂本身在水相和有机相中的分配

$$TBP/H_2O/煤油$$

$$HTTA/H_2O/C_6H_6$$

也属于简单分子萃取。在此类萃取过程中,并非不允许有任何化学反应存在,如 HTTA 在水溶液中就电离:

但萃取过程却是中性分子 HTTA 在两相之间的物理分配,HTTA 与溶剂 $C_6H_6$ 之间无化学反应。

又如,$OsO_4$ 在水与 $CCl_4$ 之间的分配,也属于简单分子萃取类型:

$$OsO_4/H_2O/CCl_4$$

$OsO_4$ 在有机相中能聚合为 $(OsO_4)_4$:

$$4OsO_{4(O)} = (OsO_4)_{4(O)}$$

式中,下标(O)表示有机相。

$OsO_4$ 在水相中有两性电离平衡:

$$OsO_4+H_2O \rightleftharpoons H_2OsO_5 - \begin{cases} \longrightarrow H^+ + HOsO_5^- \\ \longrightarrow HOsO_4^+ + OH^- \end{cases}$$

但决定它是简单分子萃取体系的关键是 $CCl_4$ 从水溶液中萃取的是中性分子 $OsO_4$，并且 $CCl_4$ 与 $OsO_4$ 之间无化学结合。

简单分子萃取体系又可按照被萃物性质的不同分为简单萃取、难电离无机化合物的萃取和有机化合物萃取，详列于表 10－6 中。

表 10－6　简单分子萃取体系的分类

| 分类 | 小类 | 举例 |
|---|---|---|
| 单质萃取 | 惰性气体 | $He/H_2O/CH_3NO_2$ |
| | 卤素 | $I_2/H_2O/CCl_4$ |
| | 其他物质 | $Hg/H_2O/C_6H_{14}$ |
| 难电离无机化合物萃取 | 卤化物 | $HgX_2$ |
| | | $AsX_3(SbX_3)/H_2O/CHCl_3$ |
| | | $GeX_4(SnX_4)/H_2O/CHCl_3$ |
| | 硫氰化物 | $M(SCN)_2/H_2O/R_2O$ |
| | | $M = Be, Cu$ |
| | | $M(SCN)_2/H_2O/R_2O$ |
| | | $M = Al, Co, Fe$ |
| | 氧化物 | $OsO_4(RuO_4)/H_2O/CCl_4$ |
| | | $H_2O_2/H_2O/R_2O$ |
| | 其他 | $CrO_2Cl_2/H_2O/CCl_4$ |
| | | $HCN/H_2O/R_2O$ |
| 有机化合物萃取 | 有机酸 | $RCOOH(TTA, AcAc)/H_2O/R_2CO(R_2O, CHCl_3, CCl_4, C_6H_6, 煤油)$ |
| | | $HOx/H_2O/C_6H_6$ |
| | 有机碱 | $ROHR_2CO(CHCl_3, CCl_4, C_6H_6)$ |
| | | $RSH/CHCl_3$ |
| | | $RNH_2(R_2NH, R_3N)/H_2O/煤油$ |
| | 中性有机化合物 | $R_2CO(R_2O, RCHO, R_2SO, TBP)/H_2O/煤油$ |

## 2. 中性萃取体系

这类萃取体系的特点是：①被萃物是中性分子，如 $UO_2(NO_3)_2$，虽然在水相中它可能以 $UO_2^{2+}$、$UO_2(NO_3)^+$、$UO_2(NO_3)_2$、$UO_2(NO_3)_3^-$ 等有多种形式存在，但被萃取的只是中性分子 $UO_2(NO_3)_2$；②萃取剂本身也是中性分子，如 TBP；③萃取剂与被萃物结合，生成中性络合物，如 $UO_2(NO_3)_2 \cdot 2TBP$。又如乙醚萃取硝酸铀酰，是通过氢键形成所谓"二次溶剂化"，如 $UO_2(NO_3)_2 \cdot (H_2O)_4 \cdot 4(C_2H_5)_2O$。

中性络合萃取体系可按萃取剂性质不同,细分为下列类型。

(1)中性含磷萃取剂

①磷酸酯$(RO)_3PO$、磷酸酯$R(RO)_2PO$;次磷酸酯$R_2(RO)\cdot PO$;磷氧化物$R_3PO$类。

②焦磷酸酯$R_4P_2O_7$及其类似物,如

$$RO-\overset{\overset{\displaystyle O}{\|}}{\underset{\underset{\displaystyle OR}{|}}{P}}-X-\overset{\overset{\displaystyle O}{\|}}{\underset{\underset{\displaystyle OR}{|}}{P}}-OR$$

X 代表$O$、$CH_2$、$CH_2-CH_2$等。

③磷的有机衍生物$(RO)_3P$,例如三苯氧化磷是一价铜的特效萃取剂,萃取体系为

$$CuCl/H_2O-KCl/10\%(C_6H_5O)_3P-CCl_4$$

④磷硫酰类化合物$(RO)_3PS$、$R_3PS$,如三丁基磷硫化物$(C_4H_9)_3PS$,三辛基磷硫化物$(C_8H_{17})_3PS$,这类萃取剂现在还研究得不多。

(2)中性含氧萃取剂

这类萃取剂包括酮、醚、醇、酯、醛等,它们在硝酸或弱酸性溶液中萃取金属盐,尤其是$UO_2(NO_3)_2$,属于中性络合萃取类型。按金属盐与萃取取剂结合的方式,又可分为一次溶剂化和二次溶剂化两类。

①一次溶剂化:当金属离子与萃取剂分子直接以配价键相结合时,称为一次溶剂化。硝酸铀酰通过一次溶剂化而生成的萃合物,可有下列四种组成:

$$UO_2(NO_3)_2\cdot 4S$$
$$UO_2(NO_3)_2\cdot H_2O\cdot 3S$$
$$UO_2(NO_3)_2\cdot 2H_2O\cdot 2S$$
$$UO_2(NO_3)_2\cdot 3H_2O\cdot S$$

式中,S 代表酮、醚、醇或酯。

②二次溶剂化:萃取剂分子不是直接与金属离子结合,而是通过氢键与第一配位层的分子相结合,则称为二次溶剂化。硝酸铀酰通过二次溶剂化生成的萃合物组成为

$$UO_2(NO_3)_2\cdot 4H_2O\cdot nS(n\leqslant 4)$$

其中,$UO_2(NO_3)_2\cdot 4H_2O\cdot 2ROR$ 的结构式可能是:

在强酸溶液中,酮、醚、醇、酯生成锌盐阳离子,而金属元素则以络合阴离子的形式被萃取,这种类型属于离子缔合萃取体系。

（3）中性含氮萃取剂

例如吡啶萃取 $Cu(SCN)_2$，生成的萃合物组成为 $Cu(SCN)_2 \cdot (Py)_2$，其结构式为

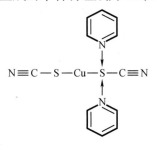

这里被萃物 $Cu(SCN)_2$ 和萃取剂吡啶都是中性分子，它们通过配键生成中性络合物，所以属于中性络合物萃取体系。

（4）中性含硫萃取剂

二甲基亚砜 $(CH_3)_2SO$、二苯基亚砜 $(C_6H_5)_2SO$ 等亚砜类化合物属于这类萃取剂。

**3. 螯合物萃取体系**

它的特点是：①萃取剂是一弱酸 HA 或 $H_2A$，它既溶于有机相也溶于水相（通常在有机相中溶解度大），在两相之间有一定的分配系数，但依赖于水相的组成，特别是水相的 pH 值；②在水相中金属离子以阳离子 $M^{n+}$（如 $Th^{4+}$）的形式，或以能离解成 $M^{n+}$ 的络离子 $MLxn-xb$（b 为配位体 L 的负价）的形式存在。③在水相中 $M^{n+}$ 与 HA 或 $H_2A$ 生成中性螯合物 $MA_n$ 或 $M(HA)_n$ 等形式。④生成的中性螯合物不含有亲水基团，因而难溶于水而易溶于有机溶剂，所以能被萃取。

在中性螯合物形成过程中，通常存在下列化学平衡：

$$M^{n+} + nHA \rightleftharpoons MA_n + nH^+$$

萃取反应平衡常数 $K$ 为

$$K = \frac{[MA_n][H^+]^n}{[M^{n+}][HA]^n} \tag{10-24}$$

$$HA \rightleftharpoons A^- + H^+ \tag{10-25}$$

则萃取剂离解常数 $K_a$ 为

$$K_a = \frac{[H^+][A^-]}{[HA]} \tag{10-26}$$

$$HA_{(W)} \rightleftharpoons HA_{(O)} \tag{10-27}$$

萃取剂分配常数 $K_{HA}$ 为

$$K_{HA} = \frac{[HA]_{(O)}}{[HA]_{(W)}} \tag{10-28}$$

式中，下标（W）、（O）分别表示水相和有机相。

$$M^{n+} + nA^- \rightleftharpoons MA_n \tag{10-29}$$

萃合物稳定常数 $\beta_n$ 为

$$\beta_n = \frac{[MA_n]}{[M^{n+}][A^-]^n} \tag{10-30}$$

$$MA_{n(W)} \rightleftharpoons MA_{n(O)} \tag{10-31}$$

萃合物分配常数 $K_{MA}$ 为

$$K_{MA} = \frac{[HA_n]_{(O)}}{[HA_n]_{(W)}} \quad (10-32)$$

各常数之间存在以下关系：

$$K = K_{MA}\beta_n (K_a/K_{HA})^n \quad (10-33)$$

此时的分配比 $D$ 为

$$D = [MA_n]_{(O)}/[M^{n+}]_{(W总)} = K_{MA}\beta_n[A^-]^n = K[HA]^n_{(O)}/[H^+]^n_{(W)} \quad (10-34)$$

由此可见，对于电荷为 $n+$ 的金属离子，按中性螯合物进行萃取的分配比 $D$，与有机相中萃取剂（HA）平衡浓度的 $n$ 次方成正比，而与水相中氢离子（$H^+$）浓度的 $n$ 次方成反比。如果在有机相中萃取剂浓度不变的条件下，以 $\log D \sim \log[HA]$ 作图；或者在水相氢离子浓度不变的条件下，以 $\log D \sim \log[HA]$ 作图；都可以得到斜率为 $n$ 的直线。

对于螯合物萃取，分配比 $D$ 存在以下规律。

水相 pH 值越大，也就是水相 $[H^+]$ 越小，则分配比 $D$ 越大。但是，水相 pH 值过大会造成金属离子水解，反而不利于萃取。

（1）萃取剂 HA 的分配常数 $K_{HA}$ 越小，萃合物 $MA_n$ 的分配常数 $K_{MA}$ 越大，则萃取反应平衡常数 $K$ 越大，在水相 pH 值不变的条件下，可以获得较大的分配比 $D$。

（2）萃合物 $MA_n$ 的稳定常数 $\beta_n$ 越大，分配比 $D$ 越大，萃取率越高。

（3）萃取剂离解常数 $K_n$ 越大，则萃取剂容易溶解在水中，因此容易与水相中的金属离子螯合形成萃合物，有利于萃取。

（4）金属离子的萃取率与萃取剂在有机相中的浓度有关，萃取剂在有机相的浓度增加 10 倍，或水相 pH 值提高一个单位，都可以使分配比 $D$ 增加相同的倍数。

螯合萃取可按萃取剂性质的不同分为以下五种类型。

（1）含氧螯合物：即只含 C、H、O，不含 P、N、S 的螯合剂。如 β – 双酮类、羟基庚三烯酮等一些烯酮类化合物，水杨醛类、对醌二酚茜素等化合物。

（2）含氮螯合物：只含 C、H、O、N，不含 P、S 的螯合剂。如 8 – 羟基喹啉及其类似物，二甲基乙二肟、二苯基乙二肟等乙二肟类化合物，水杨醛肟、二苯乙醇酮肟等单肟类化合物，铜铁试剂、新铜铁试剂等羟胺类化合物，$\alpha$ – 亚硝基 – β – 萘酚、β – 亚硝基 – $\alpha$ – 萘酚等亚硝基羟基类化合物，偶氮吡啶萘酚、硝基偶氮萘酚等偶氮酚类化合物以及安替匹灵及其类似物等。

（3）含硫螯合物：如双硫腙及其类似物、苯基甲酸盐、N – 二乙基氨基硫代甲酸盐等氨基硫代甲酸盐化合物、黄元酸盐以及甲基 – 3,4 – 二硫酚等二硫酚类化合物。

（4）酸性磷萃取剂：只含 C、H、O、P，不含 N、S 的螯合剂。如磷酸二烷基酯、磷酸一烷基酯、焦磷酸二烷基酯等（$R_2H_2P_2O_7$）。

（5）羧酸及取代羧酸：如水杨酸、苯甲酸、环烷酸、脂肪酸和氟代羧酸等。

#### 4. 离子缔合萃取

离子缔合萃取中，金属以配位阴离子形式与质子化萃取剂的阳离子缔合，形成可溶于有机相的离子缔合物；或者中性萃取剂与水溶液中的金属阳离子形成螯合或配位阳离子，与水相的阴离子缔合，形成可溶于有机相的离子缔合物。

离子缔合萃取可以分为以下两类。

（1）阴离子萃取

萃取剂被质子化形成阳离子，与水溶液中的金属配合阴离子缔合成盐。这类萃取剂按照反应基团的成盐原子，可分为 O、N、P、As、Sb、S 等多种类型。

①𬓱盐萃取

萃取剂为酮、醚、醇、醛、酯等有机含氧试剂。萃取需要在强酸溶液中进行。（在硫氰酸体系中酸性不宜太强）。按照酸的种类又可分为 HF、HCl、HBr、HI、$NH_4CNS$、KCNS、$HNO_3$、$H_2SO_4$、$HClO_4$、$HMnO_4$、$HReO_4$、$HTeO_4$、HCN、混合酸和杂多酸等体系。

②铵盐萃取

萃取剂为伯胺、仲胺、叔胺等，它们在酸性溶液中（如 $H_2SO_4$ 中）分别生成 $RNH_3^+\cdot HSO_4^-$、$R_2NH_2^+\cdot HSO_4^-$、$R_3NH^+\cdot HSO_4^-$ 等。萃取剂也可以是季铵盐 $R_4N^+Cl^-$，由于它已经形成阳离子，不需要再与 $H^+$ 结合，所以可以在中性、酸性或碱性溶液中萃取。

（2）阳离子萃取

金属阳离子与中性螯合剂（如联吡啶）结合成螯合阳离子，与水相中存在的较大阴离子（如 $ClO_3^-$），组成离子缔合体系而溶于有机相中；或者中性萃取剂与水溶液中的金属阳离子结合成为配位阳离子，然后与溶液中的阴离子缔合成盐，溶于有机相。例如乙醚萃取硝酸铀酰，形成 $\{UO_2[(C_2H_5)O]_2\}_2^+\cdot 2NO_3^-$ 而溶于有机相；TBP 萃取硝酸镧，形成 $[La(C_4H_9O)_3PO]_3^+\cdot 3NO_3^-$ 而溶于有机相。

### 5. 协同萃取

协同萃取是指当萃取体系中存在两种或两种以上萃取剂时，萃取过程能达到的分配比 $D$ 与按照加和性规律计算的分配比 $D_{ad}$ 有显著差别，则认为该萃取体系存在协同效应。$D$ 与 $D_{ad}$ 之比，称为协萃系数 $S$，即

$$S = \frac{D}{D_{ad}} \tag{10-35}$$

如果萃取过程达到的分配比 $D$ 显著超过按照加和性规律所计算的分配比 $D_{ad}$，$S>1$，该萃取体系存在正协同效应；分配比 $D$ 显著低于按照加和性规律所计算的分配比 $D_{ad}$，$S<1$，该萃取体系存在反协同效应；分配比 $D$ 等于按照加和性规律计算的分配比 $D_{ad}$，$S=1$，该萃取体系无协同效应。

协同效应的机理很复杂，可能是由于金属离子与一种萃取剂形成了萃合物，但是金属离子的配位数尚未饱和，加入另一种萃取剂后，形成结构稳定的加合物（协同萃合物），使金属离子的配位数达到饱和，从而使分配比显著提高；或是在协同萃取过程中，形成了具有较高疏水亲油性的协同萃合物，强化了萃取效果；或是在协同萃取过程中，萃取剂彼此之间的活度发生了变化，促进了萃取过程。

按照萃取体系的分类，除了以有机溶剂本身作为萃取剂的简单分子萃取以外，组成萃取体系的有机萃取剂主要是 3 类：A 类是形成螯合萃取剂的酸性萃取剂；B 类是中性配合物的中性萃取剂；C 类形成离子缔合物的离子缔合萃取剂或碱性萃取剂。它们可以任意组合，形成二元或三元协同萃取体系。

一些协同萃取体系的萃合物（协萃配合物）组成和协萃反应（萃合物生成反应）的平衡常数，如表 10-7 所示。

表 10-7 协萃体系的萃取反应平衡常数和萃合物的组成

| 协萃剂组成类别 | 协萃体系 | 协萃平衡常数/$\log \beta$ | 萃合物 |
|---|---|---|---|
| A + B | $UO_2^{2+}/SCN^-/(TTA,DBSO)CHCl_3$ | 2.06 | $UO_2(TTA)_2DBSO$ |
|  | $UO_2^{2+}/SCN^-/(PMBP,TBP)CHCl_3$ | 4.25 | $UO_2(PMBP)_2TBP$ |
|  | $UO_2^{2+}/SCN^-/(TTA,DBBP)C_6H_6$ | 4.23 | $UO_2(TTA)_2DBBP$ |
|  | $UO_2^{2+}/SCN^-/(TTA,DBBP)C_6H_6$ | 7.38 | $UO_2(TTA)_2(DBBP)_2$ |
|  | $UO_2^{2+}/HNO_3/(PMBP,TBP)C_6H_6$ | 3.58 | $UO_2(PMBP)_2TBP$ |
|  | $UO_2^{2+}/HNO_3/(PMBP,DPSO)C_6H_6$ | 3.61 | $UO_2(PMBP)_2DPSO$ |
|  | $UO_2^{2+}/HNO_3/(TTA,TBP)C_6H_6$ | 2.99 | $UO_2(TTA)_2TBP$ |
|  | $UO_2^{2+}/HNO_3/(TTA,DPSO)C_6H_6$ | 1.92 | $UO_2(TTA)_2DPSO$ |
|  | $UO_2^{2+}/HNO_3/(TTA,TOPO)CHCl_3$ | 3.85 | $UO_2(TTA)_2TOPO$ |
|  | $UO_2^{2+}/HNO_3/(PMBP,TOPO)CHCl_3$ | 5.29 | $UO_2(PMBP)DBBP$ |
|  | $UO_2^{2+}/H_2NO_4/(D2EHPA,DBBP)C_6H_6$ | 5.78 | $UO_2A_2(HA),DBBP$ |
|  | $UO_2^{2+}/H_2NO_4/(D2EHPA,DPSO)C_6H_6$ | 4.93 | $UO_2A_2(HA)_2DPSO$ |
|  | $UO_2^{2+}/H_2NO_4/(D2EHPA,TBP)C_6H_6$ | 4.83 | $UO_2A_2(HA)_2TBP$ |
|  | $UO_2^{2+}/H_2SO_4,0.5\ mol/L(NH_4)_2SO_4/(DBP,TBPO)C_6H_6$ | 6.89 | $UO_2A_2(HA)_2TBPO$ |
|  | $UO_2^{2+}/HNO_3/(NPPFA,phen)CH_2Cl_2$ | 7.94 | $UO_2(NO_3)_2(NPPFA)phen$ |
| A + C | $UO_2^{2+}/SCN^-/(PMBP,\Phi_4AsCl)CHCl_3$ | 5.49 | $\Phi_4AsUO_2(SCN)(PMBP)_2$ |
|  | $UO_2^{2+}/H_2SO_4/(D2EHPA,TOA)C_6H_6$ | 8.71 | $(R_3NH)_4UO_2(SO_4)_2(HA)_2$ |
| B + C | $UO_2^{2+}/SCN^-/(TBP,\Phi_4AsCl)CHCl_3$ | 4.94 | $\Phi_4AsUO_2(SCN)_3TBP$ |
|  | $UO_2^{2+}/H_2SO_4,5\ mol/L(NH_4)_2SO_4/(TOA,TOPO)C_6H_6$ | 12.46 | $(R_3NH)UO_2(SO_4)_2TOPO$ |
| A + B + C | $UO_2^{2+}/SCN^-/(PMBP,TBP,\Phi_4AsCl)CHCl_3$ | 7.23 | $\Phi_4AsUO_2(SCN)(PMBP)_2TBP$ |
|  | $UO_2^{2+}/SCN^-/(TTA,DBSO,\Phi_4AsCl)CHCl_3$ | 5.08 | $\Phi_4AsUO_2(SCN)(TTA)_2DBSO$ |
| A + A + B | $UO_2^{2+}/HNO_3/(TTA,PMBP,TOPO)CHCl_3$ | 4.87 | $UO_2(TTA)(PMBP)TOPO$ |
| A + B + B | $UO_2^{2+}/HNO_3/(PMBP,TBP,DPSO)C_6H_6$ | 5.58 | $UO_2(PMBP)(TBP)DPSO$ |
|  | $UO_2^{2+}/HNO_3/(TTA,TBP,DPSO)C_6H_6$ | 4.24 | $UO_2(TTA)(TBP)DPSO$ |
| A + A + C | $UO_2^{2+}/HClO_4/(TTA,PMBP,\Phi_4AsCl)CHCl_3$ | 5.52 | $\Phi_4AsUO_2ClO_4(TTA)(PMBP)$ |

注:$\Phi_4 = (C_6H_5)_4$。

对于由 3 种萃取剂组成的三元协萃体系,协萃反应遵循以下原理:电中性原理、丧失亲水性原理、最小电荷密度原理、配位饱和原理、堆积饱和规律和配位取代作用。其中,最小电荷密度原理在 A + A + C 体系和 A + B + C 体系中起重要作用;配位饱和原理在 A + A + B 体系中起重要作用;配位取代作用在 A + B + B 体系中起重要作用。

### 6. 高温液 - 液萃取体系

（1）熔融盐萃取

例如,以铀铋合金为核燃料元件,经照射后熔融,其中所含的各种裂变产物,可用熔融的 $MgCl_2$ 来萃取。$MgCl_2$ 能使裂变产物中的 I A、II A、III A 族和稀土金属氧化,而本身被还原为 Mg,进入铀铋合金中。这样裂变产物就转移到熔盐中,而与熔融的铀铋金属分离。

（2）熔融金属萃取

例如用熔融的金属镁与照射过的熔融的金属铀棒接触,钚便溶于金属镁中,而与铀分离。然后 Pu - Mg 合金可用蒸馏法将 Mg 蒸出,达到 Pu 与 Mg 分离。

（3）高温有机溶剂萃取

例如用 TBP 的多联苯溶液,在 150 ℃ ,从 $LiNO_3$ - $KNO_3$ 低共熔混合物（熔点为 130 ℃ ）中可以萃取 Eu、Nd、Am、Cm、Np( VI )、U( VI )等硝酸盐,其萃取分配比比从相应的硝酸水溶液中萃取时提高 100 ~ 1 000 倍。

## 10.3.3　萃取条件的选择

影响萃取分离效果的因素很多,如萃取剂的性质和浓度、稀释剂的性质、水相介质的组成、温度、相比、萃取次数,洗涤剂和反萃剂的性质与使用条件等。适当改变这些条件,可以提高萃取的效果。下面简要讨论一下溶剂萃取分离中一些主要条件的选择。

### 1. 萃取剂和稀释剂的选择

萃取剂与被萃取物的性质是决定萃取分离效果的关键。因此,必须根据被萃取物的具体情况,恰当地选择萃取剂。对萃取剂的要求主要有以下几点。

（1）对欲萃取物的萃取能力强（即分配系数大）、萃取容量大、选择性好（即对杂质的分离系数大）、易于反萃取。

（2）萃取反应速度快。

（3）黏度小、密度小,在萃取和反萃取过程中,相分离和流动性能好,不易形成第三相或发生乳化。

（4）具有较高的化学稳定性和辐照稳定性。

（5）与水溶液的互溶性小。

（6）毒性小、沸点高、挥发性小,保证操作安全。

（7）价格低廉,便于回收。

当然,要全部满足上述条件是很困难的,通常只能根据实际情况加以选择。

稀释剂的作用主要是改善萃取剂的物理化学性能,以利萃取。因此,对稀释剂的要求主要是密度和黏度要小、挥发性低、与水溶液的互溶性小,且不影响萃合物在有机相中的溶解度等。

### 2. 水相介质的选择

水相介质对萃取的影响是很复杂的。理想的水相介质应使欲萃取物的分配系数足够大,而杂质的分配系数足够小,以达到较高的萃取率和分离系数。根据萃取剂和被萃取物的具体情况,水相介质主要可从以下几个方面来进行选择。

(1)酸度

水相酸度对各类萃取剂分配系数的影响是很大的。一般说来,中性含氧萃取剂的铣盐萃取在水相酸度高时,有利于金属络阴离子的生成,因而有利于萃取;螯合萃取剂和酸性磷类萃取剂随着水相酸度上升,分配系数下降,不利于萃取;对其他萃取剂来说,也都要求有适宜的萃取酸度,这可以通过实验求得。图 10 - 4 至图 10 - 7 分别描述了水相酸度(或 pH 值)对 TBP、HDEHP、TLA 和 TTA 等几种常用萃取剂萃取某些放射性核素的影响。

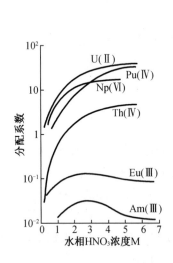

**图 10 - 4** 水相 HNO₃浓度对 30％TBP – 烃类稀释剂萃取的影响

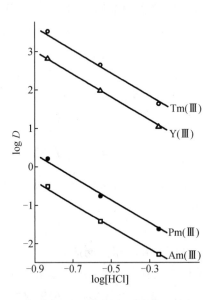

**图 10 - 5** 水相 HCl 浓度对 0.75M HDEHP – 苯萃取的影响

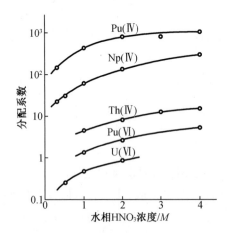

**图 10 - 6** 水相 HNO₃浓度对 20％TLA – 正十二烷萃取的影响

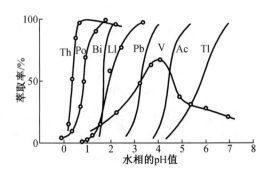

**图 10 - 7** 水相 pH 值对 0.2 ~ 0.25M TTA – 苯萃取的影响

一般说来,在保证萃取率足够高和不发生水解反应等前提下,应尽可能在较低酸度下进行萃取。

（2）掩蔽剂

在分离某些性质相近的元素（如铀和钍,锆和铪等）以及在水相中存在某些干扰元素的条件下进行萃取分离时,必须选择一种适宜的掩蔽剂（通常是络合剂）,使之与不希望被萃取的元素发生络合,以阻止它们进入有机相,从而提高欲萃取物的纯度。例如,在用分光光度法测定环境水中的微量铀时,水中的锆等杂质离子会干扰测定。因此,在用 TBP 萃取分离 U（Ⅵ）时,必须加入适宜的掩蔽剂（如 EDTA）,使之与锆等杂质离子络合,生成稳定的亲水性络合物而留在水相,不被萃取,但它并不影响 U（Ⅵ）的萃取。

溶液中存在的一些无机阴离子,能与金属阳离子起络合作用,因此也能抑制金属阳离子的萃取。一些阴离子的络合能力大体上有如下顺序：

$$PO_4^{3-} > SO_4^{2-} > F^- > C_2O_4^{2-} > Cl^- > NO_3^-$$

阴离子浓度越大,其抑制萃取的作用也越强。

（3）盐析剂

盐析剂的盐析效果一般随其阳离子价数的增加、离子半径的减小而增强,有如下顺序：

$$Na^+ < Mg^{2+} < Al^{3+}$$

$$NH_4^+ < Na^+ < Li^+$$

盐析剂的选择不仅要考虑盐析效果,还必须考虑盐析剂对后续的分离操作（或对最终被分离核素产品及其测定）有否影响。

（4）被萃取物的价态

在萃取过程中,被萃取物的价态不同,其分配系数也不同。因此,可借助于控制水相中各种物质的不同价态来实现彼此之间的分离。例如,用 TBP 萃取分离溶液中的铀和钚时,就常采用改变钚价态的方法来达到铀、钚分离的目的。在硝酸体系中,U（Ⅵ）和 Pu（Ⅳ）分别以 $UO_2(NO_3)_2 \cdot 2TBP$ 和 $Pu(NO_3)_2 \cdot 2TBP$ 络合物的形式很容易被 TBP 萃取,而 Pu（Ⅲ）则难于被 TBP 萃取。因此,可选择适宜的还原剂如氨基磺酸亚铁 $[Fe(NH_2SO_3)_2]$,将 Pu（Ⅳ）还原成 Pu（Ⅲ）,此时铀的价态不变,从而使铀被 TBP 萃取,而钚仍留在水相。这种改变被萃取物的价态来达到分离目的的方法,在萃取法和离子交换法中常被采用。

**3. 萃取次数与相比的选择**

由式（10 - 23）可知,萃取率与分配系数、相比有关。如果分配系数较小,一次萃取不完全,则可采用多次萃取的办法来提高萃取的总效率。增加相比也可提高萃取率。

萃取率与萃取次数、相比之间的关系可通过如下公式来进行计算。

将式（10 - 23）改写为

$$E = (1 - \frac{1}{DR+1}) \times 100\% \qquad (10-36)$$

则一次萃取时的萃取率为

$$E_1 = (1 - \frac{1}{DR+1}) \times 100\% \qquad (10-37)$$

一次萃取后水相中残留被萃取物的百分数 $r_1$ 为

$$r_1 = 1 - E_1 = 1 - (1 - \frac{1}{DR+1}) \times 100\% = \frac{1}{DR+1} \times 100\% \qquad (10-38)$$

第二次萃取时的萃取率为

$$E_2 = r_1 E = \frac{1}{DR+1}(1 - \frac{1}{DR+1}) \times 100\% \qquad (10-39)$$

两次萃取的总萃取率 $E_{2,总}$ 为

$$
\begin{aligned}
E_{2,总} &= E_1 + E_2 \\
&= (1 - \frac{1}{DR+1}) \times 100\% + \frac{1}{DR+1}(1 - \frac{1}{DR+1}) \times 100\% \qquad (10-40) \\
&= \left[ 1 - \left( \frac{1}{DR+1} \right)^2 \right] \times 100\%
\end{aligned}
$$

二次萃取后水相中残留被萃取物的百分数 $r_2$ 为

$$r_2 = 1 - E_{2,总} = 1 - \left[ 1 - (\frac{1}{DR+1})^2 \right] \times 100\% = (\frac{1}{DR+1})^2 \times 100\% \qquad (10-41)$$

由此可推知,经过 $x$ 次萃取后,被萃取物的总萃取率及在水相中的残留百分数分别为

$$E_{x,总} = \left[ 1 - (\frac{1}{DR+1})^x \right] \times 100\% \qquad (10-42)$$

$$r_x = (\frac{1}{DR+1})^x \times 100\% \qquad (10-43)$$

这样,在已知萃取体系分配系数和给定总萃取率的条件下,可算出所需要的萃取次数(选定相比)或相比(选定萃取次数)。

采用计算的方法还可以证明,在有机溶剂的总量一定时,多次萃取的萃取率比一次萃取的要高。

但是,并非萃取次数越多越好,随着萃取次数的增加,杂质的萃取量也增加,萃取选择性会大大下降,这可通过计算来证明。设 A 为欲萃取物,B 为萃入的杂质,在等容萃取的条件下:

$$E_{A,总} = = \left[ 1 - (\frac{1}{D_A+1})^x \right] \times 100\% \qquad (10-44)$$

$$E_{B,总} = = \left[ 1 - (\frac{1}{D_B+1})^x \right] \times 100\% \qquad (10-45)$$

由式(10-45)可知:

$$\beta_{B/A} = \frac{原料中的 B 含量/原料中的 A 含量}{产品中的 B 含量/产品中的 A 含量} = \frac{1/E_{B,总}}{1/E_{A,总}} = \frac{E_{A,总}}{E_{B,总}} \qquad (10-46)$$

表 10-8 列出了多次等容萃取时,A 和 B 的总萃取率以及分离系数 $\beta_{B/A}$ 的计算值。

表 10-8　多次等容萃取时 A 和 B 的总萃取率及分离系数(计算值)

| 分配系数 | | A 的总萃取率/% | | | B 的总萃取率/% | | | 分离系数($\beta_{B/A}$) | | |
| --- | --- | --- | --- | --- | --- | --- | --- | --- | --- | --- |
| | | 萃取次数 | | | | | | | | |
| $D_A$ | $D_B$ | 1 | 2 | 3 | 1 | 2 | 3 | 1 | 2 | 3 |
| $10^4$ | 1 | 99.99 | | | 50 | | | 1.999 8 | | |
| $10^3$ | 0.1 | 99.9 | 99.999 | | 9.1 | 17.4 | | 10.98 | 5.747 | |
| $10^2$ | 0.01 | 99 | 99.99 | | 1.0 | 2.0 | | 99 | 49.995 | |
| 10 | 0.001 | 91 | 99.2 | 99.9 | 0.1 | 0.2 | 0.3 | 910 | 496 | 333 |

从表 10-8 中可以看出,随着萃取次数的增加,欲萃取物的总萃取率增加,但分离系数会由于萃入杂质量的增加而下降。

在实验室手工操作的条件下,相比以 0.5~2 为宜,萃取次数以 1~3 次为宜。

**4. 洗涤液和洗涤次数的选择**

洗涤的目的是除去萃入有机相中的杂质,以提高欲萃取物的纯度。因而洗涤条件的选择原则是杂质的分配系数要小,使其洗入水相;欲萃取物的分配系数要大,使其留在有机相。表 10-9 列出了多次等容洗涤时欲萃取物 A 和杂质 B 的分配系数与它们在有机相的留存百分数以及分离系数 $\beta_{B/A}$ 三者之间的关系。从表中可见,洗涤对去除杂质是十分有效的,洗涤次数越多,去除杂质效果越好,但欲萃取物的回收率有所下降。因此,洗涤次数的选择要兼顾去污效果和回收率。

表 10-9　多次等容洗涤时 A 和 B 的分离系数和留存率(计算值)

| 分配系数 | | A 在有机相中的留存率/% | | | | B 在有机相中的留存率/% | | | | 分离系数($\beta_{B/A}$) | | | |
| --- | --- | --- | --- | --- | --- | --- | --- | --- | --- | --- | --- | --- | --- |
| | | 洗涤次数 | | | | | | | | | | | |
| $D_A$ | $D_B$ | 0 | 1 | 2 | 3 | 0 | 1 | 2 | 3 | 0 | 1 | 2 | 3 |
| $10^4$ | 1 | 99.99 | 99.98 | 99.97 | 99.96 | 50 | 25 | 12.5 | 6.25 | 1.999 8 | 3.999 2 | 7.997 6 | 15.993 6 |
| $10^3$ | 0.1 | 99.9 | 99.9 | 99.7 | 99.6 | 9.1 | 0.91 | 0.09 | 0.009 | 10.98 | 109.67 | 1 108 | $1.11 \times 10^4$ |
| $10^2$ | 0.01 | 99 | 98 | 97 | 96 | 1 | $10^{-2}$ | $10^{-4}$ | $10^{-6}$ | 98 | $9.8 \times 10^3$ | $9.7 \times 10^5$ | $9.6 \times 10^7$ |

**5. 反萃取剂的选择**

反萃取过程是破坏萃合物,使之由疏水性物质转变成为亲水性物质的过程。因此,反萃取剂的选择与萃取剂相反,希望欲萃取物的分配系数越小越好。最理想的反萃取剂是能将欲萃取物全部反萃到水相中来,而杂质却仍能保留在有机相中,这样既可保证欲萃取物的收率,又可进一步提高分离效果。

对于铝盐萃取、铵盐萃取一类的萃合物,常用水作反萃取剂。但如果反萃下来的物质是易水解的,则反萃取剂需有适宜的酸度,以防止水解的发生;对于螯合萃取的萃合物,常需用含有亲水性络合剂的微酸性溶液作反萃取剂;对于稳定性极高的萃合物,有时甚至采用络合剂也难以反萃完全,则需采用更有效的反萃取剂,如还原反萃取剂等。

### 6. 萃取设备的选择

放化分析实验室中所使用的溶剂萃取设备比较简单,通常用离心萃取管或分液漏斗即可。常用的操作方法是单级萃取,又称一次间歇萃取,即将一定体积的试液和有机溶剂置于离心萃取管或分液漏斗中剧烈振荡,至萃取达到平衡为止。然后离心或静止分层,将两相分开。但这种单级萃取对分离多种放射性核素的混合物或性质相似的元素,分离效果较差。为此,近来在一般萃取法的基础上发展了一种在色层柱上进行操作的反相萃取色层法,大大提高了分离效果。

在核工业生产中,常采用的萃取设备是多级逆流萃取装置,其中具有代表性的设备有脉冲萃取塔、混合澄清槽和离心萃取器。多级逆流萃取设备的操作方法是将新鲜的有机溶剂和水相料液分别从设备的两端引入,逆向流动,使水相和有机相能经过多次混合 - 分相过程,反复进行萃取。最后,萃取液和萃余水相(萃残夜)分别从两端流出。由于这种连续多级逆流萃取设备能使两相得到充分的接触,因此大大提高了萃取效果。

## 10.3.4 溶剂萃取法应用实例

### 1. 铀的精制

用 TBP 萃取精制铀是前处理流程中成熟的工艺环节。经从铀矿中提炼出来的铀浓缩物(含 $U_3O_8$ 80%)溶于浓硝酸,调节酸度到 $3 \sim 5$ mol/L,用 30% TBP - 煤油溶液萃取。经稍低酸度的 $HNO_3$ 洗涤后,用 0.1 mol/L $HNO_3$ 溶液将铀反萃取出来,蒸发后可得到纯的硝酸铀酰。

### 2. 从热铀溶液中回收铀和钚

先将热的燃料元件冷却、去壳、切割和溶于硝酸,制成硝酸浓度约 3 mol/L 的料液。用 30% TBP - 煤油(或正十二烷作溶剂)将铀(Ⅵ)和钚(Ⅳ)萃取入有机相。用 1.5 mol/L $HNO_3$ 洗涤后,绝大部分强放射性的裂变产物留在水相,初步达到了铀、钚共去污的目的。然后分别用含还原剂氨基磺酸亚铁 $Fe(NH_2SO_3)_2$ 的 0.5 mol/L $HNO_3$ 溶液还原、反萃取 Pu(Ⅲ)和 0.01 mol/L $HNO_3$ 反萃取 U(Ⅵ)。Pu、U 分离后,再分别用 TBP 萃取和沉淀法等作为进一步的净化循环,最后得到纯的铀和钚。

### 3. 叔胺萃取净化钚

在 Purex 流程的铀、钚共去污循环后,可以用三月桂胺 TLA 或 N235 来代替 TBP 萃取、净化钚。料液中含铀、钚和剩余的 Zr、Nb、Ru 等裂变产物。将 $HNO_3$ 浓度调到 3.5 mol/L,用 20% TLA - 煤油萃取,0.5 mol/L $HNO_3$ 洗涤,钚被萃取入有机相,铀和裂变产物留在水相,再用还原反萃取法或草酸钚沉淀反萃取法,将钚从有机相中反萃取下来,得到纯钚。

### 4. 从强放射性废液中提取锶

在 Purex 流程的强放射性废液中含有锶、稀土、镅、锔、铯、锆、钌等放射性核素。在酸性废液中先加入 NaOH 和掩蔽金属离子的柠檬酸钠,将料液调到 pH 4.2,用混合萃取剂 0.3 mol/L HDEHP(其中三分之一为 NaDEHP) - 0.15 mol/L TBP - 煤油将锶、稀土及超钚萃取入有机相,其他裂片元素留在水相。用 0.03 ~ 0.05 mol/L $HNO_3$ 反萃取锶,再进一步用 HDEHP 萃取或阳离子交换法纯化精制锶。留在有机相中的稀土和超钚,用 1.5 mol/L $HNO_3$ 反萃取出来后,接着用阳离子交换法进行分离和纯化。

# 10.4 离子交换法

离子交换法是分离和提纯物质的一种重要方法。早在几千年以前,希腊人就已采用砂滤池来净化海水和污水。因为砂土不仅是一种过滤介质,而且还是一种离子交换剂,所以海水中以离子状态存在的盐类在通过砂土层时发生了离子交换现象。但因受当时生产和科学水平的限制,这种离子交换现象未能得到进一步的研究和应用。和溶剂萃取法一样,直至最近几十年,由于核能、冶金、半导体等工业的发展,对原材料和产品的纯度提出了更高的要求,离子交换法才得到了迅速的发展。

**1. 离子交换法优点**

(1)选择性高、分离效果好,特别是对相似元素的分离,可取得满意的分离效果。

(2)回收率高,这对浓集和提取稀有元素具有特别重要的意义。

(3)应用范围广、适应性强,可对不同浓度的放射性核素进行浓集和分离,也可从大体积溶液中浓集和纯化微量物质。

(4)离子交换剂容易制得,种类很多,便于选用,而且还可通过再生,重复使用。

(5)设备简单、操作方便,便于远距离操作和防护。

**2. 离子交换法缺点**

(1)流速较慢,与萃取法相比,分离时间较长。

(2)离子交换剂的交换容量较小,因此,它在分离大量物质中的应用受到一定的限制。

(3)离子交换剂中应用最广的离子交换树脂的热稳定性和辐照稳定性较差,不适宜于强放射性物质的分离。

## 10.4.1 离子交换剂

**1. 离子交换剂的分类**

离子交换剂种类很多,主要分为无机离子交换剂和有机离子交换剂两大类。

(1)无机离子交换剂

①天然无机离子交换剂

许多天然无机材料具有离子交换性能,其中以黏土矿、沸石、多价金属的矿石等矿物的性能较好,而且这些矿物来源方便,价格低廉,因而受到重视,曾首先被用于离子交换分离。但由于它们存在交换容量低,化学稳定性差,加工成型困难等缺点,因而逐渐被人工合成的离子交换剂所取代。

②合成无机离子交换剂

这类交换剂是指用人工合成的方法得到的无机物,它包括两类物理和化学性质截然不同的材料。一类是人工沸石,另一类是将第Ⅳ、第Ⅴ族元素的氧化物与第Ⅴ、第Ⅵ族元素的酸或酸性盐合成的不溶性盐,如锆、钛、锡、铋等金属的磷酸盐、钨酸盐、钼酸盐等。一般说来,合成无机离子交换剂的耐酸碱、耐高温、耐辐照等性能比天然无机离子交换剂的要好,它们对碱金属元素的分离特别有效,但机械强度和交换容量仍不算高,且价格比较贵,因此应用仍有很大的局限性。其中只有磷酸锆等少数合成无机离子交换剂的交换容量较大,选择性较高 辐照、化学和热稳定性较好,因而受到人们的普遍重视。

（2）有机离子交换剂

①天然有机离子交换剂

许多天然有机材料如煤、木炭、硬果壳、甜菜渣、沥青等都具有离子交换的性能,但这些材料均很不稳定,因此很少直接应用。如果将它们经过金属盐类或磺化、磷酸化等化学处理,其化学稳定性和交换容量都能得到一定改善。这类交换剂还有一个共同的优点,就是失效后可焚烧成灰而大大减少其废物的体积。但它们仍存在交换容量较低、化学和辐照稳定性差、机械强度小、结构不均匀等缺点,故难以广泛应用。

②合成有机离子交换剂

这类离子交换剂是人工合成的带有离子交换功能团的高分子聚合物,其中应用最为广泛的是离子交换树脂,其化学结构、类型、性质及应用本节将重点介绍。

**2. 离子交换树脂的化学结构及类型**

离子交换树脂是一种高分子聚合物,主要由两部分组成:一部分称为骨架,这是具有立体网状结构的高分子聚合物,化学性质稳定,对酸、碱和一般的溶剂都不起作用;另一部分是连接在骨架上可被交换的活性基团,它对离子交换剂的交换性质起着决定性作用,可与溶液中的离子进行离子交换反应。图10-8为磺酸型阳离子交换树脂的结构示意图。图中波形线条代表树脂的骨架,$-SO_3H$为活性基团。

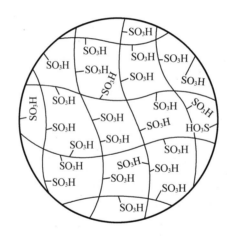

图10-8　磺酸型阳离子交换树脂结构示意图

离子交换树脂的骨架,最常用的是由苯乙烯和丙烯酸分别与交联剂二乙烯苯聚合,形成具有长分子主链及交联横链的网络骨架结构的聚合物。除了苯乙烯和丙烯酸以外,做树脂骨架的还有乙烯吡啶系、环氧系、脲醛系、酚醛树脂等。

离子交换树脂的分类方法有几种,最重要的是根据树脂的离子交换基进行分类,分为强酸性阳离子交换树脂、弱酸性阳离子交换树脂、强碱性阴离子交换树脂和弱碱性阴离子交换树脂。

（1）强酸性阳离子交换树脂

这类树脂含有大量的强酸性基团,如磺酸基$-SO_3H$,在溶液中容易离解出$H^+$,故呈强酸性。树脂离解后,本体所含有的负碘基团,如$SO_3^-$,能吸附结合溶液中的其他阳离子,使树脂中的$H^+$与溶液中的阳离子相互交换。强酸性树脂的离解能力很强,在酸性或碱性溶液中均能离解和产生离子交换作用。

树脂在使用一段时间后,要进行再生处理,即用化学试剂使离子交换反应以相反方向进行,使树脂的官能基团恢复到原来状态,以供再次使用。如上述的阳离子树脂用强酸进行再生处理,此时树脂放出被吸附的阳离子,再与 $H^+$ 结合恢复到原来的组成。

(2)弱酸性阳离子交换树脂

这类树脂含有弱酸性基团,如羧基 $-COOH$,能在水中离解出 $H^+$ 而呈酸性。树脂离解后余下的负电基团,如 $R-COO^-$(R 为碳氢基团),能与溶液中的其他阳离子吸附结合,从而可进行阳离子交换反应。这类树脂的离解性较弱,在低 pH 值下难以离解和进行离子交换,只能在碱性、中性或微酸性溶液中(如 pH = 5 ~ 14)起作用。这类树脂亦是用酸进行再生(比强酸性树脂较易再生)。

(3)强碱性阴离子交换树脂

这类树脂含有强碱性基团,如季胺基—$NR_3OH$(R 为碳氢基团),能在水中离解出 $OH^-$ 而呈强碱性。这类树脂的正电基团能与溶液中的阴离子吸附结合,从而可进行阴离子交换反应。

这类树脂的离解性很强,在不同 pH 值下都能正常工作。这类树脂可用强碱(如 NaOH)进行再生。

(4)弱碱性阴离子交换树脂

这类树脂含有弱碱性基团,如伯胺基 $-NH_2$、仲胺基 $-NHR$ 或叔胺基 $-NR_2$,它们在水中离解出 $OH^-$ 而呈弱碱性。这类树脂的正电基团能与溶液中的阴离子吸附结合,从而可进行阴离子交换反应。这类树脂只能在中性或酸性条件(如 pH = 1 ~ 9)下工作。这类树脂可用 $Na_2CO_3$、$NH_4OH$ 进行再生。

在实际使用上,常将某些树脂转换为其他离子形式使用,以适应各种需要。例如常将强酸性阳离子树脂与 NaCl 作用,转变为钠型树脂再使用。工作时钠型树脂放出 $Na^+$ 与溶液中的 $Ca^{2+}$、$Mg^{2+}$ 等阳离子交换吸附,以除去这些离子。反应时没有放出 $H^+$,可避免溶液 pH 下降和由此产生的副作用(如设备腐蚀等)。这种树脂以钠型运行使用后,可用盐水再生(不用强酸)。又如阴离子树脂可转变为氯型再使用,工作时放出 $Cl^-$ 而吸附交换其他阴离子,它的再生只需要食盐水溶液。氯型树脂也可转变为碳酸氢型($HCO^-$)使用。强酸型树脂和强碱型树脂在转变为钠型和氯型后,就不再具有强酸性和强碱性,但他们仍然具备这些树脂的其他性质,如离解性强和工作的 pH 值范围广等。

**3. 离子交换树脂的主要性能**

(1)交换容量

交换容量直接反映了离子交换树脂交换离子量的大小,其表示方法通常有以下两种。

①总交换容量

根据离子交换树脂中所含可交换离子的总数计算而得到的交换容量,也即树脂可以达到的最高交换容量,其树脂大小主要与树脂类型以及所含的交换基团有关,而与被交换离子的种类、溶液的性质以及离子交换过程的其他条件无关。树脂一定,总交换容量基本上是一个常数。

②工作交换容量

这是离子交换树脂在一定的工作条件下的实际交换容量,其大小随工作条件不同而变化。除树脂类型及所含交换基团外,影响工作交换容量的主要因素有被交换离子的种类和浓度、溶液的性质、树脂的粒度、料液流速、树脂床的高度以及体系温度等。

交换容量可用单位质量干树脂中可交换离子的毫克当量数来表示,即毫克当量/克干树脂;也可用充分溶胀后单位体积湿树脂中可交换离子的毫克当量数来表示,即毫克当量/毫升湿树脂。各种树脂的工作交换容量均可通过实验来测定。通常,离子交换树脂的总交换容量为 3 ~ 10 毫克当量/克干树脂。

(2)交联度

能将有机分子单体连接起来,形成离子交换树脂聚合物的物质称为交联剂。例如,在合成强酸性苯乙烯型阳离子交换树脂时,就是采用二乙烯苯作交联剂将苯乙烯单体聚合而成的,其反应式如下:

树脂中所含交联剂的质量分数称为交联度。例如,001 × 7、201 × 4,分别表示该树脂的交联度为 7% 和 4%;有的用符号"X—"表示交联度,如 Dowex1X—8、Dowex1X—12,分别表示该树脂的交联度为 8% 和 12%。

树脂的交联度愈大,网状结构愈紧密,则树脂在水中的溶胀度愈小,机械强度愈高,耐辐照性能愈好。但交联度过大,树脂的孔隙(网眼)过小,被交换离子不容易扩散到树脂相内,会使离子交换速度降低。树脂的交联度一般以 4% ~ 12% 为宜,尤以 8% 最常用。选择适当的交联度,可提高树脂对不同大小离子的选择性。

为了提高离子交换速度和改善离子交换的性能,目前,常采用一种大孔离子交换树脂。在聚合这种树脂时,除加母体单体、交联剂外,还加入适量易挥发的惰性填充剂(如低碳连烷烃、汽油等),待聚合后再将此惰性填充剂从共聚体中挥发掉,即可得到海绵状的大孔树脂。这种树脂的孔径可大到 200 ~ 1 000 埃,比一般树脂的孔径(20 ~ 40 埃)大几十倍,可用于较大的无机离子和有机大分子离子的分离,且具有较高的机械强度和化学稳定性,因而得到日益广泛的应用。

(3)溶胀性

把干树脂浸入溶剂而发生膨胀的性能称为树脂的溶胀性,可用溶胀度 $\delta$ 来表示:

$$\delta = V/V_0 \tag{10-47}$$

式中　$V_0$——干树脂的体积;

　　　$V$——干树脂在溶剂中浸泡 24 h 后的体积。

树脂的溶胀度主要取决于交联度,交联度愈大,溶胀度愈小,同时,它还与树脂中可交换离子的水化能力有关,水化能力愈强,水化离子半径愈大,溶胀度也愈大。此外,溶液的性质也会影响到树脂的溶胀度。通常,强酸性或强碱性离子交换树脂的溶胀度较弱酸性或弱碱性离子交换树脂的大;大孔树脂的溶胀度比一般树脂的大。

由于树脂具有溶胀性,因此,当颗粒较大的干树脂突然泡入溶剂中时,往往会发生碎裂。溶剂不同,甚至同一溶剂的溶液浓度不同,树脂的溶胀性也不同。因此,当不同的溶液流经树脂床时,树脂也会发生膨胀或收缩,使树脂遭到破坏。为了延长树脂的使用寿命,应尽量减少树脂的溶胀次数。例如,减少会使树脂遭到强烈胀缩的再生次数。处理后的树脂应浸泡在水中备用。

（4）粒度

离子交换树脂粒度的大小对树脂的交换能力、净化效率、水流通过树脂层的压力降以及水流分布的均匀程度都有一定影响。树脂颗粒越小，离子在其内的扩散路程越短，交换过程就越迅速，越充分。但颗粒过小将引起树脂床压降剧增，逆洗时容易流失。树脂粒度的大小常用筛孔目数或树脂颗粒直径来表示。常用树脂的粒度在 16～50 目，相应的颗粒直径为 0.3～1.2 mm。

（5）稳定性

①机械稳定性

树脂的机械稳定性直接关系到它的使用寿命。一般交联度大的树脂，其机械强度大、耐磨性好，因而使用寿命长。在分离微量放射性核素时，由于所用的树脂量少，操作也比较简单，因此树脂的机械稳定性不是主要问题；但在工业生产中。由于树脂需反复进行吸附、淋洗、再生等操作，就容易发生破碎，造成损耗，因此要求树脂有较好的机械稳定性。

②热稳定性

树脂是一种有机聚合物，其热稳定性较差。一般强酸性阳离子交换树脂的最高允许受热温度在 110 ℃左右，强碱性阴离子交换树脂的最高允许受热温度在 60 ℃左右。温度过高，会使树脂受到破坏，交换容量显著下降。因此，干树脂一般是在不超过最高允许受热温度下干燥 3～4 h，然后在干燥空气中晾干而得到的。

③化学稳定性

一般离子交换树脂均具有一定的化学稳定性，但在强氧化剂如高锰酸钾、重铬酸钾或浓硝酸存在的条件下，树脂的稳定性会降低。值得注意的是，过氧化氢的氧化能力虽不很强，但它对阴离子交换树脂有破坏作用，使交联断裂，交换容量降低。例如，将强碱性 $OH^-$ 型阴离子交换树脂在 30 ℃下用 5% 过氧化氢溶液浸泡 16 h，其交换基团中的可交换离子 $OH^-$ 的量会损失 10% 左右。

④辐照稳定性

通常离子交换树脂的辐照稳定性较差，强辐照会引起树脂分解，交换容量降低，交换性能变差。一般在分离微量放射性核素时，树脂的辐照分解可以忽略。但在核燃料工厂及强放射性核素的分离中，就必须考虑离子交换树脂的辐照稳定性。

**4.影响离子交换树脂性能的因素**

影响离子交换树脂交换能力的主要因素如下。

（1）悬浮物和油脂

水中的悬浮物会堵塞树脂孔隙，油脂会包住树脂颗粒，它们都会使交换能力下降。

（2）有机物

废水中某些高分子有机物与树脂活性基团的固定离子结合力很强，一旦结合就很难再生，会降低树脂的再生率和交换能力，例如高分子有机酸与强碱性季铵基团的结合力就很大，难于洗脱。

（3）高价金属离子

$Fe^{3+}$、$Cr^{3+}$、$Al^{3+}$ 等高价金属离子可能导致树脂中毒。当树脂受到铁离子中毒时，会使树脂的颜色变深。高价金属离子易被树脂吸附，再生时难以把它洗脱下来，结果会降低树脂的交换能力。为了恢复树脂的交换能力可用高浓度酸液长时间浸泡。

（4）pH 值

离子交换树脂是由网状结构的高分子固体与附在母体上许多活性基团构成的不溶性高分子电解质。强酸和强碱长期作用于树脂会使其骨架及活性基团发生变化,出现交换能力下降,树脂破裂,粉碎等现象。强酸和强碱树脂的活性基团的电离能力很强,交换能力基本上与 pH 值无关,但弱酸性树脂在低 pH 值时不电离或部分电离,在碱性条件下才有较大的交换能力。弱碱树脂在强酸性条件下才有较大的交换能力。

（5）温度

水温高可加速离子的交换扩散,但各种离子交换树脂都有一定的温度使用范围。水温高于允许温度时,会使树脂交换基团分解破坏,从而降低树脂的交换能力,所以温度太高时,应进行降温处理。

（6）氧化剂

溶液中如果含有氧化剂（如 $Cl_2$、$O_2$、$H_2Cr_2O_7$）,会使树脂氧化分解。强碱阴离子树脂容易被氧化,使交换基团变成非碱性物质,可能完全丧失交换能力。氧化作用也会影响交换树脂的母体,使树脂加速老化,使交换能力下降。为了减少氧化剂对树脂的影响,可选用交联度大的树脂或加入适当的还原剂。

### 10.4.2 基本原理

离子交换法是利用某些固体物质与溶液中的离子之间能发生交换反应来进行分离的一种方法,这种具有交换能力的固体物质称为离子交换剂,这种交换反应称为离子交换反应。离子交换反应通常是发生在固 – 液两相之间的一种特殊吸附过程,即被吸附的离子从液相进入固相离子交换剂中,而同时离子交换剂中的可交换离子则从固相进入液相。这种离子交换反应不仅在离子交换剂颗粒表面,而且在离子交换剂孔隙内都可以发生。

**1. 离子交换平衡和平衡常数**

离子交换剂中的可交换离子与溶液中的被交换离子之间所发生的离子交换反应是典型的可逆反应。例如,一价阳离子 $M^+$ 与氢型阳离子交换树脂 RH 之间,可发生如下交换反应:

$$\mathrm{RH_{(固)}} + \mathrm{M^+_{(液)}} \leftrightarrow \mathrm{RM_{(固)}} + \mathrm{H^+_{(液)}} \qquad (10-48)$$

如果 M 是多价离子,则反应为

$$\mathrm{RH_{(固)}} + \frac{1}{n}\mathrm{M^{n+}_{(液)}} \leftrightarrow \frac{1}{n}\mathrm{R_nM_{(固)}} + \mathrm{H^+_{(液)}} \qquad (10-49)$$

反应刚开始时,$M^{n+}$ 从溶液被吸附到离子交换剂上的量对于从离子交换剂上解脱下来而重新进入溶液的量。但经过一段时间之后,被吸附到离子交换机上的 $M^{n+}$ 量与解脱下来的 $M^{n+}$ 量相等,$M^{n+}$ 在两相中的浓度不再变化,这种状态即为离子交换平衡。此时,离子交换反应的平衡常数为

$$K_{\mathrm{H}}^{\mathrm{M}/n} = \frac{(\bar{a}_{\mathrm{M}})^{1/n}(a_{\mathrm{H}})}{(\bar{a}_{\mathrm{H}})(a_{\mathrm{M}})^{1/n}} \qquad (10-50)$$

式中 $(\bar{a}_{\mathrm{M}})$、$(a_{\mathrm{M}})$——离子交换平衡时 $M^{n+}$ 在离子交换剂和溶液中的活度;

$(\bar{a}_{\mathrm{H}})$、$(a_{\mathrm{H}})$——离子交换平衡时 $H^+$ 在离子交换剂和溶液中的活度;

如果用 $\bar{\gamma}$ 和 $\gamma$ 分别表示离子在离子交换剂和溶液中的活度系数,则

$$K_H^{M/n} = \frac{[\overline{M}]^{1/n}[H]}{[\overline{H}][M]^{1/n}} \cdot \frac{(\overline{\gamma}_M)^{1/n}(\gamma_H)}{(\overline{\gamma}_H)(\gamma_M)^{1/n}} \qquad (10-51)$$

式中　$[\overline{M}]$、$[M]$——$M^{n+}$ 在离子交换剂和溶液中的平衡浓度；

　　　$(\overline{a}_H)$、$(a_H)$——$H^+$ 在离子交换剂和溶液中的平衡浓度；

当溶液中的离子浓度非常低时，$(\overline{\gamma}_M)^{1/n}(\gamma_H)/(\overline{\gamma}_H)(\gamma_M)^{1/n}$ 保持恒定，并近似为 1，则

$$K_H^{M/n} \approx \frac{[\overline{M}]^{1/n}[H]}{[\overline{H}][M]^{1/n}} \qquad (10-52)$$

令

$$Q_H^{M/n} = \frac{[\overline{M}]^{1/n}}{[M]^{1/n}} \Big/ \frac{[\overline{H}]}{[H]}$$

式中　$Q_H^{M/n}$——选择系数，又称为浓度平衡常数。

$Q_H^{M/n}$ 的大小表示了在一定条件下离子交换剂对溶液中 $M^{n+}$ 的亲和力大小，也即选择性的大小。当 $Q_H^{M/n} > 1$ 时，说明离子交换剂吸附 $M^{n+}$ 比吸附 $H^+$ 的能力强；反之，若 $Q_H^{M/n} < 1$，则表明离子交换剂吸附 $H^+$ 比吸附 $M^{n+}$ 的能力强。通常，离子交换剂的选择系数可由实验测得。表 10-10 列举了一些离子在 Dowex50×4 和 Dowex2 两种离子交换树脂上的选择系数。

表 10-10　一些离子在 Dowex50×4 和 Dowex2 两种离子交换树脂上的选择系数

| 强酸性阳离子交换树脂(Dowex50×4) | | | | | | 强碱性阴离子交换树脂(Dowex2) | | | |
|---|---|---|---|---|---|---|---|---|---|
| $M^+$ | $Q_H^{M/n}$ | $M^{2+}$ | $Q_H^{M/n}$ | $M^{2+}$ 或 $M^{3+}$ | $Q_H^{M/n}$ | $X^-$ | $Q_{Cl}^X$ | $X^-$ | $Q_{Cl}^X$ |
| $Li^+$ | 0.76 | $UO_2^{2+}$ | 0.79 | $Ca^{2+}$ | 1.39 | $OH^-$ | 0.065 | $CN^-$ | 1.3 |
| $H^+$ | 1.00 | $Mg^{2+}$ | 0.99 | $Sr^{2+}$ | 1.57 | $F^-$ | 0.13 | $Br^-$ | 2.3 |
| $Na^+$ | 1.20 | $Zn^{2+}$ | 1.05 | $Pb^{2+}$ | 2.20 | $CH_3COO^-$ | 0.18 | $NO_3^-$ | 3.3 |
| $NH_4^+$ | 1.44 | $Co^{2+}$ | 1.08 | $Ba^{2+}$ | 2.50 | $HCOO^-$ | 0.22 | $HSO_4^-$ | 6.1 |
| $K^+$ | 1.72 | $Cu^{2+}$ | 1.10 | | | $H_2PO_4^-$ | 0.34 | $I^-$ | 7.3 |
| $Rb^+$ | 1.86 | $Cd^{2+}$ | 1.13 | $Cr^{2+}$ | 1.6 | $HCO_3^-$ | 0.53 | $SCN^-$ | 18.5 |
| $Cs^+$ | 2.02 | $Mn^{2+}$ | 1.15 | $Ce^{3+}$ | 1.9 | $Cl^-$ | 1.00 | $(C_6H_5OH)COO^-$ | 28 |
| $Ag^+$ | 3.58 | $Ni^{2+}$ | 1.16 | $La^{3+}$ | 1.9 | $BrO_3^-$ | 1.01 | $ClO_4^-$ | 32 |

上式可改写为

$$Q_H^{M/n} = \frac{[\overline{M}]^{1/n}[H]}{[\overline{H}][M]^{1/n}} \qquad (10-54)$$

离子交换反应平衡常数与选择系数之间的关系为

$$K_H^{M/n} = Q_H^{M/n} \frac{(\overline{\gamma}_M)^{1/n}(\gamma_H)}{(\overline{\gamma}_H)(\gamma_M)^{1/n}} \qquad (10-55)$$

## 2. 分配系数

在一定条件下，当离子交换反应达到平衡时，被交换离子在离子交换剂中的浓度与在

溶液中的浓度的比值即为分配系数,用符号 $D$ 表示:

$$D = \frac{平衡时每克干树脂中某离子的量}{平衡时每毫升溶液中某离子的量} = \frac{[\overline{M}]}{[M]} \qquad (10-56)$$

由此可推导出:

$$D = \frac{C_0 - [M]}{[M]} \cdot \frac{V}{W} \qquad (10-57)$$

式中　$C_0$——溶液中 $M^{n+}$ 的起始浓度;

　　　$[M]$——溶液中 $M^{n+}$ 的平衡浓度;

　　　$V$——溶液的体积,mL;

　　　$W$——干树脂的质量,g。

$D$ 与 $Q$ 值一样,也标志着离子交换剂对溶液中 $M^{n+}$ 交换能力的大小。在一定条件下,$D$ 值越大,则表示平衡时 $M^{n+}$ 被离子交换剂吸附的量就越多。$D$ 值的大小与离子交换剂中含有可交换离子的交换基团(或称功能团)的性质和数量,溶液中被交换离子 $M^{n+}$ 的性质和浓度、络合剂和其他电解质的浓度(包括溶液的酸碱度)以及温度等因素有关。因此,在通常情况下,$D$ 值不是一个常数,它可随外界条件变化而变化。图 10-9 所示的就是铀、镎、钚的离子在强碱性阴离子交换树脂上的分配系数随酸度而变化的曲线。只有在一定温度下分离微量放射性物质时,由于被交换离子的浓度很低,体系的物理化学性质完全由常量组分所决定,而且常量组分在离子交换过程中保持不变,离子交换剂和溶液中的活度系数可视为常数,则 $D$ 值基本上也是一个常数。

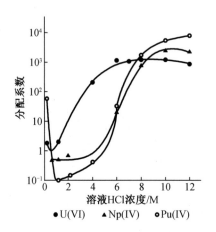

图 10-9　U(Ⅵ)、Np(Ⅳ)和 Pu(Ⅳ)离子在强碱性阴离子交换树脂上的分配系数

分配系数与选择系数有如下关系:

$$Q_H^{M/n} = \frac{[\overline{M}]^{1/n}}{[M]^{1/n}} \Big/ \frac{[\overline{H}]}{[H]} = (D_M)^{1/n} / D_H \qquad (10-58)$$

则

$$D_M = (Q_H^{M/n})^n (D_H)^n \qquad (10-59)$$

如果离子交换树脂中的可交换离子不是 $H^+$,而是其他离子,如 $Na^+$,则

$$D_M = (Q_{Na}^{M/n})^n (D_{Na})^n \qquad (10-60)$$

### 3. 分离系数

在同一离子交换体系中,离子交换剂对两种被交换离子 A 和 B 的分离程度可用离子交换分离系数 $\alpha_{交}$ 来表示:

$$\alpha_{交} = \frac{[\overline{A}]/[\overline{B}]}{[A]/[B]} = \frac{[\overline{A}]}{[A]} \Big/ \frac{[\overline{B}]}{[B]} = \frac{D_A}{D_B} \tag{10-61}$$

式中,$D_A$、$D_B$——A、B 两种离子在该离子交换体系中的分配系数。

由此可知,当 $D_A$ 值足够大时,$\alpha_{交}$ 愈大,则表示 $A$、$B$ 两种离子愈容易分离;当 $D_A$ 等于 $D_B$ 时,$\alpha_{交}$ 等于 1,此时 $A$、$B$ 两种离子不能分离。

若 $A$ 和 $B$ 为同价离子,则

$$\alpha_{交} = \frac{D_A}{D_B} = \frac{(Q_H^{A/nv})^n (D_H)^n}{(Q_H^{B/n})^n (D_H)^n} = \frac{(Q_H^{A/n})^n}{(Q_H^{B/n})^n} \tag{10-62}$$

### 4. 离子交换的亲和力

如上所述,离子交换选择系数和分配系数的大小都反映了离子交换能力的大小,即被交换离子对离子交换剂亲和力的大小。实验表明,离子交换的亲和力主要取决于离子的电荷数 $Z$ 和水化离子半径 $r_{水}$。电荷数越高,水化离子半径越小,则亲和力越大。由于离子在水溶液中都是水化的,其水化的程度(可用水化离子半径的大小来衡量)正比于离子电荷数 $Z$,反比于离子裸半径 $r_{裸}$(即离子结晶半径,通常就称离子半径),这可用离子势即离子电荷数 $Z$ 与裸半径 $r_{裸}$ 的比值 $Z/r_{裸}$ 来衡量。$Z/r_{裸}$ 值高,离子容易水化,水化离子半径就大。因此,在电荷数一定的条件下,离子的亲和力与离子势 $Z/r_{裸}$ 成反比。

对同族元素的同价离子而言,通常随原子序数的增大,离子的裸半径也增大,其离子表面的电荷密度相对减少,由此造成离子在水中所吸附的水分子(即水化水)减少,其水化离子半径也减小,如表 10-11 所示。

**表 10-11　几种阳离子裸半径($r_{裸}$)和水化离子半径($r_{水}$)**

| 离子 | 原子序数 | 裸半径/埃 | 水化离子半径/埃 | 水化水/$(mol_{水} \cdot g_{离子}^{-1})$ |
|---|---|---|---|---|
| $Li^+$ | 3 | 0.68 | 10.0 | 12.6 |
| $Na^+$ | 10 | 0.98 | 7.9 | 8.4 |
| $K^+$ | 19 | 1.33 | 5.3 | 4.0 |
| $Rb^+$ | 37 | 1.49 | 5.09 | — |
| $Cs^+$ | 55 | 1.69 | 5.05 | — |
| $Mg^{2+}$ | 12 | 0.89 | 10.8 | 13.3 |
| $Ca^{2+}$ | 20 | 1.17 | 9.6 | 10.0 |
| $Sr^{2+}$ | 38 | 1.34 | 9.6 | 8.2 |
| $Ba^{2+}$ | 56 | 1.49 | 8.8 | 4.1 |

离子交换亲和力的大小有如下一些经验规律:

(1)在常温和低浓度的条件下,离子交换的亲和力随被交换离子的电荷数的增加而增大;

$$Na^+ < Ca^{2+} < Al^{3+} < Th^{4+};$$
$$F^- < C_2O_4^{2-} < Cit^{3-}（柠檬酸根）$$

（2）在常温和低浓度条件下，对同族元素的同价离子而言，离子交换亲和力随被交换离子原子序数增加而增大：

$$Li^+ < Na^+ < K^+ < Rb^+ < Cs^+;$$
$$Mg^{2+} < Ca^{2+} < Sr^{2+} < Ba^{2+} < Ra^{2+};$$
$$Al^{3+} < Sc^{3+} < Y^{3+} < La^{3+};$$
$$F^- < Cl^- < Br^- < I^-。$$

对于镧系元素，由于随着原子序数的增加，其离子半径一般说来会逐渐缩小（即镧系收缩），其亲和力的大小按离子半径的大小排列如下：

$$La^{3+} > Ce^{3+} > Pr^{3+} > Nd^{3+} > Pm^{3+} > Sm^{3+} > Eu^{3+} > Gd^{3+} >$$
$$Tb^{3+} > Dy^{3+}（> Y^{3+}）> Ho^{3+} > Er^{3+} > Tm^{3+} > Yb^{3+} > Lu^{3+}$$

（3）在高浓度下，不同电荷数的离子如 $Na^+$ 与 $Ca^{2+}$，其亲和力的差别减小了，甚至在某些情况下（如低价离子浓度远远大于高价离子时），还会出现低价离子有较大亲和力的情况。对于同价离子也有类似情况，即在高浓度的条件下，原子序数不同的同价离子，其亲和力彼此接近，甚至顺序颠倒。

**5. 离子交换动力学**

（1）离子交换步骤

离子交换过程虽是一个连续的过程，但可分为以下五个步骤：

①溶液中被交换离子扩散到离子交换剂的表面上；

②被交换离子通过离子交换剂和溶液间的界面（即膜）扩散到离子交换剂的内部；

③被交换离子与离子交换剂交换基团中的可交换离子发生交换反应；

④交换下来的离子从离子交换剂内部扩散到离子交换剂的表面；

⑤交换下来的离子通过离子交换剂和溶液间的界面扩散到溶液之中。

通常，第③步交换反应是很快的，瞬间即可完成。因此，在离子交换动力学中起主要作用的是扩散过程。

（2）扩散过程

在整个离子交换过程中，主要进行了三种扩散过程：

①外扩散。这是指离子在溶液中的扩散；

②膜扩散。这是指离子通过离子交换剂与溶液间的界面的扩散；

③内扩散。这是指离子在离子交换剂内部的扩散，亦即固体扩散。

一般说来，外扩散过程对交换速度的影响不大，膜扩散和内扩散是决定交换速度的主要因素。溶液中被交换离子的浓度不同，膜扩散和内扩散的速度也不同。通常，在溶液浓度较低时，膜扩散的速度比内扩散慢，离子交换速度主要取决于膜扩散；随着溶液浓度的增加，膜扩散和内扩散速度逐渐接近，它们对离子交换速度均有影响；当溶液浓度继续增加，达到一定程度时，内扩散速度比膜扩散慢，离子交换速度主要取决于内扩散。

实际上，不同条件下的离子交换速度相差很大，影响因素也很复杂。除了受上述溶液浓度的影响以外，离子交换速度还与交换剂的粒度和孔径的大小，被交换离子的电荷数和水化离子半径，体系的温度以及溶液在树脂床层中的流动情况等因素有关。

### 10.4.3　离子交换分离技术和操作

离子交换分离技术按料液与树脂的接触方式可分为间歇式静态交换和柱式动态交换两种。前者是将树脂与料液放在一起,混合搅拌,树脂中的可交换离子与料液中的欲分离离子进行交换,当这两种离子在树脂和料液两相中达到平衡时,用倾析法或离心法把两相分开,然后再用解吸剂与树脂接触,进行解吸,即完成了分离操作;后者是将树脂装在圆柱形离子交换柱内,料液连续流经树脂床层进行离子交换吸附,然后进行淋洗解吸,这就是柱式离子交换法,通常又称为离子交换柱色层法。由于柱式离子交换法操作简便,树脂利用率高,分离效果好,因而被普遍采用。下面主要介绍柱式离子交换分离技术。

**1. 树脂的预处理**

树脂选定后,先进行筛分,取所需粒度部分。由于一般的商品树脂都含有一定量的有机杂质和无机杂质,因此在应用之前必须将筛分后的树脂进行预处理,以去除这些杂质。通常,预处理的方法是:将树脂放在水中浸泡 12 h 以上,使其充分溶胀;用水反复漂洗,除去其中的色素、水溶性杂质、尘埃及漂浮在水上的细小树脂颗粒;用 95% 的乙醇溶液浸泡树脂 12 h 以上,除去醇溶性杂质,再用水洗至无醇味;然后,再用酸、碱进行浸泡和洗涤。对于阴离子交换树脂,可先用 2M HCl 溶液浸泡 2~3 h,水洗;再用 2M NaOH 溶液浸泡,最后用水洗至 pH =9~10 备用;对于阳离子交换树脂则按 2M NaOH→水 2M HCl→水的程序进行浸泡和洗涤,最后用水洗至 pH =3~4 备用。

**2. 装柱和转型**

在实验室中常用的离子交换柱是用玻璃管或塑料管加工制成的,管子下端装有烧结玻璃片或少许玻璃纤维毛,借以支撑树脂。也可以利用一定规格的酸式滴定管做离子交换柱。工业上一般用不锈钢,也可用塑料或橡胶衬里的碳钢等材料加工成柱子,底部用筛板支撑树脂。在放化分析中,分离极微量的放射性核素时,可采用微型离子交换柱。这种柱子内径很细,一般仅为 1.5 mm,整个柱子容积很小,这给操作特别是淋洗及制源带来了极大的不便。由于淋洗液体积很小,故可全部收集在不锈钢测量盘中直接制源、测量。此外,如果对体系的温度有特殊要求,则可采用恒温式离子交换柱。

（1）装柱

将洗净后的柱子装入一定体积的蒸馏水,然后打开柱子下部的活塞,在搅动下将处理好的树脂连水一起从柱子上端加入,让树脂自由沉降。树脂层高度以柱高的五分之三至五分之四为宜。装好的树脂层必须密实、均匀、没有气泡,并始终保持被水浸没。

（2）转型

根据分离要求的不同,可将树脂中交换基团上的可交换离子转换成所需的离子形式。阳离子交换树脂可转换成 $H^+$ 型、$NH_4^+$ 型、$Na^+$ 型、$Cu^{2+}$ 型等,阴离子交换树脂可转换成 $OH^-$ 型、$NO_3^-$ 型、$Cl^-$ 型、$SO_4^{2-}$ 型等。例如,若需要将 $H^+$ 型阳离子交换树脂转换成 $NH_4^+$ 型,只要将一定浓度的醋酸铵溶液缓慢地通过树脂层,当柱子进出口溶液中的醋酸铵浓度（或 pH 值）一致时,则表示树脂已基本上转换成 $NH_4^+$ 型,再用水洗至中性便可使用。

**3. 分离操作**

离子交换法的分离操作,按动力学过程的不同可分为前沿法、淋洗法和排代法等几种,其中应用较多的是后两种方法。

（1）前沿法

前沿法（又称迎头法、前流法）是将料液连续地通过离子交换柱，交换能力弱的离子最先流出柱子，其次是弱的和较弱的离子混合液，以此类推。此法除第一组分外，其余均为混合物，因而很少采用。

（2）淋洗法

淋洗法（又称洗脱法、洗提法）是先将料液加入柱中进行吸附，然后再用淋洗剂进行解吸。由于不同的离子对树脂具有不同的亲和力，因而被淋洗剂解吸下来的次序也不同，从而得到分离。淋洗法的主要分离操作分为吸附、洗涤和淋洗三步，其中最重要的是吸附和淋洗步骤，分述如下。

①吸附

将料液缓慢地加入离子交换柱，并控制一定的流速，让料液中的被交换离子在流经树脂层时能与树脂中的可交换离子充分地进行交换。

②洗涤

根据不同的分离体系和分离要求，选择合适的洗涤剂，以置换滞留在交换柱树脂空隙中的料液和在吸附过程中被交换下来的可交换离子，同时还可将某些被吸附的杂质离子洗下来。洗涤时溶液的流速一般与吸附时相同。

③淋洗

淋洗也可称为洗脱或解吸，其目的是把吸附在树脂上的多种欲分离离子，根据它们与树脂亲和力的不同，将其逐个解吸下来。因此，淋洗往往是粒子交换分离的关键步骤。根据分离对象和分离要求的不同，淋洗时可选用各种不同浓度的酸（如盐酸、硝酸、醋酸、硫酸等）或各种不同类型的络合剂（如柠檬酸、乳酸、乙二胺四乙酸等）做淋洗剂（又称淋洗液）。在淋洗过程中，与树脂亲和力小的或与络合剂络合能力强的离子首先被淋洗下来，接着按亲和力的大小或与淋洗剂络合能力的强弱把树脂上的被吸附离子依次逐个地解吸下来，以实现分离、纯化和浓集的目的。

（3）排代法

在分离性质相似的元素时，往往还采用排代法（又称阻滞离子分离法）以提高分离效果。阻滞离子是一种与淋洗剂的络合能力比欲分离离子的大、与树脂的亲和力比欲分离离子的小的离子。排代法就是把离子交换柱的淋洗流出液再流经一个被阻滞离子饱和了的阻滞离子交换柱（又称排代柱），此时欲分离离子不能无阻拦地流过交换柱，而是不断地与阻滞离子进行交换，反复地发生吸附和解吸反应，从而扩大了各相似离子在柱子上的距离，达到彼此分离的目的。例如，在分离稀土元素时，常用 $Cu^{2+}$ 或 $Zn^{2+}$ 做阻滞离子，就是因为 $Cu^{2+}$ 和 $Zn^{2+}$ 与 EDTA 等淋洗剂的络合能力比稀土元素离子的大，与树脂的亲和力却比稀土元素离子的小，因而可使各稀土元素离子与树脂亲和力之间的微小差别在阻滞离子交换柱上不断得到扩大，它们在交换柱上的距离也被逐渐拉开，再用淋洗剂淋洗，即可达到有效的分离。

### 4. 树脂的再生

树脂经过多次使用后，交换能力会下降，必须进行处理，以使树脂的交换能力得到恢复，这就是树脂的再生。

通常，树脂再生的方法是先从柱子底部用水反冲树脂床，使树脂松动。然后按树脂预处理的方法，用酸、碱或蒸馏水分别进行洗涤，而后备用。

树脂在使用过程中常常会牢固地吸附一些不易解吸的杂质离子;树脂孔隙也会被不溶性微粒;硅酸、难溶性磷酸盐、硫化物等还会在树脂表面或内部沉积;强氧化剂或强辐射会引起树脂的分解,使分离效果变差,这就是树脂的中毒。如果通过树脂再生处理,分离效果仍无明显改善,则必须更换树脂。

### 10.4.4　离子交换的影响因素和条件选择

影响离子交换的因素很多,下面就其中的主要影响因素及条件选择进行简单介绍。

**1. 离子交换剂**

离子交换剂的种类和性能,如交换容量、孔径和粒度的大小以及其他一些物理化学性质,对离子交换的分离效果和动力学性能均有很大影响。目前,在放射化学实验室中用得最多的是离子交换树脂。离子交换树脂的选择,应该根据被分离物质的性质和分离要求来确定树脂的类型、粒度、交联度等,以获得较好的选择性和较快的交换速度。

(1)树脂类型的选择

选择阴离子或阳离子交换树脂,决定于被分离物质所带的电荷性质。如果被分离物质带正电荷,应选择阳离子交换树脂;如带负电荷,则选择阴离子交换树脂;如被分离物是两性离子,应根据其在稳定 pH 值范围内所带电荷的性质来选择离子交换树脂。

离子交换树脂处于电中性时常带有一定的反离子,使用时选择何种离子交换树脂,取决于离子交换树脂对各种反离子的结合力。为了提高交换容量,一般应选择结合力较小的反离子。据此,强酸型和强碱型离子交换树脂应分别选择 H 型和 OH 型;弱酸型和弱碱型离子交换树脂应分别选择 Na 型和 Cl 型。

(2)树脂粒度和交联度的选择

树脂粒度的影响有两个方面:一是对离子交换动力学的影响;二是对流体力学的影响。一般说来,树脂粒度与离子交换平衡时间成正比。这是因为树脂粒度小,其比表面大,树脂与溶液接触的界面也大,有利于膜扩散;树脂粒度小,内扩散的平均路程短,有利于内扩散。因此,树脂粒度小,离子交换速度快,柱效率高。但是,树脂颗粒太细,柱子阻力过大,会使溶液的流速减慢,要保持一定流速就必须加压。在实验室中,通常选用 60～200 目的树脂为宜。

树脂交联度的大小决定了树脂孔隙直径的大小。交联度低、孔隙直径大,离子的扩散速度就快。但交联度太低,树脂的机械强度差,而且选择性也差,会影响离子交换的分离效果。此外,交联度对树脂的溶胀度和交换容量有影响。对干树脂而言,交联度越大,树脂溶胀度和交换容量越小;对湿树脂而言,树脂交联度大者,由于溶胀度小,每单位体积湿树脂中所含的干树脂量比交联度小、溶胀度大的湿树脂中的干树脂量要多,有可能交联度大者所含交换基团比交联度小者多,因此在一定范围内,湿树脂的交换容量会随交联度增加而增加,如图 10－10 所示。

通常,树脂的交联度选用 4%～12% 为宜。

为了分离性质相似的元素,一般应选用颗粒较小或交联度较大的树脂,以提高柱子的分离效率和选择性;为了进行快速分离,则宜选用颗粒较大和交联度较小的树脂或大孔树脂,以提高溶液的流速和离子交换速度。

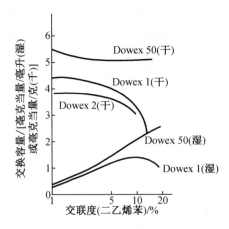

图 10-10　树脂的交联度与交换容量的关系

**2. 吸附条件**

吸附条件主要是指料液的组成和进料速度。料液的组成包括欲分离离子的性质和浓度,料液中其他杂质离子的种类和含量以及料液的酸度等,这些因素对离子交换过程均有影响。

(1)欲分离离子的性质和浓度

欲分离离子的性质主要是指离子的电荷数及水化离子半径的大小,它影响欲分离离子对树脂亲和力的大小和扩散速度。离子的电荷数越大,水化离子半径越小,对树脂的亲和力就越大;离子的电荷数和水化离子半径越小,它的扩散速度就越快。

欲分离离子的浓度对离子交换分离效果也有影响。通常,欲分离离子的浓度越低,离子交换速度越快;树枝上被吸附的离子量越少,分离效果越好。一般树脂层的吸附量最好不超过总交换容量的10%。由于环境和生物样品中放射性核素的量一般较少,因此采用离子交换法来进行分离的效果是比较好的。

(2)杂质离子的种类和含量

料液中杂质离子种类和含量是影响离子交换分离效果的一个重要因素。特别是那些与欲分离离子性质相近、选择系数差别不大的杂质离子,会严重影响对欲分离离子的分离。一般杂质离子的含量越高,对离子交换分离效果的影响也越大。此外,杂质离子对分离效果的影响还与它和欲分离离子之间的相对含量有关。例如。Tm 和 Yb 的分离,当它们之间的相对含量 Tm:Yb 为 1:1 时,用离子交换法可获得完全的分离;但当它们之间的相对含量达到 1:150 时,分离效果就很差。

溶液中的常量元素有时也会影响微量元素的吸附。例如,料液中的 $Na^+$ 含量过高时,会使微量碱土和稀土放射性核素在阳离子交换柱上的吸附量减少。因此,料液中的常量组分也必须加以控制。

为了减少树脂对杂质离子的吸附,提高分离效果,可预先加入络合剂,使杂质离子生成亲水性的稳定络合物而不被吸附。

(3)酸度

溶液的酸度会影响树脂中交换基团的解离。如图 10-11 所示,随着溶液中 pH 值的降低,弱酸性阳离子交换树脂的交换能力就减小;随着溶液中 pH 值的升高,弱碱性阴离子交换树脂的交换能力就降低。而强酸性阳离子交换树脂和强碱性阴离子交换树脂的交换基团在水溶液中容易解离,因而溶液的酸碱度对它们的交换能力影响不大。通常,用离子交换法进行分离时的适宜酸度是用实验方法求得的。

(4)进料速度

离子交换的吸附过程大致如下:

料液进入离子交换柱后,首先与上层树脂接触,进行离子交换,并逐渐达到饱和,称为饱和区,而下层树脂尚未被交换,称为未交换区,中层树脂则部分被交换,称为交换区,如图10－12(a)所示。当料液继续流经树脂床时,饱和区逐渐往下扩展,交换区逐渐下移,如图10－12(b)所示。图10－12(a)和图10－12(b)右边的曲线分别表示树脂床处于左边图中所示的负荷下,料液流经柱子时其浓度沿柱子的纵向分布。当交换区下移到树脂床底部时,料液中欲分离离子开始漏出,此时称为穿透点;当料液继续流经树脂床时,可使整个树脂床达到饱和,此时称为饱和点。典型的离子交换吸附曲线如图10－13所示。

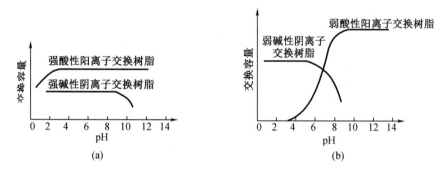

图 10－11　pH 值对离子交换树脂交换容量的影响

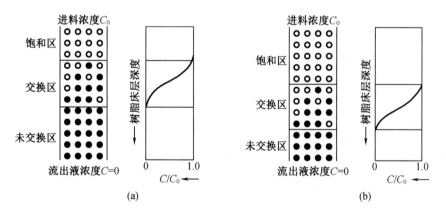

图 10－12　离子交换吸附过程示意图

一般说来,进料速度慢,可使料液与树脂充分接触,有利于离子交换吸附平衡,交换区就短,吸附曲线陡直,树脂利用率高,分离效果也好,但吸附操作时间长;进料速度过慢,会发生纵向扩散而使分离效果恶化。一般情况下,提高进料速度,交换区就会伸长,吸附曲线变得平缓(图10－14),树脂利用率降低,分离效果也变差。因此,进料速度要选择适当。

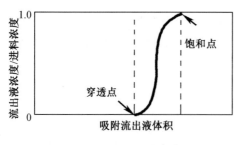
图 10 - 13　离子交换吸附曲线

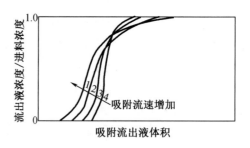
图 10 - 14　吸附流速对离子交换吸附过程的影响

对于微量物质的离子交换,树脂的负荷很小,料液流速对吸附本身影响不大。但从提高吸附过程本身的分离效果,特别是有利于后续淋洗过程的分离效果考虑,还是应该选择适宜的料液流速。

**3.淋洗条件**

淋洗是离子交换分离的关键步骤。因此,淋洗条件的选择就成为影响离子交换分离效果的重要因素。淋洗条件主要是指淋洗剂的选择与淋洗流速的控制。

(1)淋洗剂

淋洗剂的选择主要是确定淋洗剂的种类、浓度和酸度。通常,要求淋洗剂对欲分离核素有较大的分离系数、较快的交换速度、较高的浓集系数,且耐辐照及价格低廉等。在分离中,最常见的淋洗剂是各种酸类以及羟基酸络合剂和氨羧络合剂。一般说来,络合剂的淋洗效果较好,这是由于络合剂能与不同金属离子形成稳定常数各不相同的络合物,从而改变这些已被树脂所吸附的金属离子在液相与树脂相间的分配,提高了它们相互之间的分离效果。

羟基酸络合剂如柠檬酸、酒石酸、乳酸、α-羟基异丁酸等,常用于放射化学分析和裂片元素、超铀元素的分离。图 10 - 15 和图 10 - 16 分别为用乳酸和α-羟基异丁酸铵做淋洗剂,从阳离子交换树脂上淋洗分离稀土元素和超铀元素的情形。羟基酸络合剂的缺点是价格较贵,回收复用较难,浓集系数较小等。

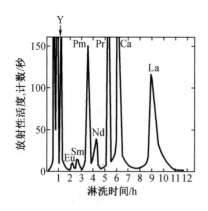
图 10 - 15　阳离子交换法用乳酸淋洗从裂变产物中分离稀土元素

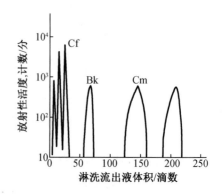
图 10 - 16　阳离子交换法用α-羟基异丁酸铵淋洗分离超铀元素

氨基络合剂如 EDTA、NTA(氮川三乙酸)、HEDTA(羟基乙二胺三乙酸)、DTPA(二乙烯三胺五乙酸),它们的络合能力强、反应速度快、分离效果好、浓集系数高、易于回收复用,因而应用日益广泛。例如,用 EDTA 淋洗吸附于阳离子交换树脂上的钙、锶、钡,可使三者达到完全的分离;用 NTA 淋洗吸附于阳离子交换树脂上的稀土元素,不仅分离效果好,而且分离速度也快。

此外,有时还使用一些能与水互溶的有机溶剂(如酮类、醇类等)的水溶液做淋洗剂,以提高对某些金属离子的分离效果。例如,在用阳离子交换树脂分离碱金属离子锂和钠时,用 1 M HCl – CH$_3$OH 混合溶液淋洗,可得到良好的分离效果。

络合剂与金属离子生成络合物的稳定性通常与溶液的酸度有直接关系。因此,调节和控制淋洗剂的酸度往往也能改善淋洗的分离效果。例如,用柠檬酸从阳离子交换树脂上淋洗放射性钇时,pH 等于 4 的效果最好。

(2)淋洗流速

淋洗剂的流速是淋洗操作中影响分离效果和分离速度的又一个重要因素。淋洗液的流速太快或太慢均不适宜,流速太快,不利于解吸平衡的建立,分离效果差;太慢,时间不经济,甚至还会出现纵向扩散现象,从而降低分离效果。淋洗流速对分离效果的影响可通过条件试验以及淋洗曲线来进行分析。

淋洗曲线的作法是将淋洗流出液体积(简称淋洗体积)与淋洗流出液中欲分离离子的浓度作图,所得的曲线就称为淋洗曲线(图 10 – 17)。

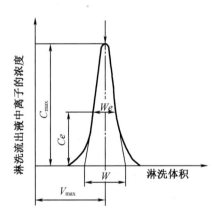

$C_{\max}$—淋洗流出液中离子的最高浓度(峰值);$V_{\max}$—峰值处相应的淋洗体积(峰位体积);$C_e$—峰值的 $e$ 分之一($e$ 为自然对数的基底);$W_e$—$C_e$ 处峰的宽度(带宽);$W$—$C_e$ 处曲线的两条切线在横坐标上的交点之间的距离(峰底宽度)。

**图 10 – 17　离子交换淋洗曲线**

图 10 – 17 为单个离子的淋洗曲线,其中只出现一个淋洗峰。当树脂吸附多种离子时,其淋洗曲线如图 10 – 18 所示,会出现几种离子各自的淋洗峰。而它们之间的分离程度主要反映在峰位体积 $V_{\max}$ 和峰底宽度 $W$ 上。

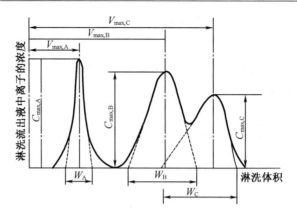

$C_{\max,A}$、$C_{\max,B}$、$C_{\max,C}$——淋洗流出液中 A、B、C 离子的最高浓度(峰值);

$W_A$、$W_B$、$W_C$——A、B、C 离子淋洗峰的峰底宽度;

$V_{\max,A}$、$V_{\max,B}$、$V_{\max,C}$——A、B、C 峰值处相应的淋洗体积。

**图 10 - 18　几种离子的淋洗曲线**

　　影响淋洗曲线 $V_{\max}$ 和 $W$ 值的主要因素是淋洗剂,因为淋洗剂与被解吸离子间的络合能力决定了解吸的速度和分离效果;其次是淋洗流速,淋洗流速不同,所得到的淋洗曲线形状也不同。一般说来,淋洗流速较慢时,被解吸离子的淋洗峰就陡,不同离子淋洗峰之间的距离也拉得比较开,分离效果比较好。从图 10 - 18 可以看出,A 离子的淋洗峰比较陡,即峰底宽度或带宽较窄,峰值较高,且与 B、C 离子的淋洗峰彼此完全分开,即 $V_{\max}$ 值彼此相差较大。这说明 A 离子在淋洗流出液中比较集中,与 B、C 离子的分离效果较好。而 B、C 离子的淋洗峰比较宽,且相互重叠。这说明 B、C 两种离子不能完全分开。对于选定的淋洗剂,只有在适宜的流速下,才能使几种离子的淋洗峰彼此完全分开。

　　峰位体积与分配系数之间存在如下关系:

$$V_{\max} = V_i + V_0 D_柱 \qquad (10 - 63)$$

即

$$D_柱 = \frac{V_{\max} - V_i}{V_0} \qquad (10 - 64)$$

式中　$D_柱$——某种离子在离子交换柱上的分配系数;

　　　$V_i$——树脂床的自由体积,也即树脂颗粒之间空隙中的溶液体积;

　　　$V_0$——树脂床的总体积。

　　离子交换柱对两种不同离子的分离系数为

$$\alpha_交 = \frac{D_{柱,A}}{D_{柱,B}} = \frac{V_{\max,B} - V_i}{V_{\max,A} - V} \qquad (10 - 65)$$

　　令

$$\overline{V} = V_{\max} - V_i \qquad (10 - 66)$$

式中,$\overline{V}$ 为滞留体积,即峰位体积与树脂床自由体积之差,则

$$\alpha_交 = \frac{\overline{V}_B}{\overline{V}_A} \qquad (10 - 67)$$

由此可见,两种不同离子在离子交换柱上的分离效果主要反映在 $\overline{V}$ 值的大小上,当然,也反映在淋洗峰的宽度上。

淋洗过程的分离效果还可用柱效率来加以说明。离子交换法的柱效率通常采用理论塔板数和理论塔板高度来表示:

$$N = \frac{h}{H} \qquad (10-68)$$

式中　　$N$——理论塔板数;

　　　　$H$——理论塔板高度;

　　　　$h$——离子交换柱床层高度。

每一个理论塔板高度 $H$ 就相当于达到一次离子交换吸附—解吸平衡时溶液所移动的距离。当柱子床层高度一定时,$H$ 越小,$N$ 就越多,即在离子交换柱上发生离子交换吸附 - 解吸平衡的次数就越多,因而对被分离物质的分离效果也就越好。理论塔板数与淋洗曲线的峰位体积和带宽有如下关系:

$$N = \frac{h}{H} = 8\left(\frac{V_{max}}{W_t}\right)^2 \qquad (10-69)$$

由此可见,峰位体积越大,峰底宽度越小,则理论塔板数越多,分离效果越好。

**4. 淋离子交换柱的高径比**

离子交换柱的高径比是指柱子中树脂床层的高度 $h$ 与柱子内径 $d$ 之比值($h/d$)。当柱子内径一定时,增加柱中树脂床层的高度,可以提高分离效果。特别是在分离性质相似的元素时,增加交换柱中树脂床层的高度是改善分离效果的一种简单易行的方法。但树脂床层不宜过高,否则阻力过大,分离速度太慢,树脂层中产生的气泡也不易去除。通常,离子交换柱的高径比在 10~12 为宜;对于性质极为相似的元素的分离,可采用高径比更大的柱子;对于操作过程中易产生气泡的情况,也可采用高径比小的矮胖柱。

**5. 温度**

温度对离子交换分离过程的影响是比较复杂的。提高温度可以使离子交换过程中的膜扩散加快,也可使内扩散的速度略有提高。但通常树脂吸附金属离子的过程是放热过程,因此随着温度的升高,金属离子的分配系数往往会下降。此外,温度还会影响溶液中络合物的稳定性。一般说来,适当提高温度,有利于树脂的吸附。但温度不宜过高,否则会使树脂的稳定性下降,而且还容易产生气泡。因此,温度要选择适当。例如,钚在强碱性阴离子交换树脂 Dowex1×4 上的吸附最佳温度为 60 ℃。在放射化学实验室中所进行的离子交换分离操作,通常都是在室温下进行的。

## 10.4.5　离子交换法应用实例

**1. 阳离子交换树脂的应用**

阳离子交换树脂对锕系元素的分离比较复杂,选择性不高,尤其是对 $UO_2^{2+}$ 离子的分离。对于钚来讲,在酸性溶液中不同价态和浓度的钚很容易吸附在阳离子交换树脂上,吸附顺序为:Pu(Ⅳ) > Pu(Ⅲ) > Pu(Ⅵ)。

由于阳离子交换树脂分离铀的选择性不高,往往利用这一特点来分离特殊杂质元素。例如,采用阳离子交换 - 发射光谱法测定金属铀和八氧化三铀中微量硼,用阳离子交换法将硼与大量铀及其他多种阳离子分离后,采用光谱法测定硼。此外,采用阳离子交换ICP/MS 测定 $U_3O_8$ 中的微量稀土元素也取得了令人满意的效果。

有时,应用阳离子交换树脂使铀、钚与其他元素分离,用配合剂进行洗涤。例如,在三乙四胺六乙酸(TTHA)用 Dowex50W×8 树脂,在三乙四胺六乙酸(TTHA)配合下,用 Dowex 50 W × 8 树脂,可分离并测定钍化合物中的微量铀;用 Aminex – A9 阳离子交换树脂柱分离钚和超钚元素镅、锔,用 α – 羟基 – 2 – 甲基丙酸作流动相,保留时间为:钚 < 镅 < 锔,从而实现了钚、镅、锔及杂质元素的分离。

**2. 阴离子交换树脂的应用**

阴离子交换树脂较阳离子交换树脂有更大的选择性,尤其在核燃料循环分析中,溶液常常使含有钚、镎、铀、钍等元素的硝酸溶液,采用阴离子交换树脂能够快速、较好地分离杂质元素。其中强碱性阴离子交换树脂选择性更好、交换速度更快,特别是大孔型树脂具有更大的扩散性,因此通常使用大孔径强碱性阴离子交换树脂。

溶液中铀酰离子易与多种阴离子形成络阴离子,因此用阴离子交换树脂可以使铀与许多阳离子分离。例如,采用 zerolit – FF 树脂在 6 mol/L 盐酸介质中可将待测杂质元素与基体铀成功分离。

四价钚形成阴离子配合物的能力比铀和其他裂变产物更强,因此对于钚来讲,阴离子交换法的选择性比阳离子交换法更好。例如,在 9 mol/L 盐酸中加过氧化氢将 Pu(Ⅲ)氧化成 Pu(Ⅳ)后上柱,利用在 8 mol/L 硝酸中 Pu(Ⅳ)容易吸附而 U(Ⅵ)几乎不被吸附的特点,用 8 mol/L 硝酸洗涤可分离钚和铀。

阴离子交换分离技术得到不断更新发展,例如,用阴离子交换与电感耦合等离子体原子发射光谱联用技术测定二氧化铀微球中钐、铕、钆、镝等杂质元素;使用加压排空阴离子交换系统从铀基体中同时分离出镎和钚等。

# 10.5 膜 分 离 法

## 10.5.1 概述

用天然或人工合成的高分子薄膜,以外界能量或化学位差为推动力,对双组分或多组分的溶质和溶剂进行分离、分级、提纯和富集的方法,统称为膜分离法。膜分离法可用于液相和气相分离。对于液相分离,可用于水溶液体系、非水溶液体系、水溶胶体系及含有其他微粒的水溶液体系。

膜分离方法的关键物质是膜。膜本身可以是均一的一相,也可以是由两相以上的凝聚态物质所构成的复合体。膜有各种各样的类型,一般可按膜分离机理、膜分离推动力或膜的结构形态等进行分离。通常比较直观的方法是按膜分离方法的推动力来进行分类,有以压力差、浓度差、温度差、电位差和化学反应为推动力的各种膜分离方法,如表 10 – 12 所示。在此基础上再按膜分离的机理、膜的结构形态分类。如以压力差为推动力的方法中,按膜的孔径大小又可细分为微孔过滤、超过滤、反渗透和气体分离等。

表 10 - 12　按推动力功能高分子膜的分类

| 推动力 | 膜过程 | 功能膜 | 膜形态 | | |
|---|---|---|---|---|---|
| | | | 均质 | 非对称 | 复合 |
| 压力差 | 反渗透 | 反渗透膜 | | ○ | ○ |
| | 超过滤 | 超过滤膜 | | ○ | ○ |
| | 微滤 | 微孔滤膜 | ○ | ○ | |
| | 气体分离 | 气体分离膜 | ○ | ○ | ○ |
| 电位差 | 电渗析 | 离子交换膜 | ○ | | |
| 浓度差 | 渗析 | 非对称或离子交换膜 | | ○ | |
| 浓度差 | 控制释放 | 微多孔膜 | ○ | | |
| 浓度差(分压差) | 渗透蒸发 | 渗透蒸发膜 | ○ | ○ | ○ |
| 浓度差 + 化学反应 | 液膜 | 乳化或支撑液膜 | ○ | | |
| 浓度差 + 化学反应 | 膜传感器 | 微孔或酶等固定化膜 | ○ | | |
| 化学反应 | 反应膜 | 催化剂等固定化膜 | ○ | | |
| 温度差 | 膜蒸馏 | 微多孔膜 | ○ | | |

　　膜分离过程以具有选择透过性的膜作为分离各组分的分离介质。渗析式膜分离是将被处理的溶液置于固体膜的一侧,置于膜另一侧的接受液是接纳渗析组分的溶剂或溶液。被处理溶液中某些溶质或离子在浓度差、电位差的推动下,透过膜进入接受液中,从而被分离出去。过滤式膜分离是将溶液或气体置于固体膜一侧,在压力差的作用下,部分物质透过膜而成为渗滤液或渗透气,留下部分则为滤余液或滤余气。由于各组分的分子的大小和性质不同,它们透过膜的速率有差异,因而透过部分与留下部分的组分不同,从而实现了各组分的分离。

　　由此可见,膜分离与沉淀、离子交换及溶剂萃取分离不同。后三种分离是通过不相混溶的两相之间的平衡操作,使两相平衡时有不同的组分而达到分离的。而膜分离是通过在压力、组成、电势等梯度作用下,由于被分离各组分穿过膜的迁移速度不同而达到分离。膜分离的优点是如下。

　　(1)膜分离过程没有相变,不需要液体沸腾,也不需要气体液化,因而是一种低能耗,低成本的分离技术。

　　(2)膜分离一般可在常温下进行,因而对那些需避免高温分离、分级、浓缩与富集的物质,如果汁、药品等具有独特优点。

　　(3)适用范围广,对无机物、有机物及生物制品等均可适用。

　　(4)装置简单,操作容易,制造方便。

## 10.5.2　膜分离分类

　　常见的液体分离膜技术有反渗透(reverseosmosis,RO)、超滤(ultrafiltretion,UF)、微滤(microfiltration,MF)、透析(dialysis,D)、电透析(electro - dialysis,ED)以及渗透汽化(pervaporation,PV)。对于压力驱动膜,根据孔径的大小以及分离物质的差别,可以为微滤、

超滤、纳滤和反渗透(图 10 - 19)。其中微滤膜孔径为 0.05 ~ 2.0 μm,可阻留相对分子质量为 20 万 ~ 1 000 万,适用于细菌微粒等的分离,超滤膜孔径为 0.001 5 ~ 0.2 μm,截留相对分子质量范围为 1 000 ~ 500 000,适用于大分子(蛋白质,胶体等)与小分子(无机盐、糖等低相对分子质量的有机物)溶液的分离,纳滤膜孔径为 1 ~ 2 nm,截留相对分子质量为 200 ~ 1 000,适用于糖等低分子量有机物与无机物的分离。纳滤(NF)膜的出现及其相关过程的出现大大促进了膜技术在液体分离领域的应用,反渗透膜孔径小于 1 nm,截留相对分子质量小于 100,适用于无机盐及低分子量有机物的分离。

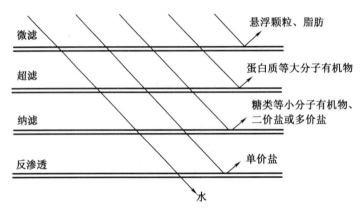

**图 10 - 19　压力驱动膜的特性**

### 1. 电渗析

电渗透是直流电流为推动力,利用阴阳离子交换膜对水溶液的阴阳离子的选择透过性,是一个水体中的离子通过膜转移到另一个水体中的物质分离过程。

在两极间交替放置阴膜和阳膜,并用特质的隔板将其分开,组成脱盐和浓缩两个系统。当想隔室通入盐水后,在直流电场作用下,阳离子向阴极迁移,阴离子向阳极迁移,离子交换膜的选择透过性,使淡室中的盐水淡化,浓室中的盐水被浓缩,实现脱盐目的,一般可将水中的电解质含量由 3 500 mg/L 降至 10 mg/L 以下。

电渗析的原理如图 10 - 20 所示,该过程是利用交换膜从水溶液中去除离子,在阳极和阴极交换安置一系列阳离子交换膜和阴离子交换膜。当离子原料液(如氯化钠溶液)在泵的压力下通过两张膜的腔室时,如不加直流电,则溶液不会发生任何变化。当施加直流电时,带正电的钠离子会向阴极迁移,带负电的氯离子会向阳极迁移,氯离子不能通过带负电的膜。这意味着,在每隔一个腔室中浓度会提高,而在与之相邻的腔室中离子浓度会下降,从而形成交替排列的稀溶液和浓溶液,溶液在电极上发生电解,在负极(阴极)形成 $H_2$ 和 $OH^-$,而在正极(阳极)处形成 $Cl^-$ 和 $O_2$,发生的电极反应如下:

阴极:
$$2H_2O + 2e^- \longrightarrow H_2 + 2OH^-$$

阳极:
$$2Cl^- \longrightarrow Cl_2 + 2e^-$$

$$H_2O \longrightarrow \frac{1}{2}H_2O + H_2$$

在工业应用中把几百对腔室串叠在一起,这样可以有效使用推动力。

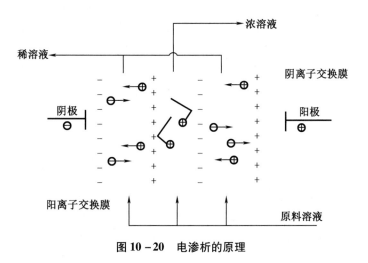

**图 10-20  电渗析的原理**

#### 2. 微滤

微滤(Micro-filtration,MF)是利用微孔径的大小,在压差的推动力下,将滤液中大于膜孔径的微粒、细菌等悬浮物质截留下来,达到滤液中微粒的去除与溶液澄清的目的。通常,微孔膜孔径在 0.05~10 μm 范围内,膜的孔数和空隙率取决于膜的制备工艺,膜的孔数可高达 $10^7$ 个/$m^2$,空隙率可高达 80%。微滤过程一般去除直径在 0.05~10 μm 范围内的微粒,细菌等由于微滤所去除的粒子通常远大于反渗透和超滤分离的溶质及大分子,膜没有渗透压,操作压差较小,为 0.01~0.2 MPa,而膜的通量远大于反渗透与超滤。

微滤与常规过滤一样,原液可以是微粒浓度在 $10^{-6}$ 级的稀溶液,也可以是微粒浓度高达 20% 的浓浆液,根据微滤过程中的微粒被膜截留在膜的表面层或膜深层现象,可将微滤分成表面过滤和深层过滤。当料液中微粒直径与膜的孔径相近时,随着微滤过程的进行,微粒会被膜截留在膜表面堵塞膜孔,这种过滤方式被称为表面过滤。在微滤进行过程中,当所采用的微孔膜孔径大于被微滤的微粒时,流体中的微粒能进入膜的深层并被去除,这种方式被称为深层过滤。

通常,微滤有两种操作工艺—死端过滤和错流过滤,如图 10-21 所示。

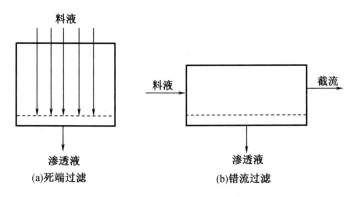

**图 10-21  死端过滤和错流过滤示意图**

（1）死端过滤

在死端过滤时,溶剂和小于膜孔径的溶质在压力驱动下透过膜,大于膜孔径的颗粒被截留,通常堆积在膜表面上。死端过滤是间隙式的,必须周期性地停下来清洗膜表面的污染层或更换膜。

（2）错流过滤

在泵的推动下料液平行于膜面流动,料液流经膜面时,把膜面上滞留的微粒带走,从而使污染层保持在一个较薄的水平。

微滤是所有膜过程中应用较普通的一项技术。微滤可以和沉淀、絮凝等工艺相结合用于处理放射性废水,也经常作为纳滤、超滤的前处理工艺进行应用。加拿大 AECL Chalk River 实验室采用微滤技术处理了被放射性物质污染的地面排水和油。1991 年进行了长达 7 个月的中试实验,共处理了约 120 m³ 的含 $^{90}$Sr 的放射性地面排水,经过处理,$^{90}$Sr的浓度从原来的 1 700 ~ 3 900 Bq/L 降至 2 Bq/L,是加拿大饮用水标准的 1/5。

### 3. 超滤

超滤( ultrafiltration, UF) 是 1861 年由 Schmidt 首次在过滤领域提出的概念,20 世纪 70 年代和 80 年代是超滤的高速发展阶段,其应用面越来越广,使用量越来越大。

超滤是一种压力驱动过程,介于微滤和纳滤之间,且三者之间无明显的分界线。一般来说,超滤可以分离直径大于 2 nm 的溶质分子和截留相对分子质量在 1 000 ~ 300 000 的分子和胶体。对于混合体系,超滤可以分离相对分子质量在 10 倍以上的分子混合物。而相应的孔径为 5 ~ 100,这时的渗透压很小,可以忽略,因而超滤膜的操作压力较小,一般为 0.1 ~ 0.5 MPa,主要用于截留去除水中的悬浮物、胶体、微粒、细菌和病毒等大分子物质。因而,超滤过程除了物理筛分作用以外,还应考虑这些物质与膜之间的相互作用所产生的物化影响,在这种情况下,超滤过程实际上存在以下 3 种情形。

①污染物在膜表面及微孔孔壁上产生吸附。

②污染物的粒径大小与膜的孔径相仿,则在膜表面被机械截留,实现筛分。

③污染物的粒径大小大于膜的孔径大小,则在膜的外表面被机械截留,实现筛分。

可见,理想的超滤筛分,应尽量避免污染物在膜的表面和膜的孔壁上的吸附与阻塞现象的发生,所以用超滤技术去除大分子有机物时,除了选择适当的膜孔径(截留相对分子质量)外,必须选用与被去物质之间相互作用弱的超滤膜。

### 4. 反渗透

反渗透( reverseosmosis, RO) ,作为主要的水及其他液体分离膜之一,在分离膜领域内占有重要的地位。

反渗透技术是几十年来发展起来的膜分离技术。20 世纪 60 年代反渗透技术的崛起带动了这个膜分离技术的发展。用一张只透过水而不透过溶质的理想半透膜把水和盐水隔开,则出现水分子由纯水一侧通过半透膜向盐水一侧扩散的现象。这就是人们所熟知的渗透现象[图 10 - 22(a)]。随着渗透现象的进行,盐水液面不断升高纯水一侧水面相应下降,经过一段时间后,两侧液面不再变化,系统中纯水的扩散渗透达到了动态平衡,这一状态称为渗透平衡[图 10 - 22(b)]。$\pi$ 为盐水溶液的渗透压。渗透平衡时纯水相与盐水溶液相中水的化学势差等于零。如果人为地增加盐水侧的压力,则盐水相中水的化学势增加,就出现了水分子从盐水侧通过半透膜向纯水侧扩散渗透的现象。由于水的扩散方向恰恰与渗透现象相反,因此把这个过程称为反渗透[图 10 - 22(c)]。由此可见,若用一半透膜分隔浓度不同的两个水溶液,其渗透压差为 $\pi$,则只要在浓溶液侧加以大于 $\pi$ 的外压,就能使这一体系发生反渗透过程,这就是反渗透膜分离的基本概念。实际的反渗透过程中所加外压一般都达到渗透压差的若干倍。

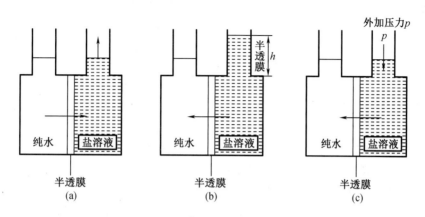

图 10 - 22　渗透与反渗透现象

目前膜工业上把反渗透过程分为三类:高压反渗透(5.6 ~ 10.5 MPa,如海水淡化)、低压反渗透(1.4 ~ 4.2 MPa,如苦咸水的脱盐)和超低压反渗透(0.5 ~ 1.4 MPa,如自来水脱盐)。反渗透膜具有高脱盐率(对 NaCl 达 95% ~ 99.9% 的去除)和对低分子量有机物的较高去除,有机物的去除依赖于膜聚合物的形式、结构与膜和溶质间的相互作用。

**5. 纳滤**

纳滤膜(Nanofiltration,NF)是介于反渗透膜和超滤膜之间的一种压力驱动膜,是近年来国际上发展较快的膜品种之一。该类膜对多价离子和相对分子质量在 300 以上的有机物的截留率较高。由于反渗透截留了几乎所有的离子,对离子的截留无选择性,使得操作压力较高,膜的通量受到限制,由此造成的设备投资成本和操作、维护费用较高。反渗透膜对于要求通量大而对某些物质(如单价盐)的截留性能并未严格要求的应用场合不大合适,而仅截留较大相对分子量的有机物的超滤膜又达不到要求。纳滤膜的出现弥补了反渗透和超滤之间的空白。

通常,纳滤的定义包括以下 6 个方面。

①介于反渗透与超滤之间。

②孔径在 1 nm 以上,一般 1 ~ 2 nm。

③相对截留分子量在 200 ~ 1 000。

④膜材料可采用多种材质,如醋酸纤维素、醋酸 – 三醋酸纤维素、磺化聚醚砜、芳香聚酰胺复合材料和无机材料等。

⑤一般膜表面带负电。

⑥对氯化钠截留率小于 90% 。

纳滤膜可分为传统软化纳滤膜和高产水量荷电纳滤膜两类。前者最初是为了软化,而非去除有机物,其对电导率、碱度和钙的去除率大于 90% ,而截留相对分子量在 200 ~ 300(比反渗透膜的高),这使它们能够去除 90% 以上的有机总碳(TOC)。后者是一种专门去除有机物而非软化(对无机物去除率只有 5% ~ 50% )的纳滤膜,这种膜是由能阻抗有机污染的材料(如磺化聚醚)制成的,膜表面带负电荷,同时比传统膜的产水量高,这种纳滤膜对有机物的去除是有效的,这依赖于有机物的带电荷性,一般带电的有机物的去除率高于中性有机物。因而截留相对分子质量就不是一个很好的有机物表征量。同时由于它对无机物去除率低,将会减少膜的污染、膜浓水的处置和产水的后处理。

纳滤膜对盐的截留性能主要是由于离子与膜之间的静电相互作用,满足道南效应(Donnan effect)。盐离子的电荷强度不同,膜对离子的截留率也有所不同。对于含有不同价态离子的多元体系,由于膜对各种离子的选择性有异,根据道南效应不同,离子透过膜的比例不同。例如,溶液中含有 $Na_2SO_4$ 和 $NaCl$,膜对 $SO_4^{2-}$ 的截留优先于 $Cl^-$。如果增大 $Na_2SO_4$ 的浓度,则膜对 $Cl^-$ 的截留率降低,为了维持电中性,膜透过的钠离子也将增加。当多价离子浓度达到一定值,单价离子的截留率甚至出现负值,即透过液中单价离子浓度大于料液浓度。纳滤膜对中性物质(不带电荷,如乳糖、葡萄糖、麦芽糖、棉籽糖、水苏糖等)的截留率则是根据膜的纳米级微孔的分子筛效应。

纳滤类似于反渗透与超滤,均属于压力驱动的膜过程,但其传质机理有所不同。一般认为,超滤膜由于孔径较大,传质过程主要为孔流形式,而反渗透膜通常属于无孔致密膜,溶解-扩散的传质机理能够很好地解释膜的截留性能。由于大部分纳滤膜为荷电型,其对无机盐的分离行为不仅受化学势控制,同时也受到电势梯度的影响,其确切的传质机理尚无定论。

### 10.5.3 液膜分离

与固体膜分离方法相比,液膜具有传质速度快、选择性高、分离效率高、操作更为简单等特点。液膜法可分离那些物理、化学性质相似而难以用常规蒸馏、萃取方法分离的有机烃类混合物。特别是利用液膜的"离子泵"效应,可浓缩 $Na^+$、$K^+$、$Cu^{2+}$、$Zn^{2+}$、$Al^{3+}$、$Hg^{2+}$、$Fe^{2+}$、$Co^{2+}$、$Ni^{2+}$ 等金属阳离子和 $Cl^-$、$SO_4^{2-}$、$NO_3^-$、$PO_4^{3-}$ 等阴离子。

液膜就是悬浮在液体中的很薄的一层乳液微粒。乳液通常由溶剂(水或有机溶剂)、表面活性剂(作乳化剂)和添加剂制成。溶剂是构成膜的基体,表面活性剂含有亲水基和疏水基,可定向排列以固定油水分界面而稳定膜形。通常膜的内相试剂与液膜是互不相溶的,而膜的内相(分散相)与膜的外相(连续相)是互溶的,将乳液分散在第三相(连续相)就形成了液膜。

液膜可以分为单滴型、支撑型及乳状液型。目前,乳状液型研究最多,使用最广。这种乳化型液膜的液滴直径范围为 $0.5 \sim 0.2$ nm,乳化的试剂滴的直径为 $10^{-1} \sim 10^{-3}$ mm,膜的有效厚度约 $1 \sim 10$ μm,其形状如图 $10-23$ 所示。按液膜组成不同,又可分为油包水型(W/O)和水包油型(O/W)两种。前者内相和外相都是水相,而膜是油质的,这种体系靠加入表面活性剂分子将其亲水的一端插入水相构成。后者的内相和外相都是油相,而膜是水相。由于放射化学中待分离的一般是水溶液,故一般用前者。油膜是由表面活性剂、流动载体和有机膜溶剂(如烃溶剂)组成的。膜相溶液与水和水溶性试剂组成的内水溶液,在高速搅拌下形成油包水型的且与水不相溶的小珠粒,内部包裹着许多微细的含有水溶性反应试剂的小水滴,再把此珠粒分散在另一水相,即被分离料液(外相)中,就形成了油包水再水包油的薄层膜结构。料液中的渗透物质靠穿过两水相之间的这一薄层进行选择性迁移而分离。

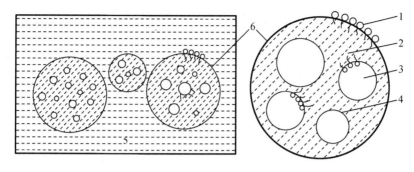

1—表面活性剂;2—膜相(油相);3—内相(接近相);4—膜相与内相界面;5—外相(连续相,如废水);6—乳滴。

**图 10 - 23　乳化型液膜示意图(油包水再水包油型)**

表面活性剂是液膜的主要成分之一,它可以控制液膜的稳定性,根据不同的要求,可以选择适当的表面活性剂制成油膜或水膜。膜溶剂是构成液膜的基体,选择膜溶剂时,主要考虑液膜的稳定性和对溶质的溶解度。为了使液膜保持适当的稳定性,就要溶剂具有一定的黏度。对无载体液膜来说,溶剂应能优先溶解要分离的组分,而对其余溶质的溶解度则应很小,才能得到很高的分离效果。而对有载体的液膜,溶剂应能溶解载体,而不溶解溶质,以提高膜的选择性。此外,溶剂应不溶于膜内相和膜外相,这可以减少溶剂的损失。油膜大多采用 S100N(中性油)和 Isopar M(异链烷烃)作溶剂。流动载体必须具备的条件如下:

(1)载体及其与溶质形成的配合物必须溶于膜相,而不溶于膜的内相和外相,并且不产生沉淀,否则将造成载体损失。

(2)载体与欲分离溶质形成的配合物要有适当的稳定性,在膜外侧生成的配合物能在膜中扩散,而到膜的内侧要能解离。

(3)载体不与膜相的表面活性剂反应,以免降低膜的稳定性。

流动载体是实现分离的关键。流动载体有离子型和非离子型两大类,一般说非离子型(如冠醚)好一些。加入添加剂,又称稳定剂,以便液膜在分离操作中有适当稳定性。

无载体液膜的分离机理主要有:选择性渗透、化学反应以及萃取和吸附等。图 10 - 24 为液膜分离机理示意图。图 10 - 24(a)代表选择性渗透,料液中 A 和 B 的混合物,由于它们在液膜中的渗透速度不同,最终 A 透过膜而 B 透不过,使 A 与 B 分离;图 10 - 24(b)则表示料液中被分离物 C 通过膜而进入滴内,与滴内试剂 R 产生化学反应生成 P 而留在滴内,使 C 与料液分离;图 10 - 24(c)是料液中的被分离物 D 与膜中载体 R1 产生化学反应生成 P1,P1 进入滴内与试剂 R2 反应生成 P2,从而使分离物 D 与料液分离;图 10 - 24(d)则表示此时的液膜分离具有萃取和吸附的性质,能把有机化合物萃取和吸附到碳氢化合物的薄膜中,也能吸附各种悬浮的油滴及悬浮固体等。

有载体液膜分离是靠加入的流动载体进行分离的,因而其分离过程主要取决于载体的性质。载体分为离子型和非离子型,故分离机理也主要分为逆向迁移和同向迁移两种。

当液膜中载体为离子型时,由于液膜两侧要求电中性,在某一方向一种阳离子移动穿过膜时,必须由相反方向的另一种阳离子来平衡,所以待分离溶质与供能溶质的迁移方向相反,故称为逆向迁移。这种迁移机理可由图 10 - 25 所示。

当液膜中载体为非离子型时,它所载带的溶质是中性盐。即载体在与阳离子结合的同时,又与阴离子络合形成离子对一起迁移,这种迁移称为同向迁移。可用图 10 - 26 来说明迁移过程机理。

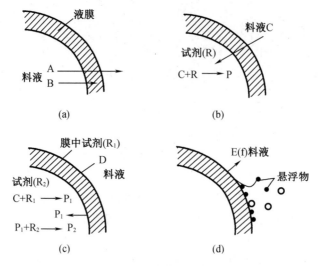

图 10 - 24　液膜分离机理示意图

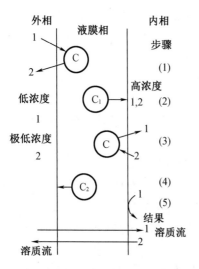

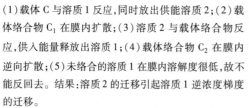

(1)载体 C 与溶质 1 反应,同时放出供能溶质 2;(2)载体络合物 $C_1$ 在膜内扩散;(3)溶质 2 与载体络合物反应,供入能量释放出溶质 1;(4)载体络合物 $C_2$ 在膜内逆向扩散;(5)未络合的溶质 1 在膜内溶解度很低,故不能反回去。结果:溶质 2 的迁移引起溶质 1 逆浓度梯度的迁移。

图 10 - 25　逆向迁移机理

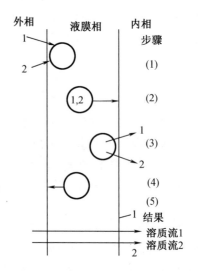

(1)载体与溶质 1、2 反应,溶质 1 为欲浓集离子,而溶质 2 供应能量;(2)载体络合物在膜内扩散;(3)溶质 2 释放出来,并为溶质 1 的释放提供能量;(4)解络载体在膜内反向扩散;(5)溶质 1 缓慢地反向扩散。结果:溶质 2 顺其浓度梯度迁移,导致溶质 1 逆其浓度梯度迁移。

图 10 - 26　同向迁移机理

# 第11章 核分析技术

核分析技术是基于被测定的材料或样品在放射线和粒子束的作用下,产生相应的辐射特征(射线、粒子、辐射能量),或者是有的材料或样品本身具有辐射特征,利用相应的探测器测量材料或样品中某核素辐射特征(如特征谱线)确定核素种类,经过计数效率刻度可进一步确定样品中核素的活度、含量等信息。核分析技术既可以定性分析,也可以定量分析。

核分析技术主要包括离子束分析技术(Ion Beam Analysis,IBA)、超精细相互作用核分析(Hyper fine effect analysis)和活化分析技术(Activation analysis)等。每一种又可以细分,比如活化分析可根据不同的入射粒子分为光子活化分析(g,n),中子活化分析(n,g)、(n,p),带电粒子活化分析(d,p);离子束分析包括卢瑟福背散射(RBS)、弹性反冲(ERD)、D沟道效应、带电粒子诱发X射线荧光(PIXE)、质谱(MS)等;超精细相互作用包括穆斯堡尔效应、扰动角关联效应、核磁共振效应、正电子湮灭效应(PAT)、中子衍射和中子散射等。这些核分析技术涵盖了元素分析、核素分析和微结构分析。

核分析技术具有绝大多数常规非核技术无可替代的特点,如高灵敏度、高准确度和精密度、高分辨率(包括空间分辨率和能量分辨率)、非破坏性、多元素测定能力、特异性等,为自然科学的深入发展提供了更加有力的技术手段。这些技术广泛用于物理、化学、生物、地质、考古、材料科学、环境、生命科学等科学领域。

## 11.1 活 化 分 析

### 11.1.1 活化分析的分类

活化分析作为核分析技术的一种,其基础是用中子、光子或其他带电粒子(如质子等)照射试样,使被测元素的某种同位素转变为放射性同位素。确定一种待测元素是否存在,可根据所生成同位素的半衰期以及释放出的特征射线的性质和能量等;而计算试样中某元素的含量,可通过测量生成放射性同位素的放射性强度或在反应过程中发出的射线。

#### 1. 中子活化分析

中子活化分析利用的核反应主要有$(n,\gamma)$、$(n,p)$和$(n,\alpha)$反应。热中子和超热中子反应几乎都是$(n,\gamma)$,反应截面一般比较大,副反应少,因此在中子活化分析中一直占有首要地位。$(n,p)$和$(n,\alpha)$核反应中的中子为快中子。中子活化分析原则上可以测定原子序数$1\sim83$中的77种元素。

#### 2. 带电粒子活化分析

带电粒子活化分析主要利用的核反应有$(p,n)$,$(d,n)$,$(d,p)$,$(\alpha,n)$等。带电粒子的射程很短,适宜于做表面分析,因为引起的核反应基本上发生在样品表面。带电粒子对元素的反应截面比热中子小,活化反应更复杂,但优点是能测定其他活化分析难以测定的锂、铍等轻元素。

### 3.光子活化分析

光子活化分析利用的主要核反应是$(\gamma, n)$,对于原子序数小的轻元素,核反应$(\gamma, p)$也是重要的。与热中子活化分析相比,它测定碳、氮、氧、氟等轻元素和钛、铁、锆、铊、铅等中、重元素,钛、铁、锆、铊和铅的灵敏度较高,与带电粒子活化分析相比,干扰反应较少。

## 11.1.2 活化分析的原理

### 1.活化与放射性活度

活化是当使用中子轰击待测样品的原子核时,待测样品的原子核会吸收中子,在大多数情况下会形成不稳定的具有放射性的同位素。活化分析的基本过程,是活化后的核素按照自身的规律进行衰变,同时放出 $\gamma$ 射线,利用 $\gamma$ 射线与核素之间存在特定的对应关系来测定放射线的能量和强度从而实现元素的定性和定量分析。

活化分析基于核反应中产生的放射性核素,其放射性活度由式(11 - 1)给出,即

$$A_t = f\sigma N(1 - e^{-0.693t/T_{1/2}}) \tag{11 - 1}$$

式中　$T_{1/2}$——半衰期;

　　　$F$——粒子注量率;

　　　$\sigma$——核反应截面;

　　　$N$——靶核数目;

　　　$t$——照射时间;

　　　$A_t$——照射 $t$ 时间时生成的放射性核素的放射性总活度。

在活化分析中,一般照射后并不立即进行放射性测量,而是让放射性样品"冷却"(即衰变)一段时间,于是在辐射结束后 $t'$ 时刻的放射性活度为

$$A_{t'} = A_t e^{-\lambda t'} = f\sigma N(1 - e^{-0.693t/T_{1/2}}) e^{-0.693t'/T_{1/2}} \tag{11 - 2}$$

式中　$t'$——冷却时间;

　　　$N$——靶核数目,$N = 6.032 \times 10^{23} \theta \dfrac{W}{M}$,$\theta$ 为靶核的天然丰度;

　　　$W$——靶元素的质量;

　　　$M$——靶元素相对原子质量。

$6.032 \times 10^{23}$ 为阿伏加德罗常数。

### 2.活化方程式

在活化分析中最基本的是活化方程式。就是将 $N$ 值代入式(11 - 2),得

$$A_{t'} = 6.023 \times 10^{23} f\sigma\theta \frac{W}{M}(1 - e^{-0.693t/T_{1/2}}) e^{-0.693t'/T_{1/2}} \tag{11 - 3}$$

从原理上讲,活化分析是一种绝对分析方法,然而在实际工作中,由于放射性的 $A_{t'}$ 绝对测量比较麻烦,$\sigma$ 和 $f$ 值不容易准确测出,所以在活化分析中很少使用绝对法,大都采用相对法。所谓相对法,即配制含有已知量 $W_{st}$ 待测元素的标准,与试样在相同条件下照射和测量,由此可得

$$A_{t'\text{st}} = f\sigma N_{\text{st}}(1 - e^{-0.693t/T_{1/2}})e^{-0.693t'/T_{1/2}} \tag{11-4}$$

$$A_{t'\text{sp}} = f\sigma N_{\text{sp}}(1 - e^{-0.693t/T_{1/2}})e^{-0.693t'/T_{1/2}} \tag{11-5}$$

由式(11-4)和式(11-5),可推出

$$\frac{A_{t'\text{sp}}}{A_{t'\text{st}}} = \frac{N_{\text{sp}}}{N_{\text{st}}} = \frac{W_{\text{sp}}}{W_{\text{st}}} = \frac{n_{t'\text{sp}}}{n_{t'\text{st}}} \tag{11-6}$$

式中　$n_{t'\text{sp}}$——$t'$时刻测量的试样中待测核素的计数率;

　　　$n_{t'\text{st}}$——$t'$时刻测量的标准中待测核素的计数率。

于是,试样中待测元素的浓度为

$$C = \frac{n_{t'\text{sp}} \cdot W_{\text{st}}}{n_{t'\text{st}} \cdot m} \tag{11-7}$$

式中　$m$——试样的质量,g。

式(11-7)是活化分析相对法的最基本公式。

### 11.1.3　中子活化分析

在放射分析化学领域内,中子活化分析始终是一种受到广泛重视的分析方法。由于其具有灵敏度高和可以同时测定多种元素的特点,在生产和科学研究中得到广泛的应用。

**1. 中子活化分析流程**

简单来说,中子活化分析通常利用气动传送"跑兔装置"将样品送入反应堆的照射管道,再根据待分析元素的属性来选择不同的中子照射注量率和照射时间。照射结束,又利用"跑兔装置"将样品传送出照射管道。冷却一定时间后利用 $\gamma$ 谱仪分析活化样品中的元素成分的含量。具体来说,可分为以下 6 个步骤。

(1)确定辐照条件

根据待测元素的基体、大致含量估算、活化分析参数、辐照位置的中子注量率来确定照射时间和冷却时间。

(2)样品和标准的制备

根据辐照过程的安全要求制备待分析元素的样品和标准以及用于分析质控的有证标准物质。在样品的保存和制备过程中,应注意防止样品被沾污以及待测元素的丢失。

(3)中子辐照

将样品和标准封于辐照容器中,通过传输装置送入反应堆、加速器或同位素源等照射位置进行活化。注意应在相同的条件下照射样品和标准;在活化过程中要防止自屏蔽效应、样品的辐射分解以及 $\gamma$ 释热等问题。

(4)放射化学分离

在特殊情况下,照射过的试样有时需要做放射化学处理,常用的方法有沉淀法、离子交换法、萃取法、蒸馏法等,以除去干扰放射性核素或者提取待测元素。

(5)放射性测量

根据不同的条件采用 G-M 计数管、正比计数器、NaI(Tl)闪烁探测器、Si(Li)和 HPGe 半导体探测器及其相关仪器(如多道分析器等)对样品、标准和质量控制标准物质进行测量。现代中子活化分析主要以 HPGe 伽马谱仪为主,其余探测器使用频率很低。

（6）数据处理

根据探测仪器探测得到的谱数据，计算出峰的能量、面积、误差和相关参数，再计算出待测元素的含量。这一过程通常由计算机和相关软件完成。

## 2. 中子活化分析的特点

（1）优点

中子活化分析具有如下优点。

①灵敏度高。中子活化法对元素周期表中大多数元素的分析灵敏度在 $10^{-6} \sim 10^{-13}$ g。取样量范围广（可少于 1 μg，也可超过 10 g），可用于某些稀少珍贵样品的分析。

②准确度高，精密度好。由于中子穿透能力强，反应堆中子注量率变化小，探测器分辨率高，能定量给出分析误差，准确度一般可控制在 5% 以内，而精密度可控制在 1%~2%，是痕量元素分析方法中准确度相当高的一种方法。

③多元素分析能力。可在一份试样中通过长照和短照同时测定三四十种元素，最高分析能力可达最高 68 种。

④无试剂空白，不需要样品预处理，因而可实现"非破坏性"分析。中子活化分析一般在照射前不需要像其他元素方法一样对样品进行任何化学处理，也避免了样品制备或溶解带来的丢失和污染（尤其是超低含量元素）。活化分析用过的样品等其放射性衰变到一定程度后，还可以供其他目的所用。

⑤基体效应小。除基体中主要成分是吸收截面高的元素之外，活化分析适合于各种化学组分复杂的样品，如核材料、环境样品、生物组织、地质样品等。

⑥实现活体分析。

由于反应堆中子活化分析的诸多优点，在该方法发展 70 多年以后的今天，世界上仍有 90% 以上的研究堆配备有中子活化分析设施，而且准确度仍然是其他现代分析方法难以超越的。

（2）缺点

中子活化分析也存在一些缺点。

①分析的灵敏度因元素而变化很大。

②用于中子活化分析的设备比较复杂，且价格较贵，尤其是照射装置不易获得。另外还需要有一定的放射性防护设施。

③不能测定元素的化学状态和结构。

上述优缺点针对不同条件和元素而有所变化。例如测定海水或含钠量高的基体中的元素含量时，活化后产生极强的 $^{24}$Na 放射性严重影响其他元素的测量，如果要测量短半衰期核素时，就需要对照射后的样品进行放射化学分离，非破坏性分析的优点就不复存在。但是对于长半衰期核素的测量没有影响，通常冷却 10 天后，$^{24}$Na 就基本上衰变完了。中子活化分析一般周期较长，但如果只开展短寿命核素的活化分析，可使分析速度大大提高，一次分析只需几分钟。

# 11.2　加速器质谱

## 11.2.1　加速器质谱学基础

加速器质谱技术(accelerator mass spectrometry,AMS)是 20 世纪 70 年代末基于粒子加速器和离子探测器发展起来的一项现代核分析技术,属于一种高能同位素质谱技术,主要用于检测自然界中丰度极低的长寿命放射性核素。

加速器属于质谱学,但是与传统的质谱学不同。传统质谱学一般包括离子源电离、离子质量分析、被测离子的检测和质谱获取。而加速器质谱是在此基础上增加了加速器和离子探测器环节。下面介绍加速器质谱中涉及质谱学和加速器的一些技术基础。

### 1. 质谱学概述

质谱学(mass spectrometry,MS)是研究各种形态的物质质量谱的获得原理、获取方法、仪器使用、质量谱的处理及其应用的科学。简单来说,质谱分析是一种将化学物质电离,并根据其质量与电荷的比值对离子进行分类的分析技术,主要测量样品中某种物质的质量。质谱分析不仅适用于纯样品,也适用于复杂的混合物。质谱学的知识体系涉及许多领域,包括基础物理学、基础化学、核工程、地质学、生命科学等。

质谱学本身是一个系统的方法和应用的科学体系。它的每一个环节都需要相关学科的系统研究,以获取样品中某分子或者原子的有效信息。质谱学需要从方法学开始,制订有效的测量方案,建立每一类测量对象的系统方法。具体还需要确认样品的化学形态、样品的制备方法、样品引出离子的形式和价态、干扰离子的(化学和物理)有效排除手段、离子加速能量的范围、质量选择的具体方式、离子的物理信号获取途径、数据的在线或离线处理等每一个操作环节。而其中的每一个环节都属于专门的研究课题。作为一个独立的学科体系,质谱学还有其自身的一些专门研究内容,比如表征质谱测量性能指标的提高和优化、方法学的改进、质谱测量仪器的创新、质谱测量工艺的发展等。

### 2. 离子源电离技术

离子源电离是将被测样品转变成相应离子是质谱分析的重要且复杂的环节。从最早的电子电离技术开始,人们相继研发了各种有效的离子化技术,极大地推进了质谱学在许多领域的应用。其中,针对离子源的研发较为关键,主要针对的是各种不同的样品及其不同的物理、化学形态。早期的离子源对样品处理的要求比较严格。随着离子源技术的发展,现代质谱学技术在某些领域对样品制备的要求已经降低。离子源将待测量样品转变成相应的离子,这一过程称为样品的离子化。目前各种质谱仪以及加速器的离子注入系统使用的离子源种类有很多,这里主要介绍有机质谱电离源、无机质谱与同位素质谱离子源。

(1)有机质谱电离源

电子电离(Cletron ioizationn,EI)是最直接的离子化方法,即用定能量的电子轰击(气态)样品。从微观角度看,这是一个量子力学描述的散射过程,当电子的动能和样品中的分子的能量<sub>差</sub>接近时,可以产生较强烈的共振。待测分子就会被共振激发,从而发射出电子,变成正离子。对于不同分子的共振能级差异,人们可以设定电子相应的能量,使得分子离子化的效果达到最优。这样的离子源称为电子电离源,可以用于有机大分子气态样品的离子化过程,其电子的动能一般只有几十电子伏特(eV)。图 11 – 1 中外磁场的作用是使电子束聚焦,提高电离效率。

随后在电子电离源的基础上人们又设计了化学电离源(Chemical ionization,CD)。针对液态样品的离子化,还设计了电喷雾电离源(electron spray ionization,ESI)。

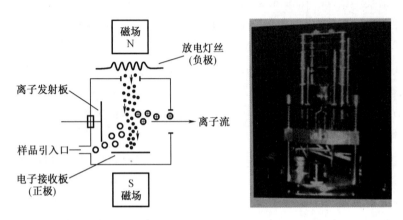

**图 11 – 1   电子电离离子源**

对电离后的分子离子可以接着进行质量分析。也有的会对分子离子进行二次离子化然后再进行质量分析。这样的质谱技术称为次级离子质谱法(secondary ion mass spectrometry,SIMS)也称为次离子质谱。在次级离子质谱的启发下,人们设计出了快原子轰击电离子源(fast atom bombardment,FAB)。FAB 常用于以液态为基质的样品的离子化,这种技术的最大特点是需要将被电离的样品附着在某种基质上。

基质辅助激光解析电离(matrix assisted laser desorption ionization,MALDI)是以固态为基质,以激光为轰击粒子流的离子化技术。这种离子化的方法使用激光打击在有机小分子的基质上,让基质中的有机大分子能够变成气态离子的状态,而不碎裂或分解。

以上的离子源技术多用于有机质谱学中大分子的质谱测量。从电离的方式看,除了 EI,其他的电离方式都属于软电离技术,这些离子源主要提供分子离子,所以其离子化能力并不是很强。EI 型离子源具有较强的离子化能力,也常用在同位素质谱仪和无机质谱仪中。

(2)无机质谱与同位素质谱离子源

无机与同位素质谱测量的对象一般是单原子离子,所以需要有较强的电离本领将测量样品电离成适当的离子形式。同位素质谱常用的离子源电离技术有电子电离技术、电感耦合等离子体电离技术、激光电离技术、激光共振电离技术、二次离子电离技术、热电离技术、热电离腔(thermal ionization cavity,TIC)电离技术等。这里只简单介绍比较典型的电感耦合等离子体电离技术。

电感耦合等离子体(inductive coupled plasma,ICP)离子源具有较强的离子化能力,可以提供原子离子,由此设计的电感耦合等离子体质谱(ICP – MS)常用在同位素质谱和无机质谱学的测量中。ICP 离子源的主体是一个由三层石英套管组成的炬管(图 11 – 2),炬管上端绕有负载线圈,三层管从里到外分别通载气、辅助气和冷却气,负载线圈由高频电源耦合供电,产生垂直于线圈平面的环形磁场。高频电磁脉冲使氩气电离,氩离子和电子在电磁场作用下又会与其他氩原子碰撞产生更多的离子和电子,形成等离子体涡流,温度可达 10 000 K。而且由于这种等离子体涡流呈环状结构,有利于从等离子体中心通道进样并维持涡流的稳定。样品随载气进入高温 ICP 中,蒸发、解离、原子化和离子化,从而得到人们需要的离子形式。对于 ICP – MS,离子会在 6 000 K 左右的区域被引出。

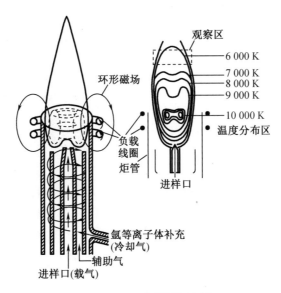

**图 11 – 2　ICP 离子源示意图**

### 3. 离子质量分析技术

质量分析器是质谱仪的重要部分,可以将离子源引出的离子按质荷比值进行分离。质量分析器根据工作原理可以分为电磁质量分析器和无磁质量分析器。

(1)电磁质量分析器

电磁质量分析器是最早的离子质量分析器。利用在磁场中运动的带电粒子会发生偏转而设计的分析器称为磁分析器(magnetic sector instrument)。利用在电场中运动的带电粒子会发生偏转而设计的分析器称为静电分析器(electrostatic sector electrostatic analyzer, ESA)。静电分析器在实验核物理中也称为静电偏转器(electrostatic inflector)。这两种质量分析器的工作区域一般是扇形的。凡是静态电场、磁场或者两者的组合构成的质量分析器(质谱仪)统称为扇形仪表(sector instrument)。

(2)无磁质量分析器

无磁质量分析器是在不同于电磁质量分析器的原理上产生并发展起来的。相对于电磁质量分析器,无磁质量分析器的尺寸一般较小、质量较轻。这为质谱仪的小型化以及商业化创造了重要条件。所以,无磁质量分析器已广泛应用于现代普通质谱检测仪器中。无磁质量分析器中包括扇形仪表、四极杆质量分析器、离子阱质量分析器、飞行时间质量分析器、傅里叶变换离子回旋共振仪、轨道离子阱质量分析器等。关于这几种质量分析器的性能参数比较如表 11 – 1 所示。

表 11 - 1  几种典型的质量分析器的性能参数比较

| 质量分析器种类 | 测定参数 | 测量范围 $\frac{m}{Z}$ | 分辨率 | 特点 |
|---|---|---|---|---|
| 扇形仪表 | 动量/电荷 | 20 000 | >10 000 | 分辨率高,相对分子质量测试准确 |
| 四极杆质量分析器 | 质荷比大小过滤 | 3 000 | 2 000 | 适合不同离子源,正负离子模式易切换,体积小,易加工 |
| 离子阱质量分析器 | 共振频率 | 2 000 | 2 000 | 体积小,中等分辨率,设计简单,价格低,适合多级质谱 |
| 飞行时间质量分析器 | 离子飞行时间 | >100 000 | >10 000 | 质量范围宽,扫描速度快,设计简单,高分辨率,高灵敏度 |
| 傅里叶变换离子回旋共振仪 | 共振频率 | 10 000 | 100 000 | 超高分辨率,适合多级质谱,价格昂贵 |

### 4. 加速器

传统的质谱学技术不需要专门的离子加速环节,其离子源自带离子引出功能。但是传统质谱仪的离子鉴别能力由于引出离子的能量一般比较小而被限制。加速器质谱仪在传统的质谱仪中增加了加速器环节,不但提高了离子的能量,也有效地排除了干扰离子。加速器质谱仪装置的灵敏度以及测量下限显著高于传统的质谱仪。具体来说,加速器是用来加速包括正负电子、质子以及其他轻重离子的带电粒子束的装置。而加速器可根据加速能量的能量进行分类,低于 100 MeV 的加速器称为低能加速器,能量在 100 MeV ~ 1 GeV 的称为中能加速器,能量在 1 ~ 100 GeV 范围内的称为高能加速器,能量在 100 GeV 以上的称为超高能加速器。

人工加速器最早出现在 20 世纪 30 年代。当时,应核物理研究的需要,高压加速器、回旋加速器、静电加速器等第一批离子加速器相继设计出来。第一批加速器的加速能量为 100 keV ~ 10 MeV。

随后的几十年,人们不断提高加速能量并改进加速器的其他性能指标,如束流品质、加速器稳定性、加速器功耗、加速离子种类等。1945 年,人们提出了谐振加速的自动稳相原理,突破了回旋加速器的能量上限,推动了稳相加速器的发展。与此同时,微波技术的发展推动了直线加速器的发展,加速粒子的能量很快达到 GeV 量级。20 世纪 50 年代,强聚焦原理的提出使得同步加速器的能量提高到 500 GeV。为了进一步提高有效的加速能量,满足粒子物理以及核物理研究的需要,人们开始设计对撞机,有效加速能量达到 TeV 量级。

短短几十年的时间,人类设计的加速器能量提高了 8 个数量级,世界上加速器的数量达到几千台,加速离子的种类涵盖了核素图上的大多数粒子。此外,超导技术的发展进一步推动了加速器的发展。目前代表人类最高技术水平的加速器是坐落在瑞士和法国交界的欧洲核子研究中心(The European Organization for Nuclear Research, CERN)的大型强子对撞机(the large hadron collider, LHC)。

## 11.2.2　加速器质谱仪原理

### 1. 加速器质谱仪的工作原理

实质上,加速器质谱仪与同位素质谱仪的原理是相同的。加速器质谱仪是基于加速器技术和离子探测器技术的一种高能质谱技术,属于一种同位素质谱技术。由于加速器和离子探测器的使用,加速器质谱仪突破了普通质谱仪测量中存在的分子本底和同量异位素本底的限制,从而使得测量的丰度灵敏度从普通质谱仪的 $10^{-8}$ 水平提高到 $10^{-15}$ 水平。

图 11 - 3(a)为普通质谱仪原理图,其过程为从离子源引出的离子加速到 keV 量级,再经过磁铁、静电分析器后,按质量大小不同经过不同的轨迹进入接收器。在同位素质谱仪的接收器中,在质量数为 $M$ 的位置存在三种离子:一是待测定的核素离子,二是分子离子,三是同量异位素离子。例如,测定 $^{36}Cl$ 时,在质量数 $M = 36$ 的位置上,除了 $^{36}Cl$ 外,还有 $^{35}ClH$、$^{18}O_2$ 等分子离子和 $^{36}S$ 同量异位素离子。分子离子和同量异位素离子是限制传统同位素质谱仪测量丰度灵敏度提高的两个最重要因素。

图 11.3(b)为加速器质谱仪原理图。与普通同位素质谱仪相似,加速器质谱仪由离子源、离子加速器、分析器和探测器组成。主要的区别在于:①加速器质谱仪用加速器把离子加速到 MeV 的量级,而普通同位素质谱仪的离子能量仅为 keV 量级;②加速器质谱仪的探测器是针对高能带电粒子具有电荷分辨本领的粒子计数器。

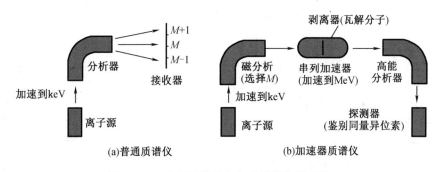

图 11 - 3　普通质谱仪与加速质谱仪原理图

在高能情况下,加速器质谱仪具备以下优点。

(1)能够排除分子本底的干扰

对分子的排除是由于在加速器的中部具有一个剥离器(薄膜或气体),当分子离子穿过剥离器时由于库仑力的作用而使得分子离子瓦解。

(2)通过粒子鉴别消除同量异位素的干扰

对于同量异位素的排除主要是采用重离子探测器。重离子探测器根据高能(MeV)带电粒子在介质中穿行时具有不同核电荷离子的能量损失速率不同来进行同量异位素鉴别。根据离子能量的高低,质量数的大小,有多种不同类型的重离子探测器用于加速器质谱仪测量。除了使用重离子探测器外,通过在离子源引出分子离子、高能量的串列加速器将离子全部剥离、充气磁铁、激发入射粒子 X 射线等技术来排除同量异位素。

(3)减少散射的干扰

离子经过加速器的加速后,由于能量提高而使得散射截面下降,改善了束流的传输特性。

加速器质谱仪极大地提高了测量灵敏度,同时加速器质谱仪还有样品用量少、测量时间短等优点。

## 2. 加速器质谱仪的结构

(1)离子源与注入器

加速器质谱仪一般采用 $Cs^+$ 溅射负离子源,即由铯锅产生的铯离子 $Cs^+$ 经过加速并聚焦后溅射到样品的表面,样品被溅射后产生负离子流,在电场的作用下负离子流从离子源引出,根据样品的不同,一般为 $0.1 \sim 50\ \mu A$。离子源不仅引出原子负离子,为了达到束流强度高和排除同量异位素的目的,也经常引出分子负离子,例如测量 $^{10}Be$ 时,引出 $BeO^-$ 离子。加速器质谱仪测量对离子源的要求是束流稳定性好、发射度小、束流强度高等。此外,还要求多靶位,更换样品速度快。目前,一个多靶位强流离子源最多可达 130 个靶位。中国原子能科学研究院加速器质谱仪的离子源采用 MC - SNICS 型绝溅射负离子强流多靶源(图 11 - 4)。

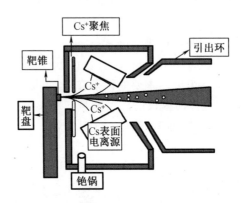

图 11 - 4　铯溅射负离子强流多靶源原理示意图

加速器质谱仪注入器一般为磁分析器(图 11 - 5),其对从离子源引出的负离子进行质量选择,然后通过预加速将选定质量的离子加速到 $100 \sim 400$ keV,再注入加速器中继续加速。加速器质谱仪注入器一般采用大半径($R > 50$ cm)90°双聚焦磁铁,具有很强的抑制相邻强峰拖尾能力,也就是说具有非常高的质量分辨本领,即在保证传输效率的前提下越大越好。另外,也可以通过在磁分析器前加上一个静电分析器来,抑制相邻强峰拖尾。

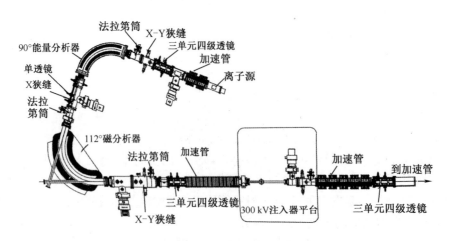

图 11 - 5　中国原子能科学研究院的加速器质谱仪注入系统

（2）加速器

加速器质谱仪的加速器目前主要采用串列加速器和单极静电加速器两种，加速电压在 0.1～13 MV。注入串列加速器中的负离子在加速电场中首先进行第一级加速，当离子加速运行到头部端电压处，由膜（或气体）剥离器剥去外层电子而变为正离子（此时分子离子瓦解），正离子随即进行第二级加速而得到较高能量。而在单极静电加速器中，负离子运行穿过剥离器后不再进行第二级加速。目前在加速器质谱仪质谱测量中所用的加速器主要由美国的国家静电公司（NEC）、荷兰高压工程公司（HVEE）、瑞士的 Ion－plus 公司和中国的启先核科技有限科技有限公司制造。中国原子能科学研究院的串列加速器是一台原美国高压工程公司生产的 HI－13（端电压端可以达到 13 MV）的串列加速器（见图 11－6）。

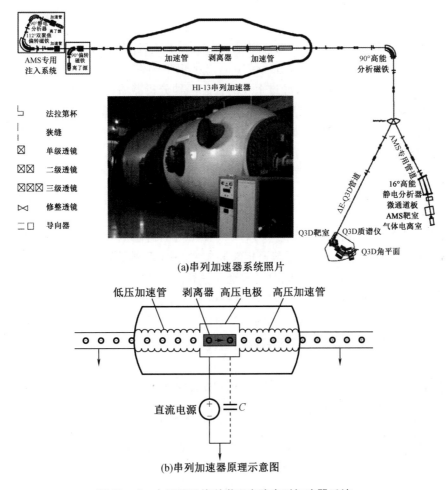

(a)串列加速器系统照片

(b)串列加速器原理示意图

**图 11－6　中国原子能科学研究院串列加速器系统**

（3）电磁分析器

经加速器加速后的高能正离子是包括多种元素、多种电荷态、多种能量的离子，为了选定待测离子，必须对高能离子进行选择性分析。加速器质谱仪高能分析器主要有以下三种类型。

①磁分析器

与注入器的磁分析器相同,磁分析器利用磁场对带电粒子偏转作用对高能带电粒子的动量进行分析,从而选定 $\dfrac{EM}{Y_2}$ 值。

②静电分析器

静电分析器是利用带电粒子在静电场中受力的原理,实现对离子的能量分析,从而选定 $\dfrac{E}{q}$ 值。

③速度选择器

速度选择器是利用相互正交的静磁场与静电场对带电粒子同时作用,实现对离子的速度分析,从而选定 $\dfrac{E}{M}$ 值。

上述分析器中任意两种的组合都可以唯一选定离子质量 $M$ 与电荷 $q$ 的比值。例如,在对 $^{36}Cl$ 的测量中经过加速器加速后,束流中的离子包括 $^{36}Cl^{+i}$、$^{36}S^{+i}$、$^{35}Cl^{+i}$、$^{37}Cl^{+i}$、$^{18}O^{+i}$ 和 $^{12}C^{+i}$($i$ 为电荷,$i = 1, 2, 3, \cdots$)等,经过上述的任意两种分析器后,只保留具有相同电荷态的 $^{36}Cl$ 和 $^{36}S$,其他离子全部排除。目前各实验室的加速器质谱仪大都采用第一种与第二种或第三种的组合。中国原子能科学研究院的加速器质谱仪高能分析系统采用的是第一种与第二种的组合。

(4)粒子探测器

粒子束流经过高能分析后选定 $\dfrac{M}{q}$ 值,与待测粒子具有相同电荷态的同量异位素(如测量 $^{36}Cl$ 时不能排除具有相同电荷态的 $^{36}S$),或具有相同电荷态的相邻同位素不能完全排除(如 $^{35}Cl$ 和 $^{37}Cl$)。而同量异位素、重离子相邻同位素与所要测量的离子一同进入探测器系统,因此离子探测器在原子计数的同时要鉴别同量异位素和重离子相邻同位素。

粒子探测器主要分为同位素鉴别与同量异位素鉴别两大类,有关粒子鉴别与探测方法原理本书不予详述,感兴趣的读者可参阅相关书籍。

**3. 加速器质谱仪的丰度灵敏度及其影响因素**

(1)丰度灵敏度

加速器质谱仪测量的丰度灵敏度定义为在有限时间内能够测量到待测核素的原子数目 $A$ 与其稳定同位素的原子数目 $A_0$ 的比值,即 $\dfrac{A}{A_0}$。将测量有限时间采用通常的加速器质谱仪测量时间(约为 15 min)取个整数,即为 1 000 s,测量到待测核素的计数确定为 1 个原子。例如:如果一个待测核素质量数为 $M$,平均每 1 000 有一个计数(计数率为 0.001 个/s,即 $A = 0.001$),其质量数为 $M + 1$ 的稳定同位素到达离子探测器的束流是 1 μA(计数率为 $A_0 = 6.25 \times 10^{12}$)。于是,该加速器质谱仪系统测量质量数为 $M$ 的核素的丰度灵敏度为

$$\frac{A}{A_0} = \frac{0.001}{6.25 \times 10^{12}} = 1.6 \times 10^{-16} \qquad (11-8)$$

(2)影响因素

丰度灵敏度既是理论值也是实验数据。对于加速器质谱仪测量丰度灵敏度的情况,有的核素主要受到本底的影响,有的核素主要受到束流强度、传输效率、探测效率的影响。概

括起来,影响加速器质谱仪测量丰度灵敏度的因素主要有三个,即束流强度、传输效率和本底(包括仪器本底和制样本底)水平。

$$\frac{A}{A_0} = \frac{A}{A_i A_f} \tag{11-9}$$

式中,$A_0 = A_i A_f$,$A_i$ 为低能端的束流强度;$A_f$ 为低能端到探测器前束流的传输效率。

①束流强度

束流强度是指用法拉第筒测出的束流大小。离子源引出系统是决定引出束流强度的关键部分,对于加速器质谱仪而言,不仅需要较强的束流强度,还需要预防离子束发散。因此,必须用一定结构的磁场或电场对束流进行约束。

②传输效率

加速器质谱仪测定样品中待测核素的数量是通过测量待测核素与其稳定同位素原子数比值来实现的,同位素原子数比值用 $R_X(A_1/A_2)$ 来表示,其中下标 X 表示元素符号,$A_1$ 与 $A_2$ 表示同位素质量数。如待测核素 $^{35}$Cl 与稳定核素 $R_{Cl(36/35)}$ 的同位素原子数比值可表示为 $R_{Cl(36/35)}$。稳定同位素用法拉第筒来测量,待测核素用粒子探测器来测量,这两种测量是交替进行的。样品中稳定同位素的数量是已知的,再通过测得同位素比值,就可以得到待测核素的数量。因此,提高束流传输效率 $A_f$ 就可以提高待测核素的测量丰度灵敏度。如果束流传输效率提高一倍,测量丰度灵敏度也随之提高一倍。

束流的传输效率一般指探测器前法拉第筒测得流强与注入磁铁之后法拉第筒测得流强的比值。剥离效率是决定束流传输效率的最为关键的因素为剥离效率,因此,采用适当的剥离物质尤为重要。目前,通常采用气体剥离或薄膜剥离,以气体剥离为例,在高压电极内部加装一台复合分子泵可实现剥离气体的循环使用。与普通气体剥离器相比,剥离管道中的等效气体厚度大为增加,剥离管道长度有所减小,有效提高了离子的剥离效率,有利于束流传输。

③本底水平

一台加速器质谱仪装置在有限延长时间内,通过测量空白样品在待测核素 M 的位置上得到的原子计数 $A_b$ 与稳定同位素束流强度的原子数 $A_0$ 之比 $A_b/A_0$ 称为仪器本底;通过测量经过制样流程后的空白样品在待测核素 M 的位置上得到的原子计数 $A_{bp}$ 与稳定同位素束流强度的原子数 $A_0$ 之比 $A_{bp}/A_0$,称为制样本底。有限延长时间是相对于确定丰度灵敏度的有限测量时间而制订的。由于本底水平必须低于仪器的测量灵敏度值,在有限时间内(1 000 s)是测量不到本底计数的,因此,必须在有限延长时间内测量。

# 11.3　质子激发 X 射线荧光分析和同步辐射 X 射线荧光分析

## 11.3.1　X 射线荧光分析

X 射线荧光分析法(X - ray fluorescence, XRF)一般用于物质成分分析,还可用于原子的基本性质如氧化数、离子电荷、电负性和化学键等的研究。用于物质成分分析时,检出限

通常可达 $10^{-5} \sim 10^{-6}$ g/g,对许多元素还可测到 $10^{-7} \sim 10^{-9}$ g/g,用质子激发时,检出限甚至可达到 $10^{-12}$ g/g。该分析方法应用范围广,能分析原子序数 $Z \geqslant 3$ 的所有元素。

**1. X 射线荧光分析的基本原理**

（1）弛豫过程

X 射线荧光分析（XRF）技术即是利用初级 X 射线光子或其他微观粒子激发待测样品中的原子,使之产生荧光（次级 X 射线）而进行物质成分分析和化学形态研究的方法。当能量高于原子内层电子结合能的高能 X 射线与原子发生碰撞时,激发出一个内层电子而出现一个空穴,使整个原子体系处于不稳定的激发态,激发态原子寿命极短,约为 $10^{-12} \sim 10^{-14}$ s,然后自发地由能量高的状态跃迁到能量低的状态,这个过程称为弛豫过程。

（2）俄歇效应

弛豫过程发生后,当较外层的电子跃迁到空穴时,所释放的能量最可能在原子内部被吸收而激发出较外层的另一个次级光电子,此即俄歇效应,亦称次级光电效应或无辐射效应。所激发出的次级光电子即俄歇电子,它的能量是特征的,与入射辐射的能量无关。

（3）X 射线荧光的产生

当较外层的电子跃入内层空穴所释放的能量不在原子内被吸收,而是以辐射形式放出,便产生 X 射线荧光,其能量等于两能级之间的能量差。因此,X 射线荧光的能量或波长是特征性的,与元素有一一对应的关系。图 11 - 7 给出了 X 射线荧光和俄歇电子产生过程示意图。

K 层电子被逐出后,其空穴可以被外层中任一电子所填充,从而可产生一系列的谱线,称为 K 系谱线:由 L 层跃迁到 K 层辐射的 X 射线叫作 $K_\beta$ 射线,由 M 层跃迁到 K 层辐射的 X 射线叫作 $K_\beta$ 射线,依次类推。同样,L 层电子被逐出可以产生 L 系辐射（图 11 - 8）

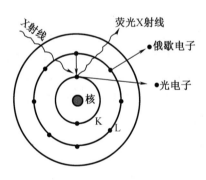

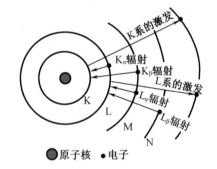

**图 11 - 7 荧光 X 射线及俄歇电子产生过程示意图**　　**图 11 - 8 产生 K 系和 L 系辐射示意图**

（4）X 荧光射线分析基础

如果入射的 X 射线使某元素的 K 层电子激发成光电子后 L 层电子跃迁到 K 层,此时就有能量释放出来,且 $\Delta E = E_K - E_L$,这个能量是以 X 射线形式释放,产生的就是$K_\alpha$射线,同样还可以产生$K_\beta$射线、L 系射线等。莫斯莱（H. G. Moseley）发现,荧光 X 射线的波长 $\lambda$ 与元素的原子序数 $Z$ 满足以下关系,称为莫斯莱定律。

$$\lambda = k(Z - s)^{-2} \qquad\qquad (11 - 10)$$

式中,$k$ 和 $s$ 对同组谱线来说为常数。

根据量子理论,X 射线可以看成是由一种量子或光子组成的粒子流,遵守能量方程:

$$E = hv = hc/\lambda \tag{11-11}$$

式中　$E$——光子能量;

　　　$h$——普朗克常数,$h = 6.63 \times 10^{-34}$ J·s;

　　　$v$——射线频率;

　　　$\lambda$——光波长;

　　　$c$——光速,$c = 3.0 \times 10^{8}$ cm/s。

所以,只要测出荧光 X 射线的波长或者能量,就可以确定元素的种类,这就是荧光 X 射线定性分析的基础。此外,荧光 X 射线的强度与相应元素的含量有一定的关系,据此可以进行元素的定量分析。

**2. X 射线荧光测量仪器**

X 射线荧光测量仪器主要有 X 射线荧光光谱仪和 X 射线荧光能谱仪,他们各有优缺点。前者分辨率高,对轻、重元素测定的适应性广,对高低含量的元素测定灵敏度均能满足要求;后者的 X 射线探测的几何效率可提高 2～3 个数量级,灵敏度高,可以对能量范围很宽的 X 射线同时进行能量分辨(即定性分析)和定量测定,但对于能量小于 20 keV 左右的能谱分辨率较差。

X 射线荧光光谱仪主要由激发、色散、探测、记录及数据处理等单元组成。激发单元的作用是产生初级 X 射线,它由高压发生器和 X 光管组成。X 光管功率较大,用水和油同时冷却。色散单元的作用是分出想要波长的 X 射线,它由样品室、狭缝、测角仪、分析晶体等部分组成,通过测角仪以 1:2 速度转动分析晶体和探测器,可在不同的布拉格角位置上测得不同波长的 X 射线而做元素的定性分析;探测器的作用是将 X 射线光子能量转化为电信号,常用的探测器有盖-革计数管、正比计数管、闪烁计数管、半导体探测器等;记录单元由放大器、脉冲幅度分析器、显示部分组成,定标器或脉冲幅度分析器的脉冲分析信号可以直接输入计算机,进行联机处理而得到被测元素的含量。

X 射线荧光能谱仪没有复杂的分光系统,结构简单。X 射线激发源可用 X 射线发生器,也可用放射性核素。能量色散用脉冲幅度分析器的探测器和记录仪等与 X 射线荧光光谱仪相同。

**3. 定性、定量分析方法**

(1)样品制备

X 射线荧光光谱分析是相对分析方法,需通过测试标准样品确定待测样品的含量。X 射线荧光光谱分析对所测样品的基本要求是:不能含有水、油和挥发性成分,更不能含有腐蚀性溶剂。样品的形态可以是固态(块状、粉末),也可以是液态。样品的制备情况对测定结果的不确定度影响明显,因此制作样品方法和流程是 X 射线荧光光谱法分析样品的重要环节。

不同形态的样品制作方法不同。液体样品可以直接放在液体样杯中予以测定,也可以滴在滤纸、Mylar 膜或聚四氟乙烯基片上,用红外灯烘干溶剂后测定。固体样品需要加工成一定的形状,放在仪器的样品盒中方可用于测试。固体样品的制备方法比较复杂,考虑的因素比较多。比如,对金属样品要注意成分偏析产生的误差;化学组成相同,热处理过程不同的样品,得到的计数率也可能不同;成分不均匀的金属试样要重熔,快速冷却后加工成圆片;对表面不平的样品要打磨抛光;对于粉末样品,要研磨至300~400目,然后压制成圆片,也可以放入样品槽中测定;对于固体样品,如果不能得到均匀平整的表面,则可以用酸溶解后再沉淀成盐类进行测定;如果不许破坏待测样品,而该待测样品的表面又不平整(如贵金属首饰),则利用特殊的修正算法测量,也可以达到令人满意的效果。

(2)定性分析

不同元素的荧光 X 射线具有各自的特定波长或能量,因此根据荧光 X 射线的波长或能量可以确定元素的组成。如果是波长色散型光谱仪,对于一定晶面间距的晶体,由检测器转动的 $2\theta$ 角可以求出 X 射线的波长 $\lambda$,从而确定元素成分。对于能量色散型光谱仪,可以由通道来判别能量,从而确定是何种元素及成分。实际上,在定性分析时,可以靠自动定性识别算法识别谱线,给出定性结果。但是,仍需人工鉴别在元素含量过低或存在元素间的谱线干扰时,来寻找证实特征谱线的存在,判断和识别干扰。首先识别出 X 光管靶材的特征 X 射线和强峰的伴随线,然后根据能量标注剩余谱线。在分析未知谱线时,要同时考虑到样品的来源、性质等因素,以便综合判断。

(3)定量分析

X 射线荧光光谱定量分析的依据是元素的荧光 X 射线强度 $I_i$,与试样中该元素的含量 $C_i$ 成正比。将测得的特征 X 射线荧光光谱强度转换为浓度过程中,受到四种因素的影响,用下式表示:

$$C_i = K_i I_i M_i S_i \tag{11-12}$$

式中　$C_i$——待测元素的浓度,下标 $i$ 是待测元素;

　　　$K_i$——仪器校正因子;

　　　$I_i$——测得的待测元素的 X 射线荧光强度,经背景、谱重叠和死时间校正后,获得的净强度;

　　　$M_i$——元素间吸收增强效应校正因素;

　　　$S_i$——与样品的物理形态有关的因素,如试样的均匀性、厚度、表面结构等。

$K$、$I$、$M$、$S$ 这些因素不能通过数学计算或实验予以消除,通常借助于试样制备尽可能减少这些因素的影响。除去背景和干扰,获得分析元素的谱线净强度后,即可在分析谱线强度与标样中分析组分的浓度间建立起强度-浓度定量分析方程,计算出未知样品的浓度。

定量分析可采用标准曲线法、增量法、内标法。但这些方法都要使标准样品的组成与试样的组成尽可能相同或相似,否则试样的基体效应或共存元素的影响会给测定结果造成很大的偏差。所谓基体效应是指样品的基本化学组成和物理化学状态的变化对 X 射线荧光强度所造成的影响。化学组成的变化,会影响样品对初次 X 射线和 X 射线荧光的吸收,也会改变荧光增强效应。例如,在测定不锈钢中 Fe 和 Ni 等元素时,由于初次 X 射线的激发会产生 $NiK_\alpha$ 荧光 X 射线,$NiK_\alpha$ 在样品中可能被 Fe 吸收,使 Fe 激发产生 $FeK_\alpha$。测定 Ni 时,因为 Fe 的吸收效应使结果偏低;测定 Fe 时,由于荧光增强效应使结果偏高,因此对于成分和结构复杂的样品基体,需要用各种算法进行修正,以实现样品的准确分析。

X 射线荧光光谱分析的特点是制备样品技术简单,但是需要进行复杂的基体校正,才能获得定量分析的数据。X 射线荧光分析的最大局限性是依赖标样。

（4）厚度定量分析

X 射线荧光光谱法进行厚度定量分析的依据是厚度为 $T$ 的某种元素的薄膜的荧光 X 射线强度 $I_T$（一次荧光强度）与无限厚（实际达到饱和厚度即可）薄膜元素的荧光 X 射线强度 $I_\infty$ 有如下关系

$$\frac{I_T}{I_\infty} = 1 - e^{-\mu_s^* \rho T} \tag{11-13}$$

式中　$\mu_s^*$——试样对入射光的质量吸收系数；

$\rho$——试样的密度。

$\mu_s^*$、$\rho$ 是与薄膜有关的常数，根据上述关系，就可由薄膜试样中元素的谱线荧光强度来确定厚度。单层薄膜的厚度分析要考虑一次荧光强度和二次荧光强度，二次荧光的计算公式较复杂。多层薄膜厚度分析还需要考虑外层薄膜对内层薄膜荧光的吸收作用，算法更加复杂，在此不做详细介绍。薄膜一次荧光强度理论计算公式已经应用到定量分析的软件中，如 LAMA Ⅲ 和 TFFP 等，所以可以借用相关的软件对测试结果进行修正，即可以应用式（11-13）计算出薄膜厚度

## 11.3.2　质子激发 X 射线荧光分析

由加速器产生带电粒子作为激发源的 X 射线荧光分析称为粒子激发 X 射线荧光分析（particle induced X-ray emission，PIXE）。质子是其中最常用的粒子，质子激发 X 射线荧光分析亦简称 PIXE（proton induced X-ray emission）。用同步辐射光源作为激发源的 X 射线荧光分析称为同步辐射 X 射线荧光分析（synchrotron radiation X-ray fluorescence，SRXRF）。下面将介绍质子激发 X 射线荧光分析和同步辐射 X 射线荧光分析两种方法，由于其基本原理相同，差别仅在于激发源，故以质子激发 X 射线荧光分析（PIXE）为例简述其原理。

### 1. PIXE 的原理

（1）基本原理

用能量为 MeV 量级的质子轰击原子时，可通过分析其电离后放射的特征 X 射线，来判断样品中的元素及其含量。其中，通过分析特征 X 射线的能量确定样品中含有什么元素；而通过分析特征 X 射线的强度确定与这种特征 X 射线所对应元素的含量。经常采用的质子能量是 2 MeV，较适合于分析原子序数 $Z = 25 \sim 40$ 的 K X 射线与 $Z \approx 70$ 时的 L X 射线；当质子能量为 3 MeV 时，分析 $Z = 40 \sim 90$ 的元素比较适合。

目前 Si(Li) 半导体探测器已具有良好的分辨率，例如，对 5 keV X 射线的 FWHM 值为 140 eV 左右，因此可分辨复杂的 X 射线谱。

（2）本底

质子激发 X 荧光发射中的本底直接影响灵敏度，该本底主要来自以下 3 个方面。

（1）在轰击样品表面过程中，放出低能和中能的次级电子（俄歇电子），这些电子有可能与散射室器壁碰撞，而直接进入 Si(Li) 探测器，由这种次级电子引起的韧致辐射是本底的主要来源。

已知一个质量为 $m$ 的重粒子（在 PIXE 中为质子），可以传递给静止电子的最大能量

$K_{max}$ 由经典公式给出：

$$K_{max} = 4 \frac{m_0}{m} E_0 \qquad\qquad (11-14)$$

式中    $m_0$——电子的静止质量；

       $E_0$——入射粒子的能量。

当 $K_{max}$ 比待测元素的特征 X 射线能量大时，本底辐射会严重影响分析灵敏度。

（2）本底的另一个来源是入射带电粒子受到靶核库仑场减速而产生的韧致辐射。因为韧致辐射强度与入射粒子的质量的平方成反比，因此质子的韧致辐射较电子小得多，且其能量分布是缓慢衰减的平坦直线。

（3）康普顿散射构成 X 射线能区的连续本底辐射。这种情况是在当入射粒子的能量大于靶核库仑势垒时，产生核反应的概率增大，并产生 γ 射线。

**2. PIXE 方法的特点**

就 PIXE 方法的优点来说，主要表现以下几方面。

（1）灵敏度高

从理论上讲，PIXE 方法可测定原子序数 $Z > 11$（Na）的所有元素。其相对灵敏度约为 $10^{-6}$ g/g，绝对灵敏度一般为 $10^{-9}$ g 左右，分析灵敏度与入射粒子的能量、靶核原子序数、衬底材料、轰击时间等因素有关，合适的实验条件可使 PIXE 的灵敏度进一步提高。

（2）取样量少

PIXE 法由于灵敏度高，所以取样量少。PIXE 最适于分析小于 1 mg/cm$^2$ 的薄样，考虑到离子束斑的直径一般小于 0.5 cm$^2$，因此样品量小于 1 mg。

（3）分析速度快

一般一个样品的分析时间少则几十秒，最多亦不过十几分钟。世界上许多 PIXE 实验室已实现了自动化分析，每昼夜可以测定近千个样品。

除了上述的特点外，PIXE 还可实现无损分析，并且分析的精密度和准确度良好。但是该方法谱线干扰现象严重。比如，有时分析的是一个复杂的 X 射线谱，谱中重元素的 L 及 M 的 X 射线与轻元素的 K X 射线重叠，或相邻两个元素的 $K_\alpha$ 和 $K_\beta$ X 射线重叠。这种情况只有提高探测器的能量分辨，或改用波长色散分析才能解决。但用波长色散分析就会失去多元素同时分析这一优点。因此，用 PIXE 技术分析薄靶（厚度小于 1 mg/cm$^2$）时，可获最佳效果。需要注意的是，要保证取样及靶被辐照处的代表性。

**3. PIXE 的实验装置**

按 PIXE 法的实验要求，现在常用的 PIXE 实验装置可分为以下 3 类。

（1）真空 PIXE 装置

真空 PIXE 装置，顾名思义，其对待测样品的分析在真空靶室内进行，是一种使用广泛的装置。PIXE 分析的整个过程：来自加速器的束流经过散射箔均匀化后，通过准直器轰击在样品上，所产生的 X 射线被置于真空密封窗外的 Si(Li) 探测器所收集，形成与 X 射线的能量及强度相关的电脉冲，经前置放大、主放大及模数转换，最后在多道分析器上形成 X 射线能谱。该能谱由本底和代表某种元素的一系列峰组成，其峰位与某元素的特征 X 射线能量一一对应，峰面积正比于该元素的含量。测完样品谱后，谱被送入计算机中，用专用程序拟合解谱,然后扣除本底求出元素的种类和含量。

（2）外束 PIXE 装置

对于外束 PIXE 装置,质子束可通过 Be、Al 或 Kapton® 聚酰亚胺材质的箔窗引出真空管道,然后在大气中或充氮、氨等气体的靶室中进行样品分析。外束装置的优点是可分析不同形状和尺寸的样品。此外,由于电离空气的导电性限制电荷堆积效应以及空气的冷却作用,外束可采用更高流强的带电粒子激发样品。图 11 - 9 给出了一种典型的外束 PIXE 装置。

（3）质子扫描探针

为了获得直径为 μm 量级的质子微束,可用电磁压缩法、微孔准直切割法或者兼用这两种方法,而后进行微区扫描分析,因为这种方法与电子探针相似,所以称为质子扫描探针。它可识别待测元素的空间分布图像,且其灵敏度相对电子探针更好,因为质子探针的韧致辐射本底比电子探针低得多。质子扫描探针近年来得到了迅速发展,现已广泛用于生命科学、材料科学和地质学等领域中。

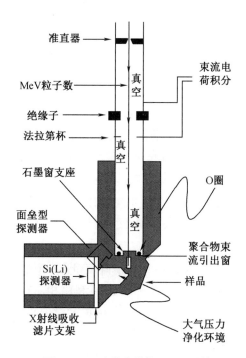

**图 11 - 9　哈佛大学的 PIXE 系统**

### 4. PIXE 的实验方法

（1）定性分析

在定量分析之前,首先鉴别样品中元素种类,其次是这些元素的含量。利用探测器的能量分辨率可以把两个相邻元素的 X 射线峰全部或部分区别开。

（2）定量分析

假设考虑一薄靶,某元素产生的特征 X 射线的计数为 $Y$,探测器对该元素的特征 X 射线的探测效率为 $\varepsilon$,对选定的探测器 $\varepsilon$ 值只与能量有关,对靶所张的立体角为 $\Omega$,特征 X 射

线的计数 $Y$ 可由下式给出：

$$Y = nN\sigma_X(E) T_{tot} \varepsilon \Omega \tag{11-15}$$

式中　$n$——入射粒子数；

$N$——靶中某一待测元素在每平方厘米中的原子个数；

$\sigma_X(E)$——在入射粒子能量为 $E$ 时的 X 射线产生的截面；

$T_{tot}$——总透射因子，包括了样品和探测器之间所有物体对 X 射线的吸收，即探测器的 Be 窗和死层、靶的自身吸收、靶室的窗（如很薄可忽略不计）的吸收等。如用了吸收片，其吸收也应包括在内。

透射因子的表达式为

$$T_{tot} = T_S \cdot T_A \cdot T_W \cdot T_D \tag{11-16}$$

式中，下标 S、A、W、D 分别代表样品、吸收片、探测器的窗和它的死层。$T$ 又可表达为

$$T = \exp(-\mu t/\cos\theta) \tag{11-17}$$

式中　$\mu$——吸收体的衰减系数；

$t$——吸收层的厚度；

$\theta$——X 射线发射方向与吸收体法线的夹角。

如果样品是由化合物组成，样品的衰减系数应由按这些元素在分子中所占百分比加权获得的化合物的元素的衰减系数组成，即

$$\mu = \sum_{i=1}^{m} C_i \mu_i \tag{11-18}$$

在式（11-15）中，除了 $N$ 外，其余的因子都能够通过测量或者推导获得，而 $Y$ 是用 PIXE 技术测得，再利用式（11-15）推导出 $N$。$N$ 的不确定性主要取决于引用的 X 射线产生截面以及测量探测器的探测效率的不确定性。在 $Z$ 较低时，探测效率的准确测定特别困难。另外，离子束流测定时引入的不确定性也应加以估算。所以严格地说，式（11-15）仅适用于可忽略入射离子在靶种能量损失的薄靶情况。

（3）比较或相对定量分析

由于绝对测量，无法对所用的参数本身严格确定，即 X 射线产生的截面有较大的不确定性，很难准确地测定探测器的探测效率。因此，可利用相对定量分析严格比较含量已知的参考样品或者标准样品与待测样品。当然，在相对定量分析中，对参考样品也是有较严格的要求。理想的参考样品必须在性质、数量、制备方法、测量过程中的参数（离子束流强弱、样品辐照时间、立体角、准直器和吸收片等）上严格相同。实际上，要确定待测样品元素浓度，只要利用参考样品和待测样品的 X 射线计数之比就可以，测量的精确度仅取决于特征 X 射线峰的统计误差。在相对定量分析中，系统误差仍然不可避免。

另一种常用的定量方法是采用内部标样，即内标。内标就是在待测样品中加入已知浓度和化学形式的元素（常用元素 Y、Zr、Pa、Te 等）作为内标元素，在能谱中它与样品元素之间互不干扰，并要求均匀地与样品混合。在测量样品中元素的同时也测量内标元素，可用被测量元素与内标元素的 X 射线计数比值去刻度和计算样品中元素的含量，从而没有外部标样中所要求的"实验细节相同"这一苛刻要求，测量的精确度也可获得提高。加内标的最主要优点是可以消除靶或者入射束流的不均匀性带来的影响。

（4）样品对离子和 X 射线的吸收

对薄靶（1 mg·cm$^{-2}$）的测量时可忽略样品中入射粒子的能量损失，不必考虑从靶中发射的 X 射线带来的能量损失。而测量厚靶时，就要考虑入射粒子和发射的 X 射线的能量损失，一般在能量为 2 MeV 的质子的条件下，低 $Z$ 原子材料的靶厚约 100 mg/cm$^2$。

由于 X 射线产生的截面与入射粒子能量有关，总的 X 射线强度由计算入射粒子路径上的每一位置的 X 射线的强度积分得到。因此，必须包括的基本数据有：X 射线产生的截面随能量的变化、入射粒子（质子）在靶的基体中的阻止截面，以及靶子的主要成分。另外，确定 X 射线从靶内到表面的路径中的衰减要有 X 射线自吸收的质量衰减系数（即质量吸收系数）。当样品的主要成分不是单一元素时，要引入有效阻止本领。有效阻止本领由各种元素对入射粒子阻止质量百分比加权相加得到。相类似地，X 射线的衰减系数也要用有效衰减系数，它也是由各种元素的衰减系数按质量百分比加权相加得到。

对于厚靶的微量元素的测量，还应考虑它们在靶中的分布是否均匀以及束流分布的情况。由于厚靶计算所用的一些参数的不确定，因此它的灵敏度和精确度比薄靶差。

### 11.3.3 同步辐射软 X 射线荧光分析

#### 1. 同步辐射光源

接近光速运动的电子或正电子在改变运动方向时会沿切线方向辐射电磁波。1947 年 4 月，F. R. Elder 等在美国通用电气实验室的 70 MeV 的电子同步加速器上首次观察到了电子的电磁辐射，因此命名为同步辐射（synchrotron radiation，SR）。由于同步辐射包含有可见光，因此又称为同步辐射光，产生并利用同步辐射光的装置称为同步辐射光源。

同步辐射光源与常规 X 光源相比，有如下优点。

（1）高强度

以当前常用的 3 kW 锗靶 X 射线管与能量为 1.6 GeV 和 10 mA 的同步辐射加速器产生的同步辐射比较，SR 要比 3 kW 跷靶管发出的 X 射线强 $10^3 \sim 10^4$ 倍。

（2）高准直性

同步辐射集中在以电子轨道平面切线方向为中轴的一个细长光锥内，其垂直张角仅零点几个毫弧度，是天然准直的光源。

（3）高极化性

SR 束流中心高度线性极化，因而在电子轨道平面与入射 SR 光垂直的方向上，散射最少。

（4）样品吸收能量少

由于 SR 不带电，无韧致辐射，样品吸收的能量在分析中比带电粒子（如电子或质子）激发 X 射线荧光分析少 $10^3 \sim 10^5$ 倍，在大气环境下不会破坏活生物或有机物。

（5）宽带谱

SR 为从几电子伏到几万电子伏的宽带连续谱。用它激发样品，有利于多元素分析。而根据待测元素的情况，也可用单色器选取 SR 的某一个能量，使它正好位于待测元素的 K 吸收限之上，从而实现选择激发。这样可以抑制别的元素谱线的干扰来突出待测元素，改善信噪比。

由于 SR 的上述特性，使它很容易被做成微探针，进行高灵敏度的微区分析工作。

### 2. SRXRF 实验装置

下面以中国科学院高能物理研究所的同步辐射装置(BSRF)为例说明 SRXRF 的实验装置,见图 11 – 10。它由同步辐射光源、狭缝组、激光准直器、四维样品移动台、前后薄型电离室、光学显微镜、电视摄录像观察系统及能量色散谱仪组成。同步辐射光源是来自储存环中电子束流能量为 2.2 GeV、平均流强 40 mA 所产生的同步辐射白光。白光光束由狭缝组限束,使光束达到所要求的微光束。狭缝组的位置由激光准直器的激光束确定。四维样品移动台由 $X$、$Y$、$Z$ 三维移动和一维转动构成,移动精度为 5 μm/步,转动精度为 0.002 5°/步。电离室用于监测同步光束的变化。来自样品的 X 射线用 Si(Li) 探测器探测,输出的信号经过 ORTECS – 5000 谱仪分析记录后进行离线计算。

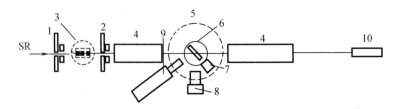

SR—同步辐射光源;1,2—狭缝组;3—单色器;4—前后电离室;5—低真空室;6 —四维样品移动台;
7—步进马达;8—Si(Li)探测器;9—光学显微望远镜;10—激光准直器。

**图 11 – 10　同步辐射实验装置示意图**

SRXRF 具有高灵敏度、不破坏样品、微区分析等优点,利用 SRXRF 开展的工作十分广泛。仅以 BSRF 近年来开展的研究工作为例,就涉及:地学中的地质构造、矿物成因、油田勘测和贵金属的赋存状态;生物医学中的单细胞的元素谱及其在外界物理化学条件下的变化、生物组织元素分布等;材料科学中单晶 Si 材料中掺杂元素的三维分布、晶体生长失重状态下杂质分布的变化、多层材料分析;法学中痕量元素分析、头发的刑侦意义等;天体物理、环境和考古等学科领域。随着空间分辨本领的提高及微探针强度的增加,正在开辟着更为广泛的研究领域。

# 11.4　同位素稀释法

同位素稀释法(isotope dilution analysis,IDA)的原理是将放射性示踪剂与待测物均匀混合后,根据混合前后放射性比活度的变化来计算所测物质的含量。稀释的说法是由于放射性示踪剂在分析过程中受到稳定同位素的稀释,其比活度减小。如无合适的放射性示踪剂,也可用富集的稳定同位素代替,通过质谱仪分析其稀释前后同位素丰度的变化,也能进行分析。同位素稀释法最大的优点是不要求对所测物质进行定量分离,只需分离出一部分纯物质用于比活度测定。因此,对于各种复杂体系有重要的实用价值。

针对不同的分析对象,同位素稀释法又发展成不同的分析技术,如直接同位素稀释法(direct isotope dilution analysis,DIDA),反同位素稀释法(inverse isotope dilution analysis,IIDA)、亚化学计量同位素稀释法(substoichiometric isotope dilution analysis)等,本节将重点

介绍 DIDA 及其主要应用。

### 11.4.1　直接同位素稀释法

DIDA 是同位素稀释法中最基本的应用技术。该方法是向待测化合物中加入一定量的标记化合物，使它与待测物混合均匀，然后从体系中分离出一部分纯净化合物，测定它的比活度，根据比活度的变化计算待测物的含量。

设 $A_0$ 为引入的标记化合物的活度，$m_0$ 为引入标记化合物的质量，$m_x$ 为样品中待测化合物的质量，$S_0$ 为标记化合物的比活度，$S_x$ 为稀释后化合物的比活度，则可得到下述各式：

$$\begin{cases} S_0 = \dfrac{A_0}{m_0} \\ S_x = \dfrac{A_0}{m_0 + m_x} \\ m_x = m_0\left(\dfrac{S_0}{S_x} - 1\right) \end{cases} \qquad (11-19)$$

式(11-19)是同位素稀释法的基本表达式。$S_0$ 和 $m_0$ 都是实验进行之初即可测出的，由式(11-19)可见，只要从混合均匀的体系中分离出一部分纯净的化合物并测得其比活度 $S_x$，即可求得待测物的质量 $m_x$。

但是直接稀释法的待测物含量不能太少，因为直接稀释法需要分离出一部分纯的待测物并测定其比活度，不适合于微量分析。

### 11.4.2　反同位素稀释法

与直接稀释法相反，将稳定同位素加入含有放射性同位素的待测样品中，可以求出样品中原有的稳定同位素载体的含量，称为反同位素稀释法或逆同位素稀释法。该方法是将一定量 $m_1$ 的稳定同位素加入放射性活度为 $A_1$、比活度为 $S_1$ 的样品中，混合均匀后，分离出一部分纯化合物，测定它的比活度 $S_2$。原来存在于样品中的载体量 $m_x$ 应服从如下关系：

$$\begin{cases} S_1 = \dfrac{A_1}{m_x} \\ S_2 = \dfrac{A_1}{m_x + m_1} \\ m_x = m_1\left(\dfrac{S_2}{S_1 - S_2}\right) \end{cases} \qquad (11-20)$$

### 11.4.3　亚化学计量同位素稀释法

亚化学计量同位素稀释法是用亚化学计量分离方法，从经过同位素稀释的样品溶液和起始标记化合物溶液中分离出等量纯净化合物，根据二者的放射性活度来确定未知物含量的一种分析方法。亚化学计量同位素稀释法避免了测量分离出的纯净化合物的质量，所以大大提高了同位素稀释法的灵敏度。

用亚化学计量同位素稀释分离法以得到等量纯净化合物的方法很多，如利用难溶化合物饱和溶解度一定的特性、电解金属时析出量与电量成正比的特性、吸附剂的吸附饱和性、用不足量萃取剂使有机相达到饱和萃取的特性等,都可实现亚化学计量分离。

由于亚化学计量同位素稀释法分离出的纯净化合物是等量的,式(11 – 19)中比活度的比值 $S_0/S_x$ 就可用放射性活度的比值 $A_s/A_x$ 来代替,于是得到

$$m_x = m_0\left(\frac{A_s}{A_x} - 1\right) \tag{11 – 21}$$

式中　$A_s$ 从起始标记化合物溶液中分离出的纯净化合物的放射性活度;

　　　$A_x$——从经同位素稀释后的样品溶液中分离出的纯净化合物的放射性活度。

因此,未知物含量的测定只需通过两次放射性活度的测定就可以实现,这使得方法的灵敏度大大提高。在已经应用的 40 多种元素测定中,大多数元素可以分析到 $10^{-6}$ g,有时还能达到 $10^{-10}$ g 的水平。

亚化学计量 IDA 的一个简单例子是测定溶液中微量的 $Ag^+$。含$^{110}$Ag 的标记物加入未知溶液中,起始标记物及混合物均可用相同亚化学计量的二硫腙氯仿溶液萃取 $Ag^+$,测定各提取物的放射性活度,再利用式(11 – 21)计算出未知样品中 $Ag^+$ 的质量。

# 第12章 核技术的应用

人类发现了放射性核素后不久,就开始研究放射性核素的应用。但只是在建成了反应堆、加速器,放射性核素开始大量生产以后,才有广泛应用的可能。标记化合物技术的日臻完善,也促使放射性核素在工业、农业、医疗、科学技术等各领域的应用迅速推广。

放射性核素主要有两个方面的应用:

(1)利用放射性核素放出的射线。如利用$^{131}$I放出的β射线治疗甲状腺功能亢进。辐射化学中用$^{60}$Co放出的γ射线做辐射源。造纸工业中用$^{147m}$Pm的β射线测定纸张的厚度等。

(2)利用放射性核素作示踪剂。由于放射性核素能放出射线,而具有较高的探测灵敏性,通过追踪放射性的行迹,能了解物质运动的规律。

## 12.1 放射性核素的生产

天然放射性核素一般直接从矿石中提取,如从铀矿石中提取$^{238}$U、$^{226}$Ra,从钍矿石中提取$^{232}$Th、$^{228}$Ra等;人工放射性核素可以通过反应堆或加速器提取,也可以从反应堆乏燃料中提取。从天然矿石中提取的放射性核素种类有限,且分离过程复杂,含量较小,成本较高,绝大多数放射性核素都是人工制造的。

### 12.1.1 反应堆生产放射性核素

反应堆是一个强大的中子源,这些中子主要是热中子,可以通过$(n,\gamma)$,$(n,p)$,$(n,\alpha)$,$(n,2n)$、$(n,f)$等核反应来生产放射性核素。

#### 1.$(n,\gamma)$反应

该反应的截面高,尤其是重核素都具有较高的反应截面,反应比较单一,与其竞争的核反应少。对引起$(n,\gamma)$反应的中子能量要求不十分严格,因此对靶的形状、厚度要求不高。但由于反应前后的靶核和产物核是同一种元素的同位素,难以用化学方法分离,因此很难制备高比活度的无载体放射性核素。另外,由于除He外几乎周期表中所有元素都能进行$(n,\gamma)$反应,所以对靶的纯度要求很高。如果$(n,\gamma)$反应的产物核可以衰变成另一种元素的放射性核素,就能利用化学分离方法制得比活度高的无载体放射性核素。如医用放射性核素$^{125}$I和$^{131}$I都是利用这种方法生产的,它们的核反应为

$$^{124}\text{Xe}(n,\gamma)^{125}\text{Xe}\xrightarrow[T_{1/2}=17\text{ h}]{\text{EC}}{}^{125}\text{I}$$

$$^{130}\text{Te}(n,\gamma)^{131}\text{Te}\xrightarrow[T_{1/2}=25\text{ min}]{\beta^-}{}^{131}\text{I}$$

### 2. $(n,p)$ 和 $(n,\alpha)$ 反应

所需中子的能量较高，较重的核要实现反应更困难，只有几种较轻的核（如 $^6Li$、$^{10}B$、$^{14}N$、$^{32}S$ 和 $^{35}Cl$ 等）可发生这类反应。由于这两种反应的产物核与靶核不属于同一元素，如 $^{10}B(n,\alpha)^7Li$、$^{35}Cl(n,p)^{35}S$，故分离较易，能获得高比活度的无载体放射性核素。

### 3. $(n,f)$ 反应

通过裂变反应可生产大量裂变产物，如通过 $^{235}U$、$^{233}U$、$^{239}Pu$ 等的慢中子核裂变可以生产 500 多种放射性核素，这已成为放射性核素的重要来源之一。

### 4. 次级反应

利用快中子进行 $(n,p)$、$(n,)$ 等反应产生的质子和 $\alpha$ 粒子，再去和靶核发生次级核反应生产放射性核素。如以 Li 化合物作靶，通过 $^6Li(n,p)^6He$ 反应得到质子，再通过 $^7Li(p,n)^7Be$ 反应得到 $^7Be$；用 Li – Mg 合金作靶，由 $^6Li(n,t)^4He$ 及 $^{26}Mg(t,p)^{28}Mg$ 生产 $^{28}Mg$。

通过反应堆生产放射性核素大体有如下规律：

（1）当靶核的原子序数 $Z < 20$，除少数核素（如 $^{14}C$）外，不宜在反应堆中生产；

（2）当 $20 \leqslant Z \leqslant 35$ 可选用热中子引起 $(n,\gamma)$ 反应，或用高注量率快中子引起 $(n,p)$、$(n,\alpha)$ 及 $(n,2n)$ 反应；

（3）当 $Z \geqslant 36$，只能考虑选用 $(n,\gamma)$ 反应生产放射性核素。

## 12.1.2　加速器生产放射性核素

由反应堆生产的放射性核素是通过中子俘获反应，获得的是丰中子核素，常以 $\beta^-$ 形式衰变。加速器加速 p、d、$\alpha$ 等各种带电粒子，引起 $(p,n)$、$(p,\alpha)$、$(d,n)$、$(d,2n)$、$(\alpha,n)$ 等核反应，所生成的放射性核素一般都是短寿命的缺中子放射性核素。缺中子核素比丰中子核素更适合于医用。

另外，由于 $(n,\gamma)$ 反应截面低，反应堆无法生产 C、N、O 等轻元素的放射性核素，即使能生产，半衰期不是太长就是太短，不适合于医用，而加速器却能方便地生产适于医疗诊断用的短寿命核素。如用氧和氮的同位素检查心脏和呼吸循环的功能时，反应堆生产的 $^{19}O(T_{1/2} = 26.9\ s)$ 和 $^{16}N(T_{1/2} = 7.13\ s)$ 寿命太短，而加速器生产的 $^{15}O(T_{1/2} = 122\ s)$ 和 $^{13}N(T_{1/2} = 9.961\ min)$ 比较适用。又如反应堆生产的 $^{14}C(T_{1/2} = 5\ 692\ a)$，寿命太长，使用时人体长期受到不必要的辐照，而加速器生产的缺中子的 $^{11}C(T_{1/2} = 20.39\ min)$ 显然比前者要好得多。更重要的是缺中子核素通常发射正电子，通过正电子"湮没"发射能量合适的 $\gamma$ 射线（$E_\gamma = 0.511\ MeV$），很便于用来测定衰变核在体内位置。如检查骨骼的损伤或肿瘤等症时，要用加速器生产的 $^{18}F$、$^{52}Fe$ 等发射正电子的核素做标记，然后由正电子"照相机"准确地测出它们在骨骼中的沉积分布，进行诊断。

### 1. $^{15}O$ 的生产

$^{15}O$ 可通过 $^{14}N(d,n)^{15}O$ 反应制备。当辐照 $N_2$ 和 $O_2$ 的混合气体时，生成的 $^{15}O$ 有足够能量与 $N_2$ 和 $O_2$ 分子反应：

$$^{15}O + N_2 \longrightarrow N^{15}O + N$$
$$^{15}O + O_2 \longrightarrow O^{15}O + O$$

后一反应是前一反应的 $10^6$ 倍。所以辐照含有 99% $N_2$ 和 1% $O_2$ 的混合气体，然后通过活性炭除去辐射生成的臭氧而能得到纯的 $O^{15}O$。

将标记的 $O^{15}O$ 通过 $>850\ ℃$ 的活性炭能直接制得 $C^{15}O$。若通过 $450\ ℃$ 的活性炭则生成 $CO^{15}O$，将 $CO^{15}O$ 溶解于水或血液中发生同位素交换制备 $H_2^{15}O$。$^{15}O$ 标记的 $O^{15}O$、$C^{15}O$ 和 $H_2^{15}O$ 溶解在血液中可以进行循环系统的研究。

### 2. $^{13}N$ 的生产

$^{13}N$ 是通过 $^{12}C(d,n)^{13}N$ 反应制得。照射甲烷或者在氢气流中的石墨薄片，照射后加入等当量的氧与过量的甲烷或氢燃烧，然后用水吸收生成的 $CO_2$，而得到无载体的 N。

如果用碳化物的固体靶照射能得到氨或氰化物，所得的组分与碳化物的种类有关。如 $Al_4C_3$ 作靶子大约 86% 是 $^{13}NH_3$，14% 是 $CH_3^{13}NH_2$；$Li_2C_2$ 作靶时 80% 是 $C^{13}N^-$ 和示踪量的 $^{13}NH_3$ 及 $CH_3C^{13}N$。生成的标记氨可直接用于人体功能研究或进一步合成 $^{13}N$ 标记的氨基酸。

### 3. $^{11}C$ 的生产

$^{11}C$ 可通过 $^{10}B(d,n)^{11}C$ 反应生成

$$^{10}B_2O_3(d,n)^{11}C \longrightarrow {}^{11}CO + {}^{11}CO_2$$

$$\begin{array}{cc} \underset{400\ ℃}{\text{Zn}}\downarrow & \downarrow\text{辐解氧化} \\ 100\%\ ^{11}CO & 99\%\ O_2 + {}^{11}CO_2 \end{array}$$

$^{11}CO$ 常用来合成 $^{11}C$ 标记的羧基血红蛋白。$^{11}CO_2$ 用作合成标记化合物的起始物，如合成软脂酸，一系列的脂肪酸、葡萄糖等。$^{11}CN^-$ 作为反应起始物可合成许多化合物，也可借助于热原子反冲法快速合成，如合成二羟基苯丙胺等。

## 12.1.3　从乏燃料后处理中提取放射性核素

乏燃料包括几百种核素，是提取放射性核素的重要原料。一座功率为 1 000 MW 的核电站每年生产大约 30 t 乏燃料，其中平均含有 0.27 t Pu、28.60 t U 和 1.13 t 裂变产物。但大多数核素产额很低或半衰期太短，并无多大使用价值。有实际提取意义的包括 $^{85}Kr$、$^{90}Sr-^{90}Y$、$^{137}Cs$、$^{147}Pm$、$^{144}Ce-^{144}Pr$、$^{95}Zr-^{95}Nb$、$^{99}Tc$、超铀元素 $^{237}Np$、$^{241}Am$、$^{244}Cm$ 等。表 12-1 列举了产额 $>1\%$、半衰期 $>1$ 年的代表性有用核素，这些核素绝大部分都集中在高放废液和废气中，提取过程较为复杂，对防护条件和净化要求也较高。

### 表 12-1　乏燃料中有回收价值的核素的性质和用途

| 核素 | 裂变产额/% | 半衰期/a | 辐射类型 | 产品的化学形态 | 主要用途 | 来源 |
|------|-----------|----------|----------|---------------|----------|------|
| $^{85}Kr$ | 1.5 | 10.7 | $\beta,\gamma$ | 气体 | 工业测厚,捡漏原子灯 | 溶解器的废气 |
| $^{90}Sr$ | 5.6 | 28 | $\beta$ | $SrTiO_3$ | 能源,$\beta$ 辐射源,荧光粉 | 高放废液 |
| $^{99}Tc$ | 6.2 | 21 万 | $\beta$ | 金属 | 防腐剂,合金元素,超导材料 | 高放废液 |
| $^{116}Ru$ | 0.5 | 1 | $\beta$ | 金属 | $\beta$ 辐射源,电子工业 | 高放废液 |
| $^{137}Cs$ | 6.2 | 30 | $\beta,\gamma$ | 含铯玻璃 | $\gamma$ 辐射源,能源 | 高放废液 |
| $^{144}Ce$ | 5.6 | 0.78 | $\beta,\gamma$ | $CeO_2$ | $\gamma$ 辐射源,能源 | 高放废液 |
| $^{147}Pm$ | 2.5 | 2.6 | $\beta$ | $Pm_2O_3$ | $\beta$ 源射源,荧光粉,X 射线源 | 高放废液 |
| $^{237}Np$ | * | 220 万 | $\alpha,\gamma$ | $NpO_2$ | 生产 $^{238}Pu$ 能源的靶材 | 高放废液 |

表 12 – 1(续)

| 核素 | 裂变产额/% | 半衰期/a | 辐射类型 | 产品的化学形态 | 主要用途 | 来源 |
|------|-----------|---------|---------|--------------|---------|------|
| $^{241}$Am | | 458 | $\alpha, \gamma$ | $AmO_2$ | $\alpha$ 源，$\gamma$ 辐射源，靶材 | 高放废液 |
| $^{243}$Am | | 7 950 | $\alpha, \gamma$ | $AmO_2$ | 靶材 | 长期存放的 |
| $^{242}$Cm | | 0.45 | $\alpha, \gamma$ | | 衰变为 $^{238}$Pu | 钚及钚冶金 |
| $^{244}$Cm | | 17.6 | $\alpha, \gamma$ | | 能源，$\alpha$ 辐射源，靶材 | 废料 |
| 元素 Rh | 3.7 | 稳定 | 微量杂质 $^{102}$Rh 的 $\beta$, $\gamma$ | 金属 | 催化剂 | 高放废液 |
| 元素 Pd | 1.5 | 稳定 | — | 金属 | 催化剂，电子工业 | 高放废液 |
| 元素 Xe | 12 | 稳定 | — | 气体 | 特种灯 | 溶解器的废气 |

注：* 表示辐照过核燃料中 $^{237}$Np 和 $^{241}$Am 的产额随燃耗和中子能谱而异。

### 12.1.4　放射性核素发生器

放射性核素发生器俗称为"母牛"，是一种可以定期地从半衰期相对长的放射性母体核素中分离出半衰期相对短的放射性子体核素的装置。子体与母体容易达到放射性平衡，故可定期地从该装置中分离出一定量的子体核素。装置的使用寿命取决于母体核素的半衰期，恢复平衡的快慢和允许提取子体核素的频率取决于子体核素的半衰期。

放射性核素发生器很适合医用，它能给远离反应堆的地点提供短寿命放射性核素，使病人无须接受大剂量而获得诊断或治疗，且能提供无载体的高比活度核素。

适用于医用的放射性核素发生器需满足以下几个条件。

(1)用于脏器扫描用的发生器子体核发射单能 $\gamma$ 射线，能量为 100 ~ 600 keV，半衰期为 1 ~ 24 h；

(2)母体要牢固地吸附在交换柱上，洗脱液中不应有母体放射性。一般在分离出的子体中母体放射性活度不得超过子体放射性活度的 $10^{-6}$ ~ $10^{-5}$ 倍；

(3)子体的衰变产物应是稳定核或者有相当长的半衰期，这样可避免由于子体产生过量的辐射剂量。

目前，最适合医用且用得最多的放射性核素发生器是 $^{99}$Mo – $^{99m}$Tc 和 $^{113}$Sn – $^{99m}$In 母牛，这两种发生器的制备简易，成本低廉，核性能好。$^{99m}$Tc 和 $^{99m}$In 能做成多种标记化合物，便于注射入人体以进行各种脏器的扫描，在临床诊断上获得广泛的应用。

## 12.2　放射性核素示踪法的特点及一般原理

示踪剂是一种带有特殊标记的物质，当它加入被研究的对象中后，人们可以根据示踪剂的运动和变化，来洞悉原来不易或不能辨认的被研究对象的运动和变化规律。利用放射性核素做示踪剂非常方便，如在医学上，可将已知总放射性的示踪剂(例如 $^{51}$Cr – 红细胞)注入血液循环中，待混合稀释后(一般在注射后 10 ~ 15 min)抽取一个血液样品，测定其每毫升的放射性，就能算出待测的人体血容量，这种方法不须处理样品，快速而又准确。

标记化合物是指原化合物分子中的一个或多个原子、化学基团,被易辨认的原子或基团取代后所得到的取代产物。标记化合物中一些易被辨认的原子或基团称为示踪原子(或基团)。用放射性核素作为示踪剂的标记化合物称为放射性标记化合物。例如 $NH_2CHTCOOH$、$Na^{18}F$、$^{14}CH_3COOH$ 等。放射性标记化合物在生物学、医学和农业科学等领域中,已得到了广泛的应用。

### 12.2.1  放射性核素示踪法的特点

一般来讲,放射性核素示踪法有以下三个特点。

(1)灵敏度高,即使极微量的放射性物质也可以相当准确地被测定。利用放射性物质可测至 $10^{-14}$ ~ $10^{-13}$ g,例如 $1\mu Ci^{32}P$ 相当于 $6 \times 10^{10}$ 个 $^{32}P$ 原子,可是它们的质量只有 $10^{12}$ g 左右。一般放射性探测器能定量测定 $10^{-3}\mu Ci$ 或更少的放射性。很明显,放射性核素示踪法比常用的化学分析法有更高的灵敏度。

(2)测量简便,易分辨。利用各种类型的射线探测仪很容易测出放射性原子核的数目,且不受其他非放射性杂质的干扰,省略了许多繁杂的分离提纯工作。特别是在医学研究及生物学实验中,某些体内的生理变化,常常只需要从体外来测量放射性的变化就够了,因而可以在不妨碍生物体的正常活动的条件下进行研究。

(3)利用放射性核素示踪法能揭示某些物质运动的真实变化过程,得出正确的结论。如平衡状态下物质的运动和变化的规律,化学反应的机理等。

在医学科学研究中,放射性核素示踪法还有下列特点。

(1)合乎生理条件。如过去研究糖代谢或蛋白质代谢的方法,往往要给动物实施急性手术,或注射根皮苷、四氧嘧啶等毒性物质,然后进行实验,而且常需用较生理剂量大的药理剂量,这样往往得不到合乎实际的实验结果。但应用示踪原子法可在正常生理情况下研究物质在动物体中所起的变化。放射性物质用量可以少到生物剂量水平,即接近于正常的用量。这样少的量以足以被探测器定量分析,而对体内原有物质的增加极少,不会扰乱或破坏体内生理过程的平衡状态。

(2)能定位。放射性核素示踪原子法,不仅能准确定量测定代谢物质的转移和转变,而且可以用放射性自显影术确定放射性标记物在组织器官中的定量分布。此技术与病理组织切片技术结合起来可进行细胞水平的定位;与电子显微镜技术结合起来,则可以进行亚细胞水平的定位观察。

### 12.2.2  放射性核素示踪法的分类

放射性核素示踪法大体上可分为以下 3 类。

(1)简单的示踪作用。在研究的物质中,混合小量放射性后,即被加上了"标记"。然后通过测定放射性,便可对这种物质在任何一种机械、化学或生物系统内的动态进行追踪和观察。例如用放射性浮标测定密闭容器中的液面高度。

(2)利用完全物理性混合的示踪作用。即将示踪剂和被示踪剂均匀混合,使整个示踪过程中二者的比率保持不变,通过测定示踪剂的放射性,可以了解被示踪物的性质和行为。

(3)利用同位素化学性质一致性的示踪作用。这是应用最广泛、最重要的一类。在实验中需要先合成标记化合物(labeled compound),然后将标记化合物加入到被研究的体系中,均匀混合。由于放射性核素与非放射性核素在大多数情况下性质是一致的,因此可以用测定放射性的方法研究标记化合物的变化来了解被研究化合物的变化情况。

### 12.2.3　放射性核素示踪剂的选择

放射性核素示踪剂的选择是由实验目的决定的,例如甲状腺能特征地摄取碘,因此要研究甲状腺的病理,应选择放射性碘或放射性碘标记的化合物。现在已知的放射性核素已超过 2 000 余种(半衰期小于 1 h 的约 50%,1 h ~ 1 d 的占 20%,大于 1 d 的占 30%),几乎绝大多数元素都有适宜做示踪的放射性核素。但也有少数元素例外,如元素氦、锂和硼就没有半衰期超过 1 min 的放射性核素。也有一些放射性核素制备困难,或者射线能量太低不易测量而不好应用。目前常用的放射性核素约有 200 多种。

选择合适的放射性核素作示踪要满足下列条件。

**1. 半衰期**

根据实验目的及周期长短选择合适半衰期的放射性核素。半衰期太短,放射性核素在使用前不能储藏很久,使用时要求操作简单和快速省时,否则未待测量结束放射性活度已显著衰减,得不到正确结果。半衰期太长,则衰变速度过慢,测量困难,且难以获得高比活度样品。如医学上临床使用的放射性核素的半衰期大多在几小时到十几天之间,而且它们在体内造成的剂量很小。随着测量技术和使用方法的不断发展,半衰期为几分钟的放射性核素(如加速器生产的 $^{11}$C、$^{13}$N、$^{15}$O 等)也已在临床医学上使用。

**2. 辐射类型和能量**

一般不使用 α 放射性做示踪实验,而常用的是 β 和 γ 放射性核素。β 放射性核素的优点是 β 射线探测效率高,易于防护。如 $^{32}$P($E_\beta$ = 1. 709 MeV)的 β 粒子能量很高,易测量。对于能量较低的 $^3$H($E_\beta$ = 0. 018 6 MeV)要用气流式正比计数器或液体闪烁计数器测量。如果射线必须穿过较厚的物质层才能到达探测器,则要选用 γ 放射性核素。如医学上供脏器扫面或 γ 照相用的放射性核素,希望能放出能量为 100 ~ 600 keV 的 γ 射线。在此能量范围内 γ 射线能逸出体外,易被扫描机或 γ 照相机的探头所记录;低于 100 keV,γ 射线易被体内组织吸收,而高于 600 keV 的 γ 射线则容易穿透扫描机或 γ 照相机的准直器,影响空间分辨率。另外用于脏器扫描的放射性核素希望不放射或少放射 β 射线。内转换电子和 Auger 电子,因为这些射线会增加病人的吸收剂量,而对临床诊断并不提供有用的信息。

**3. 放射性比活度**

标记的放射性核素示踪剂在实验过程中往往为稳定同位素化合物所稀释。因此原始的放射性比活度必须足够高,才能使稀释后的试样满足测量的要求。对于不同的研究过程、实验方法和测量条件,要求不同的放射性比活度。一般是根据实验过程中被同位素稀释的倍数,以及在最后分离出试样的量和测量效率等因素来选择适当的放射性比活度,使最后所测出的放射性活度至少超过其本底。在实验中各种因素之间的关系可用下式表示:

$$\frac{ACK}{D} > B \qquad\qquad (12 - 1)$$

式中　$A$——原始放射性比活度;

　　　$C$——原始放射性核素示踪剂用量;

　　　$K$——探测效率;

　　　$D$——同位素稀释倍数;

　　　$B$——本底计数率。

由式(12 - 1)可见,使用原始放射性比活度 $A$ 大,且用探测效率高、本底计数底的计数器进行测量,这样可以允许稀释倍数提高。但是由于生产上的原因,或人体的安全,$A$ 值也不能过高,而有一定的限制。

#### 4.放射性核素的纯度

在放射性核素生产过程中,由于副反应或靶子物中存在的杂质,致使放射性不纯。这样常会影响实验结果,甚至导致错误的结论。在医疗上放射性杂质将会增加病人的吸收剂量,也可能影响诊断和治疗的效果或病人的健康。所以在放射性示踪剂使用前,需要注意核素的放射性纯度和放射化学纯度是否符合要求,必要时,要经过提纯处理,然后再用。

#### 5.放射性核素的毒性

在可能情况下应尽量使用低毒性的放射性核素,如$^{90}$Sr 是高毒类放射性核素,而$^{85}$Sr 和$^{80}$Sr 属于中毒类,为了使用人员的安全,应尽量避免使用高毒放射性核素$^{90}$Sr,而是用$^{85}$Sr 或$^{80}$Sr。医用放射性核素多数要进入人体内部,因此要求进入人体的放射性核素及其衰变物、载体或其他加入物对人体均无害。若有毒性,则必须严格控制用量在对人体无害的范围内。

在选择医用放射性核素时,除要考虑上述因素外,还需注意选择具有较短的生物半衰期。即放射性核素进入人体后,其浓度不仅随放射性原子核的衰变而减少,而且还由于机体新陈代谢和自然排泄,有一部分放射性核素能排出体外。生物半衰期是指放射性核素进入机体后,其浓度单纯由于生物生理过程减少到原来的一半所需的时间。生物半衰期短,即进入体内后容易排出体外。有些放射性核素虽有较长的半衰期,但其生物半衰期很短,也可以供临床使用。

### 12.2.4　放射性示踪法中应注意的几个问题

#### 1.同位素效应

示踪法是基于示踪原子与被示踪原子在化学上完全相同的原理。但实际上较轻元素的放射性同位素或稳定同位素与元素本身的化学性质并不完全相同。例如氢的同位素,由于原子量的倍数差异较大(如$^{2}$H 的原子量是$^{1}$H 的二倍,$^{3}$H 是$^{1}$H 的三倍),使它们的化学性质有显著不同。这种差异称为同位素效应。同位素效应随原子序数增大而减小。用较轻元素做示踪原子时,必须考虑同位素效应这一因素。例如,在有共价键结构的有机化合物分子中,正常 C—C 键的键能为 82.6 kcal·mol$^{-1}$,而测得$^{14}$C—C 键的键能比正常的要高出 6%~10%。与 O、N、C 结合所形成的氚键比正常氢键要稳定得多。除$^{3}$H 或$^{14}$C,其他大多数元素,同位素效应引起的误差可以忽略不计。

#### 2.核衰变及辐射自分解

标记的放射性化合物,由于放射性核素衰变生成子体以及自身电离辐射作用下产生自分解,而使纯度受到影响,从而引起实验误差。放射性核衰变是无法控制的。辐射自分解与标记化合物吸收射线能量的效率及其放射性比活度有关,采用以下方法可减少标记化合物的辐射自分解。

(1)降低标记化合物的标准比活度

通过加入稳定载体或稀释剂是控制辐射自分解的有效方法。一般将氚标记化合物稀释到 1 mCi·mL$^{-1}$,而$^{14}$C 标记化合物则为 0.1 mCi·mL$^{-1}$。对固体标记化合物常用纤维素粉、玻璃粉、苯骈蒽作稀释剂。液体标记化合物的稀释剂,原则上应选择与标记化合物互溶性好,不易产生自由基的溶剂,如苯等。但有许多重要标记化合物如糖类化合物、氨基酸、核苷酸等都不溶于苯,只能用水或甲醇来做稀释剂。

(2)加入自由基的清除剂

辐射自分解包括初级内分解、初级外分解和次级分解。次级分解生成一系列自由基、激活的离子或分子,是标记化合物辐射自分解的重要因素。若在标记化合物的体系中,加入能与自由基发生快速反应的物质,阻止及清除自由基与标记化合物作用,则可有效地降低标记化合物的次级分解。实验证明,1%~3%的乙醇是常用的自由基清除剂。选用清除剂时,应注意到它本身或它的辐解产物不能与标记化合物发生化学或生物化学反应。

(3)调节贮存温度

降低温度,使分解产生的自由基与标记化合物作用的速度减慢,亦能使标记化合物的分解减少。但对于标记化合物的溶液来说,当温度下降而发生缓慢冻结时,标记分子被聚集在一起,反而加速自辐射分解。对氚标记化合物更应注意到这一问题。

# 12.3　核技术在医学中的应用

在医学中,既可利用放射性核素作为示踪剂或显像剂,又可利用放射性射线进行治疗。放射性核素在医学中的应用大致可以分为以下三个阶段。

第一阶段20世纪20至30年代,利用天然放射性元素做治疗或示踪研究。如1926年Blumgart等首先将RaC作为示踪原子用于临床测定血液从一臂到另一臂的循环时间。

第二阶段是20世纪30年代以后,随着反应堆、加速器及中子源的发展,人工放射性核素的大量生产,放射性核素的应用迅速发展。如1938年开始用$^{131}$I治疗甲状腺功能亢进症,1946年第一次成功地用放射性碘治疗甲状腺癌。

第三阶段是20世纪50年代以后,随着自动扫描机、带有聚焦型准直器的扫描机、放射性核素电子计算机处理断层摄影(ECT)相继研制成功,放射性核素大量生产,合成标记化合物种类增多,放射性核素在医学上的应用越来越广泛。

据统计目前全世界生成的同位素有80%是用于医学的。

供临床应用的放射性核素绝大多数需要进入人体内部,要求不危害人体健康,而又能达到诊断及治疗疾病的目的。所以对临床应用的放射性核素提出了一系列的要求:要有合适的半衰期;具有较短的生物半衰期;放射性核素的射线类型和能量合适;放射性核素本身及其衰变子体均对人体无害;应有较高的放射性比活度及放射性纯度;应有合适的化学状态;便于合成临床所需要的放射性药物及标记化合物。

供医学使用的放射性核素几乎都是人工放射性核素,有反应堆中子照射、加速器、放射性核素发生器三个主要来源。在反应堆中,可由$(n,\gamma)$反应生产$^{24}$Na、$^{32}$P、$^{47}$Ca、$^{198}$Au等核素,由$(n,p)$反应生产$^{14}$C、$^{32}$P、$^{35}$S、$^{58}$Co等核素,由$(n,\alpha)$反应生产$^3$H、$^{24}$Na等核素。通过加速器不但可以生产生物机体关键元素的核素$^{11}$C、$^{13}$N、$^{15}$O等,还可以生产$^{18}$F、$^{123}$I等卤族元素的同位素。F$^-$可直接用于骨骼扫描、骨癌治疗。氟的范德华半径与氢的(1.25 Å)相近,分子中的氢被氟取代后,分子在机体内不影响生物活性或代谢作用,而$^{18}$F有较好的核性质($T_{1/2}=110$ min,$\beta^+$),因此$^{18}$F标记的化合物在医学上应用有广泛前途。$^{123}$I的半衰期是13.2 h,没有$\beta$射线,发射很合宜的159 keV的$\gamma$射线,所以它是相当理想的医用放射性核素。还有,$^{123}$I的辐射剂量要比$^{131}$I低100多倍;它的$\gamma$射线能量很适合于装备NaI探头的$\gamma$照相机,测量效率几乎达100%。适用于医用的核素加速器主要是$^{99}$Mo–$^{99m}$Tc和$^{113}$Sn–$^{99m}$In母牛。

## 12.3.1　诊断应用

血液中含有约1%的NaCl,加入少量$^{24}$Na,注入静脉中,$^{24}$Na随血液流动,可查出血管有无变窄或堵塞;$^{131}$I 经口服或针剂引入人体,根据其在甲状腺中发出的信号,可描绘出甲状腺轮廓,诊断甲状腺是否有异常;$^{99m}$Tc 放射性药物可作为心、脑、肝、肺、肾、肠和骨的肿瘤疾病或炎症的诊断显像。

正电子发射断层成像(PET),采用 $^{11}$C、$^{13}$N、$^{15}$O、$^{18}$F 与人体内的负电子产生湮灭效应,探测产生的 γ 光子,得到人体内同位素分布的信息。

单光子发射计算机断层成像(SPECT),采用 $^{99m}$Tc、$^{67}$Ga、$^{123}$I、$^{133}$Xe、$^{111}$In、$^{201}$Tl 等半衰期较短,发射单一 γ 射线的核素,可获得新陈代谢、血液活动、肝功能状态和癌变等信息。

表 12-2 列出了临床诊断常用的放射性药物。

**表 12-2　临床诊断常用的放射性药物**

| 放射性核素 | 放射性药物 | 用途,显像器官 |
|---|---|---|
| $^{75,77,82}$Br | $^{75,77,82}$Br - 溴化钠 | 细胞外水的测定 |
| | $^{75,77,82}$Br - 溴代脂肪酸 | 心脏 |
| $^{47}$Ca | $^{47}$Ca - 氯化钙 | 骨 |
| $^{51}$Cr | $^{51}$Cr - 铬酸钠 | 血容量,红细胞寿命 |
| | $^{51}$Cr - 人血白蛋白 | 红细胞容量测定,红细胞寿命测定脾,胎盘 |
| $^{55,57,58,60}$Co | $^{55,57,58,60}$Co - 氯钴胺(即 Co - 维生素 $B_{12}$) | 恶性贫血 |
| | $^{55,57,58,60}$Co - DTPA | 肿瘤显像 |
| $^{64,67}$Cu | $^{64,67}$Cu - DTPA | 肿瘤显像 |
| | $^{64,67}$Cu - 博来霉素 | 铜代谢,肿瘤,诊断 Wilson 氏病 |
| | $^{64,67}$Cu - 醋酸铜 | |
| $^{18}$F | $^{18}$F - 氟代脂肪酸 | 心脏 |
| | $^{18}$F - 氟化钠 | 骨 |
| | $^{18}$F - 葡萄糖 | 脑 |
| $^{67}$Ga | $^{67}$Ga - 柠檬酸镓 | 亲肿瘤扫描,肺 |
| $^{59}$Fe | $^{59}$Fe - 柠檬酸铁 | 铁吸收代谢 |
| $^{131}$In$^{m}$ | $^{131}$In$^{m}$ - DTPA | 肝 |
| | $^{131}$In$^{m}$ - 氯化铟 | 心,胎盘 |
| | $^{131}$In$^{m}$ - 大颗粒聚合硫化铟 | 肺 |
| | $^{131}$In$^{m}$ - 磷酸铟 | 肝 |
| $^{111}$In | $^{111}$In - 单克隆抗体 | 肿瘤 |
| | $^{111}$In - 博来霉素 | 软组织肿瘤测定 |
| | $^{111}$In - DTPA | 脑 |
| $^{123}$I | $^{123}$I - 邻碘马尿酸钠 | 肾 |
| | $^{123}$I - 香草醛二胺衍生物 | 脑 |
| | $^{123}$I - 异丙基安福太胺 | 脑 |

表 12 - 2(续)

| 放射性核素 | 放射性药物 | 用途,显像器官 |
|---|---|---|
| $^{125}$I | $^{125}$I - 人血白蛋白 | 血容量 |
| | $^{125}$I - 碘代脂肪酸 | 心血输出量,心肌梗死等 |
| $^{131}$I | $^{131}$I - 碘化钠 | 甲状腺功能 |
| | $^{131}$I - 玫瑰红钠 | 肝 |
| | $^{131}$I - 邻碘马尿酸钠 | 肾图,肾扫描 |
| | $^{131}$I - 人血白蛋白 | 血浆容量,胎盘 |
| | $^{131}$I - 大颗粒聚合白蛋白 | 肺 |
| | $^{131}$I - 三油酸甘油酯 | 测定脂肪代谢 |
| | $^{131}$I - 碘化胆固醇 | 肾上腺 |
| | $^{131}$I - 5 - 碘尿嘧啶 | 胃 |
| $^{85}$Kr | $^{85}$Kr | 心脏和心外血流比 |
| $^{28}$Mg | $^{28}$Mg - 氯化镁 | 镁的代谢 |
| $^{32}$P | $^{32}$P - 胶体磷酸铬 | 癌性胸,腹水 |
| $^{42}$K | $^{42}$K - 氯化钾 | 钾的分布和代谢 |
| $^{75}$Se | $^{75}$Se - 蛋氨酸 | 胰腺 |
| $^{22}$Na | $^{22}$Na - 氯化钠 | 钠的分布和代谢 |
| $^{85}$Sr | $^{85}$Sr - 氯化锶或硝酸锶 | 骨 |
| $^{87m}$Sr | $^{87m}$Sr - 硝酸锶 | 骨癌 |
| $^{99m}$Tc | $^{99m}$Tc - 人血白蛋白 | 心血池,胎盘 |
| | $^{99m}$Tc - 聚合人血白蛋白 | 肺 |
| | $^{99m}$Tc - 高锝酸钠 | 脑,甲状腺 |
| | $^{99m}$Tc - 硫胶体 | 肝和脾 |
| | $^{99m}$Tc - TPAC(青霉素胺 - 乙酰唑磺胺配合物) | 肾 |
| | $^{99m}$Tc - HMDP(甲烷 - 1 - 羟基 - 1,1 - 二磷酸酯) | 骨 |
| | $^{99m}$Tc - PMT(N - 吡哆 - 5 - 甲基色氨酸) | 肝胆 |
| | $^{99m}$Tc - 六特丁基异腈 | 心肌 |
| | $^{99m}$Tc - HMPnAO(六甲基丙叉胺肟) | 脑 |
| | $^{99m}$Tc 植酸盐 | 肝 |
| | $^{99m}$Tc - DMSA(2,3 - 二巯基琥珀酸) | 肾 |
| | $^{99m}$Tc - 焦磷酸锝 | 骨 |
| $^{3}$H | $^{3}$H - 氚水 | 测定人体水量 |
| $^{133}$Xe | $^{133}$Xe 气体或溶于 0.9% 的生理盐水 | 肺,脑血流量 |
| $^{201}$Tl | $^{201}$Tl - 氯化亚铊 | 心血管病,甲状腺 |

### 12.3.2　治疗应用

放射治疗分为远程治疗和近程治疗。远程治疗是射线装置在距离患者病灶 20 cm 到 1 m 远的情况下进行治疗。利用 $^{60}$Co 治疗机、X 射线治疗机或电子加速器等装置产生的 γ 射线、X 射线或电子束,可有效杀死癌细胞。近程治疗是接触治疗,把放射源引入人体的脏器或组织内,或敷贴在患者病灶的表面。服用 $^{131}$I 药物,浓集在甲状腺部位,对甲状腺功能亢进、甲状腺癌的疗效非常好; $^{90}$Sr/$^{90}$Y 皮肤敷贴器;把 $^{125}$I、$^{198}$Au、$^{192}$Ir、$^{103}$Pd 等核素密封在钛金属材料小管中,做成米粒大小的放射源,布在癌症病灶的内部。"种子源"体积小、剂量低、能量弱、半衰期短,能有效杀死癌细胞。

癌症的放射治疗,可采用 γ 射线、X 射线或电子束。X 射线治疗机能力可调,装置简单,但能量较低,适用于治疗浅表性肿瘤。电子束治疗,能量可调,可用于治疗浅表或深部肿瘤,但装置复杂,造价较高。$^{60}$Co 治疗机装置简单,能量高,适用于治疗深部肿瘤。$^{137}$Cs 半衰期为 30 年,发射 0.66 MeV 的 γ 射线和 0.52 MeV 的 β 射线,与 $^{60}$Co 相比,使用寿命长,但制造成本较高。近年来开发的硼中子俘获治疗法,对于治疗脑神经胶质瘤很有成效。将无毒硼化合物注入肿瘤部位,化合物有浓集在肿瘤处的特性。然后用热中子对病灶进行照射。硼吃掉中子,放出 α 射线。α 射线射程 10 μm,只能破坏一个细胞,可有效杀死癌细胞。

可利用 γ 射线作不切开皮肤、不流血、不缝针的手术。头部手术的 γ 刀是将多束 γ 射线,如 201 个 $^{60}$Co 密封源固定在半球状容器表面,准直器把发出的 γ 射线集中在焦点位置上。治疗时,固定着患者的台床移向射线装置,γ 射线焦点对准病灶,手术精度达 0.1 mm。γ 刀还可用来治疗脑部良性或恶性肿瘤、脑血管性病变和功能性脑神经疾病。除了 γ 刀,还有类似原理的 X 刀、质子刀和中子刀。X 刀是利用直线加速器和电子回旋加速器从多方向发射聚焦于病灶的 X 射线装置。中子刀是利用 $^{252}$Cf 的治疗装置。

表 12–3 列出了临床治疗常用的放射性药物。

**表 12–3　用于治疗的放射性药物**

| 放射性核素 | 放射性药物 | 用于治疗及核医学 | 剂量(mCi) |
|---|---|---|---|
| $^{131}$I | $^{131}$I – 碘化钠 | 甲状腺功能亢进 | 2 ~ 10 |
| | | 甲状腺癌 | 75 ~ 150 |
| $^{32}$P | $^{32}$P – 磷酸钠 | 慢性白血病(淋巴性或骨髓性) | 1 ~ 2/每周 |
| | | 红细胞增多症 | 3 ~ 8 |
| | | 转移性骨癌 | 10 ~ 15 |
| | $^{32}$P – 磷酸铬 | 处理腹膜腹水 | 9 ~ 12 |
| | | 处理胸膜腹水 | 6 ~ 9 |
| $^{198}$Au | $^{198}$Au | 处理腹膜腹水 | 50 ~ 150 |
| | | 处理胸膜腹水 | 35 ~ 75 |
| | $^{198}$Au 籽源或金属丝 | 在肿瘤中间质植入 | |
| $^{60}$Co | $^{60}$Co 针丝或籽源 | 在肿瘤中间质植入 | |
| $^{90}$Sr | $^{90}$Sr 敷贴器 | 处理眼疾 | |

表 12 −3（续）

| 放射性核素 | 放射性药物 | 用于治疗及核医学 | 剂量（mCi） |
|---|---|---|---|
| $^{192}$Ir | $^{192}$Ir 籽源 | 肿瘤间质照射 | |
| $^{182}$Ta | $^{182}$Ta 籽源 | 膀胱肿瘤 | |

# 12.4 核技术在工业中的应用

## 12.4.1 杀菌消毒

用射线对食品进行杀菌处理,已有 60 多年历史。辐射可对医疗器具消毒;可杀死隐藏在粮食中的孢子、幼虫和成虫;杀死寄生在食品表面和内部的病原微生物;会抑制生物的新陈代谢和呼吸作用,使瓜果推迟成熟,延长寿命和货架期;可使水产品、禽肉饰品防腐烂,延长食用期等。

现广泛采用钴源、铯源的 γ 射线进行消毒。需消毒的物体放在传送带上慢慢移动,γ 射线像机枪扫射一样,打在物体上,将真菌、细菌、病毒杀光。这种方法处理量大、效率高、无公害、消毒彻底。

电子加速器产生的高能电子束,杀毒灭菌也非常有效,并且束流可调、不用时关机、辐射防护简单,得到了广泛的应用。2001 年美国邮政部门购买了 8 台电子加速器对送往政府重要机关的信函文件进行杀菌。在“非典”传播的高峰时期,俄罗斯、印度等国,也用过射线来杀死 SARS 病毒。此外,纸币、档案图书、竹木雕刻的工艺品通过射线杀菌有利于流通和保存。

## 12.4.2 辐射加工

人们不仅希望获得耐热、耐溶、耐蚀、耐磨、耐光的好材料,还希望获得许多具有特殊性能的材料,如信息功能材料、能源功能材料、智能材料、生物材料、碳素材料、环保材料、高性能结构材料、功能高分子材料、先进复合材料等。辐射加工利用 γ 射线、电子束或重粒子束和物质相互作用产生的物理效应、化学效应、生物效应对物质的材料进行加工处理,来满足高科技发展的需要,实现高标准生活的愿望。

辐射产生的活性粒子会引发很多化学反应,如加工、复合、分解、交联、降解等,可实现辐射交联、辐射接枝、辐射硫化、辐射裂解、辐射固化等。聚乙烯通过辐射交联,提高机械性能、耐热性能和抗老化性能,能记忆热收缩。将其加热到 135 ℃呈弹性态,施加外力使之变形,然后冷却定型。使用时,再加热到高温,会恢复原来的形状。可制造冷缩管和冷缩膜,冷缩管可制造密封接头,冷缩膜可作为保鲜食品袋。

选用适当的聚合物配方和辐照工艺条件,用高能电子辐照电缆,使电缆的聚合物绝缘层发生辐射交联,其耐温性、抗老化性、抗开裂和阻燃性大为改善,大大延长了使用寿命,电学性能也有很大改善。

聚丙烯、聚苯乙烯等工程塑料,经高能辐射的加工处理,使其拉伸强度、抗冲击强度、硬度、耐热性、抗蠕变性能、电学性能都有提高。采用这些材料可制造卫星器件、人工心脏瓣膜、关节、肌腱、角膜、晶体。

用电子束辐照涂层表面,在室温下进行,可使喷漆和彩印迅速固化,附着力强,色泽亮丽,不易老化,无污染,无公害,成本低,效率高。化学硫化带来公害,且不能用于特种医学用途和高性能机电产品制造。采用$^{60}$Co 辐照或电子加速器辐照,可实现橡胶的常温硫化,辐照硫化的橡胶性能好、用途广,焚烧不会产生 $SO_2$ 而导致酸雨。橡胶辐照硫化与乳液配方、敏化剂浓度和辐照剂量等许多因素有关。通过研究,正在不断提高质量、增加产量和新品种。

### 12.4.3　辐射探测

水利工程中用$^{82}$Br 或$^{99m}$Tc 测试大河川的流量;海港工程中用$^{46}$Sc 和$^{198}$Au 研究底沙运动情况以便拟定疏浚方案;化学工业中用$^{197}$Hg 盘存电解槽中的汞量;冶金工业中用$^{45}$Ca 研究和改善钢中夹杂盛钢桶衬里腐蚀产物的情况;机械工业中用$^{59}$Fe 测定气缸磨损程度;电力工业中用$^{24}$Na 进行核电厂蒸汽发生器的夹带试验;石油工业中用氚或$^{125}$I、$^{35}$S 监测地下油水的分布情况。

γ 射线找水是一种好手段,因为地下水会溶出岩石中的天然放射性物质,地下水运动会使放射性物质分布变得不均匀,再有地下水的裂隙部位放射性物质会相对聚集,造成与周围无地下水通过地区的 γ 射线本底不同,故能通过灵敏探测器探测出含水构造带,经过水文地质的分析,找到地下水的可能性提高 1~2 倍,并能够判断地下水量的多少。一般来说,γ 射线本底变化带越宽,变化范围越大,水量就越大。射线寻找水,要求探测仪器有足够高的灵敏度和测量精度。

射线可以用于找矿。方法是先打井,沿井壁下降放射源,在地面记录、观察探测的结果。人工放射源发射的中子或 γ 射线,作用域钻井壁的岩石,激发出次生辐射,进行测量,可以探查出岩层中含有哪种矿物、矿体的位置、矿物含量多少。γ 测井常用于煤、石油、天然气和特种金属矿物的探测。这样的放射性探矿法有很多,例如瞬发裂变中子测井、缓发裂变中子测井、中子 – 中子测井、中子 – γ 测井、γ – γ 测井、γ 射线荧光测井等。我国在 20 世纪 60 年代就利用航空放射性测量技术探测放射性矿藏,在飞机上装着 γ 谱仪,通过测量地面的天然放射性强度,来寻找铀、钍矿。

### 12.4.4　能源供给

放射性同位素原子核衰变释放的热能,可以转换成电能或光能,制成各种电池和光源。

原子电池工作原理有两种:一是将放射性同位素衰变产生的热能转变成电能,即热转换型电池;二是将放射性同位素衰变放出粒子的动能或它的次级效应转变成电能,即动态换能型。原子电池不需要阳光照射,不受电磁干扰,可在失重、强风暴、极低温等恶劣环境下工作,使用寿命长,可作为人造卫星、太空探测器的辅助电池。美国阿波罗月面试验站、雨云号气象卫星、先驱号木星探测器、海盗号火星登陆器,都安装了$^{238}$Pu 同位素电池。

$^{63}$Ni 做成原子电池,体积可小到 $1~mm^3$,可为微电子机械系统供电。送入人体,可进行不开刀的手术;装在航天器中,可实行长期遥控指挥;做成窃听器,可非常隐蔽地搜集情报。$^{63}$Ni 半衰期 93 年,发射纯 β 射线,可不间断供电 50 年以上,可做炮弹、导弹存贮状态监测电源和长期监测设备的电源。

心脏起搏器可用一种超小型放射性同位素电池作能源,功率不到千分之一瓦,以每分钟 60~70 次速率给心脏电刺激,使心脏保持正常的跳动。原子电池心脏起搏器常用$^{238}$Pu 作能源,可使用约 10 年。$^{238}$Pu 曾被认为是心脏起搏器的最佳能源,但因为其辐射问题未见广泛应用。

原子灯是一种不灭的长明灯,利用放射性同位素放出的射线,激发发光物质发光而做成的灯。原子灯一般由 β 放射性气体、发光物质和灯体所组成。灯体为耐辐照的玻璃灯泡,内壁涂上发光物质,灯泡抽真空后,充入 β 放射性气体。原子灯不用外界提供能量而自行发光。可长期使用,安全性好,不会因为打火花而引起火灾和爆炸事故。常用作海上的灯塔和航道的航标、地下矿井和坑道的照明等。

Zns、CaS、ZnSiO$_3$ 等物质,当接受光照或其他形式的能量时,会发出荧光。在荧光物质中,加入$^{147}$Pm,会长久发光不息。这是因为$^{147}$Pm 衰变生成的 β 射线(半衰期 2.6 a),激发发光物质发光。把射线的动能转换为可见光。这种发光物质发光稳定,不受外界影响,不需要提供能源,在黑暗处永久发光,可用它制造仪表刻度盘或标志物。可用在飞机、潜艇、坦克的仪表盘上,炮弹的准星上,矿井、公路和消防器具的标志牌上。

# 12.5　核技术在农业中的应用

## 12.5.1　杀虫保鲜

用加速器辐照处理粮食,可以杀虫、灭卵、不霉变、延长粮食的保存期。俄罗斯用 100 万 ev 的加速器辐照谷物,1 h 可照射 150 t,害虫杀死率 100%。用$^{60}$Co 辐照可使人工饲养的雄性昆虫不育,在适当季节放出到虫灾地区,同雌性交配,可以达到彻底消灭虫害的目的。利用昆虫不育技术可以消灭螺旋锥蝇、果蝇、小菜蛾、稻茎螟虫、玉米螟、棉铃虫、蚊子等。我国贵州省在一个柑橘园对柑橘大实蝇进行辐射不育试验,使柑橘年产量增加 100%。除粮食以外,调味香料、中草药、中成药、保健食品、方便食品、板栗、红枣、花生、核桃等的霉变或长虫,也可以用辐照处理来挽回很多经济损失和保护人体健康。

利用低剂量的射线照射可以仅抑制土豆、洋葱、大蒜芽细胞的发育和长根而不产生放射性,也不会被放射性所污染。土豆经辐照处理后,贮存到第二年仍像刚收获时一样新鲜。辐照还可以延缓香蕉、苹果、杧果成熟,哈密瓜辐照处理后贮藏 5 个月,好果率 90%;苹果、梨辐照后可保存 8 个月;土豆、大蒜、洋葱辐照后可常温贮存 200 天不会长芽。

## 12.5.2　辐射育种

用射线照射植物,诱发遗传基因突变,培育新品种,称为辐射育种。全世界利用辐射育种培育出的新品种已有 2 000 多种,播种面积已达几千万公顷。我国用辐射育种已培育出 620 多个新品种,在育种数量、种植面积和经济效益等方面均排在世界前列。辐射引发有利突变的概率是千分之一,而自然产生突变的概率只有百万分之一。虽然辐射引发突变的概率高一千倍,但目前诱变率并不理想,随机性大,难控制变异方向和性能。并不是射线一照就能照出一个良种来,人们还不能很好地控制变异的方向,需要在许多变异后代中,进行认真地筛选和培育,才能得到我们所期望的优良新品种。

射线照射到植物种子上,能诱发遗传基因发生突变,培育出抗病、抗虫、耐寒、耐旱、早熟、高产的优良品种。辐射育种需要选择适当的照射剂量和剂量率,需要对实验群体进行分离和稳定变异等,需要做很多的试验。早先,辐射育种多用 $^{60}$Co 的 γ 射线。后来,引入电子加速器电子束照射育种。我国已培育出了"原丰早"水稻、"鲁棉 1 号"棉花、"铁丰 18 号"大豆、"鲁原早 4 号"玉米、"太辐 1 号"小麦等许多优良品种。粮食增产了、棉花丰收了、大豆提高了出油率、甜菜增加了含糖量等。人们还利用辐射技术刺激柞蚕和家蚕,使蚕茧提高了产量,蚕丝提高了质量等,功效卓著,许多成果已获得国家发明奖。

由于重离子束与生物物质相互作用,继发性高,剂量集中和控制性好,重离子束的生物效应比 X 射线和 γ 射线大得多。我国采用重离子束诱变育种已经培育成了多个新品种。中国科学院等离子体研究所和安徽芜湖农业实用技术研究所采用离子束诱变技术,经过 7 年 13 季的选育,成功地培育出了 1139 – 3 水稻新品种,可以早晚两季直播。不需要传统的育秧插秧过程,而直接将稻种播撒在稻田里,不仅大大减轻了农民的劳动负担,而且稻种耐涝、耐虫,亩产达 500 kg,经济效益好。现在,已发展到研究离子束基因工程,例如,人们研究把银杏基因引入西瓜等。重离子束照射与 γ 射线、电子束激发相比,具有生理损伤轻,诱发突变率高,突变频谱广,处理安全,无污染等优点,所以重离子束育种越来越受到人们的青睐。

航天育种又称为太空育种或农业空间诱变育种。这是利用返回式卫星或飞船、高空气球将农作物种子带到离地面 200~400 km 高度的太空中,利用太空中强宇宙射线、微重力、高真空、强磁场等综合物理因素,使得植物种子遗传基因发生强烈动摇和诱发突变。返回地面后,经过培育,从中筛选出优良品种。航天育种可以加速农作物新品种资源的塑造和突破性优良品种的选育。航天育种可广泛用于各种植物的遗传改良,实现高效益的遗传改良。我国科学家利用返回式卫星、飞船和高空气球,搭载了 60 多种植物的 500 多个品种,经过地面多年选育,已培育出"航育一号"糯稻、"宇番一号"西红柿等许多高产优质新品种,包括水稻、小麦、油菜、大豆、棉花、青椒、莲子、西瓜等。

# 12.6　放射性核素在安保中的应用

## 12.6.1　无损探伤

辐射探伤是无损探伤,利用透过的射线或反散射的射线排出的照片或获得的信息,确定产品、设备、材料中存在的缺陷。X 射线、γ 射线应用于管道的探伤检测,特别是海岸管线和离岸管线的探伤检测。将 $^{85}$Kr 加入 $N_2$ 中,通入待检查的封闭系统。如有泄漏,$^{85}$Kr 易被探测出来。$^{85}$Kr 检漏可用于火箭在发射前塔架上的检漏和飞行器在运行轨道上的检漏。采用 $^{131}$I 检漏,如地下有油或气漏出,$^{131}$I 被附近土壤所吸收,易被仪器探测出来,从而快速找到漏洞的位置,即使微小的焊接砂眼也能检查出来。

## 12.6.2　探测火灾

火灾探测器有光电感温型和离子感烟型两大类。离子感烟探测器采用 $^{241}$Am 放射源,它释放出 α 粒子,引起电离室中的空气电离,形成一定的电离电流。$^{241}$Am 半衰期为 458 a,

由它产生的电离电流可认为是恒定的,把它的输出信号调节为零。有烟雾进入电离室时,电离电流发生变化,产生输出信号,引起报警。离子感烟探测器所用放射性[241]Am用量极少,并且牢固镀覆在贵金属表面,不会伤害人体,不会污染环境。离子感烟型探测器能探测烟雾,不仅可以用于火灾报警,而且可以做成某些毒气的探测报警装置。

探测器还可确定地雷位置。世界上有 1 亿多个地雷,分布在 70 多个国家的地下,以目前的方法进行清查,需 1 100 多年时间。美国太平洋西北实验室研制了一种新型地雷探测器,里面装着中子源,释放出的中子和地雷释放出的氢相互作用,中子会变成慢中子。

### 12.6.3  防静电雷击

工业上采用[210]Po、[238]Pu、[85]Kr、[241]Am 等小密封放射性源做成静电消除器。利用衰变放出的射线,使空气电离成带电离子。这些离子中和物体表面的静电荷,不让静电积累,避免发生火灾。

放射源除了可消除静电外,还可以做成避雷器。用[241]Am 做成的避雷针,放出的 α 粒子,有很强的电离能力,能产生大量正负离子。一个 α 粒子在空气中前进 1 cm 能产生 4 万对离子,能造成一条通电道路,有效引导云层中电荷入地,不会使云层中电荷大量积聚。

# 12.7  核技术在环境中的应用

核技术在环境科学及环境保护领域也得到了较快发展,目前已开展了利用核技术对废气、废水、固体废物处理等研究,如利用电子束去除 $SO_2/HO_x$ 等。另外,利用核技术进行环境样品元素的定性定量分析,具有众多常规非核技术无可替代的特点。例如高灵敏度、准确度和精密度、高分辨率、非破坏性、多元素测定能力等,已广泛应用于环境领域。

核技术在环境中的应用大致可以分为:辐射技术和核分析技术,前者主要用于环境废物的处理,后者用于环境样品的分析探测。

### 12.7.1  辐射技术在环境中的应用

在环境保护方面,辐射技术的主要用途是利用电离辐射照射使环境污染物质发生变化,从而达到治理和回用的目的。例如由有害物变为无害物或有用物、杀死细菌和病原体、加速难降解物质的降解速率等。辐射处理广泛适用于废气、废水和固体废物的处理。

辐照技术作为环境治理技术,其主要特点如下。

(1)消毒效果好,对有害微生物彻底杀灭。

(2)可避免二次污染。辐照过程大多在常温下进行,无须添加其他化学试剂或催化剂就可以实现一些化学污染物的无害化物理降解,一般不会造成环境的二次污染。用于照射的 γ 射线、X 射线以及电子束的能量均低于产生核反应的阈能,不会产生核反应,也就不会产生感生放射性物质而造成放射性污染。

(3)可以解决用普通方式难以解决的问题。由于辐照反应与通常的化学反应的机制截然不同,可以应用辐射技术去处理用普通技术难以解决的问题,例如对于高聚物的处理、聚四氟乙烯的回收利用、燃油和煤燃烧废液中氮氧化物去除等。

(4)使用安全可靠。辐照技术的实施方法简单,无须任何手工操作。

（5）适应性强、应用范围广。放射源的强度和能量不受外界条件影响，照射时对于外界条件无特殊要求。

（5）辐照技术的缺点是照射源的价格昂贵，基建投资额高。

辐射处理大多采用 γ 射线或电子束。γ 射线主要来自反应堆或反应堆产生的放射性核素，电子束来自电子加速器。

## 1. 废水处理

反应堆产生的放射性核素可用于生活污水和工业废水的辐照理，通常以放射源的形式应用，如 $^{60}Co$ 源、$^{137}Cs$ 源。其基本原理是水分子在辐射作用下会生成一系列具有很强活性的辐解产物，如 $OH$、$H$、$H_2O_2$ 等。这些产物与废（污）水中的有机物发生反应可以使它们分解或改性。

采用放射源辐射处理法可以消除城市污水中的 TOC（总有机碳）、BOD（生物需氧量）、COD（化学需氧量），并灭活污水中的病原体。对于含有偶氮燃料和蒽醌染料的废水，通过辐照可以使之完全脱色，TOC 去除率可达 80%～90%。COD 去除率可达 65%～80%。含有木质素的废水在充氧条件下用 γ 射线辐照，很容易被降解。

采用电子束辐照也可以处理废水，辐照作用能使水中产生活性物质，如 OH 基可气化和分解水中任何有机污染物。通过电子束辐照还可以有效地杀死水中的微生物，使噬菌体失去活性。用比较小的剂量（如 0.25～1 kGy）进行辐照，对普通细菌（如大肠杆菌、沙门氏菌等）90% 的剂量可将他们杀死，用 10 Gy 剂量则所有的细菌都被消灭掉。

电子束辐照技术净化污水的另一种途径是利用电子束辐照技术再生用过的活性炭。由于用过的活性炭表面附着有机物，电子束辐照技术可以有效再生活性炭。在氮气环境下，活性炭吸附能力恢复率最高，辐照后活性炭几乎没有损失。在辐照过程中，活性炭的温度越高，电子束的电流越大，活性炭吸附能力恢复率也就越高。

## 2. 固体废物处理

在固体废物的处理处置中，废塑料由于其难降解始终是一个棘手的问题。可以采用辐射方法诱发使废塑料降解，人们在 20 世纪五六十年代就完成了辐射诱发塑料降解的早期研究。与橡胶类似，塑料大分子一般是由 C—C 键的断裂而分解的，辐射诱发降解获得了气态、液态和固态的小分子产物，它们可用作适当合成物的原材料。

全球氟树脂的消费量约为 12 万 t，其中 70% 为聚四氟乙烯（PTFE）。PTFE 价格昂贵，化学性质极其稳定，在环境中几十年都不会降解，给环境带来不利影响，所以回收利用 PTFE 具有重要的经济价值和环保意义。γ 射线和电子束都可用于 PTFE 的降解，通过用 γ 射线辐照，得到 $G = 12.8$，用电子束辐照，得到 $G = 41.2$。

污泥是废水处理过程中的副产物，污泥中含有大量的能量与生物价值，是优良的农田肥料和土壤改良剂。但由于含有大量病原体而不能直接利用。辐射技术是国际上普遍认为很有前途的污泥处理方法，γ 放射源和电子束辐照均可用于污泥的处理。辐射处理污泥的优点如下。

（1）能杀死污泥中的病菌和病毒，消毒效果比热处理可靠。

（2）不破坏污泥中的有机氮化物，不会减少污泥的肥力和产生难闻的臭味。

（3）能防止污泥中的杂草种子发芽，但不会影响正常种子的发芽。

（4）处理温度较低（25～30 ℃），减少对工厂设备的腐蚀。

（5）辐照后的污泥具有良好的脱水性能，可省去化学絮凝剂和一些相应的设备。

污泥经辐照灭菌后,可用作肥料直接在农田使用。

3. 废气处理

大气中的 $SO_2$ 与 $NO_x$ 是主要的污染物,主要来自烟囱排放烟气。通常的烟气脱硫脱硝技术会遇到成本过高或装置复杂的难题。应用电子束照射的方法,既可除去烟气中的 $SO_2$ 和 $NO_x$,有助于净化大气,防止酸雨的形成,又可得到硝胺和硫胺等副产品,用作肥料。还能降低运行难度和费用,且由于在干燥条件下使用,几乎不产生二次废水。电子束辐照法的反应机理是利用阴极发射并经电场加速形成 $500\sim800$ keV 的高能电子束,这些电子束照射烟气时产生辐射化学反应,生成 OH、O 和 $HO_2$ 等自由基,这些自由基可以和 $SO_2$、$NO_x$ 发生氧化反应并生成 $H_2SO_4$ 和 $HNO_3$,辐照前在烟道中预先加入化学计量的氨,所生成的雾状 $H_2SO_4$ 和 $HNO_3$ 与通入反应器中的 $NH_3$ 相互作用,生成 $(NH_4)_2SO_4$ 和 $NH_4NO_3$ 等副产品,这些副产物可通过静电沉降等方法收集起来,直接用作化肥。电子束辐照烟气技术具有以下优点。

(1)能同时脱硫脱硝,可达到90%以上的脱硫率和80%以上的脱硝率。

(2)是一种干法处理技术,不产生废水废渣。

(3)无需催化剂。

(4)系统简单,操作方便,过程易于控制。

(5)对于不同含硫量的烟气和烟气量的变化有较好的适应性和负荷跟踪性。

(6)反应生成可利用的副产品,副产品为硫胺和硝胺混合物,可用作化肥。

(7)脱硫脱硝成本比传统方法更经济。

可能存在的缺点包括电子束剂量需求高、电能需求大、运行费用高、辐照后气溶胶需要过滤等。

除了烟气,电子束照射方法还能有效净化其他工业废气,如易挥发的有机物(VOCs)、汽车尾气,有气味、有毒的气体及焚烧炉的废气等。

## 12.7.2　核分析技术在环境中的应用

目前,多种核分析技术及核相关的分析已广泛应用于大气污染物监测、水体和各类环境样品的分析及对有害元素和物质在环境介质中的影响和迁移规律的研究。我国在环境研究中,主要应用的核技术方法如下。

(1)示踪技术。利用寿命短、物化行为与模拟介质相似的放射性核素为示踪剂的示踪方法,已经广泛应用在环境大气和水中扩散模式的实验研究。

(2)中子活化技术。中子活化分析除可进行多元素分析,还可进行核素分析,对测定污染物及其溯源特别有用。

(3)质子激发 X 射线分析和扫描质子微探针,已广泛应用于大气细颗粒的源识别。

(4)同步辐射技术。同步辐射 X 射线荧光分析已广泛应用于环境样品的形态分析,在珍稀的极低环境样品(如气溶胶、骨骼、残骨和冰雪)的研究中也是首选的分析手段之一。

(5)穆斯堡尔谱学。已成功用于大气中铁微粒的鉴别,不仅能分析出污染量,而且能给出污染物的化学总态。

(6)加速器质谱技术。主要用于长寿命放射性核素的同位素丰度比的分析,从而推断样品的年龄或进行示踪研究,其探测下限可达 $10^{-15}$。

(7)低温等离子体技术。已广泛应用于污染物的分析鉴别及废气、废液及废渣的治理。

（8）固体核径迹探测技术。在灾变环境、室内氡气的监测等方面有重要作用。

核分析技术在辐射环境监测领域的主要应用如下。

（1）环境辐射水平监测。包括大气中的放射性气溶胶、地面 γ 辐射剂量水平，水中、土壤和建筑材料的放射性活度和室内外氡浓度等的监测。

（2）核设施的监测。包括核设施烟囱放射性流出物监测、核设施周围辐射环境水平监测。

（3）利用流动 γ 谱仪寻测技术，可以快速进行大地辐射剂量分布和相应核素活度的测量，从而快速进行环境污染水平调查和环境影响评价。

在众多的核分析技术中，应用最广泛的是中子活化分析和同位素示踪技术。

1. 中子活化分析在环境中的应用

大气污染已成为危害人类健康的一个很重要的问题。研究大气污染问题，须测定污染物的化学元素组分。许多分析方法已广泛应用于气溶胶的组分研究。气溶胶在大气中的浓度很低，它所含有的元素浓度更低，所以要求选择灵敏度高、准确度好的分析方法。气溶胶中含有大量元素，其相互间具有一定相互关系，为了鉴别污染物的来源以及计算各个污染源的贡献，需要进行多元素分析，并利用熟悉模式计算确定元素含量。气溶胶中还有经高温灼烧过的碳质微粒，较难完全溶解，而且还含有部分易挥发的元素（如 Hg、As、Se 等），因此要求用不破坏样品的分析方法，才能准确测定其全量。常用的分析方法较难满足上述要求。中子活化分析灵敏度高、准确度好、适应性强，可不破坏样品的同时测定四五十种微量元素的含量，已成为研究大气污染问题的一个主要手段。

现代工业发展，大量工业废水排入江、河、湖、海，污染了水体，严重威胁人类健康，已引起全世界的重视。为了判断天然水域的污染状况，首先必须对水中的有害元素 As、Hg、Cd、Pd 等进行分析。并将结果与未受污染情况下元素的自然背景值进行比较，从而为污染的预防和治理提供科学依据。由于水体中污染元素含量极微，且种类很多，因此需要采用先进的分析方法。中子活化分析具有灵敏度高和同时可以测定多种元素的特点，在各种淡水（河、湖、雨、沼泽水）、海水和地下水分析中都得到了广泛应用。对于含量极低（0.001～0.1 μg/L）的元素，分析前要进行预浓集，预浓集方法包括离子交换法、溶剂萃取法、电沉积法、低温蒸发法、活性炭吸附法、共沉淀法及冷冻干燥法等。将经过预浓集的水样和标准封装在一起，进行一定注量率的中子照射，经过适当的照射时间和衰变时间以后，将样品转移出来置于探测器上测量放射性活度，依此计算出元素的含量。

土壤样品的基体成分极其复杂，样本量大，待测元素多，而且元素含量的变化范围很大。采用中子活化分析研究土壤中微量元素是一种十分理想的方法。土壤样品的分析方法是将制备好的土壤样品与标准同时送入反应堆，在一定的注量下进行一定时间的辐照，照射后的样品和标准，经过不同的冷却时间，在相同的几何条件下用 γ 射线能谱仪进行分析。

2. 同位素示踪技术在环境中的应用

对于环境工程、农业环境保护和环境化学来说，同位素示踪技术具有突出的优点。将标记化合物或示踪剂加入所研究的体系中，借助于对同位素的测定技术，即可发现这种物质随同类物质进行的运动和变化规律。由于同位素的特殊辐射性能，采用同位素示踪技术测量样品，往往无须分离即可达到极高的测定灵敏度和准确度，该方法早已被广泛应用于研究污染物在土壤、地表水、地下水中的迁移行为。

利用测定样品中示踪同位素在不同条件下的含量差别,可以推断环境基质在自然界中曾经发生的过程。例如,利用同位素作为准确的时标,通过海水中的铀系不平衡研究,可以推断与预测一系列的海洋环境的变迁过程。在环境水文地质范畴中,利用 $^{14}C$、氚以及若干稳定性同位素示踪技术,对地表水和地下水的研究,早已积累了系统经验。在农业环境保护中应用放射性核素示踪技术,也有较长的历史。例如,利用标记技术能够全方位跟踪农药和化学污染物在生态系统中的施加、吸收、降解、转移与积累等过程。

在地球科学和环境科学的示踪研究中通常采用自然界中存在的放射性核素。例如,利用 $^{14}C$ 研究全球各大洋的洋流循环模式,利用 $^{10}Be$ 示踪火山岩浆的来源从而验证板块俯冲理论,利用 $^{36}Cl$ 示踪地下水的渗透率等。利用 $^{129}I$ 示踪核泄漏已成为核核查的重要手段。利用示踪技术还可研究微量元素在农作物中的分布、迁移和转化规律,化肥和农药的损失及其在土壤中的残留,以及水土流失、草场退化等农业生态环境问题。应用 $^{15}N$ 示踪研究施肥技术可提高氮肥利用率 10%~20%。

# 参 考 文 献

[1]　阎昌琪,丁铭. 核工程概论[M]. 哈尔滨:哈尔滨工程大学出版社,2018.

[2]　陈伯显,张智,杨祎罡. 核辐射物理及探测学[M]. 2 版. 哈尔滨:哈尔滨工程大学出版社,2021.

[3]　焦荣洲. 放射化学基础[M]. 北京:原子能出版社,2010.

[4]　王祥云,刘元方. 核化学与放射化学[M]. 北京:北京大学出版社,2007.

[5]　样福家,王炎森,陆福全. 原子核物理[M]. 2 版. 上海:复旦大学出版社,

[6]　卢希庭. 原子核物理[M]. 2 版. 北京:原子能出版社,2000.

[7]　过惠平. 原子核物理导论[M]. 西安:西北工业大学出版社,2017.

[8]　催宏滨. 原子物理学[M]. 2 版. 合肥:中国科学技术大学出版社,2012.

[9]　蒙大桥. 放射性测量及其应用[M]. 北京:国防工业出版社,2018.

[10]　罗顺忠. 核技术应用[M]. 哈尔滨:哈尔滨工程大学出版社,2015.

[11]　林承键. 重离子核反应[M]. 哈尔滨:哈尔滨工程大学出版社,2015.

[12]　汤滨,葛良全,方方,等. 核辐射测量原理[M]. 2 版. 哈尔滨:哈尔滨工程大学出版社,2022.

[13]　赵佳,崔明启. 同步辐射软 X 射线光束线及其应用[M]. 北京:国防工业出版社,2017.

[14]　姜山,何明. 加速器质谱技术及其应用[M]. 上海:上海交通大学出版社,2020.